电力行业职业技能鉴定考核指导书

变电检修工

国网河北省电力有限公司人力资源部　组织编写
《电力行业职业技能鉴定考核指导书》编委会　编

中国建材工业出版社

图书在版编目(CIP)数据

变电检修工/国网河北省电力有限公司人力资源部组织编写. --北京：中国建材工业出版社，2018.11
电力行业职业技能鉴定考核指导书
ISBN 978-7-5160-2201-6

Ⅰ.①变… Ⅱ.①国… Ⅲ.①变电所—检修—职业技能—鉴定—自学参考资料 Ⅳ.①TM63

中国版本图书馆CIP数据核字（2018）第062588号

内 容 提 要

为提高电网企业生产岗位人员理论和技能操作水平，有效提升员工履职能力，国网河北省电力有限公司根据电力行业职业技能鉴定指导书、国家电网公司技能培训规范，结合国网河北省电力有限公司生产实际，组织编写了《电力行业职业技能鉴定考核指导书》。

本书包括了变电检修工职业技能鉴定五个等级的理论试题、技能操作大纲和技能操作考核项目，规范了变电检修工各等级的技能鉴定标准。本书密切结合国网河北省电力有限公司生产实际，鉴定内容基本涵盖了当前生产现场的主要工作项目，考核操作步骤与现场规范一致，评分标准清晰明确，既可作为变电检修工技能鉴定指导书，也可作为变电检修工的培训教材。

本书是职业技能培训和技能鉴定考核命题的依据，可供劳动人事管理人员、职业技能培训及考评人员使用，也可供电力类职业技术院校教学和企业职工学习参考。

变电检修工
国网河北省电力有限公司人力资源部　组织编写
《电力行业职业技能鉴定考核指导书》编委会　编

出版发行：中国建材工业出版社
地　　址：北京市海淀区三里河路1号
邮　　编：100044
经　　销：全国各地新华书店
印　　刷：北京鑫正大印刷有限公司
开　　本：787mm×1092mm　1/16
印　　张：46.5
字　　数：900千字
版　　次：2018年11月第1版
印　　次：2018年11月第1次
定　　价：136.00元

本社网址：www.jccbs.com，微信公众号：zgjcgycbs

本书如有印装质量问题，由我社市场营销部负责调换，联系电话：(010) 88386906

《变电检修工》编审委员会

前　言

为进一步加强国网河北省电力有限公司职业技能鉴定标准体系建设，使职业技能鉴定适应现代电网生产要求，更贴近生产工作实际，让技能鉴定工作更好地服务于公司技能人才队伍成长，国网河北省电力有限公司组织相关专家编写了《电力行业职业技能鉴定考核指导书》（以下简称《指导书》）系列丛书。

《指导书》编委会以提高员工理论水平和实操能力为出发点，以提升员工履职能力为落脚点，紧密结合公司生产实际和设备设施现状，依据电力行业职业技能鉴定指导书、中华人民共和国职业技能鉴定规范、中华人民共和国国家职业标准和国家电网公司生产技能人员职业能力培训规范所规定的范围和内容，编制了职业技能鉴定理论试题、技能操作大纲和技能操作项目，重点突出实用性、针对性和典型性。在国网河北省电力有限公司范围内公开考核内容，统一考核标准，进一步提升职业技能鉴定考核的公开性、公平性、公正性，有效提升公司生产技能人员的理论技能水平和岗位履职能力。

《指导书》按照国家劳动和社会保障部所规定的国家职业资格五级分级法进行分级编写。每级别中由“理论试题”“技能操作”两大部分组成。理论试题按照单选题、判断题、多选题、计算题、识图题五种题型进行选题，并以难易程度顺序组合排列。技能操作包含“技能操作大纲”和“技能操作项目”两部分内容。技能操作大纲系统规定了各工种相应等级的技能要求，设置了与技能要求相适应的技能培训项目与考核内容，其项目设置充分结合了电网企业现场生产实际。技能操作项目中规定了各项目的操作规范、考核要求及评分标准，既能保证考核鉴定的独立性，又能充分发挥对培训的引领作用，具有很强的系统性和可操作性。

《指导书》最大程度地力求内容与实际紧密结合，理论与实际操作并重，既可作为技能鉴定学习辅导教材，又可作为技能培训、专业技术比赛和相关技术人员的学习辅导材料。

因编者水平有限和时间仓促，书中难免存在错误和不妥之处，我们将在今后的再版修编中不断完善，敬请广大读者批评指正。

《电力行业职业技能鉴定考核指导书》编委会

编　制　说　明

国网河北省电力有限公司为积极推进电力行业特有工种职业技能鉴定工作，更好地提升技能人员岗位履职能力，更好地推进公司技能员工队伍成长，保证职业技能鉴定考核公开、公平、公正，提高鉴定管理水平和管理效率，紧密结合各专业生产现场工作项目，组织编写了《电力行业职业技能鉴定考核指导书》（以下简称《指导书》）。

《指导书》编委会依据电力行业职业技能鉴定指导书、中华人民共和国职业技能鉴定规范、中华人民共和国国家职业标准和国家电网公司生产技能人员职业能力培训规范所规定的范围和内容进行编写，并按照国家劳动和社会保障部所规定的国家职业资格五级分级法进行分级。

一、分级原则

1. 依据考核等级及企业岗位级别

依据国家劳动和社会保障部规定，国家职业资格分为5个等级，从低到高依次为初级工、中级工、高级工、技师和高级技师。其框架结构如下图。

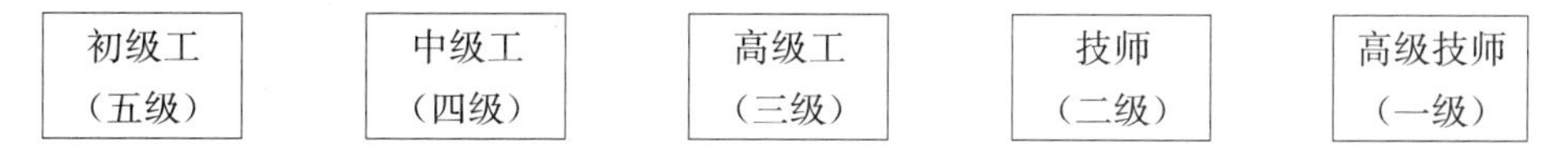

个别职业工种未全部设置5个等级，具体设置以各工种鉴定规范和国家职业标准为准。

2. 各等级鉴定内容设置

每级别中由“理论试题”“技能操作”两大部分内容构成。

理论试题按照单选题、判断题、多选题、计算题、识图题五种题型进行选题，并以难易程度顺序组合排列。

技能操作含“技能操作大纲”和“技能操作项目”两部分。技能操作大纲系统规定了各工种相应等级的技能要求，设置了与技能要求相适应的技能培训项目与考核内容，使之完全公开、透明。其项目设置充分考虑到电网企业的实际需要，充分结合电网企业现场生产实际。技能操作项目规定了各项目的操作规范、考核要求及评分标准，既能保证考核鉴定的独立性，又能充分发挥对培训的引领作用，具有很强的针对性、系统性、操作性。

目前该职业技能知识及能力四级涵盖五级；三级涵盖五、四级；二级涵盖五、

四、三级；一级涵盖五、四、三、二级。

二、试题符号含义

1. 理论试题编码含义

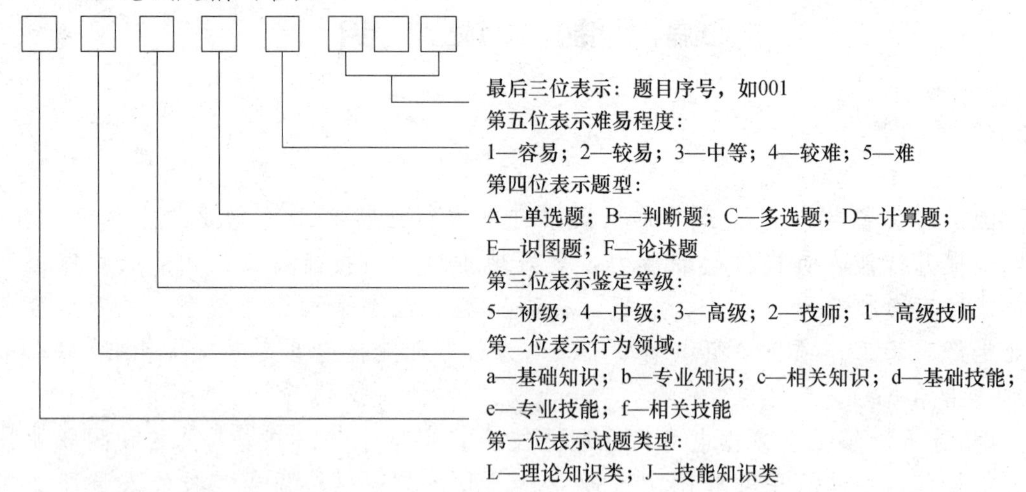

2. 技能操作试题编码含义

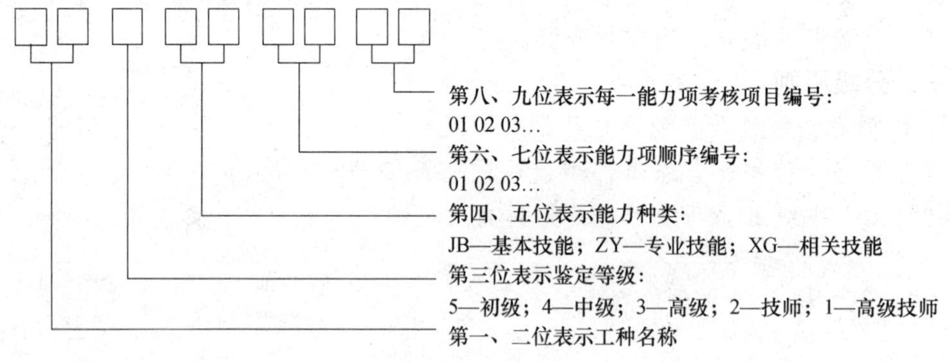

其中第一、二位表示具体工种名称，如：GJ—高压线路带电检修工；SX—送电线路工；PX—配电线路工；DL—电力电缆工；BZ—变电站值班员；BY—变压器检修工；BJ—变电检修工；SY—电气试验工；JB—继电保护工；FK—电力负荷控制员；JC—用电监察员；CS—抄表核算收费员；ZJ—装表接电工；DX—电能表修校工；XJ—送电线路架设工；YA—变电一次安装工；EA—变电二次安装工；NP—农网配电营业工配电部分；NY—农网配电营业工营销部分；KS—用电客户受理员；DD—电力调度员；DZ—电网调度自动化运行值班员；CZ—电网调度自动化厂站端调试检修员；DW—电网调度自动化维护员。

三、评分标准相关名词解释

1. 行为领域：d—基础技能；e—专业技能；f—相关技能。

2. 题型：A—单项操作；B—多项操作；C—综合操作。

3. 鉴定范围：对农网配电营业工划分了配电和营销两个范围，对其他工种未明确划分鉴定范围，所以该项大部分为空。

目　录

第一部分　初　级　工

第二部分　中　级　工

第三部分　高　级　工

第四部分 技 师

第五部分　高级技师

第一部分　初　级　工

1 理论试题

1.1 单选题

La5A1001 电气设备发生接地故障时，在接地电流入地点周围电位分布区行走的人，其两脚之间的电压差，称为(　　)。

(A) 脚间电压；(B) 跨步电压；(C) 对地电压；(D) 站立电压。

答案：B

La5A1002 变压器绕组的电压比与它们的匝数比(　　)。

(A) 成正比；(B) 成反比；(C) 相等。

答案：C

La5A1003 工件图中标准零件的规格应标注于(　　)。

(A) 零件图中；(B) 组合图中；(C) 标题栏内；(D) 零件表内。

答案：D

La5A1004 高压设备上工作至少应有(　　)一起工作。

(A) 1人；(B) 2人；(C) 3人；(D) 4人。

答案：B

La5A1005 压强是表示单位面积上所承受的压力，1Pa就是(　　)。

(A) $1kgf/cm^2$；(B) 一个工程大气压；(C) $1N/m^2$。

答案：C

La5A1006 在空气中的水蒸气含量一定时，则相对湿度(　　)。

(A) 不变；(B) 随气温的变化而变化，气温升高，相对湿度减小；气温降低，相对湿度增加；(C) 在气温升高时，相对湿度增加，气温降低时，相对湿度减小。

答案：B

La5A1007 力的三要素是(　　)。

(A) 大小、方向和作用点；(B) 平面、空间、线；(C) 截面、长度、大小。

答案：A

La5A1008 力矩等于(　　)。

(A) 力乘以重量;(B) 力乘以高度;(C) 力乘以力臂。

答案:C

La5A1009 力偶是(　　)。

(A) 大小相等、方向相反，作用线不在一直线上的两平行力;(B) 大小相等、方向相同，作用线不在一直线上的两平行力;(C) 大小不等、方向不同，作用线不在一直线上的两平行力。

答案:A

La5A1010 我们把两点之间的电位之差称为(　　)。

(A) 电动势;(B) 电势差;(C) 电压;(D) 电压差。

答案:C

La5A1011 把交流电转换为直流电的过程称为(　　)。

(A) 变压;(B) 稳压;(C) 整流;(D) 滤波。

答案:C

La5A1012 纯电容元件在电路中(　　)电能。

(A) 储存;(B) 分配;(C) 消耗;(D) 改变。

答案:A

La5A1013 在 30Ω 电阻的两端加 60V 的电压，则通过该电阻的电流是(　　)。

(A) 1800A;(B) 90A;(C) 30A;(D) 2A。

答案:D

La5A1014 在一电压恒定的直流电路中，电阻值增大时，电流(　　)。

(A) 不变;(B) 增大;(C) 减小;(D) 变化不定。

答案:C

La5A1015 正弦交流电的三要素是最大值、频率和(　　)。

(A) 有效值;(B) 最小值;(C) 周期;(D) 初相角。

答案:D

La5A1016 一只标有“1kΩ、10kW”的电阻，允许电压(　　)。

(A) 无限制;(B) 有最高限制;(C) 有最低限制;(D) 无法表示。

答案:B

La5A1017 当线圈中的电流(   )时，线圈两端产生自感电动势。

(A) 变化时；(B) 不变时；(C) 很大时；(D) 很小时。

答案：A

La5A1018 交流电的最大值 Im 和有效值 I 之间的关系为(   )。

(A) $Im=\sqrt{2}I$；(B) $Im=I/2$；(C) $Im=I$；(D) $Im=2I$。

答案：A

La5A1019 在正弦交流电路中，节点电流的方程是(   )。

(A) $\sum I=0$；(B) $\sum I=1$；(C) $\sum I=2$；(D) $\sum I=3$。

答案：A

La5A1020 两个 10μF 的电容器并联后与一个 20μF 的电容器串联，则总电容是(   )μF。

(A) 10；(B) 20；(C) 30；(D) 40。

答案：A

La5A1021 触电方式最危险的是(   )。

(A) 单相触电；(B) 两相触电；(C) 跨步电压；(D) 接触电压。

答案：B

La5A1022 人体的安全电流是(   )。

(A) 50～60Hz 的交流电 20mA 和直流电 50mA；(B) 50～60Hz 的交流电 10mA 和直流电 36mA；(C) 50～60Hz 的交流电 10mA 和直流电 50mA；(D) 50～60Hz 的交流电 20mA 和直流电 36mA。

答案：C

La5A1023 一般状态量：对设备的性能和安全运行影响(   )的状态量。

(A) 相对较小；(B) 相对较大；(C) 没有；(D) 程度。

答案：A

La5A1024 纯电感元件在电路中，(   )。

(A) 不消耗电能；(B) 消耗电能。

答案：A

La5A1025 某电容器极板上所带电量 Q 和电容器的端电压 Uc 的大小(   )。

(A) 成正比；(B) 成反比；(C) 无比例。

答案：A

La5A1026　变压器各绕组的电压比与它们的线圈匝数比(　　)。
(A) 成正比；(B) 相等；(C) 成反比；(D) 无关。
答案：B

La5A2027　长度为1m、截面面积为$1mm^2$的金属导线所具有的电阻值，称为该金属的电阻率，用公式可表示为(　　)。
(A) $\rho=RS/L$；(B) $\rho=m/V$；(C) $R=V/I$；(D) $\rho=V/I$。
答案：A

La5A2028　锯割薄板和管子时，应选用(　　)锯条。
(A) 细齿；(B) 中齿；(C) 粗齿；(D) 细齿、中齿。
答案：A

La5A2029　被定为完好设备的设备数量与参加评定设备的设备数量之比称为(　　)。
(A) 设备的良好率；(B) 设备的及格率；(C) 设备的评比率；(D) 设备的完好率。
答案：D

La5A2030　使用梯子工作时，梯子与地面的倾斜角为(　　)左右。
(A) 45°；(B) 60°；(C) 70°；(D) 75°。
答案：B

La5A2031　在过盈配合中轴、孔表面粗糙时，实际过盈量就(　　)。
(A) 增大；(B) 减小；(C) 不变；(D) 不定。
答案：B

La5A2032　气体的压力有绝对压力和表压力两种表示方法，他们关系是(　　)。
(A) 相等的；(B) 表压力大于绝对压力；(C) 表压力＝绝对压力－大气压力。
答案：C

La5A2033　电路中，熔件的选择方法为(　　)。
(A) 熔件的额定电流＞电路中所有元件的额定电流之和；(B) 熔件的额定电流＝电路中所有元件的的额定电流之和；(C) 熔件的额定电流＜电路中所有元件的额定电流之和。
答案：A

La5A2034　当线圈中磁通减小时，感应电流的磁通方向(　　)。
(A) 与原磁通方向相反；(B) 与原磁通方向相同；(C) 与原磁通方向无关；(D) 与线圈尺寸大小有关。
答案：B

La5A2035 交流10kV母线电压是指交流三相三线制的(　　)。
(A) 线电压；(B) 相电压；(C) 线路电压；(D) 设备电压。
答案：A

La5A2036 一段导线，其电阻为 R，将其从中对折合并成一段新的导线。则其电阻为(　　)。
(A) $2R$；(B) R；(C) $R/2$；(D) $R/4$。
答案：D

La5A2037 电感元件上电压相量和电流相量的关系是(　　)。
(A) 同向；(B) 反向；(C) 电流超前电压90°；(D) 电压超前电流90°。
答案：D

La5A2038 当电气设备和载流导体通过短路电流时会同时产生电动力和(　　)。
(A) 过电压；(B) 发热；(C) 振动；(D) 爆炸。
答案：B

La5A2039 正弦交流电的平均值等于(　　)。
(A) 有效值；(B) 最大值；(C) 峰值的一半；(D) 零。
答案：D

La5A3040 设备上短路接地线应使用软裸铜线，其截面面积应符合短路电流要求，但不得小于(　　)mm^2。
(A) 15；(B) 20；(C) 25；(D) 30。
答案：C

La5A3041 固体绝缘材料受热分解，产生的气体主要是(　　)。
(A) 一氧化碳和二氧化碳；(B) 氟化氢；(C) 硫化氢；(D) 臭氧。
答案：A

La5A3042 凡在离地面(　　)m及以上的高度进行工作，都视为高空作业。
(A) 3；(B) 2；(C) 2.5；(D) 1.5。
答案：B

La5A3043 真空断路器灭弧室的玻璃外壳起(　　)作用。
(A) 真空密封和绝缘；(B) 绝缘；(C) 灭弧；(D) 观察触头。
答案：A

La5A3044　35kV、110 kV 设备区内起吊车臂架及吊件与架空输电线及其他带电体最小安全距离分别为(　　)。

(A) 3m、4m；(B) 3.5m、4m；(C) 4m、5m；(D) 4m、6m。

答案：C

La5A3045　交流电路中，某元件电流的(　　)值是随时间不断变化的量。

(A) 有效；(B) 平均；(C) 瞬时；(D) 最大。

答案：C

La5A3046　如果两个同频率正弦交流电的初相角 $\phi 1-\phi 2>0°$，这种情况为(　　)。

(A) 两个正弦交流电同相；(B) 第一个正弦交流电超前第二个；(C) 两个正弦交流电反相；(D) 第二个正弦交流电超前第一个。

答案：B

La5A3047　直流电路中，电容的容抗为(　　)。

(A) 最大；(B) 最小；(C) 零；(D) 无法确定。

答案：A

La5A3048　电压等级为 220kV 时，人身与带电体间的安全距离不应小于(　　)m。

(A) 1.0；(B) 1.8；(C) 2.5；(D) 3.6。

答案：B

La5A3049　110kV 设备不停电时的安全距离(　　)m。

(A) 1.5；(B) 2.0；(C) 2.5。

答案：A

La5A3050　变压器的功能是(　　)。

(A) 生产电能；(B) 消耗电能；(C) 生产又消耗电能；(D) 传递功率。

答案：D

La5A3051　全电路欧姆定律数学表达式是(　　)。

(A) $I=R/(E+R_0)$；(B) $I=R_0/(E+R)$；(C) $I=E/R$；(D) $I=E/(R_0+R)$。

答案：D

La5A3052　电流通过人体最危险的途径是(　　)。

(A) 左手到右手；(B) 左手到脚；(C) 右手到脚；(D) 左脚到右脚。

答案：B

La5A3053 对人体伤害最轻的电流途径是(　　)。

(A) 从右手到左脚；(B) 从左手到右脚；(C) 从左手到右手；(D) 从左脚到右脚。

答案：D

La5A4054 戴维南定理可将任一有源二端网络等效成一个有内阻的电压源，该等效电源的内阻和电动势是(　　)。

(A) 由网络的参数和结构决定的；(B) 由所接负载的大小和性质决定的；(C) 由网络结构和负载共同决定的；(D) 由网络参数和负载共同决定的。

答案：A

Lb5A1055 电力变压器中，油的作用是(　　)。

(A) 绝缘和散热；(B) 绝缘和灭弧；(C) 绝缘和防锈；(D) 散热和防锈。

答案：A

Lb5A1056 耦合电容器是用于(　　)。

(A) 高频通道；(B) 均压；(C) 提高功率因数；(D) 补偿无功功率。

答案：A

Lb5A1057 电源电动势的大小表示(　　)做功本领的大小。

(A) 电场力；(B) 外力；(C) 摩擦力；(D) 磁场力。

答案：B

Lb5A1058 按照规定，遇到(　　)以上的大风时，禁止露天起重工作。

(A) 八级；(B) 十二级；(C) 六级。

答案：C

Lb5A2059 变压器呼吸器的硅胶受潮后应变成(　　)。

(A) 白色；(B) 粉红色；(C) 蓝色。

答案：B

Lb5A2060 电压互感器的一次绕组的匝数(　　)二次绕组的匝数。

(A) 略大于；(B) 等于；(C) 小于；(D) 远大于。

答案：D

Lb5A2061 二次回路绝缘导线和控制电缆的工作电压不应低于(　　)。

(A) 220V；(B) 380V；(C) 500V；(D) 1000V。

答案：C

Lb5A2062 断路器分闸线圈和合闸接触器的动作电压标准为额定操作电压的(　　)。
(A) 15%～30%；(B) 30%～50%；(C) 30%～65%；(D) 80%～85%。
答案：C

Lb5A2063 开关柜KYN28-12中Y的含义是(　　)。
(A) 落地式；(B) 固定式；(C) 移动式；(D) 中置式。
答案：C

Lb5A2064 接地装置的接地电阻应(　　)。
(A) 越大越好；(B) 越小越好；(C) 有一定的范围。
答案：B

Lb5A2065 刀开关是低压配电装置中最简单和应用最广泛的电器，它主要用于(　　)。
(A) 通断额定电流；(B) 隔离电源；(C) 切断过载电流；(D) 切断短路电流。
答案：B

Lb5A2066 变压器投入运行后，每隔(　　)年需大修一次。
(A) 1～2；(B) 3～4；(C) 5～10；(D) 11～12。
答案：C

Lb5A2067 真空断路器所采用的绝缘介质和灭弧介质是(　　)。
(A) 真空；(B) 高真空；(C) 纯真空；(D) 绝对真空。
答案：B

Lb5A2068 高压开关柜防止误入带电间隔这一功能一般采用机械连锁，目的是(　　)。
(A) 防止人员触电；(B) 防止人为短路接地；(C) 防止设备故障；(D) 防止误操作。
答案：A

Lb5A2069 地刀垂直连杆应涂(　　)色油漆。
(A) 灰；(B) 银白；(C) 黑；(D) 蓝。
答案：C

Lb5A2070 凡是被定为一、二类设备的电气设备，均称为(　　)。
(A) 良好设备；(B) 优良设备；(C) 完好设备；(D) 全名牌设备。
答案：C

Lb5A3071 变压器中性点装设消弧线圈的目的是（ ）。

（A）提高电网电压水平；（B）限制变压器故障电流；（C）补偿电网接地时的电容电流。

答案：C

Lb5A3072 35kV户内矩形母线对地安全净距为（ ）。

（A）250mm；（B）300mm；（C）400mm。

答案：B

Lb5A3073 中置式高压开关柜由固定的柜体和（ ）两大部分组成。

（A）避雷器；（B）断路器；（C）可移动部件；（D）互感器。

答案：C

Lb5A3074 防止绝缘子污闪的措施有增加片数、定期清扫和（ ）。

（A）选择污染轻的建站环境；（B）选用防污型绝缘子；（C）定期测量；（D）增加绝缘子的清扫次数。

答案：B

Lb5A3075 耦合电容器用于（ ）。

（A）高频通道；（B）均压；（C）提高功率因数；（D）补偿无功功率。

答案：A

Lb5A3076 断路器的缓冲装置应满足从运动机构与缓冲器接触到运动机构完全停止的过程中，运动机构的速度应均匀、平滑地减低，还应具有（ ）的要求。

（A）将动能转变为静止势能储存；（B）吸收绝大部分的剩余动能，并转化为其他形式的能量，不再返回给运动机构；（C）配合断路器具有足够的电气特性；（D）工作性能不受周围电场变化的影响。

答案：B

Lb5A3077 母线接头的接触电阻一般规定不能大于同长度母线电阻值的（ ）。

（A）10%；（B）15%；（C）20%；（D）30%。

答案：C

Lb5A3078 为了消除超高压断路器各个断口上的电压分布不均匀，改善灭弧性能，可在断路器各个断口加装（ ）。

（A）并联均压电容；（B）均压电阻；（C）均压带；（D）均压环。

答案：A

Lb5A3079 防误装置电源应与(　　)电源独立。

(A) 直流；(B) 事故照明；(C) 操作；(D) 继电保护及控制回路。

答案：D

Lb5A3080 电流互感器铁芯内的交变主磁通是由(　　)产生的。

(A) 一次绕组两端的电压；(B) 二次绕组的电流；(C) 一次绕组内流过的电流；(D) 二次绕组的端电压。

答案：C

Lb5A3081 变压器油老化后产生酸性、胶质和沉淀物，会(　　)变压器内金属表面和绝缘材料。

(A) 破坏；(B) 腐蚀；(C) 强化；(D) 加强。

答案：B

Lb5A3082 断路器之所以具有灭弧能力，主要是因为它具有(　　)。

(A) 灭弧室；(B) 绝缘油；(C) 快速机构；(D) 并联电容器。

答案：A

Lb5A3083 管型母线安装在滑动式支持器上时，支持器的轴承与管母线之间应有(　　)的间隙。

(A) 1～2mm；(B) 1～3mm；(C) 2～3mm；(D) 3～5mm。

答案：A

Lb5A3084 电气试验用仪表的准确度要求在(　　)级。

(A) 0.5；(B) 1.0；(C) 0.2；(D) 1.5。

答案：A

Lb5A3085 150kV以上的GW1型隔离开关，其绝缘子上端均压环的作用是(　　)。

(A) 使每组瓷标间的电压分布均匀；(B) 对地电压均匀；(C) 使相电压平均；(D) 使线电压平均。

答案：B

Lb5A3086 互感器的二次绕组必须一端接地，其目的是(　　)。

(A) 提高测量精度；(B) 确定测量范围；(C) 防止二次过负荷；(D) 保证人身安全。

答案：D

Lb5A3087 接地体的连接应采用(　　)。

(A) 搭接焊；(B) 螺栓连接；(C) 对接焊；(D) 绑扎。

答案：A

Lb5A3088 在保护和测量仪表中，电流回路的导线截面面积不应小于(　　)。

(A) $1.5mm^2$；(B) $2.5mm^2$；(C) $4mm^2$。

答案：B

Lb5A3089 GW4型隔离开关主刀操作时，支柱绝缘子和垂直连杆旋转的角度分别是90°和(　　)。

(A) 120°；(B) 180°；(C) 240°；(D) 360°。

答案：B

Lb5A4090 高压开关柜高压设备常见故障类型可分为电气故障和(　　)。

(A) 内部放电故障；(B) 操作故障；(C) 保护故障；(D) 机械故障。

答案：D

Lb5A4091 电力系统中，统一将接地线、(　　)称作接地装置。

(A) 接地网；(B) 避雷针；(C) 接地螺钉；(D) 避雷线。

答案：A

Lb5A4092 避雷器是用来限制过电压，保护电气设备的绝缘免受雷电过电压和(　　)的危害。

(A) 感应过电压；(B) 谐振过电压；(C) 内部过电压；(D) 操作过电压。

答案：D

Lb5A4093 断路器及其部件的状态可分为：注意状态、严重状态和(　　)。

(A) 安全状态；(B) 观察状态；(C) 异常状态；(D) 缺陷状态。

答案：C

Lb5A4094 三相五柱式三绕组电压互感器在正常运行时，其开口三角形绕组两端出口电压为(　　)。

(A) 0V；(B) 100V；(C) 220V；(D) 380V。

答案：A

Lb5A4095 避雷器的作用在于它能防止(　　)对设备的侵害。

(A) 直击雷；(B) 感应雷；(C) 进行波。

答案：C

Lb5A4096 管型和棒形母线应使用(　　)连接。

(A) 内螺纹管接头；(B) 锡焊；(C) 夹板及贯穿螺钉搭接；(D) 专用线夹。

答案：D

Lb5A4097 隔离开关的主要作用是(　　)。

(A) 断开电流；(B) 拉合线路；(C) 隔断电源；(D) 拉合空母线。

答案：C

Lb5A4098 GW-110系列隔离开关的闸刀后端加装平衡的作用是(　　)。

(A) 减小合闸操作力；(B) 减小分闸操作力；(C) 增加合闸操作速度；(D) 减小分闸操作速度。

答案：B

Lb5A4099 电气设备中的铜铝接头不能直接连接的原因是(　　)。

(A) 热膨胀系数不同；(B) 载流量不同；(C) 动稳定性要求不同；(D) 会产生原电池作用，使接触电阻增大。

答案：D

Lb5A4100 KYN28-12型高压开关柜的零序电流互感器安装在(　　)。

(A) 电缆室；(B) 开关柜底板外部；(C) 主母线室；(D) 任意位置。

答案：A

Lb5A4101 隔离开关的地刀动触杆分闸后应在(　　)位置。

(A) 垂直；(B) 水平；(C) 向下；(D) 任意。

答案：B

Lb5A4102 端子排在接线安排上的一般规定是在每一个安装单位的端子排应编有顺序号，并应尽量在最后留2～5个备用端子，(　　)。

(A) 每一个施工单位接线时应接牢固；(B) 端子排在设计上，必须具备防水功能；(C) 正负电源之间以及经常带电的正电源与合闸或跳闸回路之间的端子排，一般以一个空端子隔开；(D) 所使用端子排接点容量必须满足使用要求。

答案：C

Lb5A4103 电力变压器中的铁芯接地属于(　　)。

(A) 工作接地；(B) 防静电接地；(C) 防雷接地；(D) 保护接地。

答案：B

Lb5A4104 中性点有效接地系统中，变压器停送电操作时，因为在空载停、投变压器时，可能使变压器中性点或相地之间产生操作过电压，导致(　　)，所以中性点必须接地。

(A) 在空载停、投变压器时，可能使变压器中性点或相地之间产生大气过电压；(B) 使变压器内的绝缘油气化；(C) 使变压器内的绝缘构件电气性能下降；(D) 使变压器中性点发生击穿短路或使中性点避雷器发生爆炸或热崩溃。

答案：D

Lb5A4105 重合闸将断路器重合在永久性故障上，保护装置立即无时限动作断开断路器，这就叫作(　　)。

(A) 合闸加速；(B) 分闸加速；(C) 重合闸后加速；(D) 重分闸后加速。

答案：C

Lb5A5106 隔离开关、接地开关运行中，应注意对不符合国家电网公司《关于高压隔离开关订货的有关规定（试行）》完善化技术要求的72.5kV及以上电压等级隔离开关、接地开关应进行完善化改造或更换，还应(　　)的问题。

(A) 隔离开关各运动部位用润滑脂宜采用性能良好的黄油润滑脂；(B) 隔离开关导电触头部位用润滑脂，宜采用性能良好的凡士林；(C) 对隔离开关进行定期绝缘子探伤测试；(D) 加强对隔离开关导电部分、转动部分、操动机构、瓷绝缘子等的检查，防止机械卡涩、触头过热、绝缘子断裂等故障的发生。

答案：D

Lb5A5107 真空断路器对触头有很多和很高的要求，除了一般断路器触头材料所要求的导电、耐弧性能外，还要截流值要小、灭弧性能好、(　　)等要求。

(A) 绝缘强度高；(B) 真空度高；(C) 电磨损速率低。

答案：C

Lb5A5108 运行中电压互感器二次侧不允许短路，电流互感器二次侧不允许(　　)。

(A) 短路；(B) 开路；(C) 短接；(D) 串联。

答案：B

Lb5A5109 独立避雷针一般与被保护物间的空气距离不小于5m，避雷针接地装置与接地网间的地中距离不小于(　　)m。

(A) 5；(B) 3；(C) 4；(D) 6。

答案：B

Lb5A5110 室内母线分段部分、母线交叉部分及部分停电检修易误碰有电设备的，应设有明显标志的永久性(　　)。

(A) 固定遮栏；(B) 警告标志；(C) 提示标识别；(D) 隔离挡板。

答案：D

Lb5A5111 安全带静负荷试验的试验周期为(　　)。

(A) 1个月；(B) 1个季度；(C) 1年。

答案：C

Lb5A5112 母线伸缩节的作用是(　　)。

(A) 为了防止有关设备桩头由于受到母线应力的变化而损坏；(B) 为了施工安装方便；(C) 更换母线方便。

答案：A

Lb5A5113 当母线工作电流大，每相需要三条以上矩形母线时，一般会采用(　　)母线。

(A) 圆形；(B) 管形；(C) 槽形；(D) 菱形。

答案：C

Lc5A1114 只能在截面面积不小于(　　)mm^2 的软线上，使用竹梯或竹杆横放在导线上进行作业。

(A) 100；(B) 120；(C) 95；(D) 150。

答案：B

Lc5A1115 将一根导线均匀拉长为原长的 2 倍，则它的阻值为原阻值的(　　)倍。

(A) 2；(B) 1；(C) 0.5；(D) 4。

答案：D

Lc5A1116 电路中(　　)定律指出：流入任意一节点的电流必定等于流出该节点的电流。

(A) 欧姆；(B) 基尔霍夫第一；(C) 楞次；(D) 基尔霍夫第二。

答案：B

Lc5A1117 我们使用的照明电压为 220V，这个值是交流电的(　　)。

(A) 有效值；(B) 最大值；(C) 恒定值；(D) 瞬时值。

答案：A

Lc5A1118 人体电阻在皮肤出汗潮湿或损伤时，约为(　　)Ω。

(A) 1000；(B) 5000；(C) 10000；(D) 300。

答案：A

Lc5A1119 合金工具钢(　　)。

(A) 有高碳钢，也有中碳钢；(B) 都是优质高碳钢；(C) 都是低碳钢；(D) 都是铬钼合金钢。

答案：A

Lc5A1120 衡量电能质量的三个主要技术指标是电压、频率和(　　)。

(A) 波形；(B) 电流；(C) 功率；(D) 负荷。

答案：A

Lc5A1121 触电急救中，当采用胸外按压进行急救时，要以均匀速度进行，每分钟(　　)次左右，每次按压和放松时间要相等。

(A) 50；(B) 60；(C) 70；(D) 100。

答案：D

Lc5A1122 根据锯齿的粗细，锯条一般分为(　　)种。

(A) 1；(B) 2；(C) 3；(D) 4。

答案：C

Lc5A1123 我国确定的安全电压有3种，指的是(　　)。

(A) 12V、24V、36V；(B) 24V、36V、48V；(C) 110V、220V、380V。

答案：A

Lc5A2124 吊钩出现扭转变形危险或断面磨损达原尺寸的(　　)时，应予报废。

(A) 10%；(B) 5%；(C) 15%；(D) 8%。

答案：A

Lc5A2125 三极管基极的作用是(　　)载流子。

(A) 发射；(B) 收集；(C) 输出；(D) 控制。

答案：D

Lc5A2126 已知两正弦量，$u_1=20\sin(\omega t+\pi/6)$，$u_2=40\sin(\omega t-\pi/3)$，则 u_1 比 u_2(　　)。

(A) 超前30°；(B) 滞后30°；(C) 滞后90°；(D) 超前90°。

答案：D

Lc5A2127 下列系列仪表中最易受外界磁场影响的是(　　)。

(A) 磁电系仪表；(B) 电磁系仪表；(C) 电动系仪表。

答案：B

Lc5A2128 抬运细长物件时，抬结点应系在重物长的(　　)处。

(A) 1/2～1/3；(B) 1/3～1/4；(C) 1/4～1/5；(D) 1/5～1/6。

答案：C

Lc5A2129 为了保证圆锥销接触精度，圆锥表面与销孔接触面用涂色法进行检查，应大于(　　)。

(A) 50%；(B) 60%；(C) 70%；(D) 80%。

答案：C

Lc5A2130 孔径尺寸减去相配合的轴的尺寸所得到的代数差，其差值为负值时称为(　　)配合。

(A) 过盈；(B) 间隙；(C) 过度；(D) 静态。

答案：A

Lc5A2131 磁力线、电流和作用力三者的方向是(　　)。

(A) 磁力线与电流平行与作用力垂直；(B) 三者相互垂直；(C) 三者互相平行；(D) 磁力线与电流垂直与作用力平行。

答案：B

Lc5A2132 孔径尺寸减去相配合的轴的尺寸所得到的代数差，其差值为正值时称为(　　)配合。

(A) 过盈；(B) 间隙；(C) 过度；(D) 静态。

答案：B

Lc5A2133 状态评价应实行(　　)管理。每次检修或试验后应进行一次状态评价。

(A) 动态化；(B) 常态；(C) 机制化；(D) 人性化。

答案：A

Lc5A2134 使用滑轮放软线或紧线时，滑轮的直径应不小于导线直径的(　　)倍。

(A) 15；(B) 16；(C) 17；(D) 20。

答案：B

Lc5A2135 功率为900W的电炉丝，截去原长的40%后，接入原电路．其功率为(　　)W。

(A) 540；(B) 360；(C) 2250；(D) 1500。

答案：D

Lc5A2136 触电急救用口对口人工呼吸，正常的吹气频率是(　　)次/分钟。

(A) 12～16；(B) 18；(C) 20；(D) 30。

答案：A

Lc5A2137 电气工作人员经医师鉴定无妨碍工作的病症，体检每(　　)年一次。

(A) 1；(B) 2；(C) 3；(D) 4。

答案：B

Lc5A3138 须破坏才能拆卸的连结件为(　　)。

(A) 螺栓；(B) 键；(C) 斜销；(D) 铆钉。

答案：D

Lc5A3139 35kV电压互感器大修后，在20℃时的介质不应大于(　　)。

(A) 2%；(B) 2.5%；(C) 3%；(D) 3.5%。

答案：C

Lc5A3140 功率因数用cosφ表示，其公式为(　　)。

(A) $\cos\varphi=P/Q$；(B) $\cos\varphi=Q/P$；(C) $\cos\varphi=Q/S$；(D) $\cos\varphi=P/S$。

答案：D

Lc5A3141 钢丝绳由19、37、61根钢丝捻成股线，再由(　　)股线及中间加浸油的麻绳芯合成的。

(A) 3股；(B) 4股；(C) 5股；(D) 6股。

答案：D

Lc5A3142 錾子的刃部，经淬火后，必须有较高的硬度和(　　)。

(A) 软度；(B) 可塑性；(C) 韧性；(D) 厚度。

答案：C

Lc5A3143 设备发生事故而损坏，必须立即进行的恢复性检修称为(　　)检修。

(A) 临时性；(B) 事故性；(C) 计划；(D) 异常性。

答案：B

Lc5A3144 接地体所选的角钢或钢管长度一般取2～3m，其顶端埋入后距离地面应不小于(　　)。

(A) 0.5m；(B) 0.8m；(C) 1m；(D) 1.2m。

答案：B

Lc5A3145 埋入地下的扁钢接地体和接地线的厚度最小尺寸为(　　)mm。

(A) 4.8；(B) 3.0；(C) 3.5；(D) 4.0。

答案：D

Lc5A3146 变压器、大件电气设备运输道路的坡度应小于(　　)。

(A) 5°；(B) 10°；(C) 15°；(D) 20°。

答案：C

Lc5A3147 孔、轴的公差带代号用基本偏差代号和(　　)代号组成。

(A) 偏差等级；(B) 公差等级；(C) 计算等级；(D) 基本等级。

答案：B

Lc5A3148 触电时决定电流对人体伤害的严重程度最主要的因素是(　　)。

(A) 流过人体电流的大小；(B) 电流频率；(C) 电流通过人体的持续时间；(D) 电流通过人体的路径。

答案：A

Lc5A3149 干粉灭火器以(　　)为动力，将灭火器内的干粉喷出进行灭火。

(A) 液态二氧化碳；(B) 氮气；(C) 干粉灭火剂；(D) 液态二氧化碳或氮气。

答案：D

Lc5A3150 拆除起重脚手架的顺序是(　　)。

(A) 先拆上层的脚手架；(B) 先拆大横杆；(C) 先拆里层的架子；(D) 随意。

答案：A

Lc5A4151 电源作 Y 形连接时，线电压 U_L 与相电压 Uph 的数值关系为(　　)。

(A) $U_L=\sqrt{3}U$ph；(B) $U_L=2U$ph；(C) $U_L=U$ph；(D) $U_L=3U$ph。

答案：A

Lc5A4152 要将旋转运动转换成平稳并且又能产生轴向力的直线运动可采用(　　)传动。

(A) 齿轮齿条；(B) 蜗杆；(C) 螺旋；(D) 链条。

答案：C

Lc5A4153 为克服保护接零存在的某些问题，可靠保证人身安全，大都会采用(　　)方法。

(A) 加装保护自动装置；(B) 加装快速接地刀闸；(C) 重复接地；(D) 重复接零。

答案：C

Lc5A4154 硬母线搭接面加工应平整无氧化膜，加工后的截面面积减小，铜母线应不超过原截面面积的 3%，铝母线应不超过原截面面积的(　　)。

(A) 3%；(B) 4%；(C) 5%；(D) 6%。

答案：C

Lc5A4155 喷灯封铅时间不得超过（ ）min，严防铅包局部过热，损坏内部绝缘。

（A）10；（B）15；（C）20。

答案：C

Lc5A4156 用扳手拧紧螺母时，如果以同样大小的力作用在扳手上，则力距螺母中心远时比近时（ ）。

（A）费力；（B）相等；（C）省力；（D）不省力。

答案：C

Jd5A1157 常用绳结共有（ ）种。

（A）10；（B）14；（C）8；（D）12。

答案：B

Jd5A3158 0.02mm游标卡尺，副尺上50格与主尺（ ）mm对齐。

（A）50；（B）49；（C）39；（D）51。

答案：B

Jd5A3159 錾子的握法有（ ）。

（A）1种；（B）2种；（C）3种；（D）4种。

答案：C

Jd5A4160 使用新钢丝绳之前，应以允许拉断力的（ ）倍做吊荷试验15min。

（A）4；（B）3；（C）2；（D）1。

答案：C

Jd5A4161 锉削时，两手加在锉刀上的压力应（ ）。

（A）保证锉刀平稳，不上下摆动；（B）左手压力小于右手压力，并随着锉刀的推进左手压力由小变大；（C）左一右手压力相等，并在锉刀推进时，使锉刀上下稍微摆动；（D）随意。

答案：A

Jd5A4162 在向电动机轴承加润滑脂时，润滑脂应填满其内部空隙的（ ）。

（A）1/2；（B）2/3；（C）全部；（D）2/5。

答案：B

Jd5A5163 检验变压器线圈绝缘老化程度时，用手按不裂、不脱落，色泽较暗，绝缘合格，此绝缘是（ ）绝缘。

（A）一级；（B）二级；（C）三级；（D）四级。

答案：B

Je5A2164 下列因素中，(　　)对变压器油的绝缘强度影响最大。

(A) 水分；(B) 温度；(C) 杂质；(D) 密度。

答案：A

Je5A2165 开始倒闸操作前，首先应该(　　)。

(A) 模拟操作；(B) 操作票交运行值班负责人审核签名；(C) 操作票交调度值班人员审核签名；(D) 审核设备的名称编号和状态。

答案：A

Je5A2166 隔离开关检修时，其触头部分要抹(　　)。

(A) 导电脂；(B) 凡士林；(C) 二硫化钼；(D) 清洁剂。

答案：B

Je5A3167 隔离开关底座轴承应转动灵活，必要时解体清洗，加(　　)润滑脂。

(A) 绝缘油；(B) 凡士林；(C) 机油；(D) 二硫化钼。

答案：D

Je5A3168 电压互感器在正常范围内，其误差通常是随电压的升高(　　)。

(A) 先增大后减小；(B) 先减小后增大；(C) 一直增大；(D) 一直减小。

答案：B

Je5A3169 断路器接地金属壳上应装有(　　)，并且具有良好导电性能的直径不小于 12mm的接地螺钉。

(A) 生锈；(B) 防锈；(C) 无锈；(D) 粗糙。

答案：B

Je5A3170 GW16 系列隔离开关合闸位置时，双连杆拐臂应(　　)。

(A) 沿分闸方向过死点；(B) 沿合闸方向过死点；(C) 不过死点。

答案：B

Je5A3171 合闸线圈在正常操作当中烧毁，原因可能是线圈自身故障或(　　)。

(A) 负荷电流过大；(B) 设备巡查不到位；(C) 控制回路故障。

答案：C

Je5A3172 一般运行中的小型三相异步电动机，如果没有装设断相保护，在突然发生一相断电后，这台电动机(　　)。

(A) 马上停止转动；(B) 短时间内仍会处于转动状态；(C) 正常运转。

答案：A

Je5A3173 非有效接地系统电力设备接地电阻，一般不大于(　　)。

(A) 4Ω；(B) 5Ω；(C) 10Ω；(D) 15Ω。

答案：C

Je5A3174 电力电缆寻找故障点，一般先烧穿故障点，烧穿时，采用(　　)电流。

(A) 直流；(B) 交流；(C) 交直流均可；(D) 脉冲。

答案：A

Je5A4175 隔离开关的动、静触头检修应按照检查触指不变形，无电弧烧伤凹痕，弹簧不变形、不断裂、不生锈。动静触头无发热变色现象，可用百洁布蘸酒精或汽油等清洁剂后轻擦，对镀银层必须要保护，然后在触头的接触面上涂二硫化钼给予润滑和(　　)处理工艺进行。

(A) 检查触指、触头表面光亮如新，在触指表面涂凡士林润滑；(B) 对接线端的活动触头座应开启端盖，检查内部部件的镀银层应完好，轴销、弹簧、开口销完好不锈蚀，对各部件进行清洗，并涂油（接线端子应拆开清洗处理接触面）检查所有固定螺栓紧固情况，按要求使用力矩扳手紧固；(C) 对镀银层氧化的可用细砂纸轻微打磨，然后在触头的接触面上涂凡士林给予润滑。

答案：B

Je5A4176 新安装或检修后的隔离开关必须对导电回路进行(　　)。

(A) 耐压测试；(B) 电流测试；(C) 绝缘测试；(D) 电阻测试。

答案：D

Je5A4177 电动机构在试验时，宜先将隔离开关位置放在(　　)位置。

(A) 分闸；(B) 合闸；(C) 分合闸中间。

答案：C

Je5A4178 固体介质的沿面放电是指沿固体介质表面的气体发生放电，沿面闪络是指沿面放电贯穿两级间，介质所处电场越均匀，沿面放电电压(　　)。

(A) 越高；(B) 越低；(C) 不变；(D) 越小。

答案：A

Je5A4179 隔离开关的辅助接点一般用于防误操作闭锁回路(　　)。

(A) 零序保护；(B) 电压切换用；(C) 母差保护。

答案：B

Je5A4180 母线的补偿器，不得有裂纹、折皱和断股现象，其组装后的总截面面积应不小于母线截面面积的(　　)倍。

(A) 1；(B) 1.2；(C) 1.5；(D) 2。

答案：B

Je5A4181 互感器呼吸的塞子带有垫片时，在带电前(　　)。

(A) 应将垫片取下；(B) 垫片不用取下；(C) 垫片取不取都可以；(D) 不考虑垫片。

答案：A

Je5A4182 GW22/23 型隔离开关主刀运动由折叠运动(　　)复合而成。

(A) 垂直运动；(B) 直线运动；(C) 夹紧运动；(D) 圆弧运动。

答案：C

Je5A4183 吸附剂在安装更换时应注意，吸附剂从烘箱中装入设备，其在空气中暴露时间小于等于 15min，(　　)。

(A) 吸附剂安装前在烘箱中在 300℃烘干 2h 以上；(B) 吸附剂应从真空包装袋取出；(C) 吸附剂装入前称重量并做好记录；(D) 吸附剂装入前应做好标记。

答案：C

Je5A4184 对于运行中的变压器，如分接开关的导电部分接触不良，(　　)。

(A) 对变压器正常运行基本无影响；(B) 会产生过热现象，甚至烧坏开关；(C) 导致变比出现错误；(D) 导致开关误动。

答案：B

Je5A4185 GW4 型隔离开关通过(　　)连杆调整，改变合闸不同期。

(A) 垂直；(B) 水平；(C) 交叉。

答案：C

Je5A4186 对断路器抽真空时，必须由专人监视真空泵的运转情况，绝对防止误操作，严禁运转中的真空装置停泵和(　　)，以免真空泵中的油倒吸入断路器内，造成严重后果，如果偶遇停电、停泵时，应立即关阀门。

(A) 真空装置停电；(B) 真空装置压力过高；(C) 真空装置压力过低。

答案：A

Je5A4187 断路器误跳闸的原因有保护误动作(　　)。

(A) 机构灵敏度高；(B) 一次回路短路；(C) 一次回路绝缘问题；(D) 断路器机构误动作。

答案：D

Je5A4188 GW4-40.5型隔离开关合闸不同期应不超过(　　)mm。

(A) 4；(B) 5；(C) 10；(D) 6。

答案：B

Je5A5189 造成避雷器爆炸的原因可能有结构设计不合理，(　　)。

(A) 内部元件受潮；(B) 直雷击过电压；(C) 电网工作电压波动；(D) 额定电压和持续运行电压取值偏高。

答案：A

Je5A5190 连接电动机械和电动工具的电气回路应(　　)，并装设漏电保护器（剩余电流动作保护器），金属外壳应接地。

(A) 单独设开关或插座；(B) 与其他用电设备共用数个开关或插座；(C) 数台电动机械或工具共用一个开关或插座；(D) 与其他用电设备共用一个开关或插座。

答案：A

Je5A5191 若软母线损伤不严重，或是所受张力不大，在空间允许时，可用(　　)法处理。

(A) 缠绕；(B) 加分流线；(C) 接续管；(D) 重做接头。

答案：C

Je5A5192 高压断路器合闸操作时，断路器不动作，可能的原因有以下几个：控制回路元器件接触不好、回路接头氧化严重或(　　)。

(A) 断路器绝缘下降；(B) 断路器发 SF_6 气体压力报警；(C) 断路器分闸弹簧未储能；(D) 控制回路失电。

答案：D

Je5A5193 对电容器装置投切断路器的技术要求是(　　)。

(A) 合闸弹跳不应大于5ms；(B) 分闸弹跳应小于断口间距的20%；(C) 优先采用重燃的 SF_6 断路器；(D) 对于容量不大、投切不频繁的装置，可采用少油断路器。

答案：B

Je5A5194 对于分级绝缘的变压器，中性点不接地或经放电间隙接地时应装设零序过压(　　)保护，以防止发生接地故障时，因过电压而损坏变压器。

(A) 差动；(B) 过流保护；(C) 复合电压闭锁过流；(D) 间隙过流。

答案：D

Je5A5195 10kV开关柜内断路器拒分的主要原因有操动机构卡涩、部件变形移位损坏和(　　)。

(A) 负荷电流过大；(B) 合闸弹簧能量过低；(C) 合闸铁芯卡涩；(D) 辅助开关故障。

答案：D

Je5A5196　用于电容器投切的开关柜断路器必须选用 C2 级断路器，并(　　)，用于电容器投切的断路器出厂时必须提供本台断路器分、合闸行程特性曲线，并提供本型断路器的标准分、合闸行程特性曲线，条件允许时，可在现场进行断路器投切电容器的大电流老炼试验。

(A) 提供工厂装配记录；(B) 提供工厂监造记录；(C) 提供其所配断路器投切电容器的试验报告；(D) 提供工厂绝缘试验报告。

答案：C

Je5A5197　GW6 型隔离开关，合闸终了位置动触头上端偏斜不得大于(　　)。

(A) ±30mm；(B) ±50mm；(C) ±70mm；(D) ±100mm。

答案：B

Jf5A2198　对于密封圈等橡胶制品可用(　　)清洗。

(A) 汽油；(B) 水；(C) 酒精；(D) 清洗剂。

答案：C

Jf5A2199　有一只旧的密封胶垫需要更换，现测得经压缩变形的旧胶垫厚度是 6mm 左右，则应选用(　　)mm 厚的新胶垫。

(A) 6；(B) 8；(C) 10。

答案：C

Jf5A2200　如果触电者心跳停止，呼吸尚存，应立即用(　　)对触电者进行急救。

(A) 口对口人工呼吸法；(B) 胸外心脏按压法；(C) 仰卧压胸法；(D) 俯卧压背人工呼吸法。

答案：B

Jf5A2201　触电急救时，首先要将触电者迅速(　　)。

(A) 送往医院；(B) 用心肺复苏法急救；(C) 脱离电源；(D) 注射强心剂。

答案：C

Jf5A2202　触电急救胸外按压与口对口人工呼吸同时进行时，若单人进行救护则每按压(　　)后吹气两次，反复进行。

(A) 5 次；(B) 10 次；(C) 15 次；(D) 20 次。

答案：C

1.2 判断题

La5B1001 电流通过电阻所产生的热量与电流的平方、电阻的大小及通电时间成反比。（×）

La5B1002 电位的大小与参考点有关。（√）

La5B1003 左手定则也称发电机定则，是用来确定磁场中运动直导体产生感应电动势方向。（×）

La5B1004 电容器串联时，各电容器上电压相等，总的等效电容量等于各电容量之和。（×）

La5B1005 理想电流源的伏安特性曲线是一条平行于电压轴的直线。（√）

La5B1006 静电或雷电能引起火灾。（√）

La5B1007 正弦交流电的幅值就是正弦交流电最大值的$\sqrt{2}$倍。（×）

La5B1008 电荷之间存在着作用力，同性相互排斥，异性相互吸引。（√）

La5B1009 任何电荷在电场中都要受到电场力的作用。（√）

La5B1010 电场是一种殊特物质。（√）

La5B1011 通过人体的安全电流是 10mA。（√）

La5B1012 磁力线是闭合的曲线。（√）

La5B1013 交流装置中，A 相黄色，B 相绿色，C 相为红色。（√）

La5B1014 能量既不能产生也不能消失，只能转换。（√）

La5B1015 从一个等势面到另一个等势面，电场力移动电荷做的功为零。（×）

La5B1016 直流装置中的正极为褐色，负极为蓝色。（√）

La5B1017 在一段电路中，流过电路的电流与电路两端的电压成正比，与该段电路的电阻成反比。（√）

La5B1018 固态绝缘体内的少数自由电子或离子在电场作用下运动，逐渐形成大量有规律的电子流或离子流，这种现象称为电击穿。（√）

La5B2019 通电导线周围和磁铁一样也存着磁场，这种现象称为电流的磁效应。（√）

La5B2020 交流电弧熄灭条件为：交流电弧电流过零后，如果弧隙介质强度恢复的速度超过了弧隙电压恢复的速度，则电弧熄灭；反之，电弧重燃。（√）

La5B2021 构件受力后，内部产生的单位面积上的内力，称为压力。（×）

La5B2022 仪表活动部分停止后，阻尼力矩起保持平衡的作用。（×）

La5B2023 任何载流导体的周围都会产生磁场，其磁场强弱与导体的材料有关。（×）

La5B2024 当电压不变时，电路中并联的电阻越多，总电阻就越大，总电流就越小。（×）

La5B2025 连接到电器端子上的软母线、引流线等不应使设备端子受到机械应力。（√）

La5B2026 可以使用导线或其他金属线作临时短路接地线。（×）

La5B2027 基尔霍夫电压定律指出：对任一回路，沿任一方向绕行一周，各电源电势的代数和等于各电阻电压降的代数和。（√）

La5B2028 输电线路的功率输送能力与电压的平方成正比，与输电线路的阻抗成反比。（√）

La5B2029 力是物体间的相互作用，力的大小、方向和力臂称为力的三要素。(×)

La5B2030 导体通过交流电流时，导体截面处的电流密度一样。(×)

La5B2031 一双绕组变压器工作时，电压较高的绕组通过的电流较小，而电压较低的绕组通过的电流较大。(√)

La5B3032 电压互感器一次绕组和二次绕组都接成星形，而且中性点都接地时，一次绕组中性点接地称为保护接地。(×)

La5B3033 SF_6 气体在常压下绝缘强度比空气大 2.7 倍。(√)

La5B3034 靠近零线的那个极限偏差一定是基本偏差。(×)

La5B3035 把直流电转换为交流电的过程称为整流。(×)

La5B3036 有效值是交流量在热效应方面，所相当的直流值。(√)

La5B3037 电阻两端的交流电压与流过电阻的电流相位相同，在电阻一定时，电流与电压成正比。(√)

La5B3038 电动机铭牌标明：星形/三角形接线，380/220V。如果将此电动机绕组接为三角形，用于 380V 电源上，电动机可正常运行。(×)

La5B3039 在超高压带电体附近空间的孤立金属体会带有危险的高电位。(√)

La5B4040 我国规定的安全电压是 24V 及以下，在特别危险场所使用的行灯电压不得超过 12V。(×)

La5B5041 在间隙距离不同时，真空度对击穿的影响有完全相同的情况。(×)

La5B5042 启动多台电动机时，一般应从小到大有秩序地一台台启动，不能同时启动。(×)

Lb5B1043 高压开关柜内一次接线应符合国家电网公司输变电工程典型设计要求，避雷器、电压互感器等柜内设备应与母线直接连接。(×)

Lb5B1044 继电保护三误是指误整定、误接线、误判断。(×)

Lb5B1045 接地体最好是采用铜材料，其次是铝材料，实际工作中一般采用镀锌钢材。(×)

Lb5B1046 低压试电笔在使用前应在已知的带电体上进行安全检查，合格后再使用。(√)

Lb5B1047 直流电流表也可以测交流电流。(×)

Lb5B1048 企业的主要设备台账不包括设备资产编号。(×)

Lb5B1049 隔离开关是高压电器中应用较少的一种电器。(×)

Lb5B2050 软母线的悬挂与连接用的线夹主要有五种：悬垂线夹、T 形线夹、耐张线夹、并沟线夹和设备线夹。(√)

Lb5B2051 重合闸将断路器重合在永久性故障上，保护装置立即无时限动作断开断路器，这种装置叫作重合闸后加速。(√)

Lb5B2052 两台变比不相等的变压器并列运行只会使负载分配不合理。(×)

Lb5B2053 接线端引线受力大小和方向不会影响触头接触状态。(×)

Lb5B2054 断路器的跳闸、合闸操作电源有直流和交流两种。(√)

Lb5B2055 电容器组过电压保护用金属氧化物避雷器接线方式应采用星形接线，中性点不接地方式。(×)

Lb5B2056 油浸式互感器严重漏油及电容式电压互感器电容单元渗漏油的应加强巡视。(×)

Lb5B2057 在 380V 设备上工作，即使是刀闸已拉开，也必须用验电器进行充分验电。(√)

Lb5B2058 电容式电压互感器的电容分压器低压端子必须通过载波回路线圈或直接接地。(√)

Lb5B2059 重复接地的接地电阻要求电阻值小于 10Ω。(√)

Lb5B2060 20kV 系统接地网的设计与 10kV 系统接地网的设计基本相同。(×)

Lb5B2061 接地装置的接地电阻值越小越好。(√)

Lb5B2062 自能式灭弧室是指主要利用外加能量灭弧的灭弧室。(×)

Lb5B2063 在维修并联电容器时，只要断开电容器的断路器及两侧隔离开关，不考虑其他因素就可检修。(×)

Lb5B2064 380/220V 中性点接地系统中，电气设备均采用接零保护。(√)

Lb5B2065 将电气设备外壳与零线相连叫作接地。(×)

Lb5B2066 电力变压器的油箱是吊芯式的。(×)

Lb5B2067 二次系统和照明等回路上的工作，填用第二种工作票。(×)

Lb5B2068 拆除接地线要先拆接地端，后拆导体端。(×)

Lb5B2069 变压器调压一般从低压侧抽头。(×)

Lb5B2070 变压器线圈的匝数为变压器的线电压除以每匝电势。(√)

Lb5B2071 磁电式仪表可以交直流两用。(×)

Lb5B2072 硬母线不论是铜线还是铝线，一般都涂有相位漆，涂漆后的母线幅射散热能力增加，母线温度下降。(√)

Lb5B2073 GW22-252 型隔离开关分闸后，断口空气绝缘距离不小于 3m。(×)

Lb5B3074 在断口上加装并联电容器，能够降低近区故障的恢复电压的陡度，提高断路器开断近区故障的能力。(√)

Lb5B3075 在二次回路中，通常说的“常开”接点是指继电器线圈通电时，该接点是断开的。(×)

Lb5B3076 测量自藕变压器的绝缘电阻时，自藕绕组可视为一个绕组。(√)

Lb5B3077 电气设备介质损失角 δ 通常用其介质损失角的正弦值（sinδ）表示。(×)

Lb5B3078 隔离开关应配备接地刀，以保证线路或其他电气设备检修时的安全性。(√)

Lb5B3079 一个电气连接部分是指：电气装置中，可以用断路器（开关）同其他电气装置分开的部分。(×)

Lb5B3080 在配电装置上，接地线应装在该装置导电部分的规定地点，这些地点应涂上黑色油漆，做好标记。(×)

Lb5B3081 110kV 及以下互感器推荐直立安放运输，220kV 及以上互感器必须满足卧倒运输的要求。(√)

Lb5B3082 消弧线圈的铁芯结构为均匀多间隙铁芯柱。(√)

Lb5B3083 一般交流接触器和直流接触器在使用条件上基本一样。(×)

Lb5B3084 绝缘中的局部放电是指放电只存在于绝缘的局部位置，而不会形成贯穿性通道。（√）

Lb5B3085 着色标志为不接地中性线为紫色，接地中性线为紫色带黑色条纹。（√）

Lb5B3086 表示设备断开和允许进入间隔的信号、经常接入的电压表等，如果指示有电，在排除异常情况前，禁止在设备上工作。（√）

Lb5B3087 雷电时，禁止测量线路绝缘。（√）

Lb5B3088 在一经合闸即可送电到工作地点的断路器和隔离开关的操作把手上，均应悬挂“禁止合闸、有人工作!”的标示牌。（√）

Lb5B3089 绝缘安全用具必须进行绝缘试验。（√）

Lb5B3090 十八项反措中要求各设备与主地网的连接必须可靠，扩建地网与原地网间不得相互连接。（×）

Lb5B3091 管型母线在管内加装阻尼线或动力消振器是为了消减微风振动现象。（√）

Lb5B3092 带有均压装置的隔离开关，均压环不应变形且连接件紧固可靠。（√）

Lb5B3093 开关柜设备在扩建时，不必考虑与原有开关柜的一致性。（×）

Lb5B3094 保存电容器应在防雨仓库内，周围温度应在－40～＋50℃范围内，相对湿度不应大于95%。（√）

Lb5B3095 变压器强油风冷装置冷却器的控制把手有工作、备用、辅助和停止四种运行状态。（√）

Lb5B3096 接地线是防止在未停电的设备或线路上意外地出现电压而保护工作人员安全的重要工具。（×）

Lb5B3097 SF_6电气设备内装设吸附剂只可吸附设备内部SF_6气体中的水分。（×）

Lb5B3098 测量二次回路的绝缘电阻时，被测系统内的其他工作可不暂停。（×）

Lb5B3099 隔离开关底座的接地应良好。（√）

Lb5B3100 接地网的水平接地体之间的相互距离一般不应大于5m。（×）

Lb5B3101 SF_6断路器不允许工作温度高于SF_6液化点。（×）

Lb5B3102 互感器二次侧必须有一端接地，此为保护接地。（√）

Lb5B3103 GW4-110型隔离开关的防护罩设在柱形触头侧。（×）

Lb5B4104 真空灭弧室触头中，目前普遍采用的两种结构是横向磁场触头结构和纵向磁场触头结构。（√）

Lb5B4105 在同一供电线路中，可以一部分电气设备采用保护接地，另一部分电气设备采用保护接零的方法。（×）

Lb5B4106 隔离开关断口的绝缘水平一般比对地的绝缘水平高10%～15%。（√）

Lb5B4107 绝缘油在变压器中起灭弧、绝缘的作用。（×）

Lb5B4108 电力系统的过电压一般可分为下面三类：暂时过电压、操作过电压、雷电过电压。（√）

Lb5B4109 电气设备的瓷质部分可以视为不带电的部分。（×）

Lb5B4110 热继电器不仅能作为过载保护，而且还能作为短路保护。（×）

Lb5B4111 基建验收时，应注意检查隔离开关的绝缘子金属法兰与瓷件的胶装部位

是否涂以性能良好的玻璃胶。(×)

Lb5B4112 操作机构具备有自由脱扣功能，可保证断路器合闸短路电路时尽快地分闸切除故障。(√)

Lb5B4113 选用电容器组用金属氧化物避雷器时，应充分考虑其通流容量的要求。(√)

Lb5B4114 新安装或检修后的隔离开关必须进行导电回路电阻测试。(√)

Lb5B4115 电容式电压互感器的中间变压器高压侧应装设 MOA。(×)

Lb5B4116 检修人员与带电设备、带电体的安全距离为：10kV 为 0.7m；60～110kV 为 1.5m；220kV 为 3m；500kV 为 5m。(√)

Lb5B4117 电流表中可用于交、直流两用测量的仪表是电磁式仪表。(√)

Lb5B4118 灭弧介质的吹弧方向基本与电弧轴向垂直的灭弧室叫作纵吹灭弧室。(×)

Lb5B4119 当温度升高时，变压器的直流电阻降低。(×)

Lb5B4120 额定电压为 1kV 以上的电气设备在各种情况下，均采用保护接地；1kV 以下的设备，中性点直接接地时，应采用保护接零，中性点不接地时，采用保护接地。(√)

Lb5B4121 隔离开关与其他电气设备连接的引线部分，应固定无过热现象。(√)

Lb5B4122 瓷质绝缘子外表涂一层硬质釉起防潮作用，从而提高绝缘子的绝缘性能和防潮性能。(√)

Lb5B4123 隔离开关导电杆和触头的镀银层厚度应不小于 50μm。(×)

Lb5B4124 在正常运行情况下，中性点不接地系统的中性点位移电压不得超过 15%。(√)

Lb5B4125 十八项反措中要求高压开关柜应选用加强绝缘型产品，对于空气绝缘净距离不够的可采取固封技术、热缩套等措施。(×)

Lb5B4126 LCW 钳形电流互感器，与铁帽绝缘的一次端子为线圈首端，标号为 L_1；与铁帽有电气联系的一次端子为线圈的末端，标号为 L_2。(√)

Lb5B4127 安装在配电盘和控制装置上的电气测量仪表、继电器和其他低压电器外壳不需接地。(√)

Lb5B4128 在电流互感器一次进出线端子间加装避雷器，是为了防止过电压作用下，损坏一次绕阻的匝间绝缘。(√)

Lb5B4129 使用快速接地开关可以限制潜供电流。(√)

Lb5B4130 传动机构与带电部分的绝缘距离要符合要求。(√)

Lb5B4131 断路器液压机构的储压筒充氮气后必须水平放置。(×)

Lb5B4132 GW6-220DW/2000-40 中各符号含义：G—隔离开关；W—户外安装；D—带接地开关；W—防污型；6—设计系列顺序号；2000—额定电流（A）；220—额定电压（kV）；40—额定短路开断电流（kA）。(√)

Lb5B4133 接地开关合闸时，主导电回路不可合闸。(√)

Lb5B4134 GW5 型隔离开关同相两支柱绝缘子间的夹角为 60°。(×)

Lb5B4135 GW13 型隔离开关可用于主变中性点隔离开关。(√)

Lb5B5136 断路器的额定动稳定电流是指开关在闭合位置所能承载其额定的短时耐受电流值。(×)

Lb5B5137 中性点不接地系统的设备外绝缘配置至少应比中性点接地系统配置高一

级，直至达到e污秽等级的配置要求。(√)

Lb5B5138 熔断器熔体应具有导电性能好、熔点高的特性。(×)

Lb5B5139 防误操作闭锁装置不得随意退出运行，停用防误操作闭锁装置应经变电运维班（站）长批准。(×)

Lb5B5140 新安装的真空断路器，其灭弧室的真空度应不低于 1.33×10^{-3}Pa。(√)

Lb5B5141 投切电容器组的开关应选用开断时无重燃及适合频繁操作的开关设备。(√)

Lb5B5142 对于开关柜类设备的检修、预试或验收，针对其带电点与作业范围绝缘距离短的特点，不管有无物理隔离措施，均应加强风险分析与预控。(√)

Lb5B5143 新建变电站可以采用硅整流合闸电源和电容储能跳闸电源。(×)

Lb5B5144 在断路器控制回路中，防跳继电器是由电压线圈起动，电流线圈保持来实现防跳功能的。(×)

Lb5B5145 电流互感器准确度等级都有对应的容量，其负荷超过规定容量时，其误差也将超过准确度等级。(√)

Lc5B1146 在梯子上工作时，梯与地面的斜度在60°左右。(√)

Lc5B1147 钻孔时，如果切削速度太快，冷却润滑不充分，会造成钻头工作部分折断。(×)

Lc5B1148 电池是把化学能转化为电能的装置。(√)

Lc5B1149 零件图是制造零件时所使用的图纸，是零件加工制造和检验的主要依据。(√)

Lc5B1150 机械工程图样上，常用的长度单位是mm。(√)

Lc5B1151 变直机构又叫作提升机构。(√)

Lc5B1152 纯铝中，铁和硅的存在会增强铝的塑性、耐蚀性和导电性。(×)

Lc5B1153 在一定温度下，大气中水蒸气的含量有一个极限，达到极限状态就是饱和状态。(√)

Lc5B1154 气体的压力有绝对压力和表压力两种表示方法，它们的关系是表压力＝绝对压力－大气压力。(√)

Lc5B1155 对设备的检修原则是"应修必修，修必修好"。(√)

Lc5B1156 "努力超越追求卓越"的企业宗旨是电网公司一切工作的出发点和落脚点。(×)

Lc5B1157 橡胶、棉纱、纸、麻、蚕丝、石油等都属于有机绝缘材料。(√)

Lc5B1158 公司标识中，纵横交错的经纬线条表示国家电网公司认准公司的社会定位，努力超越、追求卓越，为全社会提供安全、可靠、经济的电能及其优质服务。(√)

Lc5B1159 钳工常用的画线工具有划针、划规、角尺、直尺和样冲等。(√)

Lc5B1160 绝缘热缩套是橡胶制品。(×)

Lc5B1161 钢丝绳的许用拉力与破断拉力关系为许用拉力＝破断拉力/安全系数。(√)

Lc5B2162 只有安监人员发现有违反《安规》，并足以危及人身和设备安全者，才有权立即制止。(×)

Lc5B2163 硬母线接头处导体表面的漆层烧焦、变色，应将这部分割断，加装过渡板。(×)

Lc5B2164 设备接头处若涂有相色漆，在过热后，其相色漆会颜色变深，漆皮裂开。（√）

Lc5B2165 在潮湿地方进行电焊工作，焊工必须站在干燥的绝缘垫上或穿橡胶绝缘鞋。（√）

Lc5B2166 在滚动牵引重物时，为防止滚杠压伤手，禁止用手去拿受压的滚杆。（√）

Lc5B2167 公差带代号由基本偏差代号与标准公差等级数字组成。（√）

Lc5B2168 零件尺寸的上偏差可以为正值，也可以为负值或零。（√）

Lc5B2169 绝对误差的大小与符号分别表示测得值偏离真值的程度和方向，于是它能确切地反映测量的精确度。（√）

Lc5B2170 当我们用扳手拧螺母时，手握在扳手柄的后部比握在前部省力，这是利用了力矩的原理。（√）

Lc5B2171 在起重搬运中，定滑轮可以用来改变力的方向，也可用作转向滑轮或平衡滑轮，动滑轮可以省力。（√）

Lc5B2172 一般认为导电性好的金属，导热性亦好。（√）

Lc5B2173 集成运算放大器的放大倍数很低。（×）

Lc5B2174 电网公司的战略目标是电网坚强、资产优良、服务优质、业绩优秀。（√）

Lc5B2175 尺寸偏差是指实际尺寸与相应的基本尺寸之差。（√）

Lc5B2176 考虑设备缺陷管理和消除情况属于生产的组织准备工作。（√）

Lc5B2177 做好图纸资料的管理是班组技术管理的任务。（√）

Lc5B2178 麻绳、棕绳作为捆绑绳和潮湿状态下使用时，其允许拉力应减半计算。（√）

Lc5B2179 起重用的卡环等应每年试验一次，以 2 倍允许工作荷重进行 10min 的静力试验。（√）

Lc5B2180 高处工作传递物件时不得上下抛掷。（√）

Lc5B2181 梯阶的距离应大于 40cm。（×）

Lc5B3182 事故应急抢修可不用工作票，但应使用事故应急抢修单。（√）

Lc5B3183 中心投影法能反映出物体的实形，机械制图中常用这种投影法。（×）

Lc5B3184 合金的导电性能比纯金属低。（√）

Lc5B3185 现场作业时，严禁穿化纤服装从事生产操作。（√）

Lc5B3186 影响真空间隙击穿强度的因素主要有电极的材料、形状及表面状况、间隙长度、真空度、电压的类型及波形、真空间隙的老练。（√）

Lc5B3187 图样上用以表示长度值的数字称为尺寸。（√）

Lc5B3188 专责监护人在全部停电时，可以参加工作班工作。（×）

Lc5B3189 润滑油的工作温度应低于它的滴点 20～30℃。（√）

Lc5B3190 第一、二种工作票和带电作业工作票的有效时间，以批准的检修期为限。（√）

Lc5B3191 在使用移动电动工具时，金属外壳必须接地。（√）

Lc5B4192 只要施工设备属于同一电压、位于同一楼层、同时停送电，且不会触及带电导体时，则允许几个电气连接部分共用一张工作票。（√）

Lc5B4193 反习惯性违章的目的是杜绝人身轻伤、重伤、死亡和误操作事故的发生。（×）

Lc5B4194 蓄电池硫酸的规格按硫酸含量分别为 65％和 75％两种。（×）

Lc5B4195 电流从高电势点流向低电势点时，电场做正功，电流从低电势点流向高电势点时，电源做正功。(√)

Lc5B4196 两切削刃长度不相等、顶角不对称的钻头，钻出来的孔径将大于图纸规定的尺寸。(√)

Lc5B4197 过盈配合中，孔的实际尺寸总是大于轴的实际尺寸。(×)

Jd5B1198 游标卡尺使用结束后，应擦清上油，平放在专用盒内。(√)

Jd5B1199 电气设备灭火时，应该使用泡沫灭火器。(×)

Jd5B1200 使用电工刀时，为避免伤人，刀口应向外，用完之后，应将刀身折入刀柄。(√)

Jd5B1201 铝母线接触面可以使用砂纸（布）加工平整。(√)

Jd5B1202 在天气较冷时，使用大锤操作，可以戴手套。(×)

Jd5B2203 锯割薄壁管材时，应边锯边向推锯的方向转过一定角度，沿管壁依次锯开，这样才不容易折断锯条。(√)

Jd5B2204 使用电动砂轮应等砂轮转速达到正常转速时，再进行磨削。(√)

Jd5B2205 在电动砂轮上进行磨削加工，应防止刀具或工件对砂轮发生强烈的撞击或施加过大的压力。(√)

Jd5B2206 画线时，都应从画线基准开始。(√)

Jd5B2207 起重用的钢丝绳在做静力试验时，其荷重应为工作荷重的1.5倍，试验周期为半年一次。(×)

Jd5B2208 用扳手松动或紧固螺母时，有时需在扳手后面加一套筒，这是利用增加力臂加大力矩的原理。(√)

Jd5B2209 在手锯上安装锯条时锯条的松紧要偏松。(×)

Jd5B2210 在实际工作中，钳工攻螺纹的丝锥是受力偶作用而实现的。(√)

Jd5B2211 在手锯上安装锯条时，必须使锯齿朝向后推的方向，否则不能进行正常锯割。(×)

Jd5B2212 钻孔时，如不及时排屑，将会造成钻头工作部分折断。(√)

Jd5B3213 绝缘安全用具每次使用前，必须检查有无损坏。(√)

Jd5B3214 使用电钻或冲击钻时不能带手套。(√)

Jd5B3215 地面上绝缘油着火应用干砂灭火。(√)

Jd5B3216 在手锯上安装锯条时，锯条的松紧要偏紧。(×)

Jd5B3217 导线在切割前，要先用细铁丝在切口两边绑扎牢，以防切割后散股。(√)

Jd5B3218 千斤顶的基础必须稳定可靠，在松软地面上应铺设垫板以扩大承压面积，顶部和物体的接触处应垫木板，以避免物体损坏及防滑。(√)

Jd5B3219 在打磨触头接触面时，应注意不能破坏其镀银层。(√)

Jd5B3220 钢丝绳在使用中，当表面毛刺严重和有压扁变形情况时，应予报废。(√)

Jd5B4221 用样冲冲眼的方法是先将样冲外倾，使尖端对准线的正中，然后再将样冲直立冲眼。(√)

Jd5B4222 钢丝绳在绞磨上使用时，磨芯的最小直径不得小于钢丝绳直径的9～10倍。(√)

Jd5B4223 用千斤顶顶升物体时，应随物体的上升而在物体的下面及时增垫保险枕木，以防止千斤顶倾斜或失灵而引起危险。(√)

Jd5B4224 挪动手提式电动工具要手提握柄，不得提导线和卡头。(√)

Jd5B4225 钢丝绳套在制作时，各股应穿插 4 次以上，使用前必须经过 100%的负荷试验。(×)

Jd5B4226 捆绑整物必须考虑起吊时吊索与水平面要有一定的角度，一般以 45°为宜。(×)

Jd5B5227 卷扬机前面第一个转向轮中心线应与卷筒中心线垂直，并与卷筒相隔一定距离（应大于卷筒宽的 20 倍），才能保证钢丝绳绕到卷筒两侧时倾斜角不超过 1°30′，这样，钢丝绳在卷筒上才能按顺序排列，不致斜绕和互相错叠挤压。起吊重物时，卷扬机卷筒上钢丝绳余留不得少于 3 圈。(√)

Je5B2228 真空断路器，通常允许触头磨损最大值为 5mm。(×)

Je5B2229 兆欧表使用前应将指针调到零位。(×)

Je5B2230 全密封油浸纸电容式套管借助于强力弹簧的压力来紧固，依靠弹簧的弹性来调节各零件的位移，防止套管渗漏油或其他零件受损伤。(√)

Je5B2231 隔离开关在冰冻厚度不大于 100mm 时，用操动机构操动，能使其进行分合闸。(×)

Je5B2232 隔离开关的软连接不应有折损、断股等现象。(√)

Je5B2233 清扫支柱及转动绝缘子时，还应检查其有无裂痕。(√)

Je5B2234 冻伤急救，应将伤员身上潮湿的衣服剪去后用干燥柔软的衣服覆盖，并立即烤火或搓雪。(×)

Je5B2235 隔离开关在冰冻厚度不大于 10mm 时，用操动机构操动，能使其进行分合闸。(√)

Je5B3236 真空断路器合闸速度过高，不会对波纹管产生较大冲击力，降低波纹管寿命。(×)

Je5B3237 RTV 施工前，绝缘子表面应清洗干净且附有水膜。(×)

Je5B3238 使用兆欧表时，应先将兆欧表摇到正常转速，指针指无穷大，然后瞬间将两测量线对搭一下，指针指零，此表才可以用来测量绝缘电阻。(√)

Je5B3239 触头弹簧各圈之间的间隙在合闸位时应不小于 0.05mm，且均匀。(×)

Je5B3240 变压器温度升高时，其绝缘电阻测量值升高。(×)

Je5B3241 使用兆欧表测量绝缘电阻时，测量用的导线应使用绝缘导线，其端部应有绝缘套。(√)

Je5B3242 操作隔离开关时，即使合错出现电弧，也不允许将隔离开关再拉开。(√)

Je5B3243 万用表每次测完后，应将转换开关转到测量高电阻位置上。(×)

Je5B3244 弹簧操作机构的断路器分闸速度是通过分闸弹簧的压缩或拉升来调整的。(√)

Je5B3245 隔离开关的辅助接点应无卡涩或接触不良。(√)

Je5B3246 使用兆欧表测量时，手摇发电机的转速要求为 120r/min。(√)

Je5B3247 引起隔离开关触头过热的主要原因是接触不良和接触面氧化及过负荷，因此应调整接触电阻使其不大于 500$\mu\Omega$。(×)

Je5B3248 为防止电流互感器二次绕组开路，在带电的电流互感器二次回路上工作前，用导线将其缠绕短路方可工作。(×)

Je5B3249 GW4-126 型隔离开关合闸时，保证两触头顶端间隙 3～8mm，必要时可调整交叉连杆长度。(×)

Je5B4250 隔离开关即使长期运行，其触头压力也不会改变。(×)

Je5B4251 隔离开关检修后其传动部分应注入适量的凡士林。(×)

Je5B4252 隔离开关一般不需要专门的灭弧装置。(√)

Je5B4253 断路器或隔离开关电气闭锁回路应用重动继电器。(×)

Je5B4254 隔离开关和接地开关间应有可靠的机构连锁，保证先断开隔离开关，才能合接地开关，先拉开接地开关，才能后合隔离开关的操作顺序。(√)

Je5B4255 隔离开关触头的接触压力越大则接触电阻就越小。(×)

Je5B4256 220kV 中性点放电间隙的距离应该为 250～350mm。(√)

Je5B4257 避雷针的接地装置安装时，先安装引下线，后安装接闪器的。(√)

Je5B4258 铜和铝搭接时，在干燥的室内铜导体应搪锡，在室外或特殊潮湿的室内应使用铜铝过渡片。(√)

Je5B5259 真空断路器合闸过程中，触头接触后的弹跳时间不应大于 2ms。(√)

Je5B5260 真空断路器测定的触头超行程是指动触头插入静触头的深度。(×)

Je5B5261 断路器断口外绝缘应满足不小于 1.15 倍相对地外绝缘爬电比距的要求，否则应加强清扫工作或采取其他防污闪措施。(√)

Je5B5262 隔离开关调整时，应将机械闭锁间隙调整至 3～8mm，分合闸止钉间隙调整至 1～3mm。(√)

Je5B5263 进行 GW5 型隔离开关接地刀闸的调整，可以旋转动触头，使其比静触头的触指高约 5mm，然后将其螺母锁紧。(×)

Je5B5264 在电容器组上或进入其围栏内工作时，应将电容器逐个放电并接地后，方可进行。(×)

Je5B5265 接地开关的死点位置主要是保证接地开关在合闸位置时，不会因环境因素而使位置发生变化，从而使接地开关分开或失去接地作用，故死点位置可使接地开关合闸后保持可靠接地。(√)

Je5B5266 引起隔离开关刀片发生弯曲的原因是由于刀片间的电动力方向交替变化或调整部位发生松动，刀片偏离原来位置而强行合闸使刀片变形。(√)

Jf5B2267 触电伤员如神志不清者，应就地仰面躺平且确保气道通畅，并用 5s 时间呼叫伤员或轻拍肩部，以判定伤员是否意识丧失。(√)

1.3 多选题

La5C1001 使用手提式干粉灭火器时，先打开喷嘴盖，拔出保险销，提起灭火器，然后一只手握住喷粉管，把喷嘴对准火焰根部，一只手按下压把，（　　），注意不要使火焰窜回，以防复燃。

（A）由远到近；（B）由近到远；（C）左右横扫；（D）迅速推进。

答案：BCD

La5C1002 施行人工呼吸法前应做准备工作是（　　）。

（A）检查口鼻中有无异物堵住；（B）解衣扣，松裤带，摘假牙等；（C）检查心跳是否停止；（D）区分被救者身体是否健康。

答案：AB

La5C3003 真空断路器中，真空泡主屏蔽罩起到（　　）的作用。

（A）屏蔽电场，使电场均匀，提高灭弧室内的击穿电压，促使灭弧室小型化；

（B）吸附电弧生成物，保持内绝缘能力；（C）提高灭弧室机械强度；（D）吸收并散发电弧能量，冷却电弧，70%左右的能量耗散在屏蔽罩上，有助于弧隙介质强度的恢复，提高触头间绝缘强度。

答案：ABD

La5C4004 电气设备中的铜铝接头，不能直接连接，如把铜和铝用简单的机械方法连接在一起，特别是在潮湿并含盐分的环境中（空气中总含有一定水分和少量的可溶性无机盐类），铜、铝这对接头就相当于浸泡在电解液内的一对电极，便会形成电位差（相当于1.68V原电池）。在原电池作用下（　　），如此恶性循环，直到接头烧毁为止。因此，电气设备的铜、铝接头应采用经闪光焊接在一起的“铜铝过渡接头”后再分别连接。

（A）铝会很快地丧失电子而被腐蚀掉，从而使电气接头慢慢松弛，造成接触电阻增大；（B）铝会很快地丧失导电的离子而被腐蚀掉，从而使电气接头慢慢松弛，造成接触电阻增大；（C）当流过电流时，接头发热，温度升高会引起铝本身的塑性变形，更使接头部分的接触电阻增大；（D）当流过电流时，接头发热，温度升高造成铝离子的损失和塑性变形，更使接头部分的接触电阻增大。

答案：AC

La5C4005 在检修GW6型隔离开关操动机构过程中，由于（　　）原因，应检查蜗轮、蜗杆的啮合情况，发现问题及时调整。

（A）GW6型隔离开关涡轮、蜗杆纹齿属于密纹结构（纹齿细小、密集），锈蚀后纹齿容易脱落，造成啮合松动；（B）运行时间长，机械部分锈蚀；（C）运行时间长，机构操作费力；（D）隔离开关动触头自动脱落分闸。

答案：ACD

Lb5C1006 绝缘油净化处理有(　　)方法。

(A) 沉淀法；(B) 压力过滤法；(C) 热油过滤与真空过滤法；(D) 溶解法。

答案：ABC

Lb5C1007 低压开关灭弧罩受潮的危害有(　　)。

(A) 产生裂纹；(B) 影响绝缘性能；(C) 灭弧作用大大降低；(D) 烧坏触头。

答案：BCD

Lb5C1008 调整隔离开关的主要内容有(　　)等。

(A) 三相不同期差；(B) 合闸后剩余间隙；(C) 机械闭锁间隙 3～8mm；(D) 分合闸限位止钉间隙 1～3mm；(E) 绝缘子防污处理。

答案：ABCD

Lb5C1009 高压断路器的主要作用是(　　)。

(A) 能切断或闭合高压线路的空载电流；(B) 能切断与闭合高压线路的负荷电流；(C) 能切断与高压设备电气连接；(D) 与继电保护配合，可快速切除故障，保证系统安全运行。

答案：ABD

Lb5C1010 简述 Y10C5-96/250 中数字与字母的含义(　　)。

(A) Y：金属氧化物避雷器；(B) 10：序号；(C) C：带间隙；(D) 96：额定电压。

答案：ACD

Lb5C1011 开关柜运行中应注意：手车开关每次推入柜内后，应保证手车到位和隔离插头接触良好，(　　)。

(A) 每年迎峰度夏（冬）前应开展红外热像检测、特高频法局部放电检测、超声波法信号检测、暂态地电压法检测，及早发现开关柜内发热，防止由开关柜内部局部放电演变成短路故障；(B) 加强开展开关柜温度检测，对温度异常的开关柜强化监测、分析和处理，防止导电回路过热引发的柜内短路故障；(C) 加强带电显示闭锁装置的运行维护，保证其与柜门间强制闭锁的运行可靠性；防误操作闭锁装置或带电显示装置失灵应为严重缺陷尽快予以消除；(D) 加强高压开关柜巡视检查和状态评估，对用于投切电容器组等操作频繁的开关柜要适当缩短巡检和维护周期；当无功补偿装置容量增大时，应进行断路器容性电流开合能力校核试验。

答案：ABCD

Lb5C1012 GW16 型刀闸动静触头夹紧力不够的原因为(　　)。

(A) 上导电管中的操作杆长度长或上导电管长；(B) 滚子损坏，直径小；(C) 静触杆直径小；(D) 触头夹紧弹簧调整不当。

答案：BCD

Lb5C1013 隔离开关的安装场所应无(　　)。

(A) 运行设备；(B) 易燃物质；(C) 爆炸危险；(D) 剧烈震动。

答案：BCD

Lb5C1014 在变电检修作业中，常用来进行打磨的材料是(　　)。

(A) 普通砂纸；(B) 金相砂纸；(C) 0 号砂布；(D) 锉刀。

答案：ABC

Lb5C1015 影响断路器触头接触电阻的因素有触头表面加工状况、触头表面氧化程度和(　　)。

(A) 触头间的压力；(B) 触头间的接触面积；(C) 触头插入深度；(D) 触头的材质。

答案：ABD

Lb5C1016 物体红外辐射与物体温度的关系，以下描述正确的是(　　)。

(A) 物体温度越高，红外辐射越强；(B) 物体温度越高，红外辐射越弱；(C) 物体的红外辐射能量与温度的四次方成正比；(D) 红外辐射强度与物体的材料、温度、表面光度、颜色等有关。

答案：ACD

Lb5C2017 隔离开关的地刀可分为(　　)。

(A) 左接地；(B) 右接地；(C) 双接地；(D) 多接地。

答案：ABC

Lb5C2018 硬母线焊接时，母线坡口两侧 50mm 范围内应处理干净，坡口加工面不得有(　　)。

(A) 切痕；(B) 竖纹；(C) 毛刺；(D) 飞边。

答案：CD

Lb5C2019 低压电网中多采用四芯电缆原因有(　　)。

(A) 可通过两个单相电流；(B) 四芯电缆的中性线除作为保护接地外，还可通过三相不平衡电流；(C) 在三相四线系统中若采用三芯电缆，电缆铠装会发热；(D) 低压电网多采用三相四线制。

答案：BCD

Lb5C2020 电气图的表示方法有多线表示法、单线表示法和（ ）。

（A）全线表示法；（B）集中表示法；（C）半集中表示法；（D）分开表示法。

答案：BCD

Lb5C2021 电容器的电容 C 的大小与（ ）等因素有关。

（A）电容器极板间距离；（B）极板面积；（C）所用绝缘材料的介电常数；（D）电容器承受的电压。

答案：ABC

Lb5C2022 钢丝绳按绳芯来分可分为（ ）。

（A）单股绳芯；（B）三股绳芯；（C）五股绳芯；（D）七股绳芯。

答案：AD

Lb5C2023 常用的减少接触电阻的方法有（ ）。

（A）磨光接触面，减少接触面；（B）处理接触面，扩大接触面；（C）加大接触部分压力，保证可靠接触；（D）涂抹导电膏，采用铜、铝过渡线夹。

答案：BCD

Lb5C2024 隔离开关操动机构由（ ）等组成。

（A）转轴；（B）拐臂；（C）辅助开关；（D）操作手柄。

答案：ACD

Lb5C2025 二次设备是指对一次设备的工作进行（ ）以及为运行、维护人员提供运行工况或生产指挥信号等所需的低压电气设备。

（A）监测；（B）控制；（C）调节；（D）保护。

答案：ABCD

Lb5C2026 隔离开关绝缘子检查的项目有（ ）。

（A）绝缘子完好、清洁，无掉瓷现象，上下节绝缘子同心度良好；（B）隔离开关是防污型绝缘子；（C）法兰无开裂、无锈蚀，油漆完好；（D）法兰与绝缘子的结合部位胶装完好。

答案：ACD

Lb5C2027 影响绝缘电阻测量结果的外界因素有（ ）。

（A）环境温度；（B）空气湿度；（C）绝缘表面清洁度；（D）测量时间。

答案：ABC

Lb5C2028 下列属于电气设备安全工作组织措施的是（ ）。

（A）现场勘察制度；（B）工作票制度；（C）工作许可制度；（D）工作监护制度。

答案：ABCD

Lb5C3029 SF_6断路器中吸附剂应满足(　　)，在吸附剂的组成成分中，不含导电性和介电常数低的物质，以防其粉尘影响 SF_6气体的绝缘性能。

(A) 具有良好的机械强度；(B) 具有足够的平衡吸附量；(C) 具有对水分和多种杂质等都要有足够的吸附能力；(D) 具有足够的韧性。

答案：ABC

Lb5C3030 互感器需要接地的部位有(　　)。

(A) 互感器外壳；(B) 分级绝缘的电压互感器的一次绕组的接地引出端子；(C) 电容型绝缘的电流互感器的一次绕组包绕的末屏引出端子及铁芯引出接地端子；(D) 暂不使用的二次端子。

答案：ABC

Lb5C3031 CJ5 电动操动机构其主体主要由(　　)等组成。

(A) 电动机；(B) 齿轮－蜗轮－蜗杆；(C) 限位装置－辅助开关；(D) 控制保护电器。

答案：ABCD

Lb5C3032 断路器在没有开断故障电流的情况下，要定期进行小修和大修的原因是(　　)。

(A) 断路器在正常的运行中，存在着断路器机构轴销的磨损；(B) 密封部位及承压部件的劣化；(C) 瓷绝缘的污秽等情况；(D) 灭弧室状况变差。

答案：ABCD

Lb5C3033 大容量变压器都进行真空注油的原因是(　　)。

(A) 提高注油速度；(B) 去除变压器油中的杂质；(C) 使器身上附着的气泡充分排除，提高绝缘性能；(D) 防止变压器受潮。

答案：CD

Lb5C3034 电路图中连到另一张图上的连接线，在中断处应注明(　　)等标记。

(A) 图号；(B) 张次；(C) 中断线数；(D) 图幅分区代号。

答案：ABD

Lb5C3035 电气设备中常用的绝缘油有(　　)特点。

(A) 良好的润滑特性；(B) 良好的灭弧介质；(C) 绝缘油对绝缘材料起保养、防腐作用；(D) 绝缘油具有较空气大得多的绝缘强度。

答案：BCD

Lb5C3036　金属氧化物避雷器 Y10W5-100/248 中的 100 指的是（　　），248 指的是（　　）。

（A）额定电压；（B）持续运行电压；（C）雷电流 5kA 下的残压；（D）雷电流 10kA 下的残压。

答案：AD

Lb5C4037　接地开关能够满足（　　）。

（A）释放被检修设备和回路的静电荷；（B）为保证停电检修时检修人员人身安全的一种机械接地装置；（C）它还能够在正常回路条件下承载负荷电流；（D）它可以在异常情况下（例如短路）耐受一定时间的电流，但在正常情况下不通过负载电流，通常是隔离开关的一部分。

答案：ABD

Lb5C4038　设备的接触电阻过大时有（　　）危害。

（A）使设备的接触点发热；（B）时间过长缩短设备的使用寿命；（C）使断路器跳闸；（D）严重时可引起火灾，造成经济损失。

答案：ABD

Lb5C4039　常用来进行清洗零件的是（　　）等。

（A）煤油；（B）汽油；（C）酒精；（D）水。

答案：ABC

Lb5C4040　防污闪事故的技术措施有（　　）。

（A）涂料；（B）加强巡视；（C）防污罩；（D）合成绝缘子。

答案：ACD

Lb5C4041　隔离开关可能出现的主要故障有：触头过热、隔离开关拉不开和（　　）。

（A）水平连杆松动；（B）绝缘子表面闪络和松动；（C）刀片自动断开；（D）片刀弯曲。

答案：BCD

Lb5C4042　所谓运用中的电气设备系指（　　）的电气设备。

（A）全部带有电压；（B）一部分带有电压；（C）一经操作即带有电压。

答案：ABC

Lb5C4043　低压电磁开关衔铁噪声大的原因有（　　）。

（A）两接触面磨损严重或端面上有灰尘、油垢；（B）短路环损坏脱落；（C）电路有电磁谐振；（D）吸引线圈上所加的电压太低。

答案：ABD

Lb5C4044 母线的对接螺栓不能拧得过紧的原因是(　　)。

(A) 垫圈下母线部分被压缩，母线的截面增大；(B) 由于铝和铜的膨胀系数比钢大，垫圈下母线被压缩；(C) 温度降低，因母线的收缩率比螺栓大，于是形成一个间隙，接触电阻加大；(D) 接触面就易氧化而使接触电阻更大，最后使螺栓连接部分发生过热现象。

答案：BCD

Lb5C4045 检查耐张线夹时，需检查(　　)。

(A) U形螺钉和船形压板；(B) 销钉和开口销；(C) 垫圈和弹簧垫及螺帽等；(D) 零件是否齐全，规格是否统一。

答案：ABCD

Lb5C4046 验电的三个步骤为(　　)。

(A) 检查各部分螺钉是否紧固；(B) 验电前应将验电笔在带电的设备上验电，证实验电笔是否良好；(C) 在设备进出线两侧逐相进行验电，不能只验一相；(D) 验明无电压后再把验电笔在带电设备上复核是否良好。

答案：BCD

Lb5C4047 气体放电的主要形式有(　　)。

(A) 火花放电；(B) 辉光放电；(C) 电弧放电；(D) 电晕放电。

答案：ABCD

Lb5C4048 电气设备安全工作的技术措施(　　)。

(A) 停电；(B) 验电；(C) 接地；(D) 使用个人保安线；(E) 悬挂标示牌和装设遮栏（围栏）。

答案：ABCE

Lb5C4049 完整项目代号是由(　　)组成的。

(A) 高层代号；(B) 名称代号；(C) 种类代号；(D) 端子代号。

答案：ACD

Lb5C4050 220kV系统中性点接地方式有(　　)。

(A) 中性点经低电阻接地；(B) 中性点不接地；(C) 中性点直接接地；(D) 中性点经消弧线圈接地。

答案：ABD

Lb5C4051 《国家电网公司电力安全工作规程》规定：10kV、35kV户外配电装置的裸露部分在跨越人行过道或作业区时，若导电部分对地高度分别小于(　　)m，该裸露部分两侧和底部需装设护网。

(A) 2.6；(B) 2.7；(C) 2.8；(D) 2.9。

答案：BC

Lb5C4052 隔离开关有(　　)联锁方式。

(A) 机械联锁；(B) 电气联锁；(C) 电磁锁；(D) 微机防误闭锁。

答案：ABCD

Lb5C4053 隔离开关应具备(　　)等附属装置。

(A) 操动机构；(B) 信号指示器；(C) 闭锁装置；(D) 灭弧单元。

答案：ABC

Lb5C4054 下列关于 R、L、C 串联谐振电路特点说法正确的是（　　）。

(A) 电流呈最小；(B) 电流呈最大；(C) 通过电感和电容上的电流幅值相等；(D) 电路呈现纯阻性。

答案：BCD

Lb5C4055 隔离开关能够满足(　　)的要求。

(A) 在分闸位置能够按照规定的要求提供隔离断口的机械开关装置；(B) 能开断或关合回路中负荷电流；(C) 每极端子间没有显著的电压变化时隔离开关可以关合和开断回路；(D) 能够在正常回路条件下承载电流，且在异常的回路条件（如短路）下在规定的时间内承载电流。

答案：AD

Lb5C4056 隔离开关的主要用途为(　　)。

(A) 检修与分段隔离；(B) 倒换母线；(C) 开一合空载线路；(D) 能切断或闭合高压线路的空载电流。

答案：ABC

Lb5C5057 在高压设备上工作，为了保证安全有(　　)组织措施。

(A) 停电；(B) 工作许可制度；(C) 工作监护制度；(D) 工作间断、转移、终结制度；(E) 接地。

答案：BCD

Lb5C5058 下列关于 R、L、C 并联谐振电路特点说法正确的是（　　）。

(A) 电流呈最小；(B) 电流呈最大；(C) 通过电感和电容上的电流幅值相等；(D) 电路呈现纯阻性。

答案：ACD

Lb5C5059 通过电流 1.5kA 以上的穿墙套管，当装于钢板上时应当(　　)。

(A) 焊接加强筋，防止振动；(B) 在钢板沿套管径向水平延长线上，切一条 3mm 左右横缝；(C) 将钢板上切开的缝隙用导磁金属材料补焊切口；(D) 将钢板上切开的缝隙用非导磁金属材料补焊切口。

答案：BD

Lb5C5060 断路器的分闸辅助接点要先投入后切开的原因有(　　)。

(A) 接点容量不够；(B) 做好跳闸的准备，一旦断路器合入故障时即能迅速断开；(C) 保证断路器可靠的分闸；(D) 保证可靠重合闸。

答案：BC

Lb5C5061 通过电流 1.5kA 以上的穿墙套管，当装于钢板上时，要在钢板沿套管径向水平延长线上，切一条 3mm 左右横缝的原因有(　　)。

(A) 钢板中的磁通不能形成闭合磁路；(B) 钢板中的磁通明显被减弱；(C) 减少振动；(D) 使涡流损耗大大下降，减少钢板发热。

答案：ABD

Lb5C5062 断路器设置缓冲装置的作用是(　　)。

(A) 提高分闸速度；(B) 提高合闸速度；(C) 使运动系统平稳；(D) 吸收运动系统的剩余动能。

答案：CD

Lc5C1063 正确地选定画线基准，能使画线(　　)。

(A) 方便；(B) 准确；(C) 迅速；(D) 合理。

答案：ABC

Lc5C1064 触电急救坚持的“八字原则”是(　　)。

(A) 安全第一、预防为主；(B) 迅速；(C) 就地；(D) 准确；(E) 坚持；(F) 坚决。

答案：BCDE

Lc5C2065 进行气割、电焊作业时(　　)。

(A) 应配备足够的消防器材；(B) 工作场所应有良好的通风；(C) 工作场所禁止堆放易燃易爆物品。

答案：ABC

Lc5C3066 开工会要做到“三交”，是指(　　)。

(A) 交任务；(B) 交安全；(C) 交设备检修工艺；(D) 交措施。

答案：ABD

Lc5C3067 使用砂轮机的安全事项有(　　)。

(A) 使用砂轮机应戴眼镜、口罩，衣袖要扎紧；(B) 砂轮机开动后，检查转向是否正确，速度稳定后再工作；(C) 使用者须站在砂轮侧面，手指不可接触砂轮；(D) 勿在砂轮两侧面磨工件，不可两人同时使用一块砂轮；(E) 对所磨工作件应握紧；(F) 不得用腹部或腿顶压工件，也不得用大力压紧砂轮。

答案：ABCDEF

Lc5C3068 常用来进行打磨的材料是(　　)等。

(A) 砂纸；(B) 砂布；(C) 砂轮；(D) 锉刀。

答案：AB

Lc5C4069 在检修作业中常用来进行清洗零件的液体是(　　)。

(A) 煤油；(B) 汽油；(C) 水；(D) 酒精。

答案：BD

Lc5C4070 电击是指人的内部器官受到电的伤害。当电流流过人的内部重要器官时，如(　　)等，将造成损坏内部系统工作机能紊乱，严重时会休克甚至死亡。

(A) 呼吸系统；(B) 中枢神经系统；(C) 免疫系统；(D) 血液循环系统。

答案：ABD

Lc5C4071 润滑油在各种机械中的作用为(　　)。

(A) 绝缘作用；(B) 冷却作用；(C) 封闭作用；(D) 清洁作用。

答案：BCD

Lc5C4072 并联电容器补偿装置的主要功能是（　　）。

(A) 向电网提供可容性无功；(B) 补偿多余的感性无功、减少电网有功损耗；(C) 保证电压稳定在允许的范围内；(D) 提高电网电压。

答案：ABD

Lc5C4073 常见的工程图主要有(　　)。

(A) 机械图；(B) 建筑图；(C) 电气图；(D) 装配图。

答案：ABC

Lc5C4074 扑灭电气火灾时，应注意(　　)。

(A) 切断电源，火灾现场尚未停电时，应设法先切断电源；(B) 防止触电，人身与带电体之间保持必要的安全距离，电压 110kV 及以下者不应小于 3m，220kV 及以上者不应小于 5m；(C) 发动周围的居民积极参与灭火救灾；(D) 泡沫灭火器不宜用于带电灭火。

答案：ABD

Lc5C5075 SYG-300C、SL-300B型金具，各字母含义为(　　)。

(A) S：设备线夹；Y：压接型；(B) 300B：螺栓型号；(C) G：铜铝过渡；(D) B：设计序号。

答案：AC

Lc5C5076 基本尺寸相同的相互结合的孔、轴公差带之间的配合关系有(　　)。

(A) 间隙；(B) 过盈；(C) 过渡；(D) 重叠。

答案：ABC

Lc5C5077 发现有人触电时，脱离电源的方法(　　)。

(A) 断开与触电者有关的电源开关；(B) 用相应的绝缘物使触电者脱离电源，现场可采用短路法使断路器跳闸或用绝缘杆挑开导线等；(C) 脱离电源时需防止触电者摔伤。

答案：AB

Lc5C5078 MSS-125×10型金具，各字母含义为(　　)。

(A) M：设计形式；(B) S：伸缩节；(C) S：闪光焊接；(D) 125×10：接触面的截面规格。

答案：BCD

Jd5C2079 在拧紧母线的对接螺栓时，应当(　　)。

(A) 温度低螺栓应拧松一点；(B) 温度高应拧紧一点；(C) 温度低螺栓应拧紧一点；(D) 温度高应拧松一点。

答案：CD

Jd5C2080 在手锯上安装锯条时，应注意(　　)。

(A) 必须使锯齿朝向前推的方向，否则不能进行正常锯割；(B) 必须使锯齿朝向后拉的方向，否则不能进行正常锯割；(C) 锯条的松紧要适当，锯条太松锯割时易扭曲而折断；太紧则锯条承受拉力太大，失去应有的弹性，也容易折断；(D) 锯条装好后检查其是否歪斜、扭曲，如有歪斜、扭曲应加以校正。

答案：ACD

Jd5C3081 钢丝绳及麻绳的保管存放需要(　　)。

(A) 钢丝绳或麻绳均需在通风良好、不潮湿的室内保管，要放置在架上或悬挂好；(B) 钢丝绳应定期上油；麻绳受潮后必须加以干燥，在使用中应避免碰到酸碱液或热体；(C) 使用后的钢丝绳应盘绕好，存放在干燥的木板上并定期检查、上油和保养；(D) 使用后的麻绳应盘绕好，存放在干燥的木板上并定期检查、上油和保养。

答案：AB

Jd5C4082 砂轮在使用时应遵守(　　)规定。

(A) 禁止使用没有防护罩的砂轮；(B) 使用砂轮研磨时，应戴防护眼镜或使用防护玻璃；(C) 用砂轮研磨时应使火星向下；(D) 可用砂轮的侧面研磨。

答案：ABC

Jd5C4083 滑车在(　　)情况下不准使用。

(A) 滑车边缘磨损过多；(B) 有裂纹；(C) 开口封闭；(D) 滑车轴弯等有缺陷。

答案：ABD

Je5C1084 电容器的搬运和保存应注意(　　)。

(A) 搬运电容器时，应直立放置，严禁搬拿套管；(B) 保存电容器应在防雨仓库内，周围温度应在－40～＋50℃范围内，相对湿度不应大于75%；(C) 户内式电容器必须保存于户内；(D) 在仓库中存放电容器应直立放置，套管向上，禁止将电容器相互支撑。

答案：ACD

Je5C1085 混凝土的养护要求(　　)。

(A) 浇制好的混凝土要进行养护，防止其因干燥而龟裂，养护必须在浇后12h内开始，炎热或有风天气3h后就开始；(B) 浇制好的混凝土要进行养护，防止其因干燥而龟裂，养护必须在浇后24h内开始；(C) 养护日期一般为7～14天，在特别炎热干燥地区，还应加长浇水养护日期；(D) 养护方法可直接浇水或在混凝土基础上覆盖草袋稻草等，然后再浇水。

答案：ACD

Je5C2086 选用锯条锯齿的粗细，可按切割材料的(　　)程度不同选用。

(A) 厚度；(B) 软度；(C) 酸、碱度；(D) 硬度。

答案：ABD

Je5C2087 电压互感器在接线时应注意(　　)。

(A) 要求接线正确，连接可靠；(B) 电气距离符合要求；(C) 装好后的母线，不应使互感器的接线端承受机械力；(D) 二次回路不得接地。

答案：ABC

Je5C2088 启动电动机时，应注意(　　)。

(A) 启动前检查电动机附近是否有人或其他物体，以免造成人身及设备事故；

(B) 电动机接通电源后，如果有电动机不能启动或启动很慢、声音不正常、传动机械不正常等现象，应立即切断电源检查原因；(C) 启动多台电动机时，一般应从大到小有秩序地一台台启动，不能同时启动；(D) 电动机应避免频繁启动，尽量减少启动次数。

答案：ABCD

Je5C2089 隔离开关、接地开关运行中应注意(   )的问题。

(A) 隔离开关各运动部位用润滑脂宜采用性能良好的黄油润滑脂；(B) 隔离开关导电触头部位用润滑脂，宜采用性能良好的凡士林；(C) 对不符合国家电网公司《关于高压隔离开关订货的有关规定（试行）》完善化技术要求的72.5kV及以上电压等级隔离开关、接地开关应进行完善化改造或更换；(D) 加强对隔离开关导电部分、转动部分、操动机构、瓷绝缘子等的检查，防止机械卡涩、触头过热、绝缘子断裂等故障的发生。

答案：CD

Je5C2090 出现下列（   ）情况，应开展诊断性试验。

(A) 设备解体性检修之后；(B) 例行试验异常；(C) 受家族缺陷警示；(D) 经历了较严重不良工况后。

答案：BCD

Je5C3091 过电压分为大气过电压和内部过电压两大类，其中内部过电压包括(   )。

(A) 操作过电压；(B) 暂时过电压；(C) 工频电压升高；(D) 感应雷过电压。

答案：AB

Je5C3092 金属氧化物避雷器总泄漏电流主要由（   ）等几部分组成。(   )。

(A) 电容电流；(B) 电阻电流；(C) 流过绝缘体的电导电流；(D) 极化电流。

答案：ABC

Je5C4093 二次线整体绝缘的摇测项目注意事项有(   )。

(A) 断开本路交直流电源；(B) 断开与其他回路的连线；(C) 不得拆开电流回路及电压回路的接地点；(D) 摇测完毕应恢复原状。

答案：ABD

Je5C4094 在检修作业中经常需要清擦一些金属件，常用来进行清洁擦拭的材料是(   )。

(A) 棉丝头；(B) 砂布；(C) 布头；(D) 绸头。

答案：ACD

Je5F4095 电流互感器二次开路后会(   )。

(A) 铁芯饱和，损坏绝缘；(B) 二次线圈产生很高的电动势，威胁人身、设备安全；(C) 铁芯产生剩磁，失去准确性；(D) 造成铁芯强烈过热，烧损电流互感器。

答案：BD

Je5C5096 隔离开关的动、静触头检修应按照(   )处理工艺进行。

(A) 检查触指不变形，无电弧烧伤凹痕，弹簧不变形、不断裂、不生锈。动静触头无发热变色现象，可用百洁布蘸酒精或汽油等清洁剂后轻擦，对镀银层必须要保护，然后在触头的接触面上涂二硫化钼给予润滑；（B）对接线端的活动触头座应开启端盖，检查内部部件的镀银层应完好，轴销、弹簧、开口销完好不锈蚀，对各部件进行清洗，并涂油；接线端子应拆开清洗处理接触面；检查所有固定螺栓紧固情况，按要求使用力矩扳手紧固；（C）检查静触头的触指不变形，无电弧烧伤凹痕，弹簧不变形、不断裂、不生锈。动静触头无发热变色现象，可用百洁布蘸酒精或汽油等清洁剂后轻擦，对镀银层氧化的可用细砂纸轻微打磨，然后在触头的接触面上涂凡士林给予润滑。

答案：AB

Je5C5097 测量三相三线不对称电路有功功率的方法有（ ）。

（A）一表法；（B）两表法；（C）三表法。

答案：BC

Jf5C2098 全部停电的工作包括（ ）。

（A）线路停电；（B）室内高压设备全部停电（包括架空线路与电缆引入线在内），并且通至邻接高压室的门全部闭锁；（C）室外高压设备全部停电（包括架空线路与电缆引入线在内）；（D）变电站全停。

答案：BC

Jf5C4099 电伤是指电对人体的外部造成的局部伤害。常见的电伤有（ ）。

（A）电灼伤；（B）红肿；（C）电烙印；（D）皮肤金属化。

答案：ACD

Jf5C4100 钳工常用的设备有（ ）。

（A）钳台；（B）台虎钳；（C）切断机；（D）钻床。

答案：ABD

Jf5C4101 电气防火防爆的措施有（ ）。

（A）排除可燃、易燃物质；（B）排除电气火源；（C）关闭门窗防止人员进入；（D）采取土建和其他方面的措施。

答案：ABD

Jf5C4102 采用心肺复苏法进行抢救的三项基本措施是（ ）。

（A）通畅气道；（B）口对口（鼻）人工呼吸；（C）胸外按压（人工循环）；（D）注射强心剂。

答案：ABC

Jf5C5103 液压机构压力异常升高的原因有（ ）。

（A）额定油压微动开关接点失灵；（B）油渗入储压筒氮气侧，使预压力升高；（C）压力表失灵；（D）温度升高。

答案：ABCD

1.4 计算题

La5D1001 欲使 $I=0.2\text{A}$ 的电流流过一个 $R=X_1\Omega$ 的电阻，问在该电阻的两端需要施加________V的电压。

X_1 取值范围：10，20，30，85

计算公式：$U=IR=0.2\times X_1$

La5D2002 在电压 U 为220V电源上并联两只灯泡，它们的功率分别是 P_1 为 X_1W 和 P_2 为300W，则总电流是________A。

X_1 取值范围：100，200，300

计算公式：$I=\dfrac{P_1+P_2}{U}=\dfrac{X_1+300}{220}$

La5D2003 两只电阻并联电路，已知 $R_1=30\Omega$，$R_2=X_1\Omega$，则并联后的等效电阻 R_0 是________Ω。

X_1 取值范围：10，20，50，70

计算公式：$R_0=\dfrac{R_1R_2}{R_1+R_2}=\dfrac{30\times X_1}{30+X_1}$

La5D3004 如图所示，已知三相负载阻抗相同，且 P_{V2} 表读数 U_2 为 X_1V，则 P_{V1} 表的读数是________V。

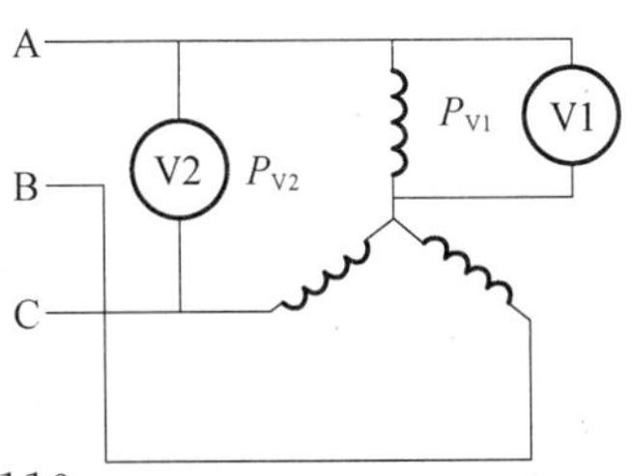

X_1 取值范围：380，220，110

计算公式：$P_{V1}=\dfrac{U_2}{\sqrt{3}}=\dfrac{X_1}{\sqrt{3}}$

La5D3005 如图所示，已知三相负载的阻抗相同，P_{A1} 表的读数 I_1 为 X_1A，则 P_{A2} 表的读数 I_2 为________A。

X_1 取值范围：10，15，20

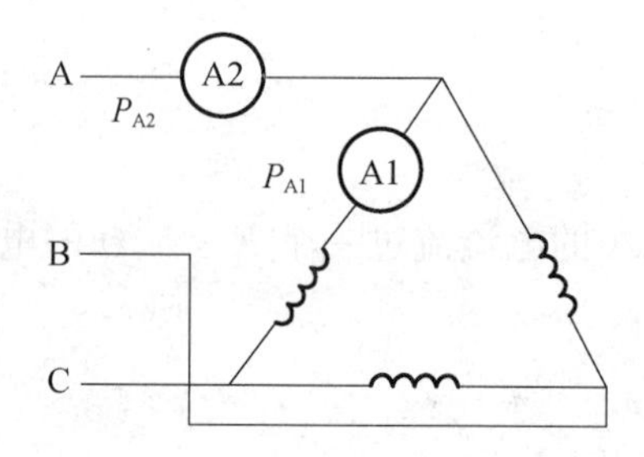

计算公式：因三相负载阻抗相同，所以A相电路中的电流为 $I_2=\sqrt{3}I_1=\sqrt{3}\times X_1$。

La5D3006 将一块最大刻度是300A的电流表接入变比为300/5的电流互感器二次回路中，当电流表的指示为 X_1A，表计的线圈实际通过的电流是________A。

X_1 取值范围：120，150，180

计算公式：$k=\dfrac{I_1}{I_2}=\dfrac{300}{5}$

$$I_2'=\frac{I_1'}{k}=\frac{X_1}{60}$$

La5D4007 一直径为 X_1cm的圆筒形线圈，除了线圈端部之外，其内部可以认为是一均匀磁场。设线圈内部的磁通密度为0.01T，则磁通 $\varphi=$________Wb。

X_1 取值范围：1.0～3.0之间保留一位小数

计算公式：$\varphi=BS=0.01\times\pi\times(\dfrac{X_1\times10^{-2}}{2})^2$

La5D4008 已知某一正弦交流电流，在 $t=0$ 时，其瞬时值为 X_1A，并已知该电流的初相角为30°，该电流的有效值 I 为________A。

X_1 取值范围：2，5，10

计算公式：由 $i=I_m\sin(\omega t+\varphi)$ 得：

当 $t=0$ 时，$i=I_m\sin\varphi$

$I_m=i/\sin\varphi=X_1/\sin30°=2X_1$

$I=I_m/\sqrt{2}=1.414X_1$

La5D4009 如图所示的电路中，已知电压 $U_{ab}=X_1$V，电阻 $R_1=6\Omega$，$R_2=15\Omega$，$R_3=10\Omega$，则该回路ab两端的等效电阻 R_{ab} 是________Ω，回路中流过的电流 I 是________A。

X_1 取值范围：110，220，330

计算公式：$R_{ab}=R_1+\dfrac{R_2R_3}{R_2+R_3}$

$$I=\frac{U_{ab}}{R_{ab}}=\frac{X_1}{R_{ab}}$$

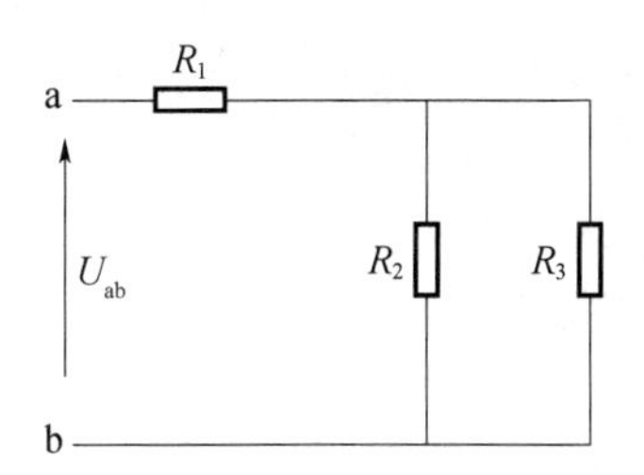

La5D5010 某一正弦交流电的表达式 $i = X_1 \sin(X_2 t + 30°)$ A，则其最大值 I_m 为________ A，有效值 I 为________ A，角频率 w 为________ rad/s，频率 f 为________ Hz。

X_1 取值范围：2，5，10

X_2 取值范围：314，628，942

计算公式： $I_m = X_1$

$$I = \frac{I_m}{\sqrt{2}} = \frac{X_1}{\sqrt{2}}$$

$$\omega = X_2$$

$$f = \frac{\omega}{2\pi} = \frac{X_2}{2 \times 3.14}$$

Lc5D1011 某单相变压器的 $S_N = X_1$ kV·A，$U_{1N}/U_{2N} = 10/0.4$ kV，则高低压侧的额定电流分别为________ A 和________ A。

X_1 取值范围：200，250，300

计算公式： $I_{1N} = \frac{S_N}{U_{1N}} = \frac{X_1}{10}$

$$I_{2N} = \frac{S_N}{U_{2N}} = \frac{X_1}{0.4}$$

Lc5D3012 功率因数为 1 的瓦特表，电压量限为 300V，电流量限为 5A，满刻度是 150 格。用它测量一台单相变压器短路试验消耗的功率，当表针指数为 X_1 格时，变压器的短路损耗功率为________ W。

X_1 取值范围：50，60，70，80，90，100

计算公式： $\Delta P_k = \frac{300 \times 5}{150} \times X_1$

Lc5D4013 一台单相变压器，已知一次电压 $U_1 = 220$ V，一次绕组匝数 $N_1 = X_1$ 匝，二次绕组匝数 $N_2 = 475$ 匝，二次电流 $I_2 = 75$ A，则二次电压 U_2 为________ V 及满负荷时的输出功率 P 为________ W。

X_1 取值范围：500，600，700

计算公式： $U_2 = \frac{U_1 \times N_2}{N_1} = \frac{220 \times 475}{X_1}$

$$P = UI$$

Jd5D1014 有一根尼龙绳，其破断拉力为 X_1N，如安全系数取 4，则许用拉力为________N。

X_1 取值范围：14500，14700，15000

计算公式： 许用拉力=破断拉力/安全系数=$X_1/4$

Jd5D3015 一台 X_1kg 的变压器，要起吊 3m 高，用 2-3 滑轮组进行人力起吊，则需用拉力为________N。

X_1 取值范围：300，400，500

计算公式： $N=\frac{\mathrm{mg}}{2+3}=\frac{X_1\times 10}{2+3}$

Jd5D3016 攻一 M X_1mm×X_2mm 的螺纹，则钻孔的钻头直径为________mm。

X_1 取值范围：10，12，14

X_2 取值范围：1.0，1.2，1.5

计算公式： $D=d-Kt=X_1-1.1\times X_2$

Je5D2017 一台 110kV 变压器的试验数据：高压绕组对低压绕组电阻 $R_{60}=X_1$MΩ，R_{15}=1900MΩ，则吸收比 k 是________。

X_1 取值范围：2500，2750，3000

计算公式： 吸收比 $k=\frac{R_{60}}{R_{15}}=\frac{X_1}{1900}$

Je5D2018 一台单相变压器，电压比为 35/10kV，低压线圈匝数 N_2是 X_1 匝，则高压线圈匝数 N_1为________匝。

X_1 取值范围：1260，1500，1800

计算公式： $\frac{U_1}{U_2}=\frac{N_1}{N_2}$

$$N_1=\frac{U_1}{U_2}N_2=\frac{35}{10}\times X_1$$

Je5D2019 变压器油箱内装有变压器油 50000L，变压器油的含水量为 $X_1\mu$L/L，则油内共含水 m 为________L。

X_1 取值范围：12，15，18

计算公式： $m=50000\times\frac{X_1}{1000000}$

Je5D2020 一台变压器需要注油量为 50t，采用真空净油机进行真空注油，注油速度 v 为 X_1m³/h，最快________h 可以注满（油的密度 ρ 为 0.91t/m³）。

X_1 取值范围：5，5.5，6

计算公式：$V=v\rho=X_1\times0.91$

$$t=\frac{m}{V}=\frac{50}{X_1\times0.91}$$

Je5D3021 长 X_1m 的线路，负载电流为 4A，如采用截面面积为 10mm² 的铝线（ρ=0.029Ω·mm²/m），导线上的电压损失（电压降）是________V。

X_1 取值范围：100～300 的整数

计算公式：$\Delta U=I^2R=I^2\rho\frac{L}{S}=4^2\times0.029\times\frac{X_1}{10}$

Je5D4022 一台 X_1kV·A 的变压器，接线组为 Yn，d11，变比 35000/10500V，则高压侧线电流 I_1 为________A、相电流 I_1'为________A 及低压侧线电流 I_2 为________A、相电流 I_2'为________A。

X_1 取值范围：8000，9000，10000

计算公式：$I_1=I'_1=\frac{S_N}{\sqrt{3}U_{1N}}=\frac{X_1}{\sqrt{3}\times35}$

$$I_2=\frac{S_N}{\sqrt{3}U_{2N}}=\frac{X_1}{\sqrt{3}\times10.5}$$

$$I'_2=\frac{I_2}{\sqrt{3}}$$

Je5D5023 用直径为 0.31mm 的铜导线（ρ=0.0175Ω·mm²/m）绕制变压器的一次侧绕组 254 匝，平均每匝长 X_1m；二次侧绕组用直径为 0.87mm 的铜导线绕 68 匝，平均每匝长 X_2m，变压器一次侧绕组电阻为________Ω，二次侧绕组电阻为________Ω。

X_1 取值范围：0.21～0.28 之间保留两位小数

X_2 取值范围：0.32～0.38 之间保留两位小数

计算公式：$R_1=\rho\frac{L_1}{S_1}=0.0175\times\frac{X_1\times254}{\pi\times(\frac{0.31}{2})^2}$

$$R_2=\rho\frac{L_2}{S_2}=0.0175\times\frac{X_2\times68}{\pi\times(\frac{0.87}{2})^2}$$

Jf5D3024 用一只内电阻 R_1 为 1800Ω，量程 U_1 为 X_1V 的电压表来测量 U_2=600V 的电压，则必须串接________Ω 的电阻。

X_1 取值范围：50，100，150

计算公式：$\frac{U_1}{R_1}\times(R+R_1)=U_2$

$$R=U_2\times\frac{R_1}{U_1}-R_1=600\times\frac{1800}{X_1}-1800$$

Jf5D4025 有一铝线圈，18℃时测得其直流电阻为 $X_1\Omega$，换算到75℃时为________Ω。

X_1 取值范围：1.00～2.00之间保留两位小数

计算公式：$R_{75}=\dfrac{X_1\times(225+75)}{(225+18)}$

1.5 识图题

La5E1001 如图所示，磁场中导体的电流方向是向外的，导体的受力方向为(　　)。

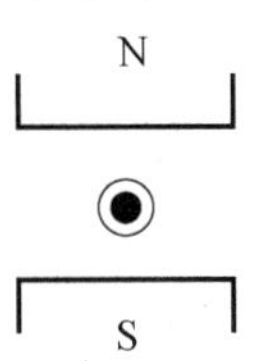

(A) 向上；(B) 向下；(C) 向左；(D) 向右。

答案：D

La5E2002 如图所示的图形符号是表示(　　)电气设备元件。

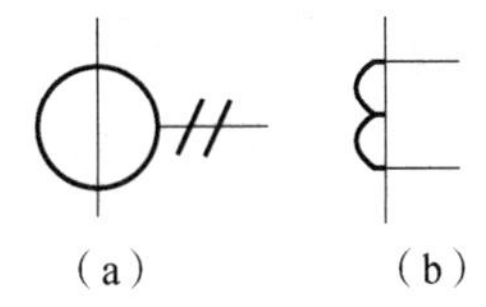

(A) 电抗器；(B) 电流互感器；(C) 电压互感器；(D) 消弧线圈。

答案：B

La5E4003 如图所示为(　　)元件上的电压、电流波形图。

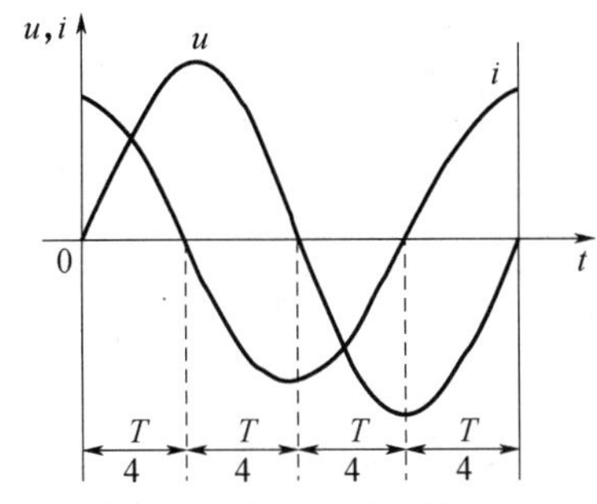

(A) 电阻；(B) 电感；(C) 电容；(D) 二极管。

答案：C

La5E5004 画出图中各参数的向量关系图，正确的是(　　)。

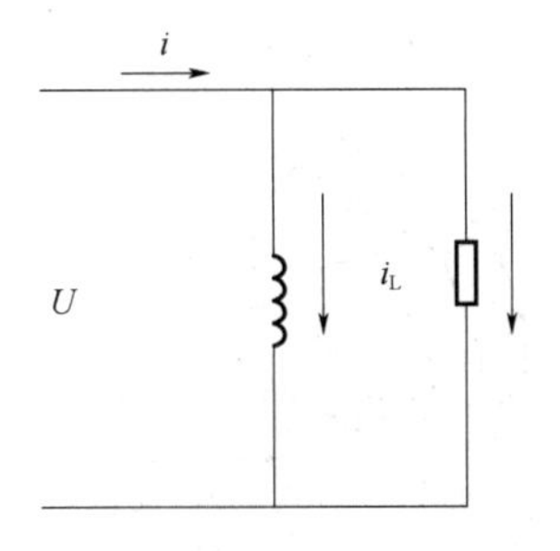

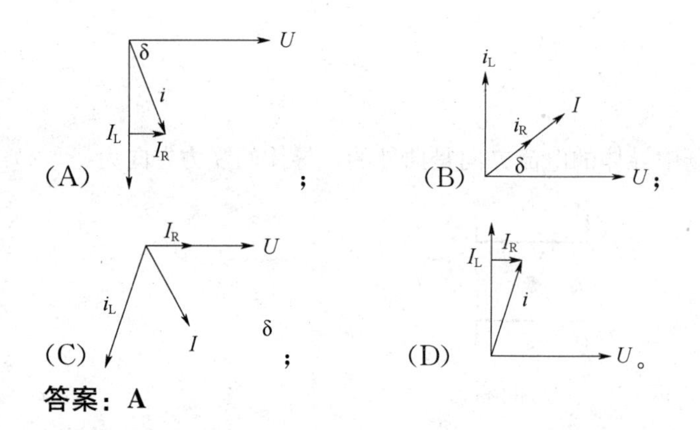

答案：A

Lb5E1005 如图所示为日光灯接线图，图中元件2的名称为(　　)。

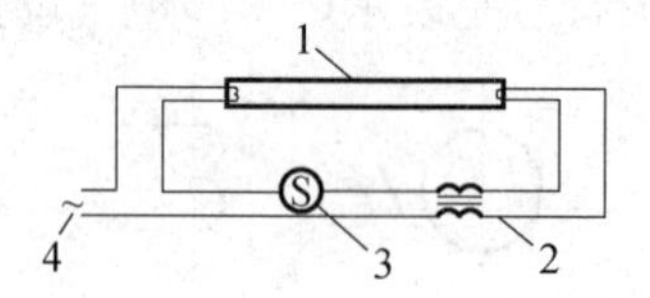

(A) 电容器；(B) 继电器；(C) 启辉器；(D) 镇流器。

答案：D

Lb5E3006 如图所示的一组常用图形符号分别为(　　)。

(A) 电流互感器、三绕组变压器、电压互感器；(B) 双绕组变压器、分裂变压器、电抗器；(C) 电抗器、分裂变压器、消弧线圈；(D) 双绕组变压器、三绕组变压器、自耦变压器。

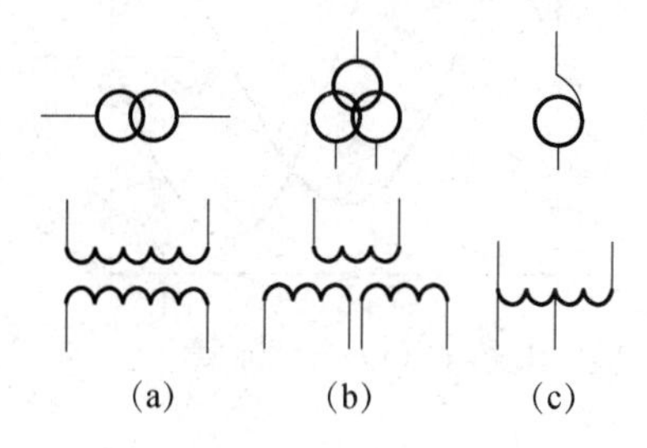

答案：D

Lc5E2007 如图所示，已知立体图，三视图是(　　)。

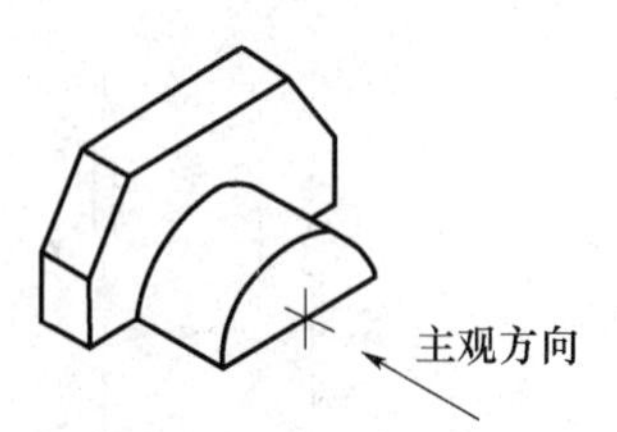

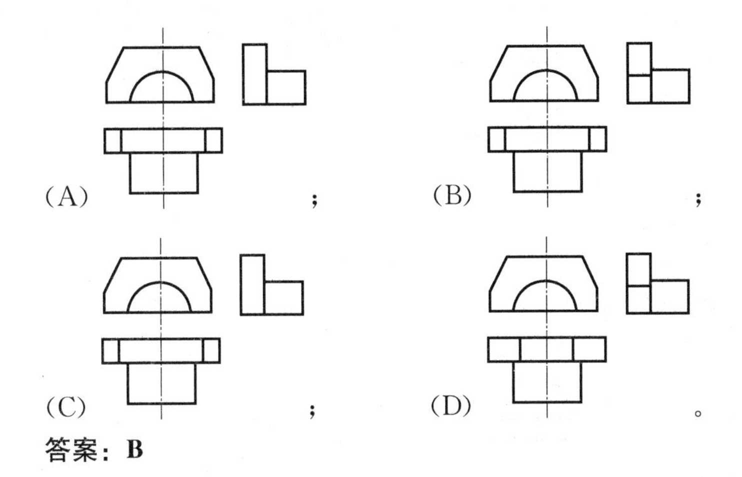

答案：**B**

Lc5E3008 如图所示，图右边为轴侧视图，如把左边与其对应的投影图编号填入括号中，则对应顺序（从上到下）是（　　）。

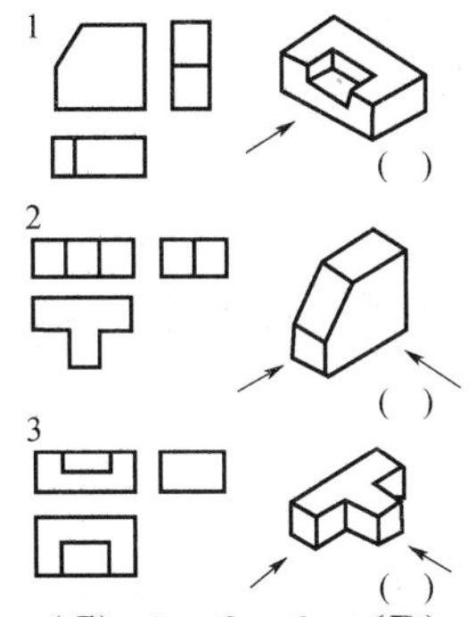

(A) 1、2、3；(B) 2、1、3；(C) 3、2、1；(D) 3、1、2。

答案：**D**

Lc5E4009 如图所示为内螺纹的剖视图，反映其圆孔的视图是（　　）。

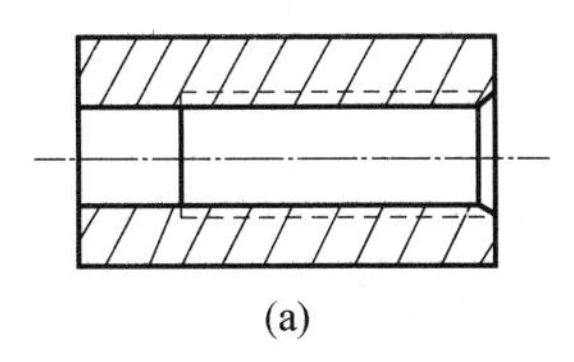

(A) 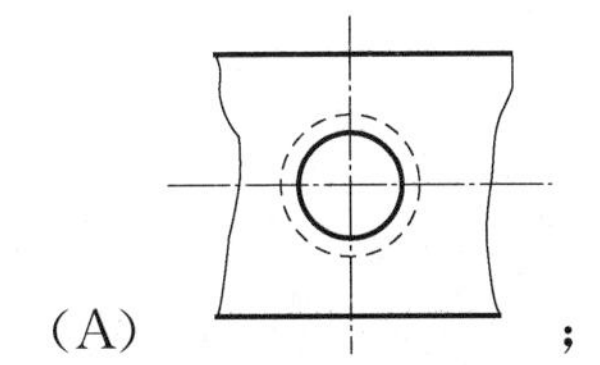；(B) 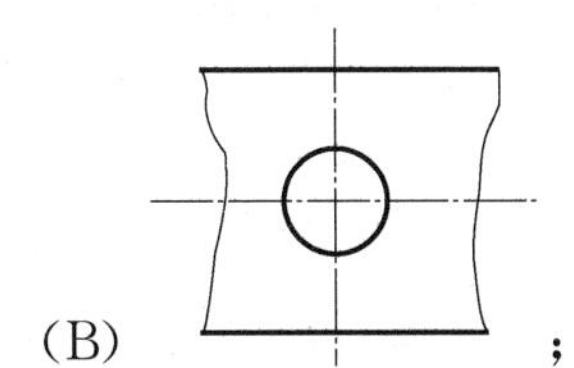；

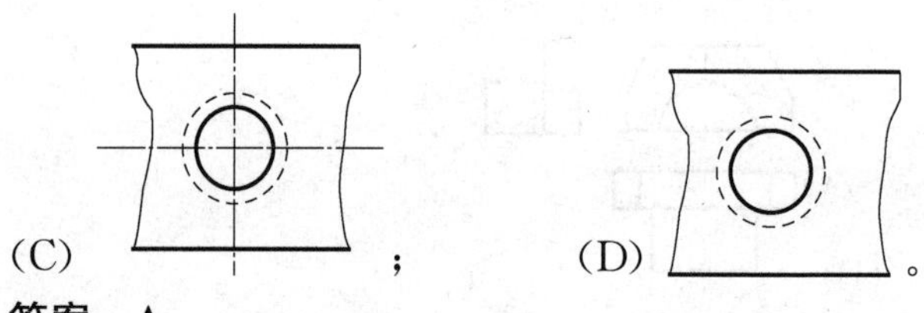

答案：A

Lc5E4010 如图所示的机件用三视图表示出来。（ ）

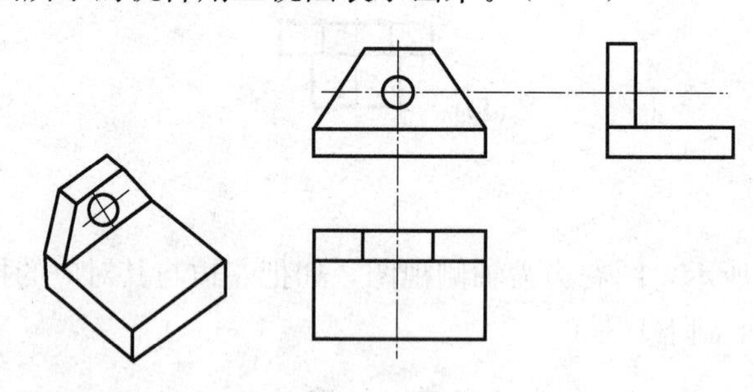

（A）正确；（B）错误；（C）不确定。

答案：B

Lc5E4011 如图为某部件的主视图，俯视图和侧视图，每个方格面积计为1，该部件表面积为（ ）。

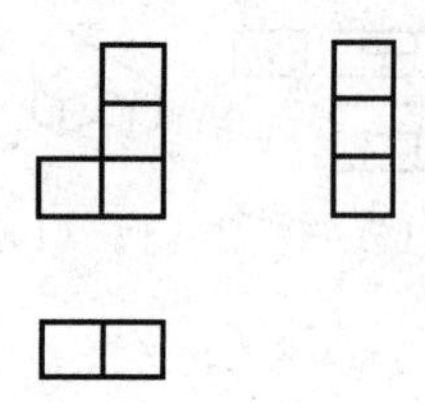

（A）16；（B）14；（C）18；（D）17。

答案：C

Jd5E2012 如图所示表示角钢焊成（ ）角的加工图。

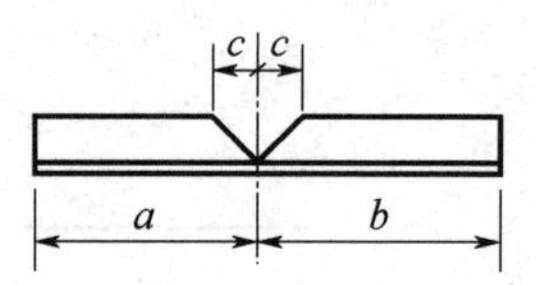

（A）30°；（B）90°；（C）120°；（D）60°。

答案：B

Jd5E3013　如图所示为电阻、电感、电容串联电路及其相量图，此时电路呈(　　)。

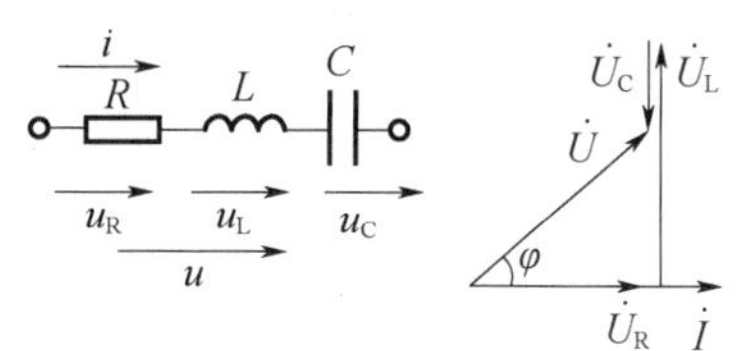

(A) 电容性；(B) 电感性；(C) 电阻性。

答案：B

Je5E3014　如图所示为GW4-35型隔离开关的接线座检修装配示意图，图中各元件表述正确的是(　　)。

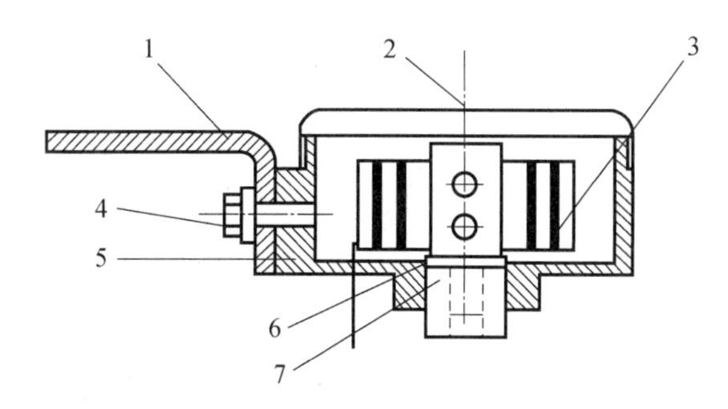

(A) 接线板，导电帽，导电带，六角螺钉，出线罩，垫圈，导电头；

(B) 接线板，防雨罩，导电带，六角螺钉，出线罩，垫圈，导电头；

(C) 接线板，防雨罩，导电带，六角螺钉，出线罩，垫圈，绝缘轴杆；

(D) 接线板，导电帽，导电带，六角螺钉，出线罩，垫圈，绝缘轴杆。

答案：B

2 技能操作

2.1 技能操作大纲

变电检修工（初级工）技能鉴定技能操作考核大纲

等级	考核方式	能力种类	能力项	考核项目	考核主要内容
初级工	技能操作	基本技能	01. 检修施工图	01. 默画双母线一次接线图并说出断路器检修所需措施	能看懂变电站一次接线图
				02. 根据图例说明设备各部件名称	了解断路器、隔离开关、母线、线夹的装配图与安装图
				03. 根据断路器控制回路图说明各元件名称和作用	能看懂断路器的控制回路图
			02. 钳工操作	01. 硬母线加工-平弯	在指导下能完成简单机械零件的加工
				02. 锯割基本操作	会锯、锉等基本操作
			03. 工机具、量具和仪器仪表	01. 正确使用万用表测量电器元件	了解专用工具、机具、仪器仪表的使用、维护及保养方法
		专业技能	01. 变电设备小修及维护	01. 金属部件及架构防腐的技术要点	对金属部件进行防腐处理
			02. 变电设备大修及安装	01. 使用兆欧表测量断路器二次回路的绝缘电阻	能进行简单的电气测量，会用万用表、兆欧表测量断路器、隔离开关等变电设备的绝缘电阻
				02. GW4-126 型隔离开关单相触头装配解体大修	能在指导下进行断路器、隔离开关、接地开关等设备的解体检修和清洗组装
				03. GW4-126 型隔离开关单相调试	在指导下对断路器、隔离开关、接地开关进行调试
				04. 断路器的机械特性各参数的意义	能参加断路器解体、检修及调试的辅助工作
			03. 恢复性大修	01. 更换 110kV 母线绝缘子	能更换变电站内损坏的绝缘子和穿墙套管
				02. 设备线夹压接	能加工制作和更换损坏的变电站内常见简单软、硬母线、设备引流线及设备线夹
		相关技能	01. 起重搬运	01. 根据要求演示起重指挥的手势	能看懂起重手势

2.2　技能操作项目

2.2.1　BJ5JB0101　默画双母线一次接线图并说出断路器检修所需措施

一、作业

（一）工器具、材料

（1）工器具：无。

（2）材料：圆珠笔。

（3）设备：无。

（二）安全要求

无。

（三）操作步骤及工艺要求（含注意事项）

1. 准备工作

着装规范。

2. 根据图纸（图 BJ5JB0101-1）写出工作任务的检修安全措施

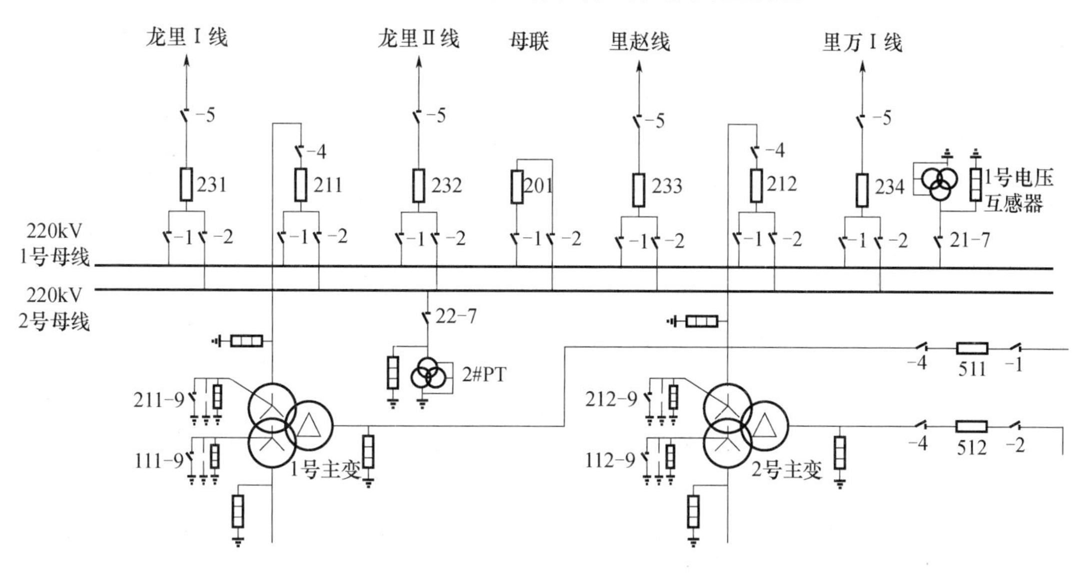

图 BJ5JB0101-1　变电站一次系统图

1）工作任务

XXX 断路器及 XXX-X 隔离开关检修试验所需的措施。

2）安全措施

（1）计划工作时间。

XXXX 年 XX 月 XX 日 XX 时 XX 分至 XXXX 年 XX 月 XX 日 XX 时 XX 分。

（2）应拉开的断路器，隔离开关，取下的熔断器（保险）。

①拉开 XXX 开关。

②拉开 XXX-X、XXX-XX、XXX-X 刀闸。

③取下 XXX 操作保险和控制保险。

（3）挂地线。

①应在 XXX-X 刀闸开关侧挂接地线。

②应在 XXX-X 刀闸线路侧挂接地线。

（4）装设遮栏、悬挂标示牌

①应在 XXX-X、XXX-X 刀闸操作把手上挂“禁止合闸，有人工作！”标示牌。

②应在 XXX 开关，XXX-X 刀闸处挂“在此工作！”标示牌。

③将工作地点用围带围好，围带上面向检修侧有明显的“止步，高压危险！”警示标志，并留有通道。

④在进行通道的入口处挂“从此进出！”标示牌。

（5）工作地点保留带点部分和注意事项。

220kV1 号、2 号母线运行，XXX-1、XXX-X 刀闸口带电。

二、考核

（一）考核场地

（1）可在室内或室外进行。

（2）设置评判用的桌椅和计时秒表。

（二）考核时间

（1）考核时间为 30min。

（2）开工前，考生检查着装，清点工器具、设备是否齐全，时间为 3min（不计入考核时间）。

（3）许可开工后记录考核开始时间。

（4）现场清理完毕后，汇报工作终结，记录考核结束时间。

（三）考核要点

（1）要求一人操作，考评员监护。考生着装规范，穿工作服、绝缘鞋，戴安全帽。

（2）安全文明生产。工器具、材料、设备摆放整齐，现场操作熟练连贯、有序，正确规范地使用工器具及安全用具。不发生危及人身或设备安全的行为，否则可取消本次考核成绩。

（3）熟悉一次设备检修所做的安全措施及注意事项要求，能正确描述应停用的设备及地线所挂位置，工作中的危险点和应采取的防范措施。

三、评分标准

行业：电力工程　　　　　　　　工种：变电检修工　　　　　　　　等级：五

编号	BJ5JB0101	行为领域	e	鉴定范围		变电检修初级工	
考核时限	30min	题型	A	满分	100 分	得分	
试题名称	默画双母线一次接线图说出断路器检修所需措施						
考核要点及其要求	（1）要求一人操作，考评员监护。考生着装规范，穿工作服、绝缘鞋，戴安全帽。 （2）安全文明生产。 （3）熟悉一次设备检修所做的安全措施及注意事项要求，能正确描述应停用的设备及地线所挂位置，工作中的危险点和应采取的防范措施						

续表

现场设备、工器具、材料	(1) 工器具：无。 (2) 材料：圆珠笔。 (3) 设备：无
备注	考生自备工作服、绝缘鞋

评分标准

序号	考核项目名称	质量要求	分值	扣分标准	扣分原因	得分
1	工作前准备及文明生产					
1.1	着装、工器具准备（该项不计考核时间，以3min为限）	穿工作服、戴合格安全帽	5	未穿工作服、未戴合格安全帽、每项扣2分		
2	默画一次接线图说出断路器检修所需措施					
2.1	应拉开的断路器，隔离开关，取下的熔断器（保险）	应拉合的断路器和隔离开关保证检修设备不带电	30	(1) 应拉开设备未断开，本次操作不合格，扣10分。 (2) 拉开设备过多，本次操作不合格，扣10分		
		二次保险或熔断器断开，确保储能和控制回路无电		(1) 操作保险、控制保险少拉开，每项扣5分。 (2) 少拉开两项以上，扣10分		
2.2	应挂地线或接地刀闸	所挂接地线或接地刀闸应保证检修设备无突然来电风险	20	(1) 少挂一处地线，扣10分 (2) 错挂地线，本次操作不合格，扣20分		
2.3	所需装设遮栏	检修设备设置封闭围栏	20	(1) 围栏设置不合格扣5分。 (2) 带电设备围入围网，扣10分。 (共计10分，分数扣完为止)		
		围栏上悬挂的“止步，高压危险!”标示牌朝向正确		标示牌朝向错误扣5分		
		围栏出入口围至临近道路旁		未设置围栏出入口扣5分		
2.4	所需悬挂标示牌	对于合闸可能导致检修设备突然来电的设备应悬挂“禁止合闸，有人工作!”等标示牌	20	(1)“禁止合闸，有人工作!”等标示牌悬挂不符合要求，每处扣5分。 (2) 未悬挂标示牌扣10分。 (共计10分分数扣完为止)		
		工作地点及检修设备设置“在此工作!”标示牌		(1)“在此工作!”标示牌悬挂不符合要求，扣5分。 (2) 未悬挂标示牌扣10分		
3	收工					
3.1	结束工作	工作结束，工器具及设备摆放整齐，工完场清，报告工作结束	5	(1) 未清现场，扣2分。 (2) 未汇报工作结束，扣3分		

2.2.2 BJ5JB0102 根据图例说明设备各部件的名称

一、作业

（一）工器具、材料、设备

（1）工器具：无。

（2）材料：纸、笔。

（3）设备：LW35-126 型断路器 1 台，真空泡 1 个。

（二）安全要求

（1）现场设置遮栏、标示牌：在检修现场四周设一留有通道口的封闭式遮栏，字面朝里挂适当数量“止步，高压危险!”标示牌，并挂“在此工作!”标示牌，在通道入口处挂“从此进出!”标示牌。

（2）作业过程中，确保人身与设备安全。

（三）操作步骤及工艺要求（含注意事项）

1. 准备工作

（1）着装。

（2）工器具、材料清点和外观检查。

（3）试验仪器做外观检查。

2. 简述步骤

（1）根据下图编号所指位置，写出真空泡各部分的名称。

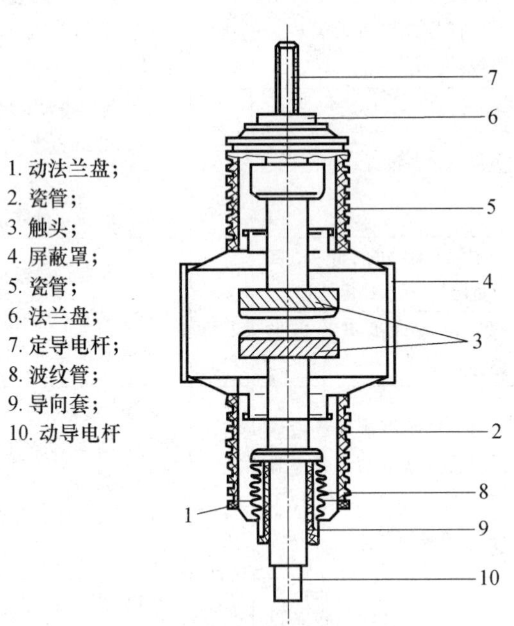

图 灭弧室剖面图

（2）根据下图编号所指位置，写出断路器各部分的名称。

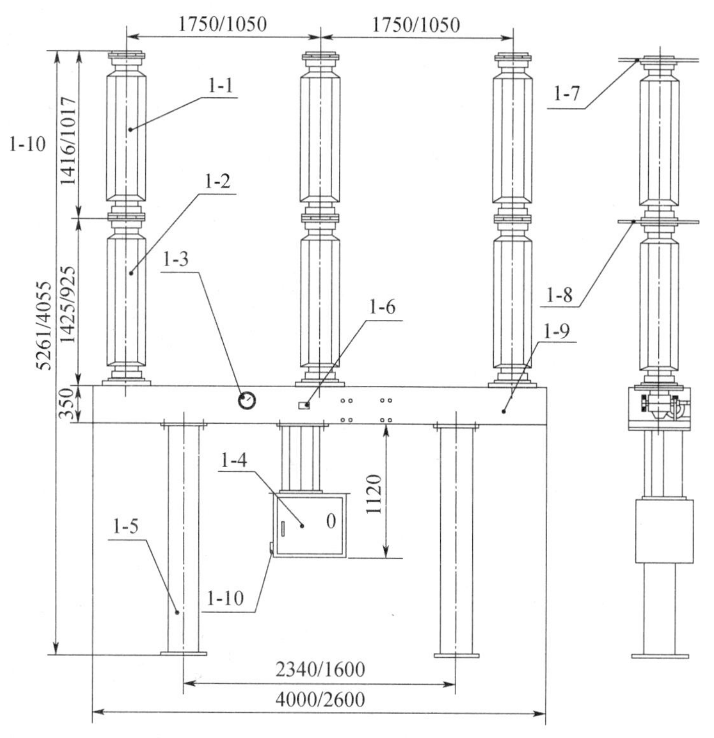

图　LW35-72.5/126 型断路器

1-1—灭弧室；1-2—支柱；1-3—密度继电器；1-4—弹簧操作机构；1-5—支架；1-6—分合指示；1-7—上线接板；1-8—下接线板；1-9—横梁；1-10—接地排

注：图中斜线上方为 LW35-126 型断路器尺寸。

（3）根据下图所指位置参数，写出断路器接线板各部分参数名称。

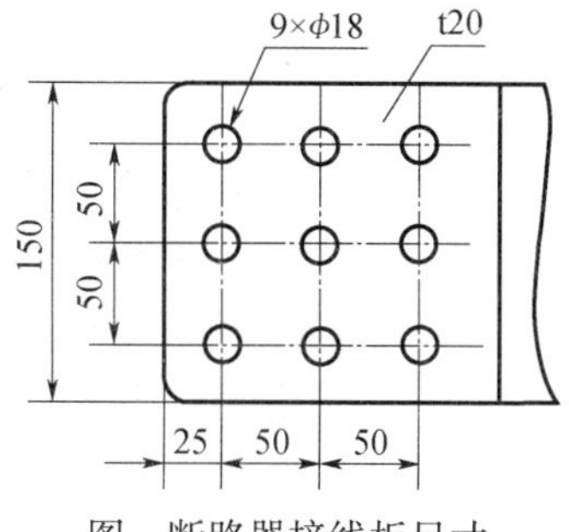

图　断路器接线板尺寸

二、考核

（一）考核场地

（1）可在室内或室外进行。

（2）每个工位放置 LW35-126 型断路器 1 台，真空泡 1 个，且各部件完整。在工位四周设置遮栏。

（3）设置评判用的桌椅和计时秒表。

（二）考核时间

（1）考核时间为40min。

（2）开工前，考生检查着装，检查设备是否齐全，时间为3min（不计入考核时间）。

（3）许可开工后记录考核开始时间。

（4）工作完毕后，汇报工作完毕，记录考核结束时间。

（三）考核要点

（1）要求一人操作，考评员监护。考生着装规范，穿工作服、绝缘鞋，戴安全帽。

（2）安全文明生产。不发生危及人身或设备安全的行为，否则可取消本次考核成绩。

（3）能够熟练地识别设备各部件的名称。

三、评分标准

行业：电力工程　　　　　　　　工种：变电检修工　　　　　　　　等级：五

编号	BJ5JB0102	行为领域	e	鉴定范围		变电检修初级工	
考核时限	40min	题型	A	满分	100分	得分	
试题名称	根据图例说明设备各部件的名称						
考核要点及其要求	（1）要求一人操作，考评员监护。考生着装规范，穿工作服、绝缘鞋，戴安全帽。 （2）安全文明生产。不发生危及人身或设备安全的行为，否则可取消本次考核成绩。 （3）能够熟练地识别设备各部件的名称						
现场设备、工器具、材料	（1）工器具：无。 （2）材料：纸、笔。 （3）设备：LW35-126型断路器1台，真空泡1个						
备注	考生自备工作服、绝缘鞋						

评分标准

序号	考核项目名称	质量要求	分值	扣分标准	扣分原因	得分
1	工作前准备及文明生产					
1.1	着装（该项不计考核时间，以3min为限）	穿工作服和绝缘鞋、戴合格安全帽	5	未穿工作服、戴安全帽、穿绝缘鞋，每项不合格扣2分。 未检查图纸扣2分，分数扣完为止		
2	图例说明设备各部件的名称					
2.1	根据现场实物并结合图片，写出图中真空灭弧室各部位标号元件名称	（1）动法兰盘。 （2）瓷管。 （3）触头。 （4）屏蔽罩。 （5）瓷管。 （6）法兰盘。 （7）定导电杆。 （8）波纹管。 （9）导向套。 （10）动导电杆	30	图中真空灭弧室各部位共有10个标号，每个错误扣3分		

续表

序号	考核项目名称	质量要求	分值	扣分标准	扣分原因	得分
2.2	根据现场实物并结合图片，写出图断路器中各部位标号元件名称	（1）灭弧室。 （2）支柱。 （3）密度继电器。 （4）弹簧操作机构。 （5）支架。 （6）分合指示。 （7）上接线板。 （8）下接线板。 （9）横梁。 （10）接地排	40	图中断路器中各部位标号元件名称共有10个标号，每个错误扣4分		
2.3	根据现场实物并结合图片，写出图中接线板各部分参数名称	设备接线板尺寸： （1）接线板厚度。 （2）螺栓孔直径。 （3）螺栓孔之间距离。 （4）螺栓孔距离接线板边缘的距离。 （5）接线板宽度	20	图中接线板各部分参数名称共有5个标号，每个错误扣4分		
3	收工					
3.1	结束工作	工作结束，工器具及设备摆放整齐，工完场清，报告工作结束	5	（1）图纸及备件摆放不整齐，扣2分。 （2）未清理现场，扣2分。 （3）未汇报工作结束，扣1分		

2.2.3 BJ5JB0103 根据断路器控制回路图说明各元件名称和作用

一、作业

（一）工器具、材料、设备

（1）工器具：无。

（2）材料：断路器控制回路图、电机回路图、加热回路图。

（3）设备：无。

（二）安全要求

1. 现场安全措施

用围网带将工作区域围起来，出口设置在安全的通道处，出入口处设置“从此进出!”标示牌，工作区内放置“在此工作!”标示牌。

2. 办理开工手续

办理开工、许可手续，进行工作票宣读，交代工作中的危险点。

（三）操作步骤及工艺要求

1. 准备工作

（1）着装规范。

（2）工器具、材料清点和做外观检查。

2. 操作步骤

（1）看图（图 BJ5JB0103-1 至图 BJ5JB0103-3）。

（2）说出各元件的名称（表 BJ5JB0103-1）。

（3）说出各元件的作用。

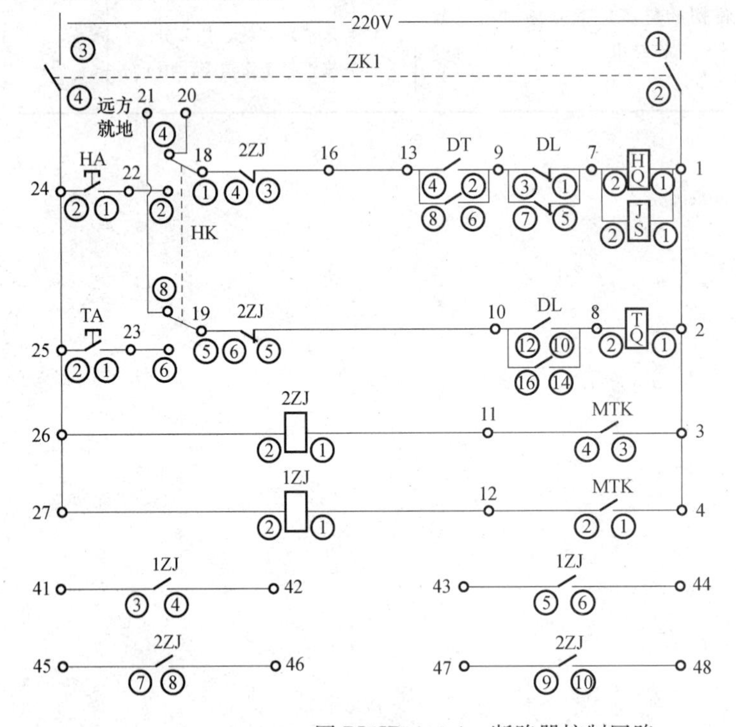

图 BJ5JB0103-1　断路器控制回路

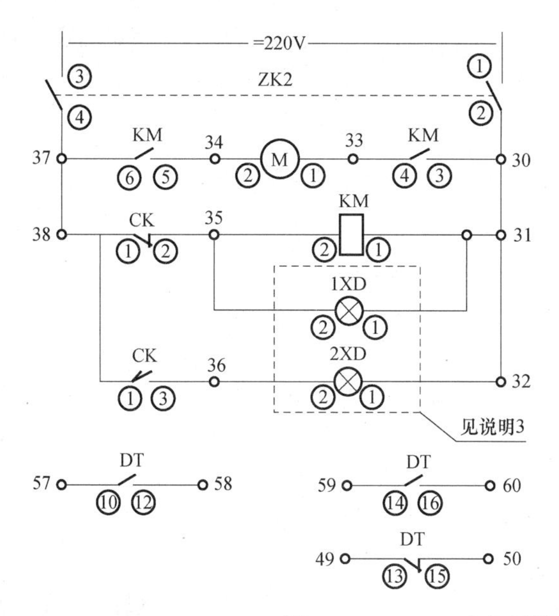

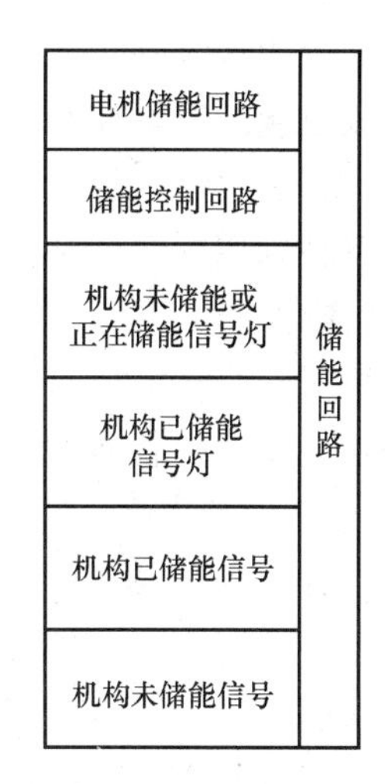

图 BJ5JB0103-2　电机回路

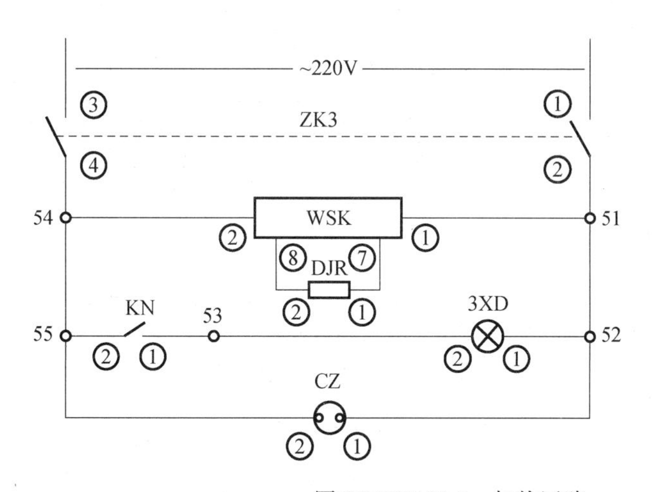

图 BJ5JB0103-3　加热回路

表 BJ5JB0103-1　字母对应名称

序号	字母	名称	序号	字母	名称	序号	字母	名称
1	M	储能电机	8	KM	接触器	15	HK	转换开关
2	HQ	合闸线圈	9	CK	行程开关	16	DP	接线端子
3	TQ	分闸线圈	10	WSK	温湿度控制器	17	ZJ	中间继电器
4	DL	辅助开关	11	DJR	加热器	18	KN	钮子开关
5	DT	小辅助开关	12	ZK	自动开关	19	XD	信号灯
6	JS	电磁计数器	13	HA	合闸按钮	20		
7	MTK	密度控制器	14	TA	分闸按钮			

二、考核

（一）考核场地

（1）可在室内或室外进行。

（2）现场放置断路器控制回路图、电机回路图、加热回路图各 1 张，在工位四周设置围栏。

（3）设置评判用的桌椅和计时秒表。

（二）考核时间

（1）考核时间为 30min。

（2）开工前，考生检查着装，清点工器具、设备是否齐全，时间为 3min（不计入考核时间）。

（3）许可开工后记录考核开始时间。

（4）现场清理完毕后，汇报工作终结，记录考核结束时间。

（三）考核要点

（1）要求一人操作，考评员监护。考生着装规范，穿工作服、绝缘鞋，戴安全帽。

（2）熟悉断路器控制回路图中各元件名称及其作用。

三、评分标准

行业：电力工程　　　　　　　　工种：变电检修工　　　　　　　　等级：五

编号	BJ5JB0103	行为领域	e	鉴定范围		变电检修初级工	
考核时限	30min	题型	A	满分	100 分	得分	
试题名称	根据断路器控制回路图说明各元件名称和作用						
考核要点及其要求	（1）要求一人操作，考评员监护。考生着装规范，穿工作服、绝缘鞋，戴安全帽。 （2）熟悉断路器控制回路图中各元件名称及其作用						
现场设备、工器具、材料	（1）工器具：无。 （2）材料：断路器控制回路图、电机回路图、加热回路图。 （3）设备：无						
备注	考生自备工作服、绝缘鞋						

评分标准

序号	考核项目名称	质量要求	分值	扣分标准	扣分原因	得分
1	工作前准备及文明生产					
1.1	着装、工器具准备（该项不计考核时间，以 3min 为限）	穿工作服和绝缘鞋、戴合格安全帽，图纸齐全	5	（1）未穿工作服、戴安全帽、穿绝缘鞋，每项不合格扣 2 分。 （2）未检查图纸，扣 2 分，分数扣完为止		
2	根据断路器控制回路图说明各元件名称和作用					

续表

序号	考核项目名称	质量要求	分值	扣分标准	扣分原因	得分
2.1	正确指出断路器控制回路图中各元件名称、各回路动作原理	指出下列各字母代表电器元件名称： ZK1：自动开关。 HA：合闸按钮。 HK：转换开关。 2ZJ：中间继电器。 DT：小辅助开关。 DL：辅助开关。 HQ：合闸线圈。 JS：电磁计数器。 TA：分闸按钮。 TQ：分闸线圈。 1ZJ：中间继电器。 MTK：密度控制器	50	每错一项电器元件扣2分；每错一个回路扣5分，分数扣完为止		
2.2	正确指出断路器电机回路图中各元件名称、各回路动作原理	指出下列各字母代表电器元件名称： ZK2：自动开关。 KM：接触器。 M：储能电机。 CK：行程开关。 1XD：信号灯。 2XD：信号灯。 DT：小辅助开关	40	每错一项电器元件扣2分；每错一个回路扣5分，分数扣完为止		
3	收工					
3.1	结束工作	工作结束，工器具及设备摆放整齐，工完场清，报告工作结束	5	（1）图纸及备件摆放不整齐，扣2分。 （2）未清理现场，扣2分。 （3）未汇报工作结束，扣1分		

备注：（本评分表仅做示例，考试时可选择其他型号断路器控制回路图）

2.2.4 BJ5JB0201 硬母线加工-平弯

一、作业

（一）工器具、材料、设备

（1）工器具：中号手锤1把、一字和十字螺丝刀2把、扁锉1套、钢丝刷1把、钢直尺1把、3m卷尺、木锤、角尺、记号笔1根、电源箱1个、母线加工机1台。

（2）材料：120mm×10mm铝排1根、酒精、00号砂纸、抹布、8号铁丝。

（3）设备：无。

（二）安全要求

1. 防止触电伤害

（1）低压验电时，必须向考评员汇报，在专人监护下进行机构箱低压验电。

（2）检查母线加工机外壳接地良好，电缆线无破损。

2. 防止机械伤害

使用电动母线加工机时，注意站位合理，防止高压油管脱出造成机械伤害。

3. 现场安全措施

用围网带将工作区域围起来，围网带上“止步，高压危险!”朝向围栏内，出入口设置在安全的通道处，出入口处设置“从此进出!”标示牌，工作区内放置“在此工作!”标示牌。

4. 办理开工手续

办理开工、许可手续，进行工作票宣读，交代工作中的危险点。

（三）操作步骤及工艺要求

1. 准备工作

（1）考生穿工作服、绝缘鞋，戴安全帽。

（2）清点现场工器具、材料、配件。

（3）检查设备外观。

（4）办理开工手续后，将母线加工机放置于工作区域便于使用位置。

2. 硬母线加工-平弯的操作步骤

（1）检查母线加工机外观完好，可靠接地，电源无破损。

（2）用万用表对检修电源箱验电，验电时必须向考评员汇报，在专人监护下进行电源箱验电。

（3）确认检修电源箱正常后，向考评员汇报，申请母线加工机通电，通电时在专人监护下进行。

（4）启动母线加工机，试验各项功能正常，然后停止待用。

（5）根据图纸的要求选择120mm×10mm铝排。

（6）将120mm×10mm铝排放在检修平台上，用扁锉去除毛刺，利用间隙透光法或眼睛瞄直法检查铝排弯曲部位。

（7）将铝排放在检修平台上凸面朝上，如果弯曲部位较大，可将木块放在凸起处，用手锤敲击木块，如果弯曲部位较小，可用木锤直接敲击凸起处，反复敲打铝排，直到铝排调直。

(8) 测量需要搭接设备位置尺寸，用 8 号铁丝放大样。

(9) 将模具安装在母线加工机的卡槽内紧固。

(10) 根据放大样尺寸，用记号笔画出母排起弯线，母排开始弯曲处距最近的母线支撑点的距离，不应大于两个支瓶之间距离 L 长度的 $0.25L$，但不得小于 50mm；铝排折弯处与框架顶部和底部最小距离 10kV 不得小于 225mm，35kV 不得小于 400mm；铝排开始弯曲处距母线连接接触面边缘的距离不应小于 50mm。

(11) 将母排起弯线对准模具起弯线处，将 8 号铁丝做的放大样放在加工机的上面，开始煨弯后随时观察母线弯曲角度与放大样对比，直到角度满足要求后停止加工。

技术要求：

母线平弯制作符合：母线尺寸 50mm×5mm 以下宽度的铝母线最小弯曲半径为 2 倍母线厚度；母线尺寸 125mm×10mm 以下铝母线最小弯曲半径不小于 2.5 倍母线厚度。

(12) 将煨好弯的母线放在检修平台上，根据图纸要求画出需要裁断的多余部分，多余的长尾头裁断后，检查实际加工尺寸和图纸的误差。

技术要求：弯曲角度调整 2 次后，母线压牢固，两侧搭接面长度短时，为不合格；搭接面长时，不大于 50mm 为合格；垂直于母线中心线左右偏差小于 10mm 为合格。

(13) 检查铝排，如有毛刺用扁锉去除毛刺。

(14) 折弯部位应无裂纹、起皱。

(15) 工作完毕将母线煨弯模具取出放回原位，向考评员汇报，申请母线加工机停电，停电时在专人监护下进行。

3. 结束工作

(1) 清理工作现场，将工器具、材料、设备归位，现场恢复至开工前状态。

(2) 办理工作终结手续，填写检修报告。

(3) 收工离场。

二、考核

(一) 考核场地

(1) 可在室内或室外进行。

(2) 现场放置 6m 铝排 1 根，规格 120mm×10mm，电源箱 1 个、母线加工机 1 套。在工位四周设置遮栏。

(3) 设置评判用的桌椅和计时秒表。

(二) 考核时间

(1) 考核时间为 30min。

(2) 开工前，考生检查着装，清点工器具、设备是否齐全，时间为 3min（不计入考核时间）。

(3) 许可开工后记录考核开始时间。

(4) 现场清理完毕后，汇报工作终结，记录考核结束时间。

(5) 在规定时间内完成，提前完成不加分，到时停止操作。

(三) 考核要点

(1) 要求一人操作，考评员监护。考生着装规范，穿工作服、绝缘鞋，戴安全帽。

（2）安全文明生产。工器具、材料、设备摆放整齐，现场操作熟练连贯、有序，正确规范地使用工器具及安全用具。不发生危及人身或设备安全的行为，否则可取消本次考核成绩。

（3）熟悉矩形硬母线加工-平弯的方法及注意事项要求，能正确选择母线加工机模具，并熟练进行安装。

三、评分标准

行业：电力工程　　　　工种：变电检修工　　　　等级：五

编号	BJ5JB0201	行为领域	d	鉴定范围		变电检修初级工	
考核时限	30min	题型	A	满分	100分	得分	
试题名称	硬母线加工-平弯						
考核要点及其要求	（1）要求一人操作，考评员监护。考生着装规范，穿工作服、绝缘鞋，戴安全帽。 （2）安全文明生产。工器具、材料、设备摆放整齐，现场操作熟练连贯、有序，正确规范地使用工器具及安全用具。不发生危及人身或设备安全的行为，否则可取消本次考核成绩。 （3）熟悉矩形硬母线加工平弯方法及注意事项要求，能正确选择母线加工机模具，并熟练进行安装						
现场设备、工器具、材料	（1）工器具：中号手锤1把、一字和十字螺丝刀2把、扁锉1套、钢丝刷1把、钢直尺1把、3m卷尺、木锤、角尺、记号笔1根、电源箱1个、母线加工机1台。 （2）材料：120mm×10mm铝排1根、酒精、00号砂纸、抹布、8号铁丝。 （3）设备：无						
备注	考生自备工作服、绝缘鞋						

评分标准

序号	考核项目名称	质量要求	分值	扣分标准	扣分原因	得分
1	工作前准备及文明生产					
1.1	着装、工器具准备（该项不计考核时间）	考核人员穿工作服、戴安全帽、穿绝缘鞋，工作前清点工器具、设备	3	（1）未穿工作服、戴安全帽、穿绝缘鞋，每项不合格扣2分。 （2）未清点工器具、设备，每项不合格扣2分，分数扣完为止		
1.2	安全文明生产	工器具摆放整齐，保持作业现场安静、清洁	12	（1）未办理开工手续，扣2分。 （2）工器具摆放不整齐，扣2分。 （3）现场杂乱无章，扣2分。 （4）不能正确使用工器具，扣2分。 （5）工器具及配件掉落，扣2分。 （6）发生不安全行为，扣2分发生危及人身、设备安全的行为直接取消考核成绩		

续表

序号	考核项目名称	质量要求	分值	扣分标准	扣分原因	得分
2	硬母线加工平弯					
2.1	硬母线加工前准备	检查母线加工机外观完好，可靠接地，电源无破损	15	(1) 母线加工机外观，接地线，电源线一项不检查，扣2分。 (2) 两项以上未检查，扣4分		
		用万用表对检修电源箱验电，验电时必须向考评员汇报，在专人监护下进行电源箱验电		(1) 未对检修电源箱验电，未向考评员汇报，未在监护下验电每漏一项程序，扣2分。 (2) 两项以上程序错误，扣4分		
		确认检修电源箱正常后，向考评员汇报，申请母线加工机通电，通电时在专人监护下进行		(1) 未向考评员申请就通电，扣2分。 (2) 失去监护下进行通电，扣2分。 (3) 未做该项目，扣4分		
		启动母线加工机，试验各项功能正常，然后停止待用		(1) 每项未做，扣1分。 (2) 未做该项目，扣3分		
2.2	硬母线加工	根据图纸的要求选择120mm×10mm铝排	40	不根据图纸选择铝排，扣4分		
		将120mm×10mm铝排放在检修平台上，用扁锉去除毛刺，利用间隙透光法或眼睛瞄直法检查铝排弯曲部位		(1) 未除毛刺就作业，扣2分。 (2) 未检查铝排弯曲就作业，扣2分。 (3) 两项未做，扣4分		
		将铝排放在检修平台上凸面朝上，如果弯曲部位较大，可将木块放在凸起处，用手锤敲击木块，如果弯曲部位较小，可用木锤直接敲击凸起处，反复敲打铝排，直到母线调直		(1) 不知母线调直方法，扣2分。 (2) 不经调直就直接作业，扣4分		
		测量需要搭接设备位置尺寸，用8号铁丝放大样		(1) 不测量尺寸，扣2分 (2) 不会做放大样，扣2分		
		将模具安装在母线加工机的卡槽内紧固		未按照工艺要求作业，扣4分		
		根据放大样尺寸，用记号笔画出母排起弯线		未画出母排起弯线或画线错误，扣4分		

续表

序号	考核项目名称	质量要求	分值	扣分标准	扣分原因	得分
2.2	硬母线加工	铝排开始弯曲处距最近的母线支撑点的距离，不应大于两个支瓶之间距离 L 长度的 $0.25L$，但不得小于 50mm；铝排折弯处与框架顶部和底部最小距离 10kV 不得小于 225mm，35kV 不得小于 400mm；母线开始弯曲处距母线连接接触面边缘的距离不应小于 50mm	40	口述：母排加工技术要求和 10kV 及 35kV 电压等级下带电部位与地之间的距离： 错误一项，扣 2 分； 错误两项，扣 4 分； 错误三项及以上扣 8 分		
		将母排起弯线对准模具起弯线处，将 8 号铁丝做的放大样放在加工机的上面，开始煨弯后随时观察铝排弯曲角度与放大样对比，直到角度满足要求后停止加工		（1）反复加工 2 次，扣 4 分。 （2）反复加工 2 次以上，扣 8 分		
2.3	硬母线加工结束后处理检查	将煨好弯的母线放在检修平台上，根据图纸要求画出需要裁断的多余部分，多余的长尾头裁断后，检查实际加工尺寸和图纸的误差 技术要求：弯曲角度调整 2 次后母线压牢固，两侧搭接面长度短时为不及格，长度小于 50mm 为及格；垂直于母线中心线左右偏差小于 10mm 为及格	20	（1）搭接面长度不足，扣 16 分。 （2）长度大于 50mm，扣 10 分。 （3）垂直于母线中心线左右偏差大于 10mm，扣 16 分总计 16 分，分数扣完为止		
		折弯部位应无裂纹、起皱		未检查或不知该工艺要求，扣 4 分		
2.4	工作完毕恢复	工作完毕将母线折弯模具取出放回原位，向考评员汇报，申请母线加工机停电，停电时在专人监护下进行	5	（1）设备不恢复原状态，扣 2 分 （2）无人监护下断电源，扣 3 分		
3	收工					
3.1	结束工作	工作结束，工器具及设备摆放整齐，工完场清，报告工作结束	2	（1）未清理现场，扣 1 分 （2）未汇报工作结束，扣 1 分		

续表

序号	考核项目名称	质量要求	分值	扣分标准	扣分原因	得分
3.2	填写记录	如实正确填写检修记录	3	（1）未填写检修记录，扣3分。 （2）填写记录，每错一处扣1分（共计3分，分数扣完为止）		

2.2.5 BJ5JB0202 锯割基本操作

一、作业

（一）工器具、材料、设备

（1）工器具：钢锯、直角尺、钢直尺、画针、锯条、锉刀、台钳。

（2）材料：抹布、记号笔、125mm×10mm 铝排 1 根。

（3）设备：无。

（二）安全要求

1. 机械伤害

操作时注意避免锯条崩断造成人员伤害。

2. 现场安全措施

用围网带将工作区域围起来，出口设置在安全的通道处，出入口处设置“从此进出!”标示牌，工作区内放置“在此工作!”标示牌。

3. 办理开工手续

办理开工、许可手续，进行工作票宣读，交代工作中的危险点。

（三）操作步骤及工艺要求

1. 准备工作

（1）着装规范。

（2）工器具、材料清点和做外观检查。

2. 操作步骤

（1）清洁工件。

（2）确定锯割位置。

（3）画线。

（4）固定工件。

（5）安装锯条。

（6）锯割。

（7）清理现场。

3. 操作前注意事项

手锯锯条多用碳素工具钢和合金工具钢制成，并经热处理淬硬。手锯在使用中，锯条折断是造成伤害的主要原因。

在使用中应注意以下事项：

（1）应根据所加工材料的硬度和厚度正确选用锯条；锯条安装的松紧要适度，根据手感应随时调整。

（2）被锯割的工件要夹紧，锯割中不能有位移和振动，锯割线离工件支承点要近。

（3）锯割时要扶正锯弓，防止歪斜，起锯要平稳，起锯角不应超过 15°，角度过大时，锯齿易被工件卡夹。

（4）锯割时，向前推锯时双手要适当的加力，向后退锯时，应将手锯略微抬起，不要施加压力。用力的大小应根据被割工件的硬度而确定，硬度大的可加力大些，硬度小的可加小些。

（5）安装或调换新锯条时，必须注意保证锯条的齿尖方向要朝前，锯割中途调换新锯条后，应调头锯割，不宜继续沿原锯口锯剖。

（6）当工件快被锯割下时，应用手扶住，以免下落伤脚。

3. 结束工作

（1）清理工作现场，将工器具、材料、设备归位，现场恢复至开工前状态。

（2）办理工作终结手续，填写检修报告。

（3）收工离场。

二、考核

（一）考核场地

（1）可在室内或室外进行。

（2）每个工位放置锉刀、锯条各 1 个，待加工工件 1 个，且各部件完整。在工位四周设置遮栏。

（3）设置评判用的桌椅和计时秒表。

（二）考核时间

（1）考核时间为 30min。

（2）开工前，考生检查着装，清点工器具、设备是否齐全，时间为 3min（不计入考核时间）。

（3）许可开工后记录考核开始时间。

（4）现场清理完毕后，汇报工作终结，记录考核结束时间。

（三）考核要点

（1）要求一人操作，考评员监护。考生着装规范，穿工作服、绝缘鞋，戴安全帽。

（2）安全文明生产。工器具、材料、设备摆放整齐，现场操作熟练连贯、有序，正确规范地使用工器具及安全用具。不发生危及人身或设备安全的行为，否则可取消本次考核成绩。

（3）熟悉锯的使用方法及注意事项要求，能正确使用手锯锯割工件。

三、评分标准

行业：电力工程　　　　工种：变电检修工　　　　等级：五

<table>
<tr><td>编号</td><td>BJ5JB0202</td><td>行为领域</td><td>e</td><td colspan="2">鉴定范围</td><td colspan="2">变电检修初级工</td></tr>
<tr><td>考核时限</td><td>30min</td><td>题型</td><td>A</td><td>满分</td><td>100 分</td><td>得分</td><td></td></tr>
<tr><td>试题名称</td><td colspan="7">锯割基本操作</td></tr>
<tr><td>考核要点
及其要求</td><td colspan="7">（1）要求一人操作，考评员监护。考生着装规范，穿工作服、绝缘鞋，戴安全帽。
（2）安全文明生产。工器具、材料、设备摆放整齐，现场操作熟练连贯、有序，正确规范地使用工器具及安全用具。不发生危及人身或设备安全的行为，否则可取消本次考核成绩。
（3）熟悉锯使用方法及注意事项要求，能正确使用手锯</td></tr>
<tr><td>现场设备、
工器具、材料</td><td colspan="7">（1）工器具：钢锯、直角尺、钢直尺、画针、锯条、锉刀、台钳。
（2）材料：抹布、记号笔、125mm×10mm 铝排 1 根。
（3）设备：无</td></tr>
<tr><td>备注</td><td colspan="7">考生自备工作服、绝缘鞋</td></tr>
</table>

续表

评分标准						
序号	考核项目名称	质量要求	分值	扣分标准	扣分原因	得分
1	工作前准备及文明生产					
1.1	着装、工器具准备（该项不计考核时间）	考核人员穿工作服、戴安全帽、穿绝缘鞋，工作前清点工器具、设备	3	（1）未穿工作服、戴安全帽、穿绝缘鞋，每项不合格扣2分。 （2）未清点工器具、设备，每项不合格扣2分，分数扣完为止		
1.2	安全文明生产	工器具摆放整齐，保持作业现场安静、清洁	12	（1）未办理开工手续，扣2分。 （2）工器具摆放不整齐，扣2分。 （3）现场杂乱无章，扣2分。 （4）不能正确使用工器具，扣2分。 （5）工器具及配件掉落，扣2分。 （6）发生不安全行为，扣2分，发生危及人身、设备安全的行为直接取消考核成绩		
2	使用锉、锯加工工件					
2.1	工器具准备清洁工件	用抹布将要加工的部位清洁干净	10	（1）清洁不干净，扣3分。 （2）未清洁铝排，扣10分		
2.2	锯割工件	用钢直尺确定锯割位置	50	（1）未用钢直尺确定锯割位置，扣3分。 （2）每偏差1mm，扣2分，最多扣5分		
		根据尺寸要求，用直尺或直角尺画线		未用直尺或直角尺画线，扣5分		
		工件应放平，用台虎钳固定牢固		（1）工件未放平，扣2分。 （2）未固定牢固，扣3分		
		锯齿方向朝前		锯齿方向错误，扣5分		
		锯条松紧适当		锯条过松或过紧，扣5分		
		锯条安装后应校正		未校正锯条，扣5分		
		锯条与工件表面呈15°角		锯条未与工件表面呈15°角，扣3分		
		以速度每分钟30～50次锯割		速度不符合要求，扣2分		
		锯条在使用中用力适度，防止锯条折断		折断一根锯条扣5分，折断两根锯条扣15分，折断三根取消考试资格		

续表

序号	考核项目名称	质量要求	分值	扣分标准	扣分原因	得分
2.3	工件完成检查	锯割完成后自检、修复	20	未自检、不修复，扣5分		
		根据划线部位测量锯割后尺寸		偏差每大1mm扣5分，偏差每大2mm扣15分，超过5mm视为不及格		
3	收工					
3.1	结束工作	工作结束，工器具及设备摆放整齐，工完场清，报告工作结束	2	(1) 工器具及设备摆放不整齐，扣1分。 (2) 未清理现场，扣1分。 (3) 未汇报工作结束，扣1分 分数扣完为止		
3.2	填写记录	如实正确填写检修记录	3	(1) 未填写检修记录，扣3分。 (2) 填写记录，每错一处扣1分 共计3分，分数扣完为止		

2.2.6　BJ5JB0301　正确使用万用表测量电器元件

一、作业

（一）工器具、材料

（1）工器具：万用表。

（2）材料：分、合闸线圈各1个，交流电源箱直流电池3块。

（3）设备：无。

（二）安全要求

1. 现场安全措施

用围网带将工作区域围起来，出口设置在安全的通道处，出入口处设置“从此进出!”标示牌，工作区内放置“在此工作!”标示牌。

2. 办理开工手续

办理开工、许可手续，进行工作票宣读，交代工作中的危险点。

（三）操作步骤及工艺要求（含注意事项）

1. 准备工作

（1）着装规范。

（2）工器具、材料清点和做外观检查。

（3）试验仪器做外观检查（见下图）。

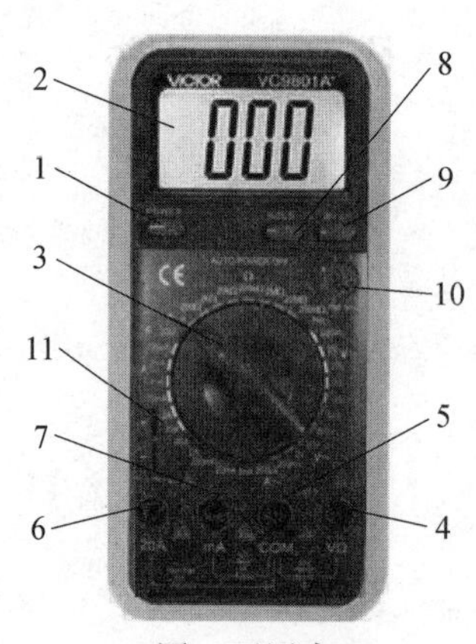

图　万用表

1—万用表开关；2—显示屏；3—档位选择旋钮；4—红表笔接口；5—黑表笔接口；6—测量大电流红表笔接口；7—测量小电流红表笔接口；8—锁定键：锁定当前测量数值；9—背景灯光开关；10—测量三极管；11—电容测试端口

2. 操作前注意事项

（1）检查9V电池，如果电池电压不足，“+ -”或BAT将显示在显示器上，这时，则应更换电池。

（2）测试表笔插孔旁边的△！符号，表示输入电压或电流不应超过标示值，这是为保护内部线路免受损伤。

（3）数字万用表使用前应掌握被测量元器件的种类、大小，选择合适的量程，测试表笔的位置。

（4）在测量未知的量程时，应尽量选择较大的量程测量。

（5）数字万用表测量电阻、电压时，显示屏显示的是有效值。

（6）数字万用表红表笔对应万用表内部电池正极，黑表笔对应万用表内部电池负极。

（7）在测量时，若显示屏始终显示数字“1”，其他位均消失，则说明该量程不满足被测量的量程，此时应重新选择更高的量程测量。

（8）禁止在测量时更换量程。

（9）在测量电阻时不能带电测量。

（10）使用完毕后请关闭万用表。

3. 电压测量注意事项

（1）如果不知道被测电压范围，将功能开关置于大量程并逐渐降低量程（不能在测量中改变量程）。

（2）如果显示器只显示“1”，表示过量程，功能开关应置于更高的量程。

（3）△！表示不要输入高于万用表要求的电压，显示更高的电压只是可能的，但有损坏内部线路的危险。

（4）当测高压时，应特别注意避免触电。

4. 电流测量注意事项

（1）如果使用前不知道被测电流范围，将功能开关置于最大量程并逐渐降低量程（不能在测量中改变量程）。

（2）如果显示器只显示“1”，表示过量程，功能开关应置于更高量程。

（3）△！表示最大输入电流为 200mA 或 20A（10A），取决于所使用的插孔，过大的电流将烧坏保险丝，20A（10A）量程无保险丝保护。

（4）最大测试压降为 200mV。

5. 电阻测量注意事项

（1）如果被测电阻值超出所选择量程的最大值，将显示过量程“1”，应选择更高的量程，对于大于 1MΩ 或更高的电阻，要几秒后读数才能稳定，对于高阻值读数这是正常的。

（2）当无输入时，如开路情况下，显示为“1”。

（3）当检查内部线路阻抗时，要保证被测线路所有电源断电，所有电容放电。

6. 电容测试注意事项

（1）仪器本身已对电容档设置了保护，在电容测试过程中，不用考虑电容极性及电容充放电等情况。

（2）测量电容时，将电容插入电容测试座中（不要通过表笔插孔测量）。

（3）测量大电容时，稳定读数需要一定时间。

（4）单位：$1pF=10^{-6}\mu F$，：$1nF=10^{-3}\mu F$。

二、考核

（一）考核场地

（1）可在室内或室外进行。

（2）现场工位四周设置围栏。

（3）现场提供检修所需的工器具、仪器、材料及安全防护用具。

（4）设置评判用的桌椅和计时秒表。

（二）考核时间

（1）考核时间为30min。

（2）开工前，考生检查着装，清点工器具、设备是否齐全，时间为5min（不计入考核时间）。

（3）许可开工后记录考核开始时间。

（4）现场清理完毕后，汇报工作终结，记录考核结束时间。

（三）考核要点

（1）要求一人操作，考评员监护。考生着装规范，穿工作服、绝缘鞋，戴安全帽。

（2）安全文明生产。工器具、材料、设备摆放整齐，现场操作熟练连贯、有序，正确规范的使用工器具及安全用具。不发生危及人身或设备安全的行为，否则可取消本次考核成绩。

（3）熟悉万用表的使用方法及注意事项要求，能正确选择与被测物相匹配的测量档位。

三、评分标准

行业：电力工程　　　　工种：变电检修工　　　　等级：五

编号	BJ5JB0301	行为领域	d	鉴定范围		变电检修初级工	
考核时限	30min	题型	A	满分	100分	得分	
试题名称	正确使用万用表测量电器元件						
考核要点及其要求	（1）要求一人操作，考评员监护。考生着装规范，穿工作服、绝缘鞋，戴安全帽。 （2）安全文明生产。工器具、材料、设备摆放整齐，现场操作熟练连贯、有序，正确规范地使用工器具及安全用具。不发生危及人身或设备安全的行为，否则可取消本次考核成绩。 （3）熟悉万用表使用方法及注意事项要求，能正确选择与被测物相匹配的测量档位						
现场设备、工器具、材料	（1）工器具：万用表。 （2）材料：分、合闸线圈各1个，交流电源箱直流电池3块。 （3）设备：无						
备注	考生自备工作服、绝缘鞋						

评分标准

序号	考核项目名称	质量要求	分值	扣分标准	扣分原因	得分
1	工作前准备及文明生产					
1.1	着装、工器具准备（该项不计考核时间，以3min为限）	穿工作服、绝缘鞋，戴合格安全帽	3	未穿工作服、绝缘鞋，未戴合格安全帽，每项扣2分，分数扣完为止		
1.2	安全文明生产	工器具摆放整齐并保持作业现场安静、清洁	2	任何情况出现万用表掉落地面，取消考试资格		
2	使用万用表测量电气元件					

续表

序号	考核项目名称	质量要求	分值	扣分标准	扣分原因	得分
2.1	指出万用表版面各部分的功能	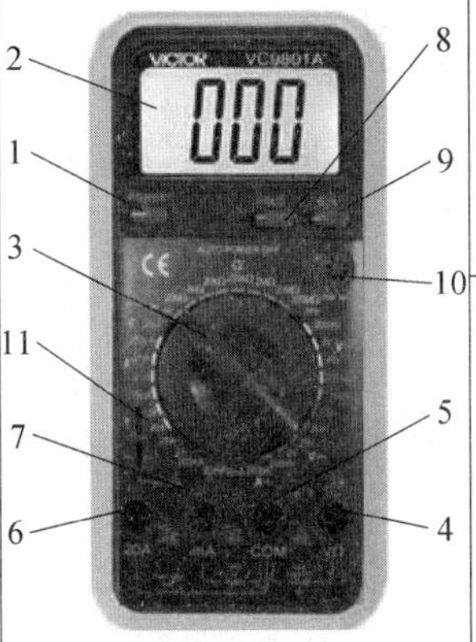 VC9801+型数字万用表面板图	10	每错一条扣1分，分数扣完为止		
2.2	使用万用表的注意事项		10	每错一条扣1分		
2.3	表笔使用	红笔插入VΩ孔中，黑笔插入COM孔中	5	表笔插错，扣5分		
2.4	测量直流电压	测量1块电池电压，将表笔接入被测元件，读数并记录	20	（1）档位选择错误，扣5分。 （2）量程选择错误，扣5分。 （3）不会读数，扣10分。 （4）读数错误，扣5分		
2.5	测量交流电压	测量交流电压；将表笔接入被测元件，读数并记录。	20	（1）档位选择错误，扣5分。 （2）量程选择错误，扣5分。 （3）不会读数，扣10分。 （4）读数错误，扣5分		
2.6	测量电阻	测量1块继电器线圈阻值，将表笔接入被测元件，读数并记录	20	（1）档位选择错误，扣5分。 （2）量程选择错误，扣5分。 （3）不会读数，扣10分。 （4）读数错误，扣5分		
2.7	归档	测量完毕将档位开关调至交流电压最大档或空档	5	测量结束未将档位调至交流电压最大档或空档，扣5分		
3	收工					
3.1	结束工作	工作结束，工器具及设备摆放整齐，工完场清，报告工作结束	2	（1）工器具及设备摆放不整齐，扣1分。 （2）未清理现场，扣1分。 （3）未汇报工作结束，扣1分，分数扣完为止		
3.2	填写记录	如实正确填写检修记录	3	（1）检修记录未填写，扣3分。 （2）填写错误，每处扣1分，分数扣完为止		

2.2.7 BJ5ZY0101 金属部件及架构防腐刷漆的技术要点

一、作业

（一）工器具、材料、设备

（1）工器具：角磨机、毛刷、滚筒、刨刃、钢丝刷。

（2）材料：油漆。

（3）设备：变电站内金属架构、设备外壳金属部位、金属护栏、机构箱、端子箱。

（二）安全要求

1. 现场安全措施

用围网带将工作区域围起来，围网带上“止步，高压危险!”朝向围栏内，出入口设置在安全的通道处，出入口处设置“从此进出!”标示牌，工作区内放置“在此工作!”标示牌。

2. 办理开工手续

办理开工、许可手续，进行工作票宣读，交代工作中的危险点。

（三）操作步骤及工艺要求（含注意事项）

1. 准备工作

着装规范。

2. 除锈要求

（1）对变电站内金属架构、设备外壳金属部位、金属护栏、机构箱、端子箱等金属表面，进行除锈处理，除锈标准完全除去金属表面上的油脂、氧化层、污垢等一切杂物。

（2）用角磨机清洁表面，翘皮、爆漆、起泡处采用刨刃处理，然后再用角磨机扩大打磨面积，把翘皮、爆漆、起泡处打磨到老漆膜与钢结构结合较牢固处。

（3）角磨机打磨不到的地方（棱、死角），认真用刨刃处理，保证无翘皮、爆漆、起泡。

（4）柱子根与水泥堆接触的地方，要处理完善。螺栓不得刷漆，但必须使用钢丝刷除锈，进行涂油防腐。

3. 油漆存放、使用要求

（1）不同品种、颜色油漆按区域分开摆放。

（2）油漆在使用前要充分搅拌均匀。

4. 刷漆要求

（1）涂刷油漆前，金属表面必须处理干净，不得出现潮湿、灰尘、油污。

（2）表面处理干净后宜在2小时内涂刷第一遍底漆，施工环境温度为15～30℃、相对湿度不大于80%的条件下进行。

（3）刷漆时首先采用五彩布遮盖相关设备及地面，保证地面清洁及设备无污染。

（4）刷漆时，要明确应刷的油漆种类（高温、低温、底漆、面漆等）、颜色。

（5）刷漆时要采用适当的刷漆用具，面积大的设备可采用滚筒，棱、死角及小面积采用毛刷；蘸过油漆的滚筒及刷子要在漆桶内壁上滚、浸一下，保证滚筒及刷子使用时不滴油漆。

(6) 刷漆时，第一刷不得用力过大，回刷次数不宜过多（2～3遍最佳）；在第一遍漆未干前不得涂刷第二遍。

(7) 底漆、面漆各刷两遍。

(8) 刷漆时层间应纵横交错，涂层要均匀平整，不得有漏涂、流挂、杂质、裂纹、起皮、鼓泡、缩皱、凸凹等现象。

5. 结束工作

(1) 清理工作现场，将未使用完的油漆进行封盖密封，注意将使用过的滚筒、毛刷浸泡。

(2) 办理工作终结手续，填写检修报告。

(3) 收工离场。

二、考核

(一) 考核场地

(1) 可在室内或室外进行。

(2) 现场工位放置待防腐设备，在工位四周设置遮栏。

(3) 设置评判用的桌椅和计时秒表。

(二) 考核时间

(1) 考核时间为30min。

(2) 开工前，考生检查着装，清点工器具、设备是否齐全，时间为3min（不计入考核时间）。

(3) 许可开工后记录考核开始时间。

(4) 现场清理完毕后，汇报工作终结，记录考核结束时间。

(三) 考核要点

(1) 要求一人操作，考评员监护。考生着装规范，穿工作服、绝缘鞋，戴安全帽。

(2) 熟悉金属部件及架构防腐刷漆的技术要点。

三、评分标准

行业：电力工程　　　　工种：变电检修工　　　　等级：五

编号	BJ5ZY0101	行为领域	e	鉴定范围		变电检修初级工	
考核时限	30min	题型	A	满分	100分	得分	
试题名称	金属部件及架构防腐刷漆的技术要点						
考核要点及其要求	(1) 要求一人操作，考评员监护。考生着装规范，穿工作服、绝缘鞋，戴安全帽。 (2) 熟悉金属部件及架构防腐刷漆的技术要点						
现场设备、工器具、材料	(1) 工器具：角磨机、毛刷、滚筒、刨刃、钢丝刷。 (2) 材料：油漆。 (3) 设备：变电站内金属架构、设备外壳金属部位、金属护栏、机构箱、端子箱						
备注	考生自备工作服、绝缘鞋						

续表

评分标准						
序号	考核项目名称	质量要求	分值	扣分标准	扣分原因	得分
1	工作前准备及文明生产					
1.1	着装、工器具准备（该项不计考核时间，以 3min 为限）	穿工作服和绝缘鞋、戴合格安全帽、安全带，工作前清点工器具、设备是否齐全	3	（1）未穿工作服、戴安全帽、穿绝缘鞋，每项不合格扣 2 分。 （2）未清点工器具、设备，每项不合格扣 2 分，分数扣完为止		
2	金属部件及架构防腐刷漆的技术要点					
2.1	除锈部位要求	变电站内金属架构、设备外壳金属部位、金属护栏、机构箱、端子箱	5	除锈部位口述，每漏一项扣 1 分，分数扣完为止		
2.2	除锈质量要求	除锈后表面无油脂、污垢、氧化层、铁锈、灰尘、水分、焊渣、毛刺等附着物	5	除锈质量要求，每漏一项扣 1 分，分数扣完为止		
2.3	合理使用工器具对设备表面进行除锈	对变电站内金属架构、设备外壳金属部位、金属护栏、机构箱、端子箱等金属表面，首先进行除锈处理，除锈标准完全除去金属表面上的油脂、氧化层、污垢等一切杂物，用角磨机清洁表面，翘皮、爆漆、起泡处采用刨刃处理，然后再用角磨机扩大打磨面积，把翘皮、爆漆、起泡处打磨到老漆膜与钢结构结合较牢固处；角磨机打磨不到的地方（棱、死角），认真用刨刃处理，保证无翘皮、爆漆、起泡；柱子根与水泥堆接触的地方，要处理完善。螺栓不得刷漆，但必须使用钢丝刷除锈，进行涂油防腐	25	不能口述采用的工器具及除锈工艺标准，每漏说一项扣 5 分，分数扣完为止		
2.4	油漆存放及使用要求	不同品种、颜色油漆按区域分开摆放	20	未按要求存放，扣 10 分		
		油漆在使用前要充分搅拌均匀		未按要求搅拌均匀，扣 10 分		

续表

序号	考核项目名称	质量要求	分值	扣分标准	扣分原因	得分
2.5	刷漆要求	涂刷油漆前，金属表面必须处理干净，不得出现潮湿、灰尘、油污	30	出现未处理干净即刷漆，扣4分		
		表面处理干净后，宜在2小时内涂刷第一遍底漆，施工环境温度为15～30℃、相对湿度不大于80%的条件下进行		不知此项规定，扣4分		
		刷漆时，首先采用五彩布遮盖相关设备及地面，保证地面清洁及设备无污染		(1) 未遮盖五彩布，扣4分。 (2) 导致地面或设备污染，扣4分		
		刷漆时，要明确应刷的油漆种类（高温、低温、底漆、面漆等）、颜色		不知此项规定，扣4分		
		刷漆时，要采用适当的刷漆用具，面积大的设备可采用滚筒，棱、死角及小面积采用毛刷。蘸过油漆的滚筒及刷子要在漆桶内壁上滚、浸一下，保证滚筒及刷子使用时不滴油漆		滚筒或毛刷滴下油漆，扣4分		
		刷漆时，第一刷不得用力过大，回刷次数不宜过多（2～3遍最佳）。在第一遍漆未干前不得涂刷第二遍		不符合此项规定，扣4分		
		底漆、面漆各刷两遍		底漆、面漆少刷一遍，扣4分		
		刷漆时，层间应纵横交错，涂层要均匀平整，不得有漏涂、流挂、杂质、裂纹、起皮、鼓泡、缩皱、凸凹等现象		出现一处漏涂、流挂、杂质、裂纹、起皮、鼓泡、缩皱、凸凹等现象，扣2分		
2.6	每日工作结束应做项目	工作结束后必须将未使用完的油漆进行封盖密封	10	未将油漆密封，扣4分		
		工作结束后必须注意将使用过的滚筒、毛刷浸泡		未将滚筒毛刷浸泡，扣3分		
		全部工作完成后把所用过的空桶杂物及时清理		杂物未清理，扣3分		
3	收工					

续表

序号	考核项目名称	质量要求	分值	扣分标准	扣分原因	得分
3.1	结束工作	清场及汇报工作结束，如实正确填写检修记录	2	（1）工器具及设备摆放不整齐，扣1分。 （2）检修记录未填写，扣2分。 （3）填写错误，每处扣1分，分数扣完为止		

2.2.8 BJ5ZY0201 使用兆欧表测量断路器二次回路的绝缘电阻

一、作业

（一）工器具、材料、设备

（1）工器具：HT2670 数字兆欧表 1 台。

（2）材料：测试线 3 根、绝缘垫。

（3）设备：LW16-40.5 型断路器 1 台。

（二）安全要求

1. 现场安全措施

用围网带将工作区域围起来，出口设置在安全的通道处，出入口处设置“从此进出!”标示牌，工作区内放置“在此工作!”标示牌。

2. 办理开工手续

办理开工、许可手续，进行工作票宣读，交代工作中的危险点。

（三）操作步骤及工艺要求（含注意事项）

1. 准备工作

（1）着装规范。

（2）工器具、材料清点和做外观检查。

（3）兆欧表外观检查、二次线外皮绝缘检查。

2. HT2670 数字兆欧表测量步骤

（1）开启电源开关 ON/OFF，选择所需电压等级，开机默认为 100V 档，选择所需电压档位，对应指示灯亮，轻按一下高压“启停”键，高压指示灯亮，LCD 显示的稳定数值乘以 10 即为被测的绝缘电阻值。当试品的绝缘电阻值超过仪表量程的上限值时，显示屏首位显示 1，后三位熄灭。关闭高压时，只需再按一下高压“启停”键，关闭整机电源时按一下电源 ON/OFF。

注：测量时，由于试品有吸收、极化过程，绝缘值读数逐渐向大数值漂移或有一些上下跳动，系正常现象。

（2）接线端子符号含义

测量绝缘电阻时，线路 L 与被测物同大地绝缘的导电部分相接，接地 E 与被测物体外壳或接地部分相接，屏蔽 G 与被测物体保护遮蔽部分相接或其他不参与测量的部分相接，以消除表泄漏所引起的误差。测量电气产品的元件之间绝缘电阻时，可将 L 和 E 端接在任一组线头上进行。如测量电动机相间绝缘时，三组可轮流交换，空出的一相应安全接地。

（3）注意事项。

① 存放保管本表时，应注意环境温度和湿度，放在干燥通风的地方为宜，要防尘、防潮、防震、防酸碱及腐蚀气体。

② 测物体为正常带电体时，必须先断开电源，然后测量，否则会危及人身设备安全。本表 E、L 端子之间开启高压后有较高的直流电压，在进行测量操作时，人体各部分不可触及。

③ 本仪表为交直流两用，不接交流电时，仪表使用电池供电；接入交流电时，优先使用交流电。

④ 当表头左上角显示“←”时，表示电池电压不足，应更换新电池。仪表长期不用时，应将电池全部取出，以免锈蚀仪表。

⑤ 测量完毕后，应对被测电动机、二次回路进行放电。

二次回路的测量标准：

测二次回路的绝缘电阻值最好是使用1000V兆欧表，如果没有1000V的也可用500V的兆欧表。其绝缘标准：运行中不低于1MΩ；新投入的，室内不低于20MΩ；室外不低于10MΩ。

3. 操作前注意事项

二次回路的测量的注意事项：

（1）被测物体为正常带电体时，必须先断开电源，然后测量，否则会危及人身设备安全。

（2）E、L端子之间开启高压后有较高的直流电压，在进行测量操作时，人体各部分不可触及。

（3）二次回路上的很多元器件都不能承受高压，最好不要用兆欧表测量二次无件的绝缘水平，必要时可以使用专业电缆测试仪对电缆回路绝缘性能进行测试。

4. 结束工作

（1）清理工作现场，将工器具、材料、设备归位，现场恢复至开工前状态。

（2）办理工作终结手续，填写检修报告。

（3）收工离场。

二、考核

（一）考核场地

（1）可在室内或室外进行。

（2）现场工位放兆欧表1块，待测断路器机构1台。在工位四周设置遮栏。

（3）设置评判用的桌椅和计时秒表。

（二）考核时间

（1）考核时间为30min。

（2）开工前，考生检查着装，清点工器具、设备是否齐全，时间为3min（不计入考核时间）。

（3）许可开工后记录考核开始时间。

（4）现场清理完毕后，汇报工作终结，记录考核结束时间。

（三）考核要点

（1）要求一人操作，考评员监护。考生着装规范，穿工作服、绝缘鞋，戴安全帽。

（2）安全文明生产。工器具、材料、设备摆放整齐，现场操作熟练连贯、有序，正确规范地使用工器具及安全用具。不发生危及人身或设备安全的行为，否则可取消本次考核成绩。

（3）熟悉兆欧表使用方法及注意事项要求，能正确测量绝缘电阻。

三、评分标准

行业：电力工程　　　　　　工种：变电检修工　　　　　　等级：五

编号	BJ5ZY0201	行为领域	e	鉴定范围		变电检修初级工	
考核时限	30min	题型	A	满分	100分	得分	
试题名称	使用兆欧表测量断路器二次回路的绝缘电阻						
考核要点及其要求	（1）要求一人操作，考评员监护。考生着装规范，穿工作服、绝缘鞋，戴安全帽。 （2）安全文明生产。工器具、材料、设备摆放整齐，现场操作熟练连贯、有序，正确规范地使用工器具及安全用具。不发生危及人身或设备安全的行为，否则可取消本次考核成绩。 （3）熟悉兆欧表使用方法及注意事项要求，能正确测量绝缘电阻						
现场设备、工器具、材料	（1）工器具：HT2670数字兆欧表1台。 （2）材料：测试线3根、绝缘垫。 （3）设备：LW16-40.5型断路器1台						
备注	考生自备工作服、绝缘鞋						

评分标准

序号	考核项目名称	质量要求	分值	扣分标准	扣分原因	得分
1	工作前准备及文明生产					
1.1	着装、工器具准备（该项不计考核时间，以3min为限）	穿工作服、戴合格安全帽、安全带，穿绝缘鞋，工作前清点工器具、设备是否齐全	3	（1）未穿工作服、戴安全帽、穿绝缘鞋，每项不合格，扣2分。 （2）未清点工器具、设备，每项不合格，扣2分，分数扣完为止		
1.2	安全文明生产	工器具摆放整齐、并保持作业现场安静、清洁	12	（1）未办理开工手续，扣2分。 （2）现场杂乱无章，工器具摆放不整齐，扣2分。 （3）不能正确使用工器具，扣2分。 （4）工器具及配件掉落，扣2分。 （5）发生不安全行为，扣2分分数扣完为止。发生危及人身、设备安全的行为直接取消考核成绩		
2	使用兆欧表测量断路器控制回路的绝缘电阻					
2.1	兆欧表接线	工作前，测试人员应站在绝缘垫上	15	不使用绝缘垫或未站在绝缘垫上，扣5分		
		正确规范将兆欧表线连接。兆欧表上有三个分别标有接地（E）、线路（L）和保护环（G）的端钮		接线错误，扣10分		
2.2	兆欧表空载试验	检测兆欧表工作正常，各功能指示正确	5	未做空载试验，扣5分		

续表

序号	考核项目名称	质量要求	分值	扣分标准	扣分原因	得分
2.3	测试前断开控制电源、操作电源、电机电源进行放电	被测物体视为正常带电体时，必须先断开电源，对设备进行放电，然后测量	10	未断开电源进行放电即测量，扣10分		
2.4	测量被试元件时的接线方法和要求	线路L与被测物同大地绝缘的导电部分相接，接地E与被测物体外壳或接地部分相接，屏蔽G与被测物体保护遮蔽部分相接或其他不参与测量的部分相接，以消除表泄漏所引起的误差。测量后正确读数并记录	15	(1) 接线错误，扣10分。 (2) 未测出数值或读数错误，扣5分		
		测量电动机绝缘电阻时，将电机绕组接于L上，机壳接于E上。测量后正确读数并记录	10	(1) 接线错误，扣10分。 (2) 未测出数值或读数错误，扣5分		
		测量电气产品的元件之间绝缘电阻时，可将L和E端接在任一组线头上进行。测量后正确读数并记录	10	(1) 接线错误，扣10分。 (2) 未测出数值或读数错误，扣5分		
2.5	对被试品放电	测量完毕后，应对被测电动机、二次回路进行放电	10	未进行放电，扣10分		
2.6	收线	测量完毕将兆欧表线分类收好放置与兆欧表箱内	5	收线不合格，扣5分		
2.7	备注：任何情况下严重碰、摔兆欧表仪器取消考试资格					
3	收工					
3.1	结束工作	工作结束，工器具及设备摆放整齐，工完场清，报告工作结束	2	(1) 工器具及设备摆放不整齐，扣1分。 (2) 未清理现场，扣1分。 (3) 未汇报工作结束，扣1分，分数扣完为止		
3.2	填写检修记录（该项不计考核时间，以3min为限）	如实正确填写、记录检修、试验情况	3	(1) 检修记录未填写，扣3分。 (2) 填写错误，每处扣1分，分数扣完为止		

2.2.9 BJ5ZY0202 GW4-126型隔离开关单相触头装配解体大修

一、作业

（一）工器具、材料、设备

(1) 工器具：常用活动扳手（200mm、250mm、300mm）各3把、活动扳手（375mm、450mm）各1把、固定扳手1套、梅花扳手1套、(10～32mm) 套筒扳手1套、内六角扳手1套、中号手锤1把、一字和十字螺丝刀2把、扁锉1套、钢丝刷2把、600mm钢直尺1把、10mm铜棒、3m卷尺、0.05mm塞尺1把、电源箱、100A回路电阻测试仪及配套测试专用线1套、安全带1条、检修平台1套。

(2) 材料：汽油2瓶、中性凡士林、二硫化钼、00号砂纸、抹布、检修垫布1m×1m。

(3) 设备：GW4-126型隔离开关1组。

（二）安全要求

1. 现场安全措施

用围网带将工作区域围起来，出口设置在安全的通道处，出入口处设置“从此进出!”标示牌，工作区内放置“在此工作!”标示牌。

2. 办理开工手续

办理开工、许可手续，进行工作票宣读，交代工作中的危险点。

（三）操作步骤及工艺要求

1. 准备工作

(1) 着装规范。

(2) 工器具、材料清点和做外观检查。

(3) 试验仪器做外观检查。

2. 检修前导电部分外观检查及质量要求

(1) 导电部分触头、接线座各部件是否完整。

(2) 接线座转动是否灵活，方向是否正确等。

(3) 触指防雨帽螺栓是否齐全。

3. 从导电回路接线座上拆除左、右触头与接线座分离

4. 左、右触头装配的分解检修及工艺要求

(1) 触头装配各部件拆解、清洗。

(2) 检查触指、导电管及各部件。导电管有无损伤、变形；触指有无变形、烧伤等、镀银层脱落；触指弹簧有无锈蚀、失效；卡板、螺栓、开口销等有无锈蚀、变形等。以上如有应做相应处理。

(3) 装复前，各部件清洗后，在导电接触面涂适量导电脂，螺纹孔洞涂润滑脂；装复后，各触指应在同一平面，所有连接件紧固可靠。

5. 触头、触指装配回装支柱绝缘子后单相调试项目及要求

(1) 隔离开关合闸后触头插入深度，应符合该型隔离开关的规定。

(2) 左、右触头相对高度差，应符合该型隔离开关的规定。

(3) 测量左、右触头夹紧度。用0.05mm×10mm的塞尺检查。

（4）隔离开关导电回路电阻测量，回路电阻值应符合该型隔离开关的规定。

6. 结束工作

（1）清理工作现场，将工器具、材料、设备归位，现场恢复至开工前状态。

（2）办理工作终结手续，填写检修报告。

（3）收工离场。

二、考核

（一）考核场地

（1）可在室内或室外进行，考核工位现场提供220V检修电源。

（2）现场放置GW4-126型隔离开关单相本体1组，且各部件完整。在工位设置检修平台及四周设置围栏。

（3）设置评判桌椅和计时秒表。

（二）考核时间

（1）要求一人操作，考评员监护。考生着装规范，穿工作服、绝缘鞋，戴安全帽、安全带。

（2）安全文明生产。工器具、材料、设备摆放整齐，现场操作熟练、连贯、有序，正确规范地使用工器具及安全用具。不发生危及人身或设备安全的行为，否则可取消本次考核成绩。

（3）考核考生对GW4-126型隔离开关导电部分触头、触指分解检修、装复熟练程度，熟悉工艺质量要求。

（4）熟悉本体调试项目及技术要求，会进行相应的检查、调整和处理。

（三）考核时间

（1）考核时间为60min。

（2）开工前，考生检查着装，清点工器具、设备是否齐全，时间为3min（不计入考核时间）。

（3）许可开工后记录考核开始时间。

（4）现场清理完毕后，汇报工作终结，记录考核结束时间。

三、评分标准

行业：电力工程　　　　工种：变电检修工　　　　等级：五

编号	BJ5ZY0202	行为领域	e	鉴定范围		变电检修初级工	
考核时限	60min	题型	A	满分	100	得分	
试题名称	GW4-126型隔离开关单相触头装配解体大修						
考核要点及其要求	（1）要求一人操作，考评员监护。考生着装规范，穿工作服、绝缘鞋，戴安全帽、安全带。 （2）安全文明生产。工器具、材料、设备摆放整齐，现场操作熟练、连贯、有序，正确规范地使用工器具及安全用具。不发生危及人身或设备安全的行为，否则可取消本次考核成绩。 （3）考核考生对GW4-126型隔离开关触头、触指分解、装复熟练程度，检修工艺质量要求。 （4）熟悉本体调试项目及技术要求，会进行相应的检查、调整和处理						

续表

现场设备、工器具、材料	（1）工器具：常用活动扳手（200m、250m、300mm）各3把、活动扳手（375mm、450mm）各1把、固定扳手1套、梅花扳手1套、（10～32mm）套筒扳手1套、内六角扳手1套、中号手锤1把、一字和十字螺丝刀2把、扁锉1套、钢丝刷2把、600mm钢直尺1把、10mm铜棒、3m卷尺、0.05mm塞尺1把、电源箱、100A回路电阻测试仪及配套测试专用线1套、安全带1条、检修平台1套。 （2）材料：汽油2瓶、中性凡士林、二硫化钼、00号砂纸、抹布、检修垫布1m×1m。 （3）设备：GW4-126型隔离开关1组
备注	考生自备工作服、绝缘鞋

评分标准

序号	作业名称	质量要求	分值	扣分标准	扣分原因	得分
1	工作前准备及文明生产					
1.1	着装、工器具准备（该项不计考核时间，以3min为限）	穿工作服、戴合格安全帽、安全带，穿绝缘鞋，工作前清点工器具、设备是否齐全	3	（1）未穿工作服、未戴合格安全帽、安全带，每漏一项扣2分 （2）未清点工器具、设备，扣1分，分数扣完为止		
1.2	安全文明生产	工器具摆放整齐，保持作业现场安静、清洁	12	（1）未办理开工手续，扣2分。 （2）工器具摆放不整齐，扣2分。 （3）现场杂乱无章，扣2分。 （4）不能正确使用工器具，扣2分。 （5）工器具及配件掉落，扣2分。 （6）发生不安全行为，扣2分，发生危及机人身、设备安全的行为直接取消考核成绩		
2	解体、清洗、组装GW4-126型隔离开关触头装配					
2.1	防雨帽、导电管触头、触指、支撑板、弹簧、弹簧挂销分解检查	将触头、触指从接线座上拆下，检查导电管与接线座接触长度不应该小于70mm	40	未检查导电管与接线座接触长度，扣5分		
		拆下触指防雨帽螺栓，检查防雨帽应完好无裂纹		未拆下触指防雨帽螺栓或未检查防雨帽是否完好，扣5分		
		触头、触指分解		触指未分解或不会分解，扣5分		
		检查应光滑无变形、无烧伤等、接触部位镀银层脱落或烧伤面积达30%以上，烧伤深度达0.5mm以上者应更换		未检查触头、触指表面，扣5分		

续表

序号	考核项目名称	质量要求	分值	扣分标准	扣分原因	得分
2.1	防雨帽、导电管触头、触指、支撑板、弹簧、弹簧挂销分解检查	检查导电管应无损伤、变形；接触部位、镀银层脱落或烧伤面积达30%以上，烧伤深度达0.5mm以上者应更换	40	(1) 未检查一处，扣1分。 (2) 未检查导电管，扣5分共计5分，分数扣完为止		
		弹簧无锈蚀、无变形、无氧化、无失效；弹、拉力充足		(1) 未检查一处，扣1分。 (2) 未检查弹簧，扣5分(共计5分，分数扣完为止)		
		检查弹簧挂销、卡板、螺栓、开口销等外观完整，无锈蚀、无氧化，锈蚀严重的应更换		(1) 未检查一处，扣1分。 (2) 未检查弹簧挂销、卡板、螺栓、开口销等外观，扣5分，(共计5分，分数扣完为止)		
		检查触头座与导电管接触部位应无变形、无氧化；吊丝圆柱完整、销钉无松动		(1) 未检查一处，扣1分。 (2) 未检查检查触头座与导电管接触部位，扣5分(共计5分分数扣完为止)		
2.2	清洗回装	将所拆下零件用汽油清洗并用布擦净	30	未将所拆下零件清洗，扣5分		
		导电接触面用百洁布或砂纸背面打后涂中性凡士林		未将导电接触面涂抹凡士林，扣5分		
		弹簧挂销安装后应在一条线上并入槽内		不在一条直线并入槽内，扣5分		
		将组装好的左右触指、触头装入接线座上，导电管的接触长度≥70mm，并紧固		(1) 导电管接触长度大于70mm，扣5分。 (2) 未紧固，扣5分		
		紧固螺栓、弹簧垫、平垫配备齐全并紧固牢		螺栓、弹簧垫、平垫配备不全每缺少一处，扣1分，共计5分，分数扣完为止		
2.3	导电回路电阻测试	主导电回路电阻值≤125μΩ (1250A)	10	(1) 测量数值不合格，扣10分 (2) 不会测量，扣10分		
3	收工					
3.1	结束工作	工作结束，工器具及设备摆放整齐，工完场清，报告工作结束	2	(1) 工器具及设备摆放不整齐，扣1分。 (2) 未清理现场，扣1分。 (3) 未汇报工作结束，扣1分，分数扣完为止		
3.2	填写检修记录(该项不计考核时间，以3min为限)	如实正确填写、记录检修、试验情况	3	检修记录未填写，扣3分。 填写错误，每处扣1分，分数扣完为止		

2.2.10 BJ5ZY0203 GW4-126 型隔离开关单相调试

一、作业

（一）工器具、材料、设备

（1）工器具：常用活动扳手（200mm、250mm、300mm）各 3 把、活动扳手（375mm、450mm）各 1 把、固定扳手 3 套、梅花扳手 10～27mm1 套、套筒扳手（10～32mm）1 套、内六角扳手 1 套、中号手锤 1 把、一字和十字螺丝刀 2 把、6 件扁锉 2 套、钢丝刷 2 把、600mm 钢直尺 1 把、3m 卷尺、单相电源盘 1 个、100A 回路电阻测试仪及配套测试专用线 1 套、安全带 1 条、检修平台 1 套。

（2）材料：汽油、二硫化钼、00 号砂纸、抹布、检修垫布 1m×1m。

（3）设备：GW4-126 型隔离开关 1 组。

（二）安全要求

1. 防止机械伤害

（1）作业过程中，确保人身与设备安全，高空作业应系安全带。

（2）隔离开关传动过程中，禁止在机构或隔离开关本体上工作。

2. 现场安全措施

用围网带将工作区域围起来，围网带上“止步，高压危险!”朝向围栏内，出入口设置在安全的通道处，出入口处设置“从此进出!”标示牌，工作区内放置“在此工作!”标示牌。

3. 办理开工手续

办理开工、许可手续，进行工作票宣读，交代工作中的危险点。

（三）操作步骤及工艺要求

1. 准备工作

（1）着装规范。

（2）工器具、材料清点和做外观检查。

（3）试验仪器做外观检查。

2. 调试前，隔离开关外观检查

GW4-126 型单极隔离开关外观检查，质量要求如下：

（1）单极隔离开关检修后组装完毕各部件齐全。

（2）单极隔离开关检修后各部螺栓均紧固良好。

（3）手动操作隔离开关能正常分、合闸。

3. GW4 型隔离开关调试项目

（1）检查隔离开关合闸后触头插入深度。

（2）检查动、静触头相对高度差。

（3）每相两个支持绝缘子之间的距离。

（4）隔离开关分闸时开口角度。

4. GW4 型隔离开关试验项目

（1）手动操作隔离开关合、分各 3 次。

（2）测量隔离开关的回路电阻。

5. GW4-126 型隔离开关单极调试项目及标准、质量要求

（1）隔离开关分、合是否正常。

（2）导电管与接线座接触长度不小于 70mm。左、右触头间应接触紧密；对于线接触 0.05mm 塞尺塞不进去为合格。

（3）各转动部位涂二硫化钼，螺杆拧入的深度不应小于 20mm。

（4）动、静触头接触后应上、下对称，允许上、下偏差不大于 5mm。

（5）将隔离开关合闸，测量导电回路电阻，回路电阻值应符合规定。

6. 结束工作

（1）清理工作现场，将工器具、材料、设备归位，现场恢复至开工前状态。

（2）办理工作终结手续，填写检修报告。

（3）收工离场。

二、考核

（一）考核场地

（1）可在室内或室外进行，考场面积为 4m×3m，考核工位现场提供 220V 检修电源。

（2）现场安装 GW4-126 型隔离开关单相本体 1 组配机构，且各部件完整，在工位搭设检修平台及四周设置围栏。

（3）设置评判桌椅和计时秒表。

（二）考核时间

（1）考核时间为 30min。

（2）开工前，考生检查着装，清点工器具、设备是否齐全，时间为 3min（不计入考核时间）。

（3）许可开工后记录考核开始时间。

（4）现场清理完毕后，汇报工作终结，记录考核结束时间。

（三）考核要点

（1）要求一人操作，考评员监护。考生着装规范，穿工作服、绝缘鞋，戴安全帽、安全带。

（2）安全文明生产。工器具、材料、设备摆放整齐，现场操作熟练连贯、有序，正确规范地使用工器具及安全用具，并提前准备好相关试验报告、记录表格。不发生危及人身或设备安全的行为，否则可取消本次考核成绩。

（3）考核考生对 GW4-126 型隔离开关单相调试的熟练程度，熟悉各部件工艺质量要求。

（4）熟悉本体调试项目及技术要求，会进行相应检查、调整和处理。

三、评分标准

行业：电力工程　　　　工种：变电检修工　　　　等级：五

编号	BJ5ZY0203	行为领域	e	鉴定范围		变电检修初级工	
考核时限	30min	题型	A	满分	100 分	得分	
试题名称	GW4-126 型隔离开关单相调试						

续表

考核要点及其要求	（1）要求一人操作，考评员监护。考生着装规范，穿工作服、绝缘鞋，戴安全帽、安全带。 （2）安全文明生产。工器具、材料、设备摆放整齐，现场操作熟练连贯、有序，正确规范的使用工器具及安全用具，并提前准备好相关试验报告、记录表格。不发生危及人身或设备安全的行为，否则可取消本次考核成绩。 （3）考核考生对 GW4-126 型隔离开关单相调试的熟练程度，熟悉各部件工艺质量要求。 （4）熟悉本体调试项目及技术要求，会进行相应检查、调整和处理
现场设备、工器具、材料	（1）工器具：常用活动扳手（200mm、250mm、300mm）各 3 把、活动扳手（375mm、450mm）各 1 把、固定扳手 3 套、梅花扳手 10～27mm1 套、套筒扳手（10～32mm）1 套、内六角扳手 1 套、中号手锤 1 把、一字和十字螺丝刀 2 把、6 件扁锉 2 套、钢丝刷 2 把、600mm 钢直尺 1 把、3m 卷尺、单相电源盘 1 个、100A 回路电阻测试仪及配套测试专用线 1 套、安全带 1 条、检修平台 1 套。 （2）材料：汽油、二硫化钼、00 号砂纸、抹布、检修垫布 1m×1m。 （3）设备：GW4-126 型隔离开关 1 组
备注	考生自备工作服、绝缘鞋

评分标准

序号	作业名称	质量要求	分值	扣分标准	扣分原因	得分
1	工作前准备及文明生产					
1.1	着装、工器具准备（该项不计考核时间）	考核人员穿工作服、戴安全帽、穿绝缘鞋，工作前清点工器具、设备	3	（1）未穿工作服、戴安全帽、穿绝缘鞋，每项不合格，扣 2 分。 （2）未清点工器具、设备，每项不合格扣 2 分，分数扣完为止		
1.2	安全文明生产	工器具摆放整齐，保持作业现场安静、清洁	12	（1）未办理开工手续，扣 2 分。 （2）工器具摆放不整齐，扣 2 分。 （3）现场杂乱无章，扣 2 分。 （4）不能正确使用工器具，扣 2 分。 （5）工器具及配件掉落，扣 2 分。 （6）发生不安全行为，扣 2 分，发生危及人身、设备安全的行为直接取消考核成绩		
2	GW4-126 型隔离开关单相调试					
2.1	主刀调整	检查隔离开关本体，外观各部件无损伤，各连接部位连接良好部件齐全	50	（1）未检查一处，扣 1 分。 （2）未检查隔离开关本体，扣 3 分		
		支柱绝缘子应垂直于底座平面且连接牢固，否则进行调整		（1）未调整，扣 1 分。 （2）未检查支柱绝缘子垂直度，扣 4 分		

续表

序号	考核项目名称	质量要求	分值	扣分标准	扣分原因	得分
2.1	主刀调整	本相两绝缘柱的中心线应在同一垂直线上，没有明显歪斜，否则进行调整	50	(1) 未调整，扣1分。 (2) 未检查本相两绝缘柱的平行度，扣4分		
		主刀合闸后，导电杆应在一条直线上		导电杆不在一条直线上，扣4分		
		主刀合闸后，主刀中间触指与触头上下对称接触，上下差小于5mm		(1) 一相不合格，扣2分。 (2) 两相以上不合格，扣4分		
		检查左右触头合闸后，接触直线在触指刻度线上(可向内插入0—10mm)		(1) 一相不合格，扣2分。 (2) 两相以上不合格，扣4分		
		检查左右触头刚合点(内侧)，在R倒角的距离触指边线大于10mm		(1) 一相不合格，扣2分。 (2) 两相以上不合格扣，4分		
		检查左右触头刚合前间隙，确保触头触指接触线平行，保证每对触指压缩量一致		(1) 一相不合格，扣2分。 (2) 两相以上不合格，扣4分		
		主刀合闸后，合闸止钉间隙为1～3mm，紧固定位螺钉		(1) 一相不合格，扣2分。 (2) 两相以上不合格，扣4分		
		主刀分闸后，分闸止钉间隙为1～3mm，紧固定位螺钉		(1) 一相不合格，扣2分。 (2) 两相以上不合格，扣4分		
		检查各相分闸打开角度，分闸时测量左右导电臂之间距离，测量两次，第一次测量导电臂根部，第二次靠近触头、触指的端部，两次测量之差值小于±10mm，否则调整机构立拉杆拐臂半径		(1) 一相不合格，扣2分。 (2) 两相以上不合格，扣4分		
		极间连杆、水平连杆的螺杆拧入的深度不应小于20mm		(1) 一处不合格，扣2分。 (2) 两处以上不合格，扣4分		
		检查左右接线座各部螺栓应紧固无松动		(1) 一处不合格，扣1分。 (2) 两处以上不合格，扣3分		

续表

序号	考核项目名称	质量要求	分值	扣分标准	扣分原因	得分
2.2	接地刀闸部分调整	检查地刀动静触头之间，静触头角度位置不合格，可松开静触头与主刀导电臂固定螺栓，调整动触头角度、动触头位置不合格时，松开动触头导电杆与地刀横轴抱箍，调整触头对中和角度	25	（1）一处不合格，扣2分。 （2）两处以上不合格，扣5分		
		动静触头调整后，紧固各部位螺栓		（1）一处不紧固，扣1分。 （2）两处以上不紧固，扣3分		
		调整地刀分合闸后，触头间隙小于5mm		（1）一相不合格，扣2分。 （2）两相以上不合格，扣4分		
		调整地刀触头合入后，动触头露出静触头大于10mm		（1）一相不合格，扣2分。 （2）两相以上不合格，扣4分		
		调整主刀地刀连锁板间隙小于5mm		主刀地刀连锁板间隙不合格，扣4分		
		调整后地刀在分闸位，动导电杆高度应低于主刀瓷瓶下法兰		动导电杆高度不合格，扣4分		
		完成分合过程传动3次无异常后，将机构放置分闸位		（1）分合过程传动次数小于3次，扣2分。 （2）未将机构放置分闸位，扣4分		
2.3	导电回路电阻测试	主导电回路电阻值≤125μΩ（1250A）	5	（1）接线错误，扣3分。 （2）工序错误，扣2分		
3	收工					
3.1	结束工作	工作结束，工器具及设备摆放整齐，工完场清，报告工作结束	2	（1）工器具及设备摆放不整齐，扣1分。 （2）未清理现场，扣1分。 （3）未汇报工作结束，扣1分，分数扣完为止		
3.2	填写记录	如实正确填写检修记录	3	（1）检修记录未填写，扣3分。 （2）填写错误，每处扣1分，分数扣完为止		

2.2.11 BJ5ZY0204 断路器的机械特性各参数的意义

一、作业

（一）工器具、材料、设备

（1）工器具：断路器机械特性仪1台、电源箱。

（2）材料：无。

（3）设备：LW16-40.5型断路器1台。

（二）安全要求

1. 防止触电伤害

（1）拆接低压电源时，有专人监护。

（2）试验仪使用前应可靠接地，试验过程中操作人员站在绝缘垫上作业。

2. 现场安全措施

用围网带将工作区域围起来，出口设置在安全的通道处，出入口处设置“从此进出!”标示牌，工作区内放置“在此工作!”标示牌。

3. 办理开工手续

办理开工、许可手续，进行工作票宣读，交代工作中的危险点。

（三）操作步骤及工艺要求（含注意事项）

1. 准备工作

（1）着装规范。

（2）工器具、材料清点和做外观检查。

（3）试验仪器做外观检查。

2. 操作步骤

（1）仪器已经接好电源、试验线，考生检查无问题向考评员汇报，请求通电试验。

（2）考生在考评员指导下按照要求进行分合闸试验。

（3）打印出结果后，将现场恢复到开工前状态。

（4）考生在考评员指定的地点就坐，根据打印结果，笔答断路器的机械特性各参数的意义。

3. 断路器的机械特性的主要参数

（1）断路器分、合闸低电压动作控制范围：额定电压的30％～65％。

（2）断路器的分、合闸时间。

（3）断路器的分、合闸速度。

（4）断路器的分、合闸同期。

（5）断路器的开距。

（6）断路器的行程。

（7）断路器的超程。

（8）断路器的弹跳。

4. 简述参数不合格的危害

1）断路器分、合闸低电压

分、合闸线圈最低动作电压不得低于额定电压的30％，不得高于额定电压的65％，对分、合闸线圈的低电压规定是因这个线圈的动作电压不能过低，也不得过高。如果过低，在直流系统绝缘不良，两点高阻接地的情况下，在分、合闸线圈两端可能引入一个数值不大的直流电压，当线圈动作电压过低时，会引起断路器误分闸和误合闸；如果过高，则会因系统故障时，直流母线电压降低而拒绝跳闸。

2）断路器的分、合闸时间

断路器速度是判定断路器工作状态的重要指标，因此尽可能地测量断路器的分、合闸速度，由于速度与断路器的触头行程有关，测量速度的过程中需要测量出行程量，现场行程量实际取样时容易出现错误或误差较大，甚至有的开关无法测量行程量，因此当断路器的行程一定时，常用断路器的分、合闸时间来判定断路器的分合闸速度。

3）断路器的分、合闸速度

（1）若合闸速度过低，当断路器合于短路故障时，不能克服触头关合电动力的作用，引起触头振动或处于停滞，与断路器慢分引起的后果相同。

（2）断路器的分、合闸速度过高，将使操动机构或有关部件超过所能承受的机械力，造成零部件坏或缩短使用寿命。

（3）若分闸速度过低，特别是初分速度降低时，不能快速切断故障，会使燃弧时间延长，甚至发生触头烧损、灭弧室爆炸。

4）断路器的分、合闸同期

分合闸严重不同期，将造成线路和变压器的非全相接入或切断，可能出现危害绝缘的过电压。

5）断路器的开距

断路器的开距决定了断口间隙的大小，它决定了断路器耐受工作电压和过电压的能力，也决定了断路器小型化的能力。

6）断路器的行程

断路器的行程是指动触头从分闸位置到合闸或从合闸位置到分闸位置运动的距离，它是开距和超程二者之和。

7）断路器的超程

对于真空开关它是指动静触头接触后弹簧的压缩量，超程过大，真空灭弧室受到过大拉力损坏密封，破坏灭弧室的真空度，使之不能工作，超程过小，动静触头接触压力小，当触头电磨损之后，接触压力更小，不能保证动静触头可靠接触，可能发热或烧毁；对于插入式触头，超程过大可能顶坏静触头或动触头，造成断路器触头损坏或灭弧室密封不良，不能正常工作，超程过小可能造成动静触头不能可靠接触，可能发热或烧毁。

8）断路器的弹跳

对于真空开关合闸弹跳过大，可能造成断路器灭弧室密封不良不能工作，分闸弹跳过大可能造成重燃，使断路器不能有效熄灭电弧爆炸；对于插入式触头，合闸弹跳过大，动静触头不能可靠接触，可能发热或烧毁。

5. 结束工作

（1）清理工作现场，将工器具、材料、设备归位，现场恢复至开工前状态。

（2）办理工作终结手续，填写检修报告。

(3) 收工离场。

二、考核

(一) 考核场地

(1) 可在室内或室外进行。

(2) 现场放置 LW16-40.5 型断路器 1 台，万用表 1 个，机械特性仪 1 台且各部件完整。在工位四周设置遮栏。

(3) 设置评判用的桌椅和计时秒表。

(二) 考核时间

(1) 考核时间为 40min。

(2) 开工前，考生检查着装，清点工器具、设备是否齐全，时间为 3min（不计入考核时间）。

(3) 许可开工后记录考核开始时间。

(4) 现场清理完毕后，汇报工作终结，记录考核结束时间。

(三) 考核要点

(1) 要求一人操作，考评员监护。考生着装规范，穿工作服、绝缘鞋，戴安全帽。

(2) 安全文明生产，工器具、材料、设备摆放整齐，现场操作熟练连贯、有序，正确规范地使用工器具及安全用具，不发生危及人身或设备安全的行为，否则可取消本次考核成绩。

(3) 熟悉机械特性仪的使用方法及注意事项要求，能正确选择与被测物相匹配的测量档位。

三、评分标准

行业：电力工程　　　　工种：变电检修工　　　　等级：五

编号	BJ5ZY0204	行为领域	e	鉴定范围		变电检修初级工	
考核时限	40min	题型	A	满分	100 分	得分	
试题名称	断路器的机械特性各参数的意义						
考核要点及其要求	(1) 要求一人操作，考评员监护。考生着装规范，穿工作服、绝缘鞋，戴安全帽。 (2) 安全文明生产。工器具、材料、设备摆放整齐，现场操作熟练连贯、有序，正确规范地使用工器具及安全用具。不发生危及人身或设备安全的行为，否则可取消本次考核成绩。 (3) 熟悉测量机械特性的意义和必要性						
现场设备、工器具、材料	(1) 工器具：断路器机械特性仪 1 台、电源箱。 (2) 材料：无。 (3) 设备：LW16-40.5 型断路器 1 台						
备注	考生自备工作服、绝缘鞋						

评分标准

序号	考核项目名称	质量要求	分值	扣分标准	扣分原因	得分
1	工作前准备及文明生产					

续表

序号	考核项目名称	质量要求	分值	扣分标准	扣分原因	得分
1.1.	着装、工器具准备（该项不计考核时间）	考核人员穿工作服、戴安全帽、穿绝缘鞋，工作前清点工器具、设备	2	（1）未穿工作服、戴安全帽、穿绝缘鞋，每项不合格扣2分 （2）未清点工器具、设备，每项不合格扣2分，分数扣完为止		
1.2	安全文明生产	工器具摆放整齐，保持作业现场安静、清洁	3	（1）未办理开工手续，扣2分。 （2）现场杂乱无章，工器具摆放不整齐，扣2分。 （3）不能正确使用工器具，扣2分。 （4）工器具及配件掉落，扣2分。 （5）发生不安全行为，扣2分，分数扣完为止，发生危及人身、设备安全的行为直接取消考核成绩		
2	断路器的机械特性各参数的意义（口述）					
2.1	断路器分、合闸动作电压控制范围；额定电压的30%～65%	分、合闸线圈最低动作电压不得低于额定电压的30%，不得高于额定电压的65%，对分、合闸线圈的低电压规定是因这个线圈的动作电压不能过低，也不得过高	20	（1）不知最低动作电压不得低于额定电压的30%，扣5分。 （2）不知最低动作电压不得高于额定电压的65%，扣5分		
		如果过低，在直流系统绝缘不良，两点高阻接地的情况下，在分、合闸线圈两端可能引入一个数值不大的直流电压，当线圈动作电压过低时，会引起断路器误分闸和误合闸		（1）介绍不详细，扣3分。 （2）介绍错误或不知此项规定原因，扣5分		
		如果过高，则会因系统故障时，直流母线电压降低而拒绝跳闸		（1）介绍不详细，扣3分。 （2）介绍错误或不知此项规定原因，扣5分		

续表

序号	考核项目名称	质量要求	分值	扣分标准	扣分原因	得分
2.2	断路器的分、合闸时间	断路器速度是判定断路器工作状态的重要指标，因此尽可能的测量断路器的分、合闸速度，由于速度与断路器的触头行程有关，测量速度的过程中需要测量出行程量，现场行程量实际取样时容易出现错误或误差较大，甚至有的开关无法测量行程量，因此当断路器的行程一定时，常用断路器的分、合闸时间来判定断路器的分合闸速度	10	(1) 介绍不详细，扣3分。 (2) 介绍错误或不知此项规定原因，扣10分		
2.3	断路器的分、合闸速度	若合闸速度过低，当断路器合于短路故障时，不能克服触头关合电动力的作用，引起触头振动或处于停滞，与断路器慢分引起的后果是相同的	20	(1) 介绍不详细，扣3分。 (2) 介绍错误或不知此项规定原因，扣6分		
		断路器的分、合闸速度过高，将使操动机构或有关部件超过所能承受的机械力，造成零部件坏或缩短使用寿命		(1) 介绍不详细，扣3分。 (2) 介绍错误或不知此项规定原因，扣7分		
		若分闸速度过低，特别是初分速度降低时，不能快速切断故障，会使燃弧时间延长，甚至发生触头烧损、灭弧室爆炸		(1) 介绍不详细，扣3分。 (2) 介绍错误或不知此项规定原因，扣7分		
2.4	断路器的分、合闸同期	分合闸严重不同期，将造成线路和变压器的非全项接入或切断，从而可能出现危害绝缘的过电压	10	(1) 介绍不详细，扣3分。 (2) 介绍错误或不知此项规定原因，扣10分		
2.5	断路器的开距	决定了断口间隙的大小，决定了断路器耐受工作电压和过电压的能力，也决定了断路器小型化的能力。	5	(1) 介绍不详细，扣2分。 (2) 介绍错误或不知此项规定原因，扣5分		

续表

序号	考核项目名称	质量要求	分值	扣分标准	扣分原因	得分
2.6	断路器的行程	动触头从分闸位置到合闸或从合闸位置到分闸位置运动的距离，它是开距和超程二者之和	5	（1）介绍不详细，扣2分。 （2）介绍错误或不知此项规定原因，扣5分		
2.7	断路器的超程	对于真空开关，它是指动静触头接触后弹簧的压缩量，超程过大真空灭弧室受到过大拉力损坏密封，破坏灭弧室的真空度，使之不能工作，超程过小，动静触头接触压力小，当触头电磨损之后，接触压力更小，不能保证动静触头可靠接触，可能发热或烧毁；对于插入式触头，超程过大可能顶坏静触头或动触头，造成断路器触头损坏或灭弧室密封不良，不能正常工作，超程过小可能造成动静触头不能可靠接触，可能发热或烧毁	13	（1）介绍不详细，扣7分。 （2）介绍错误或不知此项规定原因，扣13分		
2.8	断路器的弹跳	对于真空开关合闸弹跳过大，可能造成断路器灭弧室密封不良不能工作，分闸弹跳过大可能造成重燃使断路器不能有效熄灭电弧爆炸；对于插入式触头，合闸弹跳过大，动静触头不能可靠接触	10	（1）介绍不详细，扣5分。 （2）介绍错误或不知此项规定原因，扣10分		
3	收工					
3.1	结束工作	工作结束，报告工作结束	2	未汇报工作结束，扣2分		

2.2.12 BJ5ZY0301 更换110kV母线绝缘子

一、作业

（一）工器具、材料、设备

（1）工器具：力矩扳手（8～300Nm）1套、套筒扳手（8～27mm）2套、梅花扳手（10～32mm）1套、活动扳手450mm1把、水平尺1把、2m吊装带、绝缘尺1个。

（2）材料：传递绳、保护绳。

（3）设备：绝缘子1只。

（二）安全要求

1. 防止机械伤害

（1）作业过程中，确保人身与设备安全，高空作业应系安全带。

（2）登高作业使用梯子，专人扶持。

2. 现场安全措施

用围网带将工作区域围起来，围网带有“止步，高压危险！”标示语朝向围栏内，出入口设置在安全的通道处，出入口处设置“从此进出！”标示牌，工作区内放置“在此工作！”标示牌。

3. 办理开工手续

办理开工、许可手续，进行工作票宣读，交代工作中的危险点。

（三）操作步骤及工艺要求（含注意事项）

1. 准备工作

（1）着装规范。

（2）工器具、材料清点和做外观检查。

（3）试验仪器做外观检查。

2. 操作步骤

（1）查阅台账中绝缘子型号、高度、上下法兰孔径、孔距。

（2）向考评员汇报，申请实际核对绝缘子参数和检查母线金具情况，经考评员许可口述现场攀登母线架构前的注意事项后，可实际核查绝缘子参数。

现场登高的注意事项：

①使用绝缘单梯靠在母线架构处，两人扶持，防止倾倒。

②登杆到架构横梁处时，先把安全带系在牢固的架构横梁上，然后才可翻身攀爬架构横梁。

③登上架构横梁后，用随身携带的专用传递绳将绝缘尺子传上来。

④从架构横梁下来时，当人翻身下到架构横梁下面的单梯站牢后，才可以解开横梁上的安全带。

⑤架构横梁上有人工作时，正下方区域内禁止人员穿梭、停留。

（3）考生根据核查后的绝缘子参数确认备件准确。

（4）检查绝缘子：绝缘电阻测量，不低于300MΩ。

① 瓷铁粘合应牢固，应涂有合格的防水胶。

② 表面应无积污，无裂纹、破损，如积污严重应进行清扫。

③ 金属附件无锈蚀、裂纹，金属表面应有防腐处理。

④ 向考评员汇报，申请登上相邻两侧支持绝缘子母线架构横梁，松开固定管母线的金具卡子，使母线有足够的活动量，由于安全措施和上面相同无需再口述。

⑤ 松开相邻母线金具卡子后，登上需要更换绝缘子的架构横梁。

⑥ 将吊装带套在支瓶的上部 1/4 处，吊车挂牢吊带；现场无吊车时口述。

⑦ 略微起吊钩，使吊装带不会太松，以吊带的略微松弛为宜；现场无吊车时口述。

⑧ 松开母线金具卡子，使母线有足够的活动量。

⑨ 拆除母线金具与支瓶上法兰的 4 条固定螺栓。

⑩ 拆除支瓶下法兰与架构横梁的 4 条固定螺栓。

⑪ 移除旧绝缘子后，将新绝缘子移到横梁上；现场无吊车时：口述。

⑫ 穿上支瓶下法兰与架构横梁的 2 条固定螺栓。

⑬ 穿上母线金具与支瓶上法兰的 4 条固定螺栓。

⑭ 穿上支瓶下法兰与架构横梁的另外 2 条固定螺栓。

⑮ 将母线金具卡子调正紧固螺栓。

⑯ 将母线金具与支瓶上法兰固定眼调正，紧固 4 条固定螺栓。

⑰ 将支瓶下法兰与架构横梁固定眼调正，紧固 4 条固定螺栓。

⑱ 检查母线金具、支瓶、横梁间如异常受力，可松弛相应螺栓调整，使各部分自然无异常应力。

⑲ 安装后尺寸检查：纵向中心线偏差不大于 5mm，水平误差≤2mm，绝缘子底座水平误差≤3mm。

⑳ 检查母线金具卡子与母线间间隙正常，母线金具伸缩滑道无卡涩，在滑道处涂抹二硫化钼。

㉑ 检查两侧相邻支持瓷瓶各部零件齐全，螺栓固定牢固，母线金具伸缩滑道无卡涩，在滑道处涂抹二硫化钼。

㉒ 将旧绝缘子运至指定位置。

㉓ 向考评员汇报工作完毕。

3. 结束工作

（1）清理工作现场，将工器具、材料、设备归位，现场恢复至开工前状态。

（2）办理工作终结手续，填写检修报告。

（3）收工离场。

二、考核

（一）考核场地

（1）可在室内或室外进行。

（2）现场放置 110kV 管母线一段，瓷质绝缘子 1 个。在工位四周设置遮栏。

（3）设置评判用的桌椅和计时秒表。

（二）考核时间

（1）考核时间为40min。

（2）开工前，考生检查着装，清点工器具、设备是否齐全，时间为3min（不计入考核时间）。

（3）许可开工后记录考核开始时间。

（4）现场清理完毕后，汇报工作终结，记录考核结束时间。

（三）考核要点

（1）要求一人操作，考评员监护。考生着装规范，穿工作服、绝缘鞋，戴安全帽，系安全带。

（2）安全文明生产。工器具、材料、设备摆放整齐，现场操作熟练连贯、有序，正确规范地使用工器具及安全用具。不发生危及人身或设备安全的行为，否则可取消本次考核成绩。

（3）熟悉110kV绝缘子的更换方法及注意事项要求，能正确选择与被测物相匹配的绝缘子。

三、评分标准

行业：电力工程　　　　　　　　工种：变电检修工　　　　　　　　等级：五

编号	BJ5ZY0301	行为领域	e	鉴定范围		变电检修初级工	
考核时限	40min	题型	A	满分	100分	得分	
试题名称	更换110kV母线绝缘子						
考核要点及其要求	（1）要求一人操作，考评员监护。考生着装规范，穿工作服、绝缘鞋，戴安全帽。 （2）安全文明生产。工器具、材料、设备摆放整齐，现场操作熟练连贯、有序，正确规范地使用工器具及安全用具。不发生危及人身或设备安全的行为，否则可取消本次考核成绩。 （3）熟悉更换110kV母线绝缘子方法及注意事项要求，能正确选择与被测物相匹配的绝缘子						
现场设备、工器具、材料	（1）工器具：力矩扳手（8～300Nm）1套、套筒扳手（8～27mm）2套、梅花扳手（10～32mm）1套、活动扳手450mm1把、水平尺1把、2m吊装带、绝缘尺1个。 （2）材料：传递绳、保护绳。 （3）设备：绝缘子1只						
备注	考生自备工作服、绝缘鞋						

评分标准

序号	考核项目名称	质量要求	分值	扣分标准	扣分原因	得分
1.1	着装、工器具准备（该项不计考核时间）	考核人员穿工作服、戴安全帽、穿绝缘鞋，工作前清点工器具、设备	3	（1）未穿工作服、戴安全帽、穿绝缘鞋，每项不合格扣2分 （2）未清点工器具、设备，每项不合格扣2分，分数扣完为止		

续表

序号	考核项目名称	质量要求	分值	扣分标准	扣分原因	得分
1.2	安全文明生产	工器具摆放整齐，保持作业现场安静、清洁	12	（1）未办理开工手续，扣2分。 （2）工器具摆放不整齐，扣2分。 （3）现场杂乱无章，扣2分。 （4）不能正确使用工器具，扣2分。 （5）工器具及配件掉落，扣2分。 （6）发生不安全行为，扣2分，发生危及人身、设备安全的行为直接取消考核成绩		
2	更换110kV母线绝缘子					
2.1	绝缘子更换前准备	查阅台账中绝缘子型号、高度、上下法兰孔径、孔距	20	不按要求核查绝缘子型号和尺寸，扣2分		
		向考评员汇报，申请实际核对绝缘子参数和检查母线金具情况，经考评员许口述现场攀登母线架构前的注意事项后，可实际核查绝缘子参数 口述：现场登高的注意事项： A. 使用绝缘单梯靠在母线架构处，两人扶持，防止倾倒。 B. 登杆到架构横梁处时，先把安全带系在牢固的架构横梁上，然后才可翻身攀爬架构横梁。 C. 登上架构横梁后，用随身携带的专用传递绳将绝缘尺子传上来。 D. 从架构横梁下来时，当人翻身下到架构横梁下面的单梯站牢后，才可以解开横梁上的安全带。 E. 架构横梁上有人工作时，正下方区域内禁止人员穿梭、停留		口述现场登高的注意事项共5项，每项不合格扣2分		

续表

序号	考核项目名称	质量要求	分值	扣分标准	扣分原因	得分
2.1	绝缘子更换前准备	考生根据核查后的绝缘子参数确认备件准确	20	不按要求核查确认备件准确性，扣2分		
		检查绝缘子：绝缘电阻测量，不低于300MΩ		不知试验标准一项，扣2分		
		检查绝缘子： 瓷铁粘合应牢固，应涂有合格的防水胶。 表面应无积污，无裂纹、破损，如积污严重应进行清扫。 金属附件无锈蚀、裂纹，金属表面应有防腐处理		（1）不知此项工艺要求，扣1分。 （2）未检查瓷套表面，扣1分 （3）未检查金属附件，扣2分		
2.2	绝缘子更换	向考评员汇报，申请登上相邻两侧支持绝缘子母线架构横梁，松开固定管母线的金具卡子，使母线有足够的活动量，由于安全措施和上面相同无需再口述	55	（1）不汇报，扣2分。 （2）没松开固定管母线的金具卡子，扣4分		
		松开相邻母线金具卡子后，登上需要更换绝缘子的架构横梁		程序错误，扣4分		
		松开母线金具卡子，使母线有足够的活动量		母线金具未松开就工作，扣4分		
		将吊装带套在支瓶的上部1/4处，吊车挂牢吊带，现场无吊车时：口述		吊装带捆绑位置错误，扣4分		
		略微起吊钩，使吊装带不会太松，以吊带的略微松弛为宜；现场无吊车时：口述		不知此要求，扣2分		
		拆除母线金具与支瓶上法兰的4条固定螺栓		未拆螺栓就作业，扣2分		
		拆除支瓶下法兰与架构横梁的4条固定螺栓，使用吊车将支瓶吊走		未拆螺栓就作业，扣2分		

续表

序号	考核项目名称	质量要求	分值	扣分标准	扣分原因	得分
2.2	绝缘子更换	移除旧绝缘子后，将新绝缘子移到横梁上	55	不按要求工作，扣2分		
		先穿上支瓶下法兰与架构横梁的2条固定螺栓		不按要求工作，扣3分		
		穿上母线金具与支瓶上法兰的4条固定螺栓		不按要求工作，扣3分		
		穿上支瓶下法兰与架构横梁的另外2条固定螺栓		不按要求工作，扣3分		
		将母线金具卡子调正紧固螺栓		不按要求工作，扣3分		
		将母线金具与支瓶上法兰固定眼调正，紧固4条固定螺栓		不按要求工作，扣3分		
		将支瓶下法兰与架构横梁固定眼调正，紧固4条固定螺栓		不按要求工作，扣3分		
		检查母线金具、支瓶、横梁间如异常受力，可松弛相应螺栓调整，使各部分自然无异常应力		每处不合格，扣1分，共计5分，分数扣完为止		
		安装后尺寸检查：纵向中心线偏差不大于5mm，水平误差≤2mm，绝缘子底座水平误差≤3mm；口述		(1) 错一处，扣1分。 (2) 错两处及以上，扣2分		
		检查母线金具卡子与母线间间隙正常，母线金具伸缩滑道无卡涩，在滑道处涂抹二硫化钼		(1) 错一处，扣1分。 (2) 错两处及以上，扣2分		
		检查两侧相邻支持瓷瓶各部零件齐全，螺栓固定牢固，母线金具伸缩滑道无卡涩，在滑道处涂抹二硫化钼		(1) 错一处，扣1分。 (2) 错两处及以上，扣2分		
2.3	工作收尾	将旧绝缘子运至指定位置	5	未运到指定位置，扣3分		
		向考评员汇报工作完毕		未向考评员汇报，扣2分		
3	收工					

续表

序号	考核项目名称	质量要求	分值	扣分标准	扣分原因	得分
3.1	结束工作	工作结束，工器具及设备摆放整齐，工完场清，报告工作结束	2	（1）工器具及设备摆放不整齐，扣1分。 （2）未清理现场，扣1分。 （3）未汇报工作结束，扣1分，分数扣完为止		
3.2	填写记录	如实正确填写检修记录	3	（1）未填写检修记录，扣3分。 （2）填写记录，每错一处扣1分，共计3分，分数扣完为止		

2.2.13 BJ5ZY0302 设备线夹压接

一、作业

（一）工器具、材料、设备

（1）工器具：中号手锤1把、一字和十字螺丝刀2把、扁锉1套、钢丝刷1把、钢直尺1把、3m卷尺、检修平台1套、断线剪1把、电源箱1个、压接机1套。

（2）材料：300mm钢芯铝绞线、设备线夹、酒精、00号砂纸、抹布、记号笔、防锈漆、导电膏。

（3）设备：无。

（二）安全要求

1. 现场安全措施

用围网带将工作区域围起来，出口设置在安全的通道处，出入口处设置“从此进出!”标示牌，工作区内放置“在此工作!”标示牌。

2. 办理开工手续

办理开工、许可手续，进行工作票宣读，交代工作中的危险点。

（三）操作步骤及工艺要求（含注意事项）

1. 准备工作

（1）着装规范。

（2）工器具、材料清点和做外观检查。

（3）压接机做外观检查。

2. 操作步骤

1）设备线夹压接前准备

（1）将压接机外壳应可靠接地。

（2）检查压接机外观完好，压接机电源线无破损。

（3）向考评员申请接电源，在专人监护下，用万用表对电源箱验电。

（4）确认电源箱正常有电，接通压接机电源。

（5）试验压接机，设备正常后待用。

2）设备线夹压接

（1）根据钢芯铝绞线型号选择设备线夹。

（2）测量设备线夹管深度。

（3）根据设备线夹管深度在钢芯铝绞线上画线。

（4）用00号砂纸打磨设备线夹管内与钢芯铝导线接触面，并清洁干净。

（5）用钢丝刷打磨钢芯铝导线与设备线夹管接触部位，并清洁干净，导线打磨长度应≥1.5倍的设备线夹管深度。

（6）将做好标记的导线一端插入设备线夹的圆管中，保证插入深度到底。

（7）选择压接机钢制压膜和钢芯铝绞线匹配，并安装到压接机中。

（8）将设备线夹待压接部位置于压接机压接模具中，上好模块及紧固件。

（9）接通电源，开始压接，此时注意站位合理，防止机械伤害。

（10）第一模压接位置应从设备线夹管最底部导线插入到底位置开始。

（11）观察压接情况，压接时，当上、下模闭合，工件已达到六角，对边尺寸满足要求，可立即卸压。

（12）当进行下一模压接时，要重复压接上一段最后 5～8mm 部分。

（13）设备线夹接线管全部压接到位后，及时断开电源，拧动压接机的控制开关，释放油压。

（14）用正确的操作方法取下压接好的设备线夹，不能用手锤强行打击模具取线夹。

（15）检查压接部位结合是否紧固，有无裂纹、弯曲。

（16）压接后，导线的弯曲度应与设备线夹搭接接触面一致，不得出现松、散股，扭劲。

（17）线夹压接好后，用扁锉将压接的飞边、毛刺锉平，以避免运行时电晕放电。

（18）设备线夹压接完好后，应在导线与线夹管结合部涂防松标记漆。

（19）对于设备线夹大于 $400mm^2$ 以上，角度为 30°、60°、90°应在底部打一个 6mm 出水孔，防止内部存水，冬季结冰冻裂线夹（口述此要求）。

（20）检查确认设备线夹压接工作完毕，向考评员申请拆电源，在专人监护下断电。

（21）将工器具、仪表、材料归位，工作完毕。

3. 结束工作

（1）清理工作现场，将工器具、材料、设备归位，现场恢复至开工前状态。

（2）办理工作终结手续，填写检修报告。

（3）收工离场。

二、考核

（一）考核场地

（1）可在室内或室外进行。

（2）在工位四周设置遮栏。

（3）设置评判用的桌椅和计时秒表。

（二）考核时间

（1）考核时间为 30min。

（2）开工前，考生检查着装，清点工器具、设备是否齐全，时间为 3min（不计入考核时间）。

（3）许可开工后记录考核开始时间。

（4）现场清理完毕后，汇报工作终结，记录考核结束时间。

（三）考核要点

（1）要求一人操作，考评员监护。考生着装规范，穿工作服、绝缘鞋，戴安全帽。

（2）安全文明生产。工器具、材料、设备摆放整齐，现场操作熟练连贯、有序，正确规范地使用工器具及安全用具。不发生危及人身或设备安全的行为，否则可取消本次考核成绩。

（3）熟悉设备线夹压接的工艺、质量要求。

三、评分标准

行业：电力工程　　　　　　　　　　工种：变电检修工　　　　　　　　　　等级：五

编号	BJ5ZY0302	行为领域	e	鉴定范围		变电检修初级工	
考核时限	30min	题型	A	满分	100分	得分	
试题名称	设备线夹压接						
考核要点及其要求	(1) 要求一人操作，考评员监护。考生着装规范，穿工作服、绝缘鞋，戴安全帽。 (2) 安全文明生产。工器具、材料、设备摆放整齐，现场操作熟练连贯、有序，正确规范地使用工器具及安全用具。不发生危及人身或设备安全的行为，否则可取消本次考核成绩。 (3) 熟悉设备线夹压接的工艺、质量要求						
现场设备、工器具、材料	(1) 工器具：中号手锤1把、一字和十字螺丝刀2把、扁锉1套、钢丝刷1把、钢直尺1把、3m卷尺、检修平台1套、断线剪1把、电源箱1个、压接机1套。 (2) 材料：300mm钢芯铝绞线、设备线夹、酒精、00号砂纸、抹布、记号笔、防锈漆、导电膏。 (3) 设备：无						
备注	考生自备工作服、绝缘鞋						

评分标准

序号	考核项目名称	质量要求	分值	扣分标准	扣分原因	得分
1	工作前准备及文明生产					
1.1	着装、工器具准备（该项不计考核时间）	考核人员穿工作服、戴安全帽、穿绝缘鞋，工作前清点工器具、设备	3	(1) 未穿工作服、戴安全帽、穿绝缘鞋，每项不合格扣2分。 (2) 未清点工器具、设备，每项不合格扣2分，分数扣完为止		
1.2	安全文明生产	工器具摆放整齐，保持作业现场安静、清洁	12	(1) 未办理开工手续，扣2分。 (2) 工器具摆放不整齐，扣2分。 (3) 现场杂乱无章，扣2分。 (4) 不能正确使用工器具，扣2分。 (5) 工器具及配件掉落，扣2分。 (6) 发生不安全行为，扣2分，发生危及人身、设备安全的行为直接取消考核成绩		
2	使用压接机线夹压接					

续表

序号	考核项目名称	质量要求	分值	扣分标准	扣分原因	得分
2.1	设备线夹压接前准备	检查压接机外观完好，可靠接地，电源线无破损	15	（1）每项不检查，扣2分。 （2）两项以上不检查，扣4分		
		用万用表对检修电源箱验电，验电时必须向考评员汇报，在专人监护下进行电源箱验电启动压接机，试验各项功能正常，然后停止待用		（1）每项不按要求做，扣2分。 （2）两项以上不按要求做，扣4分		
		确认检修电源箱正常后，向考评员汇报，申请压接机通电，通电时在专人监护下进行		未向考评员申请就通电扣4分		
		启动压接机，试验各项功能正常，然后停止待用		未做该项目，扣3分		
2.2	设备线夹压接	根据钢芯铝绞线型号选择相应的设备线夹	60	选择错误，扣2分		
		测量设备线夹管深度		未测量深度，扣2分		
		根据设备线夹管深度在钢芯铝绞线上画线做标记		未画线做标记，扣3分		
		用00号砂纸打磨设备线夹管内与钢芯铝导线接触面，并清洁干净		（1）不打磨或不清洁，扣2分。 （2）此项工作不做，扣4分		
		用钢丝刷打磨钢芯铝导线与设备线夹管接触部位，并清洁干净，导线打磨长度应≥1.5倍的设备线夹管深度		（1）不打磨或不清洁，扣2分。 （2）打磨长度不合格，扣2分		
		将做好标记的导线一端插入设备线夹的圆管中，保证插入深度到底		插入深度不够，扣3分		
		选择压接机钢制压膜和钢芯铝绞线匹配，并安装到压接机中		压膜选择错误，扣3分		
		将设备线夹待压接部位置于压接机压接模具中，上好模块及紧固件		模块及紧固件安装不到位，扣3分		
		接通电源，开始压接，此时注意站位合理，防止机械伤害		发生不安全现象经提示才避免，扣3分		

续表

序号	考核项目名称	质量要求	分值	扣分标准	扣分原因	得分
2.2	设备线夹压接	第一模压接位置应从设备线夹管最底部（导线插入到底位置）开始	60	第一模压接位置错误，扣3分		
		观察压接情况，压接时，当上、下模闭合工件已达到六角，对边尺寸满足要求，可立即卸压		对边尺寸不满足要求，扣3分		
		当进行下一模压接时，要重复压接上一段最后5～8mm部分		不符合工艺要求，扣3分		
		设备线夹接线管全部压接到位后，及时拧动压接机的控制开关释放油压，断开电源		操作顺序错误，扣3分		
		用正确的操作方法取下压接好的设备线夹，不能用手锤强行打击模具取线夹		强行作业，扣3分		
		检查压接部位结合是否紧固，有无裂纹，弯曲		未检查紧固、裂纹、弯曲情况，扣3分		
		压接后导线的弯曲度应与设备线夹搭接接触面一致，不得出现松、散股，扭劲		出现松、散股，扭劲，扣3分		
		线夹压接好后，用扁锉将压接的飞边、毛刺锉平，以避免运行时电晕放电		线夹压接好后未检查，未做表面处理，扣3分		
		设备线夹压接完好后，应在导线与线夹管结合部涂防松标记漆		未涂防松标记漆，扣3分		
		对于设备线夹大于400mm²以上，角度为30°、60°、90°应在底部打一个6mm出水孔，防止内部存水，冬季结冰冻裂线夹（口述此要求）		不知此项规定和工艺要求，扣6分		
2.3	工作完毕申请收线	检查确认设备线夹压接工作完毕，向考评员申请拆电源，在专人监护下断电	5	（1）设备未恢复原状态，扣2分。 （2）无人监护下断电源，扣3分		
3.1	收工					

续表

序号	考核项目名称	质量要求	分值	扣分标准	扣分原因	得分
3.1	结束工作	工作结束，工器具及设备摆放整齐，工完场清，报告工作结束	2	（1）工器具及设备摆放不整齐，扣1分。 （2）未清理现场，扣1分。 （3）未汇报工作结束，扣1分，分数扣完为止		
3.2	填写记录	如实正确填写检修记录	3	（1）检修记录未填写，扣3分。 （2）填写错误，每处扣1分，分数扣完为止		

2.2.14 BJ5XG0101 根据要求演示起重指挥的手势

一、作业

（一）工器具、材料、设备

工器具：口哨、白手套、吊车指挥服。

（二）安全要求

1. 现场安全措施

用围网带将工作区域围起来，出口设置在安全的通道处，出入口处设置“从此进出!”标示牌，工作区内放置“在此工作!”标示牌。

2. 办理开工手续

办理开工、许可手续，进行工作票宣读，交代工作中的危险点。

（三）操作步骤及工艺要求

1. 准备工作

着装规范。

2. 使用手势指挥起重和搬运信号指示

二、考核

（一）考核内容

指挥人员使用的信号。

1. 通用手势信号

（1）预备（注意）：手臂伸直置于头上方，五指自然伸开，手心朝前保持不动（图BJ5XG0101-1）。

（2）要主钩：单手自然提拳，置于头上，轻触头顶（图 BJ5XG0101-2）。

图 BJ5XG0101-1 指挥人员使用的信号 1

图 BJ5XG0101-2 指挥人员使用的信号 2

（3）要副钩：一只手握拳，小臂向上不动，另一只手伸出，手心轻触前只手的肘关节（图 BJ5XG0101-3）。

（4）吊钩上升：小臂向侧上方伸直，五指自然伸开，高于肩部，以腕部为轴转动（图 BJ5XG0101-4）。

图 BJ5XG0101-3　指挥人员使用的信号 3

图 BJ5XG0101-4　指挥人员使用的信号 4

（5）吊钩下降：手臂伸向前下方，与身体夹角约为 30°，五指自然伸开，以腕部为轴转动（图 BJ5XG0101-5）。

（6）吊钩水平移动：小臂向侧上方伸直，五指并拢手心朝外，朝负载应运行的方向，向下挥动到与肩相平的位置（图 BJ5XG0101-6）。

图 BJ5XG0101-5　指挥人员使用的信号 5

图 BJ5XG0101-6　指挥人员使用的信号 6

（7）吊钩微微上升：小臂伸向侧前上方，手心朝上高于肩部，以腕部为轴，重复向上摆手掌（图 BJ5XG0101-7）。

（8）吊钩微微下降：手臂伸向侧前下方，与身体夹角约为 30°，手心朝下，以腕部为轴，重复向下摆动手掌（图 BJ5XG0101-8）。

图 BJ5XG0101-7　指挥人员使用的信号 7

图 BJ5XG0101-8　指挥人员使用的信号 8

（9）吊钩水平微微移动：小臂向侧上方自然伸出，五指并拢手心朝外，朝负载应运行的方向，重复做缓慢的水平运动（图 BJ5XG0101-9）。

（10）微动范围：双小臂曲起，伸向一侧，五指伸直，手心相对，其间距与负载所要移动的距离接近（图 BJ5XG0101-10）。

图 BJ5XG0101-9　指挥人员使用的信号 9

图 BJ5XG0101-10　指挥人员使用的信号 10

（11）指示降落方位：五指伸直，指出负载应降落的位置（图 BJ5XG0101-11）。

（12）停止：小臂水平置于胸前，五指伸开，手心朝下，水平挥向一侧（图 BJ5XG0101-12）。

图 BJ5XG0101-11　指挥人员使用的信号 11

图 BJ5XG0101-12　指挥人员使用的信号 12

（13）紧急停止：两小臂水平置于胸前，五指伸开，手心朝下，同时水平挥向两侧（图 BJ5XG0101-13）。

（14）工作结束：双手五指伸开，在额前交叉（图 BJ5XG0101-14）。

图 BJ5XG0101-13　指挥人员使用的信号 13

图 BJ5XG0101-14　指挥人员使用的信号 14

二、考核

（一）考核场地

（1）可在室内或室外进行。

（2）现场工位四周设置遮栏。

（3）设置评判用的桌椅和计时秒表。

（二）考核时间

（1）考核时间为30min。

（2）开工前，考生检查着装，清点工器具齐全，时间为3min（不计入考核时间）。

（3）许可开工后记录考核开始时间。

（4）现场清理完毕后，汇报工作终结，记录考核结束时间。

（5）在规定时间内完成，提前完成不加分，到时停止操作。

（三）考核要点

（1）要求一人操作，考评员监护。考生着装规范，穿工作服、绝缘鞋，戴安全帽。

（2）安全文明生产。现场操作熟练连贯、有序，正确规范。

（3）能按照考评员提示要求，熟练地做出指挥吊车手势。

三、评分标准

行业：电力工程　　　　　　工种：变电检修工　　　　　　等级：五

<table>
<tr><td>编号</td><td>BJ5XG0101</td><td>行为领域</td><td>e</td><td colspan="2">鉴定范围</td><td colspan="2">变电检修初级工</td></tr>
<tr><td>考核时限</td><td>30min</td><td>题型</td><td>A</td><td>满分</td><td>100分</td><td>得分</td><td></td></tr>
<tr><td>试题名称</td><td colspan="7">根据要求演示起重指挥手势</td></tr>
<tr><td>考核要点及其要求</td><td colspan="7">（1）要求一人操作，考评员监护。考生着装规范，穿工作服、绝缘鞋，戴安全帽。
（2）安全文明生产。现场操作熟练连贯、有序，正确规范地使用安全用具。
（3）能按照考评员提示要求，熟练地做出指挥吊车手势</td></tr>
<tr><td>现场设备、工器具、材料</td><td colspan="7">工器具：口哨、白手套、吊车指挥服</td></tr>
<tr><td>备注</td><td colspan="7">考生自备工作服、绝缘鞋</td></tr>
</table>

评分标准

序号	考核项目名称	质量要求	分值	扣分标准	扣分原因	得分
1	工作前准备及文明生产					
1.1	着装、工器具准备（该项不计考核时间）	考核人员穿工作服、戴安全帽、穿绝缘鞋，工作前清点工器具、设备	2	未穿工作服、戴安全帽、穿绝缘鞋，每项不合格扣2分		
2	使用旗语指挥起重和搬运工作					
2.1	预备（注意）	手臂伸直置于头上方，五指自然伸开，手心朝前保持不动	6	（1）不会做手势，扣6分。 （2）手势偏差过大，扣3分		
2.2	要主钩	单手自然提拳，置于头顶上，轻触头顶	7	（1）不会做手势，扣7分。 （2）手势偏差过大，扣3分		
2.3	要副钩	一只手提拳，小臂向上不动，另一只手伸出，手心轻触前一只手的关节	7	（1）不会做手势，扣7分。 （2）手势偏差过大，扣3分		

续表

序号	考核项目名称	质量要求	分值	扣分标准	扣分原因	得分
2.4	吊钩上升	小臂向侧上方伸直，五指自然伸开，高于肩部，以手腕为轴转动	7	(1) 不会做手势，扣7分。 (2) 手势偏差过大，扣3分		
2.5	吊钩下降	手臂伸向前下方，与身体夹角30°，五指自然伸开，以腕部为轴转动	7	(1) 不会做手势，扣7分。 (2) 手势偏差过大，扣3分		
2.6	吊钩水平移动	小臂向侧上方伸直，五指并拢手心朝外，朝向负载应运行的方向，向下挥动到与肩相平的位置	7	(1) 不会做手势，扣7分。 (2) 手势偏差过大，扣3分		
2.7	吊钩微微上升	小臂伸向侧前上方，手心朝上高于肩部，以腕部为轴，重复向上摆手掌	7	(1) 不会做手势，扣7分。 (2) 手势偏差过大，扣3分		
2.8	吊钩微微下降	手臂伸向侧前下方，与身体夹角约30°，手心朝下，以腕部为轴，重复向下摆动手掌	7	(1) 不会做手势，扣7分。 (2) 手势偏差过大，扣3分		
2.9	吊钩水平微微移动	小臂向侧上方自然伸开，五指并拢手心朝外，朝负载应运行的方向，重复做缓慢的水平运动	7	(1) 不会做手势，扣7分。 (2) 手势偏差过大，扣3分		
2.10	微动范围	双小臂曲起，伸向一侧，五指伸直，手心相对，其间距与负载所要移动的距离接近	7	(1) 不会做手势，扣7分。 (2) 手势偏差过大，扣3分		
2.11	指示降落方位	五指伸直，指出负载应降落的位置	7	(1) 不会做手势，扣7分。 (2) 手势偏差过，大扣3分		
2.12	停止	小臂水平置于胸前，五指伸开，手心朝下，水平挥向一侧	7	(1) 不会做手势，扣7分。 (2) 手势偏差过大，扣3分		
2.13	紧急停止	两小臂水平置于胸前，五指伸开，手心朝下，同时水平挥向两侧	7	(1) 不会做手势扣7分。 (2) 手势偏差过大扣3分		
2.14	工作结束	双手五指伸开，在额前交叉	6	(1) 不会做手势，扣6分。 (2) 手势偏差过大，扣3分		
3	收工					
3.1	填写记录	如实正确填写检修记录	2	(1) 检修记录未填，扣2分。 (2) 或填写错误，每处扣1分，分数扣完为止		

第二部分　中　级　工

1 理论试题

1.1 单选题

La4A1001 老型带隔膜式及气垫式储油柜的互感器，应加装(　　)进行密封改造。现场密封改造应在晴好天气进行。

(A) 金属膨胀器；(B) 净油器；(C) 呼吸器；(D) 在线滤油装置。

答案：A

La4A1002 交流电弧是利用(　　)时的有利时机进行灭弧的。

(A) 电流过零；(B) 电压过零；(C) 电压一电流同时过零。

答案：A

La4A1003 固定硬母线金具的上压板是铝合金铸成的，如有损坏或遗失可用(　　)代替。

(A) 铁板；(B) 铸铁；(C) 铁合金；(D) 铝板。

答案：D

La4A1004 接地体的埋深不宜小于(　　)m。

(A) 0.5；(B) 0.6；(C) 0.8；(D) 1。

答案：B

La4A1005 钢芯铝绞线，其损伤面积不超过总面积的5%时，可用(　　)进行处理。

(A) 缠绕；(B) 加分流线；(C) 接续管；(D) 重做接头。

答案：A

La4A1006 隔离开关一次引线接线端子经处理后，应涂(　　)紧固。

(A) 导电脂；(B) 凡士林；(C) 机油；(D) 二硫化钼。

答案：A

La4A1007 感应电动势的方向用(　　)判定。

(A) 右手定则；(B) 左手定则。

答案：A

La4A1008　所谓电力系统的稳定，是指(　　)。

(A) 系统无故障时间的长短；(B) 两电网并列运行的能力；(C) 系统抗干扰的能力；(D) 系统设备的利用率。

答案：C

La4A1009　断路器液压机构中压力表指示的是(　　)压力。

(A) 液体；(B) 氮气；(C) 空气。

答案：A

La4A1010　手车式断路器隔离插头检修后，其接触面(　　)。

(A) 应涂润滑油；(B) 应涂二硫化钼；(C) 不涂任何物质。

答案：B

La4A1011　滤波电路能够将整流电路输出的脉动电压变为(　　)。

(A) 脉动电流；(B) 正弦交流电压；(C) 平滑直流电压；(D) 负载电压。

答案：C

La4A1012　GW6-220型隔离开关在合闸位置与操作绝缘子上部相连的轴的拐臂应越过死点(　　)mm。

(A) 3±1；(B) 5±1；(C) 4±1；(D) 6±1。

答案：C

La4A1013　变压器净油器中，硅胶重量是变压器油重量的(　　)。

(A) 1%；(B) 0.5%；(C) 10%；(D) 5%。

答案：A

La4A1014　连接电动机械和电动工具的电气回路应单独设开关或插座，并装设(　　)，金属外壳应接地。

(A) 过载脱扣装置；(B) 快速熔丝保护；(C) 漏电保护器；(D) 熔丝保护。

答案：C

La4A1015　砂轮应装有用钢板制成的防护罩，其强度应(　　)。

(A) 避免共振；(B) 保证当砂轮碎裂时挡住碎块；(C) 满足要求；(D) 保证当砂轮整体飞出时挡住砂轮。

答案：B

La4A1016　在带电的电流互感器二次回路上工作时，应短路电流互感器二次绕组，禁止用(　　)。

（A）导线缠绕；（B）短路片；（C）短路线。

答案：A

La4A1017 连接断路器瓷套法兰时，所用的橡胶密封垫的压缩量不宜超过其原厚度的（ ）。

（A）1/5；（B）1/3；（C）1/2；（D）1/4。

答案：B

La4A1018 电压表、携带型电压互感器和其他高压测量仪器的接线和拆卸无需断开（ ）回路者，可以带电工作。

（A）高压；（B）低压；（C）交流；（D）直流。

答案：A

La4A1019 减少母线钢构损耗的方法有多种，以下（ ）方法是错误的。

（A）加大钢构和母线距离；（B）断开电磁回路；（C）电磁屏蔽；（D）采用开放式母线。

答案：D

La4A2020 检修策略应根据设备状态评价的结果进行（ ）调整。

（A）动态；（B）常态；（C）科学地；（D）人性化。

答案：A

La4A2021 隔离开关各单极都由基座、支柱绝缘子、出线座及（ ）等部分组成。

（A）触头触指；（B）灭弧室；（C）绝缘油。

答案：A

La4A2022 照明灯具的螺口灯头接电时，（ ）。

（A）相线应接在中心触点端上；（B）零线应接在中心触点端上；（C）可任意接；（D）相线一零线都接在螺纹端上。

答案：A

La4A2023 湿度增加时，气体间隙的火花放电电压（ ）。

（A）均匀电场中火花放电电压下降；（B）不均匀电场中火花放电电压下降；（C）均匀电场中火花放电电压基本保持不变；（D）不均匀、均匀电场中火花放电电压都下降。

答案：D

La4A2024 当隔离开关电动操作机构分、合闸终了时，靠（ ）切断电动机电源。

（A）接触器、限位开关；（B）限位开关；（C）热继电器；（D）电源空气开关。

答案：A

La4A2025 10kV 及以上无间隙金属氧化物避雷器 1mA 下的 75%参考电压的泄漏电流应不大于(　　)。

(A) 30μA; (B) 40μA; (C) 50μA; (D) 75μA。

答案: C

La4A2026 铝合金制的设备接头过热后，其颜色会呈(　　)色。

(A) 灰; (B) 黑; (C) 灰白; (D) 银白。

答案: C

La4A2027 使用高压冲洗机时，工作压力不许(　　)高压泵的允许压力，喷枪严禁对准人，冲洗机的金属外壳必须接地。

(A) 等于; (B) 超过; (C) 低于; (D) 长期超过。

答案: B

La4A2028 当验明设备确无电压后，应立即将检修设备(　　)。

(A) 接地; (B) 三相短路; (C) 接地并三相短路; (D) 接地并一相短路。

答案: C

La4A2029 万用表用完后，应将选择开关拨在(　　)档上。

(A) 电阻; (B) 电压; (C) 交流电压; (D) 电流。

答案: C

La4A2030 断路器液压操作机构中的液压传动是借助于(　　)来传递功率和运动。

(A) 氮气; (B) 航空油; (C) 水; (D) 机油。

答案: B

La4A2031 中性点不接地系统发生单相接地故障时，非故障相导线对地电压(　　)。

(A) 为 0; (B) 保持不变; (C) 升高$\sqrt{3}$倍; (D) 升高 3 倍。

答案: C

La4A2032 变压器、互感器器身在烘房中进行真空干燥处理时，最高温度控制点是(　　)。

(A) (130±5)℃; (B) (105±5)℃; (C) (95±5)℃; (D) (65±1)℃。

答案: B

La4A2033 对于有两组跳闸线圈的断路器，按“反措要点”要求，(　　)。

(A) 其每一组跳闸回路应分别由专用的直流熔断器或自动开关供电; (B) 两组跳闸回路可共用一组直流熔断器或自动开关供电; (C) 其中一组由专用的直流熔断器或自动开

关供电，另一组可与一套主保护共用一组直流熔断器或自动开关。

答案：A

La4A2034 在1000A以上大工作电流装置中，通常母线上的夹板用非磁性材料（　）制成。

（A）锡材料；（B）钢材料；（C）铝材料；（D）耐弧塑料。

答案：C

La4A2035 一般画线精度能达到（　）。

（A）0.025～0.05mm；（B）0.25～0.5mm；（C）0.25mm左右；（D）0.5mm左右。

答案：B

La4A2036 影响变压器吸收比的因素有（　）。

（A）铁芯、插板质量；（B）真空干燥程度、零部件清洁程度和器身在空气中暴露时间；（C）线圈导线的材质；（D）变压器油的标号。

答案：B

La4A2037 GIS安装过程中，进入高压室之前，氧浓度不得低于（　）。

（A）18%；（B）15%；（C）12%；（D）10%。

答案：A

La4A2038 夹持已加工完的表面时，为了避免将表面夹坏，应在虎钳口上衬以（　）。

（A）木板；（B）铜钳口；（C）棉布或棉丝；（D）胶皮垫。

答案：B

La4A2039 隔离开关的导电部分的接触面应清除（　），保证接触可靠。

（A）氧化膜；（B）水分；（C）油脂；（D）水溶性物质。

答案：A

La4A2040 钢芯铝绞线的接续管钳压时，应从（　）开始。

（A）端头；（B）中间；（C）三分之一处；（D）任意。

答案：B

La4A2041 钳台的高度一般以（　）为宜。

（A）800mm；（B）800～900mm；（C）1000mm；（D）1100mm。

答案：B

La4A2042 决定接地电阻的主要因素是(　　)。

(A) 土壤温度；(B) 土壤水分；(C) 土壤电阻率。

答案：C

La4A2043 护套感应电压与电缆长度成(　　)关系。

(A) 正比；(B) 反比；(C) 指数。

答案：A

La4A2044 在三相三线制电路中，$I_a+I_b+I_c$ 之和(　　)。

(A) 大于0；(B) 等于0；(C) 小于0。

答案：B

La4A2045 电容器充电后，它所储存的能量是(　　)。

(A) 磁场能；(B) 电场能；(C) 热能。

答案：B

La4A2046 断路器的开断容量应根据(　　)选择。

(A) 变压器的容量；(B) 运行中最大负荷；(C) 安装点最大短路容量。

答案：C

La4A2047 利用滚动法搬运设备时，对放置滚杠的数量有一定要求，如滚杠较少，则所需要的牵引力(　　)。

(A) 增加；(B) 减小；(C) 不变；(D) 略小。

答案：A

La4A2048 进行锉削加工时，锉刀齿纹粗细的选择取决于(　　)。

(A) 加工工件的形状；(B) 加工面的尺寸；(C) 工件材料和性质；(D) 锉刀本身材料。

答案：C

La4A2049 用手触摸变压器外壳时，如有麻电感，可能是(　　)。

(A) 线路接地引起；(B) 过负荷引起；(C) 外壳接地不良。

答案：C

La4A2050 安全带试验周期为(　　)。

(A) 3个月；(B) 6个月；(C) 12个月；(D) 18个月。

答案：C

La4A2051 在三相短路时，会有(　　)相出现最大冲击电流值。

(A) 一；(B) 二；(C) 三；(D) 无。

答案：A

La4A2052 密度继电器是反映 SF_6 气室内部(　　)变化的。

(A) SF_6 气体压力；(B) SF_6 气体密度；(C) SF_6 气体微水含量；(D) SF_6 气体温度。

答案：B

La4A2053 开关柜内二次回路绝缘电阻测试，二次回路的每一支路和断路器、隔离开关的操动机构的电源回路等，绝缘电阻值均不小于(　　)。

(A) 1MΩ；(B) 2MΩ；(C) 3MΩ；(D) 5MΩ。

答案：B

La4A2054 固定导体的连接螺栓外露丝牙(　　)丝。

(A) 1～2；(B) 2～3；(C) 3～4；(D) 4～5。

答案：B

La4A2055 绝缘油净化处理有沉淀法、压力过滤法、(　　)等方法。

(A) 电解法；(B) 加热法；(C) 热油过滤与真空过滤法；(D) 溶解法。

答案：C

La4A2056 禁止在油漆(　　)的结构或其他物体上进行焊接。

(A) 未干；(B) 老化；(C) 已干；(D) 脱落。

答案：A

La4A3057 KYN28-12 型高压开关柜利用(　　)来实现小车与接地开关之间的连锁。

(A) 电磁锁；(B) 程序锁；(C) 机械连锁；(D) 挂锁。

答案：C

La4A3058 影响 GW4 型隔离开关分、合闸总行程大小的是(　　)。

(A) 垂直连杆长度；(B) 水平连杆长度；(C) 交叉连杆长度；(D) 拐臂长度。

答案：D

La4A3059 表示高压断路器弹簧机构型号的汉语拼音是(　　)。

(A) D；(B) T；(C) J；(D) Y。

答案：B

La4A3060 真空灭弧室的玻璃起(　　)作用。

(A) 真空密封；(B) 绝缘；(C) 真空密封和绝缘双重。

答案：C

La4A3061 真空断路器在分闸状态拆下一只真空灭弧室，其动、静触头是(　　)。

(A) 接触状态；(B) 断开状态；(C) 时通时断状态。

答案：A

La4A3062 从电缆沟道引至电杆或外敷设的电缆，距地面(　　)高及埋入地下0.25m深处的一段需要加以穿管保护。

(A) 1m；(B) 1.5m；(C) 2m；(D) 3m。

答案：C

La4A3063 有载高压长线路的末端电压(　　)始端电压。

(A) 高于；(B) 等于；(C) 小于。

答案：C

La4A3064 高压开关柜导电回路电阻一般采用(　　)方法测量。

(A) 伏安法；(B) 电桥法；(C) 直流压降法；(D) 替代法。

答案：C

La4A3065 10kV高压开关柜导致载流回路过热的原因主要有(　　)。

(A) 触头接触过大；(B) 接触面连接过大；(C) 加工工艺过精；(D) 负荷电流过大。

答案：D

La4A4066 真空断路器的触头常采用(　　)触头。

(A) 指形；(B) 对接式；(C) 插入。

答案：B

La4A4067 GW5型隔离开关同相两支柱绝缘子间的夹角为(　　)。

(A) 50°；(B) 70°；(C) 90°。

答案：A

La4A4068 检查隔离开关接触情况所用的塞尺是(　　)。

(A) 0.06mm×10mm；(B) 0.07mm×10mm；(C) 0.05mm×10mm；(D) 0.04×10mm。

答案：C

La4A4069　新敷设的中间接头的电缆线路在投运(　　)后应试验一次。

(A) 3个月；(B) 6个月；(C) 12个月。

答案：A

Lb4A1070　将淬火后的材料再加热到一定范围保温，然后在空气或油中冷却的操作过程叫作(　　)。

(A) 退火；(B) 回火；(C) 调质；(D) 正火。

答案：B

Lb4A1071　在电容器回路中串接串联电抗器，以改变电容器回路的阻抗参数，可限制(　　)。

(A) 高次谐波；(B) 过电压；(C) 过电流；(D) 频率变化。

答案：A

Lb4A1072　选用锯条锯齿的粗细，可按切割材料的(　　)程度来选用。

(A) 厚度、软、硬；(B) 软、硬；(C) 厚度；(D) 厚度、软。

答案：A

Lb4A1073　一般将电气设备和载流导体能够承受短路电流电动力作用的能力称为(　　)。

(A) 热稳定；(B) 动稳定；(C) 电动力效应；(D) 力的平衡。

答案：B

Lb4A1074　隔离开关可以用来拉合(　　)。

(A) 负荷电流；(B) 变压器激磁电流；(C) 空载母线；(D) 短路电流。

答案：C

Lb4A1075　高压中置式开关柜工作位置不能合闸，试验位置能合闸，这种现象属于(　　)类型故障。

(A) 保护动作；(B) 五防闭锁；(C) 控制回路；(D) 防护。

答案：B

Lb4A1076　下列说法中，错误的说法是(　　)。

(A) 铁磁材料的磁性与温度有很大关系；(B) 当温度升高时，铁磁材料磁导率上升；(C) 铁磁材料的磁导率高；(D) 表示物质磁化程度称为磁场强度。

答案：B

Lb4A1077 起重搬运工作，当设备需从低处运至高处时，可搭设斜坡下走道，但坡度应小于(　　)。

(A) 30°；(B) 25°；(C) 20°；(D) 15°。

答案：D

Lb4A1078 GIS的底脚与基础预埋钢板之间宜采用(　　)的方式。

(A) 预埋底脚螺钉；(B) 直接焊接；(C) 直接放置。

答案：B

Lb4A1079 变电所中只装一组电容器时，一般合闸涌流不大，当母线短路容量不大于80倍电容器组容量时，涌流将不会超过10倍电容器组额定电流。可以不装限制涌流的(　　)。

(A) 串联电抗器；(B) 并联电抗器；(C) 熔断器；(D) 限流装置。

答案：A

Lb4A1080 过热温度不高，接头没有变色氧化，固定螺母不用太大力即可拧紧，可以采用(　　)方法处理。

(A) 更换母线；(B) 重做接头；(C) 加过渡片；(D) 拧紧螺母。

答案：D

Lb4A1081 为防止运行断路器绝缘拉杆断裂造成拒动，应对于LW6型等早期生产的、采用“螺旋式”连接结构(　　)的断路器进行改造。

(A) 绝缘拉杆；(B) 水平连杆；(C) 动触头；(D) 静触头。

答案：A

Lb4A1082 当温度升高时，变压器的直流电阻(　　)。

(A) 随着增大；(B) 随着减少；(C) 不变；(D) 不一定。

答案：A

Lb4A1083 链条的传动功率随链条的节距增大而(　　)。

(A) 减小；(B) 不变；(C) 增大；(D) 交变。

答案：C

Lb4A1084 运行中的电压互感器，为避免产生很大的短路电流而烧坏互感器，要求电压互感器(　　)。

(A) 必须一点接地；(B) 严禁过负荷；(C) 要两点接地；(D) 严禁二次短路。

答案：D

Lb4A1085 户外电气设备的绝缘油气温在－10℃以下时一律用(　　)变压器油。

(A) 25号；(B) 45号；(C) 30号；(D) 10号。

答案：B

Lb4A1086 封闭母线应在(　　)和中间适当位置涂相色漆。

(A) 支持件；(B) 两端；(C) 紧固件；(D) 连接处。

答案：B

Lb4A1087 功率因数 cosφ 是表示电气设备的容量发挥能力的一个系数，其大小为(　　)。

(A) P/Q；(B) P/S；(C) P/X；(D) X/Z。

答案：B

Lb4A1088 110kV 及以上的高压站的构架上可安装避雷针，该避雷针的接地线应(　　)。

(A) 不与高压站接地网相连；(B) 直接与高压站接地网相连；(C) 直接与高压站接地网相连，并加装集中接地装置。

答案：C

Lb4A1089 我国规定的安全电压是(　　)V 及以下。

(A) 36；(B) 110；(C) 220；(D) 380。

答案：A

Lb4A1090 载流导体在磁场中受到磁场力的作用，作用力的方向用(　　)判定。

(A) 右手定则；(B) 左手定则。

答案：B

Lb4A1091 空载高压线路的末端电压(　　)始端电压。

(A) 低于；(B) 等于；(C) 高于。

答案：C

Lb4A1092 在寻找直流系统接地点时，应使用(　　)。

(A) 接地绝缘电阻表；(B) 普通电压表；(C) 高内阻电压表。

答案：C

Lb4A1093 铁芯线圈上电压与电流的关系是(　　)。

(A) 线性；(B) 非线性；(C) 一段为线性，一段为非线性。

答案：C

Lb4A1094 矩形母线宜减少直角弯曲，弯曲处不得有裂纹及显著的折皱，当125mm×10mm及其以下铝母线焊成平弯时，最小允许弯曲半径R为(　　)倍的母线厚度。

(A) 1.5；(B) 2.5；(C) 2.0；(D) 3。

答案：B

Lb4A1095 交流电路中，电流比电压滞后90°，该电路属于(　　)电路。

(A) 复合；(B) 纯电阻；(C) 纯电感；(D) 纯电容。

答案：C

Lb4A1096 SF_6设备补充新气体，钢瓶内的含水量应不大于(　　)。

(A) 68μL/L；(B) 100μL/L；(C) 150μL/L；(D) 250μL/L。

答案：A

Lb4A1097 断路器误跳闸的原因有(　　)。

(A) 保护正确动作；(B) 断路器机构卡涩；(C) 一次回路绝缘问题；(D) 有寄生跳闸回路。

答案：D

Lb4A1098 机器的转动部分应有(　　)。

(A) 提示标志；(B) 醒目安全标示；(C) 警示标志；(D) 防护罩或其他防护设备。

答案：D

Lb4A2099 铁磁谐振过电压一般为(　　)倍相电压。

(A) 1～1.5；(B) 5；(C) 2～3；(D) 1～1.2。

答案：C

Lb4A2100 GW16型隔离开关在调试时，单极的分、合闸力矩之差大于30Nm，其原因是(　　)。

(A) 拐臂的角度不对；(B) 齿轮与齿条合不稳；(C) 操动机构的输出角度不对；(D) 下导电管内的平衡弹簧压缩量调整不当。

答案：D

Lb4A2101 某电力变压器的型号为SFSZL3-50000/110，额定电压为110±4×2.5%/38.5/11kV，该变压器高压侧有(　　)个抽头。

(A) 4；(B) 5；(C) 8；(D) 9。

答案：D

Lb4A2102 断路器液压机构的储压筒充氮气后(　　)。

(A) 必须水平放置；(B) 必须垂直放置；(C) 可以随意放置；(D) 倾斜一定角度放置。

答案：B

Lb4A2103 GIS筒体所做的压力试验的要求是(　　)。

(A) 能承受3～5倍额定工作压力的水压试验；(B) 能承受3～5倍额定工作压力的气体试验；(C) 能承受2～3倍额定工作压力的水压试验；(D) 能承受2～3倍额定工作压力的气体试验。

答案：A

Lb4A2104 开关机械特性测试仪在准备测试画面中，断口状态表示为(　　)。

(A) 用于判断开关的合状态；(B) 用于判断开关的分状态；(C) 用于判断仪器是否开机；(D) 用于判断开关的合、分状态，以及断口线是否连接好。

答案：D

Lb4A2105 在同一电气连接部分，高压试验工作票发出后，禁止再发出(　　)。

(A) 检修工作票；(B) 继保工作票；(C) 第二种工作票；(D) 第二张工作票。

答案：D

Lb4A2106 检修时需要重新配置键销，其材料应选用(　　)。

(A) 45号钢；(B) 紫铜；(C) 钢。

答案：A

Lb4A2107 45号钢是(　　)碳优质碳素结构钢。

(A) 高；(B) 中；(C) 低；(D) 无。

答案：B

Lb4A2108 为了改善断路器各断口的均压性能，要在每个断口上(　　)。

(A) 并联电阻；(B) 并联电感；(C) 并联电容；(D) 串联电阻。

答案：C

Lb4A2109 有一零件需要进行锉削加工，其加工余量为0.3mm，要求尺寸精度为0.15mm，应选择(　　)锉刀进行加工。

(A) 粗；(B) 中粗；(C) 细；(D) 双细。

答案：B

Lb4A2110 避雷针的作用是(　　)。

(A) 排斥雷电；(B) 吸引雷电；(C) 避免雷电；(D) 削弱雷电。

答案：B

Lb4A2111　隔离开关的地刀在合闸位时，主刀应(　　)。

(A) 可以动作；(B) 不能动作；(C) 不带电；(D) 带电。

答案：B

Lb4A2112　锯割中等硬度的材料时，锯割速度应控制在(　　)左右较为适宜。

(A) 20 次/分钟；(B) 30 次/分；(C) 40 次/分钟；(D) 80 次/分钟。

答案：C

Lb4A2113　电缆线芯导体的连接，无论采用哪种方法，其接触电阻都不应大于同长度电缆电阻的(　　)倍。

(A) 1.2；(B) 2；(C) 2.5；(D) 3。

答案：B

Lb4A2114　螺孔之钻孔尺度应比螺纹大径(　　)。

(A) 大；(B) 一样；(C) 小；(D) 大小都可以。

答案：C

Lb4A2115　电缆在运输时，为避免损伤电缆，禁止将电缆盘(　　)运输。

(A) 立放；(B) 平放。

答案：B

Lb4A2116　构件受力弯曲时，垂直于轴线的截面上产生的内力为(　　)。

(A) 压力；(B) 张力和压力；(C) 张力；(D) 剪力。

答案：B

Lb4A2117　GW6 型隔离开关，合闸终了位置动触头上端偏斜不得大于(　　)mm。

(A) ±50；(B) ±70；(C) ±60；(D) ±100。

答案：A

Lb4A2118　户外 35kV、110kV 高压配电装置场所的行车通道上，车辆（包括装载物）外廓至无遮栏带电部分之间的安全距离分别为(　　)m。

(A) 1.15、1.65 (1.75)；(B) 0.7、1.5；(C) 0.6、1.5。

答案：A

Lb4A2119　经过画线确定加工时的最后尺寸，在加工过程中，通过(　　)来保证尺寸的准确性。

(A) 测量；(B) 画线；(C) 加工；(D) 精加工。

答案：A

Lb4A2120 四连杆机构中必定(　　)。

(A) 有三个连杆固定；(B) 有两个连杆固定；(C) 有一个连杆固定。

答案：C

Lb4A2121 工程制图上未注明单位时，其单位为(　　)。

(A) m；(B) cm；(C) mm；(D) dm。

答案：C

Lb4A2122 通常情况下，金属的导电性能随温度的升高而(　　)。

(A) 下降；(B) 升高；(C) 成正比；(D) 相等。

答案：A

Lb4A2123 绕组中自感电流的方向(　　)。

(A) 与原电流方向相反；(B) 与原电流方向相同；(C) 是阻止原电流的变化。

答案：C

Lb4A2124 同一焊件，夏天焊接选择的焊接电流应比冬天焊接电流要(　　)。

(A) 大；(B) 一样；(C) 小。

答案：C

Lb4A2125 调整单电源三绕组降压变压器高压侧分接位置可以调节(　　)的电压。

A. 三侧；(B) 低压侧；(C) 中低压侧；(D) 高压侧。

答案：C

Lb4A2126 接地装置是指(　　)。

(A) 接地引下线；(B) 接地体；(C) 接地引下线和接地体的总和。

答案：C

Lb4A2127 公制螺纹标注 M8×0.75，其中“0.75”表示(　　)。

(A) 单线螺纹；(B) 1 级螺纹；(C) 螺距；(D) 螺纹深。

答案：C

Lb4A2128 变电所母线上氧化锌避雷器接地装置的工频接地电阻一般不大于(　　)Ω。

(A) 4；(B) 5；(C) 7；(D) 10。

答案：D

Lb4A2129 使用无齿锯时，操作人员应站在锯片的侧面，锯片应(　　)靠近被锯物件，且不准用力过猛。

(A) 先慢后快；(B) 缓慢；(C) 快速；(D) 先快后慢。

答案：B

Lb4A2130 无齿锯的砂轮切割片的防护罩至少要把锯片的(　　)罩住。

(A) 下半部；(B) 上半部；(C) 侧面；(D) 中部。

答案：B

Lb4A2131 从实践结果上来说，状态检修普遍(　　)了设备的检修周期。

(A) 延长；(B) 缩短；(C) 没有区别。

答案：A

Lb4A2132 熔断器熔体应具有(　　)。

(A) 熔点低，导电性能不良；(B) 导电性能好，熔点高；(C) 易氧化，熔点低；(D) 熔点低，导电性能好，不易氧化。

答案：D

Lb4A2133 断路器连接三相水平传动拉杆时，轴销应(　　)。

(A) 垂直插入；(B) 任意插入；(C) 水平插入；(D) 倾斜插入。

答案：C

Lb4A2134 将机件的某一部分向基本投影面投影所得的视图，称为(　　)。

(A) 剖视图；(B) 旋转视图；(C) 斜视图；(D) 局部视图。

答案：D

Lb4A2135 做工频耐压试验时，(　　)试验电压以下的升压速度是任意的，以后的升压速度按每秒3%的速度均匀上升。

(A) 60%；(B) 50%；(C) 40%；(D) 30%。

答案：C

Lb4A3136 更换ZN28-10型真空断路器灭弧室时，安装好的支架与灭弧室导向套之间要留有(　　)mm的间隙。

(A) 0.5～1.5；(B) 1～1.5；(C) 1～2；(D) 1.5～2.5。

答案：A

Lb4A3137 断路器和GIS使用的吸附剂装入设备前要记录吸附剂重量，并在下次检修时再称一次，如超过原来的(　　)，说明吸附气体水分较多，应认真分析，进行处理。

（A）10%；（B）15%；（C）25%；（D）30%。

答案：C

Lb4A3138 回路电阻测试仪，用于测试（　　）的回路电阻值。

（A）带电导体；（B）有感元器件；（C）断路器、隔离开关、母线接点、母线上接触部件和其他流经大电流接点的导电回路电阻；（D）带电导体和有感元器件。

答案：C

Lb4A3139 高压开关柜内手车开关拉出后，隔离带电部位的挡板封闭后禁止开启，并在柜门上设置（　　）的标示牌。

（A）“禁止合闸，有人工作！”；（B）“禁止合闸，线路有人工作！”；（C）“止步，高压危险！”。

答案：C

Lb4A3140 10kV室外配电装置的最小相间安全距离为（　　）mm。

（A）125；（B）200；（C）400；（D）300。

答案：B

Lb4A3141 SF_6气体的绝对压力与相对压力的关系是（　　）。

（A）绝对压力＝相对压力；（B）绝对压力＋大气压＝相对压力；（C）相对压力＋大气压＝绝对压力；（D）绝对压力与相对压力没有关系。

答案：C

Lb4A3142 成套高压开关柜（　　）应齐全、性能良好。开关柜出线侧宜装设带电显示装置，带电显示装置应具有自检功能，并与线路侧接地刀闸实行联锁；配电装置有倒送电源时，间隔网门应装有带电显示装置的强制闭锁。

（A）五防功能；（B）机械闭锁；（C）电气闭锁；（D）带电显示。

答案：A

Lb4A3143 新投运的GIS，除断路器气室以外的其他气室的微水含量不得大于（　　）。

（A）150μL/L；（B）200μL/L；（C）250μL/L；（D）300μL/L。

答案：C

Lb4A3144 在相同条件下，同样截面的铜芯电缆载流量为铝芯的（　　）倍。

（A）3；（B）2.5；（C）1.8；（D）1.3。

答案：B

Lb4A3145 电缆隧道中10kV电缆架各层间垂直净距为(　　)mm。

(A) 150；(B) 200；(C) 250；(D) 300。

答案：B

Lb4A3146 下列导体中，(　　)导体的电阻率最小。

(A) 铝；(B) 铅；(C) 铁；(D) 铜。

答案：D

Lb4A3147 断路器失灵保护，只在断路器(　　)时动作。

(A) 误动；(B) 拒动；(C) 保护误动。

答案：C

Lb4A3148 电容器在充电过程中，其(　　)。

(A) 充电电流不能发生变化；(B) 两端电压不能发生突变；(C) 储存能量发生突变；(D) 储存电场发生突变。

答案：B

Lb4A3149 千分尺的微分筒旋转一圈时，测微螺杆就轴向移动(　　)mm。

(A) 0.01；(B) 0.1；(C) 0.2；(D) 0.5。

答案：D

Lb4A3150 标志断路器开合短路故障能力的数据是(　　)。

(A) 断路电压；(B) 额定短路开合电流的峰值；(C) 最大单相短路电流；(D) 最大运行负荷电流。

答案：B

Lb4A3151 SF_6断路器中吸附剂具有耐受高温能力和(　　)能力。

(A) 耐受氧化能力；(B) 耐受电弧冲击的能力；(C) 耐受紫外线照射能力；(D) 耐腐蚀能力。

答案：B

Lb4A3152 高压断路器液压垂直机构的储压筒储存能量的方式有利用氮气来储存能量和(　　)。

(A) 利用液压油储存能量方式；(B) 气动储能方式；(C) 电磁储能方式；(D) 弹簧储能方式。

答案：D

Lb4A3153 纯净的 SF_6 气体对人体的伤害有窒息和(　　)危害。

(A) 缺氧；(B) 冷烧伤；(C) 中毒；(D) 热烧伤。

答案：B

Lb4A3154 SF_6 断路器有双压式、旋弧式和(　　)灭弧室。

(A) 横吹式；(B) 纵吹式；(C) 产气式；(D) 压气式。

答案：D

Lb4A3155 SF_6 断路器内装设吸附剂，常用的有分子筛和(　　)。

(A) 有活性炭；(B) 防火过滤棉；(C) 干燥剂；(D) 活性氧化铝。

答案：D

Lb4A4156 GW5 型隔离开关，当操动机构带动一个绝缘子柱转动(　　)时，经过齿轮转动，另一个绝缘子沿相反方向转动。

(A) 45°；(B) 60°；(C) 90°；(D) 180°。

答案：C

Lb4A4157 GW7-220 型隔离开关的接地开关在其操动机构将力矩传递给转轴时，导电杆向上旋转约(　　)，动、静触头接触后，动触头向上运动插入静触头。

(A) 60°；(B) 75°；(C) 80°；(D) 100°。

答案：B

Lb4A4158 GW4-110 型隔离开关的防护罩设在(　　)。

(A) 指形触头侧；(B) 柱形触头侧；(C) 两侧触头。

答案：A

Lb4A4159 在室内充装 SF_6 设备时，周围的环境湿度应小于(　　)。

(A) 50%；(B) 60%；(C) 70%；(D) 80%。

答案：D

Lb4A4160 单母线接线方式的最典型缺点是(　　)。

(A) 接线过于简单；(B) 易出现操作事故；(C) 设备负荷重；(D) 供电可靠性差。

答案：D

Lb4A4161 测量绕组直流电阻的目的是(　　)。

(A) 保证设备的温升不超过上限；(B) 测量绝缘是否受潮；(C) 判断接头是否接触良好；(D) 判断绝缘是否下降。

答案：C

Lb4A5162 SF_6 气体充入设备前，新气钢瓶抽检率按照每批(　　)抽检。

(A) 总数 1 瓶时，不需抽检；(B) 总数 2～40 瓶时，抽检 2 瓶；(C) 总数 40～70 瓶时，抽检 3 瓶；(D) 总数 70 瓶以上时，抽检 4 瓶。

答案：B

Lb4A5163 二分之三主接线法具有双母线双断路器接线的优点，但在使用的断路器数量上(　　)。

(A) 减少四分之一；(B) 减少三分之一；(C) 增加二分之一；(D) 增加三分之一。

答案：A

Lc4A1164 大气过电压是由于(　　)引起的。

(A) 刮风；(B) 下雨；(C) 浓雾；(D) 雷电。

答案：D

Lc4A1165 当 SF_6 气瓶压力降至(　　)MPa 表压时，应停止用该钢瓶充气。

(A) 0.1；(B) 1；(C) 0.01；(D) 0.2。

答案：A

Lc4A1166 断路器控制回路中加装防跳跃闭锁继电器的作用是防止(　　)造成断路器多次反复跳、合闸的现象。

(A) 分闸线圈断线；(B) 控制开关的把手未松开或接点卡住；(C) 合闸线圈断线；(D) 合闸掣子保持不住。

答案：B

Lc4A1167 10kV 高压开关柜的交流耐压试验的标准是(　　)。

(A) 42kV/1min；(B) 95kV/1min；(C) 35kV/1min；(D) 20kV/1min。

答案：A

Lc4A1168 通常，立体画线要选择(　　)个画线基准。

(A) 1；(B) 2；(C) 3；(D) 4。

答案：C

Lc4A1169 在电阻并联的电路中，等效总电阻(　　)。

(A) 为各支路电阻倒数的和；(B) 为各支路电阻的和；(C) 倒数为各支路电阻倒数的和。

答案：C

Lc4A1170 载流导体（或通电线圈）周围的磁场方向和电流之间的关系用(　　)。

(A) 右手定则或右手螺旋定则；(B) 左手定则；(C) 右手定则。

答案：A

Lc4A2171 三相桥式整流电路的6个二极管中始终有(　　)个二极管在正向电压下导通。

(A) 6；(B) 4；(C) 3；(D) 2。

答案：D

Lc4A3172 高压开关柜的辅助回路和控制回路绝缘电阻应不低于(　　)MΩ。

(A) 1；(B) 10；(C) 2；(D) 5。

答案：C

Lc4A3173 隔离开关大修需接触润滑油或润滑脂时(　　)防护手套。

(A) 需准备；(B) 不用准备；(C) 根据需要准备；(D) 自愿原则准备。

答案：A

Lc4A3174 线路过电流保护整定的启动电流是(　　)。

(A) 大于允许的过负荷电流；(B) 最大负荷电流；(C) 该线路的负荷电流；(D) 该线路的电流。

答案：A

Lc4A3175 当站址土壤和地下水条件会引起接地体严重腐蚀时，人工接地体的材料宜应选用(　　)。

(A) 铜材料；(B) 钢材料；(C) 铝材料；(D) 铸铁材料。

答案：A

Lc4A4176 绝缘材料的机械强度，一般随温度和湿度升高而(　　)。

(A) 下降；(B) 升高；(C) 不变；(D) 影响不大。

答案：A

Jd4A1177 钢丝绳用于机动起重设备时安全系数为5～6，用于手动起重设备时安全系数为(　　)。

(A) 6；(B) 5.5；(C) 4.5；(D) 10。

答案：C

Jd4A1178 开关机械特性测试仪一般对(　　)断路器进行弹跳试验。

(A) 少油断路器；(B) 真空断路器；(C) SF_6 断路器。

答案：B

Jd4A1179 进入 SF_6 配电装置低位区或电缆沟进行工作，应先检查含氧量不低于(　　)和 SF_6 气体是否合格。

(A) 10%；(B) 15%；(C) 18%。

答案：C

Jd4A1180 断路器的动稳定电流是指在它所能承受的电动力下短路电流的(　　)值。

(A) 有效；(B) 冲击；(C) 平均；(D) 最大。

答案：B

Jd4A1181 进行绝缘试验时，被试品温度不应低于(　　)。

(A) −5℃；(B) 0℃；(C) 5℃；(D) 10℃。

答案：C

Jd4A1182 多角形接线中，正常时每个回路都经过(　　)断路器与系统连接，并保持环形供电。

(A) 一个；(B) 两个；(C) 三个；(D) 四个。

答案：B

Jd4A1183 扁钢接地体的焊接应采用搭接焊，其搭接长度必须为其宽度的(　　)倍。

(A) 3；(B) 2；(C) 4；(D) 6。

答案：B

Jd4A1184 电气设备中有些部位是无需接地的，比如(　　)。

(A) 配电盘框架；(B) 电缆终端头金属外壳；(C) 过电压保护间隙；(D) 控制电缆金属外皮。

答案：D

Jd4A1185 试说明 GW5-110GD/600 设备型号中 600 的含义(　　)。

(A) 额定电压；(B) 额定开断电流；(C) 额定电流；(D) 额定开断容量。

答案：C

Jd4A2186 耦合电容器长期工作在运行电压下，并将经受线路过电压的作用。如果一旦部分电容器元件击穿，将使其他元件承受(　　)。因此对这种电容器要求应有很高的工作可靠性。

(A) 较高的电场强度；(B) 过电流；(C) 过负荷；(D) 过电压。

答案：A

Jd4A2187 钢丝绳用于绑扎起重物的绑扎绳时，安全系数应取(　　)。

(A) 5～6；(B) 8；(C) 10；(D) 4～6。

答案：C

Jd4A2188 装有气体继电器的油浸式变压器，联管朝向储油柜方向应有(　　)的升高坡度。

(A) 1%；(B) 2%；(C) 1%～1.5%；(D) 2.5%。

答案：C

Jd4A2189 互感器的作用使测量仪表和继电器等二次设备实现小型化和(　　)。

(A) 标准化；(B) 简单化；(C) 科学化；(D) 轻便化。

答案：A

Jd4A2190 锯割中，由于锯割材料的不同，用的锯条也不同，现在要锯割铝、紫铜材料，应选用(　　)。

(A) 粗锯条；(B) 中粗锯；(C) 细锯条；(D) 任意锯条。

答案：A

Jd4A2191 电网容量在300万千瓦以上，供电频率允许偏差(　　)Hz。

(A) 0.5；(B) 0.2；(C) 0.1；(D) 1.0。

答案：B

Jd4A2192 变压器绝缘受潮会(　　)。

(A) 直流电阻增加；(B) 铜损耗增加；(C) 铁损耗增加；(D) 介质损增加。

答案：D

Jd4A2193 变压器防爆装置的防爆膜，当压力达到(　　)kPa时将冲破。

(A) 40；(B) 50；(C) 60；(D) 45。

答案：B

Jd4A3194 GW4型隔离开关调整时，应先进行(　　)的调整。

(A) A相；(B) B相；(C) C相；(D) 机构所在相。

答案：D

Jd4A3195 静拉力试验能测定金属材料的(　　)。

(A) 硬度；(B) 强度；(C) 韧性；(D) 疲劳。

答案：B

Jd4A3196 线路停电时，必须按照(　　)的顺序操作，送电时相反。

(A) 负荷侧隔离开关、母线侧隔离开关、断路器；(B) 母线侧隔离开关、负荷侧隔离开关、断路器；(C) 断路器、母线侧隔离开关、负荷侧隔离开关；(D) 断路器、负荷侧隔离开关、母线侧隔离开关。

答案：D

Je4A1197 GIS内部清洗用的氮气纯度为(　　)。

(A) 80%；(B) 90%；(C) 95%；(D) 99.99%。

答案：D

Je4A1198 热继电器三极金属片元件，串联于电动机的(　　)电路中。

(A) 三相主；(B) 操作；(C) 保护；(D) 信号。

答案：A

Je4A1199 高压断路器的额定开断电流是指在规定条件下开断(　　)。

(A) 最大短路电流最大值；(B) 最大冲击短路电流；(C) 最大短路电流有效值；(D) 最大负荷电流的2倍。

答案：C

Je4A1200 火花放电只发生在(　　)中。

(A) 气体；(B) 固体；(C) 液体；(D) 气体、液体。

答案：A

Je4A1201 10kV系统电压互感器辅助二次绕组的额定电压一般为(　　)V。

(A) 100；(B) $100/\sqrt{3}$；(C) 100/3；(D) 100/2。

答案：C

Je4A1202 GIS安装现场的空气湿度必须不大于(　　)。

(A) 50%；(B) 60%；(C) 70%；(D) 80%。

答案：D

Je4A1203 断路器与操动机构基础的中心距离及高度误差不应大于(　　)mm。

(A) 20；(B) 25；(C) 10；(D) 15。

答案：C

Je4A1204 断路器采用手车式，断路器在(　　)位置时，手车才能从工作位置移向试验位置。

(A) 合闸；(B) 分闸；(C) 储能；(D) 任意。

答案：B

Je4A1205 交流电机和变压器等设备，选用硅钢片做铁芯材料，目的是为了(　　)。

(A) 减少涡流；(B) 减少磁滞损耗；(C) 减少涡流和磁滞损耗；(D) 增加设备绝缘性能。

答案：C

Je4A1206 断路器在关合电容器组时，可能出现(　　)。
(A) 较大的涌流；(B) 重燃过电压；(C) 较大的截流。
答案：A

Je4A1207 KYN28-12 型高压开关柜的三相主母线截面形状为(　　)。
(A) 圆形；(B) 三角形；(C) 矩形；(D) 椭圆形。
答案：C

Je4A1208 GW5-35 系列隔离开关，三相不同期接触不应超过(　　)mm。
(A) 3；(B) 5；(C) 7；(D) 10。
答案：B

Je4A1209 我国特高压直流系统的额定电压是(　　)kV。
(A) 500；(B) 600；(C) 700；(D) 800。
答案：D

Je4A1210 在室内充装 SF_6 设备时，工作区空气中 SF_6 的含量不得超过(　　)μL/L。
(A) 800；(B) 1000；(C) 1200；(D) 1500。
答案：B

Je4A1211 管型母线的缺点是与设备端子连接较复杂，用于户外时易产生(　　)。
(A) 挂冰现象；(B) 谐振过电压；(C) 微风振动；(D) 端部放电。
答案：B

Je4A1212 在正常运行情况下，中性点不接地系统的中性点位移电压不得超过(　　)。
(A) 15%；(B) 10%；(C) 5%。
答案：A

Je4A2213 磁电系仪表通常不能耐较大的过载，是由于仪表的(　　)。
(A) 动圈、游丝本身要通过电流；(B) 本身磁场强且磁利用率高；(C) 标度尺特性好、刻度均匀。
答案：A

Je4A2214 变压器的阻抗电压可通过(　　)试验数据获得。
(A) 空载试验；(B) 电压比试验；(C) 耐压试验；(D) 短路试验。
答案：D

Je4A2215 交联聚乙烯电缆投运前不应进行(　　)试验。

(A) 交流耐压测量；(B) 直流耐压测量；(C) 绝缘电阻测量；(D) 核相测试。

答案：B

Je4A2216 消除高压测试线电晕对测量介质损耗因素影响的主要措施是(　　)。

(A) 降低测试电压；(B) 提高测试电压；(C) 增大高压测试线的直径；(D) 采用细铜线。

答案：C

Je4A2217 SF_6 气体压力降低分合闸闭锁的设定值比额定工作气压低(　　)。

(A) 5%～10%；(B) 8%～15%；(C) 15%～18%；(D) 18%～20%。

答案：B

Je4A2218 连接板轴孔铜套内圈应用(　　)号砂纸打磨。

(A) 00；(B) 01；(C) 02；(D) 03。

答案：A

Je4A2219 起重时，两根钢丝绳之间的夹角越大（但一般不得大于60°）所能起吊的质量越(　　)。

(A) 大；(B) 小；(C) 不变；(D) 略变。

答案：B

Je4A2220 中性点不接地系统发生单相接地时，母线电压互感器二次侧开口三角辅助线圈输出电压为(　　)V。

(A) 0；(B) 10；(C) 50；(D) 100。

答案：D

Je4A2221 断路器和GIS使用的吸附剂干燥后，应趁热用棉手套将吸附剂装进电气设备内，使其与空气接触的时间不超过(　　)min。

(A) 10；(B) 30；(C) 15；(D) 5。

答案：C

Je4A2222 隔离开关在正常运行状态中，电动操作机构的电源空气开关处于(　　)位置。

(A) 合闸；(B) 分闸；(C) 分合闸位置都可以。

答案：B

Je4A2223 二次电压和电流、二次直流和交流回路在端子排接线时，一般要求( )。
(A) 交、直流分开，电压、电流分开；(B) 根据需要可以不分开；(C) 按电缆位置而定；(D) 可以任意接线。

答案：A

Je4A2224 SF_6 断路器 GL-312\314 型号中的 12\14 代表( )。
(A) 出厂编号；(B) 设计序号；(C) 电压等级；(D) 排列序号。

答案：C

Je4A2225 用 φ3 钻头钻硬材料时，应取( )。
(A) 高转速、大进给量；(B) 较低转速，较大进给量；(C) 较低转速，较小进给量；(D) 高转速，小进给量。

答案：C

Je4A3226 回路电阻测试仪的测量线正确的接线方法是( )。
(A) 电压输入线、电流输出线任意放置；(B) 电压输入线在电流输出线内侧；(C) 电压输入线在电流输出线外侧；(D) 电压输入线与电流输出线重叠。

答案：B

Je4A3227 GIS 进行交接试验时，其隔离开关气室 SF_6 气体含水量应不大于( ) μL/L。
(A) 250；(B) 300；(C) 150；(D) 500。

答案：A

Je4A3228 测量分闸线圈的直流电阻，当有两只分闸线圈的，应该( )。
(A) 两个都测量，填写一个；(B) 只测量一个，填写一个；(C) 两个都测量，填写合格的一个；(D) 两个都测量，合格后两个都填写。

答案：D

Je4A3229 隔离开关绝缘子上端均压环的作用是( )。
(A) 使每组瓷柱间的电压分布均匀；(B) 对地电压均匀；(C) 使相电压平均；(D) 使线电压平均。

答案：B

Je4A3230 枢纽变电站宜采用双母分段接线或( )接线方式。根据电网结构的变化，应满足变电站设备的短路容量。
(A) 3/2；(B) 1/2；(C) 单母线；(D) 内桥。

答案：A

Je4A3231 GN－10系列隔离开关，动触头进入静触头的深度应不小于(　　)。

(A) 50%；(B) 70%；(C) 80%；(D) 90%。

答案：D

Je4A3232 室外导电部分铜铝接头应该(　　)。

(A) 采用铜铝过渡板；(B) 采用铜铝过渡板，铜端还应搪锡；(C) 铜铝可直接连接。

答案：B

Je4A4233 液压机构运行中起、停泵时，活塞杆位置正常而机构压力升高的原因是(　　)。

(A) 预充压力高；(B) 液压油进入气缸；(C) 氮气泄漏；(D) 机构失灵。

答案：B

Je4A4234 高压断路器操作机构对脱扣机构的主要要求有稳定的脱扣力，(　　)。

(A) 足够的强度；(B) 脱扣力要大；(C) 动作时间尽可能长；(D) 耐机械振动和冲击。

答案：D

Je4A4235 对电容器装置投切断路器的技术要求是：分闸弹跳应小于断口间距的20%优先采用无重燃的 SF_6 断路器，(　　)。

(A) 合闸弹跳不应大于2ms；(B) 分闸速度快；(C) 绝缘强度高；(D) 对于容量不大、投切不频繁的装置，可采用少油断路器。

答案：A

Je4A5236 断路器液压机构应使用(　　)。

(A) 10号航空油；(B) 15号航空油；(C) 30号航空油；(D) 12号航空油。

答案：A

Jf4A2237 当发现变压器本体油的酸价(　　)时，应及时更换净油器中的吸附剂。

(A) 下降；(B) 上升；(C) 不变；(D) 不清楚。

答案：B

Jf4A2238 一只电流表的量程分别为1A、2.5A和5A，当测量1.1A的电流时应选用(　　)。

(A) 量程为1A；(B) 量程为2.5A；(C) 量程为5A。

答案：B

Jf4A2239 电气工作人员在10kV配电装置附近工作时，其正常活动范围与带电设备的最小安全距离是(　　)。

(A) 0.2m；(B) 0.35m；(C) 0.4m；(D) 0.5m。

答案：B

Jf4A2240 触电急救时，当触电者心跳和呼吸均已停止时，应立即进行(　　)急救，这是目前有效的急救方法。

(A) 仰卧压胸法；(B) 俯卧压胸法；(C) 举臂压胸法；(D) 心肺复苏法。

答案：D

Jf4A3241 铝与铜相比较，它的电阻率为铜材料的(　　)倍。

(A) 1.2～1.5；(B) 1.4～1.8；(C) 1.7～2；(D) 1.9～2.5。

答案：B

Jf4A3242 安全带是登杆作业的保护用具，使用时系在(　　)。

(A) 腰部；(B) 臀部；(C) 腿部；(D) 肩部。

答案：A

1.2 判断题

La4B1001 大小、方向均随时间周期性变化的电压或电流，叫作正弦交流电。(×)

La4B1002 常用的主接线形式可分为有母线和无母线两大类。(√)

La4B1003 互感器的测量误差分为两种，一种是固定误差，另一种是角误差。(×)

La4B1004 绝缘材料按耐热等级分为Y、A、E、B、F、H与C共7级，其相应的耐热温度分别为90℃、105℃、120℃、130℃、155℃、180℃及以上。(√)

La4B1005 互感器的相角误差是二次电量（电压或电流）的相量翻转180°后，与一次电量（电压或电流）的相量之间的夹角。(√)

La4B2006 最高工作电压是指电气设备在运行中应长期承受的最高电压，其大小为额定电压的1.10～1.15倍。(√)

La4B2007 基尔霍夫第二定律告诉我们：整个回路的电压降之和等于电位升之和，用公式表示为$\sum E=\sum IR$。(√)

La4B2008 在非高电阻率地区220kV变电站中，独立避雷针的接地电阻不宜超过10Ω。(√)

La4B2009 连接组别是表示变压器一、二次绕组的连接方式及线电压之间的相位差，以时钟表示。(√)

La4B2010 在电路节点上，任一瞬间流入电流的代数和等于流出电流的代数和。(√)

La4B2011 电池是把化学能转化为电能的装置；发电机是把机械能转化为电能的装置。(√)

La4B2012 在几个电气连接部分上依次进行不停电的同一类型的工作，可以使用一张第二种工作票。(√)

La4B2013 弹簧机构的合闸储能弹簧方式有压簧、拉簧和扭簧。(√)

La4B2014 阻尼电抗器的温升是指最热点温度与环境温度的差值。(√)

La4B2015 《电力建设安全工作规程》规定220kV系统的安全距离为3m。(√)

La4B2016 三相对称负载作三角形连接时，线电压的大小为相电压的$\sqrt{3}$倍，相位上相差120°。(×)

La4B2017 电流表应串联接入线路中。(√)

La4B2018 SF_6断路器的密度继电器或密度型压力开关，又可叫作温度补偿压力继电器。(√)

La4B2019 已知铜导线长L，截面面积为S，铜的电阻率为ρ，则这段导线的电阻是$R=\rho L/S$。(√)

La4B2020 在一定的正弦交流电压作用下，由理想元件R、L、C组成的并联电路谐振时，电路的总电流将等于电源电压U与电阻R的比值。(√)

La4B2021 SF_6气体的临界温度表示被液化的最高温度。(√)

La4B2022 在使用互感器时应注意电流互感器的二次回路不准短路，电压互感器的二次回路不准开路。(×)

La4B2023 如果一个220V、40W的白炽灯接在110V的电压上，那么该灯的电阻值变为原阻值的1/2。(×)

La4B2024 绝缘工具上的泄漏电流，主要是指绝缘材料表面流过的电流。(√)

La4B3025 真空灭弧室采用的纵向磁场触头能大大降低电弧电压，有效地限制等离子体，从而极大地提高集聚电流。(√)

La4B3026 爬电比距等于电力设备外绝缘的爬电距离与系统最高电压之比，单位为cm/kV。(√)

La4B3027 为了准确清晰地表达机件的结构形状特点，其表达方式主要有视图、剖视图、剖面图。(√)

La4B3028 断路器的合分时间，顾名思义就是指合闸时间与分闸时间之和。(×)

La4B3029 电压也称电位差，电压的方向是由低电位指向高电位。(×)

La4B3030 影响人体触电伤害的因素是通过人体电流的大小、通电时间的长短、通电途径和人体状态。(√)

La4B3031 立放垂直排列的矩形母线，短路时动稳定好，散热好，缺点是增加空间高度。(√)

La4B3032 当交变电流通过导体时，电流将集中在导体表面流通，这种现象称为集肤效应。(√)

La4B3033 电气设备的保护接地，主要是保护设备的安全。(×)

La4B3034 材料抵抗外力破坏作用的最大能力称为强度极限。(√)

La4B3035 变压器的差动保护和瓦斯保护都是变压器的主保护，它们的作用不能完全替代。(√)

La4B3036 绝缘材料在电场作用下，尚未发生绝缘结构的击穿时，其表面或与电极接触的空气中发生的放电现象，称为绝缘闪络。(√)

La4B3037 接地装置对地电压与通过接地体流入地中的电流的比值称为接地电阻。(√)

La4B3038 通常所说的负载大小是指负载电流的大小。(√)

La4B3039 工程图中以R表示半径之符号。(√)

La4B3040 外能式灭弧室是指主要利用电弧本身能量灭弧的灭弧室。(×)

La4B3041 设备的额定电压是指正常工作电压。(√)

La4B3042 电功率表示单位时间内电流所做的功，它等于电流与电压的乘积，公式为$P=UI$。(√)

La4B3043 断路器合闸故障可分为电气故障和机械故障。(√)

La4B4044 图纸中完整的尺寸是由尺寸线、尺寸界线、箭头、尺寸数字4部分组成的。(√)

La4B4045 衡量电能质量的三个主要技术指标是电压、频率和波形。(√)

La4B4046 高压断路器的绝缘结构主要由导电部分对地、相间和断口间绝缘三部分组成。(√)

La4B4047 真空灭弧室老练的方法有电压老练和电流老练两种。(√)

La4B4048 SF_6断路器是利用SF_6气体作为绝缘和灭弧介质的高压断路器。(√)

La4B5049 电容式电压互感器是利用电容分压原理制成的，由电容分压器和中间变压器两部分组成。(√)

La4B5050 高压断路器的额定电压是指断路器的正常工作相电压的有效值。(×)

La4B5051 SF_6 气体具有优良的灭弧性能和导电性能。(×)

La4B5052 刚体是指在任何情况下都不发生变形的物体。(√)

La4B5053 自感电势的方向总是企图阻止电流变化，所以自感电势的方向总是和电流方向相同。(×)

Lb4B1054 更改尺度时，新数字旁须加注之更改记号为△。(√)

Lb4B1055 SF_6 气体的缺点是电气性能受电场均匀积度及水分、杂质影响特别大。(√)

Lb4B1056 单母线分段的接线方式可采用隔离开关分段，也可以采用断路器分段。(√)

Lb4B1057 安装在已接地的金属构架上的电气设备的金属外壳不需要接地。(×)

Lb4B1058 压接管需二次压接时，要压到已压过的地方 2mm 左右。(×)

Lb4B1059 根据《国家电网公司十八项电网重大反事故措施》（修订版）要求，40.5kV 开关柜内空气绝缘净距离≥300mm，瓷质绝缘子爬电比距≥18mm/kV。(√)

Lb4B1060 磁吹式避雷器是利用磁场对电弧的电动力使电弧运动，来提高间隙的灭弧能力。(√)

Lb4B1061 电压互感器一次绕组和二次绕组都接成星形，而且中性点都接地时，二次绕组中性点接地称为工作接地。(×)

Lb4B2062 断路器合分闸速度的测量，应在 30%～65%额定操作电压下进行，测量时应取产品技术条件所规定的区段的平均速度、最大速度及刚分、刚合速度。(×)

Lb4B2063 SF_6 气体具有优良的绝缘性能，在比较均匀的电场中，压力为 0.1MPa 时，其绝缘强度约为空气的 2～3 倍；在 0.3MPa 时，绝缘强度可达绝缘油的水平。(√)

Lb4B2064 根据反措要求，40.5kV 开关柜内空气绝缘净距离≥300mm，12kV 开关柜内空气绝缘净距离≥150mm。(×)

Lb4B2065 判断线圈中电流产生的磁场方向，可用左手螺旋定则。(×)

Lb4B2066 压力式滤油机由多个滤板和滤框交替排列组成。(√)

Lb4B2067 真空灭弧室主屏蔽罩的主要作用之一是改善灭弧室内部电场分布的均匀性，有利于降低局部场强，促进真空灭弧室小型化。(√)

Lb4B2068 电容器组过电压保护用金属氧化物避雷器应安装在紧靠电容器组高压侧出口处位置。(×)

Lb4B2069 有载高压长线路的末端电压等于始端电压。(×)

Lb4B2070 导电脂的导电性能优于凡士林，所有接触面都应涂导电脂。(×)

Lb4B2071 倒置式电流互感器的优点主要是结构简单。(×)

Lb4B2072 隔离开关和断路器的区别：断路器有灭弧装置，可用于通断负荷电流和短路电流；而隔离开关没有灭弧装置，不能用于通断负荷电流及短路电流。(√)

Lb4B2073 隔离开关动、静触头的接触有点接触、线接触、面接触三种，GW5-126 动、静触头的接触是面接触。(×)

Lb4B2074 真空灭弧室是真空断路器的核心元件，承担开断、导电和绝缘等方面的功能。(√)

Lb4B2075 高压开关柜广泛应用于变配电系统中，用于接受和分配电能。(√)

Lb4B2076 GN型隔离开关动触头是由两组刀片组成的，是为了在通过大电流时，在电磁力的作用下，接触更加紧密。(√)

Lb4B2077 SF_6 设备中加入吸附剂的量，可取气体充入重量的1/100。(×)

Lb4B2078 专责监护人在部分停电时，只有在安全措施可靠，人员集中在一个工作地点，不致误碰有电部分的情况下，方能参加工作。(×)

Lb4B2079 配电盘柜内的配线截面面积应不小于 $1.5mm^2$。(√)

Lb4B2080 温度对绝缘介质的绝缘电阻影响很大。一般随温度的升高而增大，随温度的降低而减小。(×)

Lb4B2081 配电盘上交流电压表指示的是有效值，直流电压表指示的是平均值。(√)

Lb4B2082 高压断路器有三种机构：操作机构、传动机构、连接机构。(×)

Lb4B3083 电容器的无功容量与外施电压成正比。(√)

Lb4B3084 电弧熄灭后，如果触头间介质强度恢复速度大于电压恢复速度，将造成电弧重燃。(×)

Lb4B3085 真空电弧有小电流下的扩散型和大电流下的集聚型。(√)

Lb4B3086 隔离开关导电杆和触头的镀银层硬度应不小于120HV。(√)

Lb4B3087 SF_6 断路器压力降低信号一般比额度工作气压低5%～10%。(√)

Lb4B3088 为防止出口及近区短路，10kV的线路、变电站出口2km内宜考虑采用绝缘导线。(√)

Lb4B3089 运行中的电压互感器，二次侧不能短路，否则会烧毁线圈，二次回路应有一点接地。(√)

Lb4B3090 在100Ω的电阻器中通以5A电流，则该电阻器消耗功率为500W。(×)

Lb4B3091 双母线接线的母联断路器可以用来代替出线断路器。(×)

Lb4B3092 在地面上沿电流方向水平距离为0.8m的两点之间的电压，称为跨步电压。(√)

Lb4B3093 压力式滤油机是利用滤油纸的毛细管吸收和黏附油中的水分和杂质，从而使油得到干燥和净化。(√)

Lb4B3094 通过电阻上的电流增大到原来的2倍时，它所消耗的功率也增大2倍。(×)

Lb4B3095 断路器的控制回路主要由三部分组成：控制开关、操动机构、控制电缆。(√)

Lb4B3096 真空断路器灭弧室在分合闸时的真空度是靠波纹管来保证的。(√)

Lb4B3097 断路器分合闸线圈的电阻值与温度有关，它随着温度的升高而降低。(×)

Lb4B3098 真空断路器开距大小与真空断路器的额定电压和耐压水平有关，一般额定电压低时，触头开距小些，但开距太小会影响分断能力和耐压水平；开距大，虽然可以提高耐压水平，但会使真空灭弧室的波纹管寿命下降。(√)

Lb4B3099 按继电保护的作用，继电器可分为测量继电器和辅助继电器两大类，而时间继电器是测量继电器的一种。(×)

Lb4B3100 三相四线制电路中，若A相负载断线，B相电压会升高。(×)

Lb4B3101 在机械零件制造过程中，只保证图纸上标注的尺寸，不标注的不保证。(√)

Lb4B3102 变压器短路电压的百分数值和短路阻抗的百分数值相等。(√)

Lb4B4103 充入断路器中的 SF_6 气体内含有水分，水分含量达到最高值一般是在 36 个月，以后无特殊情况逐渐趋向稳定。(√)

Lb4B4104 如果接地开关具有额定短路关合电流，它应等于额定峰值耐受电流。(√)

Lb4B4105 断路器操作机构的储压器是液压机构的能源，属于充气活塞式结构。(√)

Lb4B4106 在发生人身触电事故时，为了解救触电人，可以不经许可就断开相关的设备电源，事后立即向上级汇报。(√)

Lb4B4107 35kV 中性点不接地系统接地电容电流≥10A 时，该系统应采用中性点经消弧线圈接地的方式。(√)

Lb4B4108 接触器用于频繁地接通或断开交直流主电路及大容量控制电路；而继电器是根据输入信号的变化来接通或断开小电流控制电路。(√)

Lb4B4109 主要利用电弧本身能量来熄灭电弧的灭弧室叫作产气式灭弧室。(×)

Lb4B4110 SF_6 断路器定开距在开断电流过程中，断口两侧引弧触头间的距离随动触头桥的运动而发生变化。(×)

Lb4B4111 在断路器合闸时，触头刚接触直至触头稳定接触瞬间为止的时间称为合闸弹跳时间。(√)

Lb4B4112 SF_6 断路器本体和操动机构联合动作前，断路器内部必须充有额定压力的 SF_6 气体。(√)

Lb4B4113 二次回路的任务是反映一次系统的工作状态，控制和调整二次设备，并在一次系统发生事故时，使事故部分退出工作。(√)

Lb4B4114 大电流母线导电接触面，可采用电化学镀锡和超声波搪锡两种办法处理。(√)

Lb4B4115 电气设备的金属外壳接地是工作接地。(×)

Lb4B5116 波纹管的作用是保持灭弧室内部高真空度，并且使触头在一定范围内运动。(√)

Lb4B5117 在电动机控制电路中，热继电器主要是起过电压保护作用。(×)

Lb4B5118 安装电容器时，电容器构架间的水平距离不应小于 0.5m。每台电容器之间的距离不应小于 50mm。电容器的铭牌应面向通道。(√)

Lb4B5119 为防止谐振过电压发生，10kV 及以下用户电压互感器一次中性点应接消谐装置。(×)

Lb4B5120 直径大于 40mm 的管子应采用热弯，其弯曲半径不得小于其外径的 3.5 倍。(√)

Lb4B5121 通常尺度线应与尺度界线垂直，并距离尺度界线末端 2～3mm。(√)

Lb4B5122 对有自封阀门充气口的 SF_6 断路器进行带电补气工作，属于 C 类检修。(×)

Lb4B5123 母线工作电流大于 1.5kA 时，每相交流母线的固定金具或支持金具不应形成闭合磁路，按规定应采用非磁性固定金属。(√)

Lb4B5124 SF_6 气体的压力越高，被液化的温度越高，所以 SF_6 断路器中气体的工作压力不能太高。单压式 SF_6 断路器中，SF_6 气体的工作压力一般都在 0.4～0.6MPa 之间。(√)

Lb4B5125 在380V/220V中性点直接接地系统中，所有电气设备均应采用接地保护。(×)

Lb4B5126 为确保继电保护装置能够准确动作，对二次回路电缆截面面积根据《电力建设安全工作规程第3部分：变电站》要求，电压回路不得小于2.5mm^2；电流回路带有阻抗保护的采用4mm^{2}以上铜芯电缆；电流回路一般要求2.5mm^{2}以上的铜芯电缆，在条件允许的情况下，尽量使用铜芯电缆。(√)

Lb4B5127 工频耐压法是鉴定真空灭弧室真空度常用的鉴定方法。(√)

Lb4B5128 五防联锁对防止误操作，减少人为事故，提高运行可靠性起到很大的作用。(√)

Lb4B5129 标注直径时，必须加注“ϕ”符号，不得省略。(√)

Lb4B5130 电压互感器二次回路导线（铜线）截面面积不小于2.5mm^2，电流互感器二次回路导线（铜线）截面面积不小于4mm^2。(√)

Lc4B1131 简图是指用图形符号、带注释的围框或简化外形表示系统或设备中各组成部分之间相互关系及其连接关系的一种图。(√)

Lc4B2132 手拉葫芦及滑车的试验每半年一次；外观检查每月一次。(×)

Lc4B2133 变电运行的有关规程，检修人员必须遵守。(√)

Lc4B3134 我国工程制图标准规定公制与英制单位并用。(×)

Lc4B3135 表面粗糙度值的单位是μm。(√)

Lc4B4136 形位公差就是限制零件的形状误差。(×)

Lc4B5137 供电企业每年进行春季、夏季、秋季、冬季四次安全大检查。(×)

Jc4B1138 蓄电池室、油罐室、油处理室、大物流仓储等防火、防爆重点场所的照明、通风设备应采用防爆型。(√)

Jd4B1139 选择仪表量程的原则是：被测量值不低于仪表选用量程的2/3，而又不超过仪表的最大量程。(√)

Jd4B1140 CS9-G手动机构的结构特征为涡轮、蜗杆手摇式。(√)

Jd4B1141 铰孔用的刀具是多刃切削刀具。(√)

Jd4B1142 常用的千斤顶升降高度一般为100～300mm，起重能力为5～500t。(√)

Jd4B1143 压力式滤油机中的滤纸是用来吸附油中的机械杂质和水分的。(√)

Jd4B1144 SF_6配电装置室的排风机电源开关应设置在门内。(×)

Jd4B1145 母线的相序排列一般规定为：上下布置的母线应该由下向上，水平布置的母线应由外向里。(×)

Jd4B1146 变压器各绕组的电压比与各绕组的匝数比成正比。(×)

Jd4B2147 从减少局部放电的角度考虑，变压器绕组的引线采用扁导体好于圆导体。(×)

Jd4B2148 立放水平排列的矩形母线，优点是散热条件好，缺点是当母线短路时产生很大电动力，其抗弯能力差。(√)

Jd4B2149 开关柜内隔离金属活门应可靠接地，活门机构应选用可独立锁止的结构，可靠防止检修时人员失误打开。(√)

Jd4B2150 高压开关柜分闸故障也可分为机械故障和电气故障。电气故障主要有控制回路开路、线圈故障、辅助开关故障等。(√)

Jd4B2151 运行中的高压设备，其中性点接地系统的中性点应视作带电体。(√)

Jd4B2152 电容器应有合格的放电设备。(√)

Jd4B2153 选择耐热钢焊条和不锈钢焊条时，首先要侧重考虑焊缝金属与母材的等强度或焊缝金属的高韧。(×)

Jd4B3154 机构的分闸顶杆，用铜杆制作是为了防止生锈。(×)

Jd4B3155 通常情况下锉削速度为每分钟30～60次。(√)

Jd4B3156 SF_6 设备发生紧急事故时，应立即开启全部通风系统进行通风。(√)

Jd4B3157 隔离开关左接线端子应能在逆时针92°范围内转动灵活。(√)

Jd4B3158 折臂式隔离开关合闸时，动触头钳夹基本在静触头中间位置。(√)

Jd4B4159 电动操作机构适用于需远距离操作的重型隔离开关及110kV以上的户外隔离开关。(√)

Jd4B4160 SF_6 气体含水量不是 SF_6 设备的主要测试项目。(×)

Jd4B4161 直流回路两点接地可能造成断路器误跳闸。(√)

Jd4B4162 严禁将电流互感器二次侧开路。(√)

Jd4B5163 电流表应并联于电路中，电压表应串联在电路中。(×)

Jd4B5164 高压开关柜常见的机械故障主要有：机械连锁故障、操作机构故障等。故障部位多是紧固部位松动、传动部件磨损、限位调整不当等。(√)

Je4B1165 断路器分、合闸线圈两端并上二极管可以起到续流保护作用。(√)

Je4B1166 隔离开关记忆功能是指控制回路发出动作指令后，在电动机回路发生故障或断开情况下，控制回路发出的分合闸指令会一直保持，在电动机回路能够正常动作后，隔离开关会继续按照故障前的指令动作。(√)

Je4B1167 功率为100W，额定电压为220V的白炽灯，接在100V电源上，灯泡消耗的功率为25W。(×)

Je4B1168 GIS气室分解检查前，应对相邻气室进行减压，减压值一般为额定压力的80%或按制造厂规定。(×)

Je4B1169 为了改善断路器多断口之间的均压性能，通常采用的措施是在断口上并联电阻。(×)

Je4B1170 电气设备停电后（包括事故停电），在未拉开有关断路器（开关）前，不得触及设备或进入遮栏，以防突然来电。(×)

Je4B1171 设备线夹压接前应测量压接管管孔的深度，并在导线上画印，保证导线插入长度与压接管深度一致。(√)

Je4B1172 断路器手动不能合闸一般是电气故障。(×)

Je4B1173 远方操作一次设备前，宜对现场发出提示信号，提醒现场人员观察操作设备状态。(×)

Je4B1174 SF_6 断路器不允许工作温度高于 SF_6 液化点。(×)

Je4B1175 弹簧机构手动可以储能，但电动不能储能是机械故障。(×)

Je4B1176 高压开关柜的母线室、断路器室、电缆室、仪表室都应通过内部电弧试验。(×)

Je4B1177 软母线T形压接管内壁，可不用钢丝刷将氧化膜除掉就可压接。(×)

Je4B1178 电容器分层安装时，一般不超过二层，层间不应加设隔板。电容器母线对上层架构的垂直距离不应小于20cm，下层电容器的底部与地面距离应大于30cm。(×)

Je4B1179 RTV施工时，喷涂次数不宜少于两遍，涂层厚度要求0.4～0.5mm，对重粉尘污染、强风沙地区涂层厚度取上限。(√)

Je4B1180 电气设备检修工作间断后，次日复工时，若安全措施没有改变，工作负责人无需通过值班员许可，可以进入工作地点继续工作。(×)

Je4B1181 GW17型隔离开关主刀合闸位时，动触杆应竖直成一线。(×)

Je4B1182 断路器红、绿灯回路串有断路器的常开辅助接点a即可。(×)

Je4B2183 高压断路器断口并联电容器的作用是提高功率因素。(×)

Je4B2184 储油柜的作用是防止油过快老化。(×)

Je4B2185 由于变压器的铁芯必须接地，则变压器铁芯垫脚与油箱底钢垫脚之间无需采取绝缘措施。(×)

Je4B2186 单母线分段的优点是当某段母线故障时，可以经过倒闸操作将故障段母段上的负荷切换到另一段母线上以恢复供电。(×)

Je4B2187 断路器跳闸辅助触点要先投入，后切开。(√)

Je4B2188 调整隔离开关主要是调整分合闸位置是否到位、三相联动的同期性、隔离开关和接地开关之间的连锁、传动系统灵活等项目。(√)

Je4B2189 解决断路器合分时间与继电保护装置动作时间配合不当问题时，必须以电力系统安全稳定要求为前提，通常采用延长继电保护装置时间来解决。(×)

Je4B2190 断路器缓冲装置的作用是吸收运动系统的剩余动能，使运动系统平稳。(√)

Je4B2191 在SF_6配电装置的低位区应安装能报警的氧量仪和SF_6气体泄漏报警仪，在工作人员入口处应装设显示器。上述仪器应不定期检验，保证完好。(×)

Je4B2192 停电时，先拉线路侧隔离开关，为了防止断路器实际没有断开（假分）时，带负荷拉合母线侧隔离开关，造成母线短路而扩大事故。(√)

Je4B2193 经单位批准，可在带有压力（液体压力或气体压力）的设备上或带电的设备上进行焊接。(×)

Je4B2194 断路器开断纯电阻电路要比开断纯电感电路困难得多。(×)

Je4B2195 为了保证加工线清晰，便于质量检查，在所画出的直线和曲线上都应打上密而均匀、大而准确的样冲眼。(×)

Je4B2196 用隔离开关可以拉合无故障的电压互感器或避雷器。(√)

Je4B2197 断路器的触头组装不良会引起运动速度失常和损坏部件，对接触电阻无影响。(×)

Je4B2198 铝母线的接触表面应该用钢丝刷、砂纸或者细锉进行处理，连接时还要涂上薄薄一层导电膏。(×)

Je4B2199 对某些设备的吊装要求有较精确的位置，因此吊装时除使用绳索系结外，还常用手拉葫芦和滑车来调整设备的位置。(√)

Je4B2200 单相弧光接地过电压主要发生在中性点不接地的电网中。(√)

Je4B2201 真空灭弧室外壳是陶瓷的机械强度比外壳是玻璃的机械强度低。(×)

Je4B2202 隔离开关检修后，应对支架、基座、连杆等铁质部件进行除锈、防腐处理。(√)

Je4B2203 电气闭锁是利用断路器、隔离开关辅助接点接通或断开电气操作电源而达到闭锁目的的一种装置，普遍用于电动隔离开关和电动接地开关。(√)

Je4B2204 在检修真空开关时测量导电回路电阻，一般要求测量值不大于出厂值的1.5倍。(×)

Je4B2205 真空断路器在更换或改变了触头弹簧后，可以不测试分、合闸速度。(×)

Je4B2206 单母线带旁路接线方式，检修出线开关时，应先断开开关，再拉开两侧刀闸，然后合上旁路设备代替出线供电。(×)

Je4B2207 连接母线后，绝缘子受力会引起隔离开关动静触头插入深度不符合要求。(√)

Je4B2208 运行中的隔离开关若触指呈灰白色，说明该接触部分有较严重的发热现象。(√)

Je4B2209 齿轮用平键与轴连接，校核平键的强度时，只考虑剪切强度条件。(√)

Je4B2210 主变中性点保护原则要求单相接地故障时，保护中性点的间隙应该立即动作，接地导流。(×)

Je4B2211 暂不使用的电流互感器的二次绕组应断路后接地。(×)

Je4B2212 连续的多个配电装置的接地线应串联后与接地干线相连。(×)

Je4B3213 使用钻床加工薄板材时，应比加工厚板材时转速高。(×)

Je4B3214 验收发现问题，不影响安全运行的，且急需投入运行时，必须限期处理，经本单位主管领导批准后方能投入运行。(√)

Je4B3215 电流互感器二次侧必须接地，但接地点只允许有一个。因为多点接地会形成分路，易使继电保护拒绝动作。(√)

Je4B3216 当断路器在合闸过程中，机构又接到分闸命令时，不管合闸过程是否终了，应立即分闸，保证及时切断故障。(√)

Je4B3217 手动操作隔离开关合闸时产生电弧，应将隔离开关立即合上，严禁再把隔离开关拉开。(√)

Je4B3218 在直流回路中串入一个电感线圈，回路中的灯就会变暗。(×)

Je4B3219 对断路器操作机构的合闸功能要满足所配断路器刚合速度要求，必须足以克服短路反力，有足够的合闸功。(√)

Je4B3220 在手车开关拉出后，应观察隔离挡板是否可靠封闭。封闭式组合电器引出电缆备用孔或母线的终端备用孔应用绝缘隔板封闭。(×)

Je4B3221 在带电的电流互感器二次回路上工作时，应将回路的永久接地点断开。(×)

Je4B3222 回路电阻测试仪能测试电感元器件的回路电阻值。(×)

Je4B3223 自能式灭弧方式的断路器，在开断大电流时，灭弧性能强，开断较小电流时，灭弧性能弱。(√)

Je4B3224 直流母线上下布置的相序排布应为正极在上，负极在下。(√)

Je4B3225 避雷器应用最短的接地线与主网连接，以减少雷击时的电感量。(√)

Je4B3226 用板牙套丝时，为了套出完好的螺纹，圆杆的直径应比螺纹的直径稍大一些。(√)

Je4B3227 在维修并联电容器时，只要断开电容器的断路器及两侧隔离开关，不考虑其他因素就可检修。（×）

Je4B3228 真空灭弧室主屏蔽罩的固定方式有带电和悬浮两种方式。（√）

Je4B3229 为了防止雷电反击事故，除独立设置的避雷针外，应将变电站内全部室内外的接地装置连成一个整体，做成环状接地网，不出现开口，使接地装置充分发挥作用。（√）

Je4B3230 地刀平衡弹簧应调整得当，分闸过程无过分吃力和冲击现象。（×）

Je4B3231 刀闸电动机构操作时有一定的异响声，不会对操作产生影响。（×）

Je4B3232 隔离开关与其所配装的接地刀闸间应配有可靠的机械闭锁，且应有足够的强度。（√）

Je4B3233 真空断路器采用的横磁吹触头能使其开断能力提高到数万安培。（√）

Je4B3234 隔离开关的主刀在分合闸时，操动机构行程开关、辅助开关应动作正确。（√）

Je4B3235 变压器套管法兰螺钉紧固时，不需要沿圆周均匀紧固。（×）

Je4B3236 回路电阻测试仪的电压测试接线应接在电流输出线外侧。（×）

Je4B3237 隔离开关分闸时，主刀分离距离达到总行程的80%时，其辅助触点进行切换。（√）

Je4B3238 高压开关柜内的绝缘件（如绝缘子、套管、隔板和触头罩等）应采用SMC、聚氯乙烯及环氧等材料。（×）

Je4B3239 GIS现场安装过程中，如果相邻部分正在进行土建施工，则可在采取防护措施下继续安装。（×）

Je4B3240 电容器用真空断路器交接和大修后应对合闸弹跳进行检测。12kV真空断路器合闸弹跳时间应小于2ms，40.5kV真空断路器应小于3ms。（√）

Je4B3241 零序电流互感器安装时，不得使构架或其他导磁体与互感器铁芯直接接触，以免其间构成分磁回路。（√）

Je4B3242 真空灭弧管在未与断路器的传动机构连接之前，动静触头总是处在可靠分闸状态。（×）

Je4B3243 手车式开关柜上的带电显示器显示无电，就可合接地刀闸。（×）

Je4B3244 单相变压器连接成三相变压器组时，其接线组应取决于一、二次侧绕组的绕向和首尾的标记。（√）

Je4B3245 隔离开关检修时宜先进行电动合、分闸操作，调试时可用手动慢分、慢合。（×）

Je4B3246 铜与铝硬母线接头在室外可以直接连接。（×）

Je4B3247 软母线与电气设备端子连接时，不应使电气设备的端子受到超过允许的外加应力。（√）

Je4B3248 真空灭弧室中的波纹管是真空灭弧室不可缺少的元件，可用来实现动静触头的运动而又不破坏灭弧室的密封状态。（√）

Je4B3249 在干燥变压器的过程中，绕组的绝缘电阻是先上升后下降。（×）

Je4B3250 折臂式隔离开关可在夹紧弹簧处加装调整垫片，增加夹紧弹簧的预压缩量，增大触指的接触压力，但不允许显著增加合闸的操作力矩。（√）

Je4B3251 折臂式隔离开关动静触头钳夹部位应处于动触刀两侧软连接固定螺栓附近。(√)

Je4B3252 激磁涌流对变压器无危险，因为这种冲击电流存在的时间短。(√)

Je4B3253 绝缘件固定螺钉应用绝缘螺钉，也可用铁制螺钉。(×)

Je4B3254 电气设备保护接地的作用主要是保护设备的安全。(×)

Je4B3255 110kV 及以上变压器在停电及送电前必须将中性点接地是因为断路器的非同期操作引起的过电压会危及变压器的绝缘。(√)

Je4B3256 电流互感器在运行时不能短路，电压互感器在运行时不能开路。(×)

Je4B4257 对断路器开断能力影响最大的不是初始分闸速度，而是平均分闸速度。(×)

Je4B4258 油浸互感器应选用带金属膨胀器微正压结构形式。(√)

Je4B4259 GW6 型隔离开关，合闸终了位置动触头上端偏斜不得大于±50mm。(√)

Je4B4260 真空灭弧室的波纹管的疲劳寿命就决定了真空灭弧室的机械寿命。(√)

Je4B4261 配备电动操动机构的隔离开关可以实现就地操作或远方遥控操作。(√)

Je4B4262 严格遵守避雷器交流泄漏电流测试周期，雷雨季节前后各测量一次，测试数据应包括容性电流和阻性电流。(×)

Je4B4263 高压开关柜内手车开关拉出后，隔离带电部位的挡板封闭后禁止开启，并设置“止步，高压危险！”标示牌。(√)

Je4B4264 检修断路器的停电操作，可以不取下断路器的主合闸熔断管和控制熔断管。(×)

Je4B4265 中性点不接地系统的设备外绝缘配置至少应比中性点接地系统配置高两级，直至达到 e 级污秽等级的配置要求。(×)

Je4B4266 带旁路母线的接线方式，在替代出线的操作过程中，用出线旁路刀闸对旁母充电。(×)

Je4B4267 硬母线开始弯曲处距母线连接位置应不小于 30mm。(√)

Je4B4268 蓄电池组直流电源采用浮充电方式运行可提高工作的可靠性和经济性，减少运行维护工作量。(√)

Je4B4269 电动机构箱检修时，应检查其密封性是否良好，内部各元件性能是否可靠。(√)

Je4B4270 一般横吹效果比纵吹好，不仅能将电弧吹长，而且气流可穿透弧柱中心，而纵吹是沿着电弧纵向吹动，难于吹到电弧中心。故灭弧性能稍差。(√)

Je4B4271 接地线焊接完好后，应等焊接点冷却后，去除电焊产生的遗留杂物后进行掩埋。(×)

Je4B4272 隔离开关合闸时，主刀接触部位已能承受额定电流时，其辅助触点进行切换。(√)

Je4B4273 检修变电站中出线隔离开关及线路侧接地刀闸时，变电站值班员必须得到当值调度员的许可令后，方能办理工作票的许可手续。(√)

Je4B4274 跌落式熔断器可拉、合 35kV 容量为 3150kV·A 及以下和 10kV 容量为 630kV·A 以下的单台空载变压器。(√)

Je4B4275 断路器液压机构储压筒中预充的是 SF_6 气体。(×)

Je4B4276 隔离开关触头的防雨罩应该在接触面的上方，开口向上。(×)

Je4B4277 折臂式隔离开关检修时，应检查每片触指的夹紧状态，不允许单边接触和明显的虚接触。(√)

Je4B4278 GW6 型隔离开关导电闸刀为折架结构，由上管、下管与活动肘节等组成，其上端装有静触头，下端与传动装置相连接，装在支持绝缘子顶端。(×)

Je4B4279 折臂式隔离开关合闸过程中，静触头能被动触头向上托起，这样做的优点是接触压力不会受母线弧垂的影响，同时不会对母线产生应力。(√)

Je4B4280 隔离开关机械闭锁失效时不会影响刀闸运行，但会引起误操作。(×)

Je4B4281 两组电压互感器的并联，必须是一次侧先并联，然后才允许二次侧并联。(√)

Je4B4282 电压互感器在运行中，为避免产生很大的短路电流而烧坏互感器，所以要求互感器严禁过负载。(×)

Je4B4283 配有电动机构的 GW4-126 型隔离开关，其总行程的大小完全可以靠调整电动机构中的分合闸限位开关位置来满足要求。(×)

Je4B5284 液压机构应装有油泵打压超时闭锁及信号回路，它是通过时间继电器整定，整定时间为 3min。(√)

Je4B5285 硬母线接触面加工后，其截面减少允许值为：铜母线应不超过原截面的 5%，铝母线应不超过 3%。(×)

Je4B5286 并接在电路中的熔断器，可以防止过载电流和短路电流的危害。(×)

Je4B5287 隔离开关右接线端子应能在逆时针 92°范围内转动灵活。(×)

Je4B5288 当四连杆机构中的传动连杆与从动臂成一直线时，通常称这一位置为“从动臂处于死点状态”。(√)

Je4B5289 GW4 型隔离开关导电带连接方向规定为：软连接逆时针绕接于左触头装配，软连接顺时针绕接于右触头装配。(×)

Je4B5290 钢丝绳直径磨损不超过 40%，允许根据磨损程度降低拉力继续使用，超过 40%应报废。(√)

Je4B5291 由于设备原因，接地刀闸与检修设备之间连有断路器（开关），在接地刀闸和断路器（开关）合上后，应有保证断路器（开关）不会分闸的措施。(√)

Je4B5292 GW16 型隔离开关主刀合闸位时，动触杆应水平成一线。(×)

Je4B5293 使用千斤顶时，千斤顶的顶部与物体的接触处应垫木板，目的是避免顶坏物体和千斤顶。(×)

Je4B5294 隔离开关检修后，只需对拆开的引线进行恢复紧固，其他的不必考虑。(×)

Je4B5295 隔离开关的闭锁装置应开启正常，闭锁正确。(√)

Je4B5296 母线金具的安装螺孔可以用气焊吹割，但不允许用电焊点烧冲孔。(×)

Je4B5297 液压机构的优点之一是暂时失电时，只能操作一次。(×)

Je4B5298 断路器安装后必须对其二次回路中的防跳继电器、非全相继电器进行传动，并保证在模拟手合于故障条件下断路器不会发生跳跃现象。(√)

Je4B5299 运行中的变压器的铁芯可以不接地。(×)

Je4B5300 隔离开关的地刀合闸故障，但主刀能正常分合，该隔离开关可继续使用。(√)

Je4B5301 隔离开关触指应排列整齐，弹簧销应处在弹簧销凸痕处。(×)

Je4B5302 折臂式隔离开关分闸位置时，上导电管与下导电管缓冲件间隙不应过小。(×)

Je4B5303 隔离开关导电回路的设计应能耐受1.1倍额定电流而不超过允许温升。(√)

Je4B5304 双母线接线的变电站，出线间隔的母线侧隔离开关倒闸操作可以不受母联开关及两侧刀闸的闭锁。(×)

Je4B5305 变压器色谱分析，发现 C_2H_2 和 H_2 含量较高，说明变压器内部有局部放电。(×)

Je4B5306 单位长度电力电缆的电容量与相同截面的架空线相比，电缆的电容大。(√)

Je4B5307 电流互感器二次侧额定容量有时可以用二次负载阻抗额定值来代替。(√)

Je4B5308 双母线接线的变电站，母联隔离开关的辅助开关接点接触不良可能造成保护失压。(√)

Jf4B1309 电气设备安装好后，如有厂家的出厂合格证明，即可投入正式运行。(×)

Jf4B1310 在薄板上钻孔时要采用大月牙形圆弧钻头。(√)

Jf4B1311 呼吸器油盅里装油不是为了防止空气进入。(√)

Jf4B2312 固定密封处指主轴处，而转动密封处指支柱绝缘子连接处和手孔盖连接处等。(×)

Jf4B2313 母线用的金属元件要求尺寸符合标准，不能有伤痕、砂眼和裂纹等缺陷。(√)

Jf4B3314 在电力系统中使用氧化锌避雷器的主要原因是其保护性能好。(√)

Jf4B3315 碱性焊条在焊接过程中，会产生HF气体，它危害焊工的健康，需要加强焊接场所的通风。(√)

Jf4B3316 要把直线运动变为回转运动，或把回转运动变为直线运动时，可以采用齿轮齿条传动。(√)

Jf4B3317 电压表应并联接入线路中。(√)

Jf4B4318 充氮运输的变压器，将氮气排尽后，才能进入检查以防窒息。(√)

Jf4B4319 现场作业时，严禁赤膊从事生产操作。(√)

Jf4B5320 表面粗糙度只是一些极微小的加工痕迹，所以在间隙配合中不会影响配合精度。(×)

1.3 多选题

La4C1001 电气主接线的基本要求一般应考虑到(　　)。

(A) 操作方便；(B) 扩建可能；(C) 用户损耗；(D) 检修的便利。

答案：AB

La4C1002 辅助安全用具其绝缘强度小，不足以承受电气设备的工作电压，只是用来加强基本安全用具的保安作用。属于辅助安全用具的是(　　)。

(A) 绝缘台；(B) 绝缘垫；(C) 绝缘手套；(D) 绝缘杆；(E) 绝缘鞋。

答案：ABCE

La4C1003 硬母线的连接方式应该采用(　　)并保证连接可靠。

(A) 插入式触头；(B) 焊接；(C) 贯穿螺钉；(D) 夹板及夹持螺钉。

答案：BCD

La4C1004 正确地选定画线基准，能使画线(　　)。

(A) 方便；(B) 准确；(C) 迅速；(D) 合理。

答案：ABC

La4C1005 应使用安全电压照明的场所有(　　)。

(A) 办公室；(B) 加油站；(C) 危险环境；(D) 厂房内灯具高度不足 2.5m 的一般照明；(E) 工作地点狭窄一行动不便，有危险易触电的地方；(F) 金属容器内工作。

答案：CDEF

La4C2006 形位公差代号包括(　　)。

(A) 特征符号；(B) 框格和指引线；(C) 形位公差数值和其他有关符号；(D) 基准代号。

答案：ABCD

La4C3007 游标卡尺按其测量精度有(　　)mm。

(A) 0.1；(B) 0.02；(C) 0.01；(D) 0.05。

答案：ABD

Lb4C1008 触指弹簧应无(　　)。

(A) 锈蚀；(B) 变形；(C) 疲劳；(D) 氧化。

答案：ABC

Lb4C1009 以下对标示牌的使用正确的是(　　)。

(A) 一经合闸即可送电到施工设备的隔离开关操作把手上应悬挂“在此工作!”标示牌;(B) 施工地点临近带电设备的遮拦上应悬挂“止步,高压危险!”标示牌;(C) 工作人员可以上下的爬梯一铁架上悬挂“从此上下!”标示牌。

答案:BC

Lb4C1010 隔离开关的软连接不应有(　　)等现象。

(A) 折损;(B) 断股;(C) 锈蚀;(D) 弯曲。

答案:ABC

Lb4C2011 金属膨胀器的主要作用是(　　)。

(A) 金属膨胀器的主体实际上是一个弹性元件,当互感器内变压器油的体积因温度变化而发生变化时,膨胀器主体容积发生相应的变化,起到体积补偿作用;(B) 保证互感器内油不与空气接触,没有空气间隙、密封好,减少变压器油老化;(C) 金属膨胀器的主要作用就是当互感器发生短路接地故障时,不会发生爆炸;(D) 只要膨胀器选择的正确,在规定的量度变化范围内可以保持互感器内部压力基本不变,可以减少互感器事故的发生。

答案:ABD

Lb4C2012 220kV 交流气体绝缘金属封闭开关的三工位,隔离开关的三个位置分别是(　　)。

(A) 隔离开关断开位置;(B) 隔离开关闭合位置;(C) 接地刀闭合位置;(D) 接地刀断开位置。

答案:ABC

Lb4C2013 开关机械特性测试仪开机后,显示的画面中都有(　　)内容。

(A) 断口状态;(B) 输出电压;(C) 输入电压;(D) 对比度;(E) 操作命令。

答案:ABDE

Lb4C2014 端子排在接线安排上的一般规定是(　　)。

(A) 每一个安装单位的端子排应编有顺序号,并应尽量在最后留 2～5 个备用端子,在端子排两端;(B) 端子排在设计上,必须具备防水功能;(C) 正负电源之间以及经常带电的正电源与合闸或跳闸回路之间的端子排,一般以一个空端子隔开;(D) 所使用端子排接点容量必须满足使用要求。

答案:AC

Lb4C2015 避雷器是用来限制过电压,保护电气设备的绝缘免受(　　)的危害。

(A) 雷电过电压;(B) 谐振过电压;(C) 内部过电压;(D) 操作过电压。

答案:AD

Lb4C2016 接地装置在设计施工时，应使(　　)不要超过规定的数值，以保证人员安全。

(A) 对地电压；(B) 放弧电压；(C) 接触电压；(D) 跨步电压。

答案：CD

Lb4C2017 高压配电装置应设有“五防”功能的闭锁装置，“五防”是指(　　)。

(A) 防止带负荷拉刀闸；(B) 防止误拉合开关；(C) 防止带接地线合刀闸；(D) 防止触电；(E) 防止带电挂接地线；(F) 防止误入带电间隔。

答案：ABCEF

Lb4C2018 GIS设备中断路器与其他元件分为不同气室，原因是(　　)。

(A) 断路器SF_6压力选定满足灭弧和绝缘两方面要求，其他电器元件内SF_6气体压力只考虑绝缘性能方面要求，两种气室压力不同，所以不能连为一体；(B) 断路器内SF_6气体在电弧高温作用下可能分解成多种有腐蚀性物质，机构上不连通就不会影响其他气室的电器元件；(C) 提高了断路器机械寿命；(D) 断路器的检修几率高，气室分开后，要检修断路器时，就不会影响到其他元件的气室，因此缩小停电范围。

答案：ABD

Lb4C2019 电气设备安全工作的技术措施(　　)。

(A) 停电；(B) 验电；(C) 接地；(D) 使用个人保安线；(E) 悬挂标示牌和装设遮栏（围栏）。

答案：ABCE

Lb4C2020 母线的常见故障中的母线电压消失发生原因有(　　)。

(A) 设备故障；(B) 线路故障；(C) 用户故障；(D) 保护误动作。

答案：ABD

Lb4C2021 过电流保护交流回路的接线方式有(　　)。

(A) 完全星形接线；(B) 不完全星形接线；(C) 两相电流差接线。

答案：ABC

Lb4C2022 影响接触电阻的因素(　　)。

(A) 各接触件的接触时间；(B) 各接触点的压力；(C) 各接触点的接触型式；(D) 各接触面的表面情况。

答案：BCD

Lb4C2023 对提高气体间隙击穿电压有用的介质有(　　)。

(A) 真空；(B) 高压强空气；(C) CO_2；(D) SF_6。

答案：ABD

Lb4C2024　SF_6断路器中吸附剂具有(　　)能力。

(A) 耐受氧化能力；(B) 耐受高温能力；(C) 耐受电弧冲击的能力；(D) 耐受紫外线照射能力。

答案：BC

Lb4C2025　GIS中伸缩节有(　　)的作用。

(A) 用于装配调整；(B) 吸收基础间的相对位移；(C) 吸收短路故障时电动力的能量；(D) 吸收热胀冷缩的伸缩量。

答案：ABD

Lb4C2026　GIS中断路器与其他电器元件必须分为不同的气室是因为(　　)。

(A) 可以将不同SF_6气体压力的电气元件分隔开；(B) 便于运行人员巡视；(C) 在检修时减少停电范围；(D) 减少检修时的气体回收与充气工作。

答案：ACD

Lb4C2027　表征SF_6气体理化特性的下列各项中，正确的是(　　)。

(A) 无色、无味；(B) 无臭、无毒；(C) 可燃；(D) 惰性气体，化学性质稳定。

答案：ABD

Lb4C2028　真空断路器在安装、检修中需要测试分、合闸速度的情况有(　　)。

(A) 更换真空灭弧管；(B) 行程重新调整后；(C) 固定螺拴紧固后；(D) 机构加油后。

答案：AB

Lb4C2029　变压器的特性试验有(　　)。

(A) 变比试验；(B) 极性及连接组别试验；(C) 低电压试验；(D) 空载试验。

答案：ABD

Lb4C2030　基本安全用具是绝缘强度大，能长时间承受电气设备的工作电压，能直接用来操作带电设备。属于基本安全用具的是(　　)。

(A) 绝缘杆；(B) 绝缘夹钳；(C) 绝缘手套；(D) 绝缘鞋。

答案：AB

Lb4C3031　接地开关应能承受与隔离开关同样的(　　)电流。

(A) 额定；(B) 动稳定；(C) 热稳定；(D) 激磁。

答案：BC

Lb4C3032　一般常用的液体绝缘材料有(　　)。

(A) 十二烷基苯；(B) 硅油；(C) 三氯联苯合成油；(D) 水。

答案：ABC

Lb4C3033 为防止金属氧化物避雷器发生损坏事故所采取的的措施有（ ）。

（A）提高产品质量、高度重视金属氧化物避雷器的结构设计、密封、组装环境等决定质量的因素；（B）正确选择金属氧化物避雷器，这是保证其可靠运行的重要因素；（C）加强检修，及时检出金属氧化物避雷器的缺陷；（D）选择新型结构、新材料的避雷器。

答案：ABC

Lb4C3034 GIS设备安装的环境要求（ ）。

（A）GIS设备安装应满足厂家要求的环境条件：一般情况下，GIS设备安装应在环境温度－10～40℃之间，无风沙、无雨雪、空气相对湿度小于80%的条件下进行，洁净度在百万级以上，低于上述条件不得开展安装工作；（B）220kV及以上户外GIS安装时，应搭设防尘棚，对温度、湿度、洁净度进行实时监测，特高压户外GIS设备安装应采用自行装配式车间，对温度、湿度、洁净度进行实时控制（车间内温度控制在10～25℃，湿度小于70%，洁净度在千万级以上），实现工厂化安装；（C）风沙大的地区应在防尘棚和自行装配车间入口处设置风淋室，通过风淋室吹去身上附带的粉尘及其他微粒；（D）GIS所有单元开盖、内检及连接作业应在防尘棚和装配车间内单独设立的防尘室内进行，防尘室内及安装单元应按产品技术文件要求充入经过滤尘的干燥空气，并对温度、湿度、洁净度进行实时控制和检测。防尘室内的温度、湿度、洁净度的应连续检测并记录，不合格不得开展安装工作。

答案：ACD

Lb4C3035 在线监测装置的基本功能有（ ）。

（A）监测功能；（B）数据检查功能（应该是记录功能）；（C）自诊断功能；（D）通信功能。

答案：ABC

Lb4C3036 隔离开关的触头满足（ ）要求。

（A）有自清洗和自调整能力；（B）有足够长的接触范围；（C）有可靠的导电性能；（D）能防止电弧烧伤正常接触表面。

答案：ABCD

Lb4C3037 对断路器抽真空时，真空达到绝对压力读数为133Pa之后开始计算时间，维持真空泵继续运行至少30min，然后停泵并与泵隔离，（ ），否则就要查找漏点。

（A）静止30min后才能读取绝对压力；（B）再静止5h以上，第二次读取绝对压力；（C）当达到B－A≤75Pa（极限允许值133Pa）时才算合格；（D）当达到B－A≤67Pa（极限允许值133Pa）时才算合格。

答案：ABD

Lb4C3038 刚分（合）速度取值方法（　　），两种规定用颠倒了速度值可能出现假偏高或偏低，造成对断路器速度的误判断。若误判为偏高，将速度调低，则影响断路器的开断及关合；若误判为偏低，将速度调高，则影响断路器的机械寿命或强度。

（A）一种规定行程除以时间；（B）一种规定为刚分（合）点后（前）10ms 的平均速度；（C）一种规定为刚分（合）点前后各 10ms 的平均速度；（D）一种规定为刚分（合）点前后各 5ms 的平均速度。

答案：BD

Lb4C4039 GW4 系列隔离开关，每极都由（　　）组成。

（A）基座；（B）操动机构；（C）支柱绝缘子；（D）导电触臂。

答案：ACD

Lb4C4040 断路器的绝缘试验主要有（　　）。

（A）测量绝缘电阻；（B）测量介质失角正切值；（C）泄漏电流试验；（D）交流耐压试验；（E）低电压分合试验。

答案：ABCD

Lb4C4041 五防功能指的是可以防止五种类型的电气误操作，这五种防误操作功能是（　　）。

（A）防止误分一误合断路器；（B）防止保护误动作；（C）防止带电操合接地开关或挂接地线；（D）防止带有临时接地线或接地开关合闸时送电；（E）防止误入带电间隔；（F）防止带负荷合上或分断隔离开关（或隔离插头）。

答案：ACDEF

Lb4C4042 高压断路器绝缘支撑是用来支撑开闭装置，并保证对地绝缘，主要由（　　）等组成。

（A）绝缘子；（B）基座；（C）瓷套；（D）并联电阻。

答案：AC

Lb4C4043 双母线带旁路的接线方式一般有（　　）这几种。

（A）出线开关兼做旁路；（B）旁路开关兼做母联；（C）采用专用旁路开关；
（D）母联开关兼做旁路。

答案：BCD

Lb4C4044 开关机械特性测试仪使用注意事项有（　　）。

（A）在使用前，请先在接地柱上接上接地线；（B）内部直流电源为短时工作的操作电源（220V－15A），电流过大时，使用外同步的方式测试；（C）当储能按键按下时，储能输出端与公共负端间输出 AC220V，15A 恒定交流源。因储能电机启动时电流为正常工作电流的5～7倍，所以当电机的功率过大时，采用外部提供储能电源；(D) 输出电源严禁短路；(E) 不要打开机壳；(F) 仪器存放时不能受潮，搬运时注意小心轻放。

答案：ABDE

Lb4C4045 没有母线的主接线方式主要有(　　)。

(A) 单元接线；(B) 一台半断路器接线；(C) 桥形接线；(D) 多角形接线。

答案：ACD

Lb4C4046 有载调压操作机构必须具备能有 $1\rightarrow n$ 和 $n\rightarrow 1$ 的往复操作、有终点限位和(　　)基本功能。

(A) 有一次调整一个档位；(B) 有一次调整多个档位功能；(C) 有手动和电动两种操作；(D) 有位置信号指示。

答案：ACD

Lb4C4047 中性点有效接地系统中，变压器停送电操作时，因为(　　)，所以中性点必须接地。

(A) 在空载停、投变压器时，可能使变压器中性点或相地之间产生操作过电压；

(B) 使变压器内的绝缘油气化；(C) 使变压器内的绝缘构件电气性能下降；(D) 使变压器中性点发生击穿短路或使中性点避雷器发生爆炸或热崩溃。

答案：AD

Lb4C4048 电气设备中，对电气触头要求(　　)，能可靠地开断规定容量的电流及有足够的抗熔焊和抗电弧烧伤性能；通过短路电流时，具有足够的动态稳定性的热稳定性。

(A) 结构可靠；(B) 有良好的导电性能和接触性能，即触头必须有低的电阻值；

(C) 有良好的经济性；(D) 通过规定的电流时，表面不过热。

答案：ABD

Lb4C4049 导电回路接触面处理工艺应符合(　　)工艺要求。

(A) 铜与铜室外、高温且潮湿或对母线有腐蚀性气体的室内，必须搪锡；(B) 铜与铝在干燥的室内，铜导体应搪锡；(C) 封闭母线螺栓固定搭接面应搪锡；(D) 钢与铜或铝搭接面必须搪锡。

答案：ABD

Lb4C4050 SF_6 断路器内装设吸附剂，常用的有(　　)。

(A) 有活性炭；(B) 防火过滤棉；(C) 分子筛；(D) 活性氧化铝。

答案：CD

Lb4C4051 用于电容器投切的开关柜必须（　　），用于电容器投切的断路器出厂时必须提供本台断路器分、合闸行程特性曲线，并提供本型断路器的标准分、合闸行程特性曲线。条件允许时，可在现场进行断路器投切电容器的大电流老炼试验。

（A）提供工厂装配记录；（B）提供工厂监造记录；（C）其所配断路器投切电容器的试验报告；（D）断路器必须选用C2级断路器。

答案：CD

Lb4C4052 电气设备中常用的绝缘油的特点有（　　）。

（A）绝缘油具有较空气大得多的绝缘强度；（B）绝缘油还有良好的冷却特性；（C）绝缘油是良好的灭弧介质；（D）绝缘油对电气设备起保养、润滑作用。

答案：ABC

Lb4C4053 关于开关柜内不同相导体之间的安全距离，正确的是（　　）。

（A）10kV，125mm；（B）35kV，400mm；（C）10kV，200mm；（D）35kV，300mm。

答案：AD

Lb4C4054 SF_6高压断路器的本体检修对环境的要求有（　　）。

（A）温度5℃以上；（B）湿度小于80%；（C）尽量在检修间进行；（D）有充足的施工电源和照明措施；（E）有足够宽敞的空间。

答案：ACDE

Lb4C5055 引发接地装置发生断路的现象有（　　）。

（A）电气设备与接地线、接地网的连接处有松动现象；（B）接地线损伤、电腐蚀现象；（C）接地线断裂，固定螺钉有松动现象；（D）对于移动式电气设备，接地线接触不好，有松动、脱落现象。

答案：ACD

Lb4C5056 SF_6断路器内装设吸附剂的作用是（　　）。

（A）吸附设备内部SF_6气体分解的单分子的气体；（B）吸附SF_6气体在电弧高温作用下产生的热量；（C）吸附设备内部SF_6气体中的水分；（D）吸附SF_6气体在电弧高温作用下产生的有毒分解物。

答案：CD

Lb4C5057 快分隔离开关能够满足（　　）的要求。

（A）分闸时间等于或小于0.2s的隔离开关称为快分隔离开关；（B）在分闸位置能够按照规定的要求迅速分断；（C）分闸时间等于或小于0.5s的隔离开关称为快分隔离开关；（D）它还能够在正常回路条件下开断电流。

答案：BC

Lb4C5058 电力系统对继电保护的基本性能要求有(　　)。

(A) 可靠性；(B) 智能性；(C) 快速性；(D) 灵敏性。

答案：ACD

Lb4C5059 CS型手动操动机构的辅助开关有(　　)。

(A) 八对常开；(B) 八对常闭；(C) 四对常开；(D) 四对常闭。

答案：CD

Lb4C5060 隔离开关的检修项目有：检查隔离开关绝缘子是否完整，有无放电现象和(　　)。

(A) 检查传动件和机械部分；(B) 检查活动部件的润滑情况；(C) 检查触头是否完好，表面有无污垢；(D) 检查附件是否齐全、完好，包括弹簧片、铜辫子等。

答案：ABCD

Lb4C5061 软母线损伤在一定程度下可以不换母线，而采取修补，常见的修补方法有(　　)。

(A) 焊接法；(B) 缠绕法；(C) 加分流线；(D) 接续管连接。

答案：BCD

Lb4C5062 电力系统中，统一将(　　)称作接地装置。

(A) 接地网；(B) 避雷针；(C) 接地螺钉；(D) 接地线。

答案：AD

Lb4C5063 SF_6气体优良性能主要表现在(　　)。

(A) 优良的热化学特性；(B) 随温度线性变化；(C) SF_6气体分子负电性；

(D) SF_6气体的电弧时间常数小，电弧电流过零后，介质性能的恢复远比空气和油介质快。

答案：ACD

Lb4C5064 中置式高压开关柜由(　　)和(　　)两大部分组成。

(A) 避雷器；(B) 固定的柜体；(C) 可移动部件；(D) 互感器。

答案：BC

Lb4C5065 调整真空断路器的触头行程时，不允许超过规定值，原因是(　　)。

(A) 触头行程增大，断口绝缘升高；(B) 触头行程减小，断口绝缘下降；(C) 触头行程的增大，波纹管的寿命会迅速下降；(D) 行程超过允许值就可能大大缩短真空灭弧室的机械寿命。

答案：CD

Lb4C5066 真空断路器例行试验项目是(　　)。

(A) 交流耐压试验；(B) 真空度测量；(C) 绝缘电阻测量；(D) 红外热像检测；(E) 回路电阻测量。

答案：ACDE

Lc4C1067 低碳钢焊条 E4303 (J422) 适合(　　)牌号钢材的焊接。

(A) 碳素结构钢 Q235；(B) 优质碳素结构钢 20 号钢；(C) 普通低碳钢；(D) 高强度低碳钢。

答案：AB

Lc4C1068 电动升降平台放置后注意检查(　　)。

(A) 支腿放牢固，闭锁销闭锁可靠；(B) 检查平台接地良好；(C) 进行升降；(应该是试升降)；(D) 校正水平。

答案：ABD

Lc4C3069 弹性指材料变形随外力撤除而消除的能力。弹性通常用(　　)等指标来表示。

(A) 弹性模数；(B) 比例极限；(C) 弹性极限；(D) 弹力系数。

答案：ABC

Lc4C4070 MGT-80 型金具，各字母含义为(　　)。

(A) M：设计形式；(B) G：固定型；(C) T：接线方式；(D) 80：管母线外径。

答案：BD

Lc4C4071 MNP-201 型金具，各字母含义为(　　)。

(A) M：设计形式；(B) N：室内型；(C) P：水平放置；(D) 201：设计序号。

答案：BC

Lc4C5072 润滑剂的作用有润滑作用、冷却作用、密封作用和(　　)。

(A) 洗涤作用；(B) 防锈作用；(C) 缓冲与防振作用；(D) 防潮作用。

答案：ABC

Jd4C3073 安全带是防止高处坠落的安全用具，按工作情况分为(　　)。

(A) 高空作业绵纶安全带；(B) 架子工用绵纶安全带；(C) 电工用绵纶安全带；(D) 线路工用帆布安全带。

答案：ABC

Jd4C3074 双母线接线方式在运行中具有较高的灵活性和供电可靠性，(　　)属于双母线接线的类型。

(A) 二分之三接线；(B) 桥式接线；(C) 叉接电抗器分段接线；(D) 多角形接线。
答案：AC

Jd4C3075 高压断路器的传动系统主要由(   )等组成。
(A) 各种连杆；(B) 拐臂；(C) 辅助切换装置；(D) 液压及空气导管。
答案：ABD

Jd4C3076 母线焊接中，铝、铝合金的管型母线以及(   )应采用氩弧焊。
(A) 矩形母线；(B) 槽形母线；(C) 钢芯铝绞线；(D) 封闭母线。
答案：AB

Jd4C3077 不得在带电导线和(   )设备附近将喷灯点火。
(A) 带电设备；(B) 变压器；(C) 油断路器；(D) 隔离开关。
答案：ABC

Jd4C5078 麻绳子或棉纱绳在不同状态下的允许荷重规定是(   )。
(A) 麻绳子（棕绳）或棉纱绳，用作一般的允许荷重的吊重绳时，应按其截面面积 $1kg/mm^2$ 计算；(B) 用作捆绑绳时，应按其截面面积 $0.5kg/mm^2$ 计算；(C) 麻绳、棕绳或棉纱绳在潮湿状态下，允许荷重不变；(D) 涂沥青纤维绳在潮湿状态，应降低 20%的荷重使用。
答案：ABD

Je4C2079 使用兆欧表（摇表）测量绝缘电阻时，应当(   )。
(A) 先切断设备电源，对具有电容性质的设备进行放电；(B) 测绝缘时应保持转速为 1200r/min，以转动 1min 后读数为准；(C) 结束时应先断开兆欧表线，然后停止摇动；(D) 测量前要检验仪表。
答案：ACD

Je4C2080 变电检修工应自行掌握的电气测试项目有(   )。
(A) 绝缘电阻的测试；(B) 接触电阻的测试；(C) 直流电阻的测试；(D) 动作特性试验。
答案：ABCD

Je4C2081 磁阻的大小与(   )有关。
(A) 磁路长度；(B) 磁路截面面积；(C) 导磁率；(D) 电阻率。
答案：ABC

Je4C3082 室外隔离开关水平拉杆配制方法(   )。
(A) 根据相间距离，锯切两根瓦斯管，其长度为隔离开关相间距离，并使配好的拉杆有伸长或缩短的调整余度；(B) 根据相间距离，锯切两根瓦斯管，其长度为隔离开关相间距离减去连接螺钉及连接板的长度，并使配好的拉杆有伸长或缩短的调整余度；(C) 分别将连接螺钉插入瓦斯管两端，用电焊焊牢，再装上锁紧螺母及连板，焊接时不要使连接头偏斜；(D) 将拉杆两端与拐臂上的销钉固定起来。

答案：BCD

Je4C3083 处理隔离开关接触部分发热的方法有（　　）。

(A) 检查、调整弹簧压力或更换弹簧；(B) 用 00 号砂纸清除触头表面氧化层，打磨接触面，增大接触面，并涂上导电膏；(C) 降负荷使用，或更换容量较大的隔离开关；(D) 操作时，用力适当，操作后应仔细检查触头接触情况。

答案：ABCD

Je4C3084 通常从（　　）来控制 SF_6 断路器的含水量。

(A) 严格控制使用的 SF_6 气源含水量；(B) 防止水分漏进断路器；(C) 采用吸附剂来吸收水分；(D) SF_6 水分检测。

答案：ABC

Je4C3085 安装软母线两端的耐张线夹时的基本要求有（　　）。

(A) 截断导线前，应将断开的导线端头用绑线缠绕 3～4 圈扎紧；(B) 导线挂点位置要对准耐张线夹的大头销孔中心，包带缠绕在导线上，两端长度应能满足线夹两端露出 50mm，包带绕向应与导线外层绞线的扭向一致；(C) 选用线夹要考虑包带厚度，线夹的船形压板应放平，U 形螺栓紧固后，外露的螺扣应有 3～4 扣；(D) 母线较短时，两端线夹的悬挂孔在导线不受力时应在不同侧。

答案：ABC

Je4C3086 交流耐压试验对（　　）不会形成破坏性的累积效应。

(A) 变压器；(B) 电力电缆；(C) 纯瓷套管；(D) 纯瓷绝缘子。

答案：CD

Je4C3087 高压开关柜高压设备常见故障类型可分为（　　）。

(A) 电气故障；(B) 操作故障；(C) 保护故障；(D) 机械故障。

答案：AD

Je4C3088 隔离开关的大修项目有（　　）。

(A) 本体分解；(B) 触头检修；(C) 出线座检修；(D) 操动系统检修。

答案：ABCD

Je4C3089　SF_6断路器按触头的开距结构可分为(　　)等结构。
(A) 定开距；(B) 变开距；(C) 双向；(D) 单向。
答案：AB

Je4C3090　测量二次回路的绝缘应使用(　　)绝缘电阻表。
(A) 500V；(B) 1000V；(C) 1500V；(D) 2500V。
答案：AB

Je4C3091　硬母线连接时，螺孔的要求有(　　)。
(A) 螺孔大于螺钉1mm；(B) 螺孔之间中心误差±0.5mm；(C) 有弹簧垫片一侧的螺孔应稍小；(D) 螺孔应用大钻扩孔去毛边。
答案：AB

Je4C3092　錾子的刃部，经淬火后，必须有较高的(　　)。
(A) 软度；(B) 硬度；(C) 韧性；(D) 厚度。
答案：BC

Je4C3093　清洗、检查油泵系统有(　　)内容。
(A) 检查铜滤网是否洁净；(B) 检查逆止阀处的密封圈有无受损；(C) 检查轴承是否良好；(D) 检查吸油阀阀片密封状况是否良好，并注意阀片不要装反。
答案：ABD

Je4C3094　隔离开关检修前需进行(　　)试验项目。
(A) 隔离开关在停电前、带负荷状态下的红外测温；(B) 隔离开关主回路电阻测量；(C) 隔离开关的二次回路摇绝缘；(D) 隔离开关的电气传动及手动操作。
答案：ABD

Je4C4095　根据过电压形成的物理过程，雷电过电压一般可以分为（　　）。
(A) 直击雷过电压；(B) 感应雷过电压；(C) 绕击雷过电压；(D) 雷击过电压。
答案：AB

Je4C4096　在对隔离开关导电回路接触面进行检修应按照(　　)要求进行。
(A) 隔离开关的接触面在雨水、空气的作用下，会产生氧化铜膜；(B) 隔离开关的接触面在电流和电弧的作用下，会产生氧化铜膜和烧伤痕迹；(C) 在检查时应用锉刀或砂布进行清除和加工，使接触面平整并具有金属光泽；(D) 检查处理后涂一层专用复合脂。
答案：BCD

Je4C4097　电力系统常用的调压措施有（　　）。

（A）改变发电机端电压调压；（B）利用变压器分接头调压；（C）并联电容器补偿调压；（D）串联电容器补偿调压。

答案：ABCD

Je4C4098　CJ5 电动操动机构的辅助开关有（　　）。

（A）八对常开；（B）八对常闭；（C）四对常开；（D）四对常闭。

答案：AB

Je4C4099　在带电的电压互感器二次回路上工作时，应采取的安全措施为（　　）。

（A）严格防止开路；（B）应使用绝缘工具，戴绝缘手套；（C）接临时负载，必须装有专用的刀闸和熔断器；（D）必要时停用有关的保护装置。

答案：BCD

Je4C4100　引起隔离开关接触部分发热的原因有（　　）。

（A）压紧弹簧或螺钉松动；（B）接触面氧化，使接触电阻增大；（C）刀片与静触头接触面积太小，或过负荷运行；（D）在拉合过程中，电弧烧伤触头或用力不当，使接触位置不正，引起压力降低。

答案：ABCD

Je4C4101　长期运行的隔离开关，其常见的缺陷有（　　）。

（A）触头弹簧的压力降低；（B）触头间隙变大；（C）传动及操作部分的润滑油干涸；（D）绝缘子断头、绝缘子折伤和表面脏污等。

答案：ACD

Je4C4102　吸附剂在安装更换时应注意（　　）。

（A）吸附剂安装前在烘箱中在 300℃烘干 2h 以上；（B）吸附剂从烘箱中装入设备，其在空气中暴露时间≤15min；（C）吸附剂装入前称重量并做好记录。

答案：BC

Je4C4103　防止污闪采用加装用硅橡胶增爬裙时的技术要求是（　　）。

（A）支柱绝缘子所用伞裙伸出长度为 6～8cm；（B）套管等其他直径较粗的绝缘子所用伞裙伸出长度为 12～15cm；（C）110kV 绝缘子串宜安装 3 片；（D）220kV 绝缘子串宜安装 6 片。

答案：BCD

Je4C4104　为了防止设备线夹朝上积水，冬天结冰冻裂，设备线夹安装时技术要求（　　）。

（A）截面面积 300mm² 以上的压接型设备线夹，安装时应配钻滴水孔；（B）截面面积 400mm² 线夹朝上 30°安装时应配钻直径为 6mm 的滴水孔；（C）截面面积 400mm² 线夹朝上 60°安装时应配钻直径为 6mm 的滴水孔；（D）截面面积 400mm² 线夹朝上 90°安装时应配钻直径为 6mm 的滴水孔。

答案：BCD

Je4C4105 GW6 型等类似结构的隔离开关运行中应注意(　　)。

(A）为预防 GW6 型等类似结构的隔离开关运行中“自动脱落分闸”，在检修中应检查操动机构蜗轮、蜗杆的啮合情况，确认没有倒转现象；(B）检查并确认隔离开关的辅助开关接触良好；(C）检查并确认隔离开关主拐臂调整应过死点；(D）检查平衡弹簧的张力应合适。

答案：ABC

Je4C5106 运行中的电力电缆(　　)的部位必须接地的。

(A）金属外皮；(B）控制电缆金属外皮；(C）终端头金属外壳；(D）电缆保护管。

答案：AC

Je4C5107 对电气设备进行红外精确测温的要求有（　　）。

(A）风速一般不大于 0.5m/s；(B）设备通电时间不小于 6h；(C）检测期间天气为阴天、夜间或晴天日落 2h 后；(D）应尽量避开附近热辐射源的干扰。

答案：ABCD

Je4C5108 由于(　　)原因造成 GW4 系列隔离开关操作费力和转动不平稳。

(A）由于环境温度变化，造成操作费力和转动不平稳；(B）相间和同相的水平传动拉杆与接头未焊在同一中心线上；(C）水平传动拉杆弯曲，或相间的传动拉杆三相不在同一中心线上，这样将造成传动时三相运动不同步的别扭现象；(D）传动系统各转动轴销处及基座内的轴承座由于长年运行，缺乏润滑油润滑。

答案：BCD

Je4C5109 下列属于电气设备安全工作组织措施的是(　　)。

(A）现场勘察制度；(B）工作票制度；(C）工作许可制度；(D）工作监护制度。

答案：ABCD

Je4C5110 回路电阻测试仪测试时，液晶显示屏显示电流值正常，电阻显示“1”的故障原因是(　　)。

(A）电压输入线有没有接好、接头是否氧化，以及接触不良；(B）检查电流输出接线与电压输入线的极性没有没接反；(C）测被测电阻是否超过测量范围；(D）电压测试接线是否接在电流输出线外侧。

答案：ABC

Je4C5111 隔离开关在基建阶段应注意(　　)问题。

(A) 应在绝缘子金属法兰与瓷件的胶装部位涂以性能良好的防水密封胶；(B) 新安装或检修后的隔离开关必须进行导电回路电阻测试；(C) 应在绝缘子金属法兰与瓷件的胶装部位涂以性能良好的玻璃胶；(D) 新安装的隔离开关手动操作力矩应满足相关技术要求。

答案：ABD

Je4C5112 电气设备的接地电阻要求值主要根据(　　)来确定。

(A) 系统中性点运行方式；(B) 电压等级；(C) 设备数量多少；(D) 允许的接触电压。

答案：ABD

Je4C5113 断路器在大修时要测量速度的原因有(　　)。

(A) 速度是保证断路器正常工作和系统安全运行的主要参数；(B) 速度过慢，会加长灭弧时间，切除故障时易导致加重设备损坏和影响电力系统稳定；(C) 速度过慢，易造成越级跳闸，扩大停电范围；(D) 速度过慢，易烧坏触头，增高内压，引起爆炸。

答案：ABCD

Jf4C1114 关于触电急救；下列选项正确的是(　　)。

(A) 触电者未脱离电源前，为了尽快救助触电者，救护人员可以直接用手触及伤者；(B) 触电急救，首先要使触电者迅速脱离电源；(C) 在触电急救时进行胸外按压要以均匀速度进行，每分钟 80 次左右，每次按压和放松时间相等；(D) 如果触电者触及断落在地上的高压导线，且尚未做安全措施前，不能接近断线点 8～10m 范围内，防止跨步电压伤人。

答案：BD

Jf4C5115 以下属于断路器热备用状态条件的有(　　)。

(A) 断路器在断开位置；(B) 断路器各侧隔离开关在合闸位置；(C) 断路器各侧接地开关在合闸位置；(D) 断路器的继电保护及自动装置满足带电要求。

答案：ABD

Jf4C5116 钳工常用的设备有(　　)。

(A) 钳台；(B) 台虎钳；(C) 折弯机；(D) 钻床。

答案：ABD

1.4 计算题

La4D1001 一额定电流 I_N为 X_1A 的电炉箱接在电压 U 为 220V 的电源上，则此电炉的功率是________ kW。若用 10h，电炉所消耗电能为________ kW·h。

X_1 取值范围：10，15，20

计算公式： $P = UI_N = 220 \times X_1$

$$A = Pt = 220 \times X_1 \times 10$$

La4D1002 如图所示的电路中，电流 I_1、I_2、I_3、I_4、I_5、I_6的电流方向如图所示，已知 $I_1=I_2=I_3=X_1$A，$I_4=6$A，$I_5=8$A，那么电路中 I_6的值是________ A。

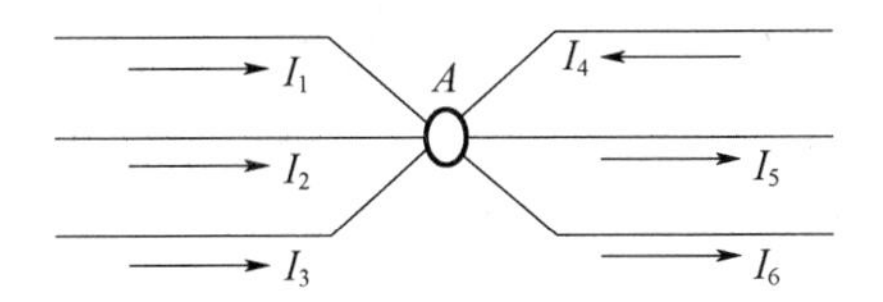

X_1 取值范围：3～10 的整数

计算公式： $I_6 = I_1 + I_2 + I_3 + I_4 - I_5 = X_1 + X_1 + X_1 + 6 - 8$

La4D2003 一把 $U=220$V、$P=X_1$W 的电烙铁，接在交流电压源 $u=311\sin 314t$ 上，则通过电烙铁的电流的有效值为________及电烙铁的电阻为________ Ω。

X_1 取值范围：25，40，60

计算公式： $I = \dfrac{P}{U} = \dfrac{X_1}{220}$

$$R = \frac{U^2}{P} = \frac{220^2}{X_1}$$

La4D2004 如图所示，已知电阻 $R_1=X_1$kΩ，$R_2=5$kΩ，B 点的电位 U_B为 20V，C 点的电位 U_C 为−5V，则电路中 a 点的电位是________ V。

R_1 R_2

B a C

U

X_1 取值范围：10，15，20

计算公式： $U_{BC} = U_B - U_C$

$$I = \frac{U_{BC}}{R_1 + R_2}$$

$$U_{R_1} = IR_1$$

$$U_a = U_B - U_{R1}$$

La4D2005 如图所示电路中，已知电源 $E=X_1$V，电阻 $R_1=R_4=20\Omega$，$R_2=R_3=30\Omega$。A、B两点间的电压是________V。

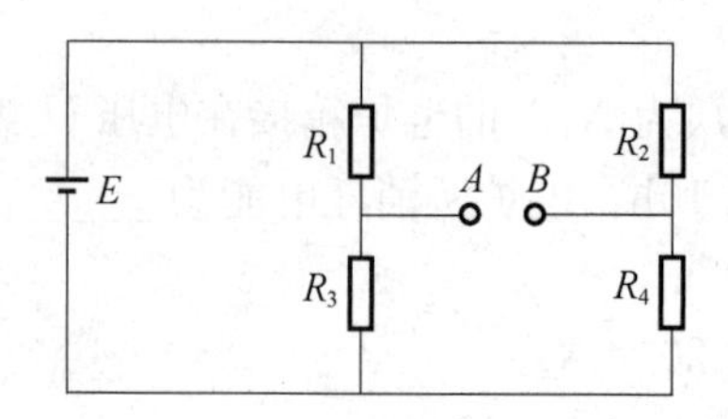

X_1 取值范围：50，100，150，200

计算公式：$U_{AB}=\dfrac{ER_2}{R_2+R_4}-\dfrac{ER_1}{R_1+R_3}=\dfrac{X_1\times 30}{30+20}-\dfrac{X_1\times 20}{20+30}$

La4D2006 一台电压互感器一次绕组的导线铜芯直径 ϕ 是 0.25mm，丝包绝缘厚为 0.25mm，匝电压 X_1V，要求层间电压≤4500V，每层最多可绕________匝。每层绕组的宽度 d 约是________mm。（绕线裕度系数不计）

X_1 取值范围：4，5，6

计算公式：$N=\dfrac{4500}{X_1}$

$d=\phi'\cdot N=(0.25+0.25)\times N$

La4D2007 如图所示的电路中，已知总电流 $I=3$A，电阻 $R_1=100\Omega$，分支电流 $I_1=X_1$A，则该电路中的电阻 R_2 的阻值是________Ω，R_2 中流过的电流 I_2 是________A。

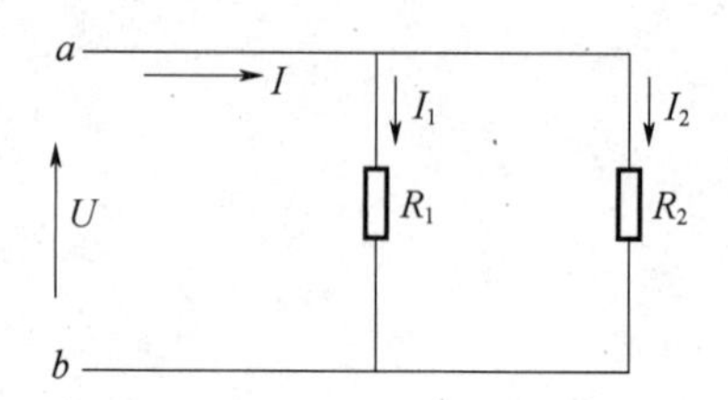

X_1 取值范围：1，1.5，2

计算公式：$U=U_1=I_1R_1$

$I_2=I-I_1$

$R_2=\dfrac{U}{I_2}$

La4D2008 一个直流电源 $E=101$V，内阻 $r=1\Omega$，负载电阻 $R=X_1\Omega$，则负载上电压降是________V。

X_1 取值范围：50，100，150

计算公式：$I=\dfrac{E}{r+R}=\dfrac{101}{1+X_1}$

$U=IR$

La4D3009 有一线圈，若将它接在电压U为220V，频率f为50Hz的交流电源上，测得通过线圈的电流I为X_1A，则线圈的电感是________H。

X_1取值范围：0.5，2，5

计算公式：$X_L=\frac{U}{I}=\frac{220}{X_1}$

$$L=\frac{X_L}{2\pi f}$$

La4D4010 三只电容器组成的混联电路，如图所示，$C_1=X_1\mu F$，$C_2=C_3=20\mu F$，它们的额定电压均为100V，则等效电容为________μF。

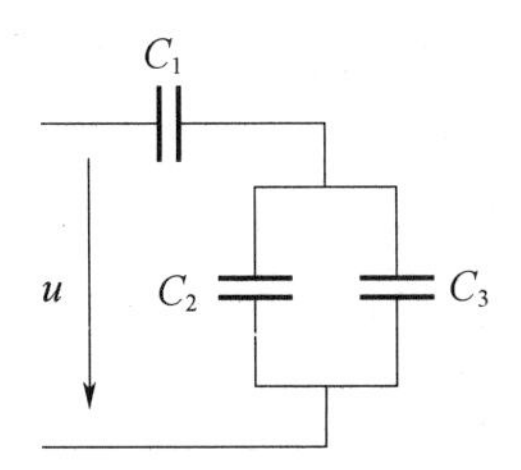

X_1取值范围：20，40，60

计算公式：$C_{等效}=\frac{C_1\times(C_2+C_3)}{C_1+C_2+C_3}=\frac{X_1\times(20+20)}{X_1+20+20}$

La4D4011 有一电阻$R=10k\Omega$和电容$C=X_1\mu F$的电阻电容串联电路，接在电压$U=224V$，频率$f=50Hz$的电源上，则该电路中的电流为________A及电容两端的电压________V。

X_1取值范围：0.600～0.900之间保留三位小数

计算公式：$X_C=\frac{1}{2\pi fC}=\frac{1}{2\times 3.14\times 50\times X_1\times 10^{-6}}$

$$I=\frac{U}{\sqrt{R^2+X_C^2}}$$

$$U_C=I\cdot X_C$$

La4D4012 已知电路中电压$U=U_m\sin(\omega t+X_1°)$，电流$i=I_m\sin(\omega t+10°)$，电路的频率为50Hz，则电压与电流的相位差是________°，二者的时间差是________s。

X_1取值范围：40，55，70

计算公式：$\varphi=\varphi_u-\varphi_i=X_1-10$

$$t=\frac{\varphi}{2\pi f}=\frac{X_1-10}{2\times 3.14\times 50}$$

Lc4D1013　一台三相变压器的电压为6000V，负载电流为X_1A，功率因数为0.866，则有功功率为________kW和无功功率为________kV·A。

X_1取值范围：10～30的整数

计算公式：$P=\sqrt{3}UI\cos\varphi=\sqrt{3}\times 6\times X_1\times 0.866$

$$Q=\sqrt{S^2-P^2}$$

Lc4D2014　有一台电动机功率P为1.1kW，接在U=220V的工频电源上，工作电流I为X_1A，则电动机的功率因数是________。

X_1取值范围：8，10，12

计算公式：$\cos\varphi=\frac{P}{S}=\frac{P}{UI}=\frac{1100}{220\times X_1}$

Lc4D2015　一条电压U为220V纯并联电路，共有额定功率P_1为X_1W的灯泡20盏，额定功率P_2为60W的灯泡15盏，此线路通过的总电流为________A。

X_1取值范围：15，25，40

计算公式：$I_1=\frac{20P_1}{U}=\frac{20\times X_1}{220}$

$$I_2=\frac{15P_2}{U}$$

$$I=I_1+I_2$$

Lc4D3016　已知一台三相35/0.4kV所内变压器，其容量S为X_1kV·A，则变压器的一次电流为________A、二次电流为________A。

X_1取值范围：50，100，200

计算公式：$I_{1N}=\frac{S}{\sqrt{3}U_1}=\frac{X_1}{\sqrt{3}\times 35}$

$$I_{2N}=\frac{S}{\sqrt{3}U_2}=\frac{X_1}{\sqrt{3}\times 0.4}$$

Lc4D3017　有一个分压器，它的额定值为R=100Ω、I=3A，现在要与一个负载电阻R_f并接，其电路如图所示，已知分压器平分为四个相等部分，负载电阻$R_f=X_1$Ω，电源电压U=220V。求滑动触头在2号位置时负载电阻两端电压为________V和分压器通过的电流为________A。

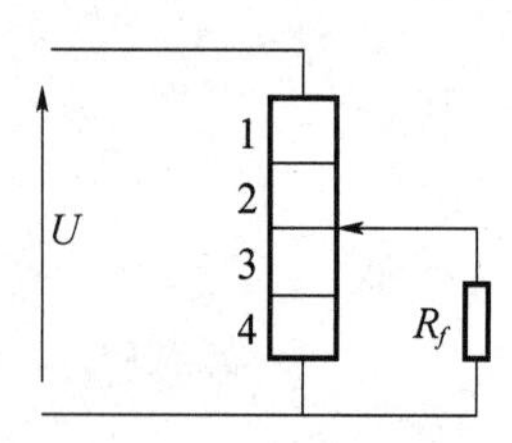

X_1 取值范围：25，50，75

计算公式：$R=\frac{R_f R_{34}}{R_f+R_{34}}+R_{12}=\frac{X_1\times 50}{X_1+50}+50$

$$I=\frac{U}{R}$$

$$U_f=I\frac{R_f R_{34}}{R_f+R_{34}}$$

Lc4D4018 一日光灯管的规格是 110V，X_1W。现接到 50Hz，220V 的交流电源上，为保证灯管电压为 110V，串联镇流器的电感是________H。

X_1 取值范围：20，25，40，60

计算公式：$U_L=\sqrt{220^2-110^2}$

$$I_L=\frac{X_1}{110}$$

$$L=\frac{U_L}{\omega I_L}$$

Lc4D4019 额定电压为 380V 的小型三相异步电动机的功率因数 $\cos\varphi$ 为 X_1，效率 η 为 0.88，在电动机输出功率 P 为 2.2kW 时，电动机从电源取用电流 I 为________A。

X_1 取值范围：0.75，0.8，0.85

计算公式：$I_{入}=\frac{P_{出}}{\sqrt{3}U\eta\cos\varphi}=\frac{2200}{\sqrt{3}\times 380\times 0.88\times X_1}$

Lc4D4020 聚氯乙烯绝缘软铜线的规格为 $n=7$ 股，每股线径 D 为 1.7mm，长度 L 为 X_1m，则其电阻是________Ω（铜的电阻率 $\rho=1.84\times 10^{-8}\Omega\cdot m$）。

X_1 取值范围：200，300，400

计算公式：$S=n\pi r^2$

$$R=\frac{L}{S}\rho$$

Lc4D4021 一线圈加 30V 直流电压时，消耗功率 $P_1=X_1$W，当加有效值为 220V 的交流电压时，消耗功率 $P_2=3059$W，则该线圈的电抗为________Ω。

X_1 取值范围：100，150，180

计算公式：$R=\frac{U^2}{P_1}=\frac{30^2}{X_1}$

$$I=\sqrt{\frac{P_2}{R}}$$

$$Z=\frac{U}{I}$$

$$X_L=\sqrt{Z^2-R^2}$$

Jd4D1022 钢丝绳直径 d 为 X_1mm，用安全起重简易计算公式计算允许拉力为________N。

X_1 取值范围：25，30，39

计算公式：$S=9\times d^2=9\times X_1{}^2$

Jd4D2023 攻一 MX_1mm×1.5mm 不通孔螺纹，所需螺孔深度 H 为 15mm，则钻孔深度是________mm。

X_1 取值范围：10，12，14

计算公式：$h=H+0.7d=15+0.7\times X_1$

Jd4D3024 如图所示，有一重物重量 G 为 X_1N，用两根等长钢丝绳起吊，提升重物的绳子与垂直线间的夹角 α 为 30°，则每根绳上的拉力为________N。

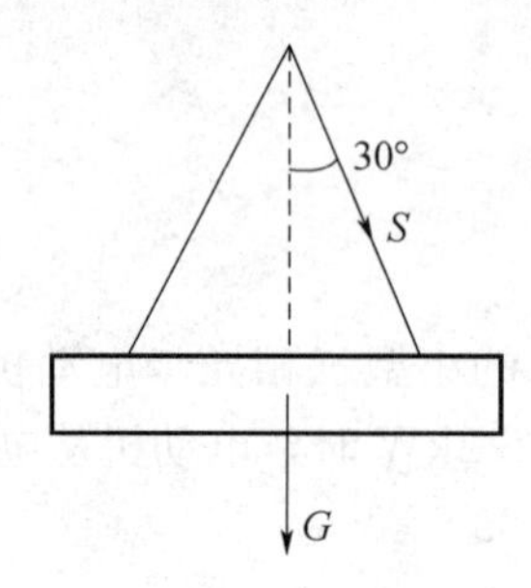

X_1 取值范围：90000，95000，98000

计算公式：$S=\dfrac{G}{2\cos\varphi}=\dfrac{X_1}{2\times\cos30^\circ}$

Jd4D3025 在倾斜角 $a=30°$ 的斜面上，放置一个质量 m 为 X_1kg 的设备，在不计算摩擦力的情况下，斜面所承受的垂直压力是________N，沿斜面下滑力是________N。

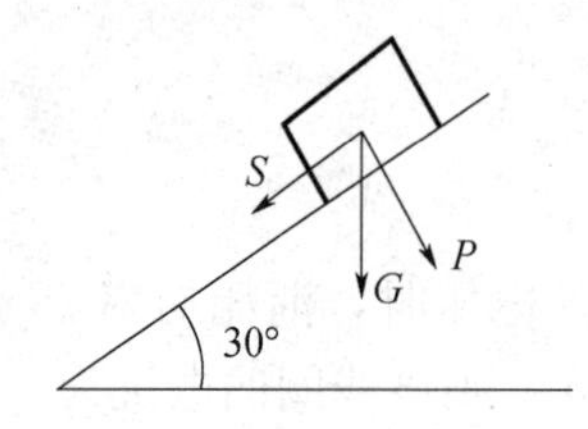

X_1 取值范围：50，60，80，100

计算公式：$G=mg$

$P=G\cos30^\circ$

$S=G\sin30^\circ$

Jd4D4026 在设备的起吊中，常常利用滑轮来提升重物，现提升重物的质量 m 为 X_1kg，绳索材料的许用应力 $[\sigma]=9.8\times10^6$Pa，这根绳索的直径应不小于________cm。

X_1 取值范围：100，160，200

计算公式： $F \geqslant \frac{mg}{[\sigma]} = \frac{X_1 \times 9.8}{9.8 \times 10^6}$

$$F = \frac{1}{4}\pi d^2$$

$$d = \sqrt{\frac{4 \times F}{\pi}}$$

Jd4D5027 计算电抗器 NKL-10-400-X_1 的额定电抗值为________ Ω。

X_1 取值范围：3，4，5

计算公式： $X_L = \frac{U}{\sqrt{3}I} \times X_1\% = \frac{10000}{\sqrt{3} \times 400} \times X_1\%$

Je4D2028 如图所示的电磁机构控制回路，灯电阻、附加电阻、防跳电流线圈电阻、电缆二次线圈电阻总和即为总电阻 R_Σ。该总电阻上分配到的电源电压 U_1 为 X_1V，电源电压 U 为 220V，计算跳闸线圈电阻上的电压 U_2 占电源电压的百分比是________。

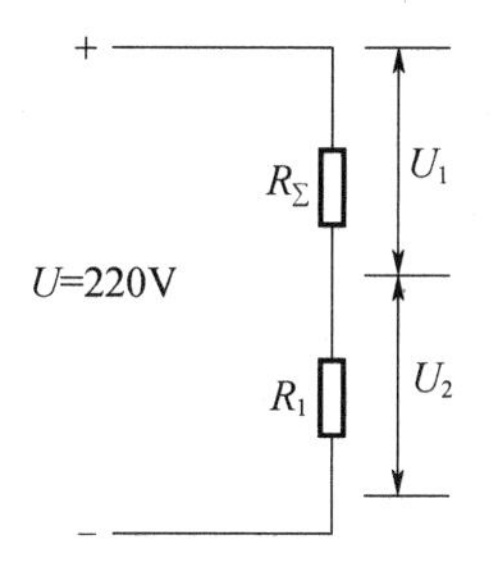

X_1 取值范围：160～187 的整数

计算公式： $U_2\% = \frac{U - U_1}{U} \times 100\% = \frac{220 - X_1}{220} \times 100\%$

Je4D3029 某电炉的电阻 R 为 X_1Ω，接在电压 U 为 220V 的电源上，则 1h 内电炉所放出的热量是________ kJ。

X_1 取值范围：110，220，330，440

计算公式： $I = \frac{U}{R} = \frac{220}{X_1}$

$$Q = I^2Rt$$

Je4D3030 有一个外径为 X_1mm 的钢管，穿过一个边长为 X_1mm 的正方形孔洞，现要求钢管与正方形孔洞之间余留部分用铁板堵住，则最少需面积为________ mm² 的铁板。

X_1 取值范围：25，30，40

计算公式： $S_1 = X_1 \times X_1$

$$S_2 = \pi r^2 = 3.14 \times \left(\frac{X_1}{2}\right)^2$$

$$S = S_1 - S_2$$

Je4D3031 变电所铝母线的截面尺寸 S 为 50mm×5mm，电阻率 $\rho = 2.95 \times 10^{-8} \Omega \cdot m$，总长度 L 为 X_1m，计算铝母线电阻是________Ω。

X_1 取值范围：40，50，60

计算公式：$R = \frac{L}{S}\rho = \frac{X_1}{50 \times 5 \times 10^{-6}} \times 2.95 \times 10^{-8}$

Je4D3032 已知一个油桶的直径 D 为 1.5m，高 h 为 X_1m，该油桶已装体积 V_2 为 $1m^3$ 的油，求此油桶内还能装体积为________m^3的油。（保留小数点后三位）

X_1 取值范围：2，3，4

计算公式：$V_1 = \pi \left(\frac{D}{2}\right)^2 h = 3.14 \times \left(\frac{1.5}{2}\right)^2 \times X_1$

$$V = V_1 - V_2$$

Je4D3033 在电磁机构控制的合闸回路中，电源电压为 220V，当合闸回路总电阻上的电压降为 X_1V 时，计算合闸接触器线圈端电压百分数是________。

X_1 取值范围：77，88，99，110

计算公式：$\Delta U\% = \frac{220 - X_1}{220} \times 100\%$

Je4D3034 过去工程上通常以 kg/cm^2，现在国际上采用 MPa（兆帕）为压力基本单位之一，已知某液压系统压力为 $X_1 kg/cm^2$，约为________MPa。

X_1 取值范围：250，260，270

计算公式：$P = X_1 kg/cm^2 = X_1 \times 10^5 N/m^2 = X_1/10$

Je4D3035 有一台三相配电变压器，额定容量为 X_1kV·A，变压比为 10/0.4kV，试计算高压侧的额定电流是________A。若在高压侧选用 50/5 的电流互感器，试计算当高压侧为额定电流时，流过继电器的电流 I_j=________A。

X_1 取值范围：750，800，850，900

计算公式：$I_N = \frac{S_N}{\sqrt{3}U_N} = \frac{X_1}{\sqrt{3} \times 10}$

$$I_j = \frac{I_N \times 5}{50}$$

Je4D4036 有一台直流发电机，在某一工作状态下测得该机端电压 U=230V，内阻 R_0=0.2Ω，输出电流 $I = X_1$A，则发电机的负载电阻为________Ω、电动势为________V

和输出功率为________ W。

X_1 取值范围：5，10，15

计算公式： $R_f = \dfrac{U}{I} = \dfrac{230}{X_1}$

$E = I(R_f + R_o)$

$P = UI$

Je4D5037 变压器油箱内有质量 m 为 X_1t 的变压器油（盛满油），需充氮运输，如果每瓶高纯氮气的体积 V_1是 0.13m³，表压力 p_1为 1500N/cm²，油箱内充氮压力 p_2保证在 2N/cm²（表压），把油放净最少需要________瓶氮气（变压器油密度 ρ 为 0.9t/m³）。

X_1 取值范围：126，137，148

计算公式： $V = \dfrac{m}{\rho} = \dfrac{X_1}{\rho}$

$V_2 = \dfrac{p_1 + 1}{p_2 + 1} V_1 = \dfrac{150 + 1}{0.2 + 1} \times 0.13$

$n = V/V_2$

Je4D5038 CJ-75 型交流接触器线圈，在 20℃时，直流电阻值 R_1为 105Ω，通电后温度升高，此时测量线圈的直流电阻 R_2 为 X_1Ω，若 20℃时，线圈的电阻温度系数为 0.00395，线圈的温升是________℃。

X_1 取值范围：113.1～125.9 之间保留一位小数

计算公式： $\Delta t = \dfrac{R_2 - R_1}{R_1 \alpha} = \dfrac{X_1 - 105}{105 \times 0.00395}$

Je4D5039 如图所示，用振荡曲线测得断路器的刚分，刚合点在波腹 a 点附近，已知 S_1的距离是 X_1cm，S_2的距离是 X_2cm，则断路器刚分、刚合的速度________（m/s）（试验电源频率为 50Hz）。

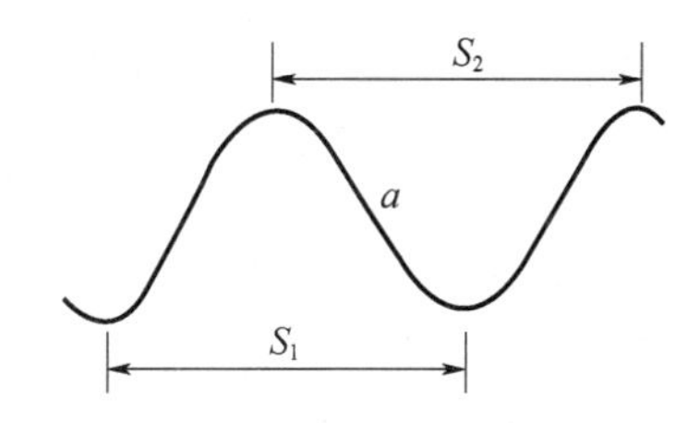

X_1 取值范围：1.8，1.9，2.0

X_2 取值范围：2.0，2.1，2.2

计算公式： 振荡器的频率 f=100Hz　　　$T = \dfrac{1}{f}$

$V = \dfrac{(S_1 + S_2)}{2T} = \dfrac{(X_1 + X_2) \times 10^{-2}}{2 \times 0.01}$

1.5 识图题

La4E1001 如图所示的一组常用图形符号分别为（　　）。

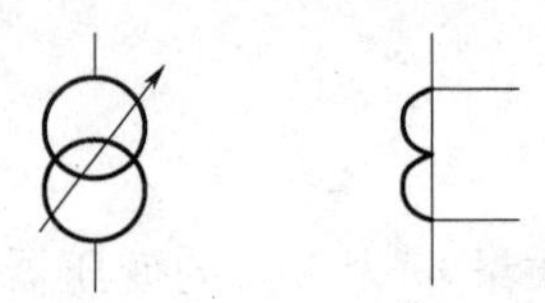

（A）分裂变压器、消弧线圈；（B）自耦变压器、电流互感器；（C）电压互感器、电抗器；（D）有载调压变压器、电流互感器。

答案：D

La4E1002 表面粗糙度符号的含义是用（　　）方法获得的零件表面粗糙度。

（A）去除材料；（B）不去除材料；（C）镀覆；（D）涂覆。

答案：B

La4E2003 如图所示为（　　）电路图。

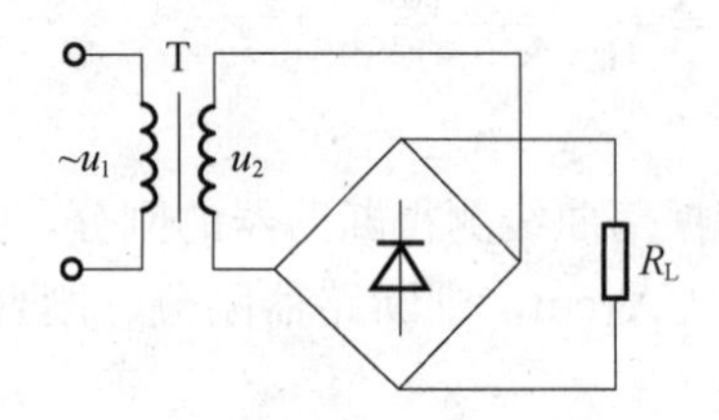

（A）单相半波整流；（B）单相桥式整流；（C）中央信号；（D）直流绝缘监察装置。

答案：B

La4E3004 如图所示为（　　）电路。

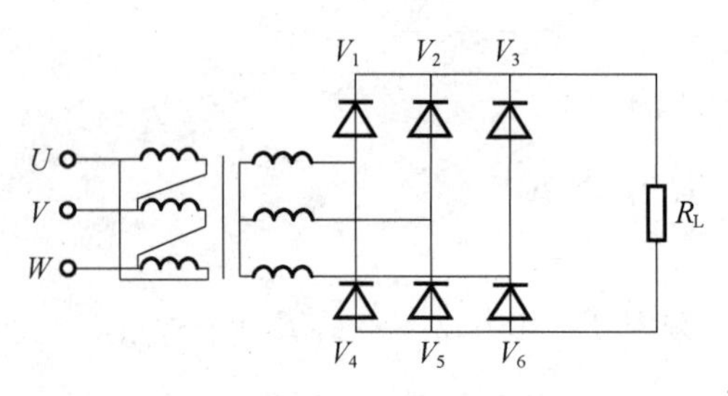

(A) 单相桥式整流；(B) 三相桥式整流；(C) 与门；(D) 或门。

答案：B

La4E3005 如图所示的一组图形依次表示的是(　　)电气设备元件。

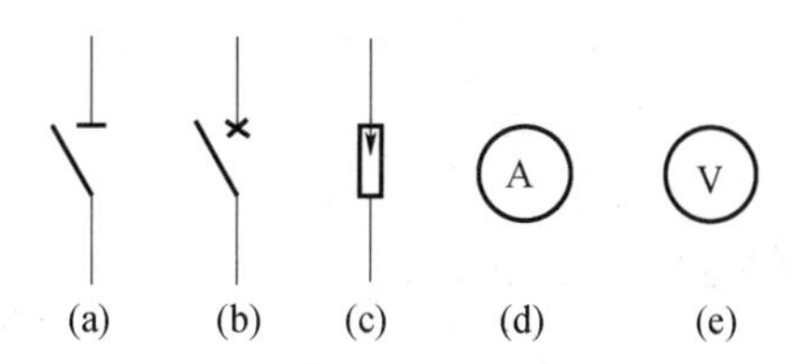

(A) 负荷开关、隔离开关、电阻、电流表、电压表；(B) 负荷开关、断路器、避雷器、电流表、功率表；(B) 隔离开关、接触器、熔断器、电流表、电压表；(D) 隔离开关、断路器、避雷器、电流表、电压表。

答案：D

La4E3006 如图所示为测试断路器合闸线圈(　　)的接线图。(S—开关；R—可调电阻；YC—合闸线 4 圈；V—电压表)。

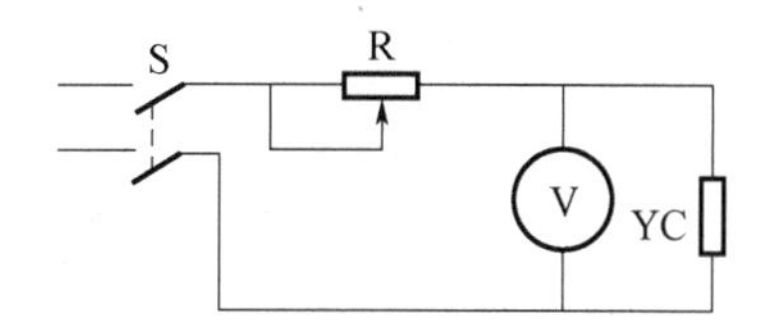

(A) 电阻；(B) 功率；(C) 动作时间；(D) 最低动作电压。

答案：D

La4E3007 如图所示为单臂电桥原理图，它的平衡公式为(　　)。(S_1、S_2—开关；R、R_1、R_2、Rx—电阻)

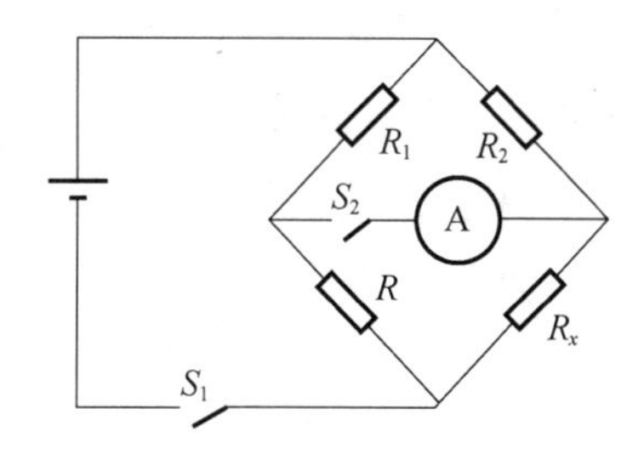

(A) $R_2=(R\cdot R_x)/R_1$；(B) $R_x=(R\cdot R_2)/R_1$；(C) $R_1=(R\cdot R_x)/R_2$；(D) $R_x=(R_1\cdot R_2)/R$。

答案：B

La4E3008 表面粗糙度符号的含义是用(　　)方法获得的零件表面粗糙度。

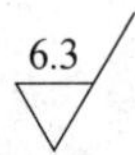

(A) 去除材料；(B) 不去除材料；(C) 镀覆；(D) 涂覆。

答案：A

La4E3009 如图所示，载流导体在磁场中受力产生运动，导线的运动方向为(　　)。

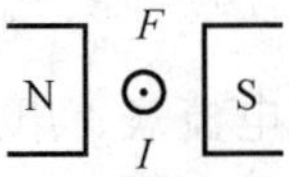

(A) 向上；(B) 向下；(C) 向左；(D) 向右。

答案：A

La4E4010 如图所示为三个 a、b、c 在同一平面内的同心圆环，环的半径 $R_a<R_b<R_c$，各环的电阻都相等。当 a 环中通入的顺时针方向的电流突然增大时，b、c 两环中感应电流的方向及大小的关系是(　　)。

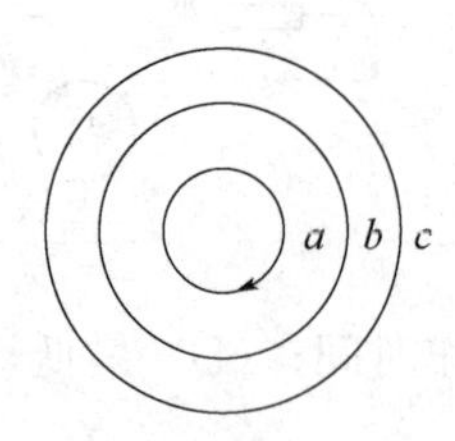

(A) 均为顺时针，$i_b>i_c$；(B) 均为逆时针，$i_b>i_c$；(C) 均为顺时针，$i_b<i_c$；(D) 均为逆时针，$i_b<i_c$。

答案：D

La4E4011 如图所示的正弦波形数学表达式是(　　)。

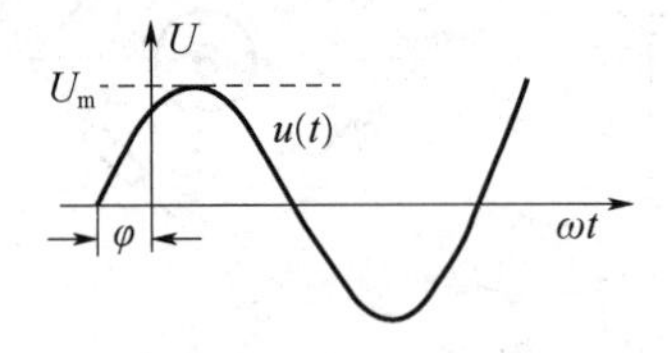

(A) $U(t)=U_m\sin(\omega t-\varphi)$；(B) $U(t)=U_m\sin(\omega t+\varphi)$；(C) $U(t)=\sin(\omega t-\varphi)+U_m$；(D) $U(t)=U_m\sin(\omega t-\varphi)+U_m$。

答案：B

La4E4012 三相双绕组变压器的图形符号是（ ）。

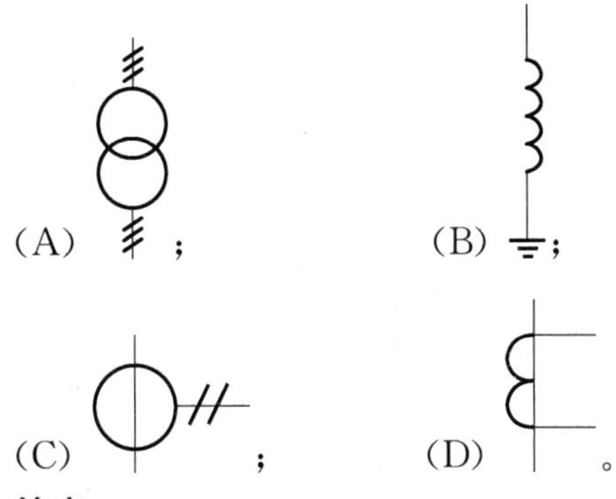

答案：A

La4E5013 如图中所示，F_1 与 F_2 的大小关系为（ ）。

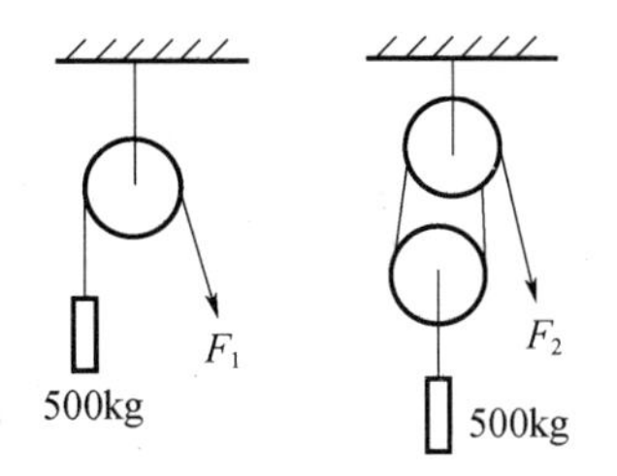

(A) $F_1=3F_2$；(B) $F_1=2F_2$；(C) $F_1=F_2$；(D) $2F_1=F_2$。

答案：B

Lb4E3014 110kV 串级式单相电压互感器原理图（ ）。

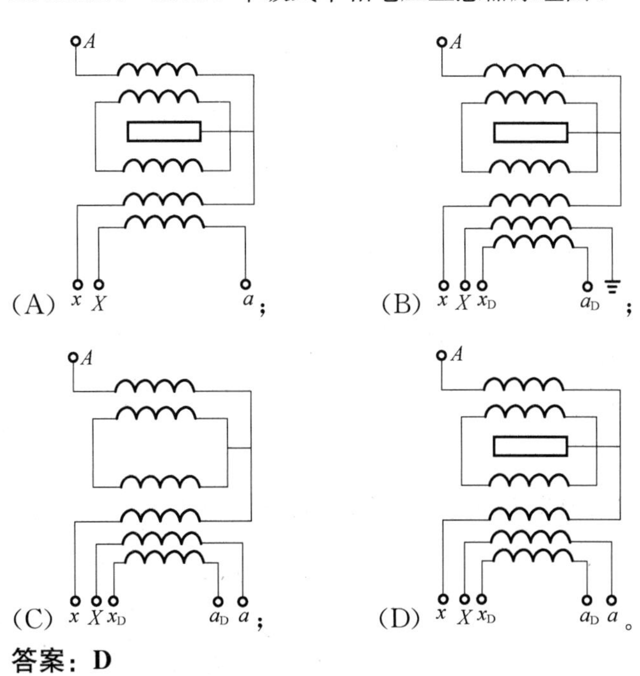

答案：D

Lb4E3015 画出图中各参数的向量关系图，正确的是(　　)。

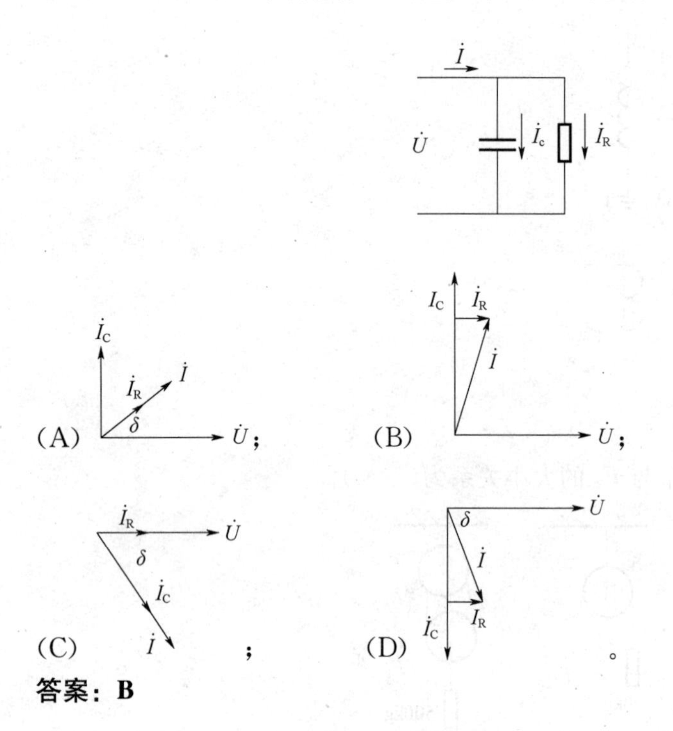

答案：B

Lb4E4016 如图所示为低压三相异步电机控制电路图，能够控制电动机(　　)。

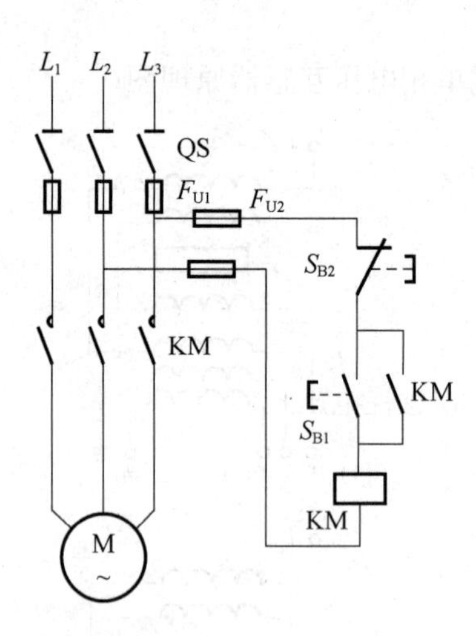

(A) 启动后不能停止；(B) 可转换为反转；(C) 点动无自保持正转；(D) 点动自保持正转。

答案：D

Lb4E4017 图中电流互感器的接线方式为三角形接线。（ ）

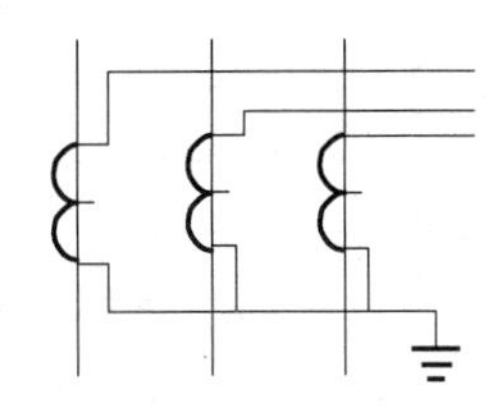

（A）正确；（B）错误；（C）不确定。

答案：B

Lb4E4018 如图所示的主接线是（ ）接线图。

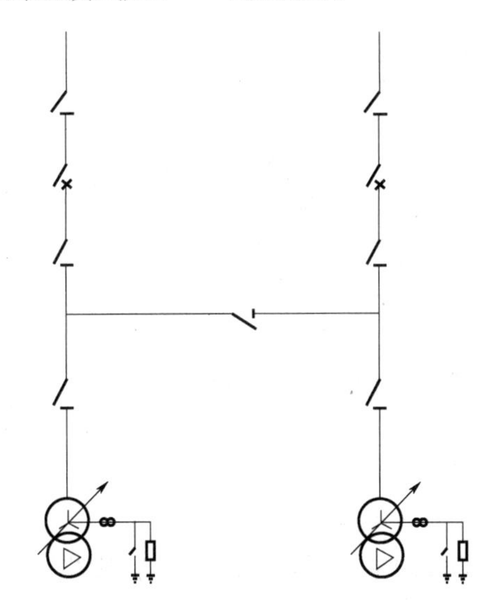

（A）外桥；（B）内桥；（C）单母线分段；（D）双母线分段。

答案：B

Lb4E5019 如图所示为三相五柱电压互感器的接线，属于（ ）接线组别。

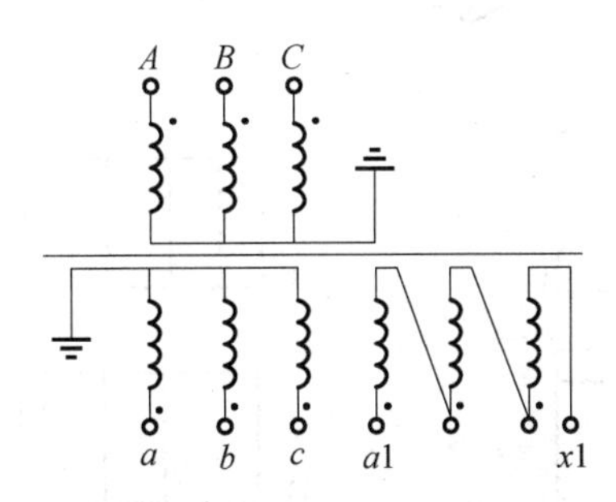

（A）Y，y，△；（B）Y，yn，△；（C）YN，y，△；（D）YN，yn，△。

答案：D

Lb4E5020　如图所示为（　　）系统原理接线图。

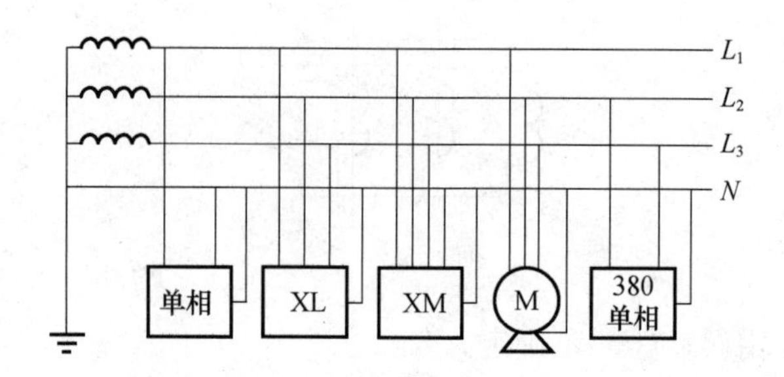

（A）TT；（B）IT；（C）TN-S；（D）TN-C。

答案：D

Lc4E2021　如图所示图形是符号（　　）。

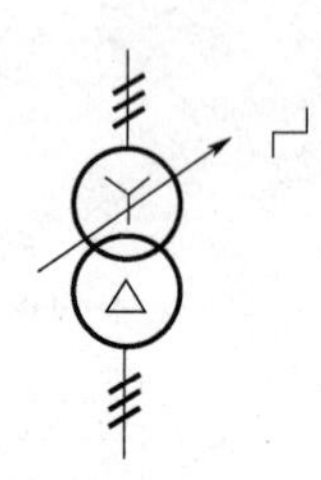

（A）三相自耦变压器；（B）三相变压器；（C）三相有载调压变压器；（D）三相分裂变压器。

答案：C

Lc4E2022　如图所示为部件的主视图，该部件的俯视图和侧视图为（　　）。

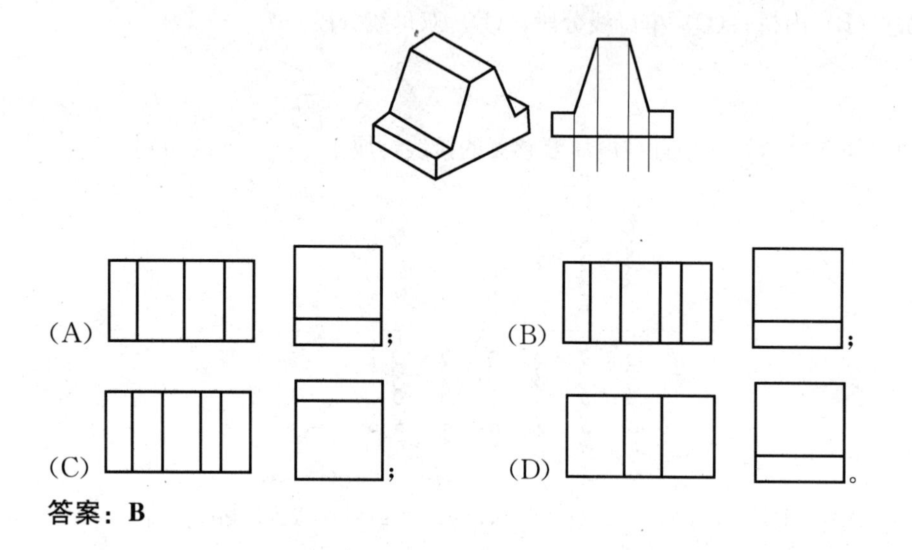

答案：B

Lc4E3023　如图所示为基轴的 A-A 剖面图。（　　）

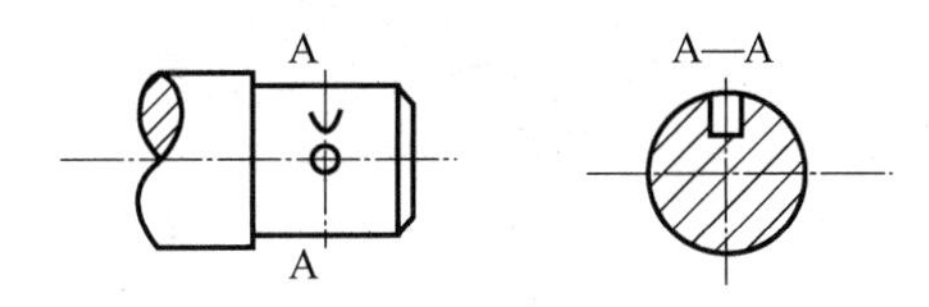

（A）正确；（B）错误；（C）侧视图。

答案：B

Lc4E3024　如图所示为（　　）系统原理接线图。

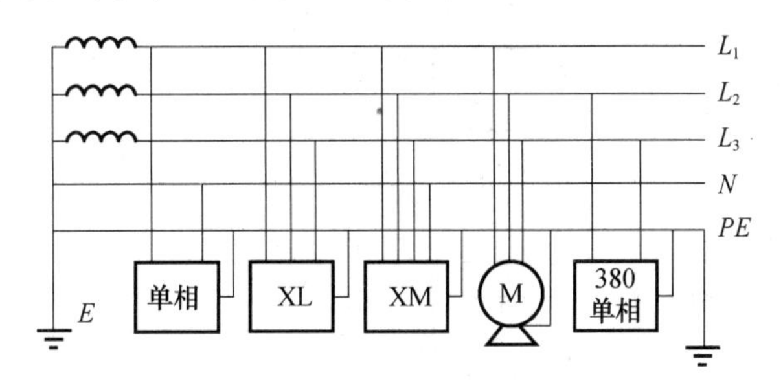

（A）TT；（B）IT；（C）TN-S；（D）TN-C。

答案：C

Lc4E3025　图中 A-A 剖视图是（　　）。

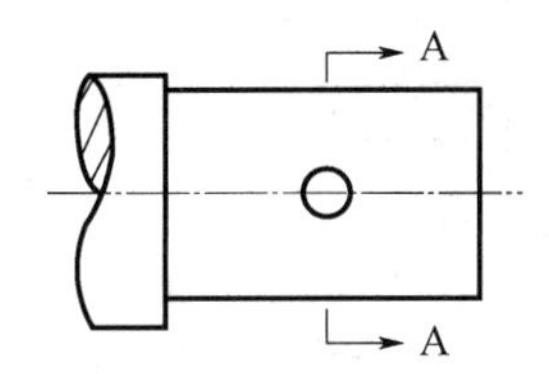

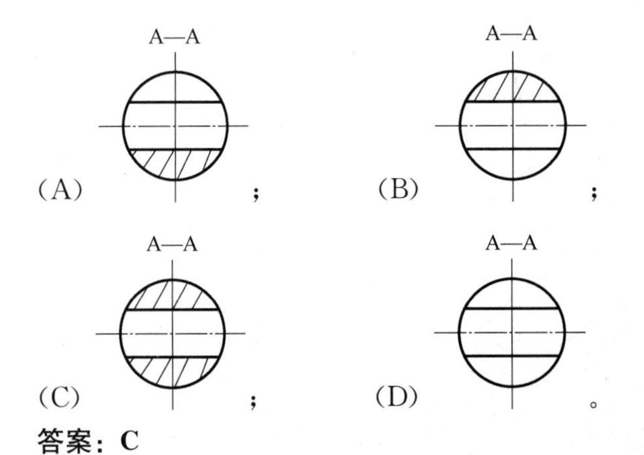

答案：C

Lc4E3026 如图所示零件的右侧视图为（　　）。

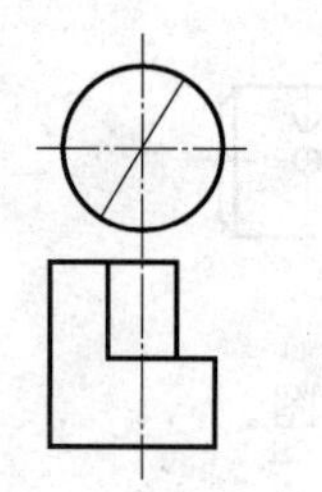

（A）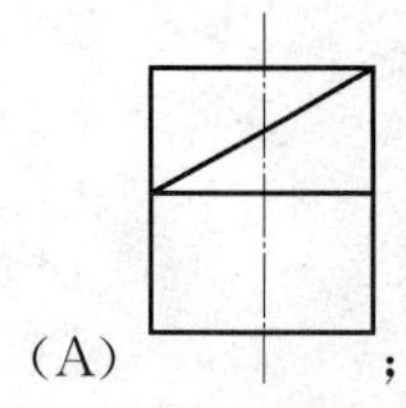；（B）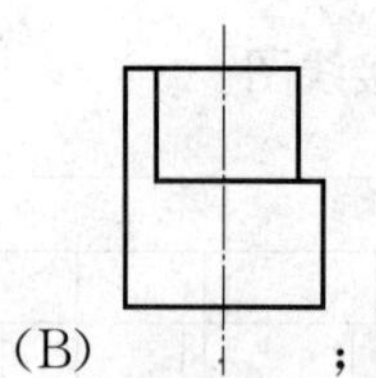；

（C）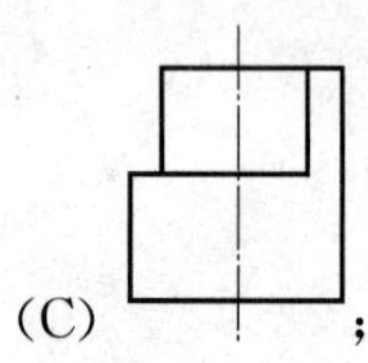；（D）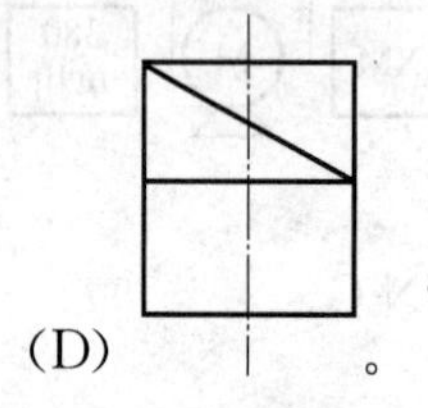。

答案：C

Lc4E3027 如图所示的三视图的立体图是（　　）。

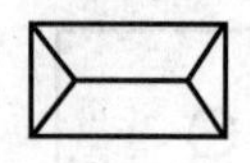

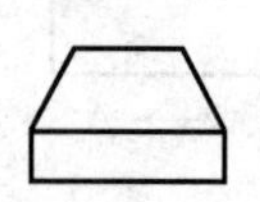 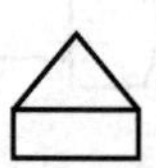

（A）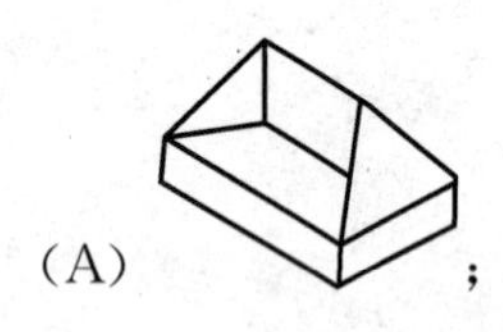；（B）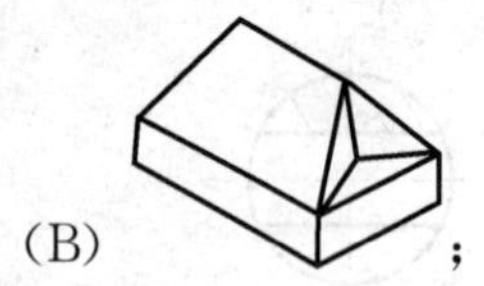；

（C）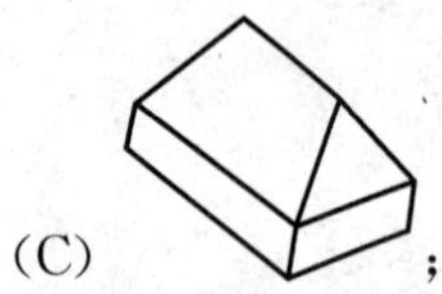；（D）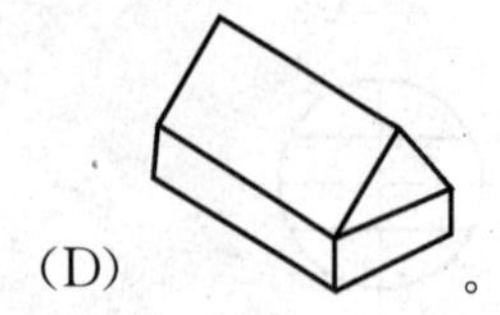。

答案：C

Lc4E4028 如图所示为某三相变压器接线的相量图和接线图，它的接线组别是(　　)。

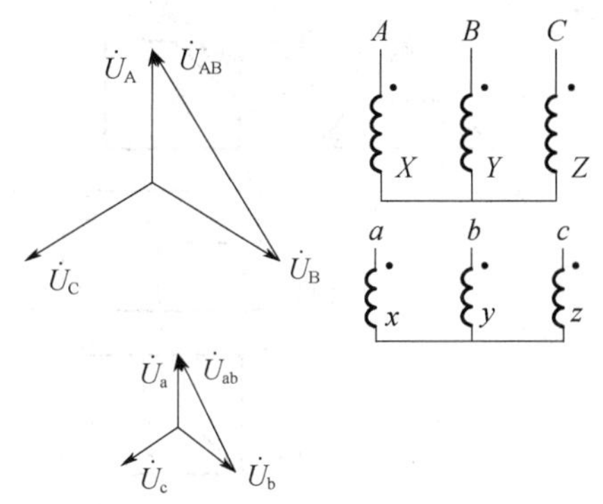

(A) Y，d11；(B) Y，yn0；(C) Y，y0；(D) Y，d5。

答案：C

Lc4E4029 如图所示零件的右侧视图为(　　)。

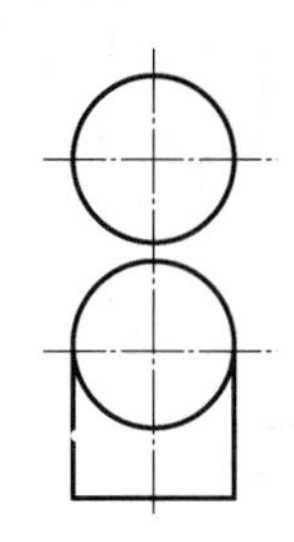

(A) 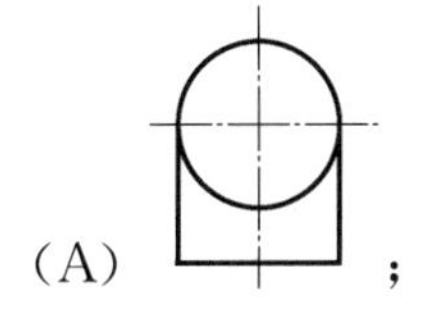；(B) 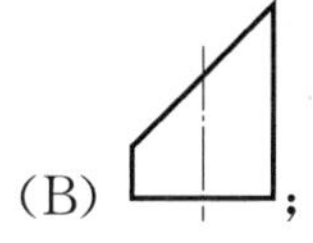；

(C) 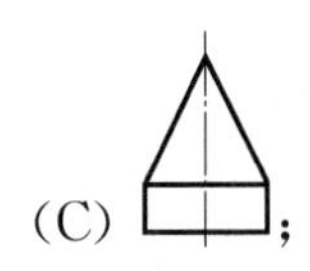；(D) 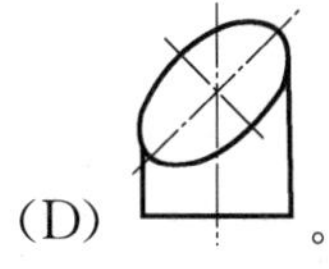。

答案：B

Lc4E4030 图中电流互感器的接线方式为星形接线。(　　)

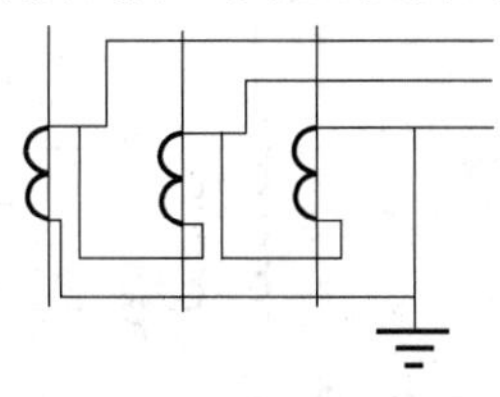

(A) 正确；(B) 错误；(C) 不确定。

答案：B

Lc4E4031　如图所示的视图的俯视图是（　）。

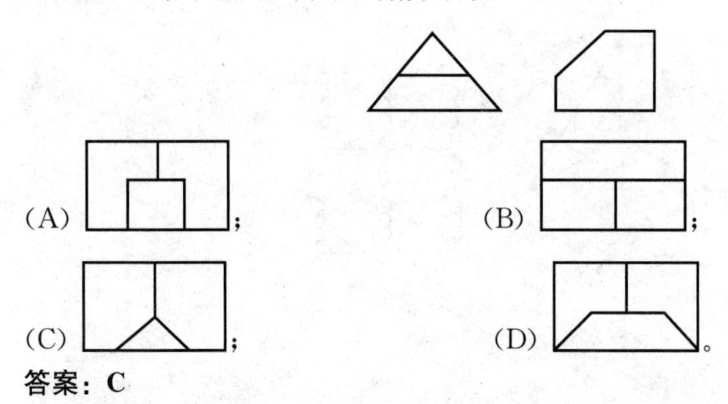

答案：C

Lc4E4032　某部件的主视图和侧视图如图所示，其俯视图为（　）。

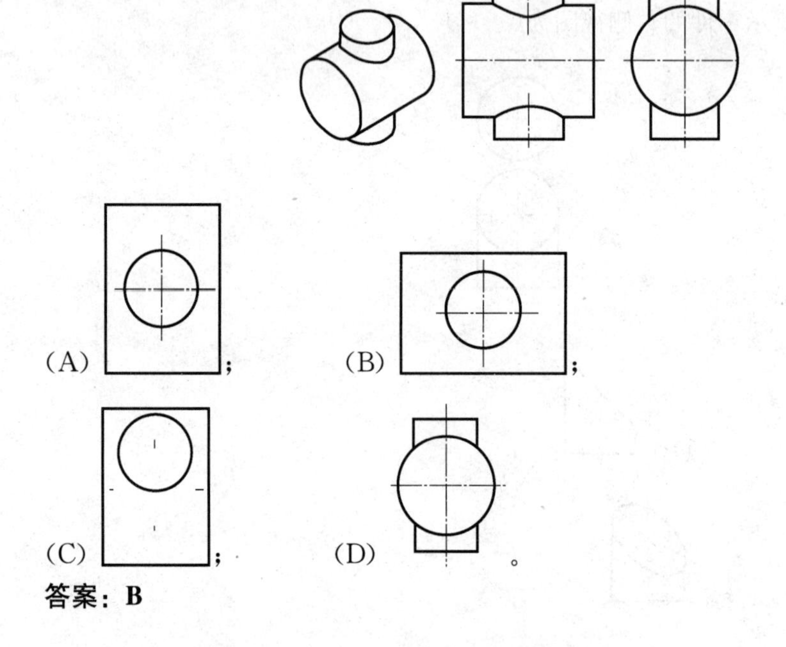

答案：B

Jd4E3033　如图所示为电流互感器测量极性接线图。（　）

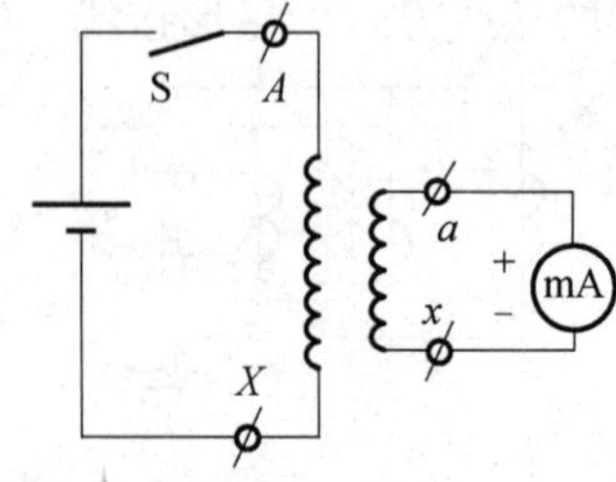

（A）正确；（B）错误；（C）不确定。

答案：B

Jd4E3034　如图所示为电压互感器测量极性接线图。（　　）

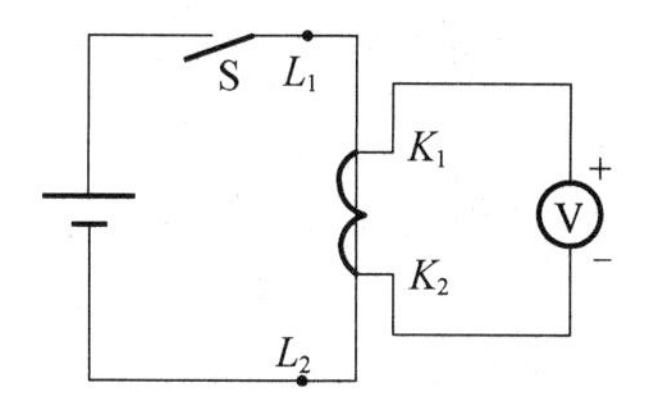

（A）正确；（B）错误；（C）不确定。

答案：B

Jd4E4035　如图所示接线图是测量（　　）物理量。

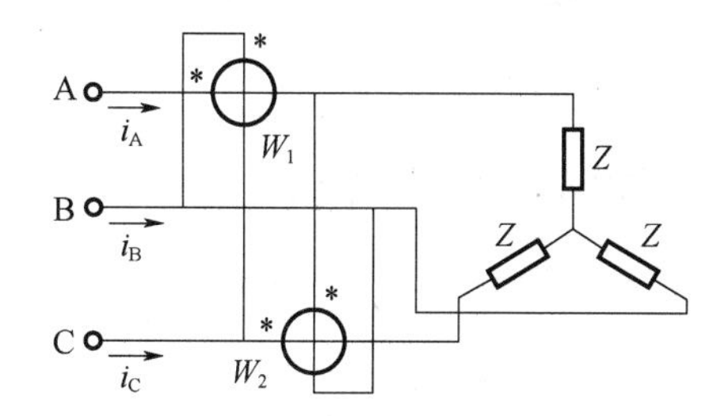

（A）三相电路电流；（B）三相电路电压；（C）三相电路有功功率；（D）三相电路无功功率。

答案：D

Jd4E4036　如图所示为低压三相异步电机的控制原理图，能够控制电动机（　　）。

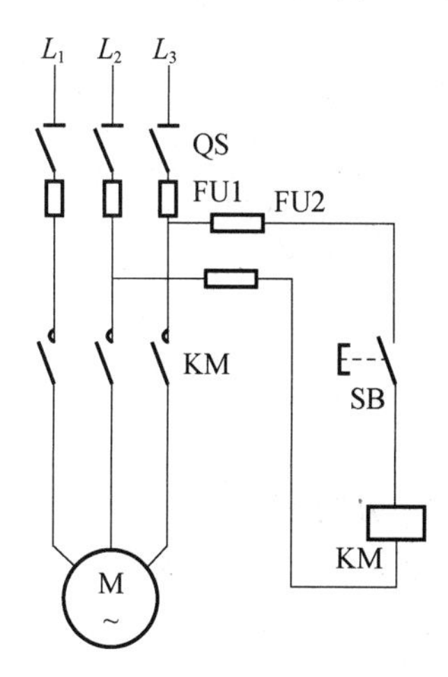

（A）正反转；（B）长时正传；（C）长时反转；（D）点动正转。

答案：D

Je4E4037 如图为某型号刀闸触指触头结构示意图，表述错误的是(　　)。

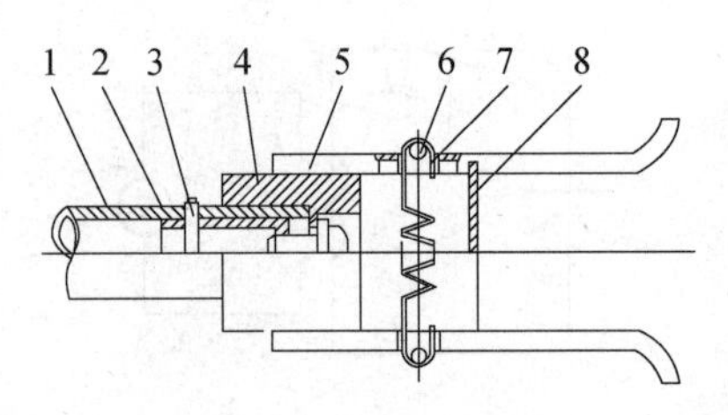

(A) 图中元件名称称作：1—导电管，3—圆柱销，4—触指座，5—触指；

(B) 图示为拉簧结构触指结构；

(C) 有导流作用得回路为 1256；

(D) 6 元件疲劳容易引起触指过热。

答案：C

Je4E4038 如图是 ZN12-12 断路器的操作机构连杆系统的示意图，图中 (a)、(b)、(c) 的状态分别为(　　)。

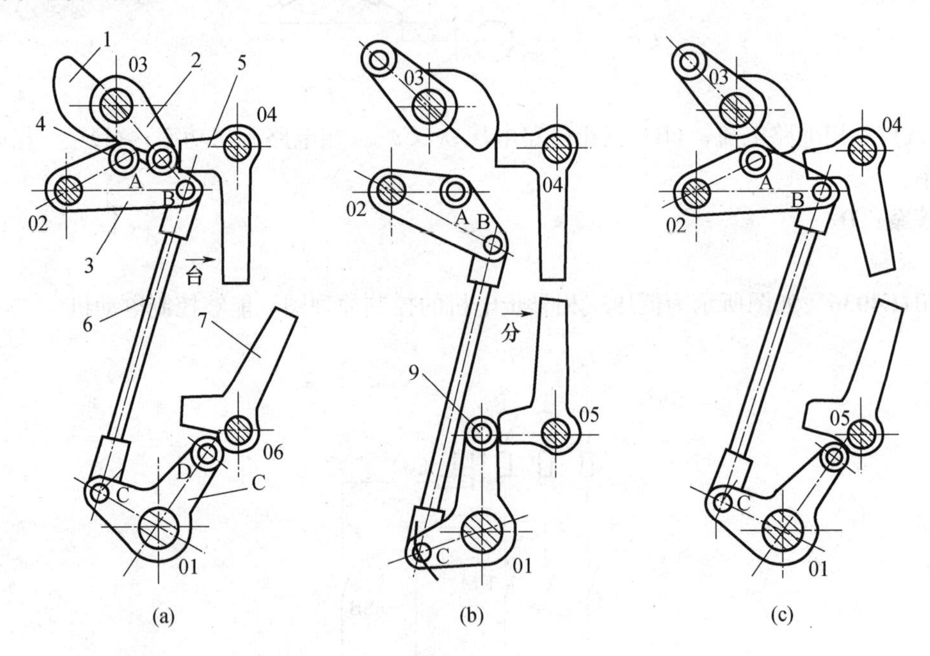

(a)　　(b)　　(c)

(A) 储能分闸、合闸未储能、分闸未储能；(B) 储能合闸、合闸未储能、分闸未储能；(C) 未储能分闸、合闸未储能、分闸未储能；(D) 储能分闸、合闸储能、分闸未储能。

答案：A

2 技能操作

2.1 技能操作大纲

变电检修工（中级工）技能鉴定技能操作考核大纲

<table>
<tr><th>等级</th><th>考核方式</th><th>能力种类</th><th>能力项</th><th>考核项目</th><th>考核主要内容</th></tr>
<tr><td rowspan="15">中级工</td><td rowspan="15">技能操作</td><td rowspan="6">基本技能</td><td rowspan="3">01. 检修施工图</td><td>01. 根据图纸说出隔离开关电动操动机构二次回路中元件的名称及作用</td><td>能看懂断路器、隔离开关二次回路控制图和安装图</td></tr>
<tr><td>02. 看设备分别描述各段的设备名称及气室结构</td><td>了解 SF_6 气体绝缘全封闭组合电器和 SF_6 断路器的结构装配图、安装图</td></tr>
<tr><td>03. 指出 ZN12-12 型断路器各元件的名称、弹簧储能过程及分合闸动作过程</td><td>看懂真空断路器总体结构图和操作机构结构图</td></tr>
<tr><td>02. 钳工操作</td><td>01. 硬母线加工-立弯</td><td>能按照图纸划线、选料、加工零部件以及修理和装配</td></tr>
<tr><td rowspan="2">03. 工机具、量具和仪器仪表</td><td>01. 用游标卡尺测量 ZN12-12 型断路器开距和超行程</td><td>能正确使用和保养常用量具</td></tr>
<tr><td>02. 使用万用表测量断路器控制回路电压、电阻</td><td>能使用常用的仪器仪表</td></tr>
<tr><td rowspan="7">专业技能</td><td rowspan="2">01. 变电设备小修及维护</td><td>01. 对 LW25-126 型断路器进行 SF_6 补气</td><td>能对 SF_6 断路器设备补气</td></tr>
<tr><td>02. 用三种方法对设备进行 SF_6 气体的检漏</td><td>能根据 SF_6 气体压力和泄漏变化分析渗漏情况</td></tr>
<tr><td rowspan="3">02. 变电设备大修及安装</td><td>01. GW4-126 型隔离开关本体大修项目的工艺及质量标准</td><td>掌握隔离开关的大修项目、检修工艺和质量标准</td></tr>
<tr><td>02. ZN12-12 型断路器进行机械特性测试</td><td>能按质量标准对断路器进行试验</td></tr>
<tr><td>03. 按照组合电器联锁的逻辑关系进行试验</td><td>会进行组合电器联锁试验</td></tr>
<tr><td rowspan="2">03. 恢复性大修</td><td>01. 更换 ZN12-12 型断路器的合闸线圈</td><td>对局部损坏的元件能进行更换或提出处理措施</td></tr>
<tr><td>02. 用检漏仪对 LW8-40.5 型断路器进行检漏</td><td>会操作 SF_6 气体回收装置和 SF_6 检漏仪</td></tr>
<tr><td>相关技能</td><td>01. 起重搬运</td><td>01. 绳结的捆绑法</td><td>会使用绳索绑扎、起吊各种设备和部件</td></tr>
</table>

2.2 技能操作项目

2.2.1 BJ4JB0101 根据图纸说出隔离开关电动操动机构二次回路中元件的名称及作用

一、作业

（一）工器具、材料、设备

（1）工器具：无。

（2）材料：无。

（3）设备：无。

（二）安全要求

（1）现场设置遮栏、标示牌（“在此工作!”一块、“禁止合闸，有人工作!”两块、“止步，高压危险!”四块、“从此进出!”一块）。

（2）作业工程中，确保人身与设备安全。

（三）操作步骤及工艺要求（含注意事项）

1. 准备工作

（1）着装。

（2）工器具、材料清点和做外观检查。

2. 操作步骤

（1）看图（图 BJ4JB0101-1 至图 BJ4JB0101-3）。

（2）说出各元件的名称。

（3）说出各元件（表 BJ4JB0101-1）的作用。

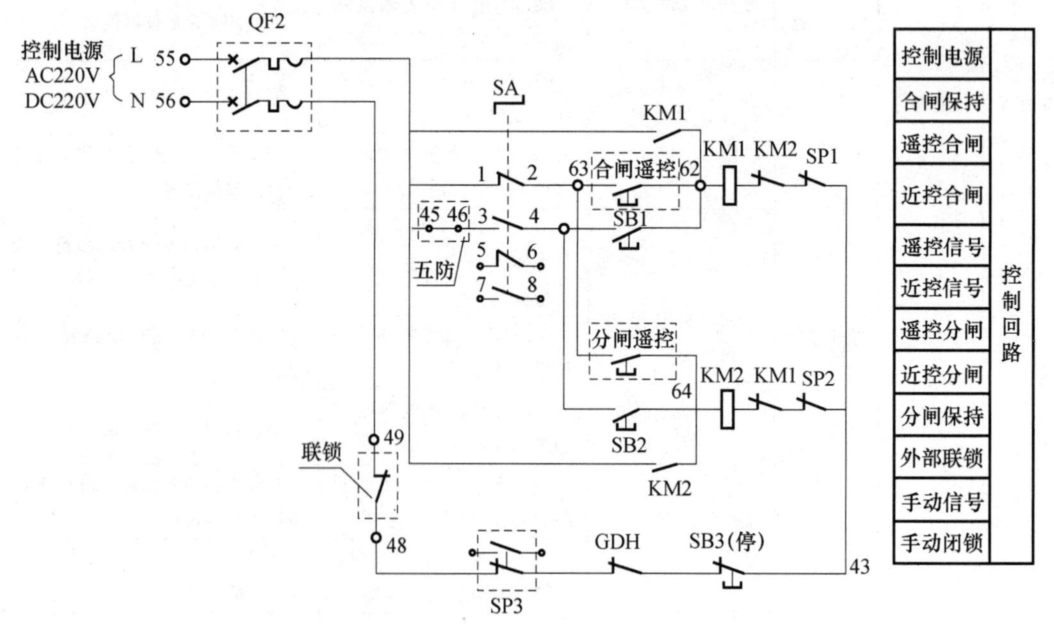

图 BJ4JB0101-1 隔离开关控制回路

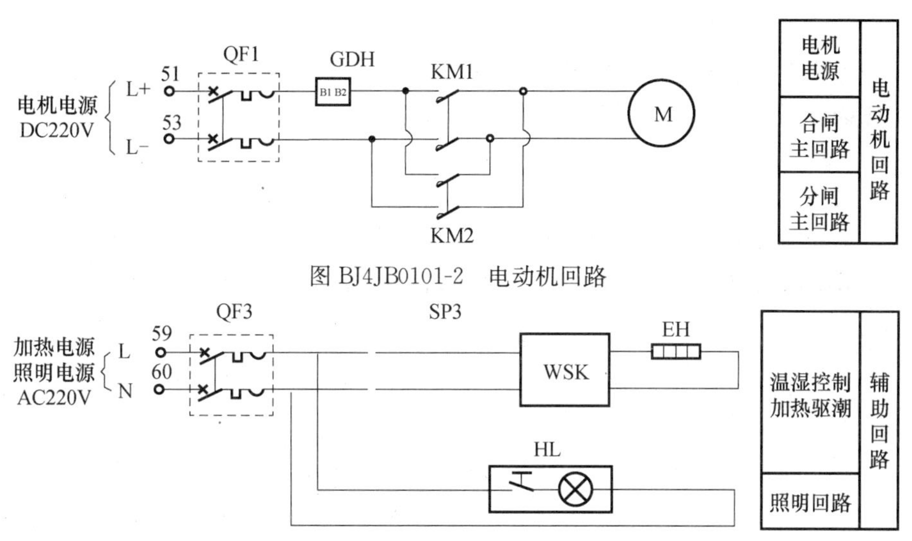

图 BJ4JB0101-2 电动机回路

图 BJ4JB0101-3 加热回路

表 BJ4JB0101-1 字母对应名称

序号	字母	名称	序号	字母	名称	序号	字母	名称
1	QF1	电机电源空气开关	8	SB1	合闸按钮	15	EH	加热器
2	QF2	控制电源空气开关	9	SB2	分闸按钮	16	HL	照明灯
3	QF3	加热电源空气开关	10	SB3	停止按钮	17	WSK	温湿度控制器
4	KM1	合闸接触器	11	SP1	合闸行程开关	18	AUS	辅助开关
5	KM2	分闸接触器	12	SP2	分闸行程开关	19	X1	接线端子
6	CDH	电机保护器	13	SP3	手动闭锁限位开关	20	X2	接线端子
7	SA	“远方、就地”转换开关	14	M	直流电机			

二、考核

(一）考核场地

(1）可在室内或室外进行。

(2）现场设置 4 个工位，每个工位放置隔离开关控制回路图 1 张，考场面积为 4.5m×1.5m，在工位四周设置围栏。

(3）设置评判用的桌椅和计时秒表。

(二）考核时间

(1）考核时间为 30min。

(2）开工前，考生检查着装，清点工器具、设备是否齐全，时间为 3min（不计入考核时间）。

（3）许可开工后记录考核开始时间。

（4）现场清理完毕后，汇报工作终结，记录考核结束时间。

（三）考核要点

（1）要求一人操作，考评员监护。考生着装规范，穿工作服、绝缘鞋，戴安全帽。

（2）熟悉隔离开关控制回路图各元件名称及其作用。

三、评分标准（本评分表仅做示例，考试时可选择其他型号隔离开关控制回路图）

行业：电力工程　　　　工种：变电检修工　　　　等级：四

编号	BJ4JB0101	行为领域	e	鉴定范围		变电检修中级工	
考核时限	30min	题型	A	满分	100分	得分	
试题名称	根据图纸说出隔离开关电动操动机构二次回路中元件的名称及作用						
考核要点及其要求	（1）要求一人操作，考评员监护。考生着装规范，穿工作服、绝缘鞋，戴安全帽。 （2）熟悉隔离开关控制回路图各元件名称及其作用						
现场设备、工器具、材料	（1）可在室内进行笔试。 （2）每个工位放置断路器控制回路图1张，在工位四周设置围栏。 （3）设置评判桌椅和计时秒表						
备注	考生自备工作服、绝缘鞋						

评分标准

序号	考核项目名称	质量要求	分值	扣分标准	扣分原因	得分
1	工作前准备及文明生产					
1.1	着装、工器具准备（该项不计考核时间）	考核人员穿工作服、戴安全帽、穿绝缘鞋，工作前清点工器具、设备	2	未穿工作服、戴安全帽、穿绝缘鞋，每项不合格扣2分，分数扣完为止		
2	根据图纸说出隔离开关电动操动机构二次回路中元件的名称及作用					
2.1	正确指出隔离开关控制回路各元件名称和作用	写出下列各字母代表的电器元件名称和作用： （1）QF2控制电源空气开关 （2）SA“远方、就地”转换开关 （3）KM1合闸接触器 （4）KM2分闸接触器 （5）CDH电机保护器 （6）SP1合闸行程开关 （7）SP2分闸行程开关 （8）SP3手动闭锁限位开关 （9）SB1合闸按钮 （10）SB2分闸按钮 （11）SB3停止按钮	55	设备名称或功能错误，每个错误扣5分		

续表

序号	考核项目名称	质量要求	分值	扣分标准	扣分原因	得分
2.2	正确指出隔离开关电机回路各元件名称和作用	写出下列各字母代表那些电器元件的名称和作用： （1）QF1 电机电源空气开关 （2）CDH 电机保护器 （3）KM1 合闸接触器 （4）KM2 分闸接触器 （5）M 直流电机	25	设备名称或功能错误，每个错误扣 5 分		
2.3	正确指出断路器加热回路各元件名称和作用	写出下列各字母代表电器元件的名称和作用 （1）QF3 加热电源空气开关 （2）WSK 温湿度控制器 （3）HL 照明灯 （4）EH 加热器	16	设备名称或功能错误，每个错误扣 4 分		
3	收工					
3.1	结束工作	报告工作结束	2	未汇报工作结束，扣 2 分		

2.2.2 BJ4JB0102 看设备分别描述各段设备的名称及气室结构

一、作业

（一）工器具、材料、设备

（1）工器具：无。

（2）材料：无。

（3）设备：GIS组合电器1套。

（二）安全要求

1. 防止触电伤害

与带电设备保持安全距离。

2. 现场安全措施

用围网带将工作区域围起来，出口设置在安全的通道处，出入口处设置“从此进出!”标示牌，工作区内放置“在此工作!”标示牌。

（三）操作步骤及工艺要求

1. 检查确认设备带电情况

2. 辨识间隔类型

GIS一般按主接线将其分为若干个间隔。所谓一个间隔是一个具有完整的供电、送电和其他功能（控制、计量、保护等）的一组元器件。

GIS设备间隔有出线间隔、母联间隔、母线电压互感器间隔、主进间隔。

3. 间隔室的划分

指出间隔气室划分范围红色盆子为气室分割标识，红色代表死盆子，两侧气室不连通，绿色代表通盆子，两侧气室连通。

气室划分应考虑以下因素：

（1）不同额定气压的元件必须分开。

（2）便于运行、维护、检修。

（3）要合理确定气室的容积。

（4）有电弧分解物产生的元件与不产生电弧分解物的元件分开。

4. 依次指出GIS间隔设备名称，并指出设备状态

1）断路器

组合电器的核心部件采用了灭弧性能优异的SF_6断路器，具有灭弧速度快、断流能力强的特点。

2）隔离开关

组合电器的隔离开关与传统敞开式隔离开关有很大区别，从外观上无明显的断开点，也不存在外绝缘问题。为了观察隔离开关的状态，在其断口附近设置玻璃观察口。但一般都采用分、合闸指示器显示。隔离开关配有电动操作机构。

3）接地开关

一般采用电动操作式。

电动操作式为快速型，它具有关合短路电流的能力，一般用于线路侧。接地开关与金属外壳绝缘，引出壳体外再接地。这样试验时可以通过接地开关的引出端，对回路电阻和

其他参数进行测试。

4）电流互感器

通常采用贯穿式。器身置于金属筒内并充以 SF_6 气体作为绝缘。二次绕组绕在铁芯上紧贴着外壳，一次绕组就是导体本身。二次引线通过一个绝缘的密封性能良好的接线板引出。这种电流互感器可装 2～4 个二次绕组，供给继电保护和测量仪表。

5）电压互感器

结构和原理与一般的电压互感器相同，分为电容式和电磁式两种。电容式常用于电压等级 330kV 及以上，它制造简单、容量较小、体积较大。电磁式用于电压等级 330kV 以下，它的体积小、容量大、制造复杂，一旦出现故障现场无法修复。

6）过渡元件

(1）电缆终端。电缆终端是组合电器电缆出线的连接部分。

(2）充气套管。充气套管是组合电器与架空线路的连接部分，套管内充有 SF_6 气体。

(3）油气套管。油气套管是组合电器与变压器的连接部分，套管的一侧在 SF_6 气体中，另一侧在变压器油中。

7）母线

组合电器的母线分成三相共箱式或三相分箱式两种。三相共箱式母线封闭于一个圆筒内，导电杆用盆式绝缘子支撑固定。其特点是外壳涡流损耗小，相应载流容量大，占地面积小。缺点是电动力大，可能出现三相短路。三相分箱式母线每相封闭于一个圆筒内，优点是圆筒直径小，可分成若干气隔，回收 SF_6 气体工作量小，不会发生三相短路；缺点是占地面积大、涡流损耗大。

8）避雷器

组合电器中一般采用氧化锌避雷器作为过电压保护。它结构简单、重量小、高度低，具有良好的保护特性。

9）波纹管

GIS 按布置与结构，在适当的位置设置一定数量的波纹管，主要用于吸收断路器操作时的震动和消除安装误差造成的应力。

二、考核

(一）考核场地

(1）可在室内或室外进行。

(2）现场设置安装 ZF12-126 型组合电器 1 组，且各部件完整、机构操作电源已接入。

(3）设置评判用的桌椅和计时秒表。

(二）考核时间

(1）考核时间为 30min。

(2）开工前，考生检查着装，清点工器具、设备是否齐全，时间为 3min（不计入考核时间）。

(3）许可开工后记录考核开始时间。

(4）现场清理完毕后，汇报工作终结，记录考核结束时间。

（三）考核要点

（1）要求一人操作，考评员监护。考生着装规范，穿工作服、绝缘鞋，戴安全帽。

（2）安全文明生产。不发生危及人身或设备安全的行为，否则可取消本次考核成绩。

（3）考核考生对 GIS 布局及结构的熟悉程度。

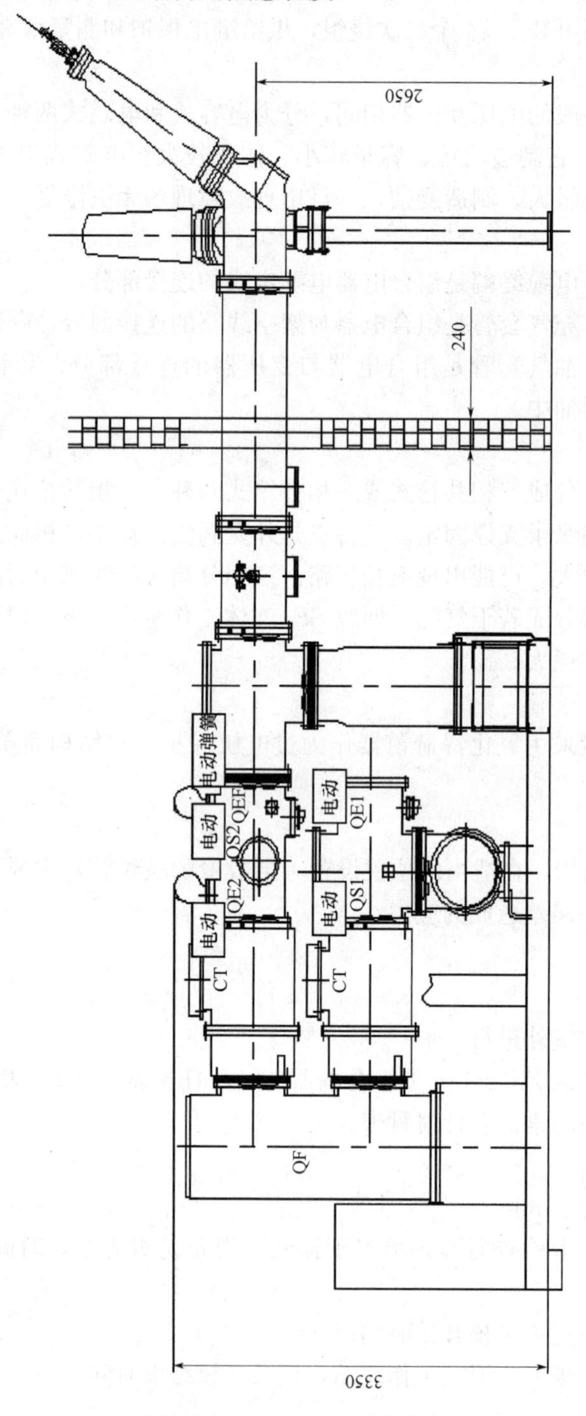

图 BJ4JB0102-1　设备断面图

三、评分标准

行业：电力工程　　　　　　　　　工种：变电检修工　　　　　　　　　等级：四

编号	BJ4JB0102	行为领域	d	鉴定范围		变电检修中级工	
考核时限	30min	题型	A	满分	100分	得分	
试题名称	看设备分别描述各段设备的名称及气室结构						
考核要点及其要求	(1) 要求一人操作，考评员监护。考生着装规范，穿工作服、绝缘鞋，戴安全帽。 (2) 安全文明生产。不发生危及人身或设备安全的行为，否则可取消本次考核成绩。 (3) 考核考生对GIS布局及结构的熟悉程度						
现场设备、工器具、材料	(1) 工器具：无。 (2) 材料：无。 (3) 设备：GIS组合电器1套						
备注	考生自备工作服、绝缘鞋						

评分标准

序号	考核项目名称	质量要求	分值	扣分标准	扣分原因	得分
1	工作前准备及文明生产					
1.1	着装、工器具准备（该项不计考核时间）	考核人员穿工作服、戴安全帽、穿绝缘鞋，工作前清点工器具、设备	2	(1) 未穿工作服、戴安全帽、穿绝缘鞋，每项不合格扣2分 (2) 未清点工器具、设备，每项不合格扣2分，分数扣完为止		
2	GIS设备结构描述					
2.1	检查确认设备带电情况	通过带电显示装置、设备机械位置指示、电气指示判定设备是否带电	10	未检查到位，每项扣10分，分数扣完为止		
2.2	辨识间隔类型	整体巡视设备，指明设备间隔类型（出线、母联、PT）	10	(1) 未指明间隔类型，扣5分。 (2) 不知道GIS间隔类型，扣10分		
2.3	指出间隔气室划分范围	(1) 指出该间隔气室划分。 (2) 指明母线布置为共箱式或分箱式。 (3) 红色盆子为气室分隔盆子，绿色盆子为气室相通盆子	15	(1) 不清楚气室划分作用，扣5分。 (2) 未能准确识别间隔气室划，分扣5分。 (3) 未指明母线布置结构，扣5分		

续表

序号	考核项目名称	质量要求	分值	扣分标准	扣分原因	得分
2.4	依次指出GIS间隔设备名称，并指出设备状态	依次指出间隔设备名称设备外壳附件名称：断路器（三相共箱或三相分箱）、隔离开关（三相共箱或三相分箱）、接地开关（母线侧、开关侧、线路侧、变压器侧、PT侧）、密度继电器（根据安装位置说出功能）、波纹管、安装手孔、吸附剂	40	漏报一处，扣5分，分数扣完为止		
2.5	依次指出GIS间隔汇控柜内电器元件名称和作用	正确认识一次图、控制开关、信号灯、联锁逻辑关系、各继电器功能	20	设备名称或功能错误，每个错误扣4分，分数扣完为止		
3	收工					
3.1	填写记录	如实正确填写检修记录	3	（1）检修记录未填写，扣3分。 （2）填写错误，每处扣1分分数扣完为止		

2.2.3 BJ4JB0103 指出 ZN12-12 型断路器各元件的名称、弹簧储能过程及分合闸动作过程

一、作业

（一）工器具、材料、设备

（1）工器具：无。

（2）材料：纸、笔。

（3）设备：ZN12-12 断路器 1 台，真空泡 1 个。

（二）安全要求

（1）用围网带将工作区域围起来，围网带上“止步，高压危险!”朝向围栏内，出入口设置在安全的通道处，出入口处设置“从此进出!”标示牌，工作区内放置“在此工作!”标示牌。

（2）作业过程中，确保人身与设备安全。

（三）操作步骤及工艺要求（含注意事项）

1. 准备工作

（1）着装规范。

（2）工器具、材料清点和外观检查。

（3）试验仪器做外观检查。

2. 简述步骤

（1）根据图 BJ4JB0103-1 编号所指位置，指出真空泡各部分的名称。

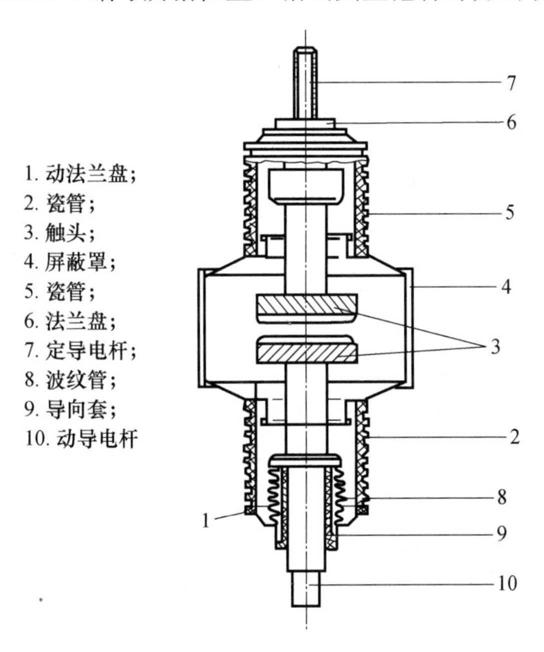

图 BJ4JB0103-1 灭弧室剖面图

（2）根据图 BJ4JB0103-2 编号所指位置，指出断路器各部分的名称。

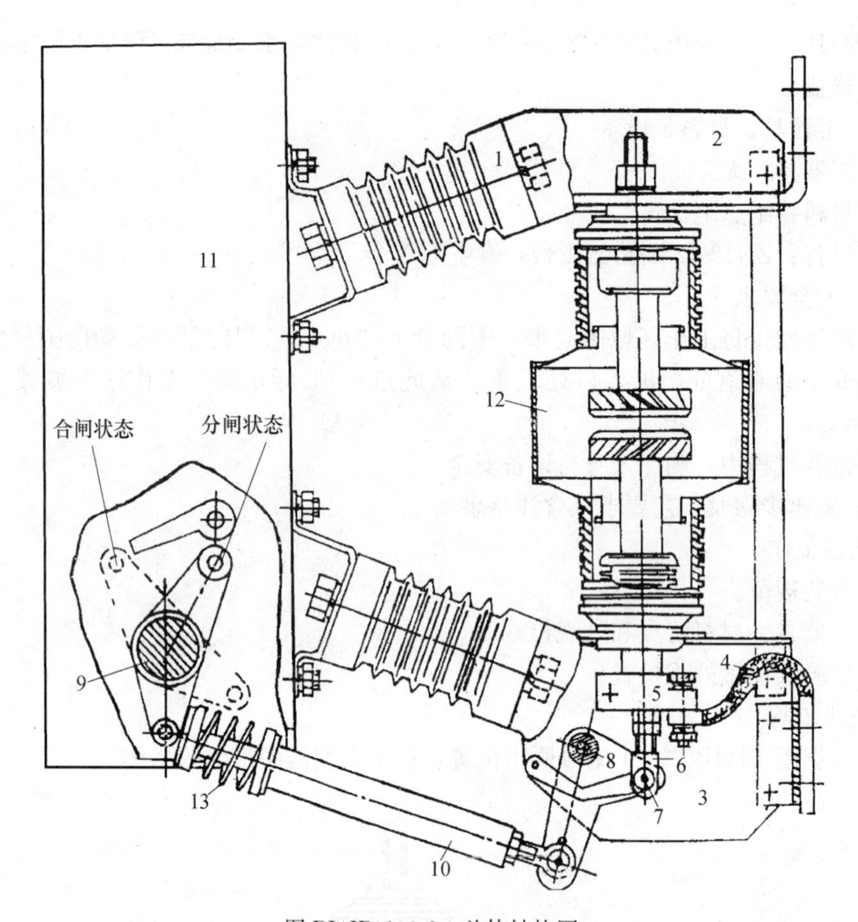

图 BJ4JB0103-2 总体结构图

1—绝缘子；2—上出线端；3—下出线端；4—软连接；5—导电夹；6—万向杆端轴承
7—轴销；8—杠杆；9—主轴；10—绝缘拉杆；11—机构箱；12—真空灭弧室；13—触头弹簧

(3) 根据图 BJ4JB0103-3 编号所指位置，指出 ZN12-12 操动机构结构各部分的名称。

(4) ZN12-12 型断路器储能过程

电动储能时，接通电动机电源，轴套由减速箱中的大蜗轮带动。当棘爪进入凸轮缺口时，便带动储能轴 O3 转动，从而使挂在储能轴曲柄上的合闸弹簧拉伸而实现储能。电机储能时间应不大于 15s。

手动储能时，先将手摇把插入减速箱前方的孔中，并顺时针摇动约 25 圈，使棘爪进入凸轮缺口。然后再继续手摇 25 圈，直到合闸弹簧储能完毕为止，手动储能结束后应随即卸下手把。

(5) ZN12-12 型断路器弹簧操动机构的合闸操作。

先电动或手按合闸按钮使合闸磁铁通电，此时，合闸掣子 13 与减速箱轴销上的滚轮脱开，并在合闸弹簧力的作用下，储能轴逆时针转动，凸轮 3 压下三角形杠杆 4 上的滚针轴承 A。然后通过连杆 9 将合闸力传给主轴，并使之逆时针旋转。再经三相主轴拐臂带动绝缘拉杆 17 使转向杠杆 18 做逆时针转动，于是导电杆实现向上合闸操作。当主轴旋转约

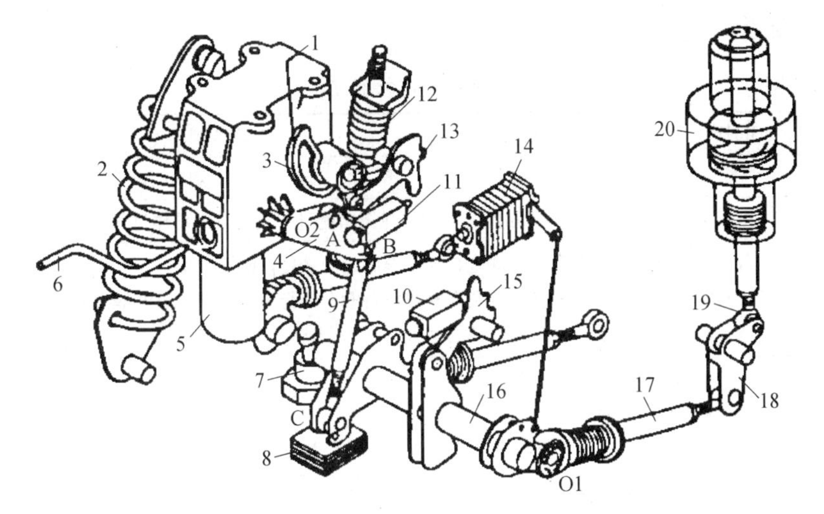

图 BJ4JB0103-3　操动机构结构图

1—减速箱；2—合闸弹簧；3—凸轮；4—杠杆；5—电机；6—手动摇把；7—油缓冲器；8—橡皮缓冲器；9—连杆；10—分闸电磁铁；11—合闸电磁铁；12—分闸弹簧；13—合闸掣子；14—辅助开关；15—分闸掣子；16—主轴；17—绝缘拉杆；18—转向杠杆；19—万向杆轴承；20—真空灭弧室

60°时即被分闸掣子锁住，使开关维持在合闸状态。在合闸过程中，分闸弹簧 12 被拉伸，触头弹簧被压缩，为分闸做好了准备。合闸终了后，由橡皮缓冲器 8 吸收剩余动能，并在面板孔中出现“合闸位置”指示。

（6）弹簧操动机构的分闸操作

电动或手按分闸按钮使分闸电磁铁通电，分闸挚子脱扣，主轴在分闸弹簧和触头弹簧作用下顺时针旋转，从而带动导电杆向下运动而使断路器分闸。油缓冲器用来吸收分闸终了时的剩余功能，并且可以做分闸定位。“分闸位置”显示呈现在面板孔中。

二、考核

（一）考核场地

（1）可在室内或室外进行。

（2）每个工位放置 ZN12-12 型断路器 1 台，真空泡 1 个，且各部件完整，在工位四周设置遮栏。

（3）设置评判用的桌椅和计时秒表。

（二）考核时间

（1）考核时间为 30min。

（2）开工前，考生检查着装，检查设备是否齐全，时间为 3min（不计入考核时间）。

（3）许可开工后记录考核开始时间。

（4）工作完毕后，汇报工作完毕，记录考核结束时间。

（三）考核要点

（1）要求一人操作，考评员监护。考生着装规范，穿工作服、绝缘鞋，戴安全帽。

（2）安全文明生产。不发生危及人身或设备安全的行为，否则可取消本次考核成绩。

（3）能够熟练地识别设备各部件的名称。

三、评分标准

行业：电力工程　　　　　　　　　　工种：变电检修工　　　　　　　　　　等级：四

编号	BJ5JB0103	行为领域	e	鉴定范围		变电检修中级工	
考核时限	30min	题型	A	满分	100分	得分	
试题名称	指出ZN12-12型断路器各元件的名称、弹簧储能过程及分合闸动作过程						
考核要点及其要求	(1) 考评员监护。考生着装规范，穿工作服、绝缘鞋，戴安全帽。 (2) 安全文明生产。不发生危及人身或设备安全的行为，否则可取消本次考核成绩。 (3) 能够熟练地识别设备各部件的名称						
现场设备、工器具、材料	(1) 工器具：无 (2) 材料：纸、笔 (3) 设备：ZN12-12型断路器1台，真空泡1个						
备注	考生自备工作服、绝缘鞋						

评分标准

序号	考核项目名称	质量要求	分值	扣分标准	扣分原因	得分
1	工作前准备及文明生产					
1.1	着装（该项不计考核时间，以3min为限）	穿工作服、戴合格安全帽、安全带	3	(1) 未穿工作服、未戴合格安全帽，系安全带，每项不合格，扣2分 (2) 未清点工器具、设备，扣1分，分数扣完为止		
1.2	安全文明生产	现场检查设备	12	(1) 未办理开工手续，扣2分。 (2) 工器具摆放不整齐，扣2分。 (3) 现场杂乱无章，扣2分。 (4) 不能正确使用工器具，扣2分。 (5) 工器具及配件掉落，扣2分。 (6) 发生不安全行为，扣2分。 (7) 发生危及人身、设备安全的行为直接取消考核成绩		
2	图例说明设备各部件的名称					
2.1	真空泡部件认知	真空灭弧室各部位共有10个： 1. 动法兰盘；2. 瓷管；3. 触头；4. 屏蔽罩；5. 瓷管；6. 法兰盘；7. 定导电杆；8. 波纹管；9. 导向套；10. 动导电杆	10	每错、漏一处扣1分		

续表

序号	考核项目名称	质量要求	分值	扣分标准	扣分原因	得分
2.2	断路器单极部件认知	断路器单极部件共有13个： 1. 绝缘子；2. 上出线端；3. 下出线端；4. 软连接；5. 导电夹；6. 万向杆端轴承；7. 轴销；8. 杠杆；9. 主轴；10. 绝缘拉杆；11. 机构箱；12. 真空灭弧室；13. 触头弹簧	13	每错、漏一处扣1分		
2.3	断路器弹簧机构部件认知	弹簧机构部件共20个： 1. 减速箱；2. 合闸弹簧；3. 凸轮；4. 杠杆；5. 电机；6. 手动摇把；7. 油缓冲器；8. 橡皮缓冲器；9. 连杆；10. 分闸电磁铁；11. 合闸电磁铁；12. 分闸弹簧；13. 合闸掣子；14. 辅助开关；15 分闸掣子；16. 主轴；17. 绝缘拉杆；18. 转向杠杆；19. 万向杆轴承；20. 真空灭弧室	20	每错、漏一处扣1分		
2.4	电动储能过程（口述）	清楚电动储能动作过程	10	每处不清楚扣2分，分数扣完为止		
2.5	手动储能过程	手动储能操作正确	7	不会操作，扣7分		
2.6	合闸动作过程（口述）	机构合闸传递过程清楚，合闸保持结构清楚，缓冲器作用清楚	10	每处不清楚扣2分，分数扣完为止		
2.7	分闸动作过程（口述）	分闸动作过程清楚，分闸脱扣原理清晰，缓冲器作用清楚	10	每处不清楚扣2分，分数扣完为止		
3	收工					
3.1	结束工作	工作结束，工器具及设备摆放整齐，工完场清，报告工作结束	2	（1）工器具及设备摆放不整齐，扣1分。 （2）未清理现场，扣1分 （3）未汇报工作结束，扣1分，分数扣完为止		
3.2	填写记录	如实正确填写检修记录	3	（1）检修记录未填写，扣3分。 （2）填写错误，每处扣1分，分数扣完为止		

2.2.4 BJ4JB0201 硬母线加工-立弯

一、作业

（一）工器具、材料、设备

（1）工器具：中号手锤1把、一字和十字螺丝刀2把、扁锉1套、钢丝刷1把、钢直尺1把、3m卷尺、木锤、角尺、记号笔1根、电源箱1个、母线加工机1台。

（2）材料：120mm×10mm铝排1根、酒精、00号砂纸、抹布、8号铁丝。

（3）设备：无。

（二）安全要求

1. 防止触电伤害

（1）低压验电时，必须向考评员汇报，在专人监护下进行机构箱低压验电。

（2）检查母线加工机外壳接地良好，电缆线无破损。

2. 防止机械伤害

使用母线加工机时，注意站位合理，防止高压油管脱出造成机械伤害。

3. 现场安全措施

用围网带将工作区域围起来，围网带有“止步，高压危险!”标示语朝向围栏内，出入口设置在安全的通道处，出入口处设置“从此进出!”标示牌，工作区内放置“在此工作!”标示牌。

4. 办理开工手续

办理开工、许可手续，进行工作票宣读，交代工作中的危险点。

（三）操作步骤及工艺要求

1. 准备工作

（1）考生穿工作服、绝缘鞋，戴绝缘帽。

（2）清点现场工器具、材料、配件。

（3）检查设备外观。

（4）办理开工手续后，将放置于工作区域便于使用位置。

2. 硬母线加工-立弯操作步骤

（1）检查母线加工机外观完好，可靠接地，电源无破损。

（2）用万用表对检修电源箱验电，验电时必须向考评员汇报，在专人监护下进行电源箱验电。

（3）确认检修电源箱正常后，向考评员汇报，申请母线加工机通电，通电时在专人监护下进行。

（4）启动母线加工机，试验各项功能正常，然后停止待用。

（5）根据图纸的要求选择120mm×10mm铝排。

（6）将120mm×10mm铝排放在检修平台上，用扁锉去除毛刺，利用间隙透光法或眼睛瞄直法检查铝排弯曲部位。

（7）将铝排放在检修平台上凸面朝上，如果弯曲部位较大，可将木块放在凸起处，用手锤敲击木块，如果弯曲部位较小，可用木锤直接敲击凸起处，反复敲打铝排，直到铝排调直。

（8）测量需要搭接设备位置尺寸，用8号铁丝放大样。

（9）选择母线加工机中立弯模具，按照母线加工机说明书要求，将模具安装在母线加工机的卡槽内紧固。

（10）根据放大样尺寸，用记号笔画出铝排起弯线，铝排开始弯曲处距最近的母线支撑点的距离，不应大于两个支瓶之间距离L长度的$0.25L$，但不得小于50mm；铝排折弯处与框架顶部和底部最小距离10kV不得小于225mm，35kV不得小于400mm；铝排开始弯曲处距母线连接接触面边缘的距离不应小于50mm。

（11）将母排起弯点对准模具起弯点，将8号铁丝做的放大样放在加工机的上面，开始折弯后随时观察母线弯曲角度与放大样对比，直到角度满足要求后停止加工。

技术要求：母线立弯制作符合母线尺寸50mm×5mm以下宽度的铝母线最小弯曲半径1.5倍母线宽度。母线尺寸125mm×10mm以下铝母线最小弯曲半径不小于2倍母线宽度。

（12）将折好弯的母线放在检修平台上，根据图纸要求画出需要裁断的多余部分，多余的长尾头裁断后，检查实际加工尺寸和图纸的误差。

技术要求：弯曲角度调整2次后母线压牢固，两侧搭接面长度短时为不合格，搭接面长时，不大于50mm为合格。垂直于母线中心线左右偏差小于10mm为合格。

（13）检查铝排，如有毛刺用扁锉去除毛刺。

（14）折弯部位应无裂纹、起皱。

（15）工作完毕将母线折弯模具取出放回原位，向考评员汇报，申请母线加工机停电，停电时在专人监护下进行。

二、考核

（一）考核场地

（1）可在室内或室外进行。

（2）现场放置6m铝排1根，规格为120mm×10mm；电源箱1个；母线加工机1台。在工位四周设置遮栏。

（3）设置评判用的桌椅和计时秒表。

（二）考核时间

（1）考核时间为30min。

（2）开工前，考生检查着装，清点工器具、设备是否齐全，时间为3min（不计入考核时间）。

（3）许可开工后记录考核开始时间。

（4）现场清理完毕后，汇报工作终结，记录考核结束时间。

（5）在规定时间内完成，提前完成不加分，到时停止操作。

（三）考核要点

（1）要求一人操作，考评员监护。考生着装规范，穿工作服、绝缘鞋，戴安全帽。

（2）安全文明生产。工器具、材料、设备摆放整齐，现场操作熟练连贯、有序，正确规范地使用工器具及安全用具。不发生危及人身或设备安全的行为，否则可取消本次考核成绩。

（3）熟悉矩形硬母线加工-立弯方法及注意事项要求，能正确选择母线加工机模具，并熟练进行安装。

三、评分标准

行业：电力工程　　　　　　　　　工种：变电检修工　　　　　　　　　等级：四

编号	BJ4JB0201	行为领域	d	鉴定范围		变电检修中级工	
考核时限	30min	题型	A	满分	100分	得分	
试题名称	硬母线加工-立弯						
考核要点及其要求	（1）要求一人操作，考评员监护。考生着装规范，穿工作服、绝缘鞋，戴安全帽。 （2）安全文明生产。工器具、材料、设备摆放整齐，现场操作熟练连贯、有序，正确规范地使用工器具及安全用具。不发生危及人身或设备安全的行为，否则可取消本次考核成绩。 （3）熟悉矩形硬母线加工-立弯方法及注意事项要求，能正确选择母线加工机模具，并熟练进行安装						
现场设备、工器具、材料	（1）工器具：中号手锤1把、一字和十字螺丝刀2把、扁锉1套、钢丝刷1把、钢直尺1把、3m卷尺、木锤、角尺、记号笔1根、电源箱1个、母线加工机1台。 （2）材料：120mm×10mm铝排1根、酒精、00号砂纸、抹布、8号铁丝。 （3）设备：无						
备注	考生自备工作服、绝缘鞋						

评分标准

序号	考核项目名称	质量要求	分值	扣分标准	扣分原因	得分
1	工作前准备及文明生产					
1.1	着装、工器具准备（该项不计考核时间）	考核人员穿工作服、戴安全帽、穿绝缘鞋，工作前清点工器具、设备	3	（1）未穿工作服、戴安全帽、穿绝缘鞋，每项不合格扣2分。 （2）未清点工器具、设备，每项不合格，扣2分，分数扣完为止		
1.2	安全文明生产	工器具摆放整齐，保持作业现场安静、清洁	12	（1）未办理开工手续，扣2分。 （2）工器具摆放不整齐，扣2分。 （3）现场杂乱无章，扣2分。 （4）不能正确使用工器具，扣2分。 （5）工器具及配件掉落，扣2分。 （6）发生不安全行为，扣2分。 （7）发生危及人身、设备安全的行为直接取消考核成绩		
2	硬母线加工-立弯					

续表

序号	考核项目名称	质量要求	分值	扣分标准	扣分原因	得分
2.1	硬母线加工前准备	检查母线加工机外观完好，可靠接地，电源线无破损	16	（1）母线加工机外观，接地线，电源线一项未检查，扣2分。 （2）两项以上未检查，扣4分		
		用万用表对检修电源箱验电，验电时必须向考评员汇报，在专人监护下进行电源箱验电		（1）未对检修电源箱验电，未向考评员汇报，未在监护下验电每漏一项程序，扣2分。 （2）两项以上程序错误，扣4分		
		确认检修电源箱正常后，向考评员汇报，申请母线加工机通电，通电时在专人监护下进行		（1）未向考评员申请就通电，扣2分。 （2）失去监护下进行通电，扣2分。 （3）未做该项目，扣4分		
		启动母线加工机，试验各项功能正常，然后停止待用		未做该项目，扣4分		
2.2	硬母线加工	根据图纸的要求选择120mm×10mm铝排	39	不根据图纸选择铝排，扣4分		
		将120mm×10mm铝排放在检修平台上，用扁锉去除毛刺，利用间隙透光法或眼睛瞄直法检查铝排弯曲部位		（1）未除毛刺就作业，扣2分。 （2）未检查铝排弯曲就作业，扣2分。 （3）两项未做，扣4分		
		将铝排放在检修平台上凸面朝上，如果弯曲部位较大，可将木块放在凸起处，用手锤敲击木块；如果弯曲部位较小，可用木锤直接敲击凸起处，反复敲打铝排，直到母线调直		（1）不知母线调直方法，扣2分。 （2）不经调直就直接作，业扣4分		
		测量需要搭接设备位置尺寸，用8号铁丝放大样		（1）不测量尺寸，扣2分。 （2）不会做放大样，扣2分		
		选择母线加工机中母排弯立弯模具，按照母线加工机说明书要求，将模具安装在母线加工机的卡槽内紧固		未按照工艺要求作业，扣4分		
		根据放大样尺寸，用记号笔画出铝排起弯线		未做标记线作业，扣4分		

续表

序号	考核项目名称	质量要求	分值	扣分标准	扣分原因	得分
2.2	硬母线加工	铝排开始弯曲处距最近的母线支撑点的距离，不应大于两个支瓶之间距离 L 长度的 $0.25L$，但不得小于 50mm；铝排折弯处与框架顶部和底部最小距离 10kV 不得小于 225mm，35kV 不得小于 400mm；母线开始弯曲处距母线连接接触面边缘的距离不应小于 50mm	39	口述：母排加工技术要求和 10kV 及 35kV 电压等级下带电部位与地之间的距离： 错误一项，扣 2 分。 错误两项，扣 4 分。 错误三项及以上，扣 7 分		
		将母排起弯线对准模具起弯线处，将 8 号铁丝做的放大样放在加工机的上面，开始折弯后随时观察铝排弯曲角度与放大样对比，直到角度满足要求后停止加工		（1）反复加工 2 次，扣 4 分。 （2）2 次以上，扣 8 分		
2.3	硬母线加工结束后处理检查	将折好弯的母线放在检修平台上，根据图纸要求画出需要裁断的多余部分，多余的长尾头裁断后，检查实际加工尺寸和图纸的误差 技术要求：弯曲角度调整 2 次后母线压牢固，两侧搭接面长度短时为不及格，长度小于 50mm 为及格；垂直于母线中心线左右偏差小于 10mm 为及格	20	（1）搭接面长度短，扣 16 分。 （2）长度大于 50mm，扣 8 分。 （3）垂直于母线中心线左右偏差大于 10mm，扣 16 分		
		折弯部位应无裂纹、起皱		未检查或不知该工艺要求，扣 4 分		
2.4	工作完毕恢复	工作完毕将母线折弯模具取出放回原位，向考评员汇报，申请母线加工机停电，停电时在专人监护下进行	5	（1）设备不恢复原状态，扣 2 分。 （2）无人监护下断电源，扣 3 分		
3	收工					

续表

序号	考核项目名称	质量要求	分值	扣分标准	扣分原因	得分
3.1	结束工作	工作结束，工器具及设备摆放整齐，工完场清，报告工作结束	2	（1）工器具及设备摆放不整齐，扣1分。 （2）未清理现场，扣1分。 （3）未汇报工作结束，扣1分，分数扣完为止		
3.2	填写记录	如实正确填写检修记录	3	（1）检修记录未填写，扣3分。 （2）填写错误，每处扣1分，分数扣完为止		

2.2.5 BJ4JB0301 用游标卡尺测量 ZN12-12 型断路器开距和超行程

一、作业

（一）工器具、材料、设备

（1）工器具、仪器：游标卡尺 1 把。

（2）材料：抹布。

（3）设备：ZN12-12 型断路器 1 台。

（二）安全要求

（1）现场设置遮栏、标示牌：在检修现场四周设一留有通道口的封闭式遮栏，字面朝里挂适当数量“止步，高压危险！”标示牌，并挂“在此工作！”标示牌，在通道入口处挂“从此进出！”标示牌。

（2）作业过程中，确保人身与设备安全。

（三）操作步骤及工艺要求（含注意事项）

1. 准备工作

（1）着装规范。

（2）工器具、材料清点和外观检查。

（3）试验仪器做外观检查。

2. 操作步骤

1）准备工作

戴安全帽，工作服穿戴齐整；现场检查工具。

2）控制电源的检查

检查控制电源。断开电机电源、断开控制电源，将机构箱内远方就地把手转换至就地位置。

3）测量断路器的开距和超行程（图 BJ4JB0301-1）

（1）开关在分闸位置

① 确认开关处于分闸状态。

② 测量开距；将游标卡尺的深度尺垂直顶到导电夹下端，游标卡尺尾端顶到断路器下接线基座下端面，使游标卡尺卡口张开，旋紧游标卡尺紧固旋钮，读取数值（A1）并记录。

③ 测量超行程：将游标卡尺卡口张开，用内测量方法测量压缩弹簧两端长度，读取数值（B1）并记录。

（2）开关在合闸位置

① 确认开关处于合闸状态。

② 测量开距；将游标卡尺的深度尺垂直顶到导电夹下端，游标卡尺尾端顶到断路器下出线端基座下端面，使游标卡尺卡口张开，旋紧游标卡尺紧固旋钮，读取数值（A2）并记录。

③ 测量超行程：将游标卡尺卡口张开，用内测量方法测量压缩弹簧两端长度，读取数值（B2）并记录。

测量开距：用 A2 值－A1 值得出的数值。

测量超行程：用 B1 值－B2 值得出的数值。

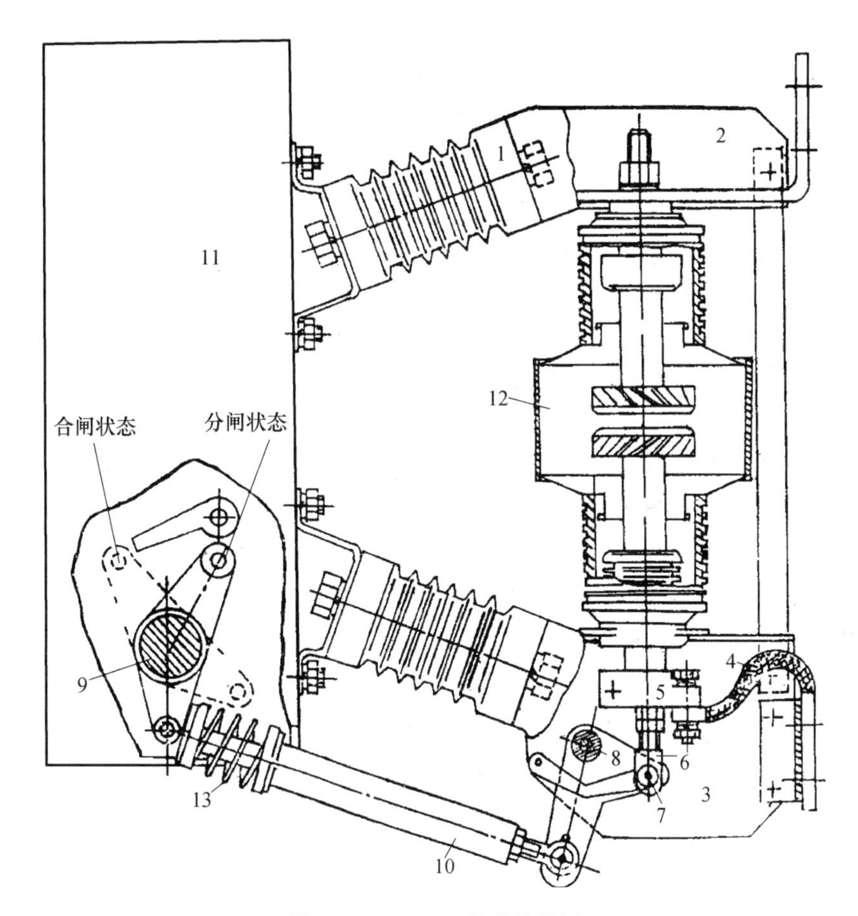

图 BJ4JB0301-1　总体结构图

1—绝缘子；2—上出线端；3—下出线端；4—软连接；5—导电夹；6—万向杆端轴承
7—轴销；8—杠杆；9—主轴；10—绝缘拉杆；11—机构箱；12—真空灭弧室；13—触头弹簧

3. 注意事项

(1) 游标卡尺是比较精密的测量工具，要轻拿轻放，不得碰撞或跌落地下。清洁量爪测量面。

(2) 测量前应检查各部件的相互作用；如尺框和微动装置移动灵活，紧固螺钉能否起作用。

(3) 校对零位。使卡尺两量爪紧密贴合，应无明显的光隙，主尺零线与游标尺零线应对齐。

(4) 读数时，视线应与尺面垂直。如需固定读数，可用紧固螺钉将游标固定在尺身上，防止滑动。

(5) 实际测量时，对同一长度应多测几次，取其平均值来消除偶然误差。

(6) 测量结束要把卡尺平放，尤其是大尺寸的卡尺更应该注意，否则尺身会弯曲变形。

(7) 带深度尺的游标卡尺，用完后，要把测量爪合拢，否则较细的深度尺露在外边，容易变形甚至折断。

(8) 卡尺使用完毕，要擦净上油，放到卡尺盒内，注意不要锈蚀或弄脏。

(9) 如发现卡尺存在不准或异常，应停止使用，及时上报。(前面测试过的产品必须重新测量)。

二、考核

(一) 考核场地

(1) 可在室内或室外进行。

(2) 每个工位放置带深度的游标卡尺一个，在工位四周设置遮栏。

(3) 设置评判用的桌椅和计时秒表。

(二) 考核时间

(1) 考核时间为30min。

(2) 开工前，考生检查着装，清点工器具、设备是否齐全，时间为3min (不计入考核时间)。

(3) 许可开工后记录考核开始时间。

(4) 现场清理完毕后，汇报工作终结，记录考核结束时间。

(三) 考核要点

(1) 要求一人操作，考评员监护。考生着装规范，穿工作服、绝缘鞋，戴安全帽。

(2) 安全文明生产。工器具、材料、设备摆放整齐，现场操作熟练连贯、有序，正确规范地使用工器具及安全用具。不发生危及人身或设备安全的行为，否则可取消本次考核成绩。

(3) 熟悉测量ZN12-12型断路器开距和行程操作步骤及使用游标卡尺的注意事项要求，能正确使用游标卡尺，并正确读数。

三、评分标准

行业：电力工程　　　　工种：变电检修工　　　　等级：四

编号	BJ4JB0301	行为领域	d	鉴定范围		变电检修中级工	
考核时限	30min	题型	A	满分	100分	得分	
试题名称	用游标卡尺测量ZN12-12型断路器开距和超行程						
考核要点及其要求	(1) 要求一人操作，考评员监护。考生着装规范，穿工作服、绝缘鞋，戴安全帽。 (2) 安全文明生产。工器具、材料、设备摆放整齐，现场操作熟练连贯、有序，正确规范地使用工器具及安全用具。不发生危及人身或设备安全的行为，否则可取消本次考核成绩。 (3) 熟悉测量ZN12-12型断路器开距和行程操作步骤及使用游标卡尺的注意事项要求，能正确使用游标卡尺，并正确读数						
现场设备、工器具、材料	(1) 工器具、仪器：游标卡尺1把。 (2) 材料：抹布。 (3) 设备：ZN12-12型断路器1台						
备注	考生自备工作服、绝缘鞋						

评分标准

序号	考核项目名称	质量要求	分值	扣分标准	扣分原因	得分
1	工作前准备及文明生产					

续表

序号	考核项目名称	质量要求	分值	扣分标准	扣分原因	得分
1.1	着装、工器具准备（该项不计考核时间，以 3min 为限）	穿工作服和绝缘鞋、戴合格安全帽，工作前清点工器具、设备是否齐全	3	（1）未穿工作服、戴安全帽、穿绝缘鞋，每项不合格扣 2 分。 （2）未清点工器具、设备，每项不合格扣 2 分，分数扣完为止		
1.2	安全文明生产	工器具摆放整齐、并保持作业现场安静、清洁	12	（1）未办理开工手续，扣 2 分。 （2）工器具摆放不整齐，扣 2 分。 （3）现场杂乱无章，扣 2 分。 （4）不能正确使用工器具，扣 2 分。 （5）工器具及配件掉落，扣 2 分。 （6）发生不安全行为，扣 2 分。 （7）发生危及人身、设备安全的行为直接取消考核成绩		
2	用游标卡尺测量 ZN12-12 型断路器开距和超行程					
2.1	游标卡尺使用前检查	清洁量爪测量面	13	未清洁量爪测量面扣 5 分		
		检查各部件的相互作用：如尺框和微动装置移动灵活，紧固螺钉能否起作用		（1）未检查各部件扣 5 分。 （2）未检查每项，扣 2 分，共计 5 分，分数扣完为止		
		校对零位，使卡尺两量爪紧密贴合，应无明显的光隙，主尺零线与游标尺零线应对齐		未校对零位，扣 3 分		
2.2	写出技术数据	写出真空开关的开距 10～12mm 和超行程 3～5mm	5	（1）写错开距，扣 2.5 分。 （2）写错超程，扣 2.5 分		
2.2.1	开关在分闸位置	测量开距：将游标卡尺的深度尺垂直顶到导电夹下端，游标卡尺尾端顶到断路器下接线基座下端面，使游标卡尺卡口张开，旋紧游标卡尺紧固旋钮，读取数值（A1）并记录	15	（1）不会找基准点，扣 2 分。 （2）读数不正确，2.5 分。 （3）测量误差超过 10%，扣 2.5 分		
		测量超行程：将游标卡尺卡口张开，用内测量方法测量压缩弹簧两端长度，读取数值（B1）并记录		（1）不会找基准点，扣 2.5 分。 （2）读数不正确，扣 2.5 分。 （3）测量误差超过 10%，扣 2.5 分		

续表

序号	考核项目名称	质量要求	分值	扣分标准	扣分原因	得分
2.2.2	开关在分闸位置	测量开距：将游标卡尺的深度尺垂直顶到导电夹下端，游标卡尺尾端顶到断路器下出线端基座下端面，使游标卡尺卡口张开，旋紧游标卡尺紧固旋钮，读取数值（A2）并记录	15	（1）不会找基准点，扣2.5分。 （2）读数不正确，扣2.5分。 （3）测量误差超过10%，扣2.5分		
		测量超行程：将游标卡尺卡口张开，用内测量方法测量压缩弹簧两端长度，读取数值（B2）并记录		（1）不会找基准点，扣2.5分。 （2）读数不正确，扣2.5分。 （3）测量误差超过10%，扣2.5分		
	行程（开距）数值	用A2值－A1值得出的数值	10	数值错误，扣10分		
	超行程（压缩）数值	用B1值－B2值得出的数值	10	数值错误，扣10分		
2.3	测量结束后游标卡尺正确放置	测量结束要把卡尺平放，否则尺身会弯曲变形	4	放置错误，扣4分		
		带深度尺的游标卡尺，用完后，要把测量爪合拢	4	未将测量爪合拢，扣4分		
		卡尺使用完毕，放到卡尺盒内	4	未将卡尺放入盒内，扣4分		
3	收工					
3.1	结束工作	工作结束，工器具及设备摆放整齐，工完场清，报告工作结束	2	（1）工器具及设备摆放不整齐，扣1分。 （2）未清理现场，扣1分。 （3）未汇报工作结束，扣1分，分数扣完为止		
3.2	填写检修记录（该项不计考核时间，以3min为限）	如实正确填写，记录检修、试验情况	3	（1）检修记录未填写，扣3分。 （2）填写错误，每处扣1分，分数扣完为止		

2.2.6 BJ4JB0302 用万用表测量断路器控制回路电压、电阻

一、作业

（一）工器具、材料、设备

（1）工器具：小号一字改锥和十字改锥，剥线钳，万用表。

（2）材料：绝缘胶布 1 卷。

（3）设备：断路器 1 台，二次图纸。

（二）安全要求

1. 防止触电伤害

（1）低压验电时，必须向考评员汇报，在专人监护下进行机构箱低压验电。

（2）二次回路测试时，注意低压触电伤害。

2. 防止机械伤害

机构内测量二次电压电阻时，注意不要误碰断路器以免误动伤人。

3. 现场安全措施

用围网带将工作区域围起来，出口设置在安全的通道处，出入口处设置“从此进出！”标示牌，工作区内放置“在此工作！”标示牌。

4. 办理开工手续

办理开工、许可手续，进行工作票宣读，交代工作中的危险点。

（三）操作步骤及工艺要求（含注意事项），

（1）核实测量设备状态，是否停电，控制和储能是否断开，检查图纸资料与设备是否对应。

（2）将万用表 ON-OFF 开关置于 ON 位置，检查 9V 电池，如果电池电压不足，[- +]或 BAT 将显示在显示器上，这时，则应更换电池。

（测试表笔插孔旁边的△！符号，表示输入电压或电流不应超过标示值，这是为保护内部线路免受损伤）

（3）电压测量。

① 黑表笔接 COM 孔，红表笔接 V 孔。

② 对照图纸明确控制回路，核实测量接点正确。

③ 将功能开关选择合适的档位（电压档，并选择合适量程）。

如果不知道被测量电压范围，将功能开关置于大量程并逐渐降低量程（不能在测量中改变量程）。

如果显示“1”，标示超过量程，功能开关应置于更高的量程（△！标示不要输入高于万用表要求的电压，显示更高的电压指示可能的，担忧损坏内部线路的危险）。

④ 表笔点接测量节点，待稳定后读取电压值，记录（当测高压时，应特别注意避免触电）。

⑤ 测量结束，将转换开关旋至 OFF 档位。

（4）电阻测量。

① 黑表笔接 COM 孔，红表笔接 Ω 孔。

② 测量前确认断路器控制和储能电源已断开，检验回路无电压，回路中有电容，应电容放电。

③ 对照图纸明确控制回路，核实测量节点正确，如有并联回路应与其他回路断开。

④ 功能开关选择合适的档位（电阻档，选择合适量程）。

如果被测电阻值超出所选择量程的最大值，将显示过量程“1”，应选择更高的量程，对于大于1MΩ或更高的电阻，要几秒后读数才能稳定，对于高阻值读数这是正常的。

当无输入时，如开路情况，显示为“1”。

当测量小电阻时，应先将两表笔短接，读出两表笔短接的自身电阻，以对被测阻值作出修正。

⑤ 表笔点接测量节点，待稳定后读取电阻值并记录。

⑥ 测量结束，将转换开关旋至OFF档位。

二、考核

（一）考核场地

（1）可在室内或室外进行。

（2）现场工位四周设置围栏。

（3）现场提供检修所需的工器具、仪器、材料及安全防护用具。

（4）设置评判用的桌椅和计时秒表。

（二）考核时间

（1）考核时间为30min。

（2）开工前，考生检查着装，清点工器具、设备是否齐全，时间为3min（不计入考核时间）。

（3）许可开工后记录考核开始时间。

（4）现场清理完毕后，汇报工作终结，记录考核结束时间。

（三）考核要点

（1）要求一人操作，考评员监护。考生着装规范，穿工作服、绝缘鞋，戴安全帽。

（2）安全文明生产。工器具、材料、设备摆放整齐，现场操作熟练连贯、有序，正确规范地使用工器具及安全用具。不发生危及人身或设备安全的行为，否则可取消本次考核成绩。

（3）考核考生对二次回路的熟悉程度及万用表的使用方法和注意事项。

三、评分标准

行业：电力工程　　　　　　　　工种：变电检修工　　　　　　　　等级：四

编号	BJ4JB0302	行为领域	d	鉴定范围		变电检修中级工	
考核时限	30min	题型	A	满分	100分	得分	
试题名称	用万用表测量断路器控制回路电压、电阻						
考核要点及其要求	（1）要求一人操作，考评员监护。考生着装规范，穿工作服、绝缘鞋，戴安全帽。 （2）安全文明生产。工器具、材料、设备摆放整齐，现场操作熟练连贯、有序，正确规范地使用工器具及安全用具。不发生危及人身或设备安全的行为，否则可取消本次考核成绩。 （3）考核考生对二次回路的熟悉程度及万用表的使用方法和注意事项						

<table>
<tr><td>现场设备、工器具、材料</td><td>（1）工器具及仪表：小号一字改锥和十字改锥，剥线钳，万用表。
（2）材料：绝缘胶布1卷。
（3）设备：断路器1台，二次图纸</td></tr>
<tr><td>备注</td><td>考生自备工作服、绝缘鞋</td></tr>
</table>

评分标准

<table>
<tr><th>序号</th><th>考核项目名称</th><th>质量要求</th><th>分值</th><th>扣分标准</th><th>扣分原因</th><th>得分</th></tr>
<tr><td>1</td><td colspan="6">工作前准备及文明生产</td></tr>
<tr><td>1.1</td><td>着装及工器具准备（不计考核时间，以3分钟危限）</td><td>穿工作服和绝缘鞋、戴安全帽，工作前清点工器具、设备是否齐全</td><td>3</td><td>（1）未穿工作服、戴安全帽、穿绝缘鞋，每项不合格扣2分。
（2）未清点工器具、设备，每项不合格扣2分，分数扣完为止</td><td></td><td></td></tr>
<tr><td>1.2</td><td>安全文明</td><td>工器具摆放整齐，并保持作业现场安静、清洁，安全防护用具穿戴正确齐备</td><td>12</td><td>（1）未办理开工手续，扣2分。
（2）工器具摆放不整齐，扣2分。
（3）现场杂乱无章，扣2分。
（4）不能正确使用工器具，扣2分。
（5）工器具及配件掉落，扣2分。
（6）发生不安全行为，扣2分。
（7）发生危及人身、设备安全的行为直接取消考核成绩</td><td></td><td></td></tr>
<tr><td>2</td><td colspan="6">断路器控制回路测量</td></tr>
<tr><td rowspan="2">2.1</td><td rowspan="2">测量准备</td><td>核实测量设备状态，是否停电，控制和储能是否断开，检查图纸资料与设备是否对应</td><td rowspan="2">15</td><td>（1）未核实设备状态或未断电，扣5分。
（2）未检查图纸与设备对应，扣5分</td><td></td><td></td></tr>
<tr><td>将万用表ON-OFF开关置于ON位置，检查9V电池</td><td>（1）未将万用表置于ON位置，扣3分。
（2）未检查9V电池，扣2分</td><td></td><td></td></tr>
<tr><td rowspan="3">2.2</td><td rowspan="3">电压测量</td><td>黑表笔接COM孔，红表笔接V孔</td><td rowspan="3">25</td><td>接反或接错，扣5分</td><td></td><td></td></tr>
<tr><td>对照图纸明确控制回路，核实测量节点正确。</td><td>未核实测量节点，扣5分</td><td></td><td></td></tr>
<tr><td>将功能开关选择合适的档位（电压档，并选择合适量程）</td><td>（1）未选择正确档位，扣5分。
（2）测量中切换量程，扣5分</td><td></td><td></td></tr>
</table>

续表

序号	考核项目名称	质量要求	分值	扣分标准	扣分原因	得分
2.2	电压测量	表笔点接测量节点，待稳定后读取电压值，记录（当测高压时，应特别注意避免触电）。	25	未稳定即读数扣2分		
		测量结束，将转换开关旋至OFF档位		测量结束后未将转换开关旋至OFF档位，扣3分		
2.3	电阻测量	黑表笔接COM孔，红表笔接Ω孔	40	接反或接错，扣5分		
		测量前确认断路器控制和储能电源已断开，检验回路无电压，回路中有电容，应对电容放电		（1）未检查回路是否带电，扣5分。 （2）回路电容未放电，扣5分		
		对照图纸明确控制回路，核实测量节点正确，如有并联回路应与其他回路断开		（1）未核实电路测量节点，扣5分。 （2）未清除干扰回路，扣5分		
		功能开关选择合适的档位（电阻档，选择合适量程）		（1）未选择正确档位，扣5分。 （2）测量中切换量程，扣5分		
		表笔点接测量节点，待稳定后读取电阻值并记录		未稳定即读数，扣2分		
		测量结束，将转换开关旋至OFF档位		测量结束后未将转换开关旋至OFF档位，扣3分		
3	收工					
3.1	结束工作	工作结束，工器具及设备摆放整齐，工完场清，报告工作结束	2	（1）工器具及设备摆放不整齐，扣1分。 （2）未清理现场，扣1分。 （3）未汇报工作结束，扣1分，分数扣完为止		
3.2	填写记录	如实正确填写检修记录	3	（1）检修记录未填写，扣3分。 （2）填写错误，每处扣1分，分数扣完为止		

2.2.7 BJ4ZY0101 对 LW25-126 型断路器进行 SF_6 补气

一、作业

（一）工器具、材料、设备

（1）工器具：SF_6 充气装置 1 套、气体减压阀 1 个、常用活动扳手（200mm、250mm、300mm、375mm、450mm）1 套、套筒扳手 1 套、一字和十字螺丝刀、大力钳、温湿度计 1 个、SF_6 检漏仪。

（2）材料：无水酒精 1 瓶、无毛纸 2 袋、SF_6 气体 1 瓶（实操时可用高纯氮代替）。

（3）设备：LW25-126 型断路器 1 台。

（二）安全要求

1. 防止高摔

使用梯子上下设备前应有专人扶持，设备本体上工作时必须使用安全带。

2. 现场安全措施

用围网带将工作区域围起来，出口设置在安全的通道处，出入口处设置“从此进出!”标示牌，工作区内放置“在此工作!”标示牌。

3. 办理开工手续

办理开工、许可手续，进行工作票宣读，交代工作中的危险点。

（三）操作步骤及工艺要求（含注意事项）

1. 准备工作

（1）着装规范。

（2）工器具、材料清点和外观检查。

（3）试验仪器外观检查。

2. 操作步骤

（1）在充 SF_6 新气时，气瓶的底部应该稍高于瓶口，这样能减少瓶内水分进入充气设备中。

（2）将 SF_6 气瓶接上减压阀，并将充气管与减压阀连接好。

（3）打开气瓶阀，再开启减压阀，使低压侧压力位为 0.02～0.04MPa，放气 5～10s 对充气管道进行冲洗。

（4）将断路器上充气接头的防尘帽拧下，用无毛纸蘸酒精清洁设备充气接头，将充气接头连上设备接头，然后缓慢开启减压阀对断路器进行充气，在充气时，减压阀低压侧与断路器的压差不应大于 0.05MPa；当断路器内气体压力接近额定压力时，充气应缓慢进行，以避免断路器内压力过高。

（5）当断路器内气体充到比额定压力略高时，即关闭减压阀，拆除充气管路，并随即把防尘帽拧到接头上。

3. 充气前注意事项

（1）充气前必须确认 SF_6 气体质量合格，每瓶具有出厂合格证，其纯度不应小于 99.8%（重量比）或 68×10^{-6}（体积比）。

（2）在对室内 SF_6 设备充气时，人员进入设备区前必须先行通风 15min 以上。

（3）在对 SF_6 断路器充气前，首先要用合格的 SF_6 气体对充气管道吹拂 5～10s。

（4）将充气管道中的空气排除，操作过程中要注意充气接口的清洁。

（5）环境湿度不大于80%；湿度高的情况下可用电热吹风对接口进行干燥。

（6）应调节充气压力与断路器内SF_6的压力基本一致，再接入充气管道接口，充气压差一般不应大于0.05MPa。

（7）禁止不经减压阀而直接用气瓶对设备充气。

（8）充入断路器的气体压力应稍高于额定压力，以补充今后气微水测量时所消耗的用气量。

（9）在整个充气过程中，不得随意摇晃，挪动SF_6气瓶。

（10）所用连接的充气管道必须保证采用憎水性良好的材料制成。

（11）工作现场应强力通风，检修人员应在上风位置。

（12）当充气瓶内气体压力降至1个表气压的时候，应该停止充气。

二、考核

（一）考核场地

（1）可在室内或室外进行。

（2）现场工位四周设置围栏。

（3）现场提供检修所需的工器具、仪器、材料及安全防护用具。

（4）设置评判用的桌椅和计时秒表。

（二）考核要点

（1）要求一人操作，考评员监护。考生着装规范，穿工作服、绝缘鞋，戴安全帽。

（2）安全文明生产。工器具、材料、设备摆放整齐，现场操作熟练、连贯、有序，正确规范地使用工器具及安全用具。不发生危及人身或设备安全的行为，否则可取消本次考核成绩。

（3）熟悉SF_6断路器充气工艺质量要求。

（三）考核时间

（1）考核时间为30min。

（2）开工前，考生检查着装，清点工器具、设备是否齐全，时间为3min（不计入考核时间）。

（3）许可开工后记录考核开始时间。

（4）现场清理完毕后，汇报工作终结，记录考核结束时间。

三、评分标准

行业：电力工程　　　　工种：变电检修工　　　　等级：四

编号	BJ4ZY0101	行为领域	e	鉴定范围		变电检修中级工	
考核时限	30min	题型	A	满分	100分	得分	
试题名称	对LW25-126型断路器进行SF_6补气						
考核要点及其要求	（1）要求一人操作，考评员监护。考生着装规范，穿工作服、绝缘鞋，戴安全帽。 （2）安全文明生产。工器具、材料、设备摆放整齐，现场操作熟练、连贯、有序，正确规范地使用工器具及安全用具。不发生危及人身或设备安全的行为，否则可取消本次考核成绩。 （3）熟悉SF_6断路器充气工艺质量要求						

续表

现场设备、工器具、材料	(1) 工器具：SF_6 充气装置 1 套、气体减压阀 1 个、常用活动扳手（200mm、250mm、300mm、375mm、450mm）1 套、套筒扳手 1 套、一字和十字螺丝刀、大力钳、温湿度计 1 个、SF_6 检漏仪。 (2) 材料：无水酒精 1 瓶、无毛纸 2 袋、SF_6 气体 1 瓶（实操时可用高纯氮代替）。 (3) 设备：LW25-126 型断路器 1 台
备注	考生自备工作服、绝缘鞋

评分标准

序号	考核项目名称	质量要求	分值	扣分标准	扣分原因	得分
1	工作前准备及文明生产					
1.1	着装、工器具准备（该项不计考核时间，以 3min 为限）	穿工作服、戴合格安全帽、穿绝缘鞋，工作前清点工器具、设备是否齐全	3	(1) 未穿工作服、戴安全帽、穿绝缘鞋，每项不合格扣 2 分。 (2) 未清点工器具、设备，每项不合格扣 2 分，分数扣完为止		
1.2	安全文明生产	工器具摆放整齐、并保持作业现场安静、清洁	12	(1) 未办理开工手续，扣 2 分。 (2) 工器具摆放不整齐，扣 2 分。 (3) 现场杂乱无章，扣 2 分。 (4) 不能正确使用工器具，扣 2 分。 (5) 工器具及配件掉落，扣 2 分。 (6) 发生不安全行为，扣 2 分。 (7) 发生危及人身、设备安全的行为直接取消考核成绩		
2	LW25-126 型断路器进行 SF_6 补气					
2.1	充气前检查、准备工作	充气前必须确认 SF_6 气体质量合格并有出厂合格证，纯度不应小于 99.8%（重量比）或 68×10^{-6}（体积比）	30	(1) 不知纯度要求，扣 2 分。 (2) 未核对合格证，扣 3 分		
		在对室内 SF_6 设备充气时，人员进入设备区前必须先行通风 15min 以上		未口述此项规定，扣 5 分		
		将充气管道中的空气排除，操作过程中要注意充气接口的清洁		未注意充气管道和充气接口的清洁，扣 5 分		

续表

序号	考核项目名称	质量要求	分值	扣分标准	扣分原因	得分
2.1	充气前检查、准备工作	环境湿度不大于80%。湿度高的情况下可用电热吹风对接口进行干燥	30	未口述此项规定，扣5分		
		调节充气压力与断路器内 SF_6 的压力基本一致，再接入充气管道接口，充气压差一般不应大0.05MPa		(1) 未调节充气压力，扣5分。 (2) 不知充气压力差取值范围，扣5分		
2.2	充气方法及步骤	在充 SF_6 新气时，气瓶的底部应该稍高于瓶口，这样能减少瓶内水分进入充气设备中	35	未将气瓶的底部应该稍高于瓶口或不知此项规定原理，扣3分		
		将 SF_6 气瓶接上氧气减压阀，并将充气管与减压阀连接好		接触面不良，出现漏气现象，扣5分		
		充气前要用合格的 SF_6 气体对充气管道吹拂打开气瓶阀，在开启减压阀，使低压侧压力0.02～0.04MPa，放气5～10s对充气管道进行冲洗		(1) 未对充气管道进行冲洗，扣5分。 (2) 不知冲管要求，扣5分，共计5分，分数扣完为止		
		将断路器上充气接头的防尘帽拧下，将充气接头连上，然后缓慢开启减压阀，对断路器进行充气，在充气时，减压阀低压侧与断路器的压差不应大于0.05MPa；当断路器内气体压力接近额定压力时，充气应缓慢进行，以避免断路器内压力过高		(1) 开启顺序方法不正确，扣5分。 (2) 未紧牢固，漏气一处扣5分。 (3) 断路器内气体压力接近额定时，未将阀门放缓，扣5分		
		当断路器内气体充到额定压力略高时，即关闭气瓶总阀门，拆除减压阀，拆除充气管路，并随即把防尘帽拧到接头上，恢复充气前状态		(1) 拆除顺序不正确，扣5分。 (2) 未将气瓶恢复到充气前状态，扣2分		

续表

序号	考核项目名称	质量要求	分值	扣分标准	扣分原因	得分
2.3	检漏	对所动过的接头、管路进行检漏	5	(1) 未漏检每处，扣2分。 (2) 未对动过的接头、管路进行检漏，扣5分，共计5分，分数扣完为止		
2.4	其他	操作过程中工具掉落	5	每发生一次扣5分		
2.5	备注：任何情况下出现将减压阀碰、摔坏，取消考试资格					
3	收工					
3.1	结束工作	工作结束，工器具及设备摆放整齐，工完场清，报告工作结束	2	(1) 工器具及设备摆放不整齐，扣1分。 (2) 未清理现场，扣1分。 (3) 未汇报工作结束，扣1分，分数扣完为止		
3.3	填写检修记录（该项不计考核时间，以3min为限）	如实正确填写，记录检修、试验情况	3	(1) 检修记录未填写，扣3分。 (2) 填写错误，每处扣1分分数扣完为止		

2.2.8 BJ4ZY0102 用三种方法对设备进行 SF_6 气体的检漏

一、作业

（一）工器具、材料、设备

（1）工器具：SF_6 检漏装置 1 套、湿度计 1 个、SF_6 检漏仪。

（2）材料：肥皂 1 块、洗洁精 1 瓶、毛刷 1 把、盛水小桶 1 个、塑料布 2m、捆绑绳 5m。

（3）设备：35kV SF_6 断路器 1 台。

（二）安全要求

1. 防止高摔

使用梯子上下设备前应有专人扶持，设备本体上工作时必须使用安全带。

2. 现场安全措施

用围网带将工作区域围起来，出口设置在安全的通道处，出入口处设置“从此进出!”标示牌，工作区内放置“在此工作!”标示牌。

3. 办理开工手续

办理开工、许可手续，进行工作票宣读，交代工作中的危险点。

（三）操作步骤及工艺要求（含注意事项）

1. 准备工作

（1）着装规范。

（2）工器具、材料清点和外观检查。

（3）检漏仪器外观检查。

2. 检漏方法及步骤

1）定性检漏方法

（1）抽真空检漏。

抽真空至 133Pa，继续抽真空 30min 以上停泵，静观 30min 后读值 A，再静观 5h 后读值 B，如 $B-A<67Pa$ 可以认为密封良好。

（2）发泡液检漏。

这是一种较为简单的定性泄漏方法，能够较准确地发现泄漏点。发泡液可采用一份中性肥皂加入两份水配制而成，将发泡液涂在被检测部位，如果起泡即表明该处漏气，起泡越多越急，说明漏气越严重。采用这种方法可大体上能发现漏气率为 0.1mL/min 的漏气部位。

（3）检漏仪检漏。

检漏仪检漏是将检漏仪探头沿断路器各连接口表面和铝铸件表面移动，根据检漏仪读数判断气体的泄漏情况。使用此方法应掌握以下技巧：①探头移动速度应慢，以防移动过快而错过漏点；②检漏时不应在风速大的情况下，避免泄漏气体被风吹走而影响检漏；③检漏仪选择灵敏度高响应速度小的检漏仪，一般使用检漏仪的最低检出量。

（4）分割定位法。

分割定位法适用于三相 SF_6 气路连通的断路器。如已确认有泄漏但难于定位时，可把 SF_6 气体系统分割成几部分，再进行检漏，从而可以减少盲目性。

(5) 压力下降法。

压力下降法适用于设备漏气量较大时。

2) 定量检漏方法

(1) 局部包扎法。

将法兰等接口处采用聚乙烯薄膜包扎 5h 以上，采用灵敏度不低于 1×10^{-6}（体积比）的检漏仪，薄膜内 SF_6 气体浓度不大于 30μL/L（体积比）。

(2) 挂瓶检漏法。

在绝缘子检漏孔处悬挂一个瓶子，经过数小时后，再用检漏仪测量瓶内是否有泄漏的 SF_6 气体。

3) 需要检测部位

(1) 焊缝漏气。

(2) 壳体砂眼漏气。

(3) 法兰结合面漏气。

(4) 管道连接部位检漏。

(5) 密度继电器检漏。

(6) 瓷质部位与法兰胶装口检漏。

4) 检漏前注意事项

(1) 在对室内 SF_6 设备检漏时，人员进入设备区前必须先行通风 15min 以上。

(2) 环境湿度不大于 80%。

(3) 检查确保检漏仪接头、管道干燥、干净。

(4) 工作现场应强力通风，检修人员应在上风位置。

二、考核

（一）考核场地

(1) 可在室内或室外进行。

(2) 现场工位四周设置围栏。

(3) 现场提供检修所需的工器具、仪器、材料及安全防护用具。

(4) 设置评判用的桌椅和计时秒表。

（二）考核要点

(1) 要求一人操作，考评员监护。考生着装规范，穿工作服、绝缘鞋，戴安全帽。

(2) 安全文明生产。工器具、材料、设备摆放整齐，现场操作熟练、连贯、有序，正确规范地使用工器具及安全用具。不发生危及人身或设备安全的行为，否则可取消本次考核成绩。

(3) 熟悉 SF_6 设备检漏工艺质量要求。

（三）考核时间

(1) 考核时间为 30min。

(2) 开工前，考生检查着装，清点工器具、设备是否齐全，时间为 3min（不计入考核时间）。

(3) 许可开工后记录考核开始时间。

（4）现场清理完毕后，汇报工作终结，记录考核结束时间。

三、评分标准

行业：电力工程　　　　　　　　**工种：变电检修工**　　　　　　　　**等级：四**

编号	BY4ZY0102	行为领域	e	鉴定范围		变电检修中级工	
考核时限	30min	题型	A	满分	100分	得分	
试题名称	用三种方法对设备进行 SF_6 气体检漏						
考核要点及其要求	（1）要求一人操作，考评员监护。考生着装规范，穿工作服、绝缘鞋，戴安全帽。 （2）安全文明生产。工器具、材料、设备摆放整齐，现场操作熟练、连贯、有序，正确规范地使用工器具及安全用具。不发生危及人身或设备安全的行为，否则可取消本次考核成绩。 （3）熟悉 SF_6 设备检漏方法及质量要求						
现场设备、工器具、材料	（1）工器具及仪器：SF_6 检漏装置1套、湿度计1个、SF_6 检漏仪设备及场地。 （2）材料：肥皂1块、洗洁精1瓶、毛刷1把、盛水小桶1个、塑料布2m、捆绑绳5m。 （3）设备及场地：室内35kV SF_6 断路器1台						
备注	考生自备工作服、绝缘鞋						

评分标准

序号	考核项目名称	质量要求	分值	扣分标准	扣分原因	得分
1	工作前准备及文明生产					
1.1	着装、工器具准备（该项不计考核时间，以3min为限）	穿工作服和绝缘鞋、戴合格安全帽，工作前清点工器具、设备是否齐全	3	（1）未穿工作服、戴安全帽、穿绝缘鞋，每项不合格扣2分。 （2）未清点工器具、设备，每项不合格扣2分，分数扣完为止		
1.2	安全文明生产	工器具摆放整齐、并保持作业现场安静、清洁	12	（1）未办理开工手续，扣2分。 （2）工器具摆放不整齐，扣2分。 （3）现场杂乱无章，扣2分。 （4）不能正确使用工器具，扣2分。 （5）工器具及配件掉落，扣2分。 （6）发生不安全行为，扣2分。 （7）发生危及人身、设备安全的行为直接取消考核成绩		
2	用三种方法对设备进行 SF_6 气体检漏					

续表

序号	考核项目名称	质量要求	分值	扣分标准	扣分原因	得分
2.1	常见的检漏方法描述	液体表面张力法检漏	20	（1）描述不全，扣2分。 （2）不知液体表面张力法，扣4分		
		局部包扎法检漏		（1）描述不全，扣2分。 （2）不知局部包扎法，扣4分		
		挂样瓶法检漏		（1）描述不全，扣2分。 （2）不知挂样瓶法检漏扣4分		
		SF_6 激光检漏		（1）描述不全，扣2分。 （2）不知 SF_6 激光检漏法，扣4分		
		SF_6 红外检漏		（1）描述不全，扣2分。 （2）不知 SF_6 红外检漏法，扣4分		
2.2	检漏前检查工作	在对室内 SF_6 设备检漏时，人员进入设备区前必须先行通风15min以上	15	未口述此项规定，扣3分		
		环境湿度不大于80%		未口述此项规定，扣4分		
		设备外观检查		未检查设备外观，扣4分		
		检查检漏装置接头、管道干燥、干净		未检查检漏装置接头、管道，扣4分		
2.3	检漏方法及步骤	焊缝检查	40	（1）焊缝漏检一处，扣2分。 （2）未检测焊缝，扣8分。 （3）共计8分，分数扣完为止		
		壳体砂眼检查		未检测或口述壳体砂眼漏气，扣4分		
		法兰接合面检查		（1）法兰接合面漏检一处，扣2分。 （2）未检测法兰接合面，扣8分。 （3）共计8分，分数扣完为止		
		管道连接部位检查		（1）管道连接部位漏检一处，扣2分。 （2）未检测管道连接部位，扣8分。 （3）共计8分，分数扣完为止		

续表

序号	考核项目名称	质量要求	分值	扣分标准	扣分原因	得分
2.3	检漏方法及步骤	密度继电器检漏	40	未检测密度继电器或口述，扣4分		
		瓷质部位与法兰胶装口检查		(1) 胶装口部位漏检一处，扣2分。 (2) 胶装口部位未检测，扣8分。 (3) 共计8分，分数扣完为止		
3	收工					
3.1	结束工作	工作结束，工器具及设备摆放整齐，工完场清，报告工作结束	2	(1) 工器具及设备摆放不整齐，扣1分。 (2) 未清理现场，扣1分。 (3) 未汇报工作结束，扣1分，分数扣完为止		
3.3	填写检修记录（该项不计考核时间，以3min为限）	如实正确填写，记录检修、试验情况	3	(1) 检修记录未填写，扣3分。 (2) 填写错误，每处扣1分，分数扣完为止		

2.2.9 BJ4ZY0201 GW4-126型隔离开关本体大修项目的工艺及质量标准

一、作业

（一）工器具、材料、设备

（1）工器具、仪器：无。

（2）材料：无。

（3）设备：GW4-126型隔离开关1组（配CJ5电动操作机构）。

（二）安全要求

（1）现场设置遮栏、标示牌（“在此工作!”一块、“禁止合闸，有人工作!”两块、“止步，高压危险!”四块、“从此进出!”一块）。

（2）作业过程中，确保人身与设备安全，高空作业应系安全带。

（三）操作步骤及工艺要求

1. 准备工作

（1）着装规范。

（2）工器具、材料清点和外观检查。

（3）试验仪器外观检查。

2. 隔离开关大修项目工艺及质量要求

质量要求如下：

1）基础检查

（1）目测检查各支柱瓷瓶无明显倾斜、缺损。

（2）目测检查基础无沉降。

2）支柱瓷瓶、金属部件的检查

（1）清除瓷瓶污垢，检查瓷瓶有无裂纹和釉面破损。

（2）铸铁法兰与瓷瓶胶合是否完好，防水密封胶涂抹均匀，无开裂，铸铁法兰无裂纹。

（3）各金属部件锈蚀情况检查，出现锈蚀的应打磨刷漆，做好防锈措施。

3）触指防雨帽检查

防雨帽完整、无裂纹，螺栓配备齐全，螺栓锈蚀严重的应更换。

4）左、右触头，导电管装配的分解检修及工艺要求

（1）触头装配各部件拆解、清洗。

（2）检查触指、导电管及各部件接触面清洁光亮。无变形、烧伤等、镀银层无脱落（镀银层脱落或烧伤面积达30%以上，烧伤深度达0.5mm以上者应更换）；触指弹簧有无锈蚀、失效；卡板、螺栓、开口销等有无锈蚀、变形等。以上如有应做相应处理。

（3）装复前，各部件清洗后，在导电接触面涂适量导电脂；装复后，各触指应在同一平面，所有连接件紧固可靠。

5）接线座分解检修及质量标准

（1）接线座外壳完整无裂纹，螺栓配备齐全，螺栓锈蚀严重的应更换。

（2）导电带软连接完整、无氧化、无断片断股，接触面无氧化、无烧伤。

（3）导电杠接触面无氧化、无烧伤。

（4）导电管接触长度应大于等于 70mm。

（5）检修后应在所有导电接触面涂导电脂或二硫化钼。

（6）检查接线座装配后，右接线板在逆时针 92°，左接线板顺时针 92°范围内转动灵活。

6）基座分解检修及质量要求

（1）将支持瓷瓶与基座固定螺钉拆除，取下支持瓷瓶。

（2）将基座内轴承取出清洗内部各零件，轴承应转动灵活无卡涩、轴承钢珠无锈蚀，检查清洗完毕后加注润滑油。

（3）回装后操作应灵活，无卡涩、无窜动。

（4）支持绝缘子、接线座、触头、触指检修回装后检查。

7）合闸应满足：

（1）触头臂与触指臂中心成一条直线，导电管与接线座接触长度不应小于 70mm。

（2）左右触头合闸后，触头的中心线应与主刀中间触指上的刻线相重合，允许向内偏离小于 10mm。

（3）触头臂与触指臂上下差：≤5mm（若需调整，瓷瓶每处垫片不得超过 3mm）。

（4）机构立拉杆小拐臂，使之合闸过死点；小拐臂限位止钉间隙调整到 1～3mm。

8）分闸时应满足

（1）各侧导电臂允许打开角度 90°±1°。

（2）隔离开关分闸时触指与触头之间的最小电气距离，开口间距不小于 1200mm 平行差小于（10±3）mm。

（3）机构立拉杆小拐臂，使之分闸过死点；小拐臂限位止钉间隙调整到 1～3mm。

9）三相同期调整应满足

（1）隔离开关三相刀闸分合到位。

（2）隔离开关三相刀闸断口处触头、触指间的缝隙应同期合格，同期差不超过 10mm。

（3）先手动操作 3 次后无异常，再进行电动分合闸 3 次。

10）接地刀闸调整应满足

（1）地刀合闸后，触头间隙小于 5mm。

（2）动静触头调整后，紧固各部位螺栓。

（3）地刀触头合入后，动触头露出静触头大于 10mm。

（4）地刀在分闸位，动导电杆高度应低于主刀瓷瓶下法兰。

（5）分合过程传动 3 次无异常后，将机构放置分闸位。

11）传动部位及连杆检查应满足

（1）极间连杆、水平连杆的螺杆拧入的深度不应小于 20mm。

（2）极间连杆、水平连杆无弯曲、无变形、无锈蚀。

（3）所有开口销已打开，各部螺栓配备齐全并紧固。

（4）所有转动部位轴销加注润滑油。

12）隔离开关主刀与地刀联锁应满足

（1）将主刀放在合闸位置，然后操作地刀，地刀不能合闸，且动导电杆高度应低于瓷瓶第一瓷裙。

（2）将主刀放在分闸位置，地刀放在合闸位置，然后合主刀，此时应不能合闸。

（3）主刀与接地刀闸机械闭锁间隙 3～8mm。

13）电动操作机构检查应满足

（1）机构箱密封严密，密封条完整无脱落、无开胶、无断裂。

（2）机构内电气回路二次线紧固，各接点无氧化。

（3）电源开关、接触器、限位开关、中间继电器动作灵活无卡涩。

（4）电机、变速箱运转正常无杂音、无卡涩。

（5）各转动部位加注润滑油。

（6）加热器、照明回路工作正常。

14）隔离开关电阻测量

用 100A 直流直阻仪测量：回路电阻符合厂家要求。

二、考核

（一）考核场地

（1）可在室内或室外进行，考核工位现场提供 220V 检修电源。

（2）现场安装 GW4-126 型隔离开关三相本体 1 组配机构，且各部件完整，机构操作电源已接入。在工位搭设检修平台及四周设置围栏。

（3）设置评判用的桌椅和计时秒表。

（二）考核要点

（1）要求一人操作，考评员监护。考生着装规范，穿工作服、绝缘鞋，戴安全帽、安全带。

（2）安全文明生产。现场操作熟练连贯、有序，正确规范地使用工器具及安全用具，并提前准备好相关试验报告、记录表格。不发生危及人身或设备安全的行为，否则可取消本次考核成绩。

（3）考核考生对 GW4-126 型隔离开关整体大修调试后各部件的工艺质量标准和要求。

（4）熟悉整体大修后调试项目及技术要求，会进行相应的检查、调整和处理。

（三）考核时间

（1）考核时间为 40min。

（2）开工前，考生检查着装，清点工器具、设备是否齐全，时间为 3min（不计入考核时间）。

（3）许可开工后记录考核开始时间。

（4）现场清理完毕后，汇报工作终结，记录考核结束时间。

三、评分标准

行业：电力工程　　　　工种：变电检修工　　　　等级：四

编号	BJ4ZY0201	行为领域	e	鉴定范围		变电检修中级工	
考核时限	40min	题型	A	满分	100 分	得分	
试题名称	GW4-126 型隔离开关本体大修项目的工艺及质量标准						

续表

考核要点及其要求	(1) 要求一人操作，考评员监护。考生着装规范，穿工作服、绝缘鞋，戴安全帽、安全带。 (2) 安全文明生产。现场操作熟练连贯、有序，正确规范地使用工器具及安全用具，并提前准备好相关试验报告、记录表格。不发生危及人身或设备安全的行为，否则可取消本次考核成绩。 (3) 考核考生对 GW4-126 型隔离开关整体大修调试后各部件的工艺质量标准和要求。 (4) 熟悉整体大修后调试项目及技术要求，会进行相应的检查、调整和处理
现场设备、工器具、材料	(1) 工器具及仪表：无。 (2) 材料：无。 (3) 设备：GW4-126 型隔离开关 1 组（配 CJ5 电动操作机构）
备注	考生自备工作服、绝缘鞋

评分标准

序号	作业名称	质量要求	分值	扣分标准	扣分原因	得分
1	工作前准备及文明生产					
1.1	着装、工器具准备（该项不计考核时间，以 3min 为限）	穿工作服和绝缘鞋、戴合格安全帽、安全带，工作前清点工器具、设备是否齐全	3	(1) 未穿工作服、戴安全帽、穿绝缘鞋，每项不合格扣 2 分。 (2) 未清点工器具、设备，每项不合格扣 2 分，分数扣完为止		
1.2	安全文明生产	工器具摆放整齐、并保持作业现场安静、清洁	12	(1) 未办理开工手续，扣 2 分。 (2) 工器具摆放不整齐，扣 2 分。 (3) 现场杂乱无章，扣 2 分。 (4) 不能正确使用工器具，扣 2 分。 (5) 工器具及配件掉落，扣 2 分。 (6) 发生不安全行为，扣 2 分，发生危及人身、设备安全的行为直接取消考核成绩		
2	GW4-126 型隔离开关本体大修项目的工艺及质量标准（口述）					
2.1	本体外观检查	目测检查各支柱瓷瓶无明显倾斜、缺损	6	(1) 未检查，每处扣 0.5 分。 (2) 未检查支柱瓷瓶，扣 2 分		
		目测检查基础无沉降		未检查基础有无沉降，扣 2 分		
		检查瓷瓶底座螺栓有无缺失、锈蚀严重应更换		(1) 未检查，每处扣 0.5 分。 (2) 未检查瓷瓶底部螺栓，扣 2 分		

续表

序号	考核项目名称	质量要求	分值	扣分标准	扣分原因	得分
2.2	瓷绝缘子、铁瓷胶装口结合部外观检查	瓷瓶绝缘子表面应无积污，无裂纹、破损	4	（1）未检查，每处扣0.5分。 （2）未检查瓷瓶绝缘子表面，扣2分		
		胶装口瓷铁黏合应牢固，应涂有合格的防水硅橡胶		（1）不知胶装口瓷铁应涂有防水硅橡胶，扣1分。 （2）不知胶装口瓷铁黏合应牢固，扣1分		
2.3	金属附件检查	金属连接各部件、连接及接地明显无弯曲、无锈蚀、裂纹，金属表面应有防腐处理，如有裂纹应更换	2	（1）未检查金属附件，扣1分。 （2）不知金属表面应有防腐处理，扣1分		
2.4	三相本体调整	支柱绝缘子应垂直于底座平面且连接牢固；同相绝缘柱的中心线应在同一垂直线上，没有明显歪斜；各部螺栓均紧固良好	5	（1）未检查金属附件，扣1分。 （2）未检查垂直度，扣1分		
		合闸终止，检查三相隔离开关支瓶是否在同一水平线上，如不合格调整支瓶		未检查并调整三相隔离开关支瓶在同一水平线上，扣3分		
2.5	合闸位置应检查	检查三相主刀合闸后，导电杆应在一条直线上；否则调整极间拉杆	15	未何调整极间拉杆，使导电杆应在一条直线上，扣2分		
		三相主刀合闸后，主刀中间触指与触头对称接触，上、下误差5mm（瓷瓶每处垫片不得超过3mm）		未检查并调整主刀中间触指与触头对称，扣2分		
		检查三相导电管与接线座接触长度不应小于70mm；		未检查三相导电管与接线座接触长度，扣2分		
		三相触头两侧与触指接触良好，用0.05×10mm塞尺无法插入		未检查三相触头两侧与触指接触良好，扣2分		
		三相主刀合闸后，触头的中心线应与主刀中间触指上的刻线相重合，允许向内偏离＜10mm		触头的中心线应与主刀中间触指上的刻线向内偏离＞10mm，扣2分		

续表

序号	考核项目名称	质量要求	分值	扣分标准	扣分原因	得分
2.5	合闸位置应检查	三相主刀合闸后，合闸止钉间隙为1～3mm，紧固定位螺钉	15	（1）合闸限位止钉间隙不合格，扣2分。 （2）不紧固定位螺钉扣1分		
		检查三相不同时接触误差即同期不大于10mm		（1）一相差值大于10mm，扣1分。 （2）两相以上差值大于10mm，扣2分		
2.6	分闸位置应检查	三相接线座各侧导电臂允许打开角度90°±1°右接线座逆时针旋转，而左接线座顺时针旋转且转动灵活	10	不检查三相接线座各侧导电臂，扣2分		
		三相开口间距≥1200mm		未测量三相开口间距或口述，扣2分		
		三相开口平行差小于（10±3）mm即隔离开关在分位测量导电臂根部与端部相差数值		未测量并调整三相开口差值，扣2分		
		检查三相触头、触指表面应光滑无变形，弹簧应有足够的弹力。三相触头、触指表面应涂二硫化钼		（1）未检查触头、触指、表面和弹簧弹力，扣1分。 （2）未在触头、触指表面涂二硫化钼（口述），扣1分		
		三相主刀分闸后，分闸止钉间隙为1～3mm，紧固定位螺钉		（1）分闸限位止钉间隙不合格，扣1分。 （2）不紧固定位螺钉，扣1分		
2.7	传动部分和基座调整	连杆摩擦部分清洗，加润滑脂，使转动灵活。各销孔连接、螺纹连接等部分不应有卡住、锈蚀现象	10	（1）未处理，每处扣0.5分。 （2）未检查连杆摩擦部分和各销孔连接、螺纹连接部分，扣2分		
		检查开口销已开口、各部螺栓配备齐全并紧固		（1）未检查，每处扣0.5分。 （2）未检查开口销和各部螺栓，扣2分		
		极间连杆、水平连杆的螺杆拧入的深度不应小于20mm		（1）不知取值范围，扣1分。 （2）未检查极间连杆、水平连杆的螺杆拧入的深度，扣2分		
		基座解体、清洗、组装，组装后基座转动灵活、无窜动		（1）未处理，每处扣0.5分。 （2）漏处理两处以上，扣2分		

续表

序号	考核项目名称	质量要求	分值	扣分标准	扣分原因	得分
2.8	接地刀闸部分调整	调整地刀触头合入后，动触头露出静触头大于10mm	8	一相大于10mm，扣1分。 两相以上大10mm，扣2分		
		调整后地刀在分闸位，动导电杆高度应低于主刀瓷瓶下法兰		(1) 未处理一相，扣1分。 (2) 未处理两相以上，扣2分		
		地刀装配后动静触头应对中		(1) 未处理一相，扣1分。 (2) 未处理两相以上，扣2分		
		接地刀闸合、分各3次，合闸时能正确插入静触头，接触可靠		(1) 未达到规定次数，扣1分。 (2) 合闸不到位，扣1分		
2.9	主刀、地刀机械闭锁调整	将主刀放在合闸位置，然后操作地刀，地刀不能合闸，且动导电杆高度应低于瓷瓶第一瓷裙	7	(1) 不能实现闭锁，扣2分。 (2) 不知动导电杆高度应低于瓷瓶第一瓷裙，扣1分		
		将主刀放在分闸位置，地刀放在合闸位置，然后合主刀，此时应不能合闸		不能实现闭锁，扣2分		
		主刀与接地刀闸机械闭锁间隙3～8m		(1) 不知闭锁间隙范围，扣1分。 (2) 不检查闭锁间隙，扣2分		
2.10	电动操作应检查	机构箱密封严密，电气回路二次线紧固，检查电机、变速箱，电源开关、接触器、限位开关、中间继电器动作灵活无异常，加热器、照明回路工作正常	10	(1) 机构箱内漏检一处，扣1分。 (2) 未检查机构箱，扣2分		
		整组调整后，手动操作隔离开关合、分各3次		(1) 未达到规定次数，扣1分。 (2) 未手动分合闸，扣3分		
		首次电动操作前，机构应处在中间位置进行电动操作（防止电机正、反转向不对）隔离开关合、分各3次		首次操作前，机构未处在中间位置电动操作，扣3分		
		检查电动合、分到位情况		未检查电动合、分到位情况，扣2分		
2.11	三相导电回路电阻测量	将隔离开关合闸测量三相导电回路电阻，回路电阻值应符合规定	3	(1) 不会操作仪器，扣2分。 (2) 未测量回路电阻值，扣3分		
3	收工					

续表

序号	考核项目名称	质量要求	分值	扣分标准	扣分原因	得分
3.1	结束工作	工作结束，工器具及设备摆放整齐，工完场清，报告工作结束	2	（1）工器具及设备摆放不整齐，扣1分。 （2）未清理现场，扣1分。 （3）未汇报工作结束，扣1分，分数扣完为止		
3.2	填写检修记录（该项不计考核时间，以3min为限）	如实正确填写，记录检修、试验情况	3	（1）检修记录未填写，扣3分。 （2）填写错误，每处扣1分，分数扣完为止		

2.2.10 BJ4ZY0202 ZN12-12 型断路器进行机械特性测试

一、作业

（一）工器具、材料、设备

（1）工器具及仪表：一字改锥和十字改锥各 1 把，万用表 1 块；断路器机械特性测试仪 1 套，220kV 电源盘 1 套，绝缘垫。

（2）材料：ZN12-12 型断路器二次接线图。

（3）设备：ZN12-12 型断路器 1 台。

（二）安全要求

1. 防止触电伤害

（1）拆接低压电源时，有专人监护。

（2）试验仪器使用前应可靠接地，试验过程中操作人员站在绝缘垫上作业。

2. 防止机械伤害

（1）合、分闸操作时注意呼唱，防止开关动作对现场人员造成机械伤害。

（2）在断路器拉杆或瓷瓶上工作前释放断路器能量。

3. 防止断路器、试验仪器损坏

（1）测试线接入断路器二次回路前，确认控制电源断电。

（2）测试时，确认测试项目，选择正确的档位和操作电压。

4. 办理开工手续

办理开工、许可手续，进行工作票宣读，交代工作中的危险点。

（三）操作步骤及工艺要求（含注意事项）

1. 准备工作

（1）着装。

（2）工器具、材料清点和做外观检查。

（3）试验仪器检查。

2. 操作步骤

1）准备工作

（1）查阅被试断路器运行情况，了解试验场地条件。查阅该断路器历年试验报告，相关交接预试规程，断路器运行记录和缺陷情况记录，编写作业指导卡。

（2）试验仪器的检查。准备开关机械特性测试仪，测试前应仔细阅读测试仪的使用说明书，检查所配测试线及其附近是否齐全完好，检查仪器电源工作是否正常等。

2）现场测试步骤及要求

（1）手动分、合断路器 1～2 次，检查断路器动作正常。

（2）断开断路器储能和控制电源，手动分合断路器释放能量，用万用表测试二次回路无电。

（3）测试接线。测试接线如下图所示，将断路器机械特性测试仪的合、分闸测试线分别接入断路器的二次控制线中，用试验接线将断路器一次各断口的引线接入断路器机械特性测试仪的时间通道。

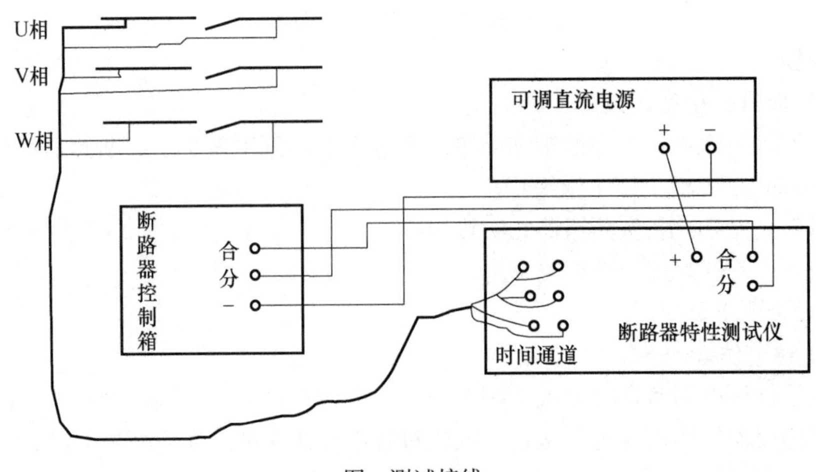

图 测试接线

3）测试步骤

（1）机械特性测试仪开机选取测试程序，首次测试该类设备前，按照断路器机械特性测试仪要求设定测试参数保存备用。

（2）断路器储能操作，可用机构自身电源储能，也可用测试仪输出储能，储能后断开储能电源。

（3）时间及同期测试：将输出电源调至断路器额定操作电压，通过控制断路器机械特性测试仪，在额定操作电压及额定机构压力下对断路器进行分、合闸操作，测得各相分、合闸动作时间，分、合闸同期数值，弹跳次数，打印测试记录。

（4）断路器低电压动作测试

合闸测试：将直流电源输出调至电压176V，触发断路器特性测试仪合闸按钮三次，测试断路器是否合闸，若不动作，则逐步提高电压值，重复测试，直至测得断路器合闸电压值。

分闸测试：将直流电源输出调至电压66V，触发断路器特性测试仪分闸按钮，测试断路器是否分闸，若不动作，则逐步提高电压值，重复测试，直至测得断路器分闸电压值；若动作则说明动作电压不合格，需对动作电压进行调整整、重新进行测试。

4）测试结果分析

（1）断路器低电压动作特性。合闸电磁铁的最低动作电压应在额定电压的80%～110%范围内可靠动作；分闸电磁铁的最低动作电压应在额定电压的30%～65%范围内，在额定电压的65%～120%范围内可靠动作。当电压低至额定电压的30%或更低时不应脱扣动作。

（2）断路器分合闸速度和同期以及弹跳值应根据断路器型号参数进行比较，并根据历次数据进行对比判断，最终确定断路器性能状况，制订检修策略。

5）操作前注意事项

（1）使用前将测试仪接上地线，防止测试仪漏电，危及人身安全。

（2）机械特性测试仪尽可能使用外接电源作为测试电源，防止因为内部电源电力不足而影响测试结果。

（3）输出电源严禁短路。

（4）断开控制电源。

（5）搬运时应小心轻放，尽量减少振动。

（6）在使用过程中，出现问题，应先检查控制线，信号线是否接错，接触是否良好。

（7）进行断路器低电压特性测试时，加在线圈上的操作电压不能过长，防止烧毁线圈。

二、考核

（一）考核场地

（1）可在室内或室外进行。

（2）现场设置4个工位，每个工位放置ZN12-12型断路器1台，考场面积4.5m×1.5m，在工位四周设置围栏。

（3）设置评判用的桌椅和计时秒表。

（二）考核时间

（1）考核时间为30min。

（2）开工前，考生检查着装，清点工器具、设备是否齐全，时间为3min（不计入考核时间）。

（3）许可开工后记录考核开始时间。

（4）现场清理完毕后，汇报工作终结，记录考核结束时间。

（三）考核要点

（1）要求一人操作，考评员监护。考生着装规范，穿工作服、绝缘鞋，戴安全帽。

（2）安全文明生产。工器具、材料、设备摆放整齐，现场操作熟练、连贯、有序，正确规范地使用工器具及安全用具。不发生危及人身或设备安全的行为，否则可取消本次考核成绩。

（3）熟悉ZN12-12型真空断路器机械特性测试项目、测试接线及测试方法。

（4）对ZN12-12型断路器机械特性测试结果能够明确判断问题。

三、评分标准

行业：电力工程　　　　工种：变电检修工　　　　等级：四

编号	BJ4ZY0202	行为领域	e	鉴定范围		变电检修中级工	
考核时限	30min	题型	A	满分	100分	得分	
试题名称	ZN12-12型断路器进行机械特性测试						
考核要点及其要求	（1）要求一人操作，考评员监护。考生着装规范，穿工作服、绝缘鞋，戴安全帽。 （2）安全文明生产。工器具、材料、设备摆放整齐，现场操作熟练、连贯、有序，正确规范地使用工器具及安全用具。不发生危及人身或设备安全的行为，否则可取消本次考核成绩。 （3）熟悉ZN12-12型断路器机械特性测试项目、测试接线及测试方法。 （4）对ZN12-12型断路器机械特性测试结果能够明确判断问题						

续表

现场设备、工器具、材料	（1）工器具及仪表：一字改锥和十字改锥各1把，万用表1块；断路器机械特性测试仪1套；220kV电源盘1套。 （2）材料：ZN12-12型断路器二次接线图。 （3）设备：ZN12-12型断路器1台
备注	考生自备工作服、绝缘鞋

评分标准

序号	考核项目名称	质量要求	分值	扣分标准	扣分原因	得分
1	工作前准备及文明生产					
1.1	着装、工器具准备（该项不计考核时间，以3min为限）	穿工作服和绝缘鞋、戴合格安全帽，工作前清点工器具、设备是否齐全	3	（1）未穿工作服、戴安全帽、穿绝缘鞋，每项不合格扣2分。 （2）未清点工器具、设备，每项不合格扣2分，分数扣完为止		
1.2	安全文明生产	工器具摆放整齐、并保持作业现场安静、清洁	12	（1）未办理开工手续，扣2分。 （2）工器具摆放不整齐，扣2分。 （3）现场杂乱无章，扣2分。 （4）不能正确使用工器具，扣2分。 （5）工器具及配件掉落，扣2分。 （6）发生不安全行为，扣2分，发生危及人身、设备安全的行为直接取消考核成绩		
2	ZN12-12型断路器机械特性测试					
2.1	准备工作	手动分、合断路器1～2次，检查断路器动作正常	5	未手动分合断路器扣5分		
		断开断路器储能和控制电源，手动分合断路器释放能量，用万用表测试二次回路无电	5	（1）未断开储能和控制电源，扣2分。 （2）未释放弹簧能量，扣2分。 （3）未检查二次回路电压，扣1分		
		机械特性测试仪正确接线	15	（1）仪器未接地，扣5分。 （2）接线错误，扣5分。 （3）控制线直接接入分合闸线圈，扣5分		

续表

序号	考核项目名称	质量要求	分值	扣分标准	扣分原因	得分
2.2	时间、同期、弹跳测试	机械特性测试仪开机选取测试程序，首次测试该类设备前，按照断路器机械特性测试仪要求设定测试参数保存备用	5	未设定测试参数设定，扣5分		
		断路器储能操作，可用机构自身电源储能，也可用测试仪输出储能，储能后断开储能电源	5	未将储能电源断开，扣5分		
		时间及同期测试：将输出电源调至断路器额定操作电压，通过控制断路器机械特性测试仪，在额定操作电压及额定机构压力下对断路器进行分、合闸操作，测得各相分、合闸动作时间，分、合闸同期数值，弹跳次数，打印测试记录，并汇报分合闸时间、同期是否合格	15	（1）未调至额定电压，扣5分。 （2）动作后未检查机构位置，5分。 （3）不知分、合闸时间及分、合闸同期合格的取值范围，扣5分		
2.3	低电压动作测试	合闸电磁铁的最低动作电压应在额定电压的80%～110%范围内可靠动作	15	（1）未测试合闸最低动作电压，扣5分。 （2）未测试30%合闸电压，扣5分。 （3）不知动作电压取值范围，扣5分		
		分闸电磁铁的动作电压应在额定电压的30～65%范围内动作，当电压低至额定电压的30%或更低时不应脱扣动作	15	（1）未测试30%分闸性能，扣5分。 （2）未测试最低分闸电压，扣5分。 （3）不知动作电压取值范围，扣5分		
3	收工					
3.1	结束工作	工作结束，工器具及设备摆放整齐，工完场清，报告工作结束	2	（1）工器具及设备摆放不整齐，扣1分。 （2）未清理现场，扣1分。 （3）未汇报工作结束，扣1分 分数扣完为止		
3.2	填写检修记录（该项不计考核时间，以3min为限）	如实正确填写，记录检修、试验情况	3	（1）检修记录未填写，扣3分。 （2）填写错误，每处扣1分，分数扣完为止		

2.2.11 BJ4ZY0203 按照组合电器联锁的逻辑关系进行试验

一、作业

（一）工器具、材料、设备

（1）工器具：无。

（2）材料：无。

（3）设备：ZF12-126型组合电器1套、配套使用说明书、图纸。

（二）安全要求

1. 防止触电伤害

联锁传动时，注意低压触电防护。

2. 防止机械伤害

组合电器联锁传动试验时，关闭操动机构箱门，只允许在汇控柜内进行联锁试验操作，组合电器外壳上，隔离开关传动部件上禁止有人工作。

3. 现场安全措施

用围网带将工作区域围起来，出口设置在安全的通道处，出入口处设置“从此进出!”标示牌，工作区内放置“在此工作!”标示牌。

4. 办理开工手续

办理开工、许可手续，进行工作票宣读，交代工作中的危险点。

（三）操作步骤及工艺要求（含注意事项）

1. 外观检查

（1）检查汇控柜面板所有信号装置是否正常。

（2）检查汇控柜面板上模拟线上断路器、隔离开关分合位置指示是否与设备实际状态相符。

（3）检查汇控柜内二次接线和电器元件应完好，接线牢固无脱落。

（4）检查汇控柜各控制开关和各继电器功能标示标签应清晰。

（5）断路器储能正常，单独分合断路器操作正常。

（6）单独分合隔离开关、接地开关操作正常。

2. 组合电器间隔设备联锁检查

如图所示：该图一次接线形式为组合电器变电站双母线接线方式，共有一个出线、一个PT间隔。

初始设备状态为双母线无电压，断路器在分位，隔离开关、接地刀闸在分位，线路DV指示无电压。

联锁关系操作如下：

1）QSF1刀闸联锁操作

QSF2、QE1、QE2、QEF任一设备在合闸位置，QSF1均不能合闸。

2）QSF2刀闸联锁操作

QSF1、QE1、QE2、QEF任一设备在合闸位置，QSF2均不能合闸。

3）QS3刀闸联锁操作

QE1、QE2、QEF任一设备在合闸位置，QS3均不能合闸。

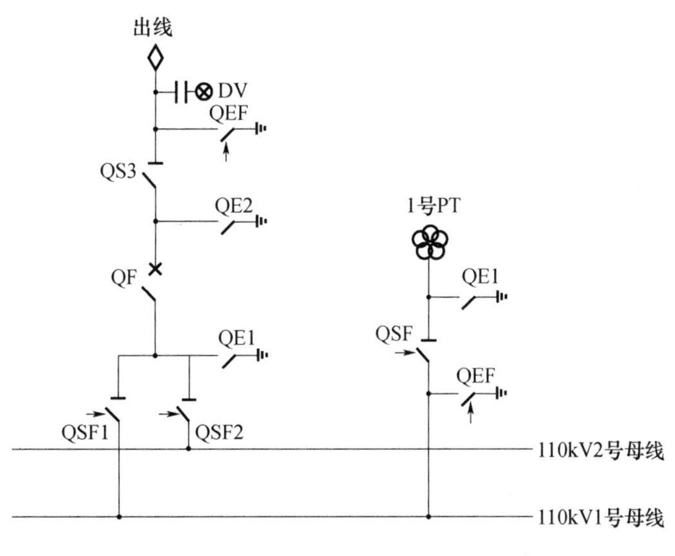

图　一次系统接线图

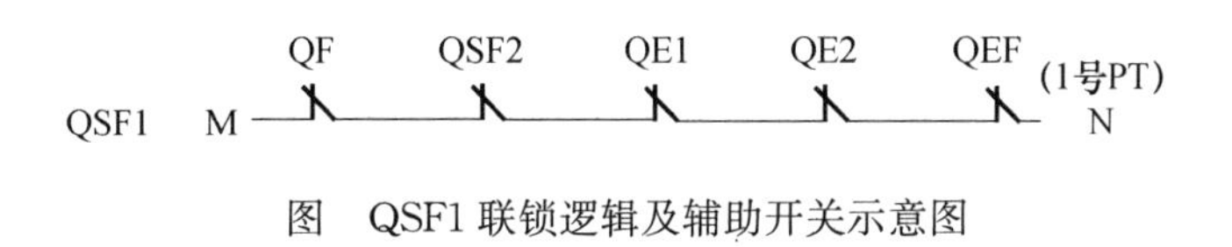

图　QSF1 联锁逻辑及辅助开关示意图

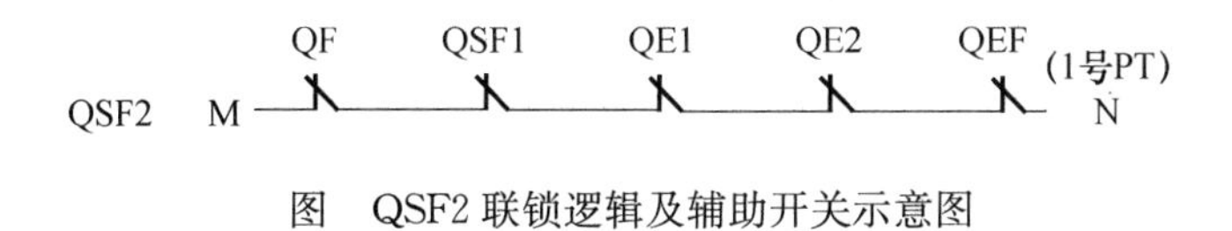

图　QSF2 联锁逻辑及辅助开关示意图

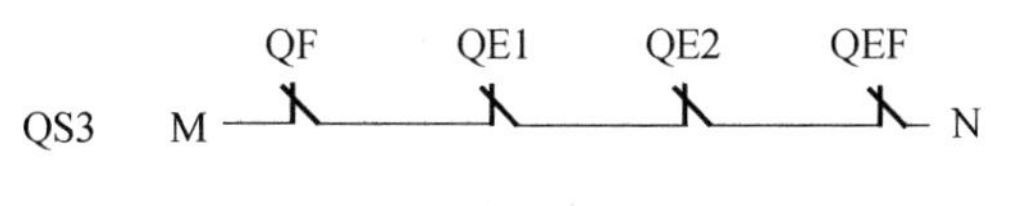

图　QS3 联锁逻辑及辅助开关示意图

4）QE1 接地刀闸联锁操作

QSF1、QSF2、QS3 任一设备在合闸位置，QE1 均不能合闸。

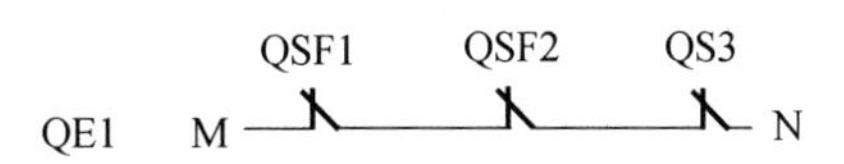

图　QE1 联锁逻辑及辅助开关示意图

5）QE2 接地刀闸联锁操作

QSF1、QSF2、QS3 任一设备在合闸位置，QE2 均不能合闸。

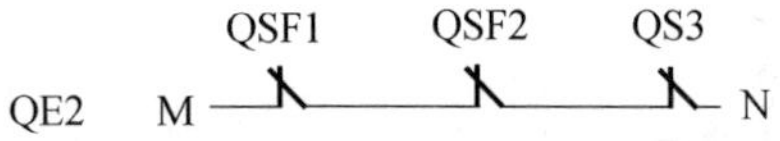

QSF1　QSF2　QS3

QE2　M ——QSF1——QSF2——QS3—— N

图　QE2 联锁逻辑及辅助开关示意图

6）出线间隔 QEF 接地刀闸联锁操作

QS3 在合闸位置或 DV 显示有电压，QEF 均不能合闸

QS3　DV

QEF　M ——QS3——DV—— N

图　QEF 联锁逻辑及辅助开关示意图

二、考核

（一）考核场地

（1）可在室内或室外进行。

（2）现场设置，已安装的 ZF12-126 型组合电器一套，且各部件完整、机构操作电源已接入。

（3）设置评判用的桌椅和计时秒表。

（二）考核时间

（1）考核时间为 30min。

（2）开工前，考生检查着装，清点工器具、设备图纸是否齐全，时间为 3min（不计入考核时间）。

（3）许可开工后记录考核开始时间。

（4）现场清理完毕后，汇报工作终结，记录考核结束时间。

（5）由考评员全程跟踪逻辑联锁试验。

（三）考核要点

（1）要求一人操作，考评员监护。考生着装规范，穿工作服、绝缘鞋，戴安全帽。

（2）安全文明生产。不发生危及人身或设备安全的行为，否则可取消本次考核成绩。

（3）考核考生对组合电器设备逻辑联锁的熟练程度，掌握组合电器设备逻辑联锁的试验方法。

三、评分标准

行业：电力工程　　　　**工种：变电检修工**　　　　**等级：四**

编号	BJ4ZY0203	行为领域	e	鉴定范围		变电检修中级工	
考核时限	30min	题型	A	满分	100 分	得分	
试题名称	按照组合电器联锁的逻辑关系进行试验						
考核要点及其要求	（1）要求一人操作，考评员监护。考生着装规范，穿工作服、绝缘鞋，戴安全帽。 （2）安全文明生产。现场操作熟练连贯、有序，正确规范，不发生危及人身或设备安全的行为，否则可取消本次考核成绩。 （3）考核考生对组合电器联锁的逻辑关系的熟练程度，掌握组合电器设备联锁的逻辑试验方法						

续表

<table>
<tr><td>现场设备、工器具、材料</td><td colspan="6">（1）工器具：无。
（2）材料：无。
（3）设备：ZF12-126型组合电器1套、配套使用说明书、图纸</td></tr>
<tr><td>备注</td><td colspan="6">考生自备工作服、绝缘鞋</td></tr>
<tr><td colspan="7">评分标准</td></tr>
<tr><td>序号</td><td>考核项目名称</td><td>质量要求</td><td>分值</td><td>扣分标准</td><td>扣分原因</td><td>得分</td></tr>
<tr><td>1</td><td colspan="6">工作前准备及文明生产</td></tr>
<tr><td>1.1</td><td>着装及工器具准备（不计考核时间，以3min危限）</td><td>穿工作服、戴安全帽，工作前清点工器具、设备是否齐全</td><td>3</td><td>（1）未穿工作服、戴安全帽、穿绝缘鞋，每项不合格，扣2分。
（2）未清点工器具、设备，每项不合格，扣2分，分数扣完为止</td><td></td><td></td></tr>
<tr><td>1.2</td><td>安全文明</td><td>工器具摆放整齐，并保持作业现场安静、清洁，安全防护用具穿戴正确、齐备</td><td>12</td><td>（1）未办理开工手续，扣2分。
（2）工器具摆放不整齐，扣2分。
（3）现场杂乱无章，扣2分。
（4）不能正确使用工器具，扣2分。
（5）工器具及配件掉落，扣2分。
（6）发生不安全行为，扣2分，发生危及人身、设备安全的行为直接取消考核成绩</td><td></td><td></td></tr>
<tr><td>2</td><td colspan="6">按照组合电器联锁的逻辑关系进行试验</td></tr>
<tr><td rowspan="4">2.1</td><td rowspan="4">外观检查</td><td>检查汇控柜面板所有信号装置是否正常</td><td rowspan="4">16</td><td>（1）漏检查，每漏一项扣1分。
（2）未检查，扣4分</td><td></td><td rowspan="4"></td></tr>
<tr><td>检查汇控柜面板上模拟线上断路器、隔离开关分合位置指示是否与设备实际状态相符</td><td>（1）漏检查，每漏一项扣1分。
（2）未检查，扣4分</td><td></td></tr>
<tr><td>检查汇控柜内二次接线和电器元件应完好，接线牢固无脱落</td><td>未检查柜内二次接线和电器元件接线牢固，扣4分</td><td></td></tr>
<tr><td>检查汇控柜各控制开关和各继电器功能标示标签应清晰</td><td>未检查各控制开关合各继电器功能标示标签，扣4分</td><td></td></tr>
</table>

续表

序号	考核项目名称	质量要求	分值	扣分标准	扣分原因	得分
2.2	断路器、隔离开关按照逻辑关系试验前检查	汇控柜“联锁/解锁”位置打到“联锁”位置，“远方/就地”打到“就地”位置	16	(1) 未将“联锁/解锁”位置打到“联锁”位置，扣2分。 (2) 未将“远方/就地”打到“就地”位置，扣2分		
		断路器、隔离开关全部打到分闸状态		未操作或不全，扣4分		
		断路器储能正常，单独分合断路器操作正常		(1) 未检查储能正常，扣2分。 (2) 未单独分合断路器，扣2分		
		单独分合隔离开关、接地开关操作正常		(1) 未单独分合隔离开关，扣2分。 (2) 未单独分合接地开关，扣2分		
2.3	QSF1刀闸联锁操作，状态为合闸	合本间隔母线QSF2刀闸，合不上	12	未试合母线QSF2刀闸，扣4分		
		合本间隔QE1、QE2接地刀闸，合不上		(1) 未试合本间隔QE1接地刀闸，扣2分。 (2) 未试合本间隔QE2接地刀闸，扣2分		
		合1号PT间隔QEF接地刀闸，合不上		未试合1号PT间隔QEF接地刀闸，扣4分		
2.4	QSF2刀闸联锁操作，状态为合闸	合本间隔母线QSF1刀闸，合不上	12	未试合本间隔母线QSF1刀闸，扣4分		
		合本间隔QE1、QE2接地刀闸，合不上		(1) 未试合本间隔QE1接地刀闸，扣2分。 (2) 未试合本间隔QE2接地刀闸，扣2分		
		合1号PT间隔QEF接地刀闸，合不上		未试合1号PT间隔QEF接地刀闸，扣4分		
2.5	QS3刀闸联锁操作，状态为合闸	合本间隔QE1、QE2、QEF接地刀闸，合不上	4	未试合本间隔QE1、QE2、QEF接地刀闸一项，扣2分，分数扣完为止		
2.6	QE1、QE2接地刀闸联锁操作，状态为合闸	合本间隔QSF1、QSF2，刀闸，合不上	4	未试合本间隔QSF1、QSF2刀闸一项扣2分，分数扣完为止		

续表

序号	考核项目名称	质量要求	分值	扣分标准	扣分原因	得分
2.7	接地刀闸联锁操作，状态为合闸	本间隔 QS3 刀闸，合不上	8	未试合本间隔 QS3 刀闸，扣 4 分		
		当本间隔线路带电显示装置 DV 显示有电压时，合本间隔 QEF 接地刀闸，合不上		未试合本间隔 QEF 接地刀闸，扣 4 分		
2.8	QF 断路器联锁操作，状态为合闸	合本间隔 QSF1、QSF2、QS3，刀闸，合不上	4	未试合本间隔 QSF1、QSF2、QS3 刀闸，每漏一项，扣 2 分，分数扣完为止		
2.9	控制电源、操作电源、断路器、隔离开关复位	将控制电源、操作电源、断路器、隔离开关全部打到分闸状态	4	（1）每漏一项，扣 1 分。 （2）未进行操作，扣 4 分		
3	收工					
3.1	结束工作	工作结束，工器具及设备摆放整齐，工完场清，报告工作结束	2	（1）工器具及设备摆放不整齐，扣 1 分。 （2）未清理现场，扣 1 分。 （3）未汇报工作结束，扣 1 分，分数扣完为止		
3.2	填写记录	如实正确填写检修记录	3	（1）检修记录未填写，扣 3 分。 （2）填写错误，每处扣 1 分，分数扣完为止		

2.2.12 BJ4ZY0301 更换 ZN12-12 型断路器的合闸线圈

一、作业

（一）工器具、材料、设备

（1）工器具、仪器：万用表、兆欧表、开口扳手 1 套、梅花扳手 1 套、套筒扳手 1 套、内六角扳手 1 套、一字和十字螺丝刀 2 把、单相电源箱 1 个、开关低电压测试仪、试验用接线、绝缘胶带。

（2）材料：与原厂家型号相同、阻值相同合闸线圈 1 套、00 号砂纸 2 张。

（3）设备：ZN12-12 型断路器 1 台。

（二）安全要求

（1）现场设置遮栏、标示牌：在检修现场四周设一留有通道口的封闭式遮栏，字面朝里挂适当数量“止步，高压危险!”标示牌，并挂“在此工作!”标示牌，在通道入口处挂“从此进出!”标示牌。

（2）作业过程中，确保人身与设备安全。

（三）操作步骤及工艺要求（含注意事项）

1. 准备工作

（1）着装规范。

（2）工器具、材料清点和做外观检查。

（3）试验仪器外观检查。

2. 操作步骤

（1）电气检查前准备工作：戴安全帽，工作服穿戴齐整；现场检查工具、仪表、材料等合理、齐全、合格；现场安全交底、办理工作票等手续。

（2）控制电源的检查：断开电机电源、断开控制电源，将远方就地把手转换至就地位置。

（3）开关释能。确认开关处于分闸状态，储能电机电源已断开，机构储能弹簧应处于释放状态，开关二次回路电源已断开。

（4）拆除旧线圈二次线接头，拆下旧线圈。

（5）合闸线圈电阻测量：测量新线圈阻值应符合要求。

（6）合闸线圈更换：更换新线圈，铁芯行程、空程、合闸电磁铁撞杆与掣子配合间隙符合厂方要求。

（7）恢复机构接线；将合闸线圈二次线接入原端子排上，并接触良好。

（8）合上电机电源储能。

（9）电动合闸，开关动作正常。

（10）合闸线圈绝缘电阻测试：测量合闸线圈绝缘电阻，应合格。

（11）合闸线圈低电压测试：30%额定操作电压以下不应动作，65%额定操作电压应可靠动作。

（12）检修后检查：手动分、合闸良好；电动合闸、分闸正常。

注意事项：

（1）待更换的线圈应与烧毁的线圈型号相同。

（2）更换线圈前务必要断开储能电源，并将操动机构弹簧能量释放彻底。

（3）线圈要固定牢固，以防止合、分闸振动引起松动而影响操作效果，并且日后还要进行定期检查紧固。

（4）导线接头处用绝缘胶带包裹严实，多余部分固定好，不要阻挡操作机构的运动。

（5）工作结束后再次检查工具是否遗漏，然后分别进行就地、远方试验操作，无误后方可将操作机构扣上外壳送电。

二、考核

（一）考核场地

（1）可在室内或室外进行。

（2）现场设置4个工位，每个工位配备ZN12-12型断路器一台，且各部件完整。在工位四周设置遮栏。

（3）设置评判用的桌椅和计时秒表。

（二）考核时间

（1）考核时间为30min。

（2）开工前，考生检查着装，清点工器具、设备是否齐全，时间为3min（不计入考核时间）。

（3）许可开工后记录考核开始时间。

（4）现场清理完毕后，汇报工作终结，记录考核结束时间。

（三）考核要点

（1）要求一人操作，考评员监护。考生着装规范，穿工作服、绝缘鞋，戴安全帽。

（2）安全文明生产。工器具、材料、设备摆放整齐，现场操作熟练连贯、有序，正确规范地使用工器具及安全用具。不发生危及人身或设备安全的行为，否则可取消本次考核成绩。

（3）熟悉更换断路器合闸线圈操作步骤及注意事项要求，能正确使用工器具更换合闸线圈。

三、评分标准

行业：电力工程　　　　　　　　工种：变电检修工　　　　　　　　等级：四

编号	BJ4ZY0301	行为领域	e	鉴定范围		变电检修中级工	
考核时限	30min	题型	A	满分	100分	得分	
试题名称	更换ZN12-12型断路器的合闸线圈						
考核要点及其要求	（1）要求一人操作，考评员监护。考生着装规范，穿工作服、绝缘鞋，戴安全帽。 （2）安全文明生产。工器具、材料、设备摆放整齐，现场操作熟练连贯、有序，正确规范地使用工器具及安全用具。不发生危及人身或设备安全的行为，否则可取消本次考核成绩。 （3）熟悉更换断路器合闸线圈操作步骤及注意事项要求，能正确使用工器具更换合闸线圈						

续表

现场设备、工器具、材料	（1）工器具、仪器：万用表、兆欧表、开口扳手1套、梅花扳手1套、套筒扳手1套、内六角扳手1套、一字和十字螺丝刀2把、单相电源箱1个、开关低电压测试仪、试验用接线绝缘胶带。 （2）材料：与原厂家型号相同、阻值相同合闸线圈1套、00号砂纸2张。 （3）设备：ZN12-12型断路器1台
备注	考生自备工作服、绝缘鞋

评分标准

序号	考核项目名称	质量要求	分值	扣分标准	扣分原因	得分
1	工作前准备及文明生产					
1.1	着装、工器具准备（该项不计考核时间，以3min为限）	穿工作服和绝缘鞋、戴合格安全帽、安全带，工作前清点工器具、设备是否齐全	3	（1）未穿工作服、戴安全帽、穿绝缘鞋，每项不合格扣2分。 （2）未清点工器具、设备，每项不合格扣2分，分数扣完为止		
1.2	安全文明生产	工器具摆放整齐、并保持作业现场安静、清洁	12	（1）未办理开工手续，扣2分。 （2）工器具摆放不整齐，扣2分。 （3）现场杂乱无章，扣2分。 （4）不能正确使用工器具，扣2分。 （5）工器具及配件掉落，扣2分。 （6）发生不安全行为，扣2分，发生危及人身、设备安全的行为直接取消考核成绩		
2	更换ZN12-12型断路器合闸线圈					
2.1	电机电源、控制电源检查	断开电机电源、断开控制电源，将机构箱内远方就地把手转换至就地位置	10	（1）不检查电源是否断开，扣3分。 （2）未把转换开关切至就地位置，扣3分。 （3）电源未断即操作，扣10分		
2.2	释放开关储能弹簧能量	确认开关处于分闸状态，释放弹簧能量	10	（1）不检查开关处于分闸状态，扣3分。 （2）未释放弹簧能量，扣7分		
2.3	拆除旧线圈	先拆除旧线圈二次线接头，再拧下固定螺钉，将旧线圈取下	5	（1）不按顺序拆除，扣3分。 （2）不会拆旧线圈，扣5分		

续表

序号	考核项目名称	质量要求	分值	扣分标准	扣分原因	得分
2.4	新合闸线圈电阻测量	测量新合闸线圈电阻初值，误差不超过5%	10	（1）不测量新合闸线圈电阻值，扣5分。 （2）不知误差范围，扣5分		
2.5	新合闸线圈绝缘电阻测试	测量合闸线圈绝缘电阻，不小于10MΩ，应合格	10	（1）不会用1000V摇表进行测量，扣5分。 （2）不清楚绝缘电阻标准，扣5分		
2.6	合闸线圈烧坏更换	恢复机构接线，将合闸线圈二次线接入原端子排上，并接触良好	15	（1）接线不牢固，扣3分。 （2）不测量接触是否良好，扣2分。 （3）接线错误，扣10分		
		合上电机电源储能，电动合闸，开关动作正常		不进行手动合闸检查，扣5分		
2.7	合闸线圈低电压测试	断路器动作电压测试应在规定Ue的30%～65%范围内可靠动作可靠合闸，且30%Ue不可靠不动作	10	（1）动作电压不合格，不会调整，扣5分。 （2）不进行合闸线圈低电压测试，扣5分		
2.8	检修后传动	手动分、合闸良好	10	未进行手动分合闸，扣5分		
		电动合闸、分闸正常		未进行电动分合闸，扣5分		
3	收工					
3.1	结束工作	工作结束，工器具及设备摆放整齐，工完场清，报告工作结束	2	（1）工器具及设备摆放不整齐，扣1分。 （2）未清理现场，扣1分。 （3）未汇报工作结束，扣1分，分数扣完为止		
3.2	填写检修记录（该项不计考核时间，以3min为限）	如实正确填写，记录检修、试验情况	3	（1）检修记录未填写，扣3分。 （2）填写错误，每处扣1分，分数扣完为止		

2.2.13 BJ4ZY0302 用检漏仪对 LW8-40.5 型断路器进行检漏

一、作业

（一）工器具、材料、设备

（1）工器具：SF_6 检漏装置 1 套、温湿度计 1 个。

（2）材料：塑料布（2m）、捆绑绳（5m）。

（3）设备：LW8-40.5 型断路器 1 台。

（二）安全要求

1. 防止高摔

使用梯子上下设备前应有专人扶持，设备本体上工作时必须使用安全带。

2. 现场安全措施

用围网带将工作区域围起来，出口设置在安全的通道处，出入口处设置“从此进出!”标示牌，工作区内放置“在此工作!”标示牌。

3. 办理开工手续

办理开工、许可手续，进行工作票宣读，交代工作中的危险点。

（三）操作步骤及工艺要求（含注意事项）

1. 准备工作

（1）着装规范。

（2）工器具、材料清点和外观检查。

（3）检漏仪器外观检查。

2. SF_6 检漏仪检查、需要检测的部位及步骤

（1）电源开关工作正常。

（2）灵敏度调节功能正常。

（3）确认已更换或清洁探头和防护罩，电池也正常。

（4）复位键动作灵敏正常。

（5）音频渐变键动作正常。

（6）指示灯指示正常。

3. 需要检测部位

（1）焊缝漏气。

（2）壳体砂眼漏气。

（3）法兰接合面漏气。

（4）管道连接部位检漏。

（5）密度继电器检漏。

（6）瓷质部位与法兰胶装口检漏。

4. 检漏时的注意事项

（1）在对室内 SF_6 设备检漏时，人员进入设备区前必须先行通风 15min 以上。

（2）检查确保检漏仪接头、管道干燥、干净。

5. 检漏时的操作要领

（1）被测出部件有污染时，注意不要污染探头，应用洁净的抹布擦除。

（2）应顺着连贯的路径检测，不要有遗漏，如果找到一个漏气处，应及时做好标记，并一定要继续检测所剩的部分。

（3）检漏时，探头要围绕被检部件移动，速率不宜大于20mm/s，并且离表面距离不大于5mm。

（4）要完整地围绕部件移动，这样才能达到最佳检测效果。

二、考核

（一）考核场地

（1）可在室内或室外进行。

（2）现场工位四周设置围栏。

（3）现场提供检修所需的工器具、仪器、材料及安全防护用具。

（4）设置评判用的桌椅和计时秒表。

（二）考核要点

（1）要求一人操作，考评员监护。考生着装规范，穿工作服、绝缘鞋，戴安全帽。

（2）安全文明生产。工器具、材料、设备摆放整齐，现场操作熟练、连贯、有序，正确规范地使用工器具及安全用具。不发生危及人身或设备安全的行为，否则可取消本次考核成绩。

（3）熟悉 SF_6 断路器检漏工艺质量要求。

（三）考核时间

（1）考核时间为30min。

（2）开工前，考生检查着装，清点工器具、设备是否齐全，时间为3min（不计入考核时间）。

（3）许可开工后记录考核开始时间。

（4）现场清理完毕后，汇报工作终结，记录考核结束时间。

三、评分标准

行业：电力工程　　　　工种：变电检修工　　　　等级：四

编号	BJ4ZY0302	行为领域	e	鉴定范围		变电检修中级工	
考核时限	30min	题型	A	满分	100分	得分	
试题名称	用检漏仪对LW8-40.5型断路器进行检漏						
考核要点及其要求	（1）要求一人操作，考评员监护。考生着装规范，穿工作服、绝缘鞋，戴安全帽。 （2）安全文明生产。工器具、材料、设备摆放整齐，现场操作熟练、连贯、有序，正确规范地使用工器具及安全用具。不发生危及人身或设备安全的行为，否则可取消本次考核成绩。 （3）熟悉 SF_6 设备检漏方法及质量要求						
现场设备、工器具、材料	（1）工器具：SF_6 检漏装置1套、温湿度计1个。 （2）材料：塑料布（2m）、捆绑绳（5m）。 （3）设备：LW8-40.5型断路器1台						
备注	考生自备工作服、绝缘鞋						

续表

评分标准						
序号	考核项目名称	质量要求	分值	扣分标准	扣分原因	得分
1	工作前准备及文明生产					
1.1	着装、工器具准备（该项不计考核时间，以 3min 为限）	穿工作服和绝缘鞋、戴合格安全帽，工作前清点工器具、设备是否齐全	3	（1）未穿工作服、戴安全帽、穿绝缘鞋，每项不合格扣 2 分。 （2）未清点工器具、设备，每项不合格扣 2 分，分数扣完为止		
1.2	安全文明生产	工器具摆放整齐、并保持作业现场安静、清洁	12	（1）未办理开工手续，扣 2 分。 （2）工器具摆放不整齐，扣 2 分。 （3）现场杂乱无章，扣 2 分。 （4）不能正确使用工器具，扣 2 分。 （5）工器具及配件掉落，扣 2 分。 （6）发生不安全行为，扣 2 分，发生危及人身、设备安全的行为直接取消考核成绩		
2	用检漏仪对 LW8-40.5 型断路器进行检漏					
2.1	SF_6 检漏仪检查	检查电源开关工作正常	20	未检查电源开关，扣 4 分		
		检查灵敏度调节功能正常		未检查灵敏度调节功能，扣 4 分		
		检查确认探头和防护罩是否清洁，不清洁进行处理或更换		（1）未检查探头，扣 2 分。 （2）未检查防护罩，扣 2 分		
		检查复位键动作正常		未检查复位键，扣 4 分		
		检查音频渐变键动作正常		未检查音频渐变键动作正常，扣 2 分		
		检查发光二极管指示正常		未检查发光二极管，扣 2 分		

续表

序号	考核项目名称	质量要求	分值	扣分标准	扣分原因	得分
2.2	检漏前检查工作	在对室内 SF_6 设备检漏时，人员进入设备区前必须先行通风 15min 以上	16	未口述此项规定，扣 4 分		
		环境湿度不大于 80％		未口述此项规定，扣 4 分		
		检查确保检漏仪接头、管道干燥、干净		（1）未检查检漏仪接头，扣 2 分。 （2）未检查管道，扣 2 分		
		工作现场应强力通风，检修人员应在上风位置（口述）		未口述此项规定，扣 4 分		
2.3	需要检测部位	焊缝漏气	24	（1）焊缝漏检一处，扣 2 分。 （2）未检测焊缝扣 4 分		
		壳体砂眼漏气		未检测或口述壳体砂眼漏气，扣 4 分		
		法兰接合面漏气		（1）法兰接合面漏检一处，扣 2 分。 （2）未检测法兰接合面，扣 4 分		
		管道连接部位检漏		（1）管道连接部位漏检一处，扣 2 分。 （2）未检测管道连接部位，扣 4 分		
		密度继电器检漏		未检测密度继电器或口述，扣 4 分		
		瓷质部位与法兰胶装口检漏		（1）胶装口部位漏检一处，扣 2 分。 （2）胶装口部位未检测，扣 4 分		
2.4	检漏时的操作要领	被测部件有油污、灰尘时，应用干的抹布擦掉，注意不要污染探头	20	未擦拭被测部件，扣 4 分		
		应顺着连贯的路径检测，不要有遗漏，如果找到一个漏气处，应及时做好标记		未在漏气处做标记，扣 8 分		
		检漏时，探头要围绕被检部件移动，速率要求不大于 20mm/s，并且离表面距离不大于 5mm		（1）不按速率进行测试，扣 4 分。 （2）不知探头与被测部位距离不合格，扣 4 分		

续表

序号	考核项目名称	质量要求	分值	扣分标准	扣分原因	得分
3	收工					
3.1	结束工作	工作结束，工器具及设备摆放整齐，工完场清，报告工作结束	2	（1）工器具及设备摆放不整齐，扣1分。 （2）未清理现场，扣1分。 （3）未汇报工作结束，扣1分，分数扣完为止		
3.3	填写检修记录（该项不计考核时间，以3min为限）	如实正确填写，记录检修、试验情况	3	（1）检修记录未填写，扣3分。 （2）填写错误，每处扣1分，分数扣完为止		

2.2.14 BJ4XG0101 绳结的捆绑法

一、作业

（一）工器具、材料、设备

（1）工器具：捆绑操作绳（4m）1 条。

（2）材料：被绑物品若干。

（3）设备：无。

（二）安全要求

现场设置遮栏、标示牌：在检修现场四周设一留有通道口的封闭式遮栏，字面朝里挂适当数量“止步，高压危险!”标示牌，并挂“在此工作!”标示牌，在通道入口处挂“从此进出!”标示牌。

（三）操作步骤及工艺要求（含注意事项）。

检查着装，依据给出的绳结名称用绳进行捆绑。

1. 平结

平结又称接绳扣，用于连接两根粗细相同的麻绳。结绳方法如下：

（1）将两根麻绳的绳头互相交叉在一起，如图所示（A 绳头在 B 绳头的下方，也可以互相对调位置）。

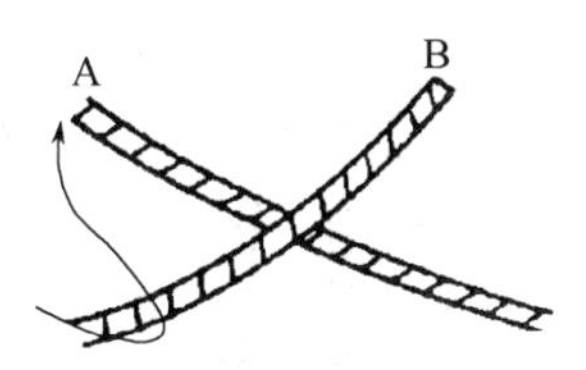

（2）将 A 绳头在 B 绳头上绕一圈，如图所示。

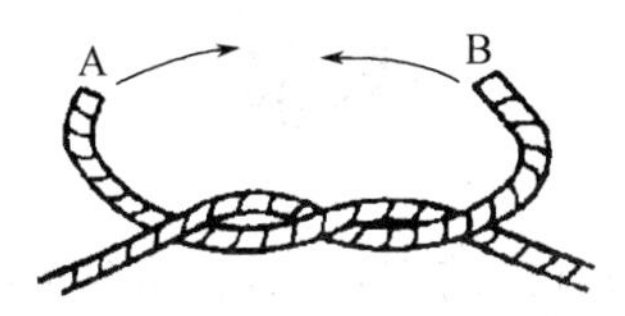

（3）将 A、B 两根绳头互相折拢并交叉，A 绳头仍在 B 绳头的下方，如图所示。

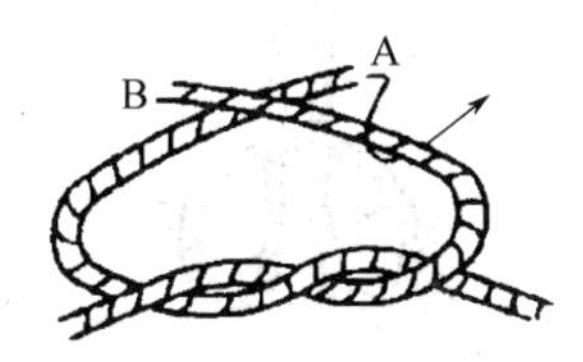

（4）将 A 绳头在 B 绳头上绕一圈，即将 A 绳头绕过 B 绳头从绳圈中穿入，与 A 绳并在一起（也可以将 B 绳头按 A 绳头的穿绕方法穿绕），将绳头拉紧即成平结，如图所示。

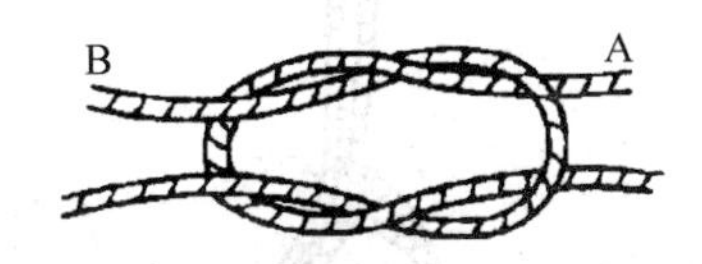

2. 活结

活结的打结方法基本上与平结相同，只是在第一步将绳头交叉时，把两个绳头中的任一根绳头（A或B）留得稍长一些；在第四步中，不要把绳头A（或绳头B）全部穿入绳圈，而将其绳端的圈外留下一段，然后把绳结拉紧，如图所示。

活结的特点是当需要把绳结拆开时，只需把留在圈外的绳头A（或B）用力拉出，绳结即被拆开，拆开方便而迅速。

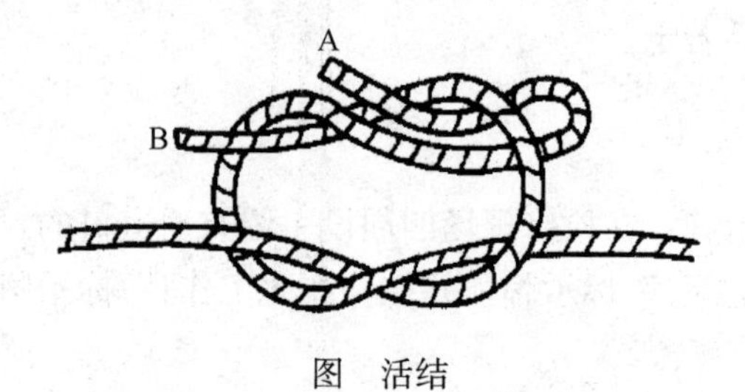

图　活结

3. 死结

死结大多数用在重物的捆绑吊装，其绳结的结法简单，可以在绳结中间打结。捆绑时必须将绳与重物扣紧，不允许留有间隙，以免重物在绳结中滑动。死结的结绳方法有两种。

（1）将麻绳对折后打成绳结，然后把重物从绳结穿过，把绳结拉紧后即成死结，如图所示。打结步骤如下：

① 将麻绳在中间部位（或其他适当部位）对折，如图所示。

② 将对折后的绳套折向后方（或前方），形成如图所示的两个绳圈。

③ 将两个绳圈向前方（或后方）对折，即成为如图所示的死结。

（2）第一种结绳方法是先结成绳结，然后将物件从绳结中穿过再扣紧绳结，故当物件很长时，利用第一种方法很困难，可采用第二种方法，其步骤如下：

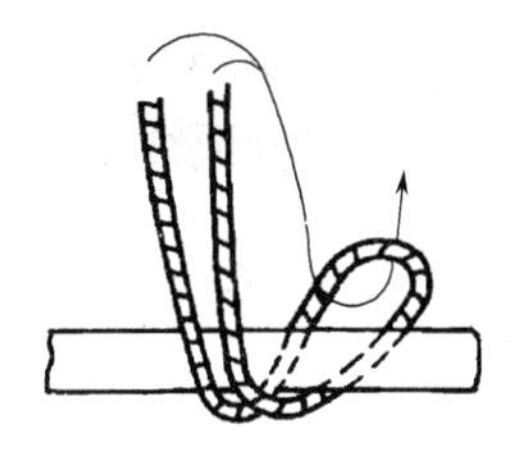

① 将麻绳在中间对折并绕在物件（如电杆木）上，如图所示。

② 将绳头从绳套中穿过，如图所示，然后将绳结扣紧，即可进行吊运工作。

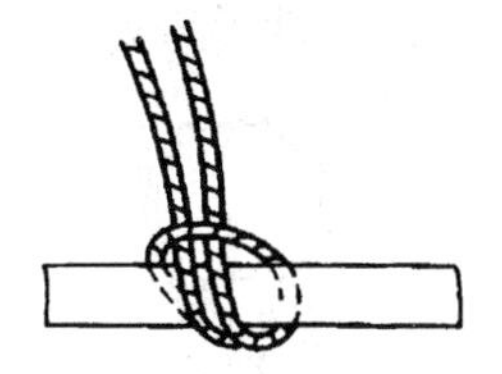

4．水手结（滑子扣、单环结）

水手结在起重作业中使用较多，主要用于拖拉设备和系挂滑车等。此绳结牢固、易解，拉紧后不会出现死结。其绳结有两种打法。

（1）第一种打结方法步骤如下：

① 在麻绳头部适当的长度上打一个圈，如图所示。

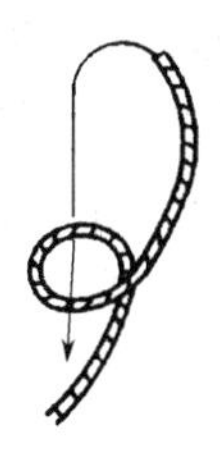

② 将绳头从圈中穿出，如图所示。

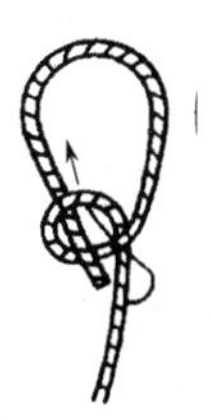

③ 将已穿出的绳头从麻绳的下方绕过后再穿入圈中，便成为如图所示的水手结。绳结结成后，必须将绳头的绳结拉紧，否则在受力后，图中的 A 部分会翻转，使绳结不紧。翻转后的绳结如图所示。

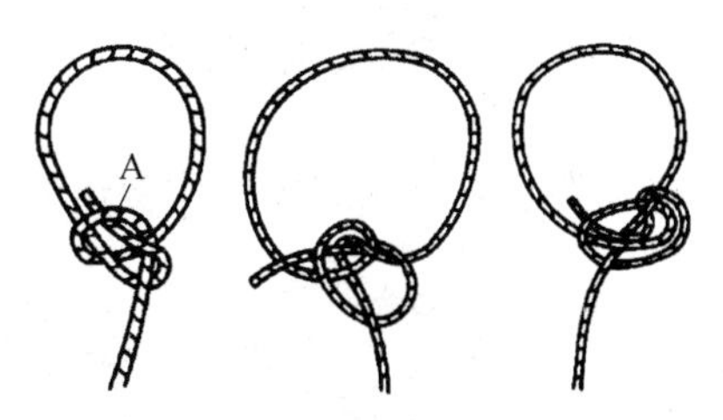

（2）第二种打结方法。

① 将麻绳结成一个圈，如图所示。

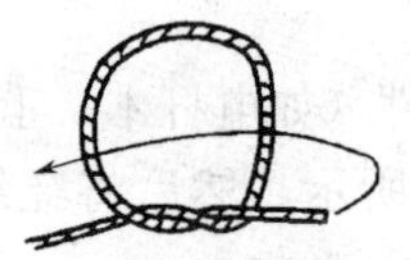

② 将绳头按中箭头所示方向向左折，即形成如图所示的绳圈。

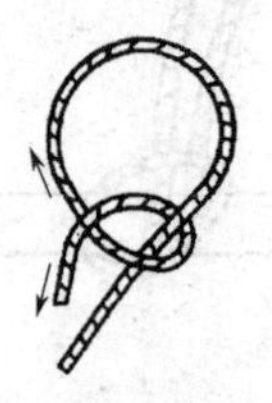

③ 将图中的绳头在绳的下方绕过后再穿入绳圈中便形成如图所示形状的水手结。绳结形成后，同样要把绳结拉紧后才能使用。

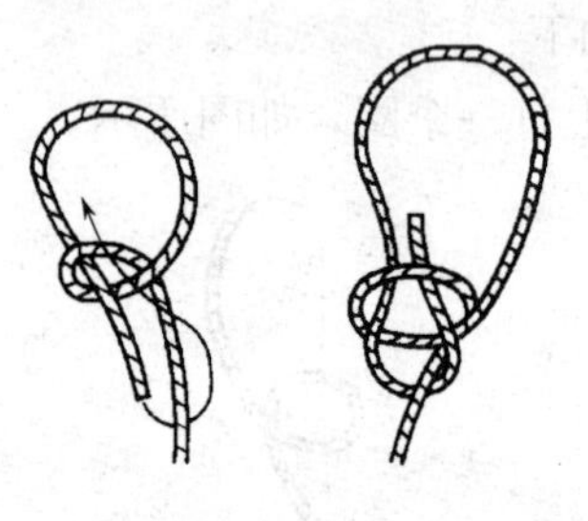

5. 双环扣（双环套、双绕索结）

双环扣的作用与水手结基本相同，它可在绳的中间打结。由于其绳结同时有两个绳环，因此在捆绑重物时更安全。绳结的打法有两种。

（1）第一种打结方法步骤如下：

① 把绳对折后，将绳头压在绳环上形成如图所示的绳环 A、B。

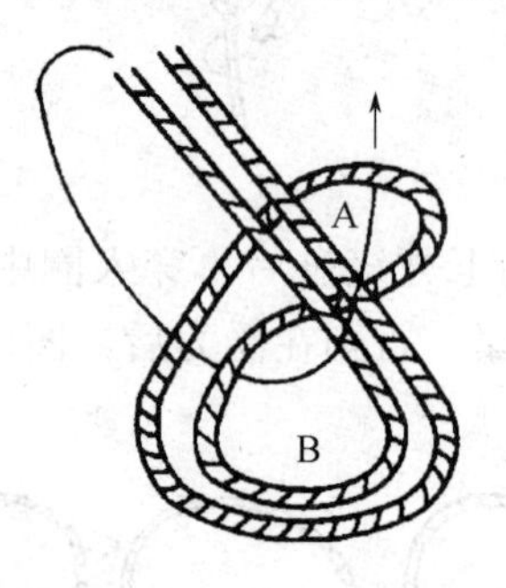

② 将绳头从绳环 A 的上方绕到下方，从绳环 B 中穿出后再穿入绳环 A 中即成为如图所示的双环扣。

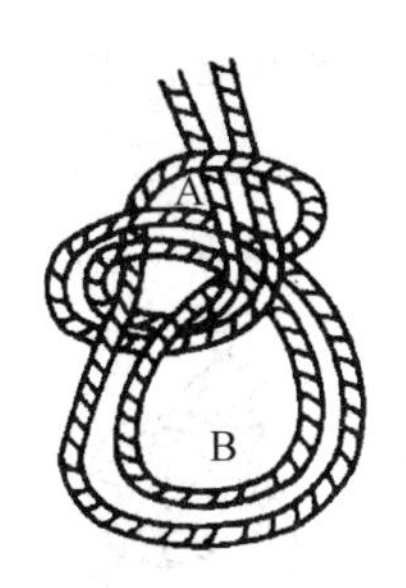

（2）第二种打结方法。

① 将绳对折后圈成一个绳环 B，如图所示。

② 将绳环 A 从绳环 B 的上方穿入，成为如图所示的形状。

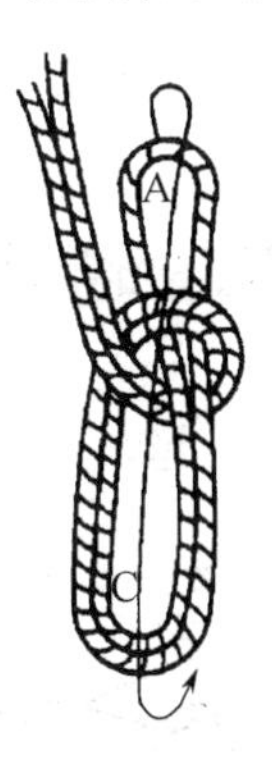

③ 将绳环 A 向前面翻过来，并套在绳环 C 的下方，形成如图所示的形状。

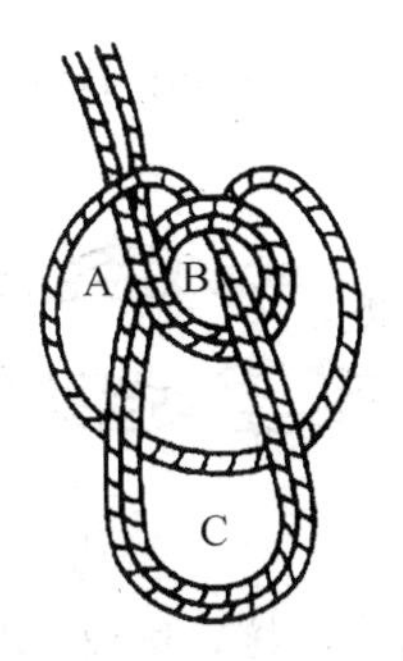

④ 绳环A继续向上翻，直至靠在两根绳头上，然后将绳拉紧，即成为如图所示的双环扣。

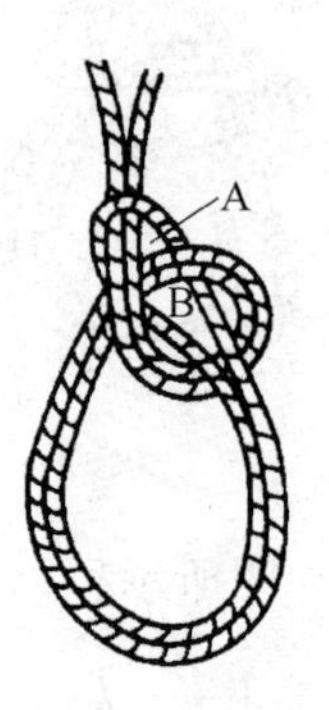

6. 单帆索结

单帆索结用于两根麻绳的连接。下述为其结法：

① 将两根绳头互相叉叠在一起，如图所示。A绳头被压在B绳头的下方。

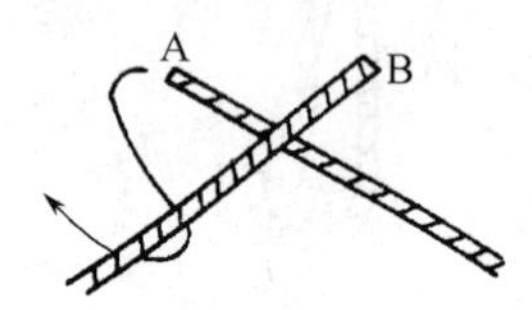

② 将A绳头在B绳头上方绕一圈，A绳头仍在B绳头的下方，如图所示。

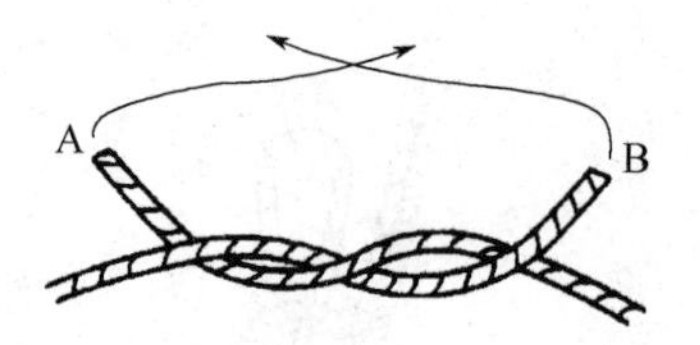

③ 将A、B绳头互相靠拢并交叉在一起，B绳头仍压在A绳头的上方，如图所示。

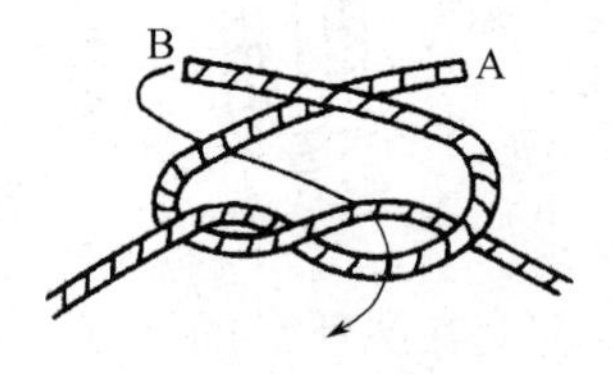

④ 将B绳头从A绳头的下方穿出，并压在B绳的上方，将绳结拉紧，即成为如图所示的单帆索结。

7. 双帆索结

双帆索结用于两根麻绳绳头的相互连接，绳结牢固、不易松散，结绳方便。下述为其绳结的打法：

第一、二、三步的结法与单帆索结方法相同，如图所示。

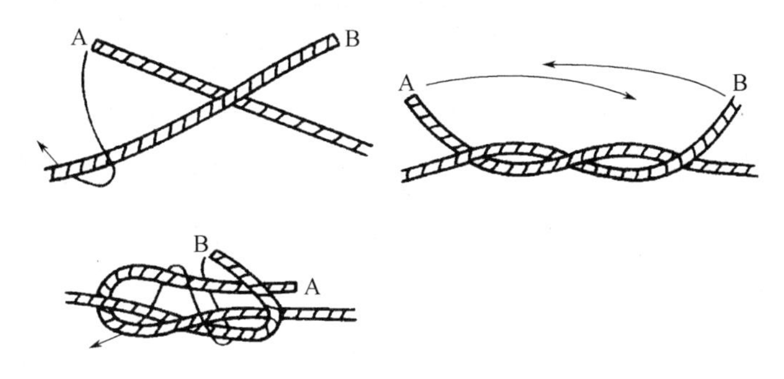

第四步的结法是将绳头 B 按图中箭头所示，在 A 绳上绕第一步，将绳绕成一个绳圈，如图所示。

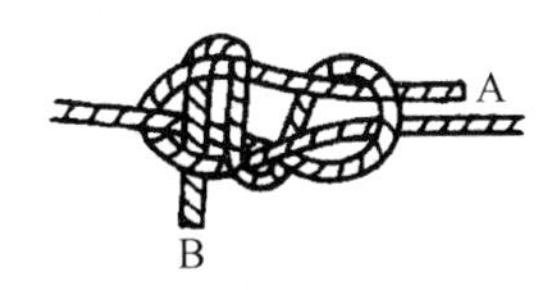

8. “8”字结（梯形结、猪蹄扣）

“8”字结主要用于捆绑物件或绑扎桅杆，其打结方法简单，而且可以在绳的中间打结，绳结脱开时不会打结。其打结方法有两种。

（1）第一种打结方法和步骤如下：

① 将绳绕成一个绳圈，如图所示。

② 紧挨第一个绳圈再绕成一个绳圈，如图所示。

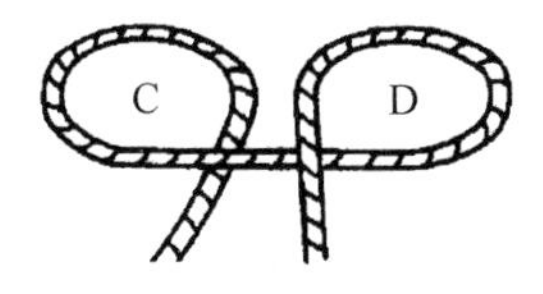

③ 将两个绳圈 C、D 互相靠拢，且 C 圈压在 D 圈的上方，如图所示。

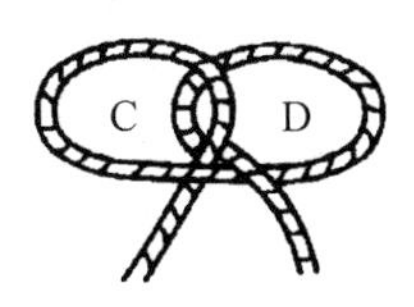

④ 将两个绳圈 C、D 互相重叠在一起，即成为如图所示的“8”字结。将绳结套在物件上以后须把绳结拉紧，重物才不致从绳结中脱落。

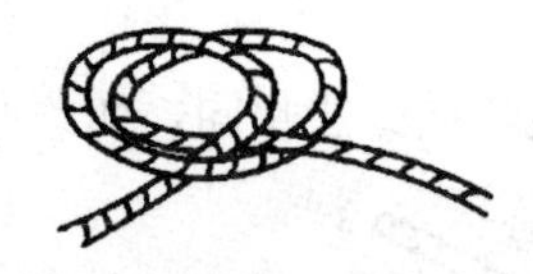

（2）第二种打结方法。由于第一种结绳法要先结成绳结，然后把物件穿在绳结中，这种方法只能用于较短的杆件；当杆件较长，鞭杆件穿入有困难时，就必须用第二种打结方法，下述为其步骤。

① 将绳从杆件的后方绕向前方，绳头 B 压在绳头 A 的上方，如图所示。

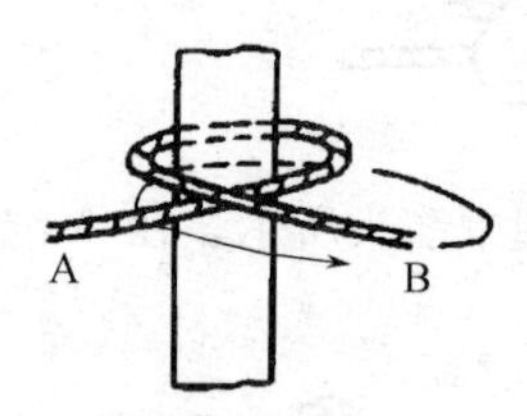

② 将 B 绳头继续从杆件的后方绕向前方，A 绳头压在 B 绳头的上方，如图所示。

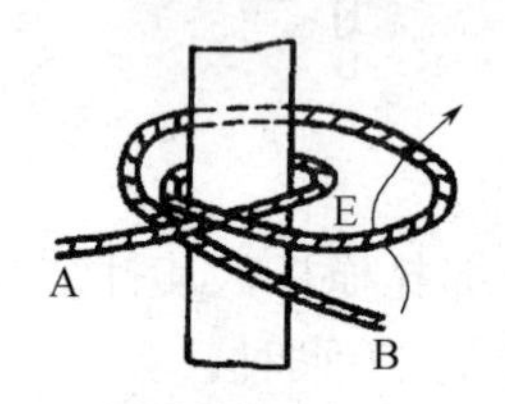

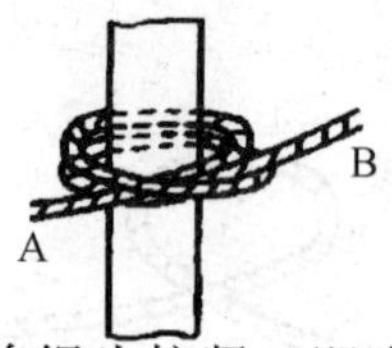

③ 将 B 绳头从绳圈 E 中穿出，将绳头拉紧，即成为如图所示的“8”字结。

9. 双“8”字结（双梯形结、双猪蹄扣）

双“8”字结的用途与“8”字结基本相同，基绳结比“8”字结更加牢固。下方是双“8”字结的打结方法及步骤。

（1）先打一个“8”字结，紧靠“8”字结再绕一个圈 C，如图所示。

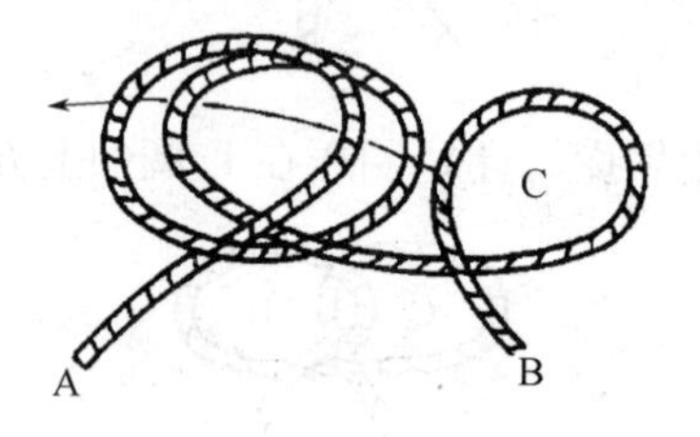

（2）将绕成的绳圈 C 压在已打成的“8”字结的下方，并重叠在一起。然后将绳结套在杆件上，将绳头拉紧，即成为如图所示的双“8”字结。

打结的第一步中，在绕圈 C 时应注意，绳头一定要压在绳上，不能放在绳的下方。如果绳圈绕错时则不能打成双“8”字结。

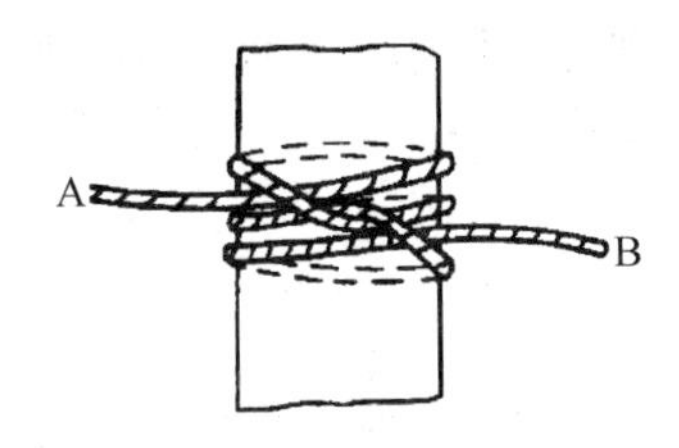

如果直接在杆件上打双“8”字结，则打第一个“8”字结的方法与“8”字结的第二种方法相同。在杆件上打好一个“8”字结后，将绳头 B 折向杆件后面，再从杆件后面绕到前面，绳头从本次绕绳的下方穿出，如图所示。

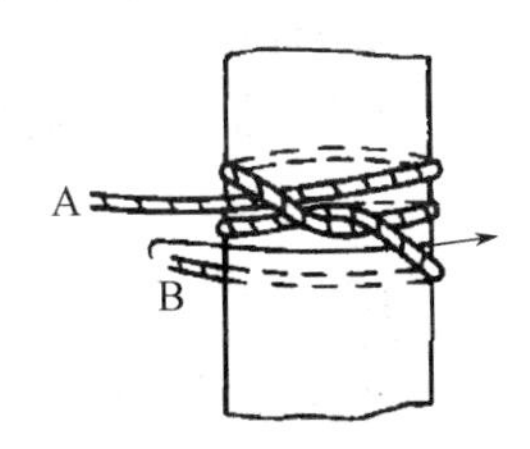

10. 木结（背扣、活套结）

木结用于起吊较重的杆件，如圆木、管子等，其特点是易绑扎，易解开。以下是其打结方法：

（1）将绳在木杆上绕一圈，如图所示。

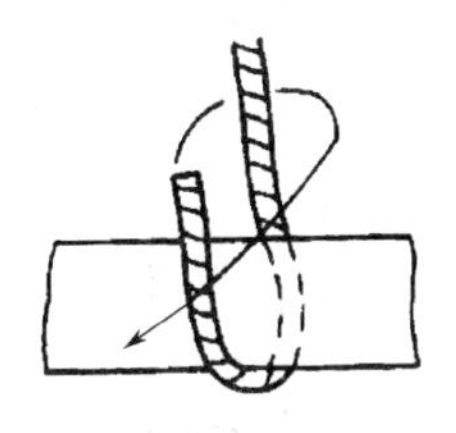

（2）将绳头从绳的后方绕向前方，如图所示。

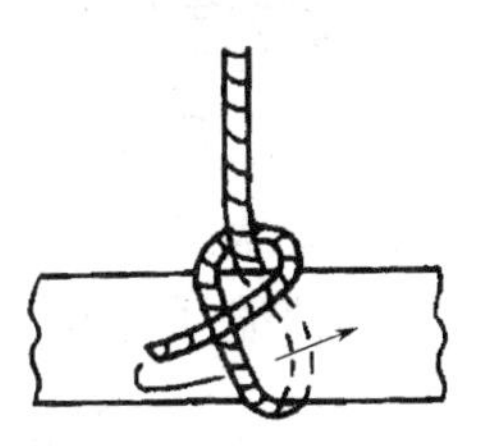

（3）将绳头穿人绳圈中，并将绳头留出一段，如图所示。

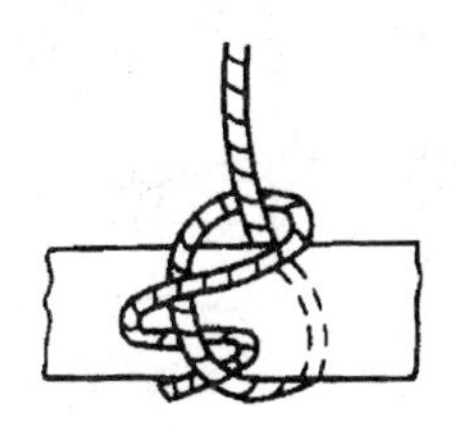

在解开此木结时，只需将绳头一拉即可。

如果绳头在绳圈上多绕一圈则成为如图所示的木结。此绳结由于绳头在绳圈上多绕一圈，故绳结比上图所示的木结更牢固，但解结不如上图所示的木结方便。

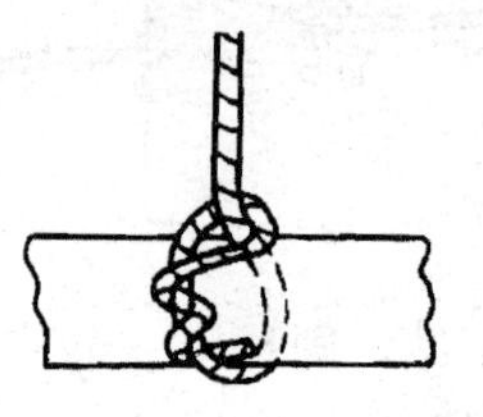

11. 叠结（倒背扣、垂直运扣）

叠结用于垂直方向捆绑起吊质量较轻的杆件或管件。其结绳方法有三步。

（1）将绳从木杆的前面绕向后面，再从后面绕向前面，并把绳压在绳头的下方，如图所示。

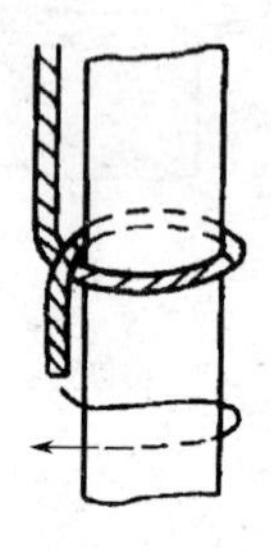

（2）在第一个圈的下部，再将绳头从木杆的前面绕到后面，并继续绕到前面，如图所示。

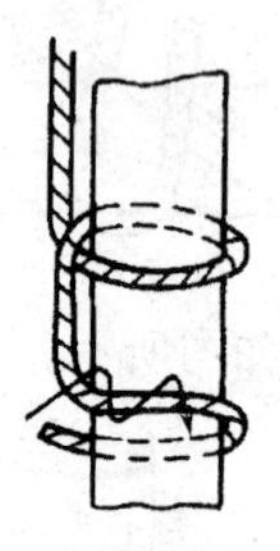

（3）把绳头按上图中箭头所示方向连续绕两圈，把绳头压在绳圈内，即成为如图所示的叠结。在垂直起吊前，应把绳结拉紧，使绳结与木杆间不留空隙。

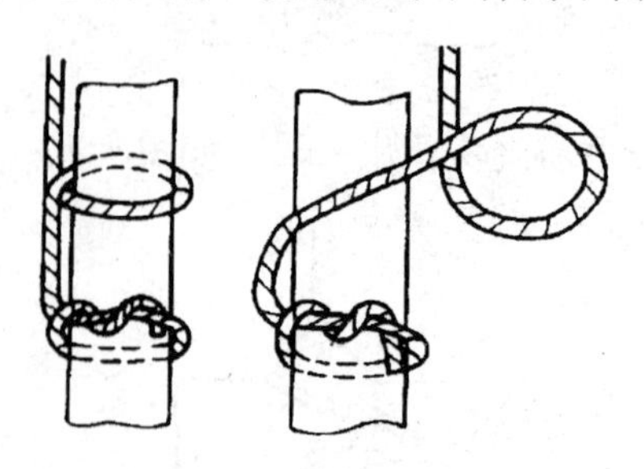

12. 杠棒结（抬扣）

杠棒结主要用于质量较轻物件的抬运或吊运。在抬起重物时绳结自然收紧，结绳及解绳迅速。其打结方法有五步：

（1）将一个绳头结成一个环，如图所示。

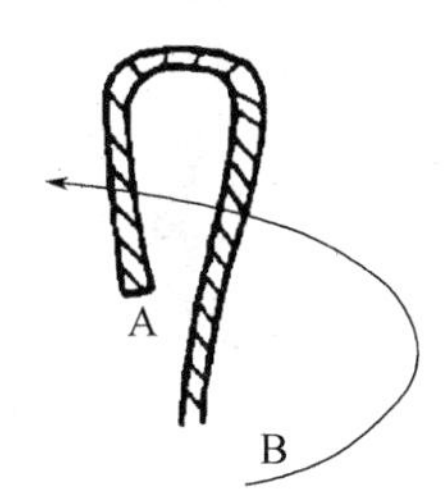

（2）按图中箭头所示的方向，将另一个绳头 B 压在已折成的绳环上，如图所示。

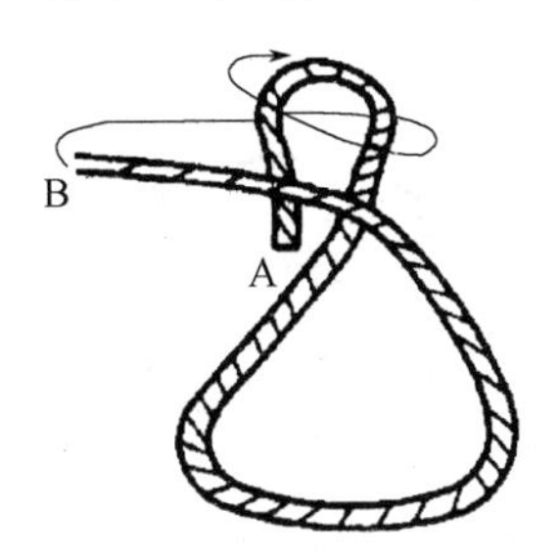

（3）按图中箭头所示的方向，把绳头 B 在绳环上绕一圈半，绳头 B 在绳环的下方，如图所示。

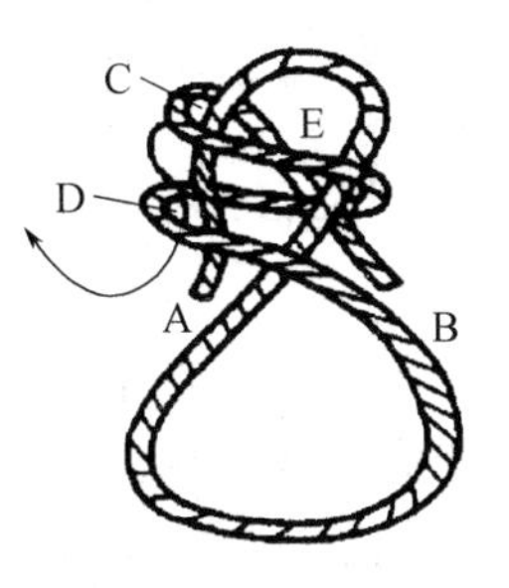

（4）将绳环 C 从绳环 D 中穿出，如图所示。

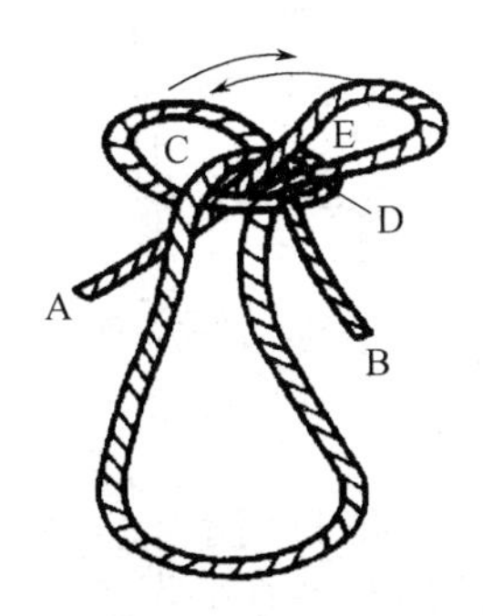

（5）将图中的两个绳环互相靠近直至合在一起时，便成为如图所示的两个杠棒结。在

吊重物时，绳圈D便会自然收紧，将两个绳头A、B压紧绳结便不会松散。

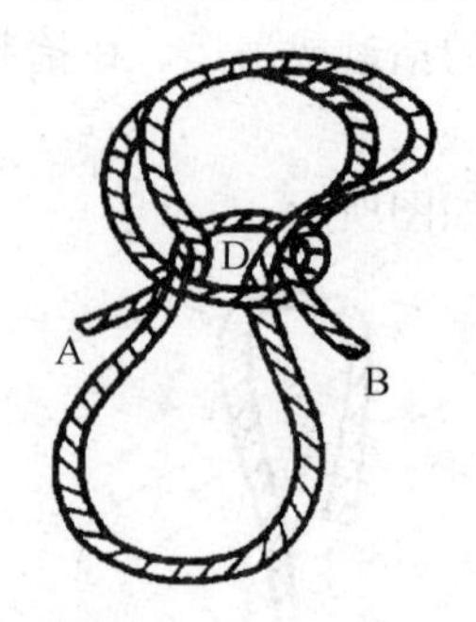

13. 抬缸结

抬缸结用于抬缸或吊运圆形的物件，其打结方法分为三步：

（1）将绳的中部压在缸的底部，两个绳头分别从缸的两侧向上引出，如图所示。

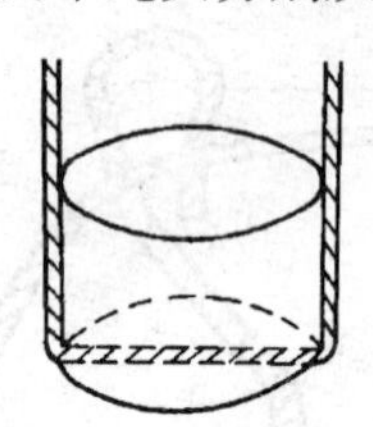

（2）将绳头在缸的上部互相交叉绕一下，如图所示。

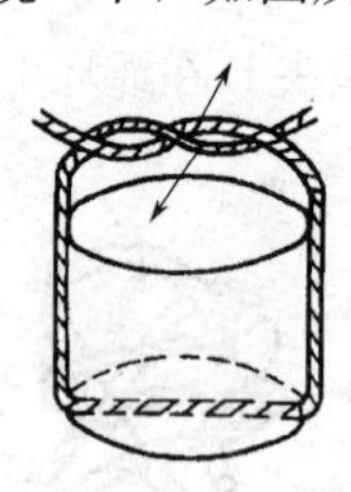

（3）按上图中箭头所示方向，将绳交叉的部分向缸的两侧分开，并套在缸的中上部，如下图所示，然后将绳头拉紧，即成抬缸结。注意，在将交叉部分向两侧分开套在缸上时，一定要套在缸的中上部，这样由于缸的重心在中部绳套的下方，抬缸时缸就不会倾倒。

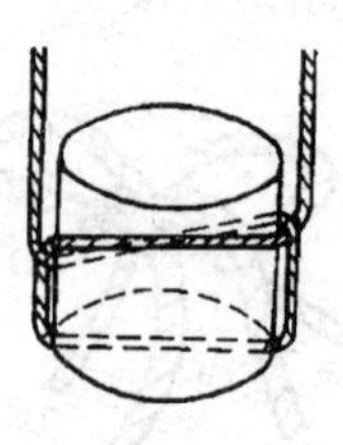

14. 蝴蝶结（板凳扣）

蝴蝶结主要用于吊人升空作业，一般只用于紧急情况或在现场没有其他载人升空机械时使用。如在起重桅杆竖立后，需在高处穿挂滑车等：在作业时，操作者必须在腰部系一根绳，以增加升空的稳定性。蝴蝶结的操作步骤分为五步：

（1）将绳的中部对折（可在绳的适当部位）形成一个绳环，如图所示。

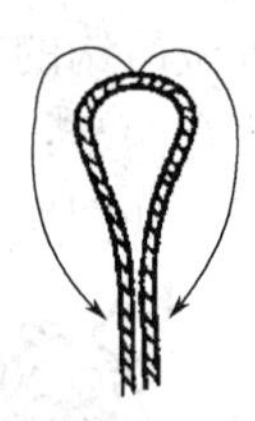

（2）用手拿住绳环的顶部，然后按上图中箭头所示的方向再对折，对折后便形成如下图所示的两个绳环。

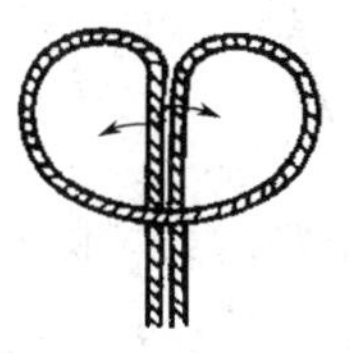

（3）按上图中箭头所示方向，将两个靠在一起的部分绳环互相重叠在一起，形成如下图所示的形状。

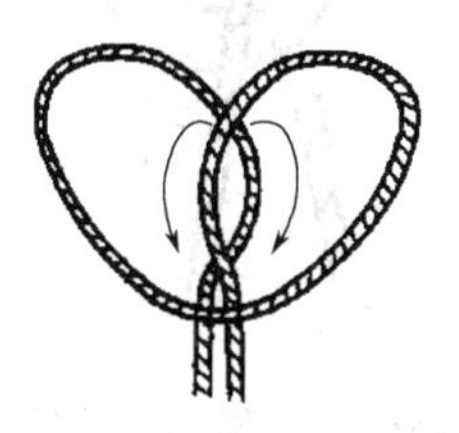

（4）用手捏住两绳环上部的交叉部分，然后向后折，直至与两个绳头相重叠在一起，便形成如图所示的四个绳圈。

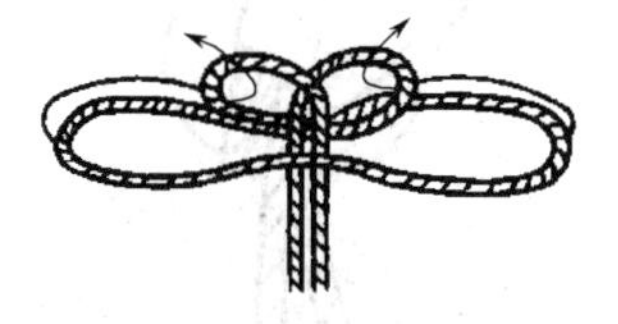

（5）将两个大绳圈分别从与自己相邻的小绳圈由下向上穿出，便形成如图所示的蝴蝶结。

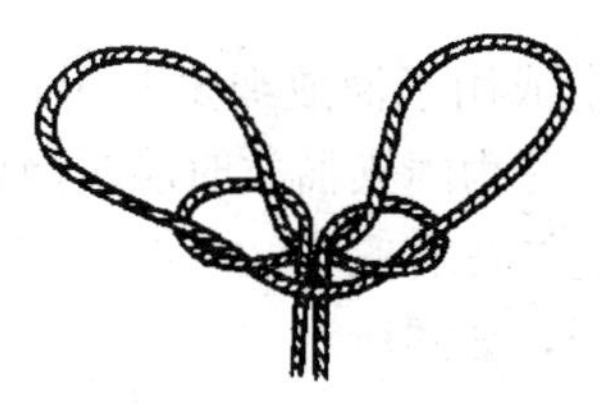

在使用蝴蝶结时，先将绳结拉紧，使绳与绳之间互相压紧，不使之移动，然后将腿各伸入两个绳圈中。绳头必须在操作者的胸前，操作者用手抓住绳头便可进行升空作业。

15. 挂钩结

挂钩结主要用于吊装千斤绳与起重机械吊钩的连接。绳结的结法方便、牢靠，受力时绳套滑落至钩底不会移动。挂钩结的结法有两步：

（1）将绳在吊钩的钩背上连续绕两圈，如图所示。

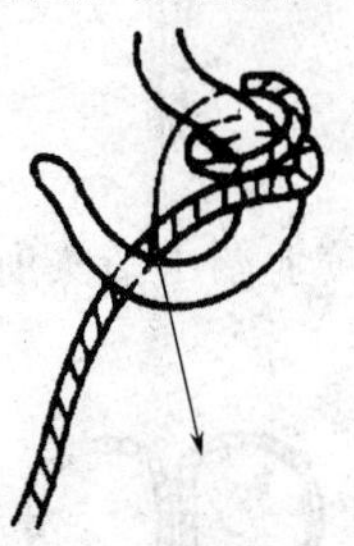

（2）在最后一圈绳头穿出后落在吊钩的另一侧面，如图所示。

当绳受力后便成为如图所示的形状。绳与绳之间互相压紧，受力后绳不会移动。

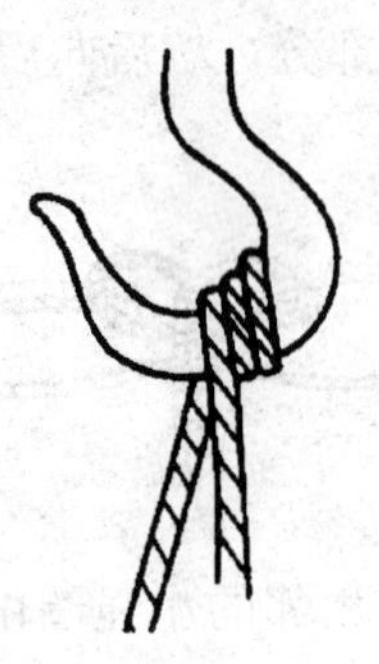

16. 拴柱结

拴柱结主要用于缆风绳的固定或用于溜放绳索时用。用于固定缆风绳时，结绳方便、迅速、易解；当用于溜放绳索时，受力绳索溜放时能缓慢放松，易控制绳索的溜放速度。

用作固定缆风绳时。拴柱结的结法有三步：

（1）将缆风绳在锚桩上绕一圈，如图所示。

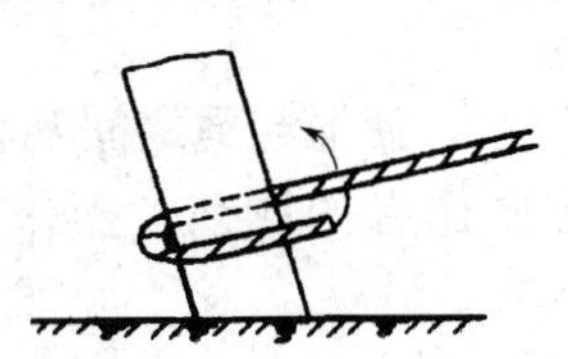

（2）将绳头绕到缆风绳的后方，然后再从后绕到前方，如图所示。

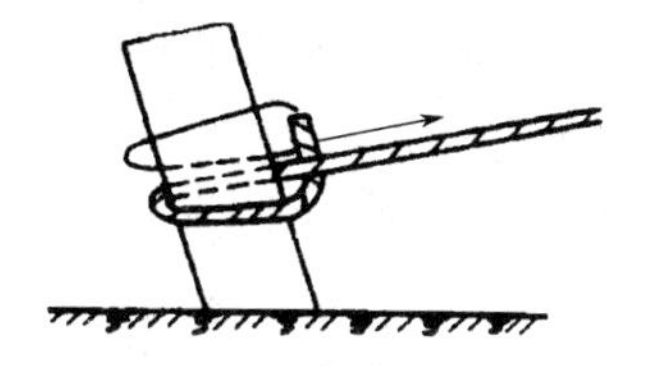

（3）将绕到缆风绳前方的绳头从锚桩的前方绕到后方，并将绳头一端与缆风绳并在一起，用细铁丝或细麻绳扎紧，如图所示。

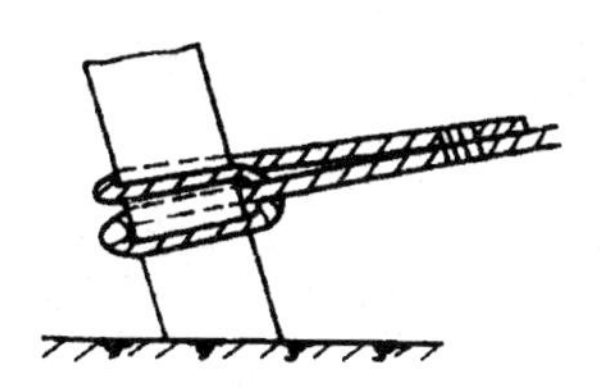

当此绳结作溜放绳索时，其绳结的结法是，将绳索的绳头在锚桩上连续绕上两圈，并将手握紧绳头，将绳索的绳头按图中箭头所示方向慢慢溜放。

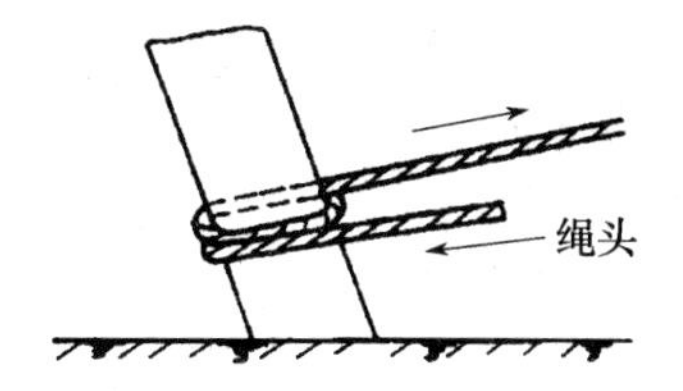

二、考核

（一）考核场地

（1）可在室内利用给出的绳子进行捆绑操作。

（2）设置评判用的桌椅和计时秒表。

（二）考核时间

（1）考核时间为30min。

（2）开工前，考生检查着装，时间为3min（不计入考核时间）。

（3）许可开工后记录考核开始时间。

（4）汇报工作终结，记录考核结束时间。

（5）在规定时间内完成，提前完成不加分，到时停止操作。

（三）考核要点

（1）要求一人操作，考评员监护。考生着装规范，穿工作服、绝缘鞋，戴安全帽。

（2）安全文明生产。现场捆绑操作熟练连贯、有序，正确规范。不发生危及人身安全的行为，否则可取消本次考核成绩。

三、评分标准

行业：电力工程　　　　　　工种：变电检修工　　　　　　等级：四

编号	BJ4XG0101	行为领域	f	鉴定范围		变电检修中级工	
考核时限	30min	题型	A	满分	100分	得分	
试题名称	绳结的捆绑法						
考核要点及其要求	（1）要求一人操作，考评员监护。考生着装规范，穿工作服、绝缘鞋，戴安全帽。 （2）安全文明生产。 （3）能按照考评员提示要求做出指挥吊车手势						
现场设备、工器具、材料	（1）工器具：捆绑操作绳（4m）1条。 （2）材料：被绑物品若干。 （3）设备：无						
备注	考生自备工作服、绝缘鞋，绳结的捆绑法任选10种						

评分标准

序号	考核项目名称	质量要求	分值	扣分标准	扣分原因	得分
1	工作前准备及文明生产					
1.1	着装、工器具准备（该项不计考核时间，以3min为限）	穿工作服和绝缘鞋、戴合格安全帽、安全带，工作前清点工器具、设备是否齐全	3	（1）未穿工作服、戴安全帽、穿绝缘鞋，每项不合格扣2分。 （2）未清点工器具、设备，每项不合格扣2分，分数扣完为止		
2	绳结的捆绑法　任选10种					
2.1	平结	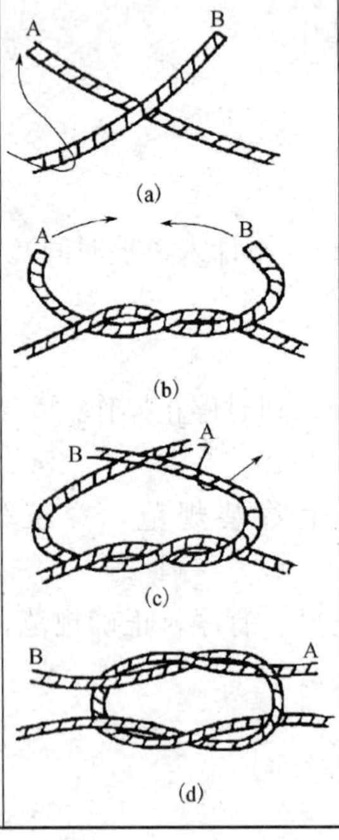 A B (a) A B (b) B A (c) B A (d)	9.5	绳结不合格扣9.5分		

续表

序号	考核项目名称	质量要求	分值	扣分标准	扣分原因	得分
2.2	活结	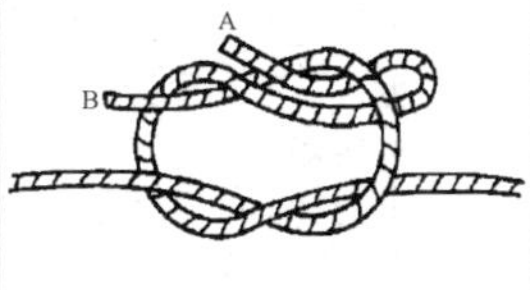	9.5	绳结不合格扣9.5分		
2.3	死结第一种	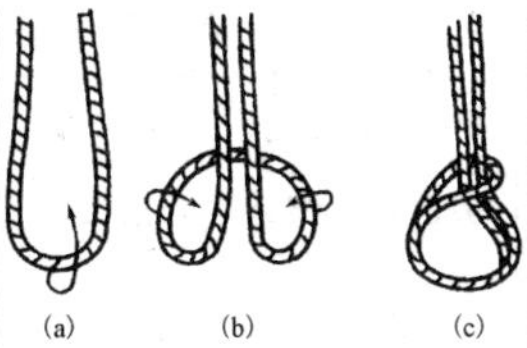	9.5	绳结不合格扣9.5分		
2.4	死结第二种	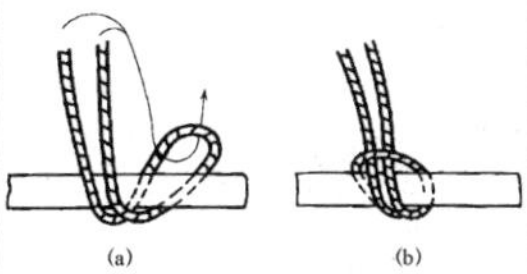	9.5	绳结不合格扣9.5分		
2.5	水手结（滑子扣、单环结）第一种	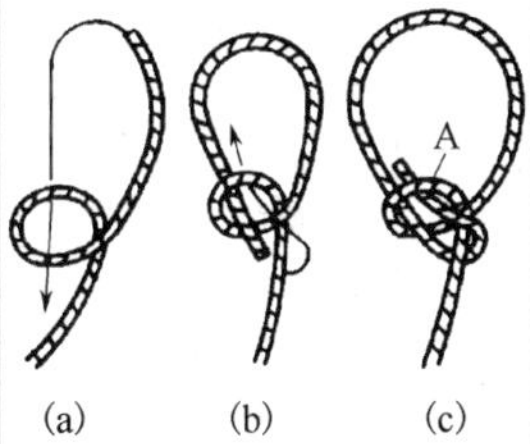	9.5	绳结不合格扣9.5分		
2.6	水手结（滑子扣、单环结）第二种	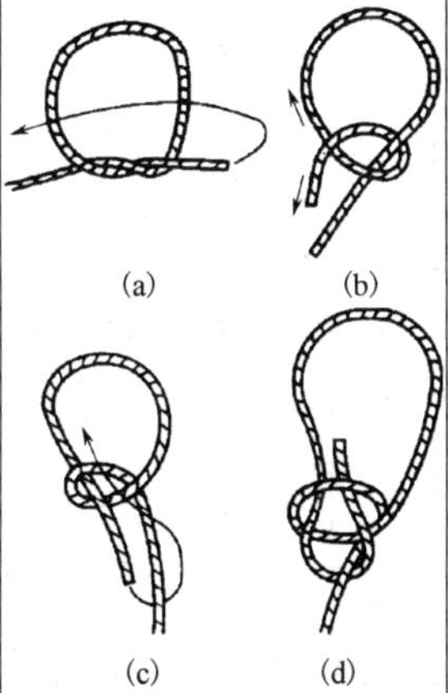	9.5	绳结不合格扣9.5分		
2.7	双环扣（双环套、双绕索结）第一种	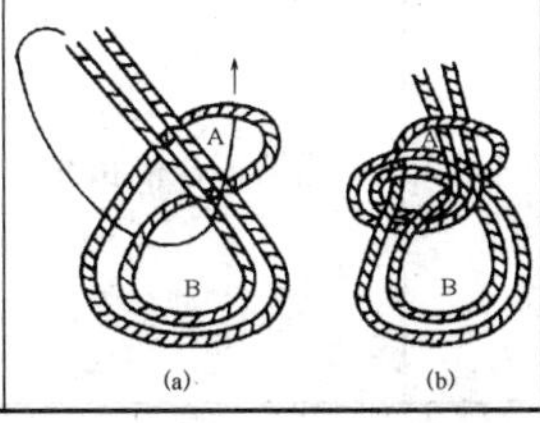	9.5	绳结不合格扣9.5分		

续表

序号	考核项目名称	质量要求	分值	扣分标准	扣分原因	得分
2.8	双环扣（双环套、双绕索结）第二种	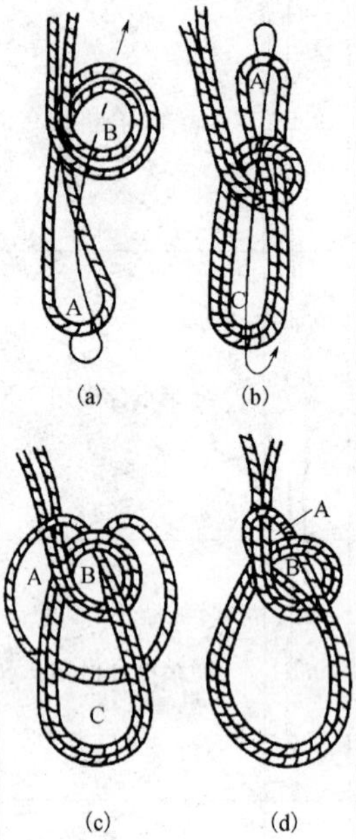 (a) (b) (c) (d)	9.5	绳结不合格扣9.5分		
2.9	单帆索结	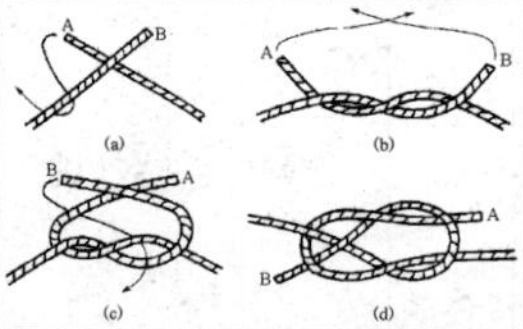 (a) (b) (c) (d)	9.5	绳结不合格扣9.5分		
2.10	双帆索结	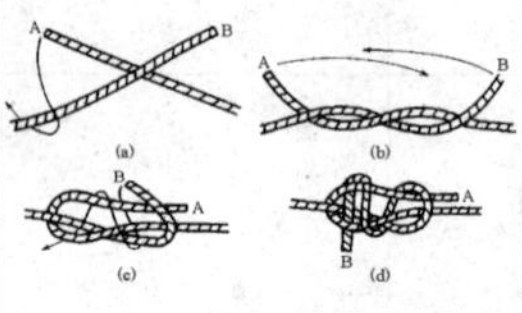 (a) (b) (c) (d)	9.5	绳结不合格扣9.5分		
2.11	“8”字结（梯形结、猪蹄扣）第一种	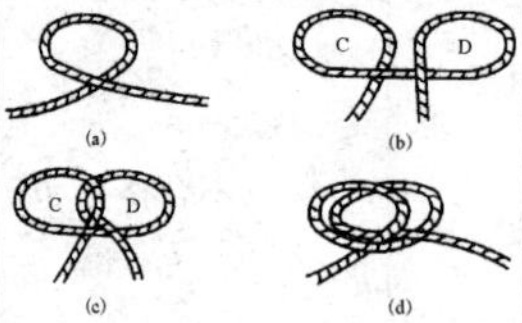 (a) (b) (c) (d)	9.5	绳结不合格扣9.5分		
2.12	“8”字结（梯形结、猪蹄扣）第二种	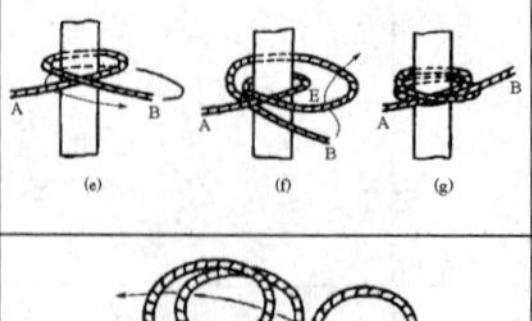 (e) (f) (g)	9.5	绳结不合格扣9.5分		
2.13	双“8”字结（双梯形结、双猪蹄扣）	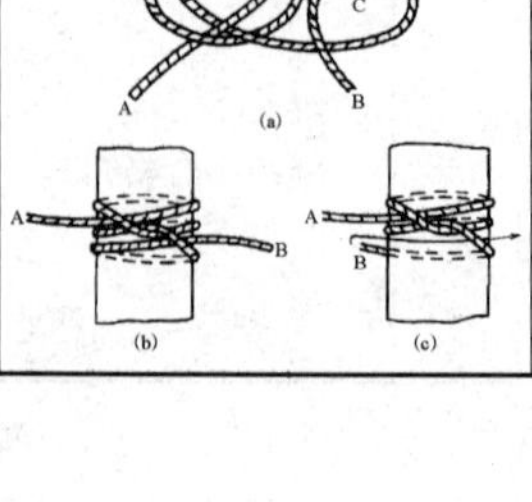 (a) (b) (c)	9.5	绳结不合格扣9.5分		

续表

序号	考核项目名称	质量要求	分值	扣分标准	扣分原因	得分
2.14	木结（背扣、活套结）	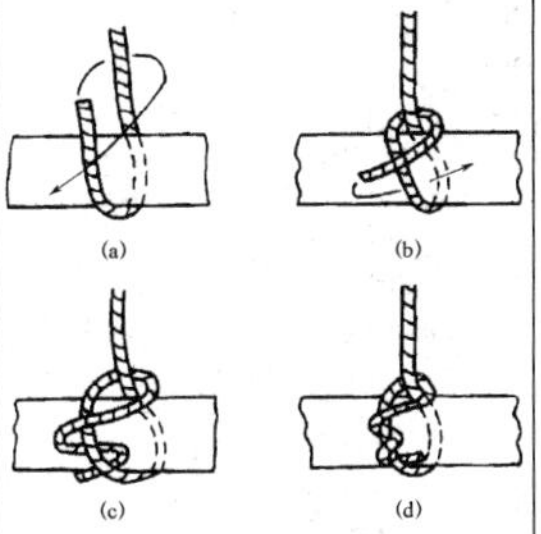 (a) (b) (c) (d)	9.5	绳结不合格扣 9.5 分		
2.15	叠结（倒背扣、垂直运扣）	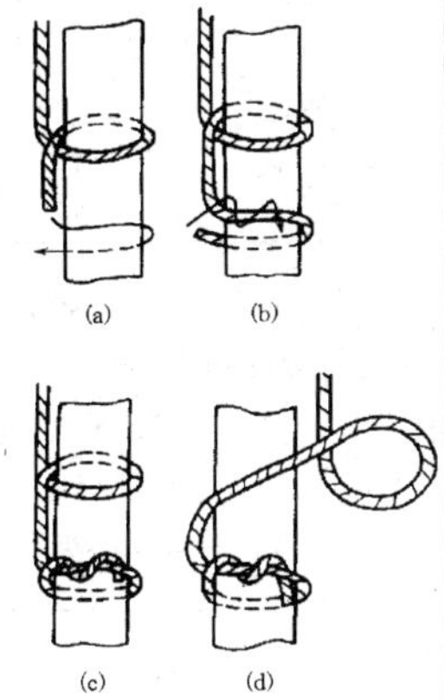 (a) (b) (c) (d)	9.5	绳结不合格扣 9.5 分		
2.16	杠棒结（抬扣）	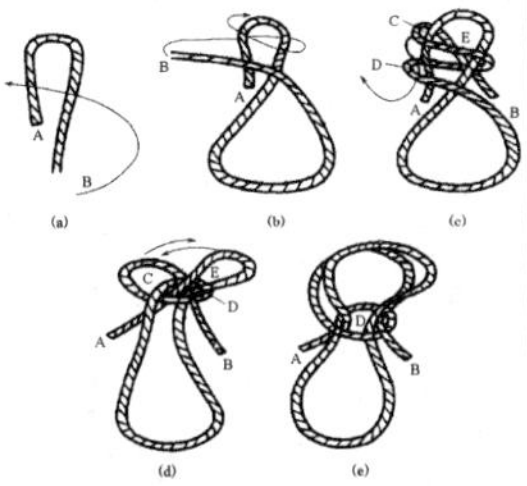 (a) (b) (c) (d) (e)	9.5	绳结不合格扣 9.5 分		
2.17	抬缸结	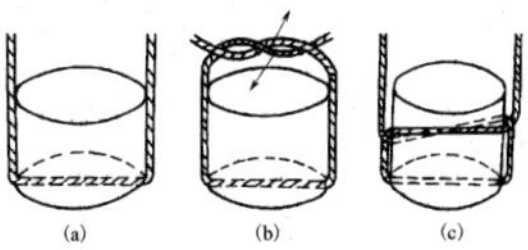 (a) (b) (c)	9.5	绳结不合格扣 9.5 分		
2.18	蝴蝶结（板凳扣）	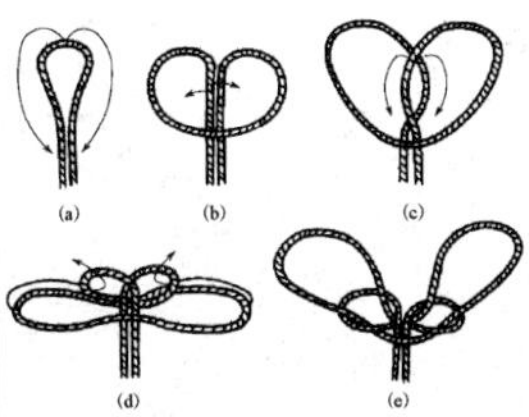 (a) (b) (c) (d) (e)	9.5	绳结不合格扣 9.5 分		

续表

序号	考核项目名称	质量要求	分值	扣分标准	扣分原因	得分
2.19	挂钩结	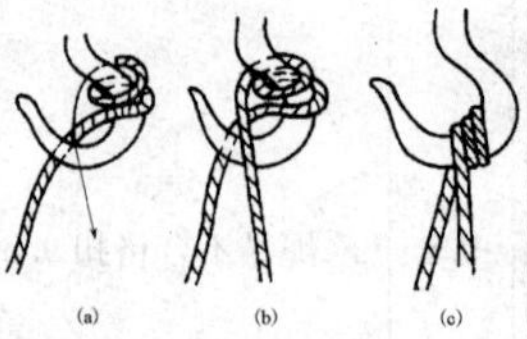	9.5	绳结不合格扣9.5分		
2.20	拴柱结	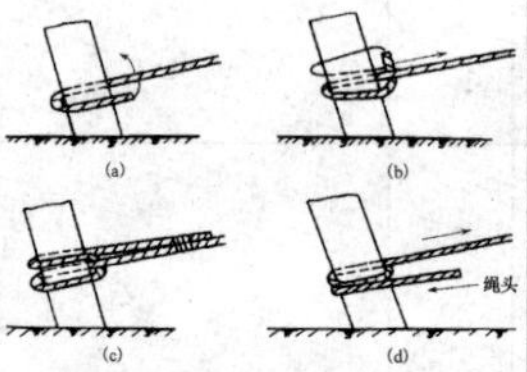	9.5	绳结不合格扣9.5分		
3	收工					
3.1	结束工作	工作结束，工器具及设备摆放整齐，工完场清，报告工作结束	2	(1) 工器具及设备摆放不整齐，扣1分。 (2) 未清理现场，扣1分。 (3) 未汇报工作结束，扣1分，分数扣完为止		

第三部分　高　级　工

1 理论试题

1.1 单选题

La3A1001 ZN28-10 型真空断路器应定期检查触头烧损情况，其方法是检查真空断路器动导杆伸出导向板长度的变化情况，若总变量超出(　　)，则表示真空灭弧室的电寿命终了，应更换真空灭弧室。

(A) 3mm；(B) 4mm；(C) 1cm。

答案：A

La3A1002 为了保证真空灭弧室达到其技术条件规定的参数，动、静触头间所需接触的压力，叫作(　　)。

(A) 额定触头压力；(B) 触头自闭力；(C) 纵向安全静压力。

答案：A

La3A1003 母线接触面应紧密，用 0.05mm×10mm 的塞尺检查，母线宽度在 63mm 及以上者不得塞入(　　)mm。

(A) 6；(B) 5；(C) 4；(D) 3。

答案：A

La3A1004 锉刀的粗细等级分为 1、2、3、4、5 号纹五种，3 号纹是用于(　　)。

(A) 粗锉刀；(B) 中粗锉刀；(C) 细锉刀；(D) 双细锉刀。

答案：C

La3A1005 扁钢、等边三角钢、不等边三角钢的规格以(　　)的尺寸表示。

(A) 各边宽及厚度；(B) 边宽；(C) 厚度；(D) 角度。

答案：A

La3A1006 交流电压表和交流电流表指示的数值是(　　)。

(A) 最大值；(B) 平均值；(C) 有效值。

答案：C

La3A1007 局部放电包括(　　)。

(A) 内部放电；(B) 沿面放电；(C) 电晕放电；(D) 内部放电、沿面放电、电晕放电。

答案：D

La3A1008 变压器经真空注油后，其补油应(　　)。

(A) 从变压器下部阀门注入；(B) 经储油柜注入；(C) 通过真空滤油机从变压器下部注入；(D) 随时注入。

答案：B

La3A1009 并联电容器设备当(　　)时应更换处理。

(A) 积灰比较大；(B) 熔丝熔断电容器内无击穿；(C) 电容器变形膨胀渗漏；(D) 电容器端子接线不良。

答案：C

La3A1010 根据汤逊理论，自持放电条件是(　　)。

(A) 自持放电电压与气隙的压力成正比；(B) 自持放电电压与气隙的距离成正比；(C) 自持放电电压与气隙的压力、距离之积成正比；(D) 自持放电电压与气隙的压力、距离之积成反比。

答案：C

La3A1011 使用携带型火炉或喷灯时，火焰与带电部分距离：电压在10kV及以下者，不得小于(　　)。

(A) 0.5m；(B) 1.0m；(C) 1.5m；(D) 2.0m。

答案：C

La3A1012 测量10kV以上变压器绕组绝缘电阻，采用(　　)V兆欧表。

(A) 2500；(B) 500；(C) 1000；(D) 1500。

答案：A

La3A1013 对于断路器来说，补气和报警压力值通常为额定压力的(　　)。

(A) 90%～85%；(B) 70%～85%；(C) 70%～75%；(D) 80%～85%。

答案：A

La3A1014 断路器在低于额定电压下运行时，其开断短路容量会(　　)。

(A) 增加；(B) 不变；(C) 降低；(D) 先增加，后降低。

答案：C

La3A1015 母线的作用是(　　)。

(A) 汇集电能；(B) 汇集和分配电能；(C) 便于电气设备的布置；(D) 便于设备安装。

答案：B

La3A1016 物体带电是由于(　　)。

(A) 失去电荷或得到电荷的缘故；(B) 既未失去电荷也未得到电荷的缘故；(C) 由于物体是导体；(D) 由于物体是绝缘体。

答案：A

La3A2017 任何载流导体的周围都会产生磁场，其磁场强弱与(　　)。

(A) 通过导体的电流大小有关；(B) 导体的粗细有关；(C) 导体的材料性质有关；(D) 导体的空间位置有关。

答案：A

La3A2018 磁通密度的国际制单位是(　　)。

(A) 韦伯；(B) 特斯拉；(C) 高斯；(D) 麦克斯。

答案：B

La3A2019 变压器油中表示化学性能的主要参数是(　　)。

(A) 闪点；(B) 水分；(C) 烃含量；(D) 酸值。

答案：D

La3A2020 一台变压器的负荷电流增大后，引起二次侧电压升高，这个负载一定是(　　)。

(A) 纯电阻性负荷；(B) 电容性负荷；(C) 电感性负荷；(D) 空负荷。

答案：B

La3A2021 电缆导线截面面积的选择是根据(　　)进行的。

(A) 额定电流；(B) 传输容量；(C) 短路容量；(D) 传输容量及短路容量。

答案：D

La3A2022 按照电气设备正常运行所允许的最高工作温度，把绝缘材料分为七个等级，其中“Y”级绝缘的允许温度为(　　)。

(A) 90℃；(B) 105℃；(C) 120℃。

答案：A

La3A2023 钢丝绳用于以机器为动力的起重设备时，其安全系数应取(　　)。

(A) 2；(B) 2.5～4；(C) 5～6；(D) 10。

答案：C

La3A2024 发生两相短路时，短路电流中含有(　　)分量。

(A) 正序；(B) 负序；(C) 正序和负序；(D) 正序和零序。

答案：C

La3A2025 电力变压器的隔膜式储油柜上的呼吸器的下部油碗中(　　)。

(A) 放油；(B) 不放油；(C) 放不放油都可以；(D) 无油可放。

答案：B

La3A2026 在电力系统中使用氧化锌避雷器的主要原因是其(　　)的优点。

(A) 造价低；(B) 便于安装；(C) 保护性能好。

答案：C

La3A2027 串联谐振的形成决定于(　　)。

(A) 电源频率；(B) 电路本身参数；(C) 电源频率和电路本身参数达到 $\omega L=1/\omega C$。

答案：C

La3A2028 用1000V兆欧表测量室外二次回路的绝缘电阻值，二次回路绝缘电阻标准是：运行中设备不低于(　　)MΩ。

(A) 2；(B) 1；(C) 5；(D) 10。

答案：B

La3A2029 变压器在额定电压下二次侧开路时，其铁芯中消耗的功率称为(　　)。

(A) 铁损；(B) 铜损；(C) 无功损耗；(D) 线损。

答案：A

La3A2030 进入GIS母线筒内工作前，应先打开盖子，并用纯净干燥的压缩气体对内部吹(　　)左右。

(A) 0.2h；(B) 0.3h；(C) 0.4h；(D) 0.5h。

答案：D

La3A2031 断路器整体评价应综合其部件的评价结果。当任一部件状态为注意状态、异常状态或严重状态时，整体评价应为其中的(　　)状态。

(A) 最严重；(B) 严重；(C) 注意；(D) 异常。

答案：A

La3A2032 变电设备外绝缘配置必须达到污秽等级要求，有关防污改造可采取更换防污设备或(　　)等措施。

(A) 涂防污涂料；(B) 清扫；(C) 涂环氧树脂；(D) 涂硅脂。

答案：A

La3A2033 用手持检漏仪定性检测六氟化硫泄漏时，一般移动速度以(　　)mm/s 左右为宜。

(A) 10；(B) 15；(C) 20；(D) 30。

答案：A

La3A3034 变压器的(　　)对油的绝缘强度影响最大。

(A) 凝固点；(B) 黏度；(C) 水分；(D) 硬度。

答案：C

La3A3035 变压器套管等瓷质设备，当电压达到一定值时，这些瓷质设备表面的空气发生放电，叫作(　　)。

(A) 气体击穿；(B) 气体放电；(C) 瓷质击穿；(D) 沿面放电。

答案：D

La3A3036 E4303 和 E5015 是(　　)焊条。

(A) 结构钢；(B) 高碳钢；(C) 低碳钢；(D) 不锈钢。

答案：A

La3A3037 普通碳素钢是含(　　)量较低的一般钢材。

(A) 碳；(B) 硫；(C) 磷。

答案：A

La3A3038 断路器的同期不合格，非全相分、合闸操作可能使中性点不接地的变压器中性点上产生(　　)。

(A) 过电压；(B) 电流；(C) 电压降低；(D) 零电位。

答案：A

La3A3039 大修竣工验收实行(　　)。

(A) 车间验收；(B) 班组自验收；(C) 三级验收；(D) 运行人员验收。

答案：C

La3A3040 起重钢丝绳的安全系数为(　　)。

(A) 4.5；(B) 5～6；(C) 8～10；(D) 17。

答案：B

Lb3A1041 由于真空灭弧室内外压力差及波纹管弹性产生的使动、静触头保持自然闭合状态的力，叫作(　　)。其值由自然闭合状态变为刚分状态时所需施加的外力来确定。

(A) 额定开距下的触头反力；(B) 触头自闭力；(C) 额定触头压力。

答案：B

Lb3A1042 10kV、35kV、110kV 工作人员工作中正常活动范围与带电设备的安全距离分别为(　　)m。

(A) 0.35、1、1.5；(B) 0.35、0.6、1.5；(C) 0.6、1.5、3。

答案：B

Lb3A1043 SF_6 气体质量国家标准规定：出厂 SF_6 气体中含水量(　　)。

(A) ≤8μg/g；(B) ≤68μg/g；(C) ≤100μg/g；(D) ≤150μg/g。

答案：A

Lb3A1044 220kV 设备不停电时的安全距离为(　　)m。

(A) 1.5；(B) 2.5；(C) 3.0。

答案：C

Lb3A1045 用卷扬机牵引设备起吊重物时，当跑绳在卷筒中间时，跑绳与卷筒的位置一般应(　　)。

(A) 偏一小角度；(B) 偏角小于 15°；(C) 垂直；(D) 任意角度。

答案：C

Lb3A1046 用有载调压变压器的调压装置进行调整电压时，对系统来说(　　)。

(A) 作用不大；(B) 能提高功率因数；(C) 不能补偿无功不足的情况；(D) 降低功率因数。

答案：C

Lb3A1047 电压互感器二次回路导线（铜线）截面面积不小于 $2.5mm^2$，电流互感器二次回路导线（铜线）截面面积不小于(　　)。

(A) $10mm^2$；(B) $8mm^2$；(C) $6mm^2$；(D) $4mm^2$。

答案：D

Lb3A1048 SF_6 气体回收装置抽真空时，必须由专人监视真空泵的运转情况，以防止因运转中停电、停泵，而导致真空泵中的(　　)倒吸入 SF_6 电气设备中，造成严重后果。

(A) 空气；(B) 氧气；(C) 真空气；(D) 油。

答案：D

Lb3A1049 断路器液压机构的液压油起(　　)的作用。

(A) 储存能量；(B) 储存油压；(C) 传递能量；(D) 润滑部件。

答案：C

Lb3A2050 测量互感器极性的目的是(　　)。

(A) 满足负载的要求；(B) 保证外部接线正确；(C) 提高保护装置的灵敏度。

答案：B

Lb3A2051 空气达到饱和时的温度称为露点，它与相对湿度的关系是(　　)。
(A) 固定不变的；(B) 不同的气温和不同的相对湿度下，露点的数值也不一样气温不变，相对湿度越大，露点与气温的差距越小，反之越大。
答案：B

Lb3A2052 接地装置的接地电阻分为四部分，(　　)的电阻最大。
(A) 接地线；(B) 接地体本身；(C) 接地体与土壤接触；(D) 土壤。
答案：D

Lb3A2053 变压器的可变损耗产生于(　　)。
(A) 铁芯中；(B) 绕组中；(C) 铁芯和绕组；(D) 外壳。
答案：B

Lb3A2054 在检修工作中，用倒链起重时，如发现打滑现象则(　　)。
(A) 使用时需注意安全；(B) 需修好后再用；(C) 严禁使用；(D) 不考虑。
答案：B

Lb3A2055 吊装作业中，利用导向滑轮起吊，导向滑轮两端绳索夹角有 4 种情况，只有夹角为(　　)时绳子受力最小。
(A) 120°；(B) 90°；(C) 60°；(D) 0°。
答案：A

Lb3A2056 绞磨在工作中，跑绳绕在磨芯的圈数越(　　)，则拉紧尾绳的人越省力。
(A) 多；(B) 少；(C) 紧；(D) 松。
答案：A

Lb3A2057 高压断路器的额定开断电流是指(　　)。
(A) 断路器开断的最大短路电流；(B) 断路器开断正常运行的最大负荷电流；
(C) 断路器在规定条件下，能开断最大短路电流的有效值。
答案：C

Lb3A2058 中性点不接地系统发生单相接地时，流经故障点的电流等于(　　)。
(A) 每相对地电容电流的 3 倍；(B) 故障相的短路电流；(C) 非故障相对地电容电流的和。
答案：A

Lb3A2059 隔离开关主刀分离距离达到总行程(　　)时，辅助开关动作切换。
(A) 30%；(B) 50%；(C) 80%；(D) 100%。
答案：C

Lb3A2060 工作人员进入 SF_6 气体易泄漏和聚集的危险地区工作前，测量空气中的 SF_6 气体的含量不得大于(　　)。

(A) 1000μL/L；(B) 800μL/L；(C) 700μL/L；(D) 600μL/L。

答案：A

Lb3A2061 阻波器的作用是(　　)。

(A) 高频保护判别线路故障的元件；(B) 高频保护判别母线故障的元件；(C) 防止高频电流向线路泄漏；(D) 防止高频电流向母线泄漏。

答案：D

Lb3A2062 单脚规是(　　)工具。

(A) 与圆规一样，用来加工零件与画圆；(B) 找圆柱零件圆心；(C) 测量管材内径；(D) 测量管材外径。

答案：B

Lb3A2063 纯净的 SF_6 气体是(　　)的。

(A) 无毒；(B) 有毒；(C) 中性；(D) 有益。

答案：A

Lb3A2064 隔离开关可作为有(　　)无(　　)时，断开与闭合电路之用。

(A) 电压，负荷；(B) 电流，功率；(C) 电阻，电流；(D) 电感，电容。

答案：A

Lb3A2065 为了检查封闭母线及母线伸缩节接头螺钉运行情况，应装设直径 100mm 的(　　)。

(A) 检修孔；(B) 触摸孔；(C) 观察孔；(D) 紧固孔。

答案：C

Lb3A2066 若考虑电晕，工作电压在 60kV 以上母线，直径不应小于(　　)。

(A) 15mm；(B) 12mm；(C) 10mm；(D) 8mm。

答案：C

Lb3A2067 倒闸操作可以通过就地操作、遥控操作和(　　)来完成。

(A) 信号操作；(B) 人为操作；(C) 机构脱解操作；(D) 程序操作。

答案：D

Lb3A2068 使用万用表时，应注意(　　)转换开关，弄错时易烧坏表计。

(A) 功能；(B) 量程；(C) 功能及量程；(D) 位置。

答案：C

Lb3A2069 撬棍是在起重作业中经常使用的工具之一，在进行操作时，重力臂(　　)力臂。

(A) 大于；(B) 等于；(C) 小于；(D) 略大。

答案：C

Lb3A2070 A级绝缘材料的最高工作温度为(　　)。

(A) 90℃；(B) 105℃；(C) 120℃；(D) 130℃。

答案：A

Lb3A2071 对于分级绝缘的变压器，中性点不接地或经放电间隙接地时应装设(　　)保护，以防止发生接地故障时，因过电压而损坏变压器。

(A) 差动；(B) 正序过压；(C) 复合电压闭锁过流；(D) 间隙过流。

答案：D

Lb3A2072 《国家电网公司电力安全工作规程》规定：10kV配电装置的裸露部分在跨越人行过道或作业区时，若导电部分对地高度小于(　　)m，该裸露部分两侧和底部须装设护网。

(A) 2.7；(B) 2.8；(C) 2.9；(D) 3.0。

答案：A

Lb3A2073 为了改善断路器多断口之间的均压性能，通常采用的措施是在端口上加装(　　)。

(A) 并联电阻；(B) 并联电容；(C) 并联电抗；(D) 并联电感。

答案：B

Lb3A2074 电容型变压器套管在安装前必须做的两项实验是 $\tan\delta$ 测量和(　　)。

(A) 绝缘电阻测量；(B) 热稳定性测量；(C) 耐压试验；(D) 电容量测量。

答案：D

Lb3A2075 户内GIS开关室排风扇应安装在(　　)。

(A) 任意位置；(B) 1m高处；(C) 0.5m高处；(D) 最低处。

答案：D

Lb3A2076 回路电阻测试仪是测量(　　)的通用测量仪器。

(A) 断路器、开关、母线电阻；(B) 断路器、开关电阻；(C) 断路器、母线上接触部件和其他流经小电流接点的导电回路电阻；(D) 断路器、开关、母线接点、母线上接触部件和其它流经大电流接点的导电回路电阻。

答案：D

Lb3A3077 铁磁材料在反复磁化过程中，磁通密度的变化始终落后于磁场强度的变化，这种现象称为(　　)。

(A) 磁滞；(B) 磁化；(C) 剩磁；(D) 磁阻。

答案：A

Lb3A3078 变压器的漏磁通是指(　　)。

(A) 在铁芯中成闭合回路的磁通；(B) 穿过铁芯外的空气或油路才能成为闭合回路的磁通；(C) 在铁芯柱的边缘流通的磁通。

答案：B

Lb3A3079 户外配电装置35kV以上软导线采用(　　)。

(A) 多股铜绞线；(B) 多股铝绞线；(C) 钢芯铝绞线；(D) 钢芯多股绞线。

答案：C

Lb3A3080 对绝缘材料的电气性能要求是耐受(　　)。

(A) 高电压的能力；(B) 过电流能力；(C) 热稳定能力；(D) 动稳定能力。

答案：A

Lb3A3081 断路器动触头的铜钨合金部分烧蚀深度大于(　　)mm时，应更换；导电接触面烧蚀深度大于0.5mm时，应更换。

(A) 1；(B) 1.5；(C) 2；(D) 0.5。

答案：C

Lb3A3082 用叠加原理计算复杂电路时，就是把一个复杂电路转化为(　　)来进行计算。

(A) 支路；(B) 单电源电路；(C) 独立电路。

答案：B

Lb3A3083 接地体圆钢与扁钢连接时，其焊接长度为圆钢直径的(　　)倍。

(A) 5；(B) 3；(C) 6；(D) 8。

答案：C

Lb3A3084 状态检修实行的是(　　)评估。

(A) 班组评估；(B) 两级；(C) 四级；(D) 三级。

答案：D

Lb3A3085 隔离开关与接地开关的联锁方式一般有(　　)种。

(A) 2；(B) 3；(C) 4；(D) 5。

答案：A

Lb3A3086　GIS 内部绝缘结构分为纯 SF_6 气体间隙绝缘和(　　)。

(A) 母线间隙大气绝缘；(B) 支持绝缘；(C) 引线绝缘。

答案：B

Lb3A3087　110～500kV 互感器在出厂试验时，应按照各有关标准、规程的要求逐台进行全部出厂试验，包括高电压下的介损试验、局部放电试验及(　　)。

(A) 绝缘电阻试验；(B) 型式试验；(C) 耐压试验；(D) 红外测温。

答案：C

Lb3A3088　液压机构的加热器应在(　　)时使其投入。

(A) －5℃；(B) 0℃；(C) 2℃；(D) 4℃。

答案：B

Lb3A3089　GIS 在设计过程中应特别注意气室的划分，避免某处故障后劣化的 SF_6 气体造成 GIS 的其他带电部位的闪络，(　　)。

(A) 还应考虑各气室的承压能力；(B) 同时也应考虑检修维护的便捷性，保证最大气室气体量不超过 8h 的气体处理设备的处理能力；(C) GIS 在设计过程中应特别注意厂家的生产能力；(D) GIS 在设计过程中应特别注意厂家的工艺水平。

答案：B

Lb3A4090　现场常用(　　)试验项目来判断设备的绝缘情况。

(A) 绝缘电阻；(B) 泄漏电流；(C) 交流耐压，局部放电；(D) 绝缘电阻、泄漏电流、交流耐压、局部放电。

答案：D

Lb3A4091　SF_6 断路器的特点是开断能力强、开断性能好和(　　)。

(A) 密封性能好；(B) 动作灵敏度快；(C) 检修维护工作量大；(D) 电气寿命长。

答案：D

Lb3A4092　裸母线运行时，其接头温度一般不允许超过(　　)，否则应减少负荷运行。

(A) 70℃；(B) 80℃；(C) 90℃；(D) 85℃。

答案：A

Lb3A4093　SF_6 断路器中密度表起到(　　)的作用。

(A) 当气体密度上升到规定的报警压力值时，动作发出报警信号；(B) 当气体密度下降到规定的报警（补气）压力值时，动作发出报警（补气）信号；(C) 当气体压力下降到规定的闭锁值时，动作闭锁分闸操作回路。

答案：B

Lc3A1094 在额定开距下，由于真空灭弧室内外压力差及波纹管弹性在动端上产生的力，叫作(　　)。其值相当于为使真空灭弧室动触头分离于额定开距时所应施加的外力。

(A) 触头自闭力；(B) 额定开距下触头反力；(C) 额定触头压力。

答案：B

Lc3A1095 真空灭弧室两端盖之间允许施加的与真空灭弧室轴线方向一致的压力的最大值，叫作(　　)。

(A) 纵向安全静压力；(B) 额定触头压力；(C) 触头自闭力。

答案：A

Lc3A1096 高压断路器的均压电容器在(　　)起作用。

(A) 合闸时；(B) 开断电流时；(C) 开断和合闸时。

答案：B

Lc3A1097 变压器真空注油时，要求注油速度为(　　)。

(A) 10t/h；(B) 20t/h；(C) 25t/h；(D) 50t/h。

答案：D

Lc3A1098 运输大型变压器用的滚杠一般直径在(　　)mm 以上。

(A) 100；(B) 80；(C) 60；(D) 50。

答案：A

Lc3A1099 在水平面或侧面进行錾切、剔工件毛刺或用短而小的錾子进行錾切时，握錾的方法采用(　　)法。

(A) 正握；(B) 反握；(C) 立握；(D) 正反握。

答案：B

Lc3A1100 金属导体的电阻与(　　)无关。

(A) 导体长度；(B) 导体截面面积；(C) 外加电压。

答案：C

Lc3A1101 为预防开关设备载流回路过热，应定期用(　　)检查开关设备的接头部、隔离开关的导电部分（重点部位：触头、出线座等），特别是在重负荷或高温期间，加强对运行设备温升的监视，发现问题应及时采取措施。

(A) 红外线测温设备；(B) 激光测漏设备；(C) 示温片；(D) 望远镜。

答案：A

Lc3A1102 变压器的主绝缘是指(　　)。

(A) 绕组及与其相连的导体对地、对铁芯，以及相间的绝缘；(B) 高、低压间对铁芯的绝缘；(C) 分接开关及引线的绝缘；(D) 铁芯与低压线圈的绝缘。

答案：A

Lc3A1103 闸刀式隔离开关适用于(　　)。

(A) 较高电压；(B) 较低电压；(C) 变电所出线；(D) 变电所进线。

答案：B

Lc3A1104 真空断路器的分、合闸速度，一般是指真空灭弧室触头闭合前或分离后一段行程内的(　　)。

(A) 最大速度；(B) 最小速度；(C) 平均速度；(D) 刚分、刚合点速度。

答案：C

Lc3A1105 电路中只有一台电动机运行时，熔体额定电流≥(　　)倍电机额定电流。

(A) 1.4；(B) 2.7；(C) 1.5～2.5；(D) 3。

答案：C

Lc3A1106 起重机起吊重物时，一定要进行试吊，试吊高度小于(　　)m，试吊无危险时，方可进行起吊。

(A) 0.2；(B) 0.3；(C) 0.5；(D) 0.6。

答案：C

Lc3A1107 用绝缘电阻表测量吸收比是测量(　　)时绝缘电阻之比，当温度在10～30℃时吸收比大于1.3～2.0时合格。

(A) 15s和60s；(B) 15s和45s；(C) 20s和70s；(D) 20s和60s。

答案：A

Lc3A2108 变压器的空载试验不能发现(　　)。

(A) 绕组匝间短路；(B) 铁芯、硅钢片间短路；(C) 铁芯多点接地；(D) 绕组绝缘整体受潮。

答案：D

Lc3A2109 严格控制互感器真空干燥处理的三要素是(　　)。

(A) 真空度、温度、时间；(B) 温度、压力、时间；(C) 绝缘、介质、温度。

答案：A

Lc3A2110 介质损失角试验能够反映出绝缘所处的状态，但(　　)。

(A) 对局部缺陷反应灵敏，对整体缺陷反应不灵敏；(B) 对整体缺陷反应灵敏，但对局部缺陷反应不灵敏；(C) 对整体和局部缺陷反应均灵敏。

答案：**B**

Lc3A2111 将三芯电缆做成扇形是为了(　　)。

(A) 均匀电场；(B) 缩小外径；(C) 加强电缆散热；(D) 节省材料。

答案：**B**

Lc3A2112 用兆欧表测量吸收比是测量(　　)时绝缘电阻之比。当温度在 10～30℃时，吸收比为 1.3～2.0 时合格。

(A) 15s 和 60s；(B) 15s 和 45s；(C) 20s 和 70s；(D) 20s 和 60s。

答案：**A**

Lc3A2113 新投运设备投运初期按国家电网公司《输变电设备状态检修试验规程》规定 110kV 的新设备投运后(　　)，应安排例行试验，同时还应对设备及其附件（包括电气回路及机械部分）进行全面检查，收集各种状态量，并进行一次状态评价。

(A) 1～2 年；(B) 3 年；(C) 4 年；(D) 4.5 年。

答案：**A**

Lc3A2114 真空断路器的灭弧介质是(　　)。

(A) 油；(B) SF_6；(C) 真空；(D) 空气。

答案：**C**

Lc3A2115 新投运设备投运初期按国家电网公司《输变电设备状态检修试验规程》规定 220kV 及以上的新设备投运后(　　)，应安排例行试验，同时还应对设备及其附件（包括电气回路及机械部分）进行全面检查，收集各种状态量，并进行一次状态评价。

(A) 1 年；(B) 2 年；(C) 3 年；(D) 4.5 年。

答案：**A**

Lc3A2116 当隔离开关电动操作机构中电动机过载时，靠(　　)切断交流电源。

(A) 接触器；(B) 限位开关；(C) 热继电器；(D) 电源空气开关。

答案：**C**

Lc3A2117 在中性点直接接地系统中，发生单相接地故障时，非故障相对地电压(　　)。

(A) 不会升高；(B) 升高不明显；(C) 升高 1.73 倍；(D) 降低。

答案：**A**

Lc3A2118 在加工机械零件时，常用与（ ）相比较的方法来检验零件的表面粗糙度。

（A）国家标准；（B）量块；（C）量条；（D）表面粗糙度样板。

答案：D

Lc3A2119 测量一次回路直流电阻显著增大时应（ ）。

（A）注意观察；（B）继续运行；（C）检查处理；（D）不考虑。

答案：C

Lc3A2120 GB 3309 的推荐性定义为“刚分后、刚合前（ ）的平均速度，刚分、刚合点的位置由超行程或名义超行程确定”。

（A）5ms；（B）10ms；（C）15ms；（D）20ms。

答案：B

Lc3A2121 SF_6 气体质量国家标准规定：出厂 SF_6 气体中含空气（氧、氮）（ ）。

（A）≤0.05%；（B）≤0.5%；（C）≤0.3%；（D）≤0.1%。

答案：A

Lc3A2122 测量二次回路绝缘电阻需要用（ ）V 绝缘电阻表。

（A）1000；（B）2500；（C）500；（D）5000。

答案：A

Lc3A3123 重瓦斯动作速度的整定是以（ ）的流速为准。

（A）导油管中；（B）继电器处；（C）油箱上层。

答案：A

Lc3A3124 用同步电动机传动的送风机，当网络电压下降时，其送风量（ ）。

（A）增加；（B）不变；（C）减小。

答案：B

Lc3A3125 断路器连接瓷套法兰时，所用的橡胶密封垫的压缩量不宜超过其原厚度的（ ）。

（A）1/5；（B）1/3；（C）1/2；（D）1/4。

答案：B

Lc3A3126 交流耐压试验，加至试验标准电压后的持续时间，凡无特殊说明者为（ ）。

（A）30s；（B）45s；（C）60s；（D）90s。

答案：C

Lc3A3127 矩形母线立放布置比平放布置的载流量大，是因为(　　)。

(A) 散热条件立放比平放好；(B) 集肤效应立放比平放小；(C) 耐短路电流冲击比平放强；(D) 热稳定性比平放好。

答案：A

Lc3A3128 班组对设备进行评价时，负责所辖设备的(　　)。

(A) 终评估；(B) 公司级评估；(C) 初评；(D) 车间级评估。

答案：C

Lc3A3129 汽车起重机必须在水平位置上工作，允许倾斜度不得大于(　　)。

(A) 3°；(B) 5°；(C) 6°；(D) 10°。

答案：A

Jd3A1130 导线通过交流电时，导线之间及导线对地之间产生交变电场，因而有(　　)。

(A) 电抗；(B) 感抗；(C) 容抗；(D) 阻抗。

答案：C

Jd3A1131 油浸式互感器应直立运输，倾斜角不宜超过(　　)。

(A) 15°；(B) 20°；(C) 25°；(D) 30°。

答案：A

Jd3A1132 110kV及以下隔离开关的相间距离的误差不应大于(　　)mm。

(A) 5；(B) 10；(C) 15；(D) 20。

答案：B

Jd3A1133 一台 SF_6 断路器需解体大修时，回收完 SF_6 气体后应(　　)。

(A) 可进行分解工作；(B) 用高纯度 N_2 气体冲洗内部两遍并抽真空后方可解体；(C) 抽真空后分解；(D) 用 N_2 气体冲洗不抽真空。

答案：B

Jd3A1134 加强开关设备运行维护和检修管理，确保能够快速、可靠地切除故障。对于500kV (330 kV) 厂站、220kV枢纽厂站分闸时间分别大于(　　)的开关设备，应尽快通过检修或技术改造提高其分闸速度，对于经上述工作后分闸时间仍达不到以上要求的开关要尽快进行更换。

(A) 50ms、60ms；(B) 55ms、65ms；(C) 60ms、70ms；(D) 65ms、75ms。

答案：A

Jd3A1135 绝缘油做气体分析试验的目的是检查其是否出现(　　)现象。

(A) 过热放电；(B) 酸价增高；(C) 绝缘受潮；(D) 机械损坏。

答案：A

Jd3A1136 按设计要求，变电所软母线的允许弛度误差为(　　)。

(A) +6；(B) +5%～-2.5%；(C) ±5%；(D) ±2%。

答案：B

Jd3A1137 高压设备发生接地时，室内不得接近故障点4m以内，室外不得接近故障点(　　)m以内。

(A) 4；(B) 6；(C) 8；(D) 10。

答案：C

Jd3A1138 126kV及以上断路器在新装和大修后必须测量(　　)曲线，并符合技术要求。制造厂必须提供其测量方法和出厂试验数据，并提供现场测试的连接装置，不得以任何理由以出厂试验代替交接试验。

(A) 机械行程特性；(B) 合闸时间；(C) 分闸；(D) 分合闸线圈电压。

答案：A

Jd3A1139 行灯电压一般情况下不得超过(　　)V。

(A) 12；(B) 36；(C) 18；(D) 220。

答案：B

Jd3A1140 变压器内部严重故障(　　)动作。

(A) 瓦斯保护；(B) 瓦斯、差动保护；(C) 距离保护；(D) 中性点保护。

答案：B

Jd3A2141 变压器发生内部故障时的主保护是(　　)。

(A) 瓦斯；(B) 差动；(C) 过流；(D) 速断。

答案：A

Jd3A2142 只允许变压器差动保护用电流互感器的二次侧接地(　　)。

(A) 是为了防止差动保护误动；(B) 是由于系统运行的要求。

答案：A

Jd3A2143 钢和黄铜板材攻丝直径为12mm孔时，应选择(　　)钻头。

(A) 10.0mm；(B) 10.2mm；(C) 10.5mm；(D) 10.9mm。

答案：B

Jd3A2144 对于断路器的分闸操作，其可靠动作电压应为(　　)额定电压，低于30%时不产生吸合动作。在调整时在30%～65%应能可靠分闸。

(A) 65%～120%；(B) 85%～110%；(C) 100%～110%。

答案：A

Jd3A2145 在一般情况下，电缆根数少，且敷设距离较长时，宜采用(　　)敷设法。

(A) 直埋；(B) 隧道；(C) 电缆沟；(D) 架空。

答案：A

Jd3A2146 电抗器接线桩头发热的原因有：接头处接触不良，固定螺母松动，接线夹螺孔偏大，接触面不平等，使(　　)增加。

(A) 接触电阻；(B) 接触面；(C) 氧化物；(D) 接触不良。

答案：A

Jd3A2147 高压开关柜中的断路器、隔离开关及隔离插头的导电回路电阻在运行中应不大于制造厂规定值的(　　)倍。

(A) 1；(B) 1.2；(C) 1.5；(D) 1.3。

答案：B

Jd3A2148 三相电力变压器并联运行的条件之一是电压比相等，实际运行的误差是(　　)。

(A) ±5%；(B) ±0.5%；(C) ±10%；(D) ±2%。

答案：B

Jd3A2149 设备巡检，在设备运行期间，按规定的巡检内容和巡检周期对各类设备进行巡检，巡检内容还应包括设备技术文件特别提示的其他巡检要求。巡检情况应有(　　)记录。

(A) 书面或电子文档；(B) 照片；(C) 图像；(D) 设备运行情况。

答案：A

Jd3A2150 隔离开关电动操作机构中的接触器自保持回路(　　)防误闭锁。

(A) 必须经过；(B) 可以经过，也可以不经过；(C) 不经过。

答案：C

Jd3A2151 无论电容器组采用何种接线方式，其放电装置均采用(　　)形接线，以保证某一相放电电阻开断时，电容器中的剩余电荷仍能放电。

(A) Y；(B) △；(C) V。

答案：B

Jd3A2152　交流特高压断路器配高速接地开关的用途是(　　)。

(A) 线路接地；(B) 快速消除剩余电荷；(C) 防雷；(D) 加速熄灭单相接地点潜供电流电弧。

答案：D

Jd3A2153　测量绝缘油的介质损耗因数时，油温一般为(　　)后再测量。

(A) 90℃；(B) 室温；(C) 0℃；(D) 50℃。

答案：A

Jd3A2154　220kV 及以上的变压器注油时间不宜少于(　　)。

(A) 6h；(B) 4h；(C) 2h；(D) 3h。

答案：A

Jd3A2155　由于被保护设备上感受到的雷电入侵电压要比母线避雷器的残压高，因此要校检避雷器至主变压器等设备的(　　)距离是否符合规程要求。

(A) 几何平均；(B) 最大电气；(C) 直线；(D) 算术平均距离。

答案：B

Jd3A2156　形状复杂、力学性能要求高，而且难以用压力加工方法成形的机架、箱体等零件，应采用(　　)来制造。

(A) 碳素工具钢；(B) 碳素结构钢；(C) 优质碳素结构钢；(D) 工程用铸钢。

答案：D

Jd3A2157　SF_6 断路器及 GIS 组合电器绝缘下降的主要原因是由于(　　)的影响。

(A) SF_6 气体中杂质；(B) SF_6 气体中水分；(C) SF_6 气体密度；(D) SF_6 设备绝缘件。

答案：B

Jd3A2158　GW16 型隔离开关接地刀在分位时，动触杆翘起不应超过(　　)。

(A) 旋转瓷瓶下法兰；(B) 支柱瓷瓶下法兰；(C) 基座；(D) 水平连杆。

答案：A

Jd3A2159　在特别潮湿、导电良好的地面上或金属容器内工作时，行灯电压不得超过(　　)V。

(A) 12；(B) 24；(C) 36；(D) 6。

答案：A

Jd3A2160 装设接地线和拆卸接地线的操作顺序是相反的，装设时是先装(　　)。

(A) 火线；(B) 接地端；(C) 三相电路端；(D) 零线。

答案：B

Jd3A2161 在三相电压对称的条件下，用“两表法”检验三相两元件有功功率表时，若 $\cos\varphi=0.5$（容性），电流为 4A，电压为 100V，第一只表（按 A 相电流）读数为(　　)W。

(A) 0；(B) 400；(C) 346。

答案：C

Jd3A2162 垂直吊起一轻而细长的物件应打(　　)。

(A) 倒背扣；(B) 活扣；(C) 背扣；(D) 直扣。

答案：A

Jd3A3163 当雷电波传播到变压器绕组时，相邻两匝间的电位差比运行时工频电压作用下(　　)。

(A) 小；(B) 差不多；(C) 大很多；(D) 不变。

答案：C

Jd3A3164 变压器吊芯大修，器身暴露在空气中的时间从器身开始与空气接触时算起（注油时间不包括在内），当空气相对湿度大于 65%小于 75%时，允许暴露(　　)h。

(A) 16；(B) 20；(C) 12；(D) 15。

答案：C

Jd3A3165 钢芯铝绞线，断一股钢芯，或铝线部分损坏面积超过铝线导电部分面积的(　　)时，必须重接。

(A) 30%；(B) 40%；(C) 25%；(D) 10%。

答案：C

Jd3A3166 GW16A-252 型隔离开关尼龙滚子中心到连接叉端面的距离为(　　)mm。

(A) 211；(B) 220；(C) 221；(D) 260。

答案：D

Jd3A3167 变更工作班成员时需(　　)。

(A) 工作票签发人同意；(B) 工作许可人同意；(C) 工作负责人同意；(D) 检修班长同意。

答案：C

Jd3A3168 变压器运输用的定位钉应该(　　)。

(A) 加强绝缘；(B) 原位置不动；(C) 拆除或反装；(D) 不考虑。

答案：C

Jd3A3169 起重机滚筒突缘高度应比最外层绳索表面高出该绳索的一个直径，吊钩放在最低位置时，滚筒上至少应有(　　)圈绳索。

(A) 1；(B) 2～3；(C) 5；(D) 4。

答案：C

Jd3A4170 变压器的压力式温度计，所指示的温度是(　　)。

(A) 上层油温；(B) 铁芯温度；(C) 绕组温度；(D) 外壳温度。

答案：A

Jd3A4171 起重机钢丝绳用卡子连接时，根据钢丝绳直径不同，使用不同数量的卡子，但最少不得少于(　　)。

(A) 2个；(B) 3个；(C) 4个；(D) 5个。

答案：B

Je3A1172 在10kV金属封闭式高压开关柜中，凡采用非金属隔板的，如果以此来加强相间或对地间绝缘时，高压导电体与该绝缘板间还应保持不小于(　　)的空气间隔。

(A) 20mm；(B) 30mm；(C) 60mm。

答案：B

Je3A1173 无间隙氧化锌避雷器是目前最先进的过电压保护设备之一。在正常运行电压时，氧化锌电阻阀片呈现(　　)，通过它的电流只有微安级。

(A) 极高的电阻；(B) 极低的电阻；(C) 导通；(D) 断开。

答案：A

Je3A1174 线路的过电流保护是保护(　　)的。

(A) 开关；(B) 变流器；(C) 线路；(D) 母线。

答案：C

Je3A1175 强油导向冷却的变压器，油泵出来的油流是进入(　　)中进行冷却的。

(A) 油箱；(B) 铁芯；(C) 线圈；(D) 油枕。

答案：C

Je3A1176 短路冲击电流一般出现在短路后(　　)。

(A) 四分之一周期；(B) 半个周期；(C) 三分之二周期；(D) 一个周期。

答案：B

Je3A1177 变压器铁芯要求有(　　)点接地。

(A) 一；(B) 二；(C) 三；(D) 四。

答案：A

Je3A1178 容量在(　　)kV·A及以上变压器应装设瓦斯继电器。

(A) 7500；(B) 1000；(C) 800；(D) 100。

答案：C

Je3A1179 因人为因素，如对电路进行切换等引起电路参数突然改变而产生的过电压，称为(　　)。

(A) 系统过电压；(B) 操作过电压；(C) 雷电过电压；(D) 外部过电压。

答案：B

Je3A1180 断路器和GIS使用的吸附剂通常为4A分子筛，再生处理时，应将吸附剂置于真空干燥炉内，并在200～300℃条件下干燥(　　)h以上。

(A) 6；(B) 12；(C) 24；(D) 48。

答案：B

Je3A1181 互感器加装膨胀器应选择(　　)的天气进行。

(A) 多云，湿度75%；(B) 晴天，湿度小于60%；(C) 阴天，湿度小于70%；(D) 雨天。

答案：B

Je3A1182 麻绳与滑轮配合使用时，滑轮的最小直径大于等于(　　)倍麻绳直径。

(A) 7；(B) 5；(C) 3；(D) 4。

答案：A

Je3A1183 多台电动机在启动时，应(　　)。

(A) 按容量从大到小逐台启动；(B) 任意逐台启动；(C) 按容量从小到大逐台启动；(D) 按位置顺序启动。

答案：A

Je3A1184 隔离开关主刀在合闸位置时，地刀机械闭锁可靠，(　　)不能动作。

(A) 主刀；(B) 地刀；(C) 行程开关；(D) 辅助开关。

答案：B

Je3A1185 使用两根绳索起吊一个重物，当绳索与吊钩垂线夹角为(　　)时，绳索受力为所吊重物的质量。

(A) 0°；(B) 30°；(C) 45°；(D) 60°。

答案：A

Je3A1186 大型220kV变电站互感器进行拆装解体作业前必须考虑变电所的(　　)保护。

(A) 高频；(B) 阻抗；(C) 过流；(D) 母差。

答案：D

Je3A1187 隔离开关因没有专门的(　　)装置，故不能用来接通负荷电流和切断短路电流。

(A) 快速机构；(B) 灭弧；(C) 封闭；(D) 绝缘。

答案：B

Je3A1188 GW16-126型隔离开关动触片与静触杆有(　　)个接触点。

(A) 2；(B) 4；(C) 6；(D) 8。

答案：D

Je3A1189 悬臂式起重机工作时，伸臂与地夹角应在起重机的技术性能所规定的角度范围内进行工作，一般仰角不准超过(　　)。

(A) 45°；(B) 60°；(C) 75°；(D) 80°。

答案：C

Je3A1190 变压器油的酸价应不大于(　　)mg KOH/g，水溶性酸pH值应不小于4.2，否则应予处理。

(A) 0.2；(B) 0.3；(C) 0.1；(D) 0.15。

答案：C

Je3A1191 最大极限尺寸与最小极限尺寸之差称为(　　)。

(A) 尺寸偏差；(B) 实际偏差；(C) 尺寸公差；(D) 极限偏差。

答案：C

Je3A1192 瓦斯保护是变压器的(　　)。

(A) 主后备保护；(B) 内部故障时的主要保护；(C) 辅助保护。

答案：B

Je3A1193 GW7-220型隔离开关触指发生严重烧伤，如烧伤、磨损深度大于(　　)mm时，应更换。

(A) 1；(B) 0.5；(C) 2；(D) 0.3。

答案：B

Je3A1194 避雷器的均压环，主要以其对(　　)的电容来实现均压的。

(A) 各节法兰；(B) 各节瓷裙；(C) 高压引线；(D) 地。

答案：A

Je3A1195 断路器液压机构的基本动作原理是利用压力差和(　　)的原理来实现机构分、合动作。

(A) 体积差；(B) 面积差；(C) 容积差。

答案：B

Je3A2196 当断路器关合电流峰值大于等于50kA时，合闸操作直流电源的电压应是(　　)额定电压。

(A) 80%～110%；(B) 85%～110%；(C) 90%～110%。

答案：B

Je3A2197 断路器的跳合闸位置监视灯串联一个电阻的目的是(　　)。

(A) 限制通过跳合闸线圈的电流；(B) 补偿灯泡的额定电压；(C) 防止因灯座短路造成断路器误跳闸；(D) 为延长灯泡寿命。

答案：C

Je3A2198 取出SF_6断路器、组合电器中的(　　)时，工作人员必须戴橡胶手套、护目镜及防毒口罩等个人防护用品。

(A) 绝缘件；(B) 吸附剂；(C) 无毒零件；(D) 导电杆。

答案：B

Je3A2199 10kV开关柜，有时为了减少开关柜外形尺寸，在空气间隙中插入一块非金属的绝缘隔板，从而缩小对绝缘距离的要求。但要注意的是空气净距离不小于(　　)mm，相间绝缘隔板应设置在中间位置。

(A) 60；(B) 50；(C) 80；(D) 70。

答案：A

Je3A2200 吊钩在使用时，一定要严格按规定使用。在使用中(　　)。

(A) 只能按规定负荷的70%使用；(B) 不能超负荷使用；(C) 只能超过规定负荷的10%；(D) 可以短时按规定负荷的一倍半使用。

答案：B

Je3A2201 SF_6 气体常用的吸附剂有(　　)。

(A) 活性氧化铝和分子筛；(B) 氧化硅；(C) 硅胶；(D) 硫酸白土。

答案：A

Je3A2202 接地体的连接应采用搭接焊，其扁钢的搭接长度应为(　　)。

(A) 扁钢宽度的 2 倍并三面焊接；(B) 扁钢宽度的 3 倍；(C) 扁钢宽度的 2.5 倍；(D) 扁钢宽度的 1 倍。

答案：A

Je3A2203 在门型架构的线路侧进行停电检修，如工作地点与所装接地线的距离小于(　　)m，工作地点虽在接地线外侧，也可不另装接地线。

(A) 6m；(B) 10m；(C) 12m。

答案：B

Je3A2204 用管子滚动搬运时承受重物后，两端各露出约(　　)cm，以便调整转向。

(A) 20；(B) 30；(C) 40；(D) 50。

答案：B

Je3A2205 安装多片矩形母线时，母线之间应保持不小于(　　)的厚度。

(A) 3cm；(B) 金具；(C) 母线；(D) 两倍母线。

答案：C

Je3A2206 液压千斤顶活塞行程一般是(　　)mm。

(A) 150；(B) 200；(C) 250；(D) 100。

答案：B

Je3A2207 优质碳素结构钢的中碳钢含碳量为(　　)。

(A) 0.25%～0.60%；(B) ≤0.25%；(C) ≥0.60%；(D) 1%。

答案：A

Je3A2208 铝质硬母线一般平均距(　　)m 加装一个伸缩头。

(A) 15；(B) 35；(C) 25；(D) 45。

答案：C

Je3A2209 变电站的电缆出线当采用单芯电缆时，站外电缆头的金属屏蔽层应与接地装置及避雷器引下接地线相连接。站内电缆头的金属屏蔽层应(　　)。

(A) 直接与接地网相连；(B) 经过击穿保护器与接地网相连；(C) 不与接地网相连。

答案：B

Je3A2210 变压器接线组别为Y，yn0时，其中性线电流不得超过额定低压绕组电流(　　)。

(A) 15%；(B) 25%；(C) 35%；(D) 45%。

答案：B

Je3A2211 高压开关柜广泛应用于变配电系统中，起到对电路进行(　　)的作用。

(A) 测量；(B) 控制；(C) 保护；(D) 控制和保护。

答案：D

Je3A2212 测量绝缘电阻和吸收比时，一般应在干燥的晴天，环境温度不低于(　　)℃时进行。

(A) −5；(B) 5；(C) 10；(D) 0。

答案：B

Je3A2213 氧化锌避雷器在110kV及以下系统中使用时，应选用(　　)kA标称放电电流值。

(A) 2.5；(B) 5；(C) 10；(D) 20。

答案：B

Je3A2214 CJ5电动操动机构的辅助开关有(　　)。

(A) 四对常开、常闭；(B) 六对常开、常闭；(C) 八对常开、常闭；(D) 十对常开、常闭。

答案：C

Je3A3215 对变压器进行色谱分析，规定油中溶解乙烃含量注意值为(　　)$\times 10^{-6}$。

(A) 5；(B) 10；(C) 15；(D) 20。

答案：A

Je3A3216 当断路器关合电流峰值小于50kA时，合闸操作直流电源的电压应是(　　)额定电压。

(A) 80%～110%；(B) 85%～110%；(C) 90%～110%。

答案：A

Je3A3217 选择变压器的容量应根据其安装处(　　)来决定。

(A) 变压器容量；(B) 线路容量；(C) 负荷电源；(D) 最大短路电流。

答案：D

Je3A3218 为了防止油过快老化，变压器上层油温不得经常超过(　　)。

(A) 60℃；(B) 75℃；(C) 85℃；(D) 100℃。

答案：C

Je3A3219 电流互感器正常工作时，二次侧回路可以(　　)。
(A) 开路；(B) 短路；(C) 装熔断器；(D) 接无穷大电阻。
答案：B

Je3A3220 国标规定测量回路电阻的方法是(　　)。
(A) 直流电压降法；(B) 双臂电桥法；(C) 单臂电桥法。
答案：A

Je3A3221 对有自封阀门充气口的 SF_6 断路器进行带电补气工作，属于(　　)。
(A) A 类检修；(B) B 类检修；(C) C 类检修；(D) D 类检修。
答案：D

Je3A4222 发生(　　)故障时，零序电流过滤器和零序电压互感器有零序电流输出。
(A) 三相断线；(B) 三相短路；(C) 三相短路并接地；(D) 单相接地。
答案：D

Je3A4223 液压机构压力异常升高的处理方法有检查微动开关接点是否有卡涩现象、检修或更换压力表(　　)。
(A) 更换油泵；(B) 更换油泵电机；(C) 对储压筒进行解体检修；(D) 可将闭锁压力上限稍调低。
答案：C

Je3A4224 摇测高压开关柜辅助回路和控制回路绝缘电阻应使用(　　)兆欧表。
(A) 500V；(B) 2500V；(C) 200V；(D) 1000V。
答案：D

Je3A4225 开关柜中所有绝缘件装配前均应进行局放检测，单个绝缘件局部放电量不大于(　　)。
(A) 3pC；(B) 5pC；(C) 10pC；(D) 20pC。
答案：A

Je3A4226 开关类设备进行回路电阻试验时，试验电流应不小于(　　)。
(A) 50A；(B) 100A；(C) 150A；(D) 200A。
答案：B

Je3A5227 液压机构的关键要保持清洁与密封，其原因是杂质容易造成阀体通道（管道）堵塞或卡涩(　　)。

（A）使液压油流速快；（B）功率大，动作快；（C）密封不好，漏氮气；（D）破坏密封或密封损伤造成泄漏，会失掉压力而不能正常工作。

答案：D

Je3A5228 刚分（合）速度取值方法，一种规定为刚分（合）点后（前）10ms 的平均速度和（　　）两种规定用颠倒了速度值可能出现假偏高或偏低，造成对断路器速度的误判断。若误判为偏高将速度调低，则影响断路器的开断及关合；若误判为偏低将速度调高，则影响断路器的机械寿命或强度。

（A）一种规定行程除以时间；（B）一种规定为刚分（合）点前后各 10ms 的平均速度；（C）一种规定为刚分（合）点前后各 5ms 的平均速度。

答案：C

Je3A5229 GIS 设备选型采购应注意，双母线结构的 GIS，同一间隔的双母线隔离开关不应处于同一气室，另外（　　），防止母线侧设备故障导致变电站全停。

（A）220kV 及以上 GIS 母线隔离开关应采用与母线共隔室结构；（B）220kV 及以上 GIS 母线隔离开关不应采用与母线共隔室结构；（C）220kV 及以上 GIS 设备，在监造时监造人员应对每个绝缘部件试验数据进行核对，确保合格。

答案：B

Jf3A1230 经过检修的互感器，瓷件的掉瓷面积允许不超过瓷件总面积的（　　）。

（A）1%～2.5%；（B）2.5%～3%；（C）3%～3.5%；（D）0.5%～0.75%。

答案：D

Jf3A1231 隔离开关检修后，需进行（　　）次手动传动，（　　）次电动传动试验。

（A）5、5；（B）3、3；（C）1、1；（D）1、5。

答案：B

Jf3A1232 Yd11 接线的变压器，一次侧线电压与对应二次侧线电压的角度差是（　　）。

（A）300；（B）30；（C）330。

答案：B

Jf3A1233 GIS 内部的清洁材料有（　　）。

（A）不起毛纸、绸布、无纺布；（B）棉布；（C）纱头；（D）高丽巾。

答案：A

Jf3A1234 10kV 断路器存在严重缺陷，影响断路器继续安全运行时，应进行（　　）。

（A）大修；（B）小修；（C）临时性检修；（D）加强监视。

答案：C

Jf3A2235 220kV 互感器油中溶解气体含量注意值为：总烃 100×10^{-6}，乙炔 2×10^{-6}，氢(　　)$\times10^{-6}$。

(A) 100；(B) 50；(C) 500；(D) 150。

答案：D

Jf3A2236 油中含水量在(　　)μg/g 以下时，油中是否含有其他固体杂质是影响油的击穿电压的主要因素。当含水量超过(　　)μg/g 时，击穿电压决定于油中水分的含量。

(A) 40；(B) 45；(C) 50；(D) 60。

答案：A

Jf3A2237 对变压器油进行色谱分析所规定的油中溶解气体含量注意值为：总烃 150×10^{-6}，氢 150×10^{-6}，乙炔(　　)$\times10^{-6}$。

(A) 150；(B) 100；(C) 5；(D) 10。

答案：C

Jf3A2238 不同相套管户外最小净距为：额定电压 1～10kV 时为 125mm；额定电压 35kV 时为 340mm；额定电压 110kV 时为 830mm；额定电压 220kV 时为(　　)mm。

(A) 1800；(B) 1000；(C) 1200。

答案：A

Jf3A2239 直埋敷设的电力电缆，埋深不得小于 0.7m，电缆的上下各填不少于(　　)mm 的细砂。

(A) 70；(B) 80；(C) 90；(D) 100。

答案：D

Jf3A2240 敷设在混凝土管、陶土管、石棉水泥管内的电缆，宜选用(　　)电缆。

(A) 麻皮护套；(B) 裸铝包；(C) 橡皮护套；(D) 塑料护套。

答案：D

Jf3A2241 在金属容器、坑阱、沟道内或潮湿地方工作用的行灯电压不大于(　　)V。

(A) 12；(B) 24；(C) 36；(D) 48。

答案：A

Jf3A2242 GW6-220G 型隔离开关合闸不同期(　　)mm。

(A) 20；(B) 30；(C) 25；(D) 35。

答案：B

Jf3A2243 在相对湿度不大于65%时，油浸变压器吊芯检查时间不得超过(　　)。
(A) 8h；(B) 12h；(C) 15h；(D) 16h。
答案：D

Jf3A2244 KYN28-12型开关柜的雷电冲击耐受电压为(　　)kV。
(A) 75；(B) 42；(C) 50；(D) 60。
答案：A

Jf3A2245 备用电源自动投入装置是(　　)投入。
(A) 瞬时动作；(B) 有一定动作时限；(C) 动作时间较长；(D) 动作时间较短。
答案：B

Jf3A2246 相当于零序分量的高次谐波是(　　)谐波。
(A) $3n$次（其中n为正整数）；(B) $3n+1$次；(C) $3n-1$次；(D) $3n+2$次。
答案：A

Jf3A2247 VS1型真空断路器合闸操作后，断路器合不上，即发生合闸跳跃的故障，这个故障可能是(　　)。
(A) 控制回路；(B) 分闸线圈；(C) 分闸脱扣或合闸掣子部分；(D) 合闸线圈。
答案：C

Jf3A2248 避雷针高度在30m以下，高度与保护半径(　　)关系。
(A) 成正比；(B) 成反比；(C) 成不变；(D) 没有。
答案：A

Jf3A2249 接地引下线的导通检测工作应(　　)年进行一次，应根据历次测量结果进行分析比较，以决定是否需要进行开挖、处理。
(A) 1～3；(B) 2～3；(C) 3～5；(D) 4.5。
答案：A

Jf3A2250 为了降低触头之间恢复电压速度和防止出现振荡过电压，有时在断路器触头间加装(　　)。
(A) 均压电容；(B) 并联电阻；(C) 均压带；(D) 并联均压环。
答案：B

Jf3A2251 GIS安装中，其底脚水平误差最大不得大于(　　)。
(A) 5mm；(B) 8mm；(C) 10mm；(D) 15mm。
答案：A

Jf3A2252 CS型手动操作机构的操作转动角度为(　　)。

(A) 90°; (B) 180°; (C) 270°; (D) 360°。

答案: B

Jf3A2253 起重钢丝绳虽无断丝，但每根钢丝磨损或腐蚀超过其直径的(　　)时即应报废，不允许再作为降负荷使用。

(A) 50%; (B) 40%; (C) 30%; (D) 20%。

答案: B

1.2 判断题

La3B1001 我国特高压输电工程将全部采用进口设备。(×)

La3B1002 有功功率和无功功率之和称为视在功率。(×)

La3B2003 氧气钢瓶外观颜色为浅蓝色，黑字。SF_6 钢瓶外观颜色为灰色，蓝字。(×)

La3B2004 并联电容器回路中安装串联电抗器的主要作用是限制合闸涌流、限制操作过电压、抑制电容器对高次谐波的放大。(√)

La3B3005 保证工作安全的技术措施有停电、装设接地线。(×)

La3B3006 任何带电物体周围都存在着电场。(√)

La3B3007 根据电功率 $P=U^2/R$ 可知，在串联电路中各电阻消耗的电功率与它的电阻成反比。(×)

La3B3008 有几个力，如果它们产生的效果跟原来的一个力的效果相同，这几个力就称为原来那个力的分力。(√)

La3B3009 六氟化硫是一种窒息剂，在高浓度下，窒息的症状包括呼吸困难、喘息、皮肤和黏膜变蓝、全身痉挛。(√)

La3B3010 摄氏温度与热力学温度的换算关系为 t（℃）$=T$（K）-273.5。(√)

La3B3011 真空灭弧室老炼分为耐压老炼和击穿老炼。(×)

La3B4012 互感器的测量误差分为两种：一种是变比误差，另一种是角误差。(√)

La3B4013 交直流回路可共用一条电缆，因为交直流回路都是独立系统。(×)

La3B4014 平时说的日光灯的额定电压为220V，实际存在的最大电压为311V。(√)

La3B4015 SF_6 气体化学性质极为稳定，纯六氟化硫气体是无毒的。(√)

La3B5016 对电源而言，电流流入的一端叫作正极，电流流出的一端叫作负极。(×)

La3B5017 非正弦交流电路中，负载上消耗的功率等于直流功率和各次谐波功率之和。(√)

La3B5018 导体在磁场中运动的速度越快，则所产生的感应电动势越大。(×)

La3B5019 作用于一物体上的两个力大小相等方向相反，但不在同一直线上，这样的一对力称为“力偶”。(√)

Lb3B1020 在 R、L、C 串联电路中，总电压与电流之间的相位角与电压、电流的大小有关，而与电抗和电阻的比值无关。(×)

Lb3B2021 反映变压器故障的保护一般有过电流、差动、瓦斯和中性点零序保护。(√)

Lb3B2022 分、合闸速度特性是检修调试断路器的重要质量指标，是直接影响开断和关合容量的关键技术数据。(√)

Lb3B2023 电场中某点的电位是随参考点的不同而不同，但任意两点的电位差是不变的。(√)

Lb3B2024 绝缘介质受潮和有缺陷时，其绝缘电阻会增大。(×)

Lb3B2025 在输送相同功率的情况下，1000kV 线路的最远送电距离可以达到 500kV 线路的 4 倍。(√)

Lb3B2026 0.1级的仪表，其基本误差为+0.1%。（×）

Lb3B3027 二次回路的作用是通过对一次回路的监察测量来反映一次回路的工作状态并控制二次系统。（×）

Lb3B3028 线圈中通入直流电流，进入稳定状态后会产生自感电动势。（×）

Lb3B3029 一般情况下，为了便于安装，GIS内部各个气室的充气压力是一样的。（×）

Lb3B3030 GIS不适合在城市中心地区和其他防爆场合使用。（×）

Lb3B3031 运行变压器轻瓦斯保护动作，收集到黄色不易燃的气体，可判断此变压器有本质故障。（√）

Lb3B3032 空载变压器受电时，引起的励磁涌流的原因是铁芯磁通饱合。（√）

Lb3B3033 开断小电流时，圆柱状触头间的真空电弧为集聚型，燃弧后介质强度恢复速度高，灭弧性能好。（×）

Lb3B3034 并联电抗器可以抑制高次谐波，限制合闸涌流和操作过电压的产生，保证可靠运行。（×）

Lb3B3035 由于系统中电感和电容的参数在特定配合下产生谐振而引起的过电压称为工频过电压。（×）

Lb3B3036 被评价为“正常状态”的 SF_6 高压断路器，执行C类检修。C类检修可按照正常周期或延长一年并结合例行试验安排。在C类检修之前，可以根据实际需要适当安排D类检修。（√）

Lb3B3037 直流电动机其铭牌上的额定电流，指的是该直流电动机接上额定电压时输入的电流。（×）

Lb3B3038 断路器触头结构主要有对接式、梅花形、指形和滚动式触头。（√）

Lb3B3039 除制造厂另有规定外，断路器的分合闸同期性应满足下列要求：相间合闸不同期≤5ms、相间分闸不同期≤3ms、同相各断口间合闸不同期≤3ms、同相各断口间分闸不同期≤2ms。（√）

Lb3B3040 高压开关设备的缺陷分为一般缺陷、严重缺陷和危急缺陷，其中危急缺陷的应在12 h内处理。（×）

Lb3B3041 在相同距离的情况下，空气沿面放电电压比油间隙放电电压低很多。（√）

Lb3B3042 由于被保护设备上感受到的雷电入侵电压要比母线避雷器的残压高，因此要校检避雷器至主变压器等设备的直线距离是否符合规程要求。（×）

Lb3B3043 在合闸操作过程中，从首合极各触头都接触瞬间起到随后的分闸操作时，所有极中弧触头都分离瞬间的时间间隔称为金属短接时间。（√）

Lb3B3044 对于高空作业，应做好各个环节风险分析与预控，特别是防静电感应和高空坠落的安全措施。（√）

Lb3B3045 根据IP2X的防护等级要求，金属隔板和关闭的活门中的间隙不应超过15mm。（×）

Lb3B3046 110kV电压等级GIS应加装内置局部放电传感器。（×）

Lb3B3047 人体处在高场强区，也会处于带电状态。（√）

Lb3B3048 被评价为“严重状态”的 SF_6 高压断路器，根据评价结果确定检修类型，

并尽快安排检修。实施停电检修前应加强D类检修。(√)

Lb3B3049 固定密封处指支柱绝缘子连接处和手孔盖连接处等，转动密封处指主轴处。(√)

Lb3B3050 真空断路器的分、合闸速度，一般都是指触头在闭合前或分离后一段行程内的平均速度。(√)

Lb3B3051 中性点不接地系统，在发生单相接地时，由于线电压是对称的，故一般情况下允许带接地继续运行2h左右。(√)

Lb3B3052 某一感性负载接到正弦交流电源上，电源供给负载的总容量为感性负载上的有功功率和无功功率的和。(×)

Lb3B3053 额定电压1kV以上的电气设备，在各种情况下均采取保护接地。(√)

Lb3B3054 变压器空载损耗就是空载电流在线圈上产生的损耗。(×)

Lb3B4055 积极开展绝缘子超声波探伤和带电裂纹检测工作，以及时发现缺陷，防止事故发生。(√)

Lb3B4056 中性点经消弧绕组接地的系统属于大接地电流系统。(×)

Lb3B4057 倒闸操作的基本条件所说的操作设备应具有明显的标志，其中包括：命名、编号、分合指示、旋转方向、切换位置的指示及设备相色。(√)

Lb3B4058 有些试验报告中已经列出的数据，在检修报告中也一样要列出。(√)

Lb3B4059 已知a，b两点之间的电位差U_{ab}=16V，若以点a为参考电位（零电位）时则b点的电位是16V。(×)

Lb3B4060 液压油在断路器中是起储能作用的。(×)

Lb3B4061 金属导线的电阻与通过导线电流的频率成正比。(×)

Lb3B4062 提高功率因数的意义是：提高设备的利用率，减少输配电线路电压降和减少功率损耗。(√)

Lb3B4063 变压器中性点接地属于保护接地。(×)

Lb3B4064 外桥接线方式在线路故障投切时会影响变压器正常运行，但变压器投切却不影响回路供电。(√)

Lb3B4065 滑块式连杆机构可以分为曲柄滑块机构与摇臂滑杆机构两类。(√)

Lb3B4066 根据《电力系统安全稳定导则》DL 755—2001及有关规定要求，断路器合分时间的设计取值应不大于80ms，推荐采用不大于50ms。(×)

Lb3B4067 为了降低特高压断路器关合和开断时的短路电流，往往需要采用分闸和合闸电阻。(×)

Lb3B4068 开关柜绝缘件爬电比距应满足：瓷质绝缘≥18mm/kV，有机绝缘≥20mm/kV，外绝缘采用大小伞裙结构。(√)

Lb3B4069 电介质的损耗由电阻损耗和极化损耗两部分组成。(√)

Lb3B4070 断路器产品出厂试验、交接试验及例行试验中应进行断路器合分时间及操作机构辅助开关的转换时间与断路器主触头动作时间之间的配合试验检查。(√)

Lb3B4071 高压电流互感器二次侧线圈必须有一端接地，也可在一点接地，二次侧也可开路，也可闭路运行。(×)

Lb3B4072 高纯 SF_6 虽不会对大气臭氧层产生破坏作用，却是一种温室气体，在大气中的存留时间长达 3200 年，其全球变暖潜能为迄今已知温室气体之最。（√）

Lb3B4073 风险评估在设备状态评价之后进行，通过风险评估，确定设备面临的和可能导致的风险，为状态检修决策提供依据。（√）

Lb3B4074 变压器、互感器绝缘受潮会使直流电阻下降，总损耗明显增加。（×）

Lb3B4075 随着用电需求的快速增长，不断发展更高电压等级的输电技术，对实现远距离、大容量输电，优化资源配置，降低环境影响具有重要意义。（√）

Lb3B5076 SF_6 断路器的灭弧室中的吸附剂在使用以后可以再生处理。（×）

Lb3B5077 当电网电压降低时，应增加系统中的无功出力；当系统频率降低时，应增加系统中的有功出力。（√）

Lb3B5078 在同一电源电压之下，三相对称负载作星形或三角形连接时，其总功率数值是相等的。（×）

Lb3B5079 当系统负荷大于发电厂出力时，系统频率就会降低；当系统负荷小于发电厂出力时，系统频率就会升高。（√）

Lb3B5080 真空断路器的额定开距对绝缘性能的影响较大，当额定开距从零增大时，其绝缘水平也将提高，但当开距增大到一定数值时，开距对绝缘性能的影响就不大了，若进一步增大开距，将严重影响真空灭弧室的机械寿命。（√）

Lb3B5081 电力系统动态稳定是指电力系统受到小的或大的干扰后，在自动调节和控制装置的作用下，保持长过程的运行稳定性的能力。（√）

Lb3B5082 检修方案的确定就是通过对设备资料的分析、评估，制订出断路器的具体的检修方案。检修方案应包含断路器检修的具体内容、标准、工期、流程等。（√）

Lb3B5083 不会导致绝缘击穿的试验叫作非破坏性试验。通过这类试验可以及时地发现设备的绝缘缺陷。（√）

Lb3B5084 组合电器内的断路器、隔离开关和接地开关出厂试验时应进行不少于 100 次的机械操作试验，以保证触头充分磨合。操作完成后应彻底清洁壳体内部，再进行其他出厂试验。（×）

Lb3B5085 在输送功率相同的情况下，1000kV 线路的最远送电距离达到 500kV 线路的 4 倍。（√）

Lb3B5086 SF_6 气体泄漏检查分定性和定量两种检查型式。（√）

Lb3B5087 KYN28-12 型高压开关柜的三相主母线呈等边三角形布置。（×）

Lb3B5088 真空灭弧室外壳元件是一个真空密闭容器，外壳材料主要有玻璃、不锈钢和陶瓷三种。（×）

Lb3B5089 把压力表置于大气中，表没有偏转，也就是表压力等于零，而实际压力约为 1 大气压。（√）

Lb3B5090 铸铁和钢的主要区别在于含碳量的不同，铸铁的含碳量比钢高，而且含的锰、磷、硫也较钢高。（√）

Lb3B5091 绝缘老化试验周期是每年一次。（×）

Lb3B5092 钢丝绳是用多股钢丝捻制而成，钢绞线是用单股钢丝捻制而成。（√）

Lc3B1093 班组安全管理最基本是要求做到安全基础牢固化。(√)

Lc3B2094 金属导体的电阻除与导体的材料和几何尺寸有关外，还和导体的温度有关。(√)

Lc3B3095 隐蔽工程应留有影像资料，并经监理单位和运行单位质量验收合格后方可掩埋。(√)

Lc3B3096 零件图中，剖视图是一组图形的核心。(×)

Lc3B3097 任何钢经淬火后，其性能总是变得硬而脆。(×)

Lc3B3098 各种机件均可看成是由几种基本的几何体按一定要求组合而成的。(√)

Lc3B3099 企业的民主管理实际上是上层、中层和班组三个层次的管理组成的。(√)

Lc3B4100 转变公司发展方式就是通过建设以特高压电网为骨干网架、各级电网协调发展的现代化国家电网来实现。(×)

Lc3B4101 碳素钢中的硅、锰都是有益元素，它们都能提高钢的强度。(√)

Lc3B5102 机件的真实大小应以图样所注的尺寸数据为依据，与图形的大小及绘图的准确度无关。(√)

Lc3B5103 编写现场标准化作业指导书属于班组生产的技术准备工作。(√)

Lc3B5104 能把模拟信号变换成数字信号的设备称为 A/D 转换器。(√)

Lc3B5105 检修工序、检修工艺和关键工艺过程控制都应在作业指导书中体现出来。(×)

Jd3B1106 绝缘预防性试验中，$\tan\delta$ 的数值偏大很多，说明绝缘受潮或劣化。(√)

Jd3B3107 两只电容器的端电压相等，若 $C_1>C_2$，则 $Q_2>Q_1$。(×)

Jd3B3108 牵引搬运具有一定的安全性，如地面障碍、地锚、铁滚等不会出问题。(×)

Jd3B3109 运行在不同电压等级的输电线路的阻抗随电压升高有所升高，但变化不大。(×)

Jd3B3110 由于静电吸尘效应的作用，在相同环境条件下，直流绝缘子表面积污量可比交流电压下的大一倍以上。(√)

Jd3B3111 高压开关柜的后门一般都装有带电显示装置。(×)

Jd3B3112 黄铜是铜铝合金。(×)

Jd3B3113 锡青铜是铜锡合金，而铝青铜是铜铝合金。(√)

Jd3B4114 在四级及以上的大风以及暴雨、雷电、冰雹、大雾、沙尘暴等恶劣天气下，应停止露天高处作业。(×)

Jd3B4115 电阻并联使用时，各电阻消耗的功率与电阻值成反比，串联使用时，各电阻消耗的功率与电阻值成正比。(√)

Jd3B4116 现场作业时，严禁穿短袖、裙、短裤从事生产操作。(√)

Jd3B4117 密度继电器是反映 SF_6 气室内部压力变化的。(×)

Jd3B4118 游标卡尺、游标深度尺、游标高度尺都有微调机构调节副尺微动。(×)

Jd3B5119 GIS 出线方式主要有三种，包括架空线引出方式、电缆引出方式和母线筒出线直接与主变压器对接。(√)

Jd3B5120 检修人员进行操作的接、发令程序及安全要求应由设备运行管理单位总工程师或技术负责人审定。(√)

Jd3B5121 母线立弯 90°时：母线在 50mm×5mm 以下者，弯曲半径 R 不得小于 1.5b（b 为母线宽度）；母线在 60mm×5mm 以上者，弯曲半径 R 不得小于 1.5b。（×）

Je3B1122 钢质材料接地体地网不必定期开挖检查。（×）

Je3B2123 硬母线施工过程中，铜、铝母线搭接时必须涂凡士林油。（×）

Je3B2124 铜母线接头表面搪锡是为了防止铜在高温下迅速氧化或电化腐蚀以及避免接触电阻的增加。（√）

Je3B2125 为防止出口及近区短路，变压器 35kV 及以下低压母线应考虑绝缘化；10kV 的线路、变电站出口 3km 内宜考虑采用绝缘导线。（×）

Je3B3126 自能灭弧室断路器的开断性能与被开断电流的大小有关。（√）

Je3B3127 已安装完成的互感器若长期未带电运行（110kV 及以上大于半年；35kV 及以下一年以上），在投运前不必进行预防性试验。（×）

Je3B3128 ZN28-12 型真空断路器的触头行程为 12mm 左右，超程为 3mm 左右。（√）

Je3B3129 液压机构保持清洁与密封是保证检修质量的关键。（√）

Je3B3130 断路器分、合闸速度不足将会引起触头合闸振颤，预击穿时间过短。（×）

Je3B3131 SF_6 设备存在漏气点，定期补气就没问题。（×）

Je3B3132 对 SF_6 设备充气时，当气瓶压力降至 0.1MPa 时要停止充气，因为剩余的气体含水量和杂质含量可能较高。（√）

Je3B3133 试验表明，真空灭弧室中，电弧能量的百分之七十左右消耗在主屏蔽上，因而燃弧时，主屏蔽罩的温度升得很高。（√）

Je3B3134 发现断路器液压机构压力异常时，不允许随意充放氮气，必须判断准确后方可处理。（√）

Je3B3135 电抗器支持绝缘子的接地线不应成为闭合环路。（√）

Je3B3136 三相五柱式电压互感器有两个二次绕组，一个接成星形，另一个接成开口三角形。（√）

Je3B3137 使用灭弧性能好的断路器（如真空断路器）开断电抗器、启动状态的高压感应电动机等，可能在电抗器、电机的线端产生截流过电压。故应在电抗器、电机线端装设无间隙氧化锌避雷器予以保护。（√）

Je3B3138 汽车起重机及轮胎式起重机作业前应先支好全部支腿后方可进行其他操作；作业完毕后，将臂杆收回即可起腿。（×）

Je3B3139 在带电设备附近测量绝缘电阻时，测量人员和绝缘电阻表安放位置，应选择适当，保持安全距离，以免绝缘电阻表引线或引线支持物触碰带电部分。（√）

Je3B3140 在现场条件允许的情况下，可带负荷拉合隔离开关。（×）

Je3B3141 选择母线截面的原则是按工作电流的大小选择，机械强度应满足短路时电动力及热稳定的要求，同时还应考虑运行中的电晕。（√）

Je3B3142 下导电管合闸倾斜后能保证隔离开关经受温差、风沙、润滑的影响，合闸压力不会变化。（√）

Je3B3143 高压验电时，应使用相应电压等级的专用验电器，在没有带专用验电器时，可用相应电压的绝缘棒代替。（×）

Je3B3144 继电保护装置做传动试验或一次通电时，应通知值班员和有关人员，并由工作负责人或由他派人到现场监视，方可进行。(√)

Je3B3145 独立避雷针宜设独立的接地装置，与接地网地中距离不小于 5m。(×)

Je3B3146 检修母线时，应根据线路的长短和有无感应电压等实际情况确定地线数量；检修 10m 及以下的母线，可以装设一组接地线。(√)

Je3B3147 在应用弹簧储能操作机构的断路器中，合闸前不预先储能也可以合闸。(×)

Je3B3148 直流母线发生负极接地时，其对地电压降低，而正极对地电压升高。(√)

Je3B3149 高压开关柜内的隔离开关的接线端板可以当作主要支撑力点。(×)

Je3B3150 断路器调试中，只要求行程达到要求，超行程可以不考虑。(×)

Je3B3151 对弹簧操作机构，如发现弹簧未储能并导致合闸闭锁，严禁对断路器进行操作，应查明原因并及时处理。(√)

Je3B3152 折臂式隔离开关合闸时，静触头钢丝绳应受力紧绷。(×)

Je3B3153 弹簧操作机构在调整时应遵守规定之一是严禁将机构“空合闸”。(√)

Je3B3154 GIS 安装中，其底脚水平误差最大不得大于 5mm。(√)

Je3B3155 GIS 的接地刀闸与快速地刀的作用是一样的。(×)

Je3B3156 三相五柱式电压互感器在正常运行时，其开口三角形绕组两端出口电压为 100V。(×)

Je3B3157 互感器在安装时，其中心线和极性方向应一致，二次接线端和油位指示器的位置应位于便于检查的一侧。(√)

Je3B3158 在运行中，弹簧操作机构发出弹簧未储能信号，说明该断路器还具有一次快速自动重合闸的能力。(×)

Je3B3159 SF_6 断路器解体时，发现内部有白色粉末状的分解物，应用压缩空气或其他使之飞扬的方法清除。(×)

Je3B3160 电气设备内的 SF_6 气体可以先导入石灰水，然后向大气排放。(×)

Je3B3161 分组投切的大容量电容器组，其容抗的变化范围较大，若其容抗与系统的感抗符合某种匹配条件，即会发生谐振。(√)

Je3B3162 220kV 及以上电压等级的油浸式互感器可以进行现场解体检修。(×)

Je3B3163 断路器的触头材料对灭弧没有影响，触头应采用熔点高、导热能力一般和热容量大的金属材料。(×)

Je3B3164 真空灭弧室的触头接触面经过多次开断电流后会逐渐被磨损烧灼，触头厚度减小，但不会对断路器的灭弧性能和导电性能产生不良影响。(×)

Je3B3165 因为避雷器与各被保护设备间有一定距离，因此各被保护设备经受的侵入波过电压值比避雷器上残压要低，其大小与距离有关。(×)

Je3B3166 SF_6 电气设备内部含有有毒的或腐蚀性的粉末，有些固态粉末附着在设备内部或元器件的表面，要仔细地将其清除，用吹风机进行彻底清理。(×)

Je3B3167 手车开关在试验位置合闸后，手车开关可以从试验位置摇至工作位置。(×)

Je3B3168 密度继电器应选用性能可靠产品，安装前应逐只进行动作值测试。(×)

Je3B3169 对运行 20 年以上的弹簧机构可抽检其弹簧拉力，防止因弹簧疲劳，造成

开关动作不正常。(×)

Je3B3170 高压开关柜应检查泄压通道或压力释放装置，确保与设计图纸保持一致。(√)

Je3B3171 在门型架构的线路侧进行停电检修，如工作地点与所装接地线的距离大于10m，工作地点虽在接地线外侧，也可不另装接地线。(×)

Je3B3172 倒闸操作中，用绝缘棒拉合隔离开关、手动拉合隔离开关、装卸高压熔丝均需戴绝缘手套。(√)

Je3B3173 金属氧化物避雷器的密封胶圈永久性压缩变形的指标达不到设计要求，装入金属氧化物避雷器后，易造成密封失效，使潮气或水分侵入。(√)

Je3B3174 一般消弧线圈采用欠补偿方式运行。(×)

Je3B3175 用起重设备吊装部件时，吊车本体接地必须良好，吊杆与带电部分必须保持足够的安全距离。(√)

Je3B3176 10kV以上电压等级的电缆之间或与其他电缆之间最小净距为0.25m。(√)

Je3B3177 当电力电缆和控制电缆敷设在电缆沟同一侧支架上时，应将控制电缆放在电力电缆的下面。(√)

Je3B3178 利用电弧能量使绝缘物分解出气体来灭弧的断路器叫作自能式灭弧断路器。(√)

Je3B3179 在隔离开关倒闸操作过程中，应严格监视隔离开关动作情况，如发现卡滞应用力将隔离开关入位。(×)

Je3B3180 为防止谐振过电压的发生，应选用励磁特性饱和点较低的电压互感器。(×)

Je3B3181 35kV电压等级的避雷器必须安装交流泄漏电流在线监测表计。(×)

Je3B3182 KYN型高压开关柜利用机械连锁来实现小车与接地开关之间的连锁。(√)

Je3B3183 变电站装设了并联电容器后，上一级线路输送的无功功率将减少。(√)

Je3B3184 运行后的SF_6断路器，灭弧室内的吸附剂不可进行烘燥处理，不得随便乱放和任意处理。(√)

Je3B3185 电容式电压互感器的稳态工作特性与电磁式电压互感器基本相同，暂态特性比电磁式电压互感器差。(√)

Je3B3186 变压器最热点的位置一般是在绕组高度的3/4处。(√)

Je3B3187 空气断路器是以压缩空气作为灭弧、绝缘和传动介质的断路器。(√)

Je3B3188 液压机构电磁铁对动作时间的影响因素有电磁铁的安匝数、工作气隙、固定气隙和动铁芯的灵活性。(√)

Je3B3189 互感器安装用构架应有一处与接地网可靠连接。(×)

Je3B3190 GIS的三工位刀闸可以同时起到隔离开关与接地刀闸的作用。(√)

Je3B3191 配液压机构的断路器跳跃时，应对液压机构检查保持阀进油孔是否堵塞。(√)

Je3B3192 加强防污闪涂料和防污闪辅助伞裙的施工和验收环节，防污闪涂料宜采用喷涂施工工艺，防污闪辅助伞裙与相应的绝缘子伞裙尺寸应吻合良好。(√)

Je3B3193 铜母线接头表面搪锡是为了防止铜在高温下迅速氧化和电化腐蚀，以及避免接触电阻增加。(√)

Je3B4194 ZN28开关小修后，填写在报告中的合闸弹跳应该小于等于4ms才为合格。(×)

Je3B4195 液压操动机构一般宜采用10号航空油，也可用变电器油替代。(×)

Je3B4196 提高断路器的分闸速度，可以减少电弧重燃的可能性和提高灭弧能力。(√)

Je3B4197 SF_6设备充气前，对设备抽真空，真空度应抽至133.33Pa后，至少维持真空泵运转10min。(×)

Je3B4198 SF_6气体压力报警值一般比额定压力低5%～10%，闭锁值一般比额定压力低8%～15%。(√)

Je3B4199 当电路图中的连接线穿越距离较长或稠密区域时，允许将连接线中断，但在中断处不要加相应的标记。(×)

Je3B4200 如在独立避雷针或构架上装设照明灯，其电源线必须使用铅皮电缆或穿入钢管，并直接埋入地中长度5m以上。(×)

Je3B4201 继电保护装置是保证电力元件安全运行的基本装备，任何电力元件不得在无保护的状态下运行。(√)

Je3B4202 母线上装有两组互感器，在大修或新装后投运前应先并列二次，后并列一次。(×)

Je3B4203 GIS、SF_6断路器设备内部的绝缘操作杆、盆式绝缘子、支撑绝缘子等部件必须经过局部放电试验方可装配，要求在试验电压下单个绝缘件的局部放电量不大于3pC。(√)

Je3B4204 SF_6断路器内吹式灭弧室从喷嘴喉部喷出的SF_6气体穿透弧柱后，沿动静触头中心孔喷出。(√)

Je3B4205 变压器吊芯检查时，测量湿度的目的是为了控制芯部暴露在空气中的时间及判断能否进行吊芯检查。(√)

Je3B4206 链传动是用于两轴相距较近，传动功率不大而且平均传动又要保持不变的情况下。(×)

Je3B4207 预防SF_6断路器及GIS故障的措施：SF_6开关设备应定期进行微水含量和泄漏检测。(√)

Je3B4208 母线工作电流大于1.5kA时，每相交流母线的固定金具或支持金具不应形成闭合磁路，按规定应采用非磁性固定金属。(√)

Je3B4209 断路器运行中，由于某种原因造成SF_6断路器气体压力异常、液压（气动）操动机构压力异常导致断路器分合闸闭锁时，严禁对断路器进行操作。(√)

Je3B4210 进行工频交流耐压试验时，升压必须从零开始，不可冲击合闸。(√)

Je3B4211 GW16/17型隔离开关若拐臂沿分闸方向过死点，只要上导电管末端的滚轮不脱离齿轮箱顶端的圆槽，动触片对静触杆的夹紧力就能保持不变。(√)

Je3B4212 汽车式起重机在起重作业时，不准扳动支腿操作手柄。如需调整支腿，必须把重物放下来，把吊臂位于右方或左方，再进行调整。(×)

Je3B4213 在电力电容器与其断路器之间装设一组ZnO避雷器是为了防止雷电过电压。(×)

Je3B4214 调整消弧线圈的分接头，也就是调节线圈的匝数，通过改变电抗的大小，来调节消弧线圈的电感电流，补偿接地电容电流，达到消弧的目的。(√)

Je3B4215 电压互感器的低压侧熔断器是用来防止互感器本身短路的。(×)

Je3B4216 真空灭弧室的触头开距越大越好。(×)

Je3B4217 如果线圈动作电压过高时，在直流系统绝缘不良，两点高阻接地的情况下，会引起断路器误分闸和误合闸。(×)

Je3B4218 被评价为“异常状态”的 SF_6 高压断路器，根据评价结果确定检修类型，并适时安排检修。实施停电检修前应加强 D 类检修。(√)

Je3B4219 真空断路器触头的工作压力对真空断路器的性能有很大的影响，其压力等于真空断路器的自闭力与触头弹簧力之和。(√)

Je3B4220 真空断路器在分闸状态下拆下一只真空灭弧室，其动静触头是断开状态的。(×)

Je3B4221 SF_6 断路器现场解体大修时，空气相对湿度应不大于 85%。(×)

Je3B4222 LSC 2 类高压开关柜指具备运行连续性功能的高压开关柜，即当打开功能单元的任意一个可触及隔室时（除母线隔室外），所有其他功能单元仍可继续带电正常运行的开关柜。(√)

Je3B4223 变电站的限流电抗器主要装于变压器的高压绕组侧，其主要目的是：当线路或母线发生故障时，使短路电流限制在断路器允许的开断范围内。(×)

Je3B4224 同一高度的避雷针比避雷线的保护效果差。(×)

Je3B4225 高压电气设备绝缘的泄漏电流随温度增加而增加。(√)

Je3B4226 断路器控制屏上红灯亮，不仅说明断路器处在合闸位置，而且反映断路器合闸回路的完整性。(×)

Je3B4227 氧化锌避雷器能有效抑制操作过电压的幅值及上升率。(×)

Je3B4228 在电极间加上一定的电压，让电极间隙发生火花击穿放电，并控制放电电压的大小，经过若干次的这种火花放电后，电极间隙的击穿电压有显著的提高，这种方法通常称作“老练”。(√)

Je3B4229 断路器（开关）遮断容量应满足电网要求。如遮断容量不够，应将操作机构用墙或金属板与该断路器（开关）隔开，应进行远方操作，重合闸装置应停用。(√)

Je3B4230 开关柜应选用 IAC 级产品，进行内部燃弧试验时，燃弧时间应不小于 1s。(×)

Je3B4231 断路器在开断电容器组时，可能出现重燃过电压。(√)

Je3B4232 整流器输出端接有蓄电池或直流电机时，只有当输出电压大于反电势时，才由电流流通。(√)

Je3B4233 新安装的变压器投入运行时，要做三次冲击合闸试验。(×)

Je3B4234 电流互感器的一次端子所受的机械力不应超过制造厂规定的允许值，其电气联结应接触良好，防止产生过热性故障、防止出现电位悬浮。互感器的二次引线端子应有防转动措施，防止外部操作造成内部引线扭断。(√)

Je3B4235 在使用互感器时，应注意二次回路的完整性，极性及接地可以不必考虑。(×)

Je3B4236 SF_6 断路器分、合闸闭锁压力降低信号一般比额定工作气压低 20%～25%。(×)

Je3B4237 检修人员倒闸操作时，监护人必须是同一单位的检修班组负责人或者运行

值班负责人。(×)

Je3B4238 母线平弯90°时：母线规格在50mm×5mm以下者，弯曲半径R不得小于2.5h（h为母线厚度）；母线规格在60mm×5mm以上者，弯曲半径不得小于1.5h。(√)

Je3B4239 真空断路器触头行程很小，因而通常只能采取附加触点或采用滑线电阻两种测量方法。(√)

Je3B4240 220kV电压等级金属氧化物避雷器可用带电测试替代定期停电试验。(√)

Je3B4241 接地装置中，接地线与接地极的连接可用螺栓连接或者焊接。(×)

Je3B4242 摇测带有整流元件的回路的绝缘时，不得给整流元件加压，应将整流元件两端短路。(√)

Je3B4243 为了增加SF_6气体的间隙绝缘能力，最简单的方法是加大其间隙的距离。(×)

Je3B4244 齿条齿轮传动，只能将齿轮的旋转运动通过齿条转变为直线运动。(×)

Je3B4245 只有当断路器手车在试验位置（冷备用位置），接地开关才能合闸。(×)

Je3B4246 断路器操动机构合闸线圈最低动作电压不得低于额定电压的30%～65%。(×)

Je3B4247 选择起重工具时，考虑起吊牵引过程中，遇有忽然启动或停止时，均可能使起重索具所承受的静负荷增大，所以选择起重索具时，均将所受静作用力乘以一个系数，这个系数为静荷系数。(×)

Je3B4248 自耦变压器的中性点必须接地。(√)

Je3B4249 互感器的二次回路不允许接地。(×)

Je3B4250 GIS内部只有不同压力的各电器元件的气室间设置气隔。(×)

Je3B4251 在液压传动系统中，传递运动和动力的工作介质是汽油和煤油。(×)

Je3B4252 母线扭转（扭腰）90°时：扭转部分长度应大于母线宽度（b）的2倍。(×)

Je3B4253 未经检验的SF_6新气气瓶和已检验合格的气体气瓶应分别存放，不得混淆。(√)

Je3B4254 直线牵引滚运变压器，在正前方施加牵引力，牵引绳的地锚在左前方时，变压器行驶的方向会向右侧偏斜，为使变压器沿直线向正前方运动，需要采取的措施是调整或敲打滚杆，使滚杆右端稍向前，左端稍向后。(√)

Je3B4255 倒装式电流互感器二次绕组的金属导管必须绝缘。(×)

Je3B5256 电压互感器柜应装设一次消谐装置，并在安装投运时实际检测其消谐效果。(√)

Je3B5257 弹簧未储能或正在储能过程中均不能进行合闸操作，并且要发弹簧未储能信号。(√)

Je3B5258 影响断路器工作性能最重要的是刚分、刚合速度及最大速度。(√)

Je3B5259 严禁在工具房、休息室、宿舍等房屋内存放易燃、易爆物品，烘燥间或烘箱的使用及管理应有专人负责。(√)

Je3B5260 只有在接地开关分闸后才可把断路器由试验位置摇至工作位置，不可强行操作。(√)

Je3B5261 变压器绕组绝缘水平除要考虑长期承受工作电压外，还要考虑到承受大气

过电压和操作过电压。（√）

Je3B5262 起重搬运时只能由一人统一指挥，必要时可设置中间指挥人员传递信号。（√）

Je3B5263 继电保护远方操作时，至少应有一个指示发生对应变化，且所有这些确定的指示均已同时发生对应变化，才能确认该设备已操作到位。（×）

Je3B5264 在屋顶以及其他危险的边沿进行工作，临空一面应装设标示牌进行提醒，否则，作业人员应使用安全带。（×）

Je3B5265 高压开关柜的五防联锁功能常采用断路器、隔离开关、接地开关与柜门之间的强制性机械闭锁方式或电磁锁方式实现。（√）

Je3B5266 断路器失灵保护是一种近后备保护，当元件断路器拒动时，该保护动作切除故障。（√）

Je3B5267 SF_6 断路器在零表压下对地或断口间应能承受工频最高相电压时间为5h。（×）

Je3B5268 油浸式电流互感器的结构（以LBT-220钳形电流互感器为例）一次绕组呈U字形。（√）

Je3B5269 变压器的门型构架上应安装避雷器。（×）

Je3B5270 GIS电压等级越高，占地面积比例越小。（√）

Je3B5271 断路器液压机构中的氮气是起传递能量作用的。（×）

Je3B5272 有载调压变压器在改变分接头时，选择开关的触头是在没有电流通过情况下动作，而切换开关的触头是在通过电流的情况下动作。（√）

Je3B5273 高压开关柜内接地开关处在合闸位置时，下门及后门都无法打开，防止了误入带电间隔。（×）

Je3B5274 GIS气室在抽真空状态下可以对导流回路施加电压进行试验。（×）

Je3B5275 新订货断路器应优先选用弹簧机构、气动机构和液压机构（包括弹簧储能液压机构）。（×）

Je3B5276 避雷器安装地点可能出现相对地最高工频电压，该电压不得大于避雷器的额定电压。（×）

Je3B5277 正常情况下，控制母线电压的变动范围不允许超过其额定电压的5%；独立主合闸母线电压应保持额定电压的105%～110%。（√）

Je3B5278 真空断路器分闸缓冲器失去作用时，会造成分闸反弹幅值超标，引起重燃，造成较高的过电压，对被控设备绝缘造成威胁。（√）

Je3B5279 接地开关合闸后，当手车开关处于试验位置时，手车开关不能从试验位置摇至工作位置。（√）

Je3B5280 防误操作闭锁装置或带电显示装置失灵应作为危急缺陷尽快予以消除。（×）

Je3B5281 影响GW4型隔离开关分、合闸总行程大小的是水平连杆长度。（×）

Je3B5282 绝缘子表面涂覆“防污闪涂料”和加装“防污闪辅助伞裙”是防止变电设备污闪的重要措施。（√）

Je3B5283 变压器吊芯大修时，当空气相对湿度小于65%时，器身允许在空气中暴露16h。（√）

Je3B5284 对于双重化保护的电流回路、电压回路、直流电源回路、双套跳闸线圈的

控制回路等，不宜合用同一根多芯电缆。(√)

Je3B5285 耦合电容器主要用于工频高压及超高压输电线路的载波通信系统。(×)

Je3B5286 低温对 SF_6 断路器尤为不利，当温度低于某一使用压力下的临界温度，SF_6 气体将液化，从而对绝缘和灭弧能力及开断额定电流无影响。(×)

Je3B5287 GIS 的底脚与基础预埋钢板之间宜采用预埋底脚螺钉的方式。(×)

Je3B5288 只重视断路器的灭弧及绝缘等电气性能是不够的，在运行中断路器的机械性能也很重要。(√)

Je3B5289 断路器导电杆的铜钨合金触头烧伤面积达 1/3 以上，静触头接触面有 1/2 以上烧损或烧伤深度达 2mm 时，应更换。(√)

Je3B5290 同一间隔内的多台隔离开关的电机电源，在端子箱内应使用同一套开断设备。(×)

Je3B5291 电流互感器的极性，对继电保护能否正确动作没有关系。(×)

Je3B5292 投切线路的开关应选用开断时无重燃及适合频繁操作的真空开关设备。(×)

Je3B5293 母线常见故障有：接头接触不良，母线对地绝缘电阻降低和大的故障电流通过时母线会弯曲折断或烧伤等。(√)

Je3B5294 低温对断路器的操作机构有一定影响，会使断路器的机械特性发生变化，还会使瓷套和金属法兰的粘接部分产生应力。(√)

Je3B5295 被评价为“注意状态”的 SF_6 高压断路器，执行 C 类检修。如果单项状态量扣分导致评价结果为“注意状态”时，应根据实际情况提前安排 C 类检修。如果仅由多项状态量合计扣分导致评价结果为“注意状态”时，可按正常周期执行，并根据设备的实际状况，增加必要的检修或试验内容。在 C 类检修之前，可以根据实际需要适当加强 D 类检修。(√)

Je3B5296 油浸变压器的绝缘属于 A 级绝缘，其运行时的最高温度不得超过 110℃。(×)

Je3B5297 利用真空滤油机过滤变压器油时，真空度越高，油温也应该越高。(×)

Je3B5298 当一次回路发生故障时，继电保护装置能将故障部分迅速切除并发出信号，保证一次设备安全、可靠、经济、合理地运行。(√)

Je3B5299 对于用于限制高次谐波放大的串联电抗器。其感抗值的选择应使在可能产生的任何谐波下，均使电容器回路的总电抗为容性而不是感性，从而消除了谐振的可能。(×)

Je3B5300 在直流输电系统中通常在换流器两侧设置整流器来消除产生的各次谐波。(×)

Je3B5301 主要利用外部能量来灭弧的灭弧室叫作外能灭弧室，如压气式 SF_6 断路器、少油断路器等的灭弧室。(×)

Jf3B1302 仪表的阻尼力矩只影响测量时间，一般来说对测量误差无直接影响。(√)

Jf3B2303 用两根钢丝绳吊重物时，钢丝绳之间的夹角不得大于 100°。(×)

Jf3B3304 在焊接、切割地点周围 10m 的范围内，应清除易燃、易爆物品，无法清除时，必须采取可靠的隔离或防护措施。(×)

Jf3B3305 严禁将架空照明线、电话线、广播线、天线等装在避雷针或构架上。(√)

Jf3B3306 滚动搬运中，放置管子应在重物移动的方向前，并有一定的距离。可用手去拿受压的管子。(×)

Jf3B4307 进行刮削加工时，显示剂可以涂在工件上，也可以涂在标准件上。一般粗刮时，红丹粉涂在标准件表面，细刮和精刮时将红丹粉涂在工件上。(×)

Jf3B4308 碳素钢中硫、磷的含量越多，则钢的质量越好。(×)

Jf3B4309 画线盘是由底座、立柱、划针和夹紧螺母等组成的。划针的直端用来画线，弯头是找正工件用的。(√)

Jf3B4310 光敏二极管一般工作在反向偏置状态。(√)

Jf3B5311 45号钢是中碳类的优质碳素结构钢，其碳的质量分数为4.5%。(×)

Jf3B5312 状态检修不是简单的延长设备的检修周期，而是依据状态评价，对设备的检修执行时间进行动态调整。其结果是为了设备延长检修周期。(×)

Jf3B5313 铜质材料接地体地网不必定期开挖检查。(√)

1.3 多选题

La3C1001 密封垫（圈）主要结构形式有（　　）。

（A）平板形垫圈；（B）O形密封圈；（C）V形密封圈；（D）S形密封圈。

答案：ABC

La3C1002 检修人员完成的操作类型规定为220kV以下设备（　　）的监护操作。

（A）运行至检修；（B）运行至热备用；（C）热备用至检修；（D）检修至热备用。

答案：CD

La3C1003 属于内部过电压的有（　　）。

（A）工频过电压；（B）谐振过电压；（C）感应雷过电压；（D）空载线路合闸引起的过电压。

答案：ABD

La3C2004 绝缘材料吸潮后致使绝缘材料的（　　）增大，导致强度降低，有关性能遭到破坏。

（A）介电常数；（B）导电损耗；（C）介质损失角的正切 $\tan\delta$；（D）机械强度。

答案：ABC

La3C2005 SF_6是一种极不活泼的气体，由于氟原子的高电负性而使得SF_6具有优异的电气性能，其（　　）。

（A）绝缘强度高；（B）灭弧特性好；（C）散热性好；（D）导电性好。

答案：AB

La3C2006 切实落实防误操作工作责任制，各单位应设专人负责防误装置的（　　）。防误装置的检修、维护管理应纳入运行、检修规程范畴，与相应主设备统一管理。

（A）运行；（B）检修；（C）维护；（D）实验；（E）管理。

答案：ABCE

La3C2007 高压开关柜按断路器的安装方式可分（　　）类型。

（A）空气绝缘开关柜；（B）固定式开关柜；（C）移开式（手车式）开关柜；（D）金属封闭铠装式开关柜。

答案：BC

La3C3008 发展特高压电网的主要目标是（　　）。

（A）提高输送容量；（B）实现各超高压电网之间的强互联；（C）进一步减少网损；

(D) 建立特高压网架。

答案：ABC

La3C3009 SF_6开关设备的检修试验资料主要包括(　　)；特殊测试报告；有关反措执行情况；设备技改及主要部件更换情况等。

(A) 检修报告；(B) 预试报告；(C) SF_6气体检验报告；(D) 在线监测信息。

答案：ABCD

La3C4010 螺旋传动具有(　　)等优点。

(A) 工作连续一平稳；(B) 承载能力小；(C) 传动精度低；(D) 易于自锁。

答案：AD

La3C4011 影响SF_6击穿电压的主要因素有(　　)。

(A) 电场均匀性；(B) SF_6的工作压力；(C) 不纯物；(D) 工作温度；(E) 电极表面。

答案：ABCE

La3C4012 钢的表面热处理常用的方法有(　　)。

(A) 表面回火；(B) 表面退火；(C) 表面淬火；(D) 化学热处理。

答案：CD

La3C5013 钢的普通热处理工艺有(　　)。

(A) 退火；(B) 反火；(C) 正火；(D) 淬火；(E) 回火。

答案：ACDE

La3C5014 在现代开关设备中应用到的传动方式是(　　)。

(A) 机械传动；(B) 液压传动；(C) 气压传动；(D) 电气传动；(E) 杠杆传动。

答案：ABCD

Lb3C1015 由于(　　)原因，在高压断路器与隔离开关之间要加装闭锁装置。

(A) 隔离开关没有灭弧装置；(B) 隔离开关只能接通或断开空载电路；(C) 在断路器断开的情况下，才能拉、合隔离开关，否则将发生带负荷拉、合隔离开关的误操作；(D) 隔离开不能独立操作，只能配合其他设备操作。

答案：ABC

Lb3C1016 盆式绝缘子起到(　　)作用。

(A) 固定母线及母线的接插式触头，保证导体部分对金属外壳绝缘；(B) 使母线穿越盆式绝缘子才能由一个气室引到另一个气室；(C) 起母线对地或相间（对于共箱式结构）的绝缘作用；（D）起密封作用，要求有足够的气密性和承受压力的能力。

答案：ABCD

Lb3C1017 造成避雷器爆炸的原因可能有（　　）。

（A）由于内部元件受潮；（B）结构设计不合理；（C）电网工作电压波动；（D）额定电压和持续运行电压取值偏高。

答案：AB

Lb3C1018 110～500kV互感器在出厂试验时，应按照各有关标准、规程的要求逐台进行全部出厂试验，包括高电压下的（　　）。

（A）介损试验；（B）局部放电试验；（C）耐压；（D）红外测温。

答案：ABC

Lb3C1019 10kV高压开关柜导致载流回路过热的原因主要有（　　）。

（A）触头接触过于良好；（B）引线连接过于良好；（C）加工工艺粗糙；（D）负荷电流过大。

答案：CD

Lb3C1020 液压机构的主要优点有：不需要直流电源和（　　）。

（A）暂时失电时，仍然能操作几次；（B）体积小；（C）功率大，动作快；（D）冲击小，操作平稳。

答案：ACD

Lb3C1021 为了达到温升的限制条件，我们可以采取在电气连接面上涂（　　）等种种措施来达到要求。

（A）凡士林；（B）导电膏；（C）汽油；（D）镀锡；（E）镀银。

答案：ABDE

Lb3C1022 35kV、10kV高压开关柜应选用“五防”功能完备的加强绝缘型产品，其外绝缘应满足以下条件：①空气绝缘净距离：（　　）；②爬电比距：≥18mm/kV（对瓷质绝缘），≥20mm/kV（对有机绝缘）。

（A）≥125mm（对12kV）；（B）≥360mm（对40.5kV）；（C）≥120mm（对12kV）；（D）≥300mm（对40.5kV）。

答案：AD

Lb3C1023 电容器按照（　　）要求进行存放。

（A）不要在腐蚀性的空气中，特别是氯化物气体、硫化物气体、酸性、碱性、盐质或含有类似的同类物质的空气中使用或存放电容器；（B）在有尘埃的环境中，为了防止发生相间或相对地/外壳发生短路事故，特别需要定期对接线端子进行常规的维护和清洁；(C) 不要在地面上存放，应放在支架上存放，防止电容器受损；(D) 严禁存放在露天场所。

答案：ABD

Lb3C1024 断路器误跳闸的原因有(　　)。

(A) 保护误动作；(B) 断路器机构的不正确动作；(C) 一次回路绝缘问题；(D) 有寄生跳闸回路。

答案：ABD

Lb3C1025 GW4 型隔离开关主刀操作时，支柱绝缘子和垂直连杆旋转的角度分别是(　　)。

(A) 90°；(B) 180°；(C) 270°；(D) 360°。

答案：AB

Lb3C1026 液压操动机构解体大修后调试时，应做(　　)工作。

(A) 油泵系统充气；(B) 检查氮气的预充压力；(C) 校验微动开关位置与压力值是否对应；(D) 检查阀系统的可靠性；(E) 二级阀活塞机构闭锁试验。

答案：BCDE

Lb3C1027 10kV 开关柜断路器不能合闸的可能原因是(　　)。

(A) 断路器未到确定位置；(B) 合闸电压过低；(C) 二次控制回路松动；(D) 分闸线圈烧毁。

答案：ABC

Lb3C1028 液压机构压力异常升高的处理方法有(　　)。

(A) 检查微动开关接点是否有卡涩现象；(B) 对储压筒进行解体检修；(C) 检修或更换压力表；(D) 可将闭锁压力上限稍调低。

答案：ABC

Lb3C1029 颁布“18 项反措”中，与供电企业有关的有(　　)。

(A) 防止火灾事故；(B) 防止电气误操作事故；(C) 防止大型变压器损坏和互感器爆炸事故；(D) 防止交通事故。

答案：ABCD

Lb3C1030 下列关于变压器绕组绝缘测量的说法，正确的是 (　　)。

(A) 温度上升，绕组绝缘电阻不变；(B) 绝缘受潮后，其吸收比变小；(C) 绝缘老化，吸收比接近于 1；(D) 温度下降，绝缘电阻变小。

答案：BC

Lb3C2031 高压断路器常用的变直机构形式有（ ）。

(A) 准确椭圆变直机构；(B) 连杆变直机构；(C) 椭圆变直机构；(D) 混合式变直机构；(E) 四连杆机构。

答案：ACD

Lb3C2032 高压开关柜改进措施有（ ）。

(A) 降低绝缘水平；(B) 减弱柜体封闭；(C) 提高机械动作的可靠性；(D) 改善载流回路状况。

答案：CD

Lb3C2033 液压机构压力异常升高的原因有（ ）。

(A) 额定油压微动开关接点失灵；(B) 油渗入储压筒氮气侧；(C) 压力表失灵；(D) 温度降低。

答案：ABC

Lb3C2034 高压开关柜柜体由金属隔板分为（ ）。

(A) 母线室；(B) 断路器手车室；(C) 电缆室；(D) 继电器仪表室。

答案：ABCD

Lb3C2035 高压避雷器顶端采用均压环，起到（ ）作用。

(A) 在冲击电压作用下，间隙电容比分路电阻小得多，电压按间隙电容分布；

(B) 由于对地电容的存在，使间隙上电压分布更加不均匀；(C) 为防止高压避雷器的冲击系数过低而引起不必要的动作，可在避雷器顶端加均压环，均压环增大母线对避雷器上部的杂散电容，使这些间隙流散的杂散电容得到补偿；(D) 提高了冲击放电电压，避免使避雷器在一些不损坏设备绝缘的过电压发生时频繁动作。

答案：ABCD

Lb3C2036 高压断路器的绝缘结构主要由（ ）等部分组成。

(A) 导电部分对地；(B) 传动部分对地；(C) 相间绝缘；(D) 断口间绝缘。

答案：ACD

Lb3C2037 电力电容器在安装前应检查的项目有（ ）。

(A) 套管芯棒应无弯曲和滑扣现象；(B) 引出线端连接用的螺母垫圈应齐全；

(C) 外壳应无凹凸缺陷，所有接缝不应有裂纹或渗油现象。

答案：ABC

Lb3C2038 SF_6断路器中，密度表起到（ ）的作用。

(A) 当气体密度上升到规定的报警压力值时，动作发出报警信号；(B) 当气体密度下降到规定的报警（补气）压力值时，动作发出报警（补气）信号；(C) 当气体压力下降到规定的闭锁值时，动作闭锁分、合闸操作回路。

答案：**BC**

Lb3C2039 电容型变压器套管在安装前必须做的两项实验是(　　)。

(A) 绝缘电阻测量；(B) 热稳定性测量；(C) tanδ测量；(D) 电容量测量。

答案：**CD**

Lb3C2040 管母线应按照(　　)，进行检修维护。

(A) 选用高强度支柱绝缘子和专用金具；(B) 积极开展超声波探伤，并适当增加绝缘子金具及连接部位的红外精确测温频次；(C) 结合停电，积极开展支柱绝缘子超高频探伤；(D) 加快更换老式铜铝过渡线夹，防止金具断裂。

答案：**ABD**

Lb3C2041 GIS对伸缩节的要求有(　　)。

(A) 可以是钢板焊接、铝合金板焊接结构或铸铝结构，并按压力容器标准设计、制造和检验；(B) GIS的平面布置图及剖视图上，应标明伸缩节的位置和数量；(C) 应标明GIS外壳局部拆装的部位；(D) 制造厂应根据伸缩节的使用目的、允许的位移量等来选定伸缩节的结构。

答案：**BCD**

Lb3C2042 液压机构的关键要保持清洁与密封，其原因是(　　)。

(A) 使液压油流速快；(B) 杂质容易造成阀体通道（管道）堵塞或卡涩；(C) 密封不好，容易漏油；(D) 破坏密封或密封损伤造成泄漏，会失掉压力而不能正常工作。

答案：**BD**

Lb3C2043 对盆式绝缘子的绝缘性能具体要求有(　　)。

(A) 由于盆式绝缘子是由环氧树脂和其他添加料浇注而成，要有化学变化的要求；(B) 由于盆式绝缘子是由环氧树脂和其他添加料浇注而成，要满足工频耐压能力；(C) 由于盆式绝缘子是由环氧树脂和其他添加料浇注而成，要满足过电压能力；(D) 必须着重考虑长期运行电压下的局部放电问题。

答案：**BCD**

Lb3C2044 SF_6气体充入设备前，新气钢瓶抽检率按照每批(　　)抽检。

(A) 总数1瓶时，抽检1瓶；(B) 总数2～40瓶时，抽检2瓶；(C) 总数40～70瓶时，抽检3瓶；(D) 总数70瓶以上时，抽检4瓶。

答案：**AB**

Lb3C2045 液压机构的密封圈有(　　)。

(A) O形密封；(B) 板型密封；(C) V形密封；(D) 轴用骨架型密封；(E) 自调芯型密封。

答案：ABCDE

Lb3C3046 真空断路器操作过电压有(　　)几类。

(A) 真空断路器在控制电动机时，由于电机绝缘强度较低，仍需考虑单相截流问题，尤其是三相同时截流造成的过电压；(B) 切断电容性负荷时，因为熄弧后间隙发生重击穿引起过电压；(C) 真空断路器在开断感性电流（如电动机启动电流）时，即使没有截流也会发生过电压，这是由于真空断路器的高频重燃而引起的；(D) 切断大负荷电流时，因为熄弧后间隙发生重燃引起过电压。

答案：ABC

Lb3C3047 定期对枢纽变电站支柱绝缘子，特别是(　　)进行检查，防止绝缘子断裂引起母线事故。

(A) 母线支柱绝缘子；(B) 隔离刀闸支柱绝缘子；(C) 悬式绝缘子；(D) 流变瓷套。

答案：AB

Lb3C3048 互感器产生异常声音的原因可能是(　　)。

(A) 铁芯或零件过紧；(B) 电场屏蔽不当；(C) 二次开路或电位悬浮；(D) 末屏开路及绝缘损坏放电。

答案：BCD

Lb3C3049 真空滤油机通过(　　)起到滤油作用的。

(A) 抽真空除去水分和气体；(B) 雾化除去水分和气体；(C) 对油降温，促进水分蒸发和气体析出；(D) 滤油纸滤除固体杂质。

答案：ABD

Lb3C3050 电力系统中性点的接地方式有(　　)。

(A) 中性点直接接地；(B) 中性点经消弧线圈接地；(C) 中性点经线性电阻接地；(D) 中性点不接地。

答案：ABD

Lb3C3051 高压断路器的核心部分开闭装置主要由(　　)等组成。

(A) 灭弧室；(B) 主触头系统；(C) 均压电容；(D) 传动连杆。

答案：ABC

Lb3C3052 将检修设备停电的措施有(　　)。

(A) 检修设备停电，必须把各方面的电源完全断开和必须拉开隔离开关，使各方向至少有一个明显的断开点；(B) 与停电设备有关的变压器和电压互感器必须从高、低压两侧断开，防止向停电检修设备反送电；(C) 禁止在只经开关断开电源的设备上工作。

答案：ABC

Lb3C3053 一般电网的高次谐波分量主要以(　　)次为主，大容量电容器组各分组一般装有感抗值为5%～6%X_c(X_c为电容器组每相容抗)的串联电抗器。它能有效地抑制5次及以上的高次谐波，但对3次谐波有放大作用，3次谐波的谐振点也往往落在电容器的调节范围内，因而很有可能在一定的参数匹配条件下发生3次谐波谐振。

(A) 3；(B) 5；(C) 7；(D) 11。

答案：ABC

Lb3C3054 GIS出线方式主要有(　　)。

(A) 硬母线桥引出方式；(B) 电缆引出方式；(C) 母线筒出线直接与主变压器对接；(D) 架空线引出方式。

答案：BCD

Lb3C3055 SF_6断路器灭弧室在灭弧原理上可分为(　　)。

(A) 产气式；(B) 自能式；(C) 外能式；(D) 磁吹式。

答案：BC

Lb3C3056 真空灭弧室触头结构可以分为(　　)结构。

(A) 纵吹；(B) 横向磁吹；(C) 横吹；(D) 纵向磁吹。

答案：BD

Lb3C3057 下列属变压器绕组绝缘老化程度为三级的是(　　)。

(A) 绝缘稍硬一色泽较暗；(B) 绝缘变脆一色泽较暗；(C) 手按出现轻微裂纹；(D) 手按即脱落或断裂。

答案：BC

Lb3C3058 安装接地装置的一般要求有(　　)。

(A) 接地体宜避开人行道和建筑物出入口附近，与建筑物的距离应不小于5m，与独立避雷针的接地体之间的距离应不小于3m。接地体的上端买入深度应不小于0.6m，并应埋在冻土层以下的潮湿土壤中；(B) 电气设备及构架应该接地部分，都应直接与接地体或它的接地干线相连接，不允许把几个接地的部分用接地线串联起来，再与接地体连接；(C) 不论所需的接地电阻式多少，接地体都不能少于两根，其间距离应不小于3.5m；

(D) 接地装置各接地体的连接，要用电焊或气焊，不允许用锡焊，且不得有虚焊；一般焊接时，可用螺钉、铆钉连接，但必须防止锈蚀。

答案：BD

Lb3C3059 高压开关柜有时为了减少开关柜外形尺寸，可采用以下方法(　　)。

(A) 在空气间隙中插入一块绝缘隔板；(B) 减少负荷；(C) 用热缩套管把高压带电体包起来；(D) 采用一种新型涂敷工艺。

答案：AC

Lb3C3060 影响绝缘电阻的主要因素有(　　)。

(A) 被测试品的绝缘结构、尺寸形状、光洁程度；(B) 试验时的温度、湿度、施加电压的大小和时间；(C) 导体与绝缘的接触面积、测试方法等因素；(D) 使用的绝缘材料和组合方式。

答案：ABCD

Lb3C3061 断路器手车在(　　)位置时，断路器能进行合分操作。

(A) 任意；(B) 工作；(C) 中间；(D) 试验。

答案：BD

Lb3C3062 真空灭弧室的真空度鉴定方法有(　　)。

(A) 火花计法；(B) 观察法；(C) 工频耐压法；(D) 真空度测试仪。

答案：ACD

Lb3C3063 SF_6 断路器内气体水分含量增大的危害有（　　)。

(A) 在绝缘材料表面结露，造成绝缘下降；(B) SF_6 气体与水分产生水解反应，形成腐蚀性气体；(C) 在电弧作用下分解产生有毒气体；(D) 影响气体纯度，降低灭弧能力。

答案：ABCD

Lb3C3064 SF_6密度继电器与开关设备本体之间的连接要求有(　　)。

(A) 应满足不拆卸校验密度继电器的要求；(B) 密度继电器应装设在与断路器或GIS本体同一运行环境温度的位置，以保证其报警、闭锁接点正确动作；(C) 220kV及以上GIS分箱结构的断路器每相应安装独立的密度继电器；(D) 户外安装的密度继电器应设置防雨罩，密度继电器防雨箱（罩）应能将指示表放入，防止指示表、控制电缆接线盒和充放气接口进水受潮。

答案：ABC

Lb3C3065 在(　　)情况下，敞开式变电站进出线间隔入口处加装金属氧化物避雷器。

(A) 变电站所在地区年平均雷暴日大于等于50或者近三年雷电监测系统记录的平均

落雷密度大于等于6.5次/（平方千米·年）；(B) 变电站110～220kV进出线路走廊在距变电站15km范围内穿越雷电活动频繁（平均雷暴日数大于40日或近三年雷电监测系统记录的平均落雷密度大于等于2.8次/（平方千米·年）的丘陵或山区；(C) 变电站已发生过雷电波侵入造成断路器等设备损坏；(D) 经常处于热备用运行的线路。

答案：BCD

Lb3C3066 SF_6断路器的优点有（　　）。

(A) 开断能力强；(B) 开断性能好；(C) 电气寿命长；(D) 单断口电压低；(E) 结构复杂维护工作量大。

答案：ABC

Lb3C4067 SF_6气体微水含量测量标准是（　　）。

(A) 与灭弧室相通气室的新气，应小于150μL/L；(B) 与灭弧室相通气室的运行后气体，应小于500μL/L；(C) 除灭弧室以外其他气室的新气体，应小于250μL/L；(D) 除灭弧室以外其他气室的运行后气体，应小于500μL/L。

答案：ACD

Lb3C4068 电力设备的击穿方式有（　　）。

(A) 热击穿；(B) 电击穿；(C) 物理击穿；(D) 电化学击穿。

答案：ABCD

Lb3C4069 GIS局部放电检测方法包括（　　）。

(A) 超声波法；(B) 超高频法；(C) 物理检测法；(D) 脉冲电流法。

答案：ABD

Lb3C4070 检修设备更换部件，设备容量规格有所变化后，在填写检修报告时，应以（　　）来有所体现。

(A) 铭牌型号上改动；(B) 有关项目数据变化；(C) 结果栏内注明；(D) 备注栏内注明。

答案：BC

Lb3C4071 当手车处于（　　）位置时，不能插上和拔下二次插头。

(A) 工作；(B) 试验；(C) 检修。

答案：AC

Lb3C4072 分析密度表动作原因有（　　）。

(A) 密度表动作值出现失误，造成误发信号；(B) 因断路器漏气造成密度表发出信号；(C) 设备震动，引起密度表动作；(D) 温度特性压力差太大，即断路器与波纹管内的SF_6气体因不同的温度变化造成压差增大而误发信号。

答案：ABD

Lb3C4073　关于变压器中性点经消弧线圈接地，下列说法错误的是（　　）。

（A）为了提高电网的电压水平；（B）为了限制变压器故障电流；（C）为了补偿电网系统单相接地时的电容电流；（D）为了消除“潜供电流”。

答案：ABD

Lb3C4074　只有当手车处于（　　）位置时，才能插上和拔下二次插头。

（A）工作；（B）试验；（C）合闸；（D）隔离。

答案：BD

Lb3C4075　变压器铁芯有两点或两点以上的接地时，会导致（　　）。

（A）形成了闭合回路；（B）环流；（C）铁芯的局部过热；（D）磁滞、涡流现象。

答案：ABC

Lb3C4076　CJ 电动机构检修包括（　　）。

（A）机构总装配的解体；（B）二次元件装配检修；（C）电动机检修；（D）减速箱装配拆卸与检修。

答案：ABCD

Lb3C4077　晶闸管在电力、电子技术领域中主要应用有可控整流和（　　）等方面。

（A）逆变；（B）变频；（C）交流调压；（D）无触点开关。

答案：ABCD

Lb3C4078　预防变压器铁芯多点接地的措施有（　　）。

（A）在吊芯检修时，检查钟罩顶部与铁芯上夹件间的间隙；（B）安装时，应测试绝缘电阻；（C）运输时，固定变压器铁芯的连接件，在安装时将其脱开；（D）检查铁芯穿心螺杆绝缘套外两端的金属座套，防止座套过长，触及铁芯造成短路。

答案：CD

Lb3C4079　断路器的绝缘试验主要有（　　）。

（A）测量绝缘电阻；（B）测量介质失角正切值；（C）泄漏电流试验；（D）直流耐压试验。

答案：ABC

Lb3C4080　GIS 中需要装设伸缩节的地方有（　　）。

（A）便于安装调整的部位；（B）在接缝两侧外壳之间连接处；（C）必须考虑因温度变化而引起的热胀冷缩的影响的部位；（D）开关与刀闸气室的连接处。

答案：ABC

Lb3C4081 GIS母线筒在结构上有(　　)等形式。

(A) 全三相共体式结构；(B) 不完全三相共体式结构；(C) 全分相式结构；(D) 半分相式结构。

答案：ABC

Lb3C4082 液压机构的主要缺点有(　　)。

(A) 结构复杂；(B) 加工精度要求高；(C) 维护工作量大；(D) 造价较高。

答案：ABC

Lb3C4083 SF_6全封闭组合电器应按照(　　)要求与避雷器组合。

(A) 66kV及以上进线无电缆段，应在SF_6全封闭组合的SF_6管道与架空线路连接处，装设无间隙金属氧化物避雷器，其接地端应与管道金属外壳连接；(B) 进线段有电缆时，在电缆与架空线路连接处装设无间隙氧化锌避雷器，接地端与电缆的金属外皮连接；(C) SF_6管道侧三芯电缆的外皮应与管道金属接地；(D) 单芯电缆的外皮应经无间隙氧化锌避雷器接地。

答案：ABD

Lb3C4084 高压断路器中触头有(　　)等形式。

(A) 对接式；(B) 梅花形；(C) 指形；(D) 滚动式；(E) 滑线式。

答案：ABCD

Lb3C5085 变压器储油柜的作用有(　　)。

(A) 保证油箱内经常充满油；(B) 增加变压器油与空气的接触面积；(C) 为装设气体继电器创造条件；(D) 降低绝缘套管的绝缘水平。

答案：AC

Lb3C5086 交流特高压系统并联电抗器的目的是(　　)。

(A) 补偿线路电容电流；(B) 增加潜供电流；(C) 增加恢复电压；(D) 限制工频过电压。

答案：AD

Lb3C5087 SF_6断路器动静触头是定开距的特点是(　　)。

(A) 电弧长度较短；(B) 电弧能量大；(C) 电弧电压低；(D) 压气式总行程较小。

答案：AC

Lb3C5088 断路器在开断过程中触头间产生的电弧特点是(　　)。

(A) 电弧的温度很高；(B) 电弧的长度短；(C) 电弧的亮度很强；(D) 电弧的电流密度小。

答案：AC

Lb3C5089 载流导体的发热量与（ ）有关。

（A）通过电流的大小；（B）电流通过时间的长短；（C）载流导体的电压等级；（D）导体电阻的大小。

答案：ABD

Lb3C5090 高压隔离开关可进行下列操作（ ）。

（A）开一合电压互感器和避雷器；（B）开一合空载母线；（C）开一合旁路开关的旁路电流；（D）开一合变压器的中性点接地线。

答案：ABD

Lb3C5091 对盆式绝缘子绝缘性能要求有（ ）。

（A）冲击耐压试验；（B）工频耐压试验；（C）直流耐压试验；（D）局部放电试验。

答案：ABD

Lc3C3092 GIS内部设置气隔的好处为（ ）。

（A）可以将不同SF_6气体压力的各电器元件分隔开；（B）特殊要求的元件（避雷器等）可单独设立一个气隔；（C）在检修时可以增加停电范围；（D）可增加检修时SF_6气体的回收和充气工作量；（E）有利于安装和扩建工作。

答案：ABE

Lc3C3093 物体红外辐射的发射率与（ ）有关。

（A）材料的性质；（B）材料的温度；（C）材料的表面状况。

答案：ABC

Lc3C3094 钢的表面处理常用的方法有（ ）等。

（A）氧化；（B）还原；（C）电镀；（D）磷化。

答案：ACD

Lc3C4095 如果运行的设备发生火灾，带电灭火时应注意（ ）。

（A）电气设备着火时，应立即组织专业人员进行救火；（B）应选择合适的灭火器具，对带电设备使用的灭火剂应是不导电的，如常用的二氧化碳、四氯化碳干粉灭火器，不得使用泡沫灭火器灭火；对注油设备应使用泡沫灭火器或干燥的砂子等灭火；（C）应保持灭火机具的机体、喷嘴及人体与带电体之间的距离，不少于带电作业时带电体与接地体间的距离。

答案：BC

Lc3C4096 作业指导书上作业环境包括安全环境和大气环境，大气环境一般是指(　　)等方面。

(A) 温度；(B) 时间；(C) 湿度；(D) 风力。

答案：ACD

Lc3C4097 状态量：直接或间接表征设备状态的各类信息，如数据、(　　)等。

(A) 声音；(B) 图像；(C) 现象；(D) 记录。

答案：ABC

Jd3C5098 吊装电气绝缘子时，应注意的事项有(　　)。

(A) 对于卧放运输的细长套管，在竖立安装前必须将套管在空中翻竖；(B) 在翻竖的过程中，套管可以落地；(C) 起吊用的绑扎绳子应采用较柔的麻绳；(D) 起吊升降速度应尽量缓慢、平稳；(E) 对于细长管、套管、绝缘子，吊耳在下半部位置时，吊装时必须用麻绳子把套管和绝缘子上部捆牢，防止倾倒。

答案：ACDE

Jd3C5099 高压断路器基本组成部分有(　　)。

(A) 开闭装置；(B) 绝缘支撑；(C) 传动系统；(D) 基座和操作机构。

答案：ABCD

Jd3C5100 未装箱的瓷套管和绝缘子在托运时应注意(　　)。

(A) 应在车辆上用橡皮或软物垫稳；(B) 与车辆相对固定；(C) 将瓷套管和绝缘子竖向或斜向堆放；(D) 把瓷管上中部与车辆四角绑稳。

答案：ABD

Je3C1101 电压互感器熔丝熔断的主要原因有(　　)。

(A) 系统发生单相间歇性电弧接地，引起电压互感器的铁磁谐振；(B) 熔断器长期运行，长期负荷电流发生变化自然熔断；(C) 电压互感器本身内部出现单相接地或相间短路故障；(D) 二次侧发生短路而二次侧熔断器未熔断，也可能造成高压熔断器的熔断。

答案：ACD

Je3C1102 接地装置故障有(　　)等类型。

(A) 接地装置短路；(B) 接地装置断路；(C) 接地电阻不合格；(D) 接地装置热稳定性不合格。

答案：BCD

Je3C1103 高压断路器操作机构对脱扣机构的主要要求有(　　)。

(A) 稳定的脱扣力；(B) 脱扣力要大；(C) 动作时间尽可能长；(D) 耐机械振动和冲击。

答案：AD

Je3C1104 （　　）情况下，必须测试真空断路器的分、合闸速度。

（A）更换真空灭弧室或行程重新调整后；（B）更换或者改变了触头弹簧、分闸弹簧、合闸弹簧（指弹簧机构）等以后；（C）传动机构等主要部件经解体重新组装后；（D）更换轴销。

答案：ABC

Je3C1105 有载调压变压器分接开关一般由（　　）组成。

（A）过渡开关；（B）隔离开关；（C）选择开关；（D）切换开关。

答案：CD

Je3C2106 氧化锌避雷器存在的主要问题有（　　）。

（A）由于氧化锌避雷器取消了串联间隙，在电网运行电压的作用下，其本体要流通电流，电流中的有功分量将使氧化锌阀片发热，继而引起伏安特性的变化，这是一个正反馈过程，长期作用的结果将导致氧化锌阀片老化，直至出现热击穿；（B）氧化锌避雷器受到冲击电压的作用，氧化锌阀片也会在冲击电压能量的作用下发生老化；（C）氧化锌避雷器内部受潮或绝缘支架绝缘性能不良，会使工频电流增加，功耗加剧，严重时可导致内部放电；（D）氧化锌避雷器受到雨、雪、凝露及灰尘的污染，会由于氧化锌避雷器内外电位分布不同而使内部氧化锌阀片与外部瓷套之间产生较大电位差，导致径向放电现象发生，损坏整支避雷器。

答案：ABCD

Je3C2107 由于（　　）原因，断路器的分、合闸控制回路一定要串联辅助开关触点。

（A）断路器合闸时，分闸回路接通，通过红灯亮监视分闸回路完好性；断路器分闸时，合闸回路接通，通过绿灯亮监视合闸回路完好性；（B）继电保护需要取辅助接点来反映断路器的状态；（C）合闸线圈和分闸线圈设计都是短时通电的，分合闸后，必须由辅助开关触点断开分合闸回路，以免烧毁线圈或继电器节点；（D）同一时刻，分合闸回路只能有一个接通，防止合闸命令和分闸命令同时作用于合闸线圈和分闸线圈。

答案：ACD

Je3C3108 SF_6电气设备发出补气信号后、处理时需要注意（　　）。

（A）初次可带电补气，并加强监视；（B）初次可结合停电补气，并加强监视；（C）若一个月内又出现补气信号，应停电后对各密封面及接头进行检漏；（D）并检查密度继电器动作的正确性、可靠性，若发现密度继电器触点误动或触点定值有变化应重新整定或更换。

答案：ACD

Je3C3109 接地网接地电阻不合格，可能引起的危害包括（　　）。

（A）接地故障时，使健全相和中性点电压过高，超过绝缘要求的水平而造成设备损坏；（B）雷击时产生很高的残压，使附近的设备遭受到反击的威胁；（C）发生接地故障时，地电位抬高威胁到工作人员的安全；（D）加速接地电网材料腐蚀。

答案：ABC

Je3C3110 常用的 SF_6 气体检漏方法有（ ）。

（A）整体法；（B）定性检漏；（C）压力下降法；（D）分割定位法；（E）整体包扎法。

答案：ABCD

Je3C3111 真空断路器设置超行程的目的是（ ）。

（A）提供触头接触压力；（B）提供分闸初始速度；（C）提高刚合速度；（D）减少合闸弹跳。

答案：ABD

Je3C3112 SF_6 断路器对 SF_6 气体检漏分为（ ）检漏。

（A）定位；（B）成分；（C）定性；（D）定量。

答案：CD

Je3C3113 变配电设备防止污闪事故的措施有（ ）。

（A）根治污染源；（B）把电站的电力设备装设在户外；（C）合理配置设备外绝缘；（D）加强运行维护；（E）采取其他专用技术措施。

答案：ACDE

Je3C3114 下述在带电的电流互感器二次回路上工作正确的有（ ）。

（A）严禁将 TA 二次侧开路；（B）可以使用导线缠绕的方式将 TA 绕组短路；（C）严禁在 TA 与短路端子之间的回路和导线上进行工作；（D）可以将回路的永久接地点断开；（E）工作时需有专人监护，使用绝缘工具，并站在绝缘垫上。

答案：ACE

Je3C3115 下列说法正确的是（ ）。

（A）电容器串联后总电容量等各串联电容量之倒数和的倒数；（B）电容器并联后总电容量等于各并联电容之和；（C）电容器串联后总电容量等于各串联电容之和；（D）电容器并联后总电容量等于各并联电容量之倒数和的倒数。

答案：AB

Je3C3116 220kV 弹簧机构的 SF_6 开关检修时应断开（ ）的电源。

（A）隔离开关电源；（B）控制回路电源；（C）开关的电机储能电源；（D）加热装置电源、就地信号电源、遥控回路电源。

答案：BCD

Je3C4117 SF_6断路器本体严重漏气处理前，应做(　　)工作。

(A) 汇报调度，根据命令，采取措施将故障开关隔离；(B) 应立即断开该开关的操作电源，在操作把手上悬挂禁止操作的标示牌；(C) 在接近设备时要谨慎，尽量选择从"上风"接近设备，必要时要戴防毒面具、穿防护服；(D) 室内 SF_6气体开关泄漏时，除应采取紧急措施处理，还应开启风机通风 15min 后方可进入室内。

答案：ABCD

Je3C4118 接地网的电阻过大有(　　)危害。

(A) 发生接地故障时，使中性点电压偏移增大，可能使健全相和中性点电压过高，超过绝缘要求的程度而造成设备损坏；(B) 发生接地故障时，使中性点电压偏移增大，可能使电力系统产生电压过高，超过绝缘要求的程度而造成设备损坏；(C) 在雷击或雷电波袭击时，电流上升幅度较小，不会损坏设备；(D) 在雷击或雷电波袭击时，因为电流很大，会产生很高的残压，使邻近的设备遭遇到回击的危险，并下降接地网本身保护设备(架空输电线路及变电站电气设备) 带电导体的耐雷水平，达不到设计的要求而损坏设备。

答案：ABD

Je3C4119 SF_6断路器检漏的主要方法有(　　)。

(A) 抽真空检漏：当试品抽真空到真空度达到 133Pa 开始计算时间，维持真空泵运转至少在 30min 以上；停泵并与泵隔离，静观 30min 后读取真空度 A；再静观 5h 以上，读取真空度 B，B－A≤67Pa (极限允许值 133Pa) 时，则认为抽真空合格，试品密封良好；(B) 检漏仪检漏：用高灵敏度 (不低于 1×10^{-8}) 的气体检漏仪沿着外壳焊缝、接头结合面、法兰密封、转动密封、滑动密封面、表计接口等部位，用不大于 2.5mm/s 的速度在上述部位缓慢移动，检漏仪无反应，则认为气室的密封性能良好；(C) 定量检漏：应在充气到额定气压 24h 后进行定量检漏；定量检漏是在每个隔室进行的，通常采用局部包扎法；GIS 的密封面用塑料薄膜包孔，经过 24h 后，测定包扎腔内 SF_6气体的浓度并通过计算确定年漏气率；(D) 用麦氏真空计检漏：打开控制阀，连接麦氏真空计检查真空度。

答案：ABC

Je3C4120 弹簧机构断路器不能进行重合闸的原因(　　)。

(A) 机械性能不符合要求；(B) 从机械方面盘形凸轮还没有过死点，合闸弹簧还没有被拉紧到位，不可能由合闸脱扣而重合闸；(C) 电气性能不符合要求；(D) 由于合闸弹簧未拉紧，微动开关的触点通过控制回路闭锁了合闸回路。

答案：BCD

Je3C4121 断路器在运行中，液压机构的压力值降到零时，此时机构已经闭锁，断路器不能进行分合闸，油泵也闭锁，不能进行打压，此时需要检修人员现场紧急处理，如需带电处理应(　　)，以防再次建压时慢分闸，卡死开关后再带电处理。

（A）停控制电源；（B）停油泵电源；（C）停信号电源；（D）卡死开关保持合闸状态。

答案：ABD

Je3C4122 断路器安装后防跳继电器、非全相继电器进行（　　）传动工作。

（A）必须对其二次回路中的防跳继电器、非全相继电器进行传动；（B）为防止防跳继电器、非全相继电器动作不可靠，运维人员必须经常巡视检查；（C）为防止防跳继电器、非全相继电器动作不可靠，必须定期进行停电检查；（D）并保证在模拟手合于故障条件下断路器不会发生跳跃现象。

答案：AD

Je3C4123 为了预防液压机构漏油，在检修工作中应当进行（　　）等工作。

（A）检修时，应彻底清洗油箱底部并对液压油用滤油机过滤，保证管路、阀体无杂质和泄漏；（B）液压机构油泵启动频繁或补压时间过长，应检查原因并及时停电处理，工作中选用质量好的密封垫；（C）处理储压筒活塞杆漏油时，应同时检查处理微动开关，以保证微动开关位置正确、动作可靠，结合预防性试验，应检查微动开关的通断情况；（D）日常工作中，应尽量减少断路器的分、合闸操作。

答案：ABC

Je3C4124 由于（　　），所以弹簧操动机构必须装有未储能信号及相应的合闸回路闭锁装置。

（A）弹簧机构只有当它已处在分闸状态才能合闸操作，因此必须将合闸控制回路经弹簧储能位置开关触点进行连锁；（B）弹簧机构只有当它已处在储能状态才能合闸操作，因此必须将合闸控制回路经弹簧储能位置开关触点进行连锁；（C）弹簧未储能或正在储能过程中均不能进行合闸操作，并且及时发出相应信号；（D）另外在运行中，一旦发出弹簧未储能信号，就说明该断路器不具备一次快速自动重合闸的能力，应及时进行处理。

答案：BCD

Je3C5125 避雷器瓷套表面污秽将引起氧化锌避雷器（　　）普遍增大，环境温度、湿度对测量结果也有较大影响。

（A）总电流 I_X；（B）阻性电流 I_R；（C）有功损耗 P_X；（D）容性电流 I_C。

答案：ABC

Je3C5126 更换运行中的电流互感器一组中损坏的一个时应考虑（　　）因素，经试验合格再更换，更换时应停电进行，还应注意保护的定值，仪表的倍率是否合适。

（A）应选择与原来的变比相同；（B）极性相同；（C）使用电压等级相符；（D）伏安特性相近。

答案：ABCD

Je3C5127 弹簧机构断路器拒绝跳闸，其机械方面的可能的原因是(　　)。

(A) 传动机构连杆松动或分闸铁芯卡死；(B) 跳闸机构脱扣器轴承破裂；(C) 机构储能电机损坏；(D) 分闸机构卡死或连接部分轴销脱落。

答案：ABD

Je3C5128 弹簧机构断路器拒绝跳闸，其电气方面可能的原因是(　　)。

(A) 断路器辅助接点接触不良或跳闸线圈断线；(B) 控制保险熔丝熔断或操作把手返回过早；(C) 直流两点接地或分闸线圈接入正电；(D) SF_6气体压力过低，分闸回路闭锁。

答案：ABCD

1.4 计算题

La3D2001 已知某一正弦交流电流，在 $t=X_1$s 时，其瞬时值为 2A，初相角为 60°，有效值 I 为$\sqrt{2}$A，求此电流的周期为________和频率为________。

X_1 取值范围：0.1，0.2，0.3

计算公式： 最大值 $I_m=\sqrt{2}I=\sqrt{2}\times\sqrt{2}=2(\mathrm{A})$

因为 2=2sin（0.1ω+60°）

所以 sin（0.1ω+60°）=1

$$\omega=\frac{\pi}{0.6}$$

而 $\omega=2\pi f$

所以 $f=\frac{\omega}{2\pi}=0.83(\mathrm{Hz})$

周期 $T=\frac{1}{f}=\frac{1}{0.83}=1.2(\mathrm{s})$

La3D2002 如图所示，已知 $R_1=5\Omega$、$R_2=X_1\Omega$、$R_3=20\Omega$，则电路中 a、b 两端的等效电阻为________ Ω。

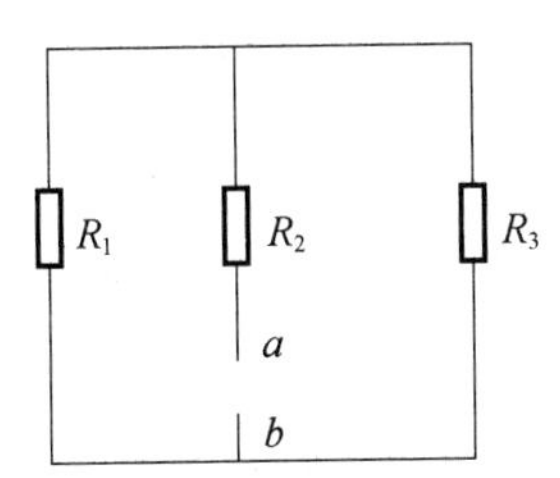

X_1 取值范围：10～20 的整数

计算公式： $R_{\mathrm{ab}}=R_2+\frac{R_1R_3}{R_1+R_3}=X1+4$

La3D2003 如图所示电路中，已知电阻 $R_1=60\Omega$，$R_2=40\Omega$，总电流 $I=X_1$A，该电路中 R_1流过的电流 I_1为________ A，R_2流过的电流 I_2为________ A。

X_1 取值范围：3～10 的整数

计算公式： $U=IR_{12}=I\times\frac{R_1\times R_2}{R_1+R_2}=X_1\times 24$

$$I_1=\frac{U}{R_1}$$

$$I_2=\frac{U}{R_2}$$

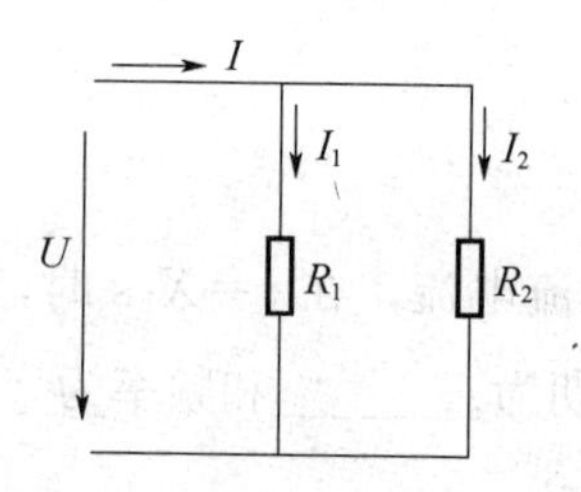

La3D3004 有一正弦交流电的周期为 $T=X_1$s，则该电流的角频率为________ rad/s。

X_1 取值范围：0.02，0.2，2

计算公式： 频率 $f=\frac{1}{T}=\frac{1}{X_1}$

角频率 $\omega=2\pi f=\frac{2\times 3.14}{X_1}$

La3D3005 如图（a）、（b）所示电路中，已知电流表 $A_1=A_2=A_3=X_1$A，（a）电路中电流表 A 的读数是________ A，（b）电路中电流表 A 的读数是________ A。

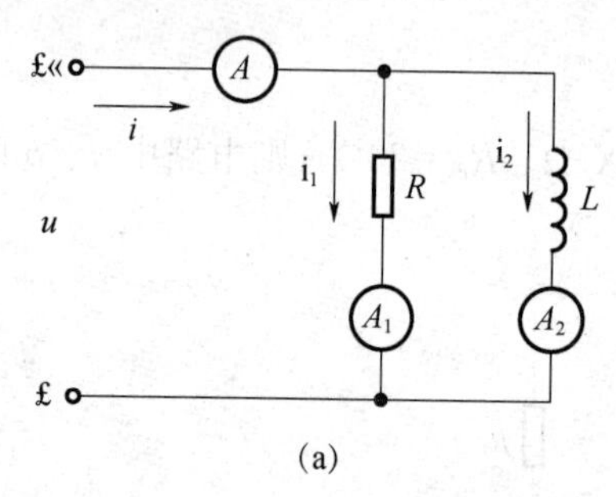

(a)

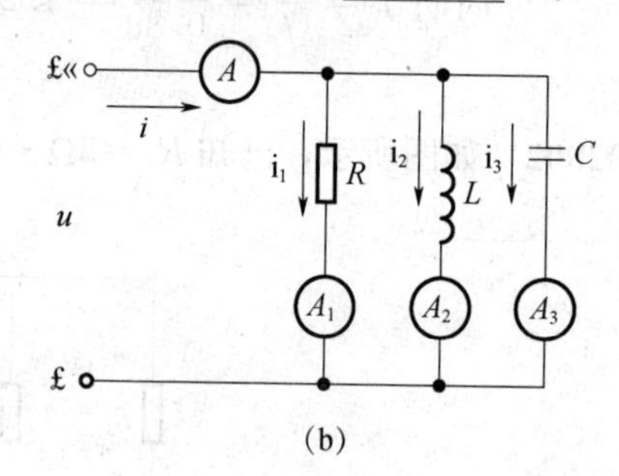

(b)

X_1 取值范围：10，50，100

计算公式： 在（a）图中，电流表 A 的读数为 $A=\sqrt{2}\times X_1$

在（b）图中，电流表 A 的读数为 $A=X_1$

La3D3006 如图所示的 L、C 并联电路中，其谐振频率 $f_0=30$MHz，$C=X_1$pF，电感值为________ mH。

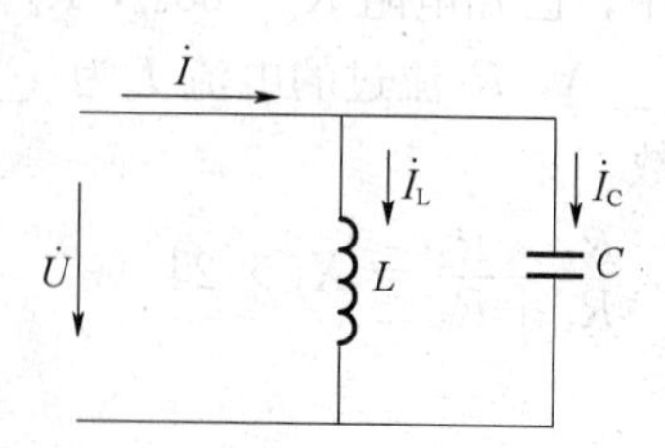

X_1 取值范围：20～30 的整数

计算公式： $X_L=X_C$

$L=1/\omega^2C=1/4\pi^2 30^2\times 10^{12}\times X_1\times 10^{-9}$

La3D5007 有一工频正弦交流电压 $u=X_1\sin(\omega t-42°)$ V，在 0.004s 时，该电压的瞬时值为________V。

X_1 取值范围：10，100，1000

计算公式：$u = X_1 \cdot \sin(\omega t - 42°) = X_1 \cdot \sin\left(2\times\pi\times 50\times 0.004 - 42\times\frac{\pi}{180}\right)$

$$= X_1 \cdot \sin 30° = \frac{X_1}{2}$$

Lb3D2008 某一变电所一照明电路中保险丝的熔断电流为 3A，现将 10 盏额定电压 U_N 为 220V，额定功率 P_N 为 X_1 W 的电灯同时接入该电路中，问熔断器通过电流为________A。

X_1 取值范围：10，25，40

计算公式：$I = \frac{10P_N}{U_N} = \frac{10\times X_1}{220}$

Lc3D3009 某主变压器容量为 X_1kV·A，额定电压比 $U_{1N}/U_{2N}/U_{3N}$ 为 220/110/10.5kV，求该变压器各侧的额定电流为________A、________A、________A。

X_1 取值范围：120000，80000，60000

计算公式：$I_{1N} = \frac{S_N}{\sqrt{3}U_{1N}} = \frac{X_1}{\sqrt{3}\times 220}$

$$I_{2N} = \frac{S_N}{\sqrt{3}U_{2N}} = \frac{X_1}{\sqrt{3}\times 110}$$

$$I_{3N} = \frac{S_N}{\sqrt{3}U_{3N}} = \frac{X_1}{\sqrt{3}\times 10.5}$$

Lc3D4010 某电力变压器额定电压为 $X_1\pm 3\times 2.5\%/38.5/11$kV，问该变压器高压侧有七个抽头中，第一、第七抽头对应的高低压绕组间的电压比为________、________。

X_1 取值范围：220，110，63

计算公式：第一抽头高低压绕组电压比$=\frac{X_1\times(1+3\times 2.5\%)}{11}$

第七抽头高低压绕组电压比$=\frac{X_1\times(1-3\times 2.5\%)}{11}$

Lc3D4011 一个电感线圈接于电压为 220V 的电源上，通过电流为 X_1A，若功率因数为 0.8，求该线圈消耗的有功功率为________W 和无功功率为________V·A。

X_1 取值范围：1～5 的整数

计算公式：$S = UI = 220\times X_1$

$$P = S\cdot\cos\varphi = 220\times X_1\times 0.8$$

$$Q = \sqrt{S^2 - P^2}$$

Lc3D4012 在电容 C 为 $X_1\mu F$ 的电容器上加电压 U 为 220V、频率 f 为 50Hz 的交流电，则无功功率为________ V·A。

X_1 取值范围：50，60，70，80，90，100

计算公式： $Q=\dfrac{U^2}{X_C}=U^2 2\pi fC=220^2\times 314\times X_1\times 10^{-6}$

Jd3D2013 起吊一台变压器的大罩，其质量 Q 为 X_1t，钢丝绳扣与吊钩垂线呈 30°，四点起吊，则钢丝绳受的力为________ N。

X_1 取值范围：10，11，12

计算公式： $S=\dfrac{Q}{4\cos\varphi}=\dfrac{X_1\times 10^3\times 9.8}{4\times\cos 30^\circ}$

Jd3D3014 有一台设备质量 G 为 X_1kN，采用钢拖板在水泥路面上滑移至厂房内安装，钢板与水泥地面的摩擦系数 f 为 0.3，路面不平的修正系数 $K=1.5$，则拖动该设备需要的力为________ kN。

X_1 取值范围：40，60，80

计算公式： $F=fKG=0.3\times 1.5\times X_1$

Je3D1015 一台变压器的油箱长 l 为 X_1m，高 h 为 1.5m，宽 b 为 0.8m，油箱内已放置体积 V_2 为 $1m^3$ 的实体变压器器身，则油箱内最多能注________ t 变压器油（变压器油的密度 γ 为 $0.9t/m^3$）。

X_1 取值范围：1.5～3.0 之间保留一位小数

计算公式： 变压器容积 $V_1=l\times b\times h=X_1\times 0.8\times 1.5$

注油容积 $V=V_1-V_2$

注油量 $G=V\gamma$

Je3D1016 已知，绝缘油被击穿时的击穿电压为 $U=X_1$kV，电极间的距离为 $d=0.1$m，则该油样的绝缘强度为________ kV/cm。

X_1 取值范围：2，3，4

计算公式： $E=\dfrac{U}{d}=\dfrac{X_1}{10}$

Je3D1017 一个圆油罐，其直径 d 为 4m，高 h 为 X_1m，最多能储存变压器油为________ t。（变压器油密度 ρ 为 $0.9t/m^3$）

X_1 取值范围：3，4，5

计算公式： $V=\dfrac{\pi d^2 h}{4}=\dfrac{3.14\times 4\times X_1}{4}$

$G=\rho V$

Je3D1018 今有 X_1W 电热器接在 220V 电源上，则通电 0.5h 所产生的热量为________kcal。

X_1 取值范围：700，750，800

计算公式：$Q = 0.24 \times I^2Rt = 0.24 \times Pt = 0.24 \times X_1 \times 0.5 \times 3600$

Je3D2019 已知直流母线电压 U 为 220V，跳闸线圈的电阻 R_1 为 88Ω，红灯额定功率 P_N 为 8W，额定电压 U_N 为 110V，串联电阻 R_2 为 X_1kΩ，当红灯短路时，跳闸线圈上的压降值占额定电压的百分数是________%。

X_1 取值范围：1.5，2.0，2.5

计算公式：电路电流 $I = U/(R_1 + R_2) = 220/(88 + X_1 \times 1000)$

跳闸线圈上的压降 $U_1 = IR_1$

跳闸线圈端电压 U_1 占额定电压的百分数 $\Delta U_1\% = \dfrac{U_1}{U} \times 100\%$

Je3D2020 真空注油处理过程中，注入真空罐内的变压器油体积 V 为 X_1m³，如果用额定流速 v 为 400L/min 的油泵将油打回，最少需要________h 把油打完。

X_1 取值范围：120，144，160

计算公式：油泵每小时流量 $Q = vt = 0.4 \times 60$

需要时间 $t = V/Q = \dfrac{X_1}{Q}$

Je3D3021 有一台三相电阻炉，其每相电阻 $R = X_1\Omega$，电源线电压 U_L 为 380V，采用 Y 形接线的总功率为________W，采用 Δ 形接线的总功率为________W。

X_1 取值范围：8.68，12，16

计算公式：（1）三相电阻采用 Y 形接线时：

线电流 $I_L = I_{ph} = U_{ph}/R = U_L/\sqrt{3}R = 380/(\sqrt{3} \times X_1)$

单相功率 $P_{ph} = I_{ph}^2R$

三相功率 $P = 3 \times P_{ph}$

（2）采用 Δ 形接线时：

线电压 $U_{ph} = U_L = 380$

相电流 $I_{ph} = U_{ph}/R = 380/X_1$

单相功率 $P_{ph} = I_{ph}{}^2R$

三相功率 $P = 3 \times P_{ph}$

Je3D3022 有两只电容器 A 和 B，其电容 $C_A = 20\mu F$，$C_B = 60\mu F$，现串联起来接于电压 U 为 X_1V 的电路中，两只电容器的端电压 U_A 为________V，U_B 为________V。

X_1 取值范围：500，600，700

计算公式：$U_A = U \times \dfrac{C_B}{C_A + C_B}$

$$U_B = U \times \frac{C_A}{C_A + C_B}$$

Je3D3023 三相变压器容量为 8000kV·A，变比为 35000/10000V，Y，d11 接线，若一次绕组匝数为 X_1 匝，二次绕组的匝数是________匝。

X_1 取值范围：500，600，700

计算公式： $U_{1xq} = \frac{U_1}{\sqrt{3}} = \frac{3500}{\sqrt{3}} = 20208$

$$U_{2xq} = U_2 = 10000$$

$$N_2 = N_1 \times \frac{U_{2xq}}{U_{1xq}} = X_1 \times 2.0208$$

Je3D3024 如图所示为一电容器的充放电电路，当把转换开关 S 接在 1 点上时，便接通了通过 $R_1 = 11\Omega$ 的电阻接在电动势 $E = X_1$V，内阻 $r_0 = 1\Omega$ 的蓄电池上充电。然后，将转换开关 S 接在接点 2 上，使电容器对电阻 $R = 12\Omega$ 的放电电阻进行放电，那么电容器 C 在充电时的最大电流是________A，放电时的最大电流是________A。

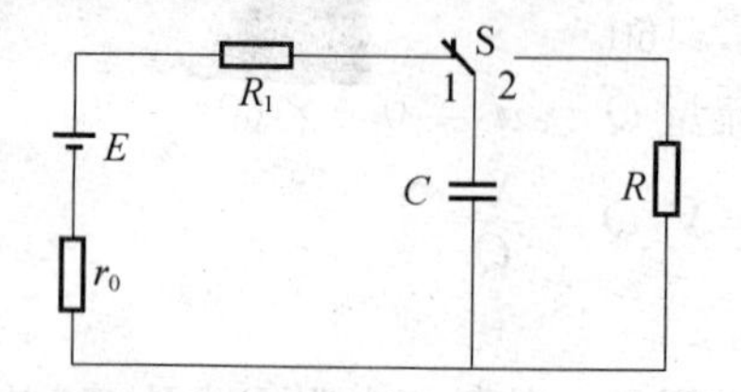

X_1 取值范围：12，18，24

计算公式：（1）当开关 S 与 1 点接通瞬间，电容端电压 U_C 保持为零，

最大充电电流 $I_1 = \frac{E}{R_1 + r_0} = \frac{X_1}{11+1}$

（2）充电结束后，电容端电压 $U_C = E = 12V$

当开关 S 与 2 点接通瞬间，U_C 保持 12V 不变，最大放电电流为

$$I_2 = \frac{E}{R} = \frac{X_1}{12}$$

Je3D3025 有一台功率为 X_1W 的电炉，如果把它的电阻丝截去 5%后，那么电炉的电功率变为________kW。

X_1 取值范围：600，800，1000

计算公式： $P_2 = \frac{U^2}{R_2} = \frac{U^2}{R_1 - 0.05R_1} = \frac{U^2}{0.95R_1} = 1.0526 \times X_1$

Je3D4026 某单相电抗器，加直流电压时，测得电阻 $R = X_1\Omega$，加上工频电压时测得其阻抗为 $Z = 17\Omega$，则电抗器的电感 $L =$________H。

X_1 取值范围：5～10 的整数

计算公式： $X_L=\sqrt{Z^2-R^2}=\sqrt{17^2-X_1{}^2}$

$$L=\frac{X_L}{\omega}=\frac{X_L}{314}$$

Je3D4027 有一线圈与一块交、直流两用电流表串联，在电路两端分别加 $U=X_1$V 的交、直流电压时，电流表指示分别为 $I_1=20$A 和 $I_2=25$A，则该线圈的电阻值是________Ω 和电抗值是________Ω。

X_1 取值范围：200，100，50

计算公式： 加交流电压时的阻抗 $Z=\frac{U}{I_1}=\frac{X_1}{20}$

加直流电压时的电阻 $R=\frac{U}{I_2}=\frac{X_1}{25}$

电抗 $X_L=\sqrt{Z^2-R^2}$

Je3D4028 绝缘油的体积膨胀值一般为 0.0007，一台互感器的油量在 20℃时是 X_1L，如运行中油温为 65℃时，油的体积变化了________L。

X_1 取值范围：280，300，320

计算公式： $V=X_1\times 0.0007\times(65-20)$

Je3D4029 二次回路电缆全长 $L=X_1$m，电阻系数$=1.75\times10^{-8}\Omega\cdot$m，母线电压$U=220$V，电缆允许压降为 5%，合闸电流 $I=100$A，则合闸电缆的截面面积为________mm^2。

X_1 取值范围：100，150，200

计算公式： $S=\frac{IL\rho}{\Delta U}=\frac{100\times X_1\times 1.75\times10^{-8}\times10^6}{220\times5\%}$

Je3D4030 一台变压器额定容量 S_N 为 X_1kV·A，额定电压比 U_{1N}/U_{2N} 为 35/10.5kV，连接组别为 Y_N，d11，求高低压绕组的额定电流为________、________。

X_1 取值范围：1600，2000，4000，8000

计算公式： $I_{1N}=\frac{S_N}{\sqrt{3}U_{1N}}=\frac{X_1}{\sqrt{3}\times35}$

$$I_{2N}=\frac{S_N}{\sqrt{3}U_{2N}}=\frac{X_1}{\sqrt{3}\times10.5}$$

Je3D4031 有一个电感线圈的电阻 $r=30\Omega$，电感 $L=X_1$mH，与电容相串联，当外加电源频率 $f=50$Hz 时，电路中的电流最大，那么与之串联的电容量 C 是________μF。

X_1 取值范围：40，50，60

计算公式： 当电路中电流最大时，

$$X_L = X_C$$

$$2\pi fL = \frac{1}{2\pi fC}$$

$$C = \frac{1}{4\pi^2 f^2 L} = \frac{1}{4\pi^2 f^2 X_1}$$

Je3D5032 某电阻、电容元件串联电路，经测量功率 P 为 325W，电压 U 为工频 220V，电流 I 为 X_1A，则电阻为________Ω，电容为________F。

X_1 取值范围：3～5 之间保留一位小数

计算公式： $R = \frac{P}{I^2} = \frac{325}{{X_1}^2}$

$$S = UI = 220 \times X_1$$

$$Q = \sqrt{S^2 - P^2}$$

$$Q = I^2 X_C$$

$$X_C = Q/I^2$$

$$X_C = 1/2\pi fC$$

$$C = 1/(2\pi fX_C)$$

Je3D5033 一台待安装的 SF_6 断路器，其运行时额定压力为 X_1MPa（表压），现内部充有 0.05 MPa（表压）SF_6 气体，测得断路器内气体含水量为 800μL/L，属不合格，则内部含水量应小于________μL/L 为合格。

X_1 取值范围：0.5，0.6，0.7

计算公式： $\frac{P_1 \cdot H_1}{T_1} = \frac{P_2 \cdot H_2}{T_2}$

忽略温度的影响 $P_1 \cdot H_1 = P_2 \cdot H_2$

$$P_2 = \frac{P_1 \cdot H_1}{H_2} = \frac{X_1 \times (0.6 + 0.1)}{0.05 + 0.1}$$

Jf3D2034 蓄电池组的电源电压 E 为 6V，将 $R_1 = X_1 \Omega$ 电阻接在它两端，测出电流 I 为 2A，则它的内阻 R_i 为________Ω。

X_1 取值范围：2.7，2.8，2.9

计算公式： $R_i = (E - IR_1)/I = (6 - 2 \times X_1)/2$

Jf3D3035 有一只毫安表，其表头内阻 R_0 为 $X_1 \Omega$，量程为 50mA，要改为 10A 的电流表，分流电阻是________Ω。

X_1 取值范围：15，20，25

计算公式： 流经分流电阻的电流 $I_1 = I - I_0 = 10 - 0.05$

分流电阻 $R_1 = \frac{I_0 R_0}{I_1} = \frac{0.05 \times X_1}{9.95}$

1.5 识图题

La3E1001 如图所示，通电导体在磁场中受力将产生运动，运动方向是(　　)。

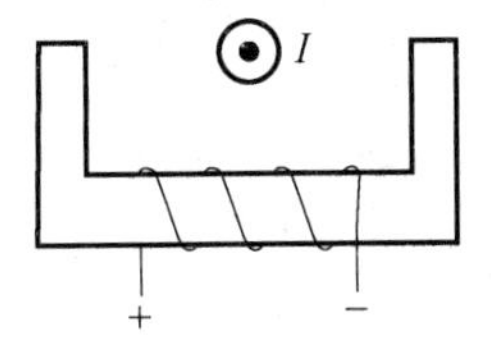

(A) 向上；(B) 向下；(C) 向左；(D) 向右。

答案：B

La3E1002 如图所示，金属三角形导轨 COD 上放置一根金属棒 MN，拉动 MN 使它以速度 v 向右匀速平动。如果导轨和金属棒都是粗细相同的均匀导体，电阻率都相同，那么在 MN 运动过程中，闭合回路的(　　)。

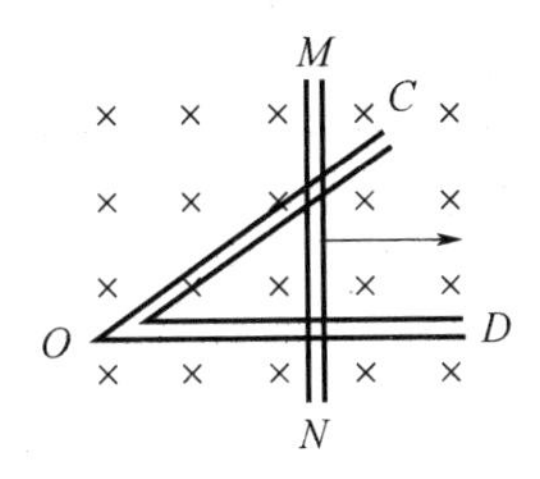

(A) 感应电动势保持不变；(B) 感应电流保持不变；(C) 感应电动势逐渐增大；(D) 感应电流逐渐增大。

答案：C

La3E3003 如图所示电路中，电源电压保持不变，闭合开关 S，电路正常工作。过了一会儿，灯 L 熄灭，有一个电表示数变小，另一个电表示数变大。则下列判断正确的是(　　)。

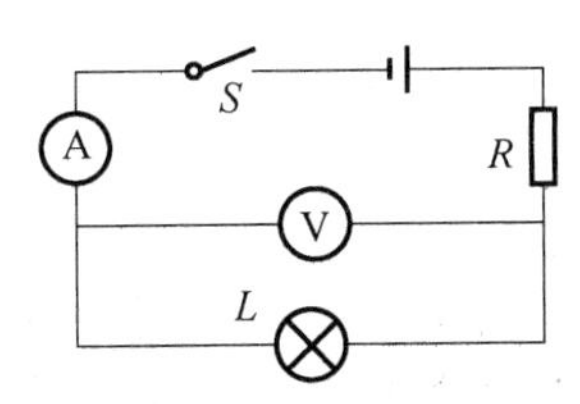

(A) 可能是电阻 R 断路；(B) 可能是电阻 R 短路；(C) 可能是灯 L 断路；(D) 一定是灯 L 短路。

答案：C

Lb3E2004 如图为电流互感器的结构示意图，图中必须可靠接地的是(　　)。

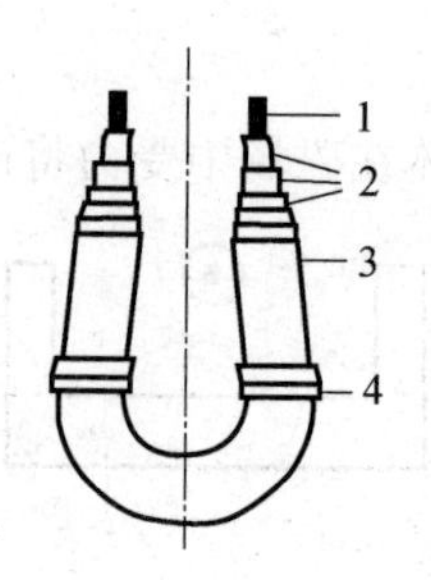

(A) 1；(B) 2；(C) 3；(D) 4。

答案：C

Lb3E4005 如图所示为单支避雷针的保护范围图。当被保护物高度 $h_x < h/2$ 时，保护半径为(　　)。

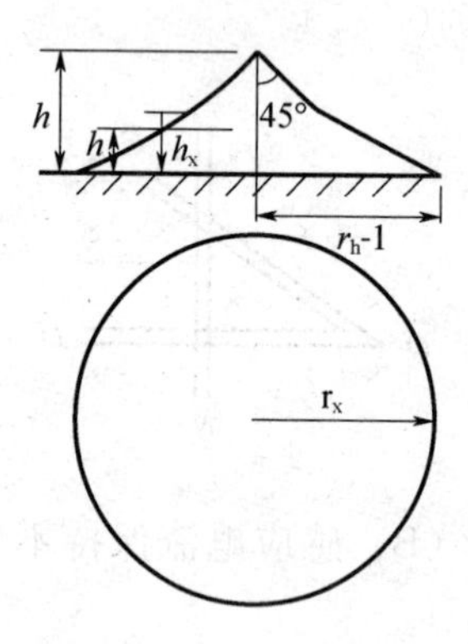

(A) $r_x = (h_x - h)p$； (B) $r_x = (h - h_x)p$； (C) $r_x = (2h - 1.5h_x)p$； (D) $r_x = (1.5h - 2h_x)p$。

答案：C

Lc3E2006 如图所示为单相桥式整流电路图，U_2 在正半周时 D_1、D_2 导通，U_2 在负半周时，D_3、D_4 导通(　　)。

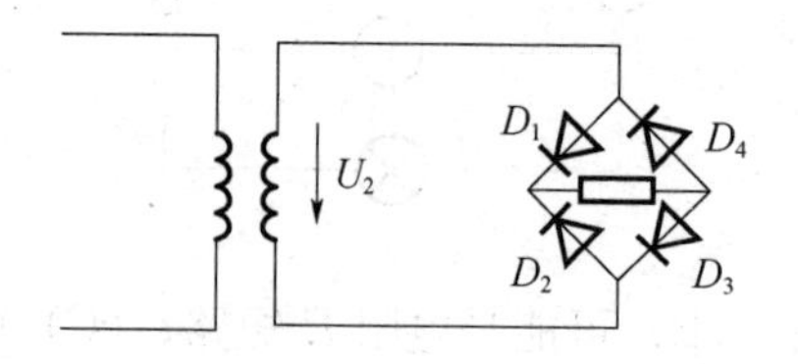

(A) 正确；(B) 错误；(C) 不确定。

答案：B

Lc3E2007　如图所示，电流互感器的接线方式依次是(　　)。

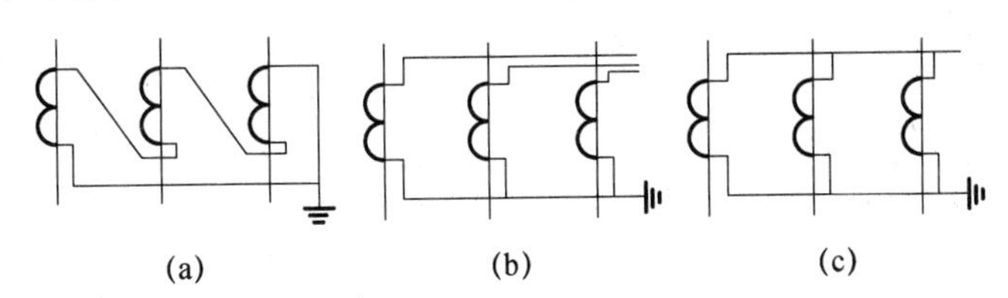

(A) 三角形接线、星形接线、零序接线；(B) 三角形接线、V形接线、零序接线；(C) 零序接线、三角形接线、星形接线；(D) 星形接线、三角形接线、零序接线。

答案：A

Lc3E2008　如图所示为机件的主视图和俯视图，该机件的左视图为(　　)。

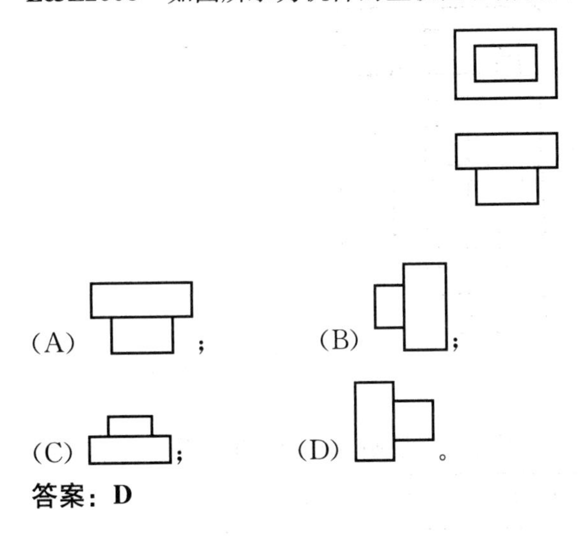

(A) ；　(B) ；

(C) ；　(D) 。

答案：D

Lc3E3009　如图所示 R、C 串联电路，正确的电压 U 和电流 I 的相量图为(　　)。

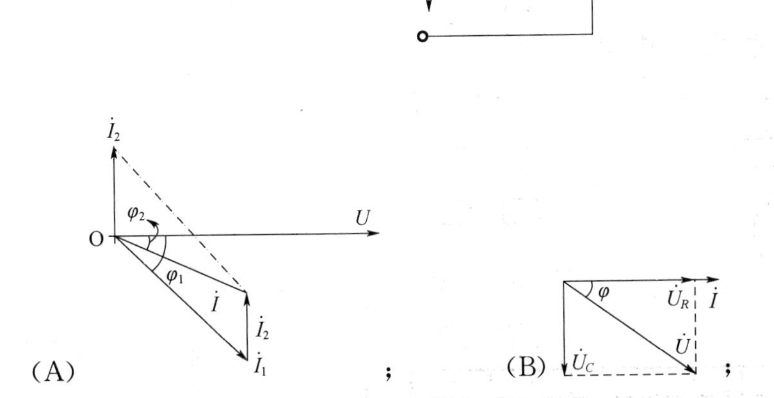

(A) ；　(B) ；

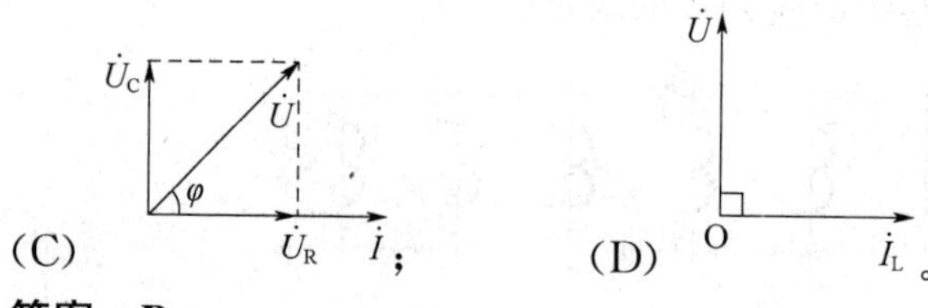

(C) ；(D) 。

答案：B

Lc3E4010 立体图所示零件的正确的三面投影图是（ ）。

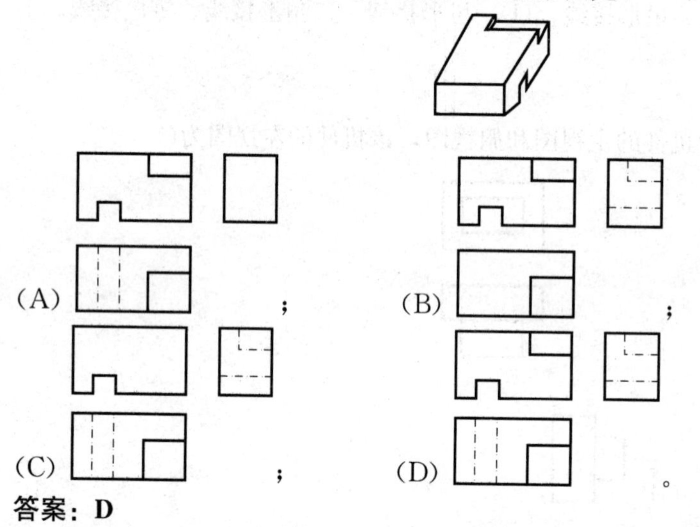

(A) ；(B) ；(C) ；(D) 。

答案：D

Lc3E4011 下图中，电动机按扭联锁的可逆启动控制电路图正确的是（ ）。

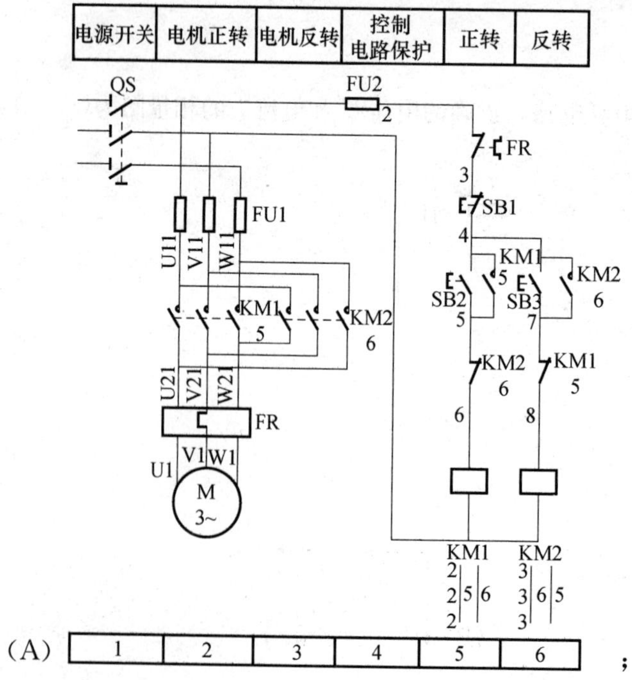

(A) ；

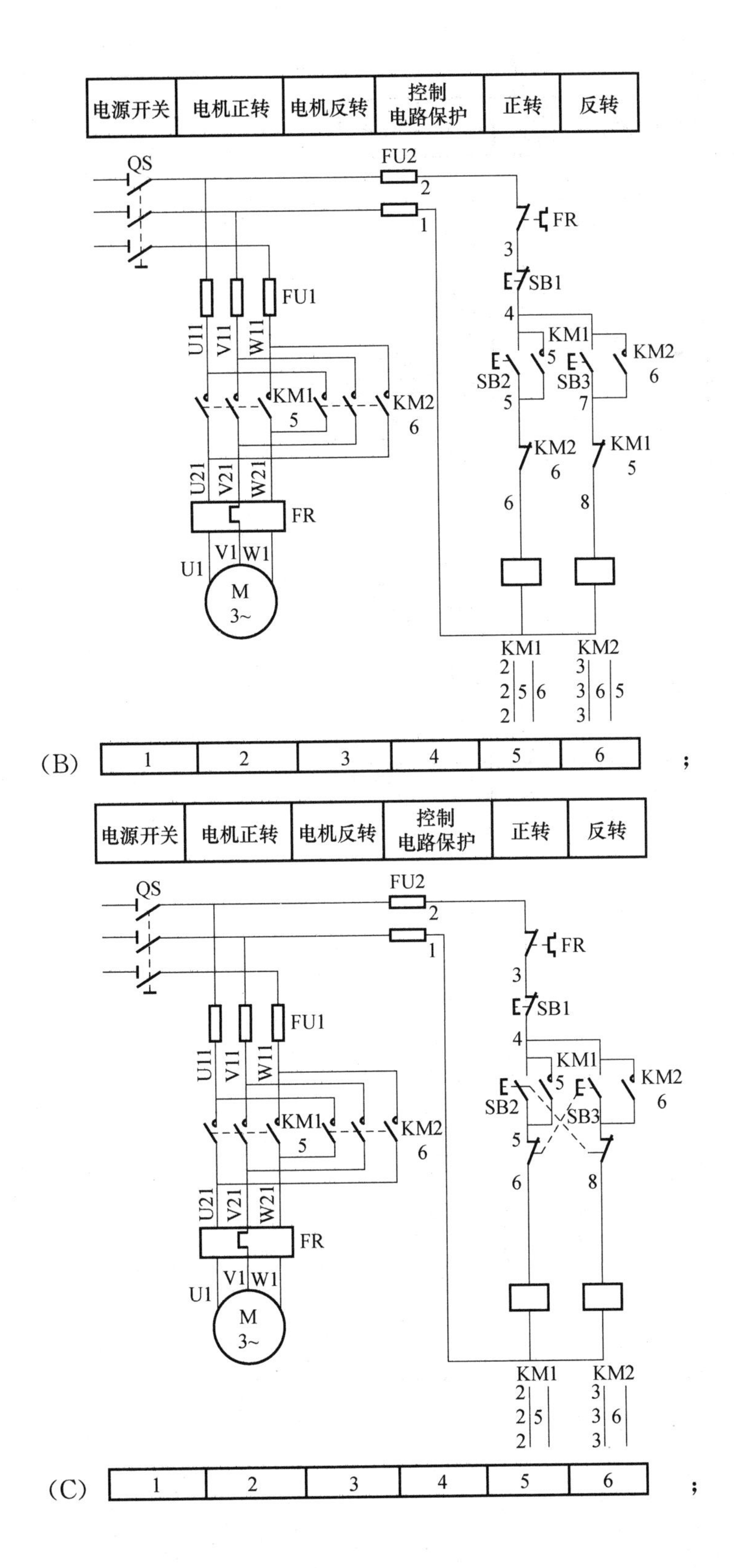
电源开关
电机正转
电机反转
控制
电路保护
正转
反转
QS
FU2
FU1
FR
SB1
SB2
SB3
KM1
KM2
U11
V11
W11
U21
V21
W21
U1
V1
W1
M
3~
(B)
1
2
3
4
5
6
;
电源开关
电机正转
电机反转
控制
电路保护
正转
反转
QS
FU2
FU1
FR
SB1
SB2
SB3
KM1
KM2
U11
V11
W11
U21
V21
W21
U1
V1
W1
M
3~
(C)
1
2
3
4
5
6
;

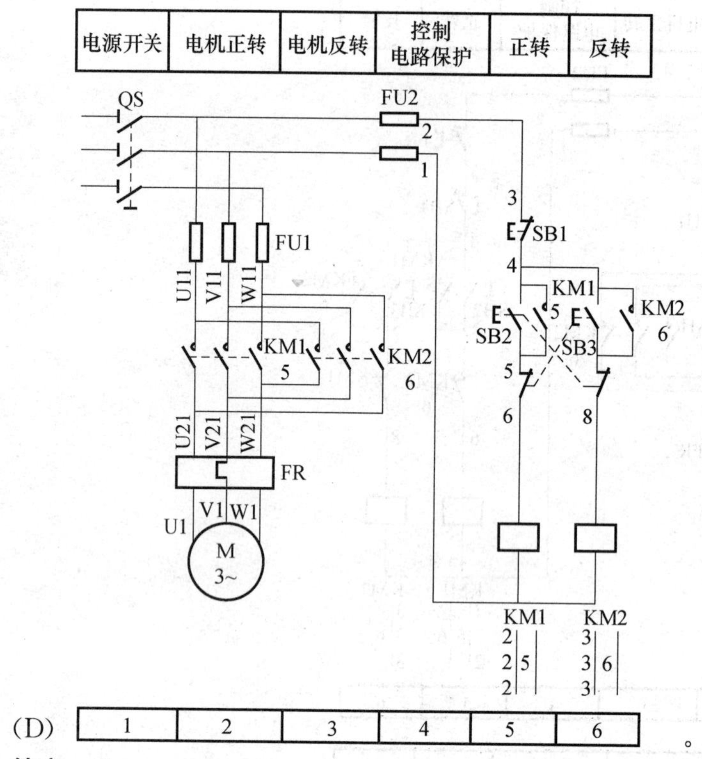

电源开关	电机正转	电机反转	控制电路保护	正转	反转

(D)

1	2	3	4	5	6

。

答案：C

Lc3E4012 如图所示变压器的接线组别是(　　)。

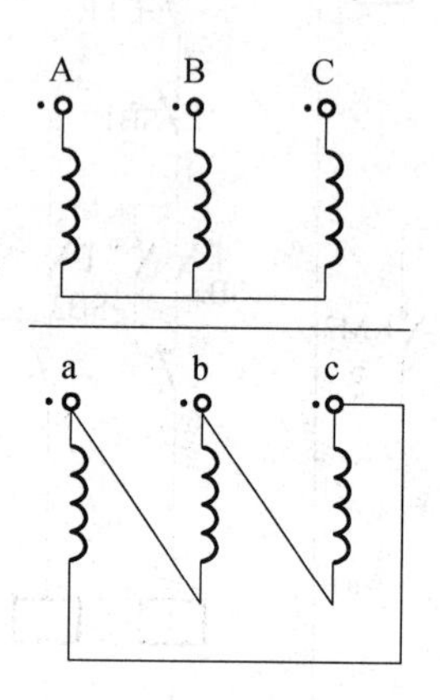

(A) Y，d1；(B) Y，d5；(C) Y，d11；(D) Y，d7。

答案：C

Lc3E4013 三相变压器 Y，d11 接线组的相量图和接线图正确的是(　　)。

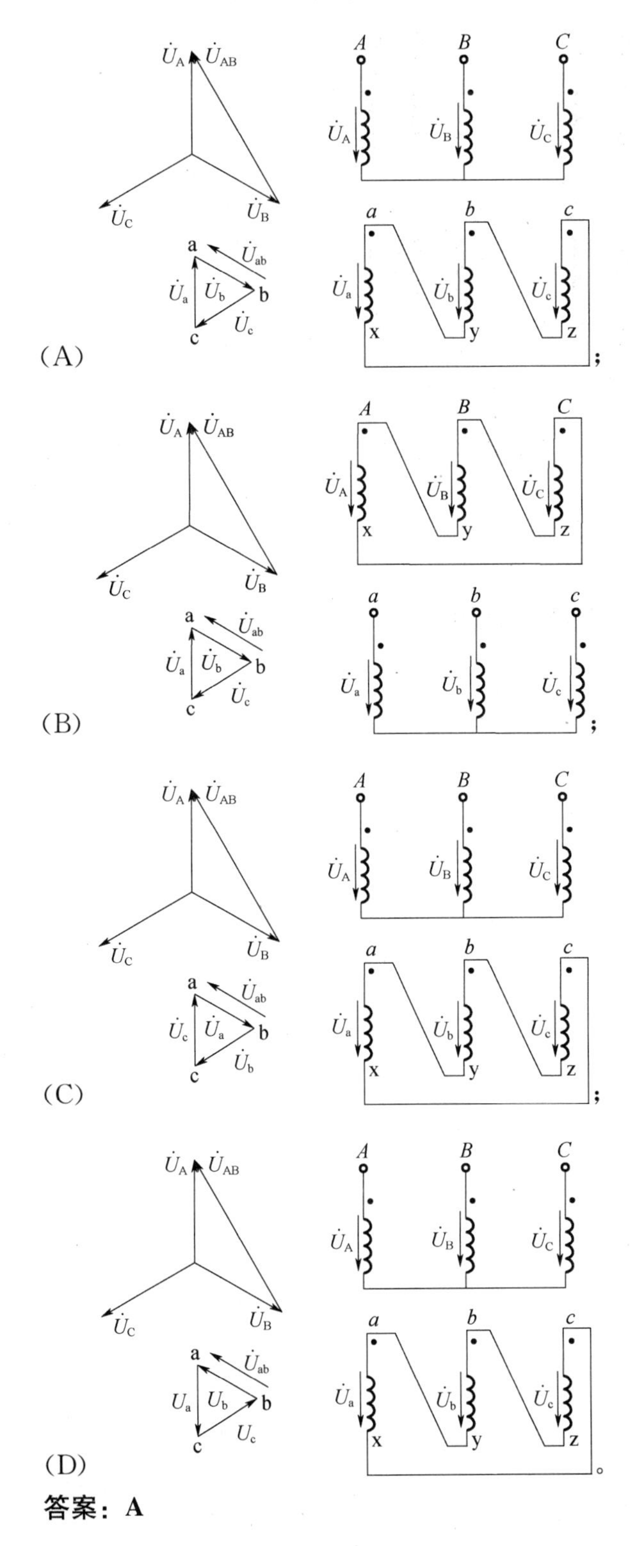

答案：A

Lc3E4014　如图所示的两种接线形式的三相变压器，它们的接线组别分别为(　　)。

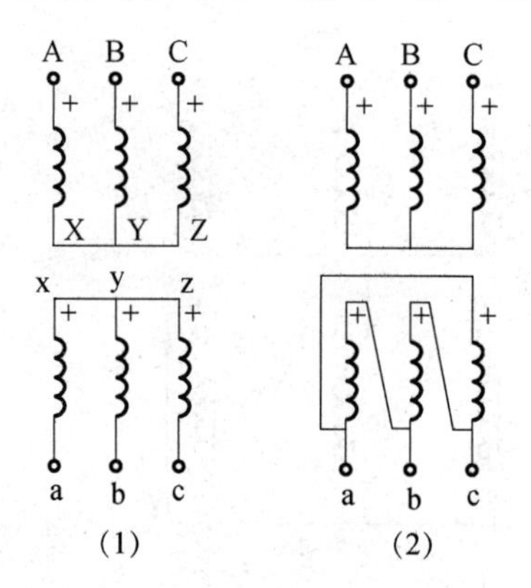

(A) Y，y0、Y，d3；(B) Y，y0、Y，d1；(C) Y，y8、Y，d3；(D) Y，y6、Y，d7。

答案：D

Lc3E4015　电压互感器用直流法测极性接线图是(　　)。

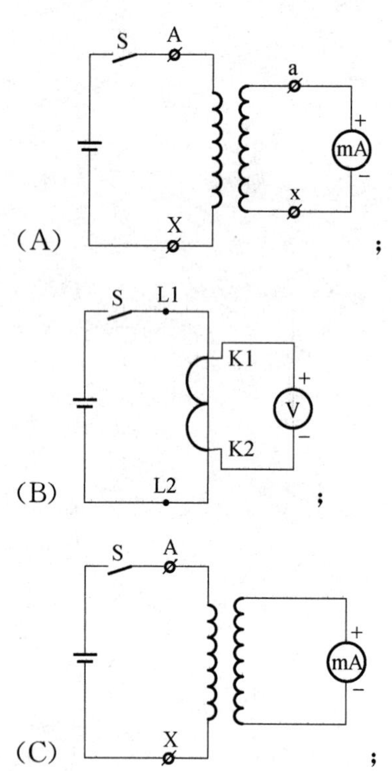

(D) 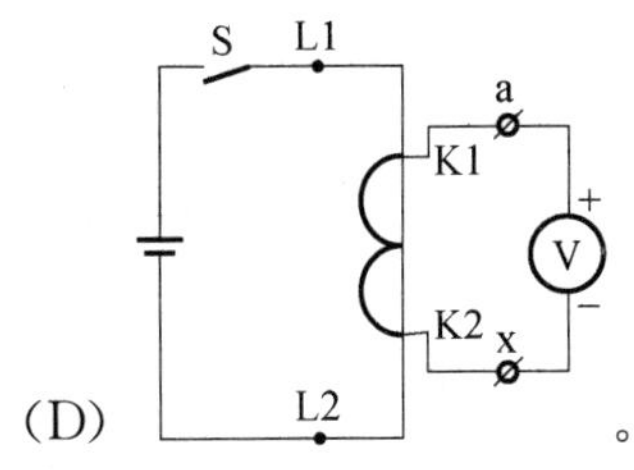

。

答案：A

Lc3E4016 如图所示的主接线是(　　)接线图。

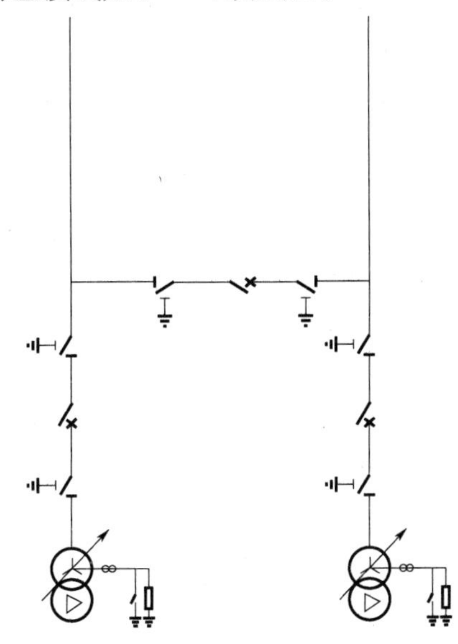

(A) 外桥；(B) 内桥；(C) 单母线分段；(D) 双母线分段。

答案：A

Lc3E4017 根据给出的轴侧图判断下列半剖视图正确的是(　　)。

轴侧图

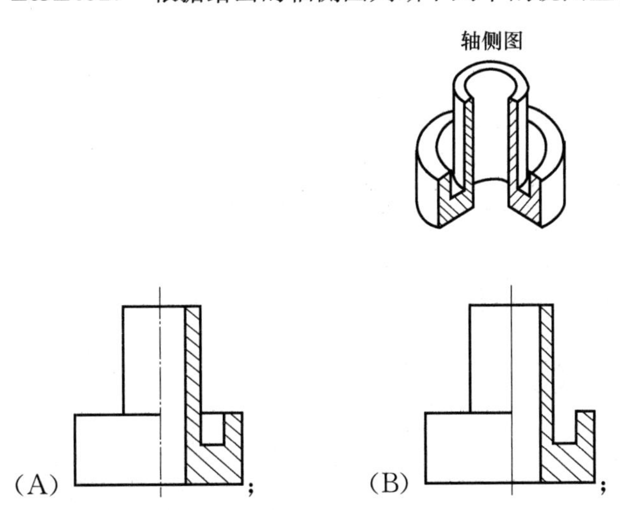

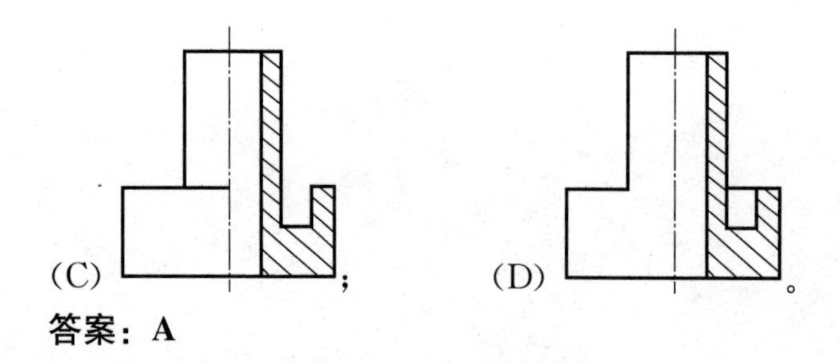

答案：A

Lc3E4018　两台单相电压互感器接成 V-V 型测量三相线电压，三台电压互感器接成 Y，y0 型测量三相线电压的接线图是(　　)。

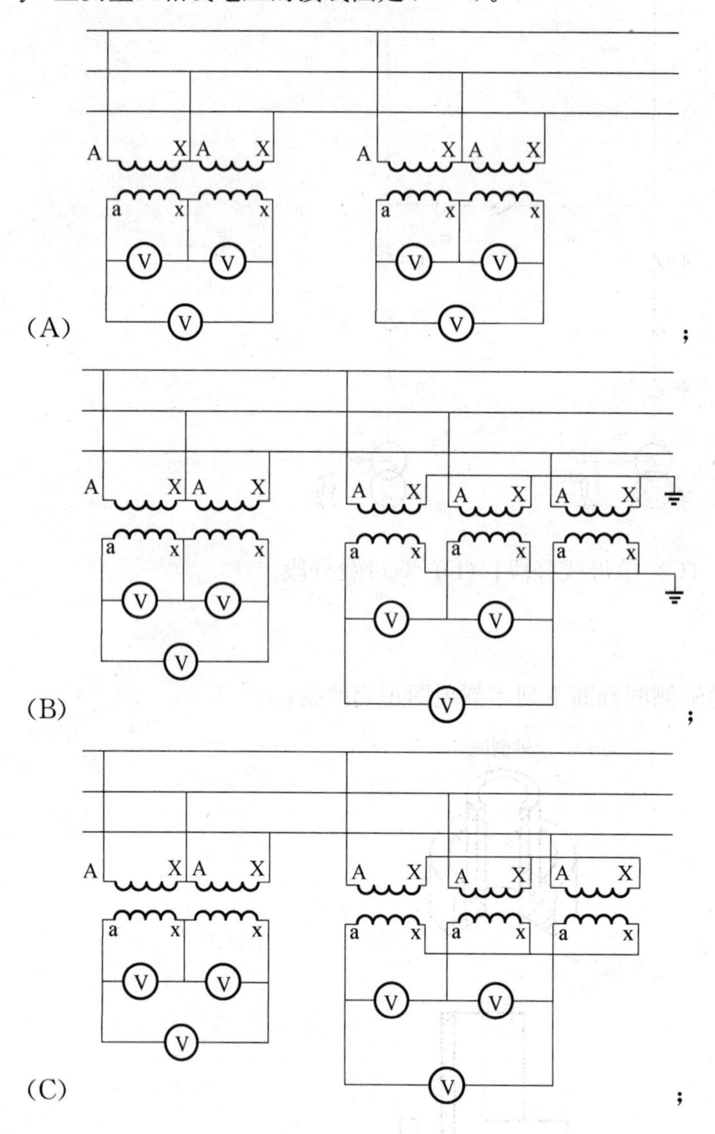

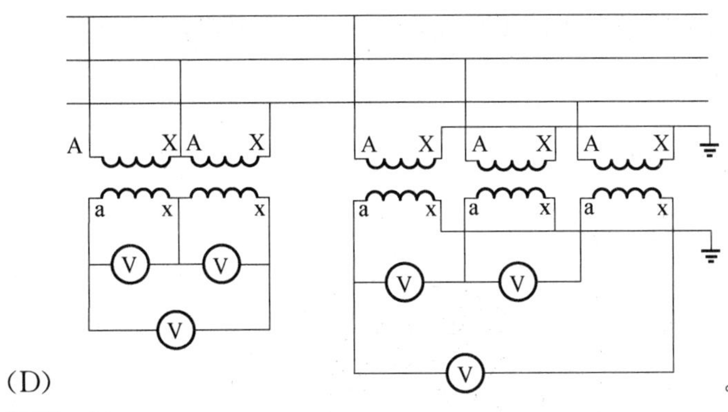

(D)　　。

答案：B

Lc3E4019　如图所示 R、L 串联电路，正确的电压和电流相量图为(　　)。

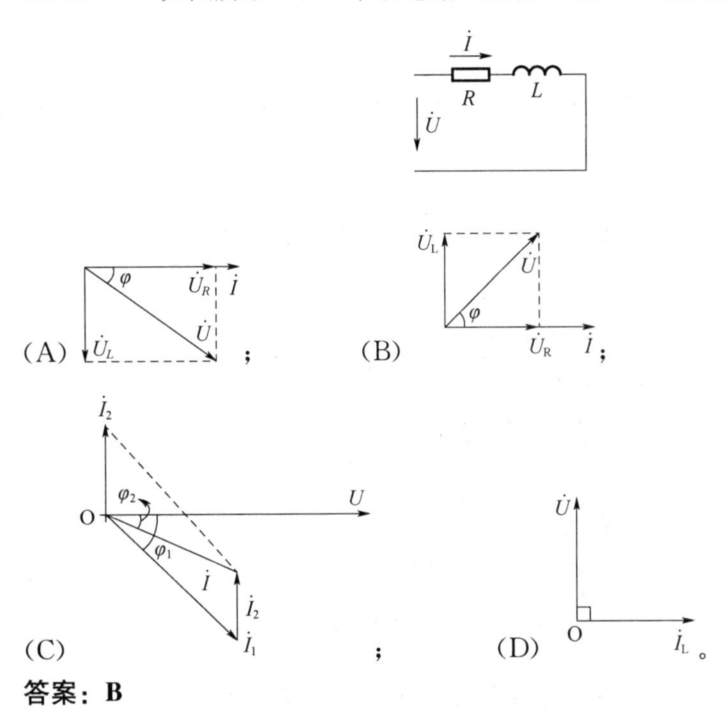

答案：B

Lc3E4020　如图所示的接线方式是(　　)。

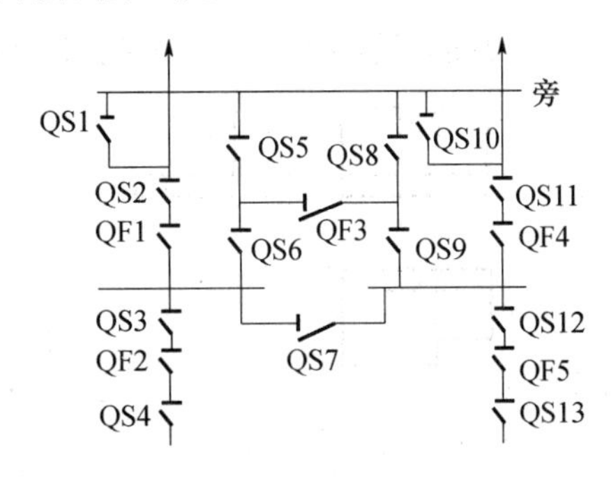

（A）单母分段；（B）单母分段带旁路；（C）双母线；（D）外桥接线。

答案：B

Lc3E4021 如图所示为变压器的（　　）。

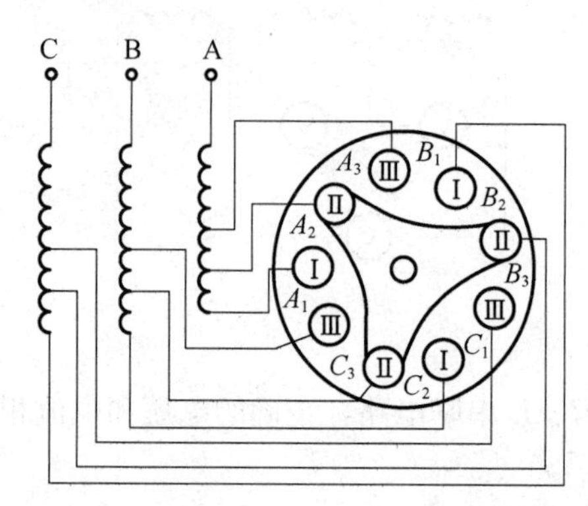

（A）分流开关；（B）无载调压分接开关；（C）有载调压开关；（D）电压测量开关。

答案：B

Lc3E4022 如图所示为2条电源进线、4条负荷出线的（　　）电气主接线图。

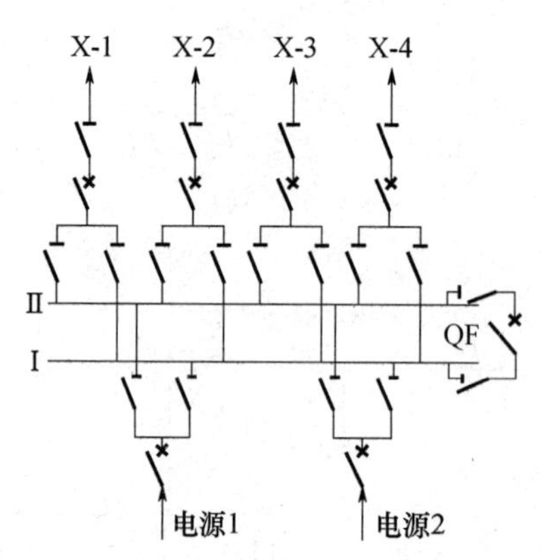

（A）单母线；（B）双母线；（C）单母线分段；（D）双母线分段。

答案：B

Lc3E4023 如图为部件的三视图，选项中（　　）是此部件的实物。

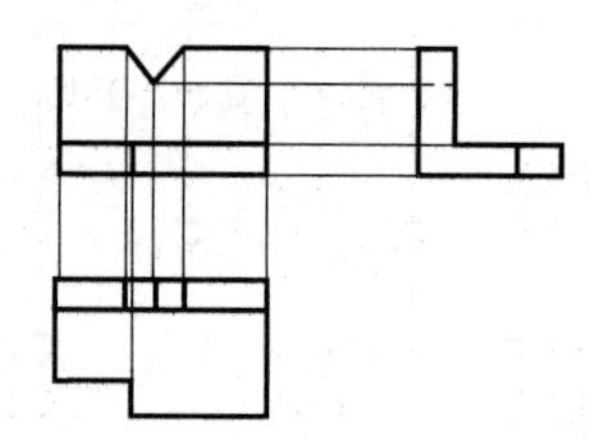

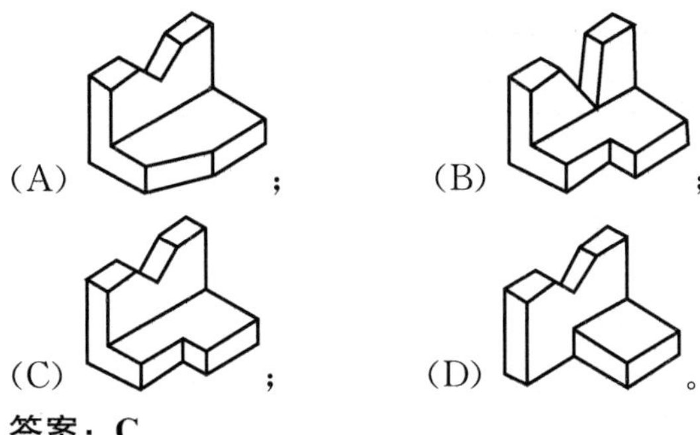

答案：C

Lc3E4024 如图所示为测量(　　)的原理接线图。

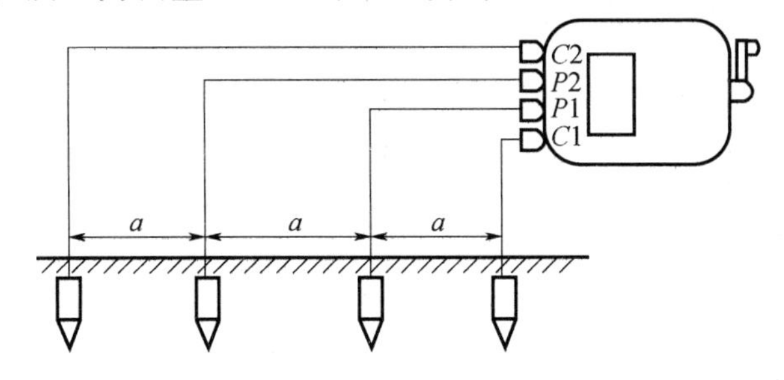

(A) 接地电阻；(B) 接触电阻；(C) 绝缘电阻；(D) 土壤电阻率。

答案：D

Lc3E4025 下图中，电动机接触器联锁的可逆启动控制电路图正确的是(　　)。

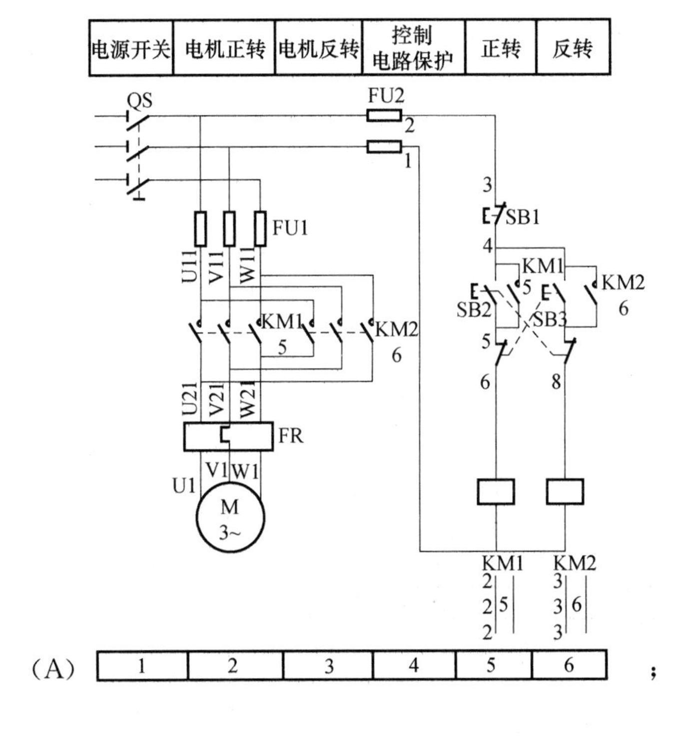

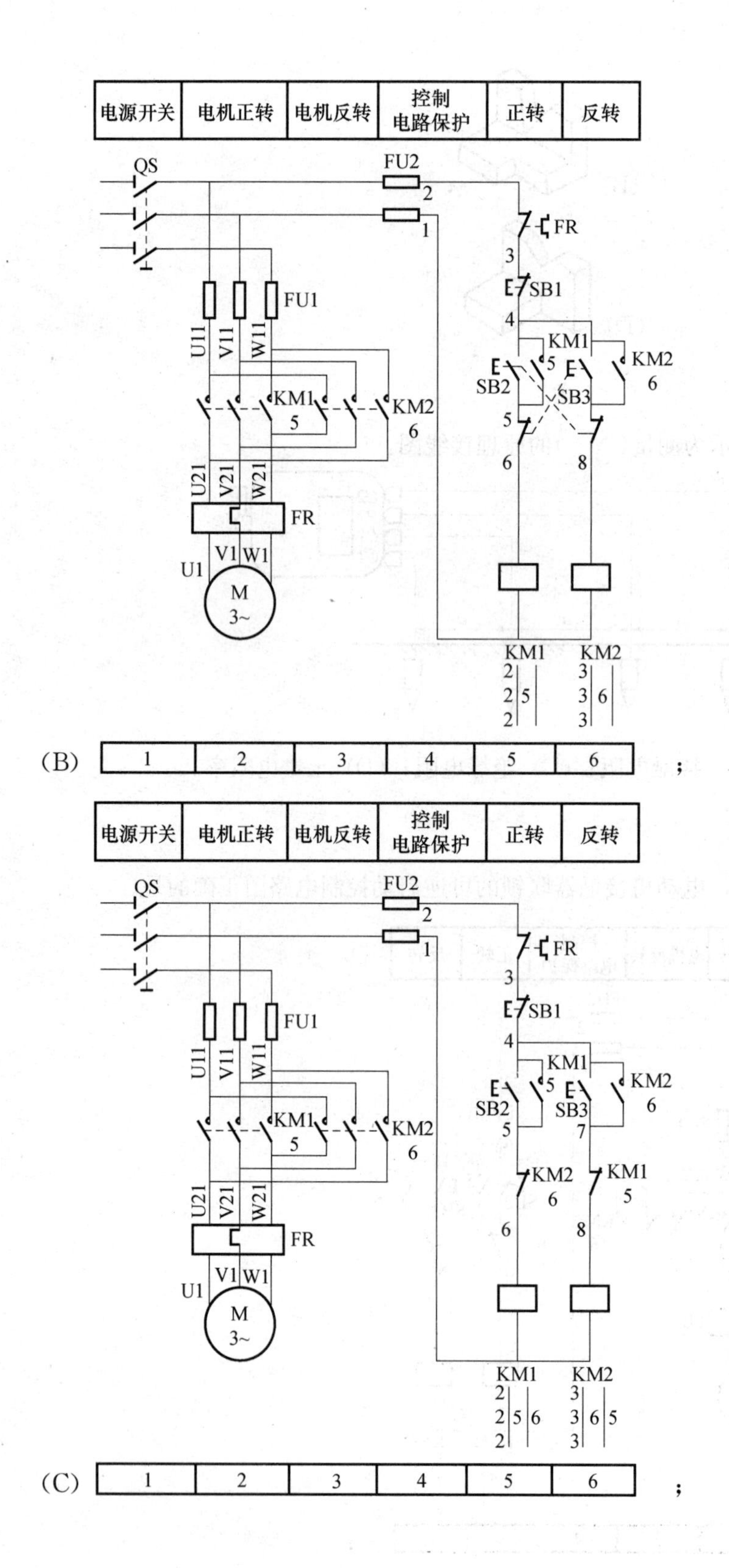

电源开关
电机正转
电机反转
控制电路保护
正转
反转
QS
FU2
FR
SB1
KM1
KM2
SB2
SB3
FU1
U11 V11 W11
U21 V21 W21
U1 V1 W1
M
3~
(B)
1 2 3 4 5 6
;
电源开关
电机正转
电机反转
控制电路保护
正转
反转
QS
FU2
FR
SB1
KM1
KM2
SB2
SB3
FU1
U11 V11 W11
U21 V21 W21
U1 V1 W1
M
3~
(C)
1 2 3 4 5 6
;

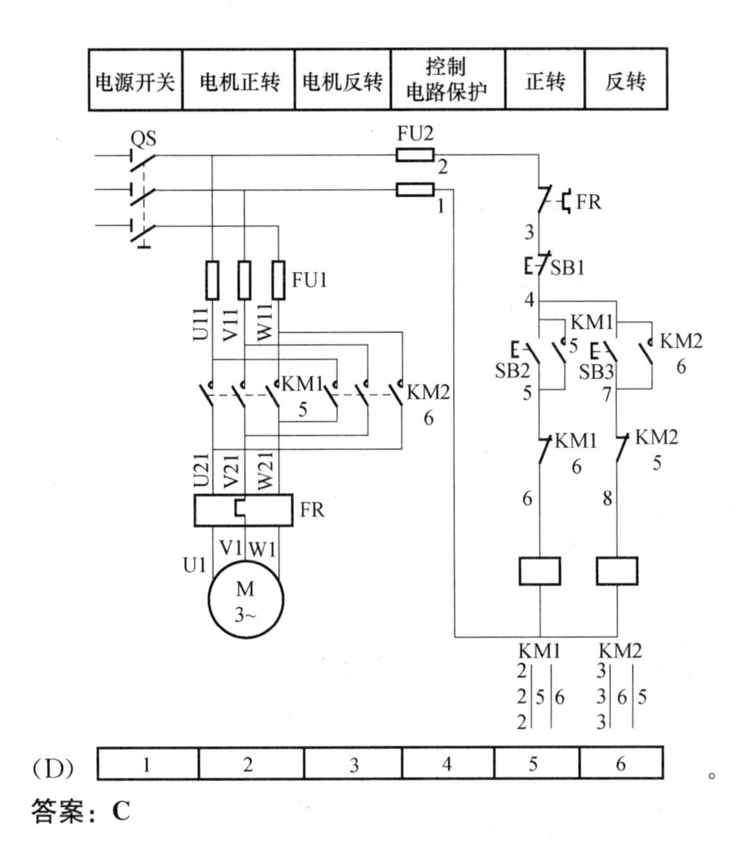

(D)

1	2	3	4	5	6

。

答案：C

Lc3E4026 如图所示为某三相变压器的相量图和接线图，它的接线组别为 Y，d11（ ）。

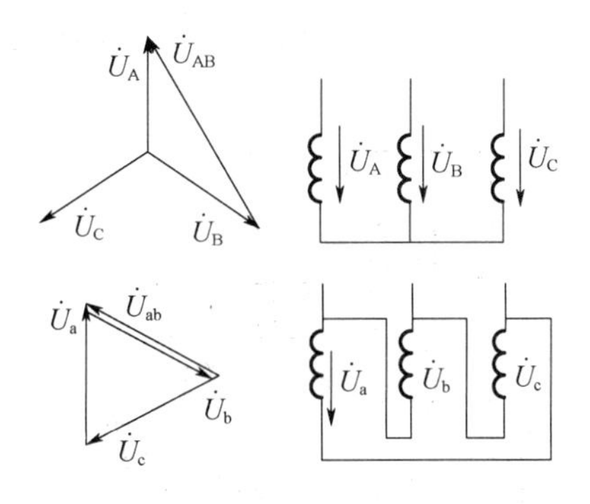

（A）正确；（B）错误；（C）不确定。

答案：A

Lc3E4027　如图所示是测量(　　)接线图。

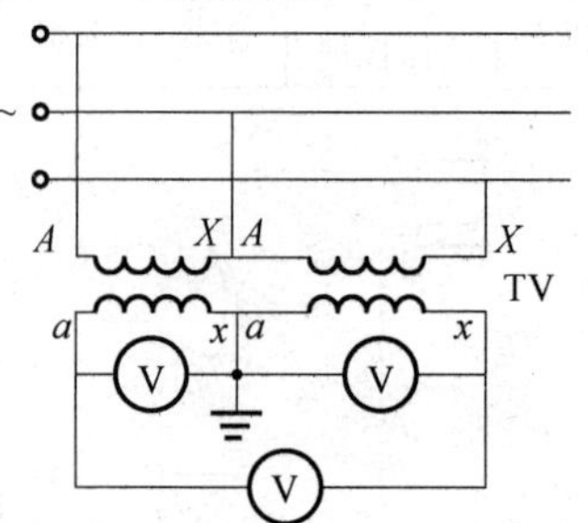

(A) 三相电流；(B) 单相电压；(C) 三相电压；(D) 三相功率。

答案：C

Lc3E4028　如图所示的接线原理图表示的是(　　)试验。

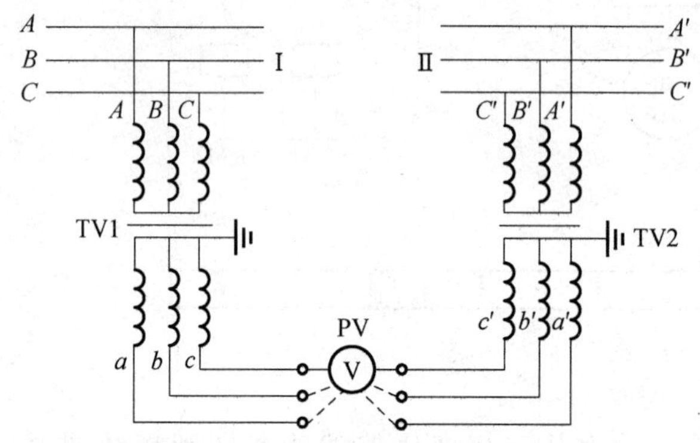

(A) 接线组别；(B) 潜流；(C) 核相；(D) 动作电压。

答案：C

Lc3E4029　如图所示为具有过载保护的低压三相异步电动机正转控制接线图(　　)。

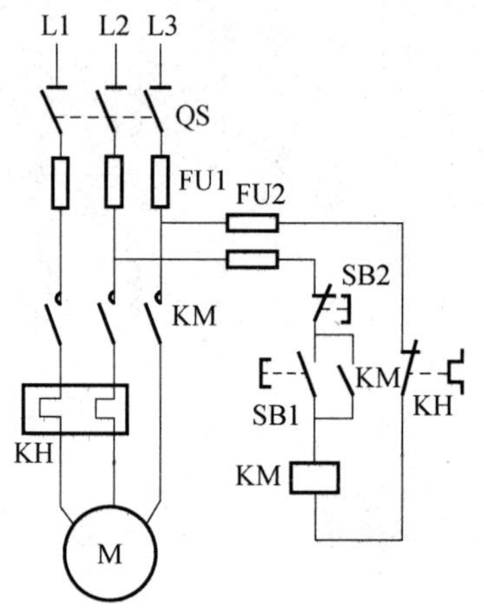

(A) 正确；(B) 错误；(C) 基本正确；(D) 不确定。

答案：A

Lc3E4030 下图中，电动机单向启动控制电路图正确的是(　　)。

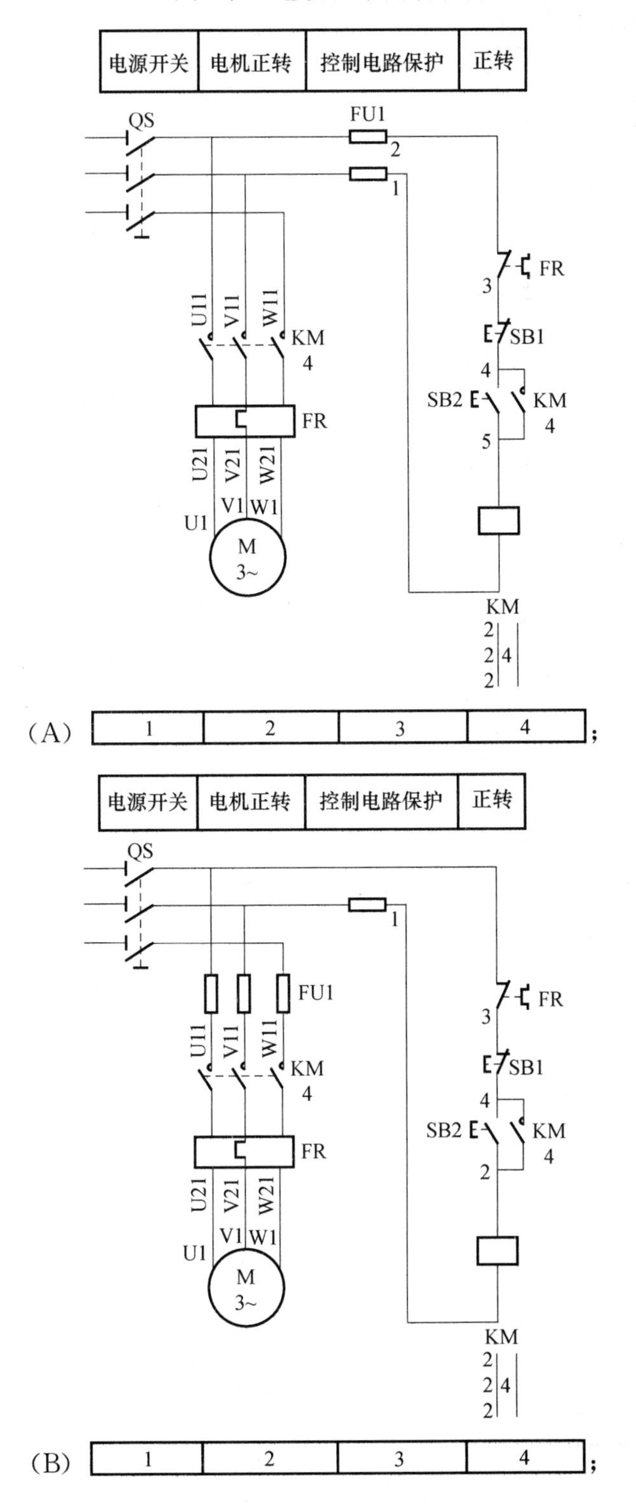

(A)；

(B)；

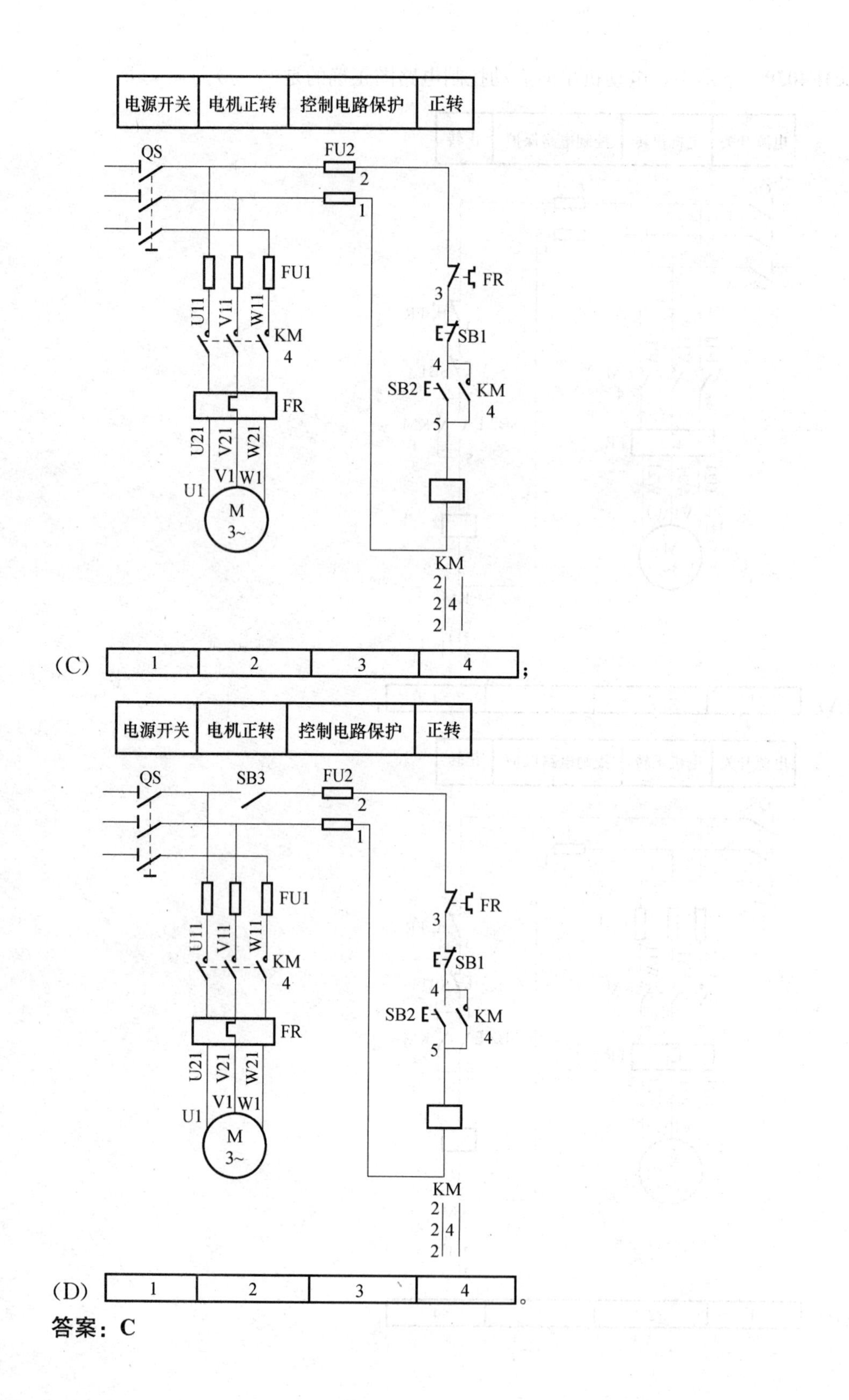
电源开关
电机正转
控制电路保护
正转
QS
FU2
2
1
FU1
FR
3
SB1
4
SB2
KM
4
5
U11
V11
W11
KM
4
FR
U21
V21
W21
U1
V1
W1
M
3~
KM
2
2
2
4
(C)
1
2
3
4
;
电源开关
电机正转
控制电路保护
正转
QS
SB3
FU2
2
1
FU1
FR
3
SB1
4
SB2
KM
4
5
U11
V11
W11
KM
4
FR
U21
V21
W21
U1
V1
W1
M
3~
KM
2
2
2
4
(D)
1
2
3
4
。

答案：C

Lc3E4031 如图所示为电动机的原理接线图，电动机采用的保护形式为(　　)。

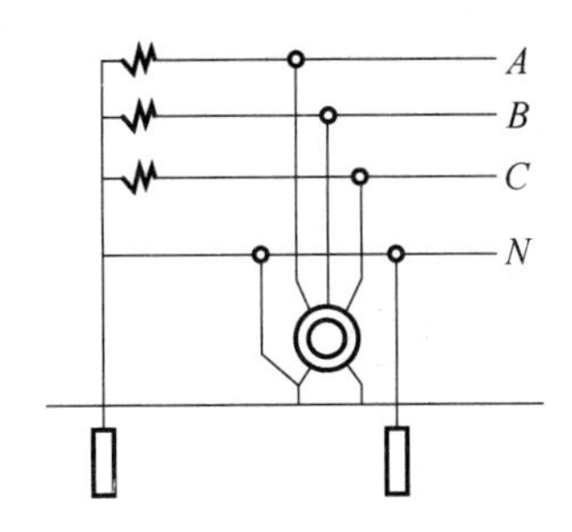

(A) 保护接地；(B) 工作接地；(C) 重复接地；(D) 保护接零。

答案：D

Lc3E5032 如图所示，电机点动控制原理图正确的是(　　)。

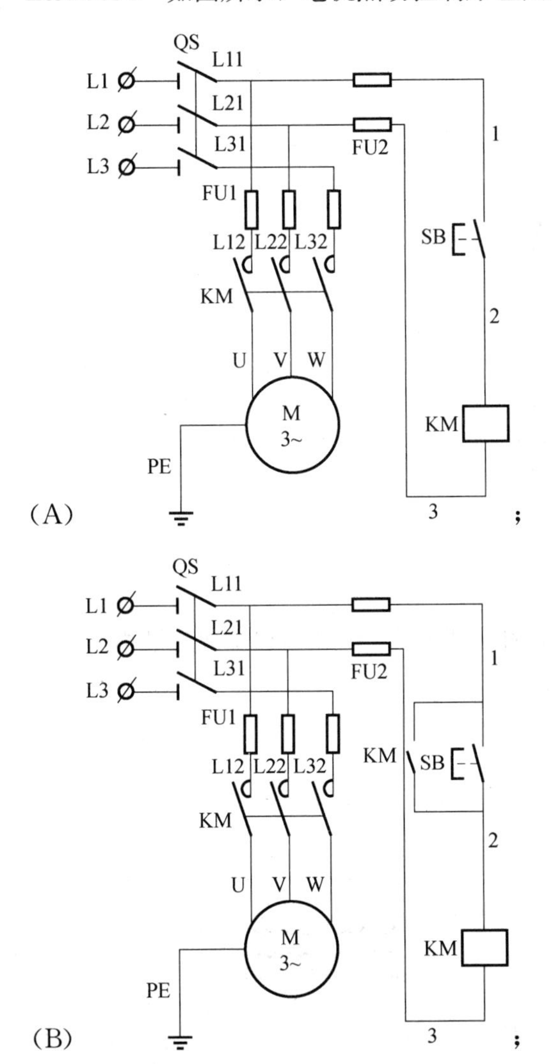

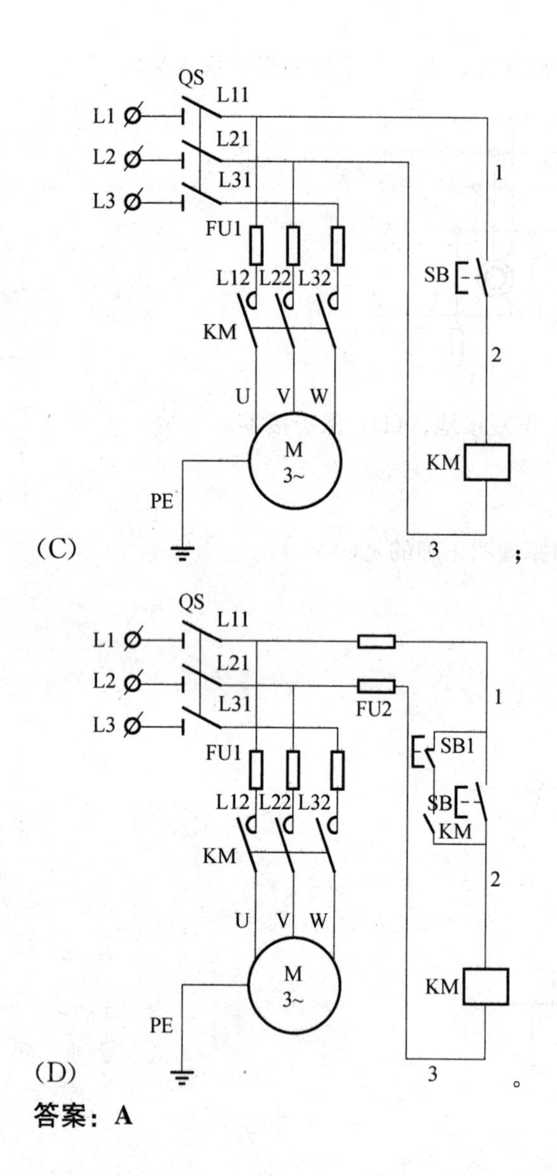

答案：A

Jd3E2033 如图所示为电压互感器的几种接线方式，其中可以实现测量相电压、线电压，并可以反映系统接地故障的接线方式为(　　)。

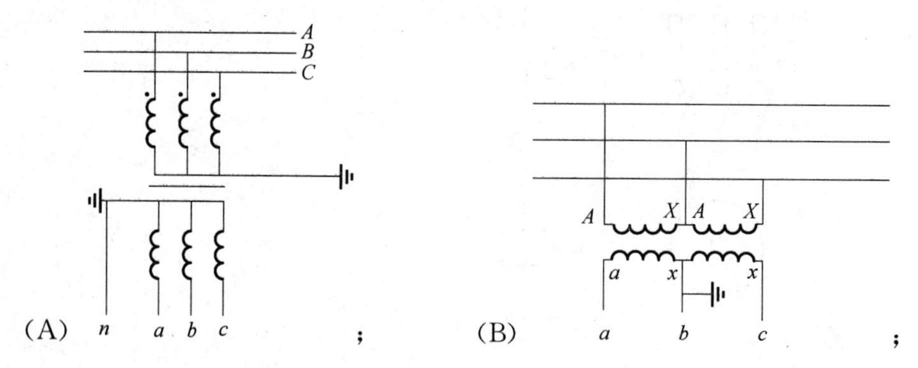

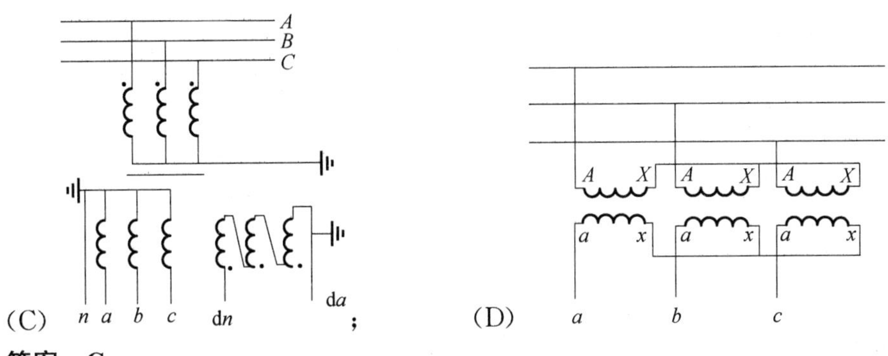

答案：C

Jd3E2034 下列四个图中，画法正确的是(　　)。

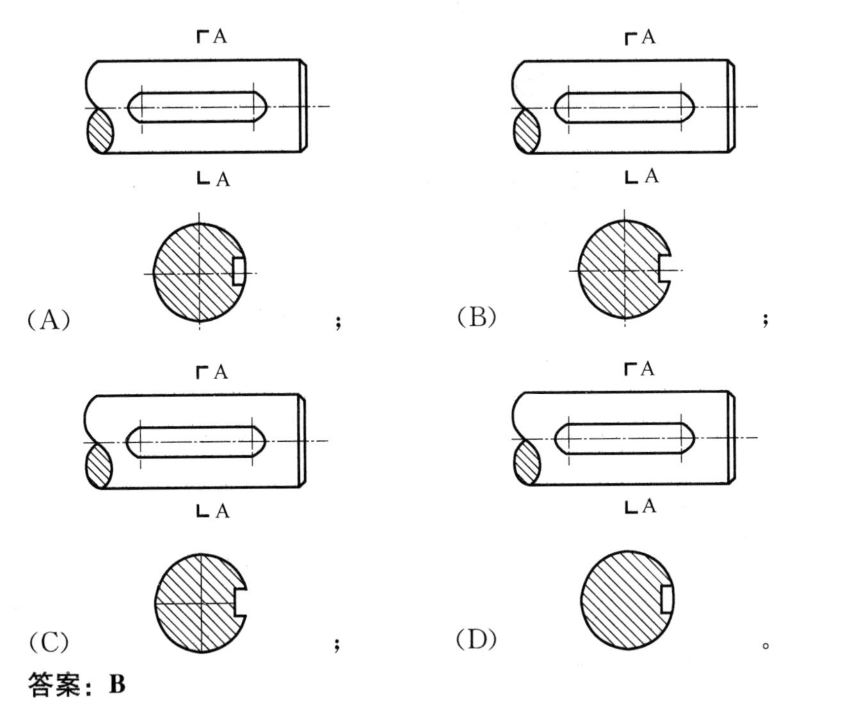

答案：B

Jd3E3035 电流互感器用直流法测极性接线图是(　　)。

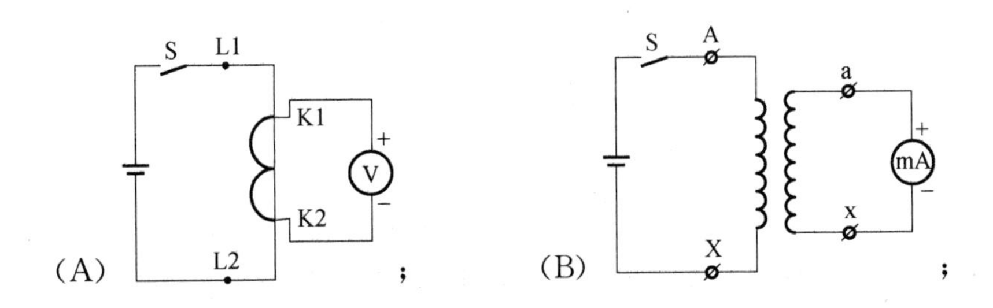

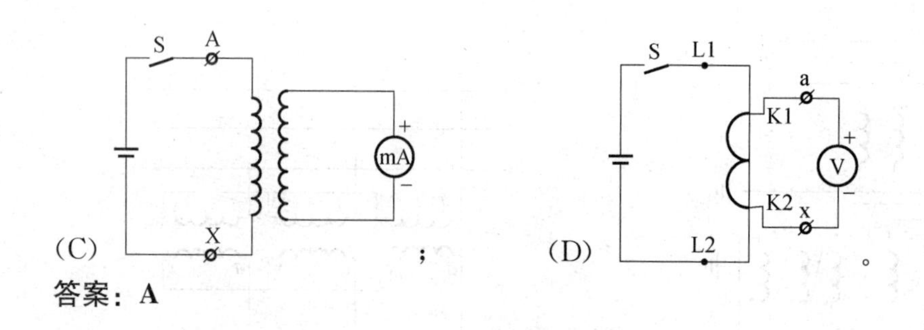

(C) ；(D) 。

答案：**A**

Jd3E3036 下图中，双头螺栓连接图正确的是(　　)。

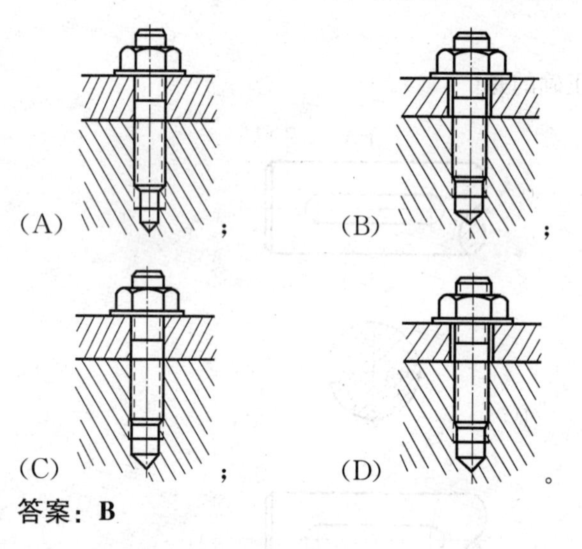

(A) ；(B) ；(C) ；(D) 。

答案：**B**

Jd3E4037 如图所示手臂伸向侧前下方，与身体夹角约为30°，五指自然伸开，以腕部为轴转动在吊车指挥中表示(　　)。

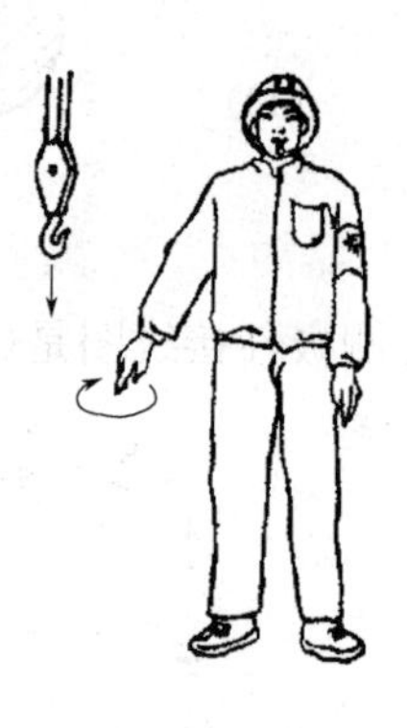

(A) 吊臂下降；(B) 吊钩下降；(C) 吊钩水平移动；(D) 吊钩微微上升。

答案：**B**

Jd3E4038 如图所示图形的接线可以测量(　　)物理量。

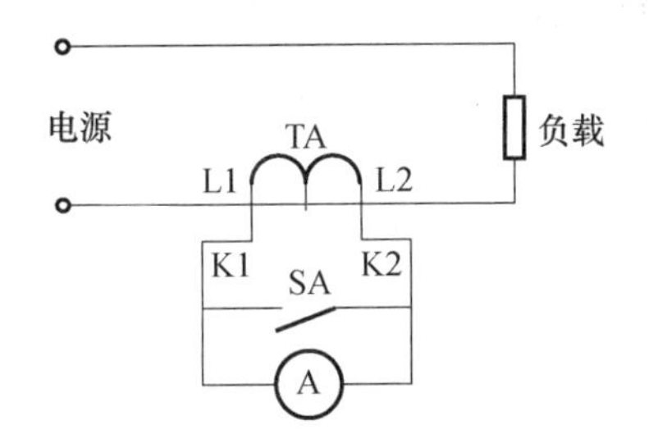

(A) 电压；(B) 电流；(C) 功率；(D) 频率。

答案：B

Je3E2039 如图 CVT 电气原理图中各元件名称正确的是(　　)。

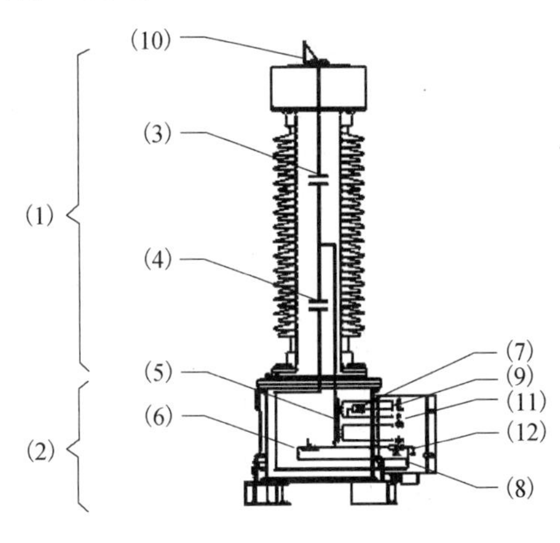

(A) 电容分压单元，电磁单元，高压电容，分压电容，中间变压器，补偿电抗器，阻尼器，二次输出端，接地端，保护间隙；(B) 电容分压单元，电磁单元，分压电容，高压电容，中间变压器，补偿电抗器，阻尼器，二次输出端，接地端，保护间隙；(C) 电磁单元，电容分压单元，高压电容，分压电容，中间变压器，补偿电抗器，阻尼器，二次输出端，接地端，保护间隙；(D) 电容分压单元，电磁单元、高压电容，分压电容，补偿电抗器，中间变压器，阻尼器，二次输出端，接地端，保护间隙。

答案：A

Je3E2040 如图为移动式开关柜的内部结构布置图，图中各数字所指设备表述正确的是(　　)。

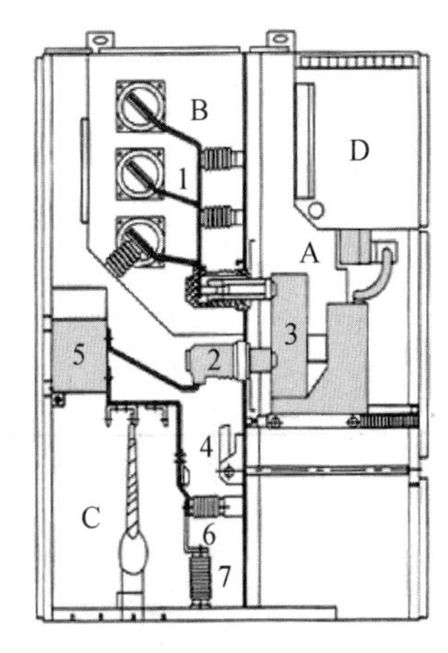

(A) 母线，断路器插头，断路器，线路刀闸，电压互感器，绝缘子，避雷器 (B) 母线，断路器插头，断路器，接地刀闸，电流互感器，绝缘子，避雷器；(C) 母线，断路器插头，断路器，线路刀闸，电流互感器，避雷器，绝缘子；(D) 母线，断路器插头，断路器，接地刀闸，电流互感器，避雷器，绝缘子。

答案：B

2 技能操作

2.1 技能操作大纲

变电检修工（高级工）技能鉴定技能操作考核大纲

等级	考核方式	能力种类	能力项	考核项目	考核主要内容
高级工	技能操作	基本技能	01. 检修施工图	01. 指出图纸中各项技术要求	掌握变电设备配电间隔的平面图和断面图
			02. 钳工工艺	01. 使用攻丝工艺加工部件	掌握本专业所需的攻丝的钳工工艺
			03. 起重工作	01. 旗语指挥起重和搬运工作	能胜任起重和搬运的指挥工作
		专业技能	01. 变电设备小修及维护	01. CJ2 操作机构二次回路检查消缺	能进行隔离开关电动操作机构常见缺陷处理
				02. GW7-252 型隔离开关主刀系统检修	能进行 220kV 隔离开关解体检修工作
			02. 变电设备大修及安装	01. GW4-126 型隔离开关三相联调	能进行隔离开关大修后的调试工作
				02. KYN28-12 型开关柜检修	掌握 10kV 中置式开关柜的整体检修调试工作
				03. XGN-12 型开关柜检修	掌握 10kV 固定式开关柜的整体检修调试工作
				04. LW16-40.5 型断路器机械特性参数调整	能对断路器机械特性试验中不合格数据进行调整
			03. 恢复性大修	01. 解体检修 LW10B-252 型液压机构一级阀	能解体检查处理液压机构的一级阀
				02. GW5-126 型隔离开关单相导电回路大修	能对隔离开关本体缺陷进行解体检修
		相关技能	01. 回收装置操作	01. 使用回收装置进行 SF_6 气体回收	掌握 SF_6 气体回收装置的使用要领

2.2 技能操作项目

2.2.1 BJ3JB0101 指出图纸中各项技术要求

一、作业

（一）工器具、材料、设备

（1）工器具：无。

（2）材料：无。

（3）设备：变电设备平面图1张、断面图1张。

（二）安全要求

无。

（三）操作步骤及工艺要求

1. 准备工作

着装整齐。

2. 指出图纸中的各项技术要求

（1）熟练掌握变电设备配电间隔平面图。

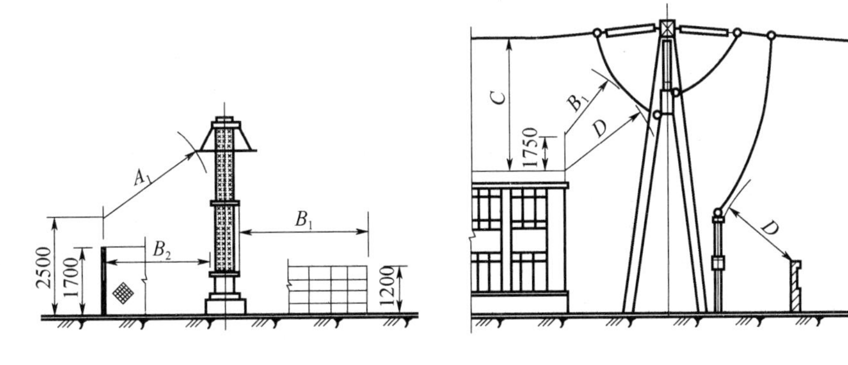

（2）熟练掌握变电设备配电间隔断面图。

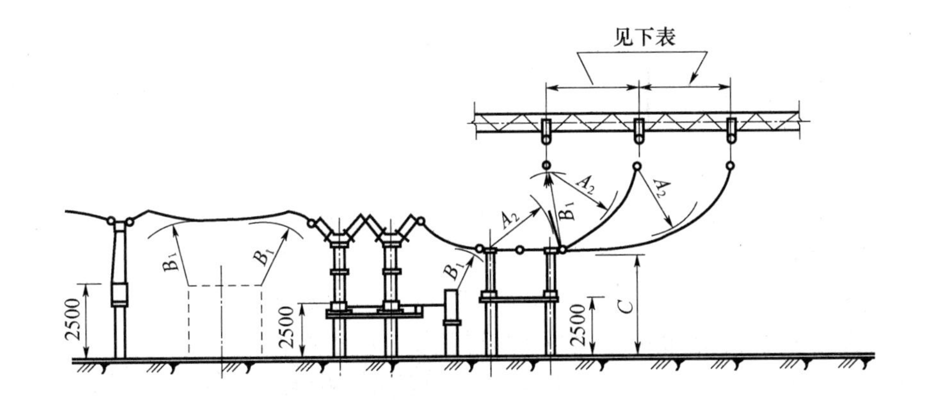

符号	适用范围	额定电压								
		3～10	15～20	35	63	110J	110	220J	330J	550J
A1	(1) 带电部分与接地部分之间。 (2) 网状遮栏向上延伸距地2.5m处与遮栏上方带电部分之间	200	300	400	650	900	1000	1800	2500	3800
A2	(1) 不同相带电部分之间。 (2) 断路器和隔离开关的断口两侧引线带电部分之间	200	300	400	650	1000	1100	2000	2800	4300
B1	(1) 设备运输时，其外廓至无遮栏带电部分之间。 (2) 交叉的不同时，停电检修的无遮栏带电部分之间。 (3) 栅状遮栏至绝缘体和带电部分之间。 (4) 带电作业时的带电部分至接地部分之间	950	1050	1150	1400	1650	1750	2550	3250	4550
B	网状遮栏与带电部分之间	300	400	500	750	1000	1100	1900	2600	3900
C	(1) 无遮栏裸导体与地面之间。 (2) 无遮栏裸导体至建筑物、构筑物之间	2700	2800	2900	3100	3400	3500	4300	5000	7500
D	(1) 平行的不同时检修的无遮栏带电部分之间。 (2) 带电部分与建筑、构筑物的边沿部分之间	2200	2300	2400	2600	2900	3000	3800	4500	5800

二、考核

（一）考核场地

在室内进行。

（二）考核时间

(1) 考核时间为40min。

(2) 开工前，考生检查着装，清点工器具、设备是否齐全，时间为3min（不计入考核时间）。

(3) 许可开工后记录考核开始时间。

(4) 现场清理完毕后，汇报工作终结，记录考核结束时间。

（三）考核要点

(1) 熟悉变电设备配电间隔平面图，掌握各技术尺寸要求。

(2) 熟悉变电设备配电间隔断面图，掌握各技术尺寸要求。

(3) 本评分表仅作示例，考试时可选择其他相类似的图纸进行考核。

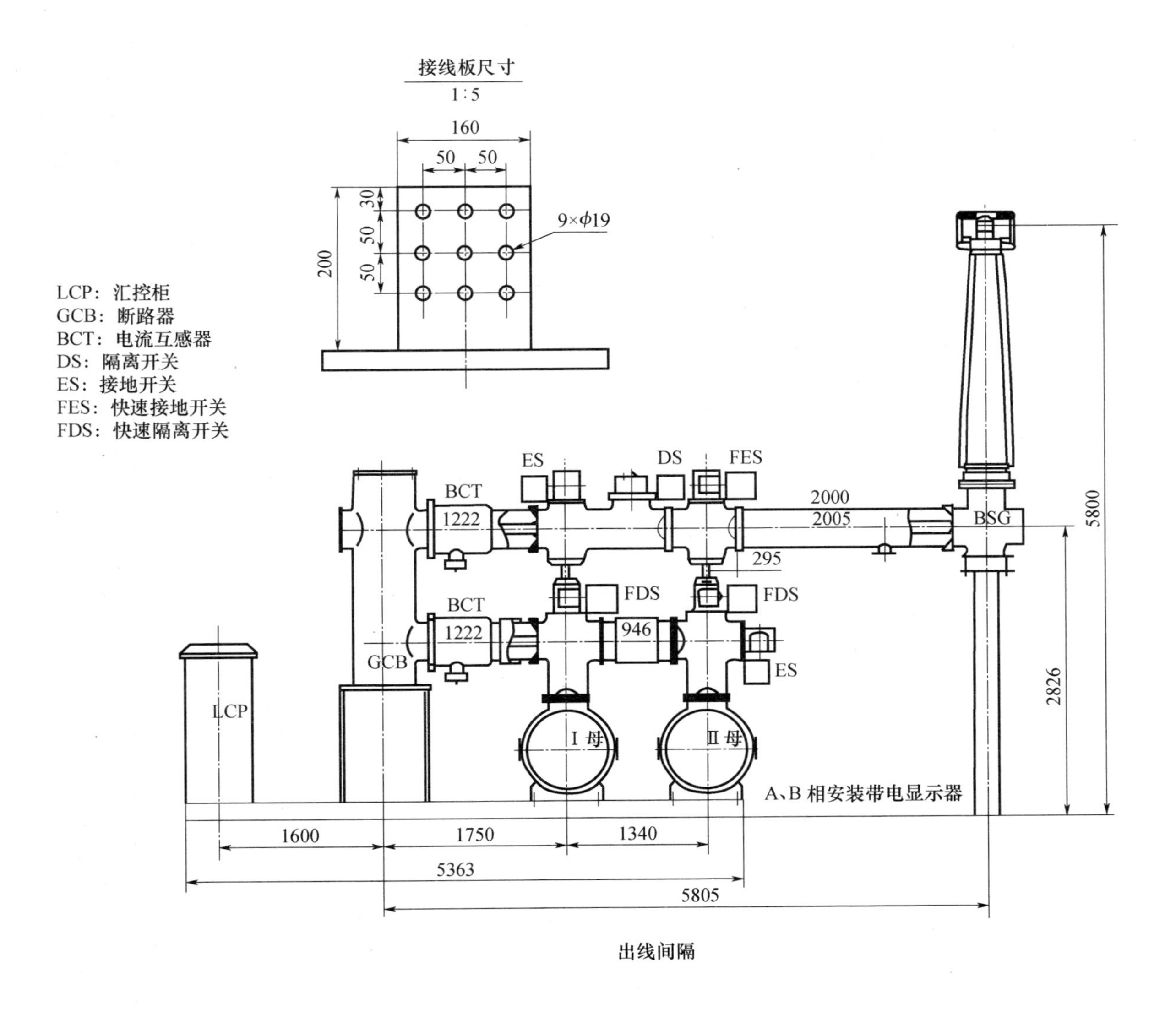

接线板尺寸
1∶5
160
50 50
30
50
50
200
9×ϕ19
LCP：汇控柜
GCB：断路器
BCT：电流互感器
DS：隔离开关
ES：接地开关
FES：快速接地开关
FDS：快速隔离开关
ES
DS
FES
BCT
1222
2000
2005
BSG
295
FDS
FDS
BCT
1222
946
GCB
ES
LCP
Ⅰ母
Ⅱ母
A、B 相安装带电显示器
5800
2826
1600
1750
1340
5363
5805
出线间隔
FDS
FDS
ES
CT
CT
CT
GCB
CT
CT
CT
ES
DS
FES

三、评分标准

行业：电力工程　　　　工种：变电检修工　　　　等级：三

编号	BJ3JB0101	行为领域	d	鉴定范围		变电检修高级工	
考核时限	40min	题型	A	满分	100分	得分	
试题名称	指出图纸中各项技术要求						
考核要点及其要求	（1）要求一人操作。考生着装规范，穿工作服、绝缘鞋，戴安全帽。 （2）可在室内进行笔试。 （3）熟悉变电设备配电间隔平面图，掌握各技术尺寸要求；熟悉变电设备配电间隔断面图，掌握各技术尺寸要求						
现场设备、工器具、材料	无变电设备平面图1张、断面图1张						
备注							

评分标准

序号	考核项目名称	质量要求	分值	扣分标准	扣分原因	得分
1	工作前准备及文明生产					
1.1	着装、工器具准备（该项不计考核时间）	考核人员穿工作服、戴安全帽、穿绝缘鞋，工作前清点工器具、设备	2	（1）未穿工作服、戴安全帽、穿绝缘鞋，每项不合格，扣2分 （2）未清点工器具、设备，每项不合格，扣2分，分数扣完为止		
2	掌握变电设备配电间隔平面图，掌握各技术尺寸要求					
2.1	写出屋外配电装置图纸中A、B、C、D的数值，并说明参数的作用		45	（1）参数A1错误，扣8分。 （2）参数A2错误，扣8分。 （3）参数B1错误，扣8分。 （4）参数B错误，扣8分。 （5）参数C错误，扣8分。 （6）参数D错误，扣8分，分数扣完为止		
3	掌握变电设备配电间隔断面图					
3.1	写出图中设备名称和设备的功能	LCP：汇控柜；CCB：断路器；BCT：电流互感器；DS：隔离开关；ES：接地开关；FES：快速接地开关；FDS：快速隔离开关	50	设备名称或功能错误，每个错误，扣8分，分数扣完为止		
4	收工					
4.1	填写记录	如实正确填写检修记录	3	检修记录未填写或填写错误，每处扣1分，分数扣完为止		

2.2.2 BJ3JB0201 使用攻丝工艺加工部件

一、作业

（一）工器具、材料、设备

（1）工器具：6～16mm丝锥1套，150～400mm丝锥扳手1套，8～14.9mm钻头1套、220V电源箱1个、磁力钻1套（固定座）、组合挫1套、手锤1把、定位錾1把、角尺1把。

（2）材料：棉丝1块、毛刷1把。

（3）设备：100mm×100mm×10mm铁板1块。

（二）安全要求

1. 防止触电伤害

（1）拆接低压电源有专人监护，电源箱金属外壳接地，接电源时先接负荷侧后接电源侧。

（2）检查磁力钻金属外壳接地良好，电缆线无破损。

2. 防止机械伤害

（1）使用磁力钻工作时禁止戴手套。

（2）工作中防止磁力钻、丝锥等工器具对作业人员造成机械伤害。

3. 现场安全措施

（1）现场使用的工作台清洁无其他无关物品。

（2）用围网带将工作区域围起来，出口设置在安全的通道处，出入口处设置“从此进出!”标示牌，工作区内放置“在此工作!”标示牌。

4. 办理开工手续

办理开工、许可手续，进行工作票宣读，交代工作中的危险点。

（三）操作步骤及工艺要求

1. 清点工器具、开工

（1）检查攻丝所需工具、材料齐全。

（2）检查现场应悬挂（放置）的标示牌，应装设的围栏。

（3）检查磁力钻设备完好无破损，符合使用要求。

2. 加工M10×1mm的螺孔

（1）清洁工作台面，保证台面上无杂物。

（2）铁板放在工作台上，放置平整四角无悬空。

（3）根据图纸要求，使用角尺在铁板上画需要钻孔的中心线。

（4）使用定位錾，在铁板钻孔的中心线处找到孔的中心，用手锤敲击定位錾，确定打孔位置点。

（5）检查磁力钻，钻头选用D=9mm。

（6）将磁力钻放置在铁板上，摇动钻床手柄，使钻头伸出，挪动钻床，使钻头对准打孔位置点。

（7）接通电源，开启磁力钻底座吸合按钮，然后摇动钻床手柄，使钻头伸出，确认钻头对准打孔位置点，否则反复调整。

（8）开启磁力钻，检查磁力钻正常运转。

(9) 确认位置准确后，摇动钻床手柄进行打孔。

(10) 打孔过程中防止金属丝过长对人造成伤害，可用毛刷蘸水，清除过长的金属丝。

(11) 打孔完成后，检查钻孔完整、孔壁光滑。

(12) 将铁板底部四角垫上方木，检查确认牢固。

(13) 选用 M10 头锥、250mm 丝锥扳手准备攻丝。

(14) 丝锥入孔后，使用角尺检查角度是否垂直。

(15) 丝锥攻丝过程中，应保持丝锥近半圈退四分之一，要保持经常的退出，当丝扣进入 2 扣后，可在孔周围加适量机油润滑，经常清除孔内金属碎屑，确保丝扣完整光滑。

(16) 头锥套完，使用二锥继续攻丝，攻丝过程和头锥类似。

(17) 二锥攻丝完毕，清洁金属碎屑。

(18) 攻丝结束后，使用手挫对铁板面进行打磨使其没有毛刺。

(19) 检查丝扣应完整光滑。

(20) 使用 M10 螺钉拧入丝孔内，整个进丝过程应顺利无卡滞。

3. 结束工作

(1) 清理工作现场，将工器具、材料、设备归位，现场恢复至开工前状态。

(2) 办理工作终结手续，填写检修报告。

(3) 收工离场。

二、考核

(一) 考核场地

(1) 考核工位现场提供：220V 检修电源箱、检修平台。

(2) 工位四周设置围栏、标示牌。

(二) 考核时间

(1) 考核时间为 30min。

(2) 考生准备时间为 5min，包括清点工器具，准备材料设备，检查安全措施。

(3) 考生准备完毕后向考评员汇报准备完毕。

(4) 考生向考评员办理开工手续，许可开工后考评员记录考核开始时间，考生开始工作。

(5) 现场清理完毕后，考生向考评员汇报工作终结，考评员记录考核结束时间。

(三) 考核要点

(1) 单人操作，考评员监护作业。考生着装规范，穿工作服、绝缘鞋，戴安全帽。

(2) 现场安全文明生产。工器具、材料、设备摆放整齐，现场作业熟练、有序、流畅，正确规范。不发生危及人身和设备安全的行为，如发生人身伤害，造成身体出血等情况可取消本次考核成绩。

(3) 熟悉攻丝流程和工艺质量要求。

三、评分标准

行业：电力工程　　　　　　　　　　工种：变电检修工　　　　　　　　　　等级：三

<table>
<tr><td>编号</td><td>BJ3JB0201</td><td>行为领域</td><td>d</td><td colspan="2">鉴定范围</td><td colspan="2">变电检修高级工</td></tr>
<tr><td>考核时限</td><td>30min</td><td>题型</td><td>B</td><td>满分</td><td>100分</td><td>得分</td><td></td></tr>
<tr><td>试题名称</td><td colspan="7">使用攻丝工艺加工部件</td></tr>
<tr><td>考核要点及其要求</td><td colspan="7">（1）单人操作，考评员监护作业。考生着装规范，穿工作服、绝缘鞋，戴安全帽。
（2）现场安全文明生产。工器具、材料、设备摆放整齐，现场作业熟练、有序、流畅，正确规范。不发生危及人身和设备安全的行为，如发生人身伤害，造成身体出血等情况可取消本次考核成绩。
（3）熟悉攻丝流程和工艺质量要求</td></tr>
<tr><td>现场设备、工器具、材料</td><td colspan="7">1）现场设备
（1）考核工位现场提供：220V检修电源箱、检修平台。
（2）工位四周设置围栏。
2）工器具
6～16mm丝锥1套，150～400mm丝锥扳手1套，8～14.9mm钻头1套、220V电源箱1个、磁力钻1套（固定座）、组合锉1套、手锤1把、定位錾1把、角尺1把。
3）材料
棉丝1块、毛刷1把。
4）设备
100mm×100mm×10mm铁板1块</td></tr>
<tr><td>备注</td><td colspan="7">考生自备工作服、绝缘鞋</td></tr>
</table>

评分标准

序号	考核项目名称	质量要求	分值	扣分标准	扣分原因	得分
1	工作前准备及文明生产					
1.1	着装、工器具准备（该项不计考核时间）	考核人员穿工作服、戴安全帽、穿绝缘鞋，工作前清点工器具、设备	3	（1）未穿工作服、戴安全帽、穿绝缘鞋，每项不合格，扣2分。 （2）未清点工器具、设备，每项不合格，扣2分，分数扣完为止		
1.2	安全文明生产	工器具摆放整齐，保持作业现场安静、清洁	12	（1）未办理开工手续，扣2分。 （2）工器具摆放不整齐，扣2分。 （3）现场杂乱无章，扣2分。 （4）不能正确使用工器具，扣2分。 （5）工器具及配件掉落，扣2分。 （6）发生不安全行为，扣2分，分数扣完为止。 （7）发生危及人身、设备安全的行为直接取消考核成绩		

续表

序号	考核项目名称	质量要求	分值	扣分标准	扣分原因	得分
2	加工 M10×1mm 的螺孔					
2.1	加工 9mm 孔	清洁工作台面，保证台面上无杂物	44	不能保持工作台面清洁，扣2分		
		铁板放在工作台上，放置平整四角无悬空		不能保持铁板放置平稳，扣4分		
		根据图纸要求，使用角尺在铁板上划需要钻孔的中心线		不画要钻孔的中心线或位置错误，偏差大于 0.5mm，扣4分		
		使用定位錾，在铁板钻孔的中心线处找到孔的中心，用手锤敲击定位錾，确定打孔位置点		定打孔位置点明显错误，偏差大于 1mm，扣4分		
		检查磁力钻，钻头选用 D=9mm		不能正确选用打孔所需钻头尺寸，扣4分		
		将磁力钻放置在铁板上，摇动钻床手柄，使钻头伸出，挪动钻床，使钻头对准打孔位置点		不会定位打孔位置或不定位就打孔通电进行磁力钻定位，扣4分		
		接通电源，开启磁力钻底座吸合按钮，然后摇动钻床手柄，使钻头伸出，确认钻头对准打孔位置点，否则反复调整		开通电源，开启磁力钻底座，不开钻头，确认磁力钻位置，扣4分		
		开启磁力钻，检查磁力钻正常运转		不开通电源确认磁力钻正常，扣4分		
		确认位置准确后，摇动钻床手柄进行打孔		进行打孔过快，扣4分		
		打孔过程中防止金属丝过常对人造成伤害，可用毛刷蘸水，清除过长的金属丝		打孔过程中清除过长的金属丝方法不正确，扣4分		
		打孔完成后，检查钻孔完整、孔壁光滑		打孔完成后，不检查钻孔完整性、孔壁光滑性，扣2分		
2.2	加工 M10×1mm 的螺孔	将铁板底部四角垫上方木，检查确认牢固	36	不将铁板底部四角垫牢固，扣4分		
		选用 M10 头锥、250mm 丝锥扳手准备攻丝		选用头锥、丝锥扳手错误，扣4分		
		丝锥入孔后，使用角尺检查角度是否垂直		丝锥入孔后，不使用角尺检查角度是否垂直，扣4分		

续表

序号	考核项目名称	质量要求	分值	扣分标准	扣分原因	得分
2.2	加工 M10×1mm 的螺孔	丝锥攻丝过程中，应保持丝锥进半圈退四分之一，要保持经常的退出，当丝扣进入 2 扣后，可在孔周围加适量机油润滑，经常清除孔内金属碎屑，确保丝扣完整光滑	36	头锥攻丝过程中不符合工艺要求或断锥，扣 4 分		
		头锥套完，使用二锥继续攻丝，攻丝过程和头锥类似		使用二锥攻丝，过程中不符合工艺要求或断锥，扣 4 分		
		二锥攻丝完毕，清洁金属碎		二锥攻丝完毕，不清洁金属碎，扣 4 分		
		攻丝结束后，使用手锉对铁板面进行打磨使其没有毛刺		攻丝结束后，不使用手锉对铁板面进行打磨使其没有毛刺，扣 4 分		
		检查丝扣应完整光滑		不检查丝扣完整光滑程度，扣 4 分		
		使用 M10 螺钉拧入丝孔内，整个进丝过程应顺利无卡滞		未用 M10 螺钉拧入丝孔内或进丝过程不顺利、卡滞，扣 4 分		
3	收工					
3.1	结束工作	工作结束，工器具及设备摆放整齐，工完场清，报告工作结束	2	（1）工器具及设备摆放不整齐，扣 1 分。 （2）未清理现场，扣 1 分。 （3）未汇报工作结束，扣 1 分，分数扣完为止		
3.2	填写检修记录（该项不计考核时间，以 3min 为限）	如实正确填写，记录检修、试验情况	3	（1）检修记录未填写，扣 3 分。 （2）填写错误，每处扣 1 分，分数扣完为止		

2.2.3 BJ3JB0301 旗语指挥起重和搬运工作

一、作业

（一）工器具、材料、设备

（1）工器具：红旗、绿旗、哨子。

（2）材料及设备：无。

（二）安全要求

（1）用围网带将工作区域围起来，出口设置在安全的通道处，出入口处设置“从此进出!”标示牌，工作区内放置“在此工作!”标示牌。

（2）办理开工手续。

办理开工、许可手续，进行工作票宣读，交代工作中的危险点。

（三）操作步骤及工艺要求

1. 准备工作

着装规范。

2. 使用旗语指挥起重和搬运信号指示

（1）预备：单手持红绿旗上举。

（2）要主钩：单手持红绿旗，旗头轻触头顶。

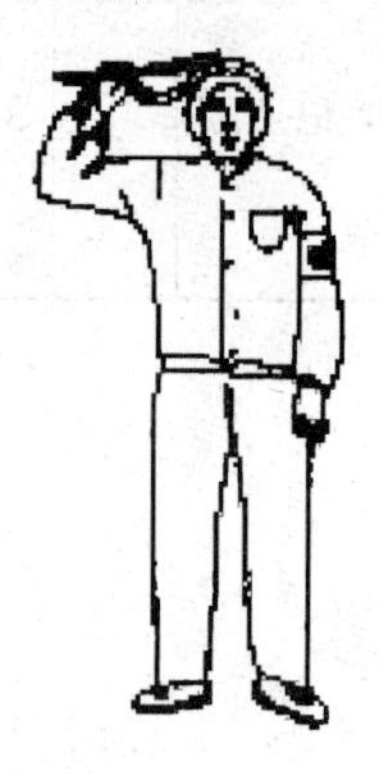

（3）要副钩：一只手握拳，小臂向上不动，另一只手拢红绿旗，旗头轻触前只手的肘关节。

(4) 吊钩上升：绿旗上举，红旗自然放下。

(5) 吊钩下降：绿旗拢起下指，红旗自然放下。

(6) 升臂：红旗上举，绿旗自然放下。

（7）降臂：红旗拢起下降，绿旗自然放下。

（8）转臂：红旗拢起，水平指向应转臂的方向。

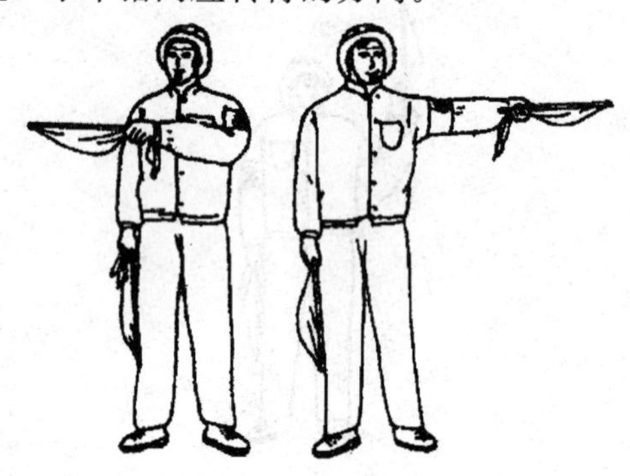

（9）伸臂：两旗分别拢起，横在两侧，旗头外指。

（10）缩臂：两旗分别拢起，横在胸前，旗头对指。

（11）停止：单旗左右摆动，另外一面旗自然放下。

（12）紧急停止：双手分别持旗，同时左右摆动。

二、考核

（一）考核场地

（1）可在室内或室外进行。

（2）提供红绿旗。

（二）考核时间

（1）考核时间为30min。

（2）考生准备时间为3min。

（三）考核要点

（1）要求一人操作。考生着装规范，穿工作服、绝缘鞋，戴安全帽。

（2）现场安全文明生产。工器具、材料、设备摆放整齐，现场作业熟练有序，正确规范。不发生危及人身和设备安全的行为，否则可取消本次考核成绩。

（3）能按照考评员提示要求，能够熟练使用旗语指挥起重和搬运工作。

三、评分标准

行业：电力工程　　　　工种：变电检修工　　　　等级：三

编号	BJ3JB0301	行为领域	d	鉴定范围		变电检修高级工	
考核时限	30min	题型	A	满分	100分	得分	
试题名称	旗语指挥起重和搬运工作						
考核要点及其要求	(1) 要求一人操作。考生着装规范，穿工作服、绝缘鞋，戴安全帽。 (2) 现场安全文明生产。工器具、材料、设备摆放整齐，现场作业熟练有序，正确规范。不发生危及人身和设备安全的行为，否则可取消本次考核成绩。 (3) 能按照考评员提示要求，能够熟练掌握使用旗语指挥起重和搬运工作						
现场设备、工器具、材料	(1) 工器具：红旗、绿旗、哨子。 (2) 材料及设备：无						

评分标准

序号	考核项目名称	质量要求	分值	扣分标准	扣分原因	得分
1	工作前准备及文明生产					
1.1	着装、工器具准备（该项不计考核时间）	考核人员穿工作服、戴安全帽、穿绝缘鞋，工作前清点工器具、设备	2	(1) 未穿工作服、戴安全帽、穿绝缘鞋，每项不合格扣1分。 (2) 未清点工器具、设备，每项不合格扣1分，分数扣完为止		
2	使用旗语指挥起重和搬运工作					
2.1	预备	单手持红绿旗上举	8	(1) 不会做旗语，扣8分。 (2) 手势偏差过大，扣4分		
2.2	要主钩	单手持红绿旗，旗头轻触头顶	8	(1) 不会做旗语，扣8分。 (2) 手势偏差过大，扣4分		
2.3	要副钩	一只手握拳，小臂向上不动，另一只手拢红绿旗，旗头轻触前只手的肘关节	8	(1) 不会做旗语，扣8分。 (2) 手势偏差过大，扣4分		
2.4	吊钩上升	绿旗上举，红旗自然放下	8	(1) 不会做旗语，扣8分。 (2) 手势偏差过大，扣4分		
2.5	吊钩下降	绿旗拢起下指，红旗自然放下	8	(1) 不会做旗语，扣8分。 (2) 手势偏差过大，扣4分		
2.6	升臂	红旗上举，绿旗自然放下	8	(1) 不会做旗语，扣8分。 (2) 手势偏差过大，扣4分		
2.7	降臂	红旗拢起下降，绿旗自然放下	8	(1) 不会做旗语，扣8分。 (2) 手势偏差过大，扣4分		
2.8	转臂	红旗拢起，水平指向应转臂的方向	8	(1) 不会做旗语，扣8分。 (2) 手势偏差过大，扣4分		
2.9	伸臂	两旗分别拢起，横在两侧，旗头外指	8	(1) 不会做旗语，扣8分。 (2) 手势偏差过大，扣4分		
2.10	缩臂	两旗分别拢起，横在胸前，旗头对指	8	(1) 不会做旗语，扣8分 (2) 手势偏差过大，扣4分		

续表

序号	考核项目名称	质量要求	分值	扣分标准	扣分原因	得分
2.11	停止	单旗左右摆动，另外一面旗自然放下	8	（1）不会做旗语，扣8分。 （2）手势偏差过大，扣4分		
2.12	紧急停止	双手分别持旗，同时左右摆动	8	（1）不会做旗语，扣8分 （2）手势偏差过大，扣4分		
3	收工					
3.1	填写记录	如实正确填写检修记录	2	检修记录未填写或填写错误，每处扣1分，分数扣完为止		

2.2.4 BJ3ZY0101 CJ2 操作机构二次回路检查消缺

一、作业

（一）工器具、材料、设备

（1）工器具：常用工具（包含一字、十字螺丝刀、尖嘴钳等），万用表。

（2）材料：无。

（3）设备：配 CJ2 操作机构隔离开关 1 台。

（二）安全要求

1. 防止触电伤害

（1）低压验电时，必须向考评员汇报，在专人监护下进行机构箱低压验电。

（2）检查电动机构箱金属外壳接地良好，电缆线无破损。

2. 防止机械伤害

电动机构传动过程关闭箱门，禁止在机构或隔离开关本体上工作。

3. 现场安全措施

用围网带将工作区域围起来，出口设置在安全的通道处，出入口处设置“从此进出!”标示牌，工作区内放置“在此工作!”标示牌。

4. 办理开工手续

办理开工、许可手续，进行工作票宣读，交代工作中的危险点。

（三）操作步骤及工艺要求

1. 准备工作

（1）着装规范。

（2）工器具、材料清点。

2. CJ2 机构二次回路检查消缺项目及质量要求

（1）验电：用万用表测量电源侧有无电压，防止低压触电。验电时，必须向考评员汇报，在专人监护下进行机构箱低压验电。

（2）根据图纸要求，用万用表逐回路测量各回路参数，确认各回路完好。

（3）当通过表计测量发现参数异常，经分析判断并用万用表确认缺陷点后，向考评员汇报，得到答复可继续消缺。

（4）当确认缺陷点后，需要更换或增加零件才能继续处理时，应向考评员汇报，得到考评员给的零件后，可继续消缺。

（5）没有得到考评员给的零件后，不可强行改变其他零件状态，强行消缺。

（6）考生认为缺陷全部消除，需要传动电动机构时，应向考评员汇报，得到考评员答复后，在考评员的监护下给机构送电。

（7）禁止直接上电分合刀闸，致使刀闸损坏。应先进行手动分合 3 次，确认无异常。

（8）手动分合无异常，机构传电动前，应手动将机构摇至中间位置。

（9）电动时，一只手放在急停按钮上，一只手分合操作。

（10）当发现机构卡涩或其他异常时，按下急停按钮。

（11）如还需要继续消缺，可将机构停电后处理。

（12）如机构运转正常，各部功能准确，应分合过程传动 3 次。

(13) 完成分合过程传动 3 次无异常后，将机构放置分闸位。

(14) 检查机构箱内无异物遗留后，关闭机构箱门。

(15) 向考评员汇报需要停电，在专人监护下停电。

3. 结束工作

(1) 清理工作现场，将工器具、材料、设备归位，现场恢复至开工前状态。

(2) 办理工作终结手续，填写检修报告。

(3) 收工离场。

二、考核

(一) 考核场地

(1) 可在室内或室外进行。

(2) 现场设置 4 个工位，每个工位放置配 CJ2 机构隔离开关 1 组，且各部件完整，机构操作电源已接入。在工位四周设置围栏。

(3) 现场提供检修所需的工器具、仪表、材料及安全防护用具。

(4) 设置评判用的桌椅和计时秒表。

(二) 考核时间

(1) 考核时间为 40min。

(2) 考生准备时间为 5min，包括清点工器具，准备材料设备，检查安全措施。

(3) 考生准备完毕后向考评员汇报准备完毕。

(4) 考生向考评员办理开工手续，许可开工后考评员记录考核开始时间，考生开始工作。

(5) 现场清理完毕后，考生向考评员汇报工作终结，考评员记录考核结束时间。

(三) 考核要点

(1) 单人操作，考评员监护作业。考生着装规范，穿工作服、绝缘鞋，戴安全帽。

(2) 现场安全文明生产。工器具、材料、设备摆放整齐，现场作业熟练、有序、流畅，正确规范。不发生危及人身和设备安全的行为，如发生人身伤害，造成身体出血等情况可取消本次考核成绩。

(3) 熟悉二次原件参数和工艺要求、熟悉二次回路原理，能够准确判断出二次回路缺陷。

三、评分标准

行业：电力工程　　　　工种：变电检修工　　　　等级：三

编号	BJ3ZY0101	行为领域	e	鉴定范围		变电检修高级工	
考核时限	40min	题型	A	满分	100 分	得分	
试题名称	CJ2 操作机构二次回路检查消缺						
考核要点及其要求	(1) 单人操作，考评员监护作业。考生着装规范，穿工作服、绝缘鞋，戴安全帽。 (2) 现场安全文明生产。工器具、材料、设备摆放整齐，现场作业熟练、有序、流畅，正确规范。不发生危及人身和设备安全的行为，如发生人身伤害，造成身体出血等情况可取消本次考核成绩。 (3) 熟悉二次原件参数和工艺要求、熟悉二次回路原理，能够准确判断出二次回路缺陷						

续表

现场设备、工器具、材料	(1) 工器具：常用工具（包含一字、十字螺丝刀、尖嘴钳等），万用表。 (2) 材料：无。 (3) 设备：配 CJ2 操作机构隔离开关 1 台
备注	

评分标准

序号	考核项目名称	质量要求	分值	扣分标准	扣分原因	得分
1	工作前准备及文明生产					
1.1	着装、工器具准备（该项不计考核时间）	考核人员穿工作服、戴安全帽、穿绝缘鞋，工作前清点工器具、设备	3	(1) 未穿工作服、戴安全帽、穿绝缘鞋，每项不合格扣 2 分。 (2) 未清点工器具、设备，每项不合格扣 2 分，分数扣完为止		
1.2	安全文明生产	工器具摆放整齐，保持作业现场安静、清洁	12	(1) 未办理开工手续，扣 2 分。 (2) 工器具摆放不整齐，扣 2 分。 (3) 现场杂乱无章，扣 2 分。 (4) 不能正确使用工器具，扣 2 分。 (5) 工器具及配件掉落，扣 2 分。 (6) 发生不安全行为，扣 2 分，分数扣完为止。 (7) 发生危及人身、设备安全的行为直接取消考核成绩		
2	CJ2 机构检查消缺					
2.1	二次回路消缺	用万用表测量电源侧有无电压，防止低压触电。验电时，必须向考评员汇报，在考评员监护下进行机构箱低压验电，如设备有电需要停电，可在考评员监护下进行	30	(1) 不按要求验电，扣 1 分。 (2) 不按要求停电，扣 1 分。 (3) 失去考评员监护下进行作业，扣 3 分		
		根据图纸要求，用万用表逐回路测量各回路参数，确认各回路完好		(1) 看不懂图纸，扣 2 分。 (2) 不会测回路，扣 2 分		
		当通过表计测量发现参数异常，经分析判断并用万用表确认缺陷点后，向考评员汇报，得到答复可继续消缺		(1) 未确认缺陷点，扣 1 分。 (2) 未向考评员汇报，扣 1 分		

续表

序号	考核项目名称	质量要求	分值	扣分标准	扣分原因	得分
2.1	二次回路消缺	当确认缺陷点后，需要更换或增加零件才能继续处理时，应向考评员汇报，得到考评员给的零件后，可继续消缺	30	未向考评员汇报，扣2分		
		没有得到考评员给的零件，不可强行改变其他零件状态，强行消缺		强行改变其他零件状态，强行消缺，扣2分		
		考生认为缺陷全部消除，需要传动电动机构时，应向考评员汇报，得到考评员答复后，在考评员的监护下给机构送电		未向考评员汇报，扣2分		
		禁止直接上电分合刀闸，致使刀闸损坏。应先进行手动分合3次，确认无异常		未先进行手动分合闸操作，直接进行电分合刀闸，扣4分		
		手动分合无异常，机构进行电动操作前，应手动将机构摇至中间位置		未手动将机构摇至中间位置，扣2分		
		电动操作时，一只手放在急停按钮上，一只手分合操作		双手未按要求放置，扣2分		
		当发现机构卡涩或其他异常时，按下急停按钮		当发现机构卡涩或其他异常时，未按下急停按钮，扣2分		
		如还需要继续消缺，可将机构停电后处理		继续消缺未停电，扣2分		
		如机构运转正常，各部功能准确，应分合过程传动3次		未分合过程传动3次，扣2分		
		完成分合过程传动3次无异常后，将机构停置分闸位；检查机构箱内无异物遗留后，关闭机构箱门		（1）机构未停置分闸位，扣2分。 （2）机构箱内留异物，扣1分。 （3）未关闭箱门，扣，1分		
		向考评员汇报需要停电，在专人监护下停电		未汇报停电，扣2分		

续表

序号	考核项目名称	质量要求	分值	扣分标准	扣分原因	得分
2.2	消除的缺陷（要求缺陷不能在一个回路中）	缺陷1	50	没处理缺陷，扣10分		
		缺陷2		没处理缺陷，扣10分		
		缺陷3		没处理缺陷，扣10分		
		缺陷4		没处理缺陷，扣10分		
		缺陷5		没处理缺陷，扣10分		
3	收工					
3.1	结束工作	工作结束，工器具及设备摆放整齐，工完场清，报告工作结束	2	（1）工器具及设备摆放不整齐，扣1分。 （2）未清理现场，扣1分。 （3）未汇报工作结束，扣1分，分数扣完为止		
3.2	填写记录	如实正确填写检修记录	3	检修记录未填写或填写错误，每处扣1分，分数扣完为止		

2.2.5 BJ3ZY0102 GW7-252型隔离开关主刀系统检修

一、作业

（一）工器具、材料、设备

（1）工器具：常用活动扳手（200mm、250mm、300mm）各3把、活动扳手（375mm、450mm）各1把、固定扳手1套、梅花扳手1套、套筒扳手1套、内六角扳手1套、中号手锤1把、一字和十字螺丝刀2把、扁锉1套、钢丝刷1把、600mm钢直尺1把、3m卷尺、0.05mm塞尺、单相电源盘1个、安全带1条、检修平台1套。

（2）材料：汽油、导电脂、二硫化钼、00号砂纸、抹布、检修垫布1m×1m。

（3）设备：GW7-252型隔离开关1组。

（二）安全要求

1. 防止机械伤害

（1）作业过程中，确保人身与设备安全，高空作业应系安全带。

（2）隔离开关传动过程，禁止在机构或隔离开关本体上工作。

2. 现场安全措施

用围网带将工作区域围起来，出口设置在安全的通道处，出入口处设置“从此进出!”标示牌，工作区内放置“在此工作!”标示牌。

3. 办理开工手续

办理开工、许可手续，进行工作票宣读，交代工作中的危险点。

（三）操作步骤及工艺要求

1. 准备工作

（1）着装规范。

（2）工器具、材料清点和外观检查。

（3）试验仪器做外观检查。

2. 检修前绝缘子、导电部分、转动底座外观检查质量要求

（1）清扫支柱绝缘子表面，绝缘子应无裂纹破损，法兰胶装处无松动、脱落等。

（2）检查隔离开关本体，外观各部件无损伤，各连接部位连接良好部件齐全。

（3）检查立拉杆、水平拉杆、地刀转动轴及传动箱装配操作是否灵活、可靠。

（4）导电部分触头、接线座各部分是否完整，接线座转动是否灵活，方向是否正确。

3. GW7型隔离开关操动机构检修工艺要求

（1）电动操动机构与基础连接可靠，箱体接地良好无腐蚀。

（2）机构箱内二次原件完好功能正确，回路参数符合要求，否则进行处理。

（3）机构输出轴与箱体连接处密封良好，门体密封良好、密封条无老化。

（4）机构输出轴与立拉杆连接摩擦盘固定良好。

（5）立拉杆上部轴承支架与隔离开关底座连接牢固，轴承转动灵活。

（6）分合隔离开关，调整机构立拉杆小拐臂，使之合闸过死点。

（7）机构立拉杆小拐臂限位止钉间隙调整到1～3mm，然后锁紧锁母。

（8）操动机构的电缆，接入机构箱内的端子排固定良好。

4. GW7 型隔离开关传动部分检修

（1）相间拉杆、本相转动支瓶拐臂转动部分转动灵活无卡涩。

（2）转动部分、拉杆接头螺纹处加注二硫化钼。

5. GW7 型隔离开关导电部分检修

（1）隔离开关静触头转动角度正确，触头弹簧弹力完好，发现弹力下降的需要更换。

（2）隔离开关静触头导电部分烧损轻微的用什锦锉、00 号砂纸修复，严重的更换，没有烧损的用百洁布蘸清洁剂去除污垢，并在导电接触面上涂抹电力复合脂。

（3）隔离开关动触头导电杆完好无弯曲变形，转动角度正确。

（4）隔离开关动触头导电部分烧损轻微的用什锦锉、细砂纸修复，严重的更换，没有烧损的用百洁布蘸汽油去除污垢，并在导电接触面上涂抹电力复合脂。

6. GW7 型隔离开关导电部分参数测量调整

（1）手动操作机构缓慢合闸，测量隔离开关合闸同期性。同期不大于 30mm，可改变相间拉杆的长度来实现，调整合格后将拉杆接头备母拧紧。

（2）手动操动机构缓慢合闸，测量动触头插入深度，检查限位到位。

（3）测量动、静触头夹紧度，隔离开关调整合格后，用 0.05mm×10mm 塞尺进行检查动、静触头夹紧度，不合格应更换弹簧或重新检修处理，直至合格为止。

7. GW7 型隔离开关其他部分调整

（1）检查主刀各部件螺栓已紧固。

（2）各转动部位轴销齐全，开口销开口合格，转动部位涂二硫化钼。

（3）确认机构立拉杆小拐臂合闸过死点。

（4）将机构立拉杆小拐臂限位止钉间隙调整到 1～3mm，然后锁紧锁母。

（5）完成分合过程传动 3 次无异常后，将机构放置分闸位。

（6）将隔离开关合闸，分别测量三相导电回路电阻，回路电阻值应符合规定。

二、考核

（一）考核场地

（1）可在室内或室外进行，考核工位现场提供 220V 检修电源。

（2）现场设置 4 个工位，每个工位放置 GW7-252 型隔离开关 1 组，且各部件完整，机构操作电源已接入。在工位四周设置围栏。

（3）现场提供检修所需的工器具、仪表、材料及安全防护用具。

（4）设置评判用的桌椅和计时秒表。

（二）考核时间

（1）考核时间为 60min。

（2）考生准备时间为 5min，包括清点工器具，检查安全措施。

（3）许可开工后记录考核开始时间。

（4）现场清理完毕后，汇报工作终结，记录考核结束时间。

（三）考核要点

（1）要求一人操作，考评员监护。单人操作，考评员监护作业。考生着装规范，穿工作服、绝缘鞋，戴安全帽。

(2) 现场安全文明生产。工器具、材料、设备摆放整齐，现场作业熟练有序，正确规范。不发生危及人身和设备安全的行为，否则可取消本次考核成绩。

(3) 熟悉各部件检修工艺、质量要求、检修项目及技术要求，对于不符合要求的问题，会进行检查、调整和处理。

三、评分标准

行业：电力工程　　　　工种：变电检修工　　　　等级：三

编号	BJ3ZY0102	行为领域	e	鉴定范围		变电检修高级工	
考核时限	60min	题型	A	满分	100分	得分	
试题名称	GW7-252型隔离开关的主刀系统调整						
考核要点及其要求	(1) 要求一人操作，考评员监护。单人操作，考评员监护作业。考生着装规范，穿工作服、绝缘鞋，戴安全帽。 (2) 现场安全文明生产。工器具、材料、设备摆放整齐，现场作业熟练有序，正确规范。不发生危及人身和设备安全的行为，否则可取消本次考核成绩。 (3) 熟悉各部件检修工艺、质量要求、检修项目及技术要求，对于不符合要求的问题，会进行检查、调整和处理						
现场设备、工器具、材料	(1) 工器具：常用活动扳手（200mm、250mm、300mm）各3把、活动扳手（375mm、450mm）各1把、固定扳手1套、梅花扳手1套、套筒扳手1套、内六角扳手1套、中号手锤1把、一字和十字螺丝刀2把、扁锉1套、钢丝刷1把、600mm钢直尺1把、3m卷尺、0.05mm塞尺、单相电源盘1个、安全带1条、检修平台1套。 (2) 材料：汽油、导电脂、二硫化钼、00号砂纸、抹布、检修垫布1m×1m。 (3) 设备：GW7-252型隔离开关1组						
备注							

评分标准

序号	考核项目名称	质量要求	分值	扣分标准	扣分原因	得分
1	工作前准备及文明生产					
1.1	着装、工器具准备（该项不计考核时间）	考核人员穿工作服、戴安全帽、穿绝缘鞋，工作前清点工器具、设备	3	(1) 未穿工作服、戴安全帽、穿绝缘鞋，每项不合格扣2分。 (2) 未清点工器具、设备，每项不合格扣2分，分数扣完为止		
1.2	安全文明生产	工器具摆放整齐，保持作业现场安静、清洁	12	(1) 未办理开工手续，扣2分。 (2) 工器具摆放不整齐，扣2分。 (3) 现场杂乱无章，扣2分。 (4) 不能正确使用工器具，扣2分。 (5) 工器具及配件掉落，扣2分。 (6) 发生不安全行为，扣2分。 (7) 发生危及人身、设备安全的行为直接取消考核成绩		

续表

序号	考核项目名称	质量要求	分值	扣分标准	扣分原因	得分
2	隔离开关整体调整					
2.1	检修前绝缘子、导电部分、转动底座外观检查	清扫支柱绝缘子表面，绝缘子应无裂纹破损，法兰胶装处无松动、脱落等	8	不清扫检查绝缘子，扣2分		
		检查隔离开关本体，外观各部件无损伤，各连接部位连接良好部件齐全		不检查隔离开关本体，扣2分		
		检查立拉杆、水平拉杆、地刀转动轴及传动箱装配操作是否灵活、可靠		不检查立拉杆、水平拉杆、地刀转动轴及传动箱，扣2分		
		导电部分触头、接线座各部分是否完整，接线座转动是否灵活，方向是否正确		不检查触头、接线座，扣2分		
2.2	GW7型隔离开关操动机构检修	电动操动机构与基础连接可靠，箱体接地良好无腐蚀	30	（1）不检查电动操动机构与基础连接，扣2分。 （2）不检查箱体接地，扣2分		
		机构箱内二次原件完好功能正确，回路参数符合要求，否则进行处理		（1）不检查二次回路参数，扣2分。 （2）不检查二次原件完好，扣2分		
		机构输出轴与箱体连接处密封良好，门体密封良好、密封条无老化		（1）不检查输出轴与箱体连接处密封，扣2分。 （2）不检查门体密封，扣2分		
		机构输出轴与立拉杆连接摩擦盘固定良好		不检查机构输出轴与立拉杆连接摩擦盘，扣2分		
		立拉杆上部轴承支架与隔离开关底座连接牢固，轴承转动灵活		不检查立拉杆上部轴承支架与隔离开关底座，扣2分		
		分合隔离开关，调整机构立拉杆小拐臂，使之合闸过死点		（1）不调整机构立拉杆小拐臂，扣3分。 （2）小拐臂合闸未过死点，扣2分		
		机构立拉杆小拐臂限位止钉间隙调整到1～3mm，然后锁紧锁母		（1）限位止钉间隙未调整，扣3分。 （2）未锁紧锁母，扣2分		
		操动机构的电缆，接入机构箱内的端子排固定良好		电缆、端子排未固定，扣4分		

续表

<table>
<tr><th>序号</th><th>考核项目名称</th><th>质量要求</th><th>分值</th><th>扣分标准</th><th>扣分原因</th><th>得分</th></tr>
<tr><td rowspan="2">2.3</td><td rowspan="2">GW7型隔离开关传动部分检修</td><td>相间拉杆、本相转动支瓶拐臂转动部分转动灵活无卡涩</td><td rowspan="2">4</td><td>转动部分卡涩，扣2分</td><td></td><td rowspan="2"></td></tr>
<tr><td>转动部分、拉杆接头螺纹处加注二硫化钼</td><td>未加注二硫化钼，扣2分</td><td></td></tr>
<tr><td rowspan="3">2.4</td><td rowspan="3">GW7型隔离开关导电部分检修</td><td>隔离开关静触头转动角度正确，触头弹簧弹力完好，发现弹力下降的需要更换</td><td rowspan="3">12</td><td>（1）静触头转动角度不正确，扣2分。
（2）触头弹簧弹力下降未更换，扣2分</td><td></td><td rowspan="3"></td></tr>
<tr><td>隔离开关静触头导电部分烧损轻微的用什锦锉、00号细砂纸修复，严重的更换，没有烧损的用百洁布蘸清洁剂去除污垢，并在导电接触面上涂抹电力复合脂</td><td>（1）触头导电部分未更换或未清洁，扣2分。
（2）未涂抹电力复合脂，扣2分</td><td></td></tr>
<tr><td>隔离开关动触头导电杆完好无弯曲变形，转动角度正确</td><td>（1）动触头导电杆弯曲变形，扣2分。
（2）转动角度不正确，扣2分</td><td></td></tr>
<tr><td rowspan="3">2.5</td><td rowspan="3">GW7型隔离开关导电部分参数测量调整</td><td>手动操作机构缓慢合闸，测量隔离开关合闸同期性。同期不大于30mm，可改变相间拉杆的长度来实现，调整合格后将拉杆接头备母拧紧</td><td rowspan="3">10</td><td>（1）合闸同期性大于30mm，扣2分。
（2）调整合格后拉杆接头备母未拧紧，扣2分</td><td></td><td rowspan="3"></td></tr>
<tr><td>手动操动机构缓慢合闸，测量动触头插入深度，检查限位到位</td><td>（1）未测量动触头插入深度，扣1分。
（2）限位不到位，扣1分</td><td></td></tr>
<tr><td>测量动、静触头夹紧度，隔离开关调整合格后，用0.05mm×10mm塞尺进行检查动、静触头夹紧度，不合格应更换弹簧或重新检修处理，直至合格为止</td><td>（1）未测量动、静触头夹紧度，扣2分。
（2）动、静触头夹紧度不合格，扣2分</td><td></td></tr>
<tr><td rowspan="2">2.6</td><td rowspan="2">GW7型隔离开关其他部分调整</td><td>检查主刀各部件螺栓已紧固</td><td rowspan="2">16</td><td>螺栓未紧固，扣2分</td><td></td><td rowspan="2"></td></tr>
<tr><td>各转动部位轴销齐全，开口销开口合格，转动部位涂二硫化钼</td><td>（1）轴销不齐全，开口销未开口，扣1分。
（2）未加注二硫化钼，扣1分</td><td></td></tr>
</table>

续表

序号	考核项目名称	质量要求	分值	扣分标准	扣分原因	得分
2.6	GW7型隔离开关其他部分调整	检查确认机构立拉杆小拐臂合闸过死点	16	立拉杆小拐臂合闸未过死点，扣2分		
		将机构立拉杆小拐臂限位止钉间隙调整到1～3mm，然后锁紧锁母		(1) 限位止钉间隙未调整，扣1分。 (2) 未锁紧锁母，扣1分		
		完成分合过程传动3次无异常后，将机构放置分闸位		(1) 分合过程传动3次无异常，扣2分。 (2) 机构未放置分闸位，扣2分		
		将隔离开关合闸，分别测量三相导电回路电阻，回路电阻值应符合规定		(1) 未测量回路电阻值，扣2分。 (2) 回路电阻值不符合规定，扣2分		
3	收工					
3.1	结束工作	工作结束，工器具及设备摆放整齐，工完场清，报告工作结束	2	(1) 工器具及设备摆放不整齐，扣1分。 (2) 未清理现场，扣1分。 (3) 未汇报工作结束，扣1分，分数扣完为止		
3.2	填写记录	如实正确填写检修记录	3	(1) 检修记录未填写，扣3分。 (2) 填写错误，每处扣1分，分数扣完为止		

2.2.6 BJ3ZY0201 GW4-126 型隔离开关三相联调

一、作业

（一）工器具、材料、设备

（1）工器具：常用活动扳手（200mm、250mm、300mm）各 3 把、活动扳手（375mm、450mm）各 1 把、固定扳手 1 套、梅花扳手 1 套、套筒扳手 1 套、内六角扳手 1 套、中号手锤 1 把、一字和十字螺丝刀 2 把、扁锉 1 套、钢丝刷 1 把、600mm 钢直尺 1 把、3m 卷尺、单相电源盘 1 个、100A 回路电阻测试仪及配套测试专用线 1 套、安全带 1 条、检修平台 1 套。

（2）材料：酒精、二硫化钼、00 号砂纸、抹布、检修垫布 1m×1m。

（3）设备：GW4-126 型隔离开关 1 组。

（二）安全要求

1. 防止机械伤害

（1）作业过程中，确保人身与设备安全，高空作业应系安全带。

（2）隔离开关传动过程，禁止在机构或隔离开关本体上工作。

2. 现场安全措施

用围网带将工作区域围起来，出口设置在安全的通道处，出入口处设置“从此进出!”标示牌，工作区内放置“在此工作!”标示牌。

3. 办理开工手续

办理开工、许可手续，进行工作票宣读，交代工作中的危险点。

（三）操作步骤及工艺要求

1. 准备工作

（1）着装。

（2）工器具、材料清点和外观检查。

（3）试验仪器做外观检查。

2. GW4 型隔离开关三相联调项目及质量要求

1）主刀调整

（1）检查隔离开关本体，外观各部件无损伤，各连接部位连接良好，部件齐全。

（2）检查竖拉杆、水平拉杆及传动箱装配操作是否灵活、可靠。

（3）拉合隔离开关，隔离开关关合是否正常，如不能正常关合简单处理。

（4）将各相支瓶分合闸限位止钉间隙调大，使之不影响分合闸。

（5）将机构立拉杆小拐臂限位止钉间隙调大，使之不影响分合闸。

（6）分合隔离开关，调整机构立拉杆小拐臂，使之合闸过死点。

（7）合闸终止，检查三相隔离开关支瓶是否在同一水平线上，如不合格调整支瓶。

（8）检查导电管与接线座接触长度不应小于 70mm。

（9）检查左右导电管一条直线，否则调整极间拉杆。

（10）检查左右触头合闸后，接触直线在触指刻度线上（可向内插入 0～10mm）。

（11）检查左右触头刚合点（内侧），在 R 倒角的距离触指边线大于 10mm。

（12）检查各相和分闸打开角度，分闸时测量左右导电臂之间距离，测量两次，第一次测量导电臂根部，第二次靠近触头、触指的端部，两次测量之差值小于±10mm，否则调整机构立拉杆拐臂半径。

(13) 检查各相主动支瓶导电臂水平，否则调整相间拉杆。

(14) 检查左右触头刚合前间隙，确保触头触指接触线平行，保证各对触指压缩量一致。

(15) 检查三相不同时，接触误差即同期不大于10mm，否则调整极间拉杆。

(16) 检查动、静触头接触后应上、下对称，允许偏差不大于5mm，否则调整左右导电臂水平。

(17) 检查左右触头间应接触紧密，用0.05mm塞尺检查接触线处，对于线接触塞尺塞不进去为合格。

(18) 检查主刀各部件螺栓已紧固。

(19) 各转动部位轴销齐全，开口销开口合格，转动部位涂二硫化钼。

(20) 将各相支瓶分合闸限位顶丝间隙调整到1～3mm，然后锁紧锁母。

(21) 确认机构立拉杆小拐臂合闸已过死点。

(22) 将机构立拉杆小拐臂限位止钉间隙调整到1～3mm，然后锁紧锁母。

(23) 完成分合过程传动3次无异常后，将机构放置分闸位。

2) 地刀调整

(1) 将地刀机构立拉杆小拐臂限位止钉间隙调大，使之不影响分合闸。

(2) 将地刀机构放在合闸位置，调整地刀机构立拉杆拐臂，使拐臂合闸过死点。

(3) 检查三相地刀动静触头之间，静触头角度位置不合格，可松开静触头与主刀导电臂固定螺栓，调整动触头角度、动触头位置不合格时，松开动触头导电杆与地刀横轴抱箍，调整触头对中和角度。

(4) 动静触头调整后，紧固各部位螺栓。

(5) 调整地刀分合闸后，触头间隙小于5mm。

(6) 调整地刀触头合入后，动触头露出静触头大于10mm。

(7) 调整主刀地刀连锁板间隙小于5mm。

(8) 调整后地刀在分闸位，动导电杆高度应低于主刀瓷瓶下法兰。

(9) 完成分合过程传动3次无异常后，将机构放置分闸位。

3) 主刀、地刀机械闭锁调整

(1) 将地刀机构立拉杆小拐臂限位止钉间隙调整到1～3mm，然后锁紧锁母。

(2) 将主刀放在合闸位置，然后操作地刀，地刀不能合闸，且动导电杆高度应低于瓷瓶第一瓷裙。

(3) 将主刀放在分闸位置，地刀放在合闸位置，然后合主刀，此时应不能合闸。

(4) 将隔离开关合闸，分别测量三相导电回路电阻，回路电阻值应符合规定。

二、考核

(一) 考核场地

(1) 可在室内或室外进行，考核工位现场提供220V检修电源。

(2) 现场设置4个工位，每个工位放置GW4-126型隔离开关1组，且各部件完整，机构操作电源已接入。在工位四周设置围栏。

(3) 现场提供检修所需的工器具、仪表、材料及安全防护用具。

(4) 设置评判用的桌椅和计时秒表。

(二) 考核时间

(1) 考核时间为50min。

(2) 考生准备时间5min,包括清点工器具,检查安全措施。

(3) 许可开工后记录考核开始时间。

(4) 现场清理完毕后,汇报工作终结,记录考核结束时间。

(三) 考核要点

(1) 要求一人操作,考评员监护。单人操作,考评员监护作业。考生着装规范,穿工作服、绝缘鞋,戴安全帽。

(2) 现场安全文明生产。工器具、材料、设备摆放整齐,现场作业熟练有序,正确规范。不发生危及人身和设备安全的行为,否则可取消本次考核成绩。

(3) 熟悉各部件检修工艺、质量要求、检修项目及技术要求,对于不合格的问题,会进行检查、调整和处理。

三、评分标准

行业:电力工程　　　　工种:变电检修工　　　　等级:三

编号	BJ3ZY0201	行为领域	e	鉴定范围		变电检修高级工	
考核时限	50min	题型	C	满分	100分	得分	
试题名称	GW4-126型隔离开关三相联调						
考核要点及其要求	(1) 要求一人操作,考评员监护。单人操作,考评员监护作业。考生着装规范,穿工作服、绝缘鞋,戴安全帽。 (2) 现场安全文明生产。工器具、材料、设备摆放整齐,现场作业熟练有序,正确规范。不发生危及人身和设备安全的行为,否则可取消本次考核成绩。 (3) 熟悉各部件检修工艺、质量要求、检修项目及技术要求,对于不合格的问题,会进行检查、调整和处理						
现场设备、工器具、材料	(1) 工器具:常用活动扳手(200mm、250mm、300mm)各3把、活动扳手(375mm、450mm)各1把、固定扳手1套、梅花扳手1套、套筒扳手1套、内六角扳手1套、中号手锤1把、一字和十字螺丝刀2把、扁锉1套、钢丝刷1把、600mm钢直尺1把、3m卷尺、单相电源盘1个、100A回路电阻测试仪及配套测试专用线1套、安全带1条、检修平台1套。 (2) 材料:酒精、二硫化钼、00号砂纸、抹布、检修垫布1m×1m。 (3) 设备:GW4-126型隔离开关1组						
备注	无						

评分标准

序号	考核项目名称	质量要求	分值	扣分标准	扣分原因	得分
1	工作前准备及文明生产					

续表

序号	考核项目名称	质量要求	分值	扣分标准	扣分原因	得分
1.1	着装、工器具准备（该项不计考核时间）	考核人员穿工作服、戴安全帽、穿绝缘鞋，工作前清点工器具、设备	3	（1）未穿工作服、戴安全帽、穿绝缘鞋，每项不合格扣2分。 （2）未清点工器具、设备，每项不合格扣2分，分数扣完为止		
1.2	安全文明生产	工器具摆放整齐，保持作业现场安静、清洁	12	（1）未办理开工手续，扣2分。 （2）工器具摆放不整齐，扣2分。 （3）现场杂乱无章，扣2分。 （4）不能正确使用工器具，扣2分。 （5）工器具及配件掉落，扣2分。 （6）发生不安全行为，扣2分。 （7）发生危及人身、设备安全的行为直接取消考核成绩		
2	GW4-126型隔离开关三相联调					
2.1	主刀调整	检查隔离开关本体，外观各部件无损伤，各连接部位连接良好，部件齐全	46	不检查隔离开关本体，扣1分		
		检查立拉杆、水平拉杆及传动箱装配操作是否灵活、可靠		不检查立拉杆、水平拉杆、地刀转动轴及传动箱，扣1分		

续表

序号	考核项目名称	质量要求	分值	扣分标准	扣分原因	得分
2.1	主刀调整	拉合隔离开关，隔离开关关合是否正常，如不能正常关合简单处理	46	未调检查隔离开关关合是否正常，扣2分		
		将各相支瓶分合闸限位止钉间隙调大，使之不影响分合闸		未调整限位止钉，扣2分		
		将机构立拉杆小拐臂限位止钉间隙调大，使之不影响分合闸		未调整限位止钉，扣2分		
		分合隔离开关，调整机构立拉杆小拐臂，使之合闸过死点		机构立拉杆小拐臂合闸未过死点，扣2分		
		合闸终止，检查三相隔离开关支瓶是否在同一水平线上，如不合格调整支瓶		三相隔离开关支瓶不在同一水平线上，扣2分		
		检查导电管与接线座接触长度不应小于70mm		导电管与接线座接触长度小于70mm，扣1分		
		检查左右导电管一条直线，否则调整极间拉杆		（1）1相左右导电管不在一条直线，扣1分。 （2）2相以上不在一条直线，扣2分		
		检查左右触头合闸后，接触直线在触指刻度线上（可向内插入0～10mm）		（1）1相接触直线在触指刻度线外，扣1分。 （2）2相以上接触直线在触指刻度线外，扣2分		

续表

序号	考核项目名称	质量要求	分值	扣分标准	扣分原因	得分
2.1	主刀调整	检查左右触头刚合点（内侧），在R倒角的距离触指边线大于10mm	46	（1）1相触头刚合点在R倒角的距离触指边线小于10mm，扣1分。 （2）2相以上触头刚合点在R倒角的距离触指边线小于10mm，扣2分		
		检查各相和分闸打开角度，分闸时测量左右导电臂之间距离，测量两次，第一次测量导电臂根部，第二次靠近触头、触指的端部，两次测量之差值小于±10mm，否则调整机构立拉杆拐臂半径		（1）1相差值大于10mm，扣1分。 （2）2相以上差值大于10mm，扣2分		
		检查各相主动支瓶导电臂水平，否则调整相间拉杆		（1）1相导电臂不水平，扣1分。 （2）2相以上导电臂不水平，扣2分		
		检查左右触头刚合前间隙，确保触头触指接触线平行，保证各对触指压缩量一致		（1）1相触指压缩量不一致，扣1分。 （2）2相以上触指压缩量不一致，扣2分		
		检查三相不同时接触误差即同期不大于10mm，否则调整极间拉杆		（1）1相同期大于10mm，扣1分。 （2）2相同期大于10mm，扣3分		

续表

序号	考核项目名称	质量要求	分值	扣分标准	扣分原因	得分
2.1	主刀调整	检查动、静触头接触后应上、下对称，允许偏差不大于5mm，否则调整左右导电臂水平	46	（1）1相动静触头接触后上下偏差大于5mm，扣1分。 （2）2相以上动静触头接触后上下偏差大于5mm，扣2分		
		检查左右触头间应接触紧密，用0.05mm塞查检查接触线处，对于线接触塞尺塞不进去为合格		（1）1相塞尺塞进去，扣1分。 （2）2相塞尺塞进去，扣2分		
		极间连杆、水平连杆的螺杆拧入的深度不应小于20mm		拧入深度小于20mm，扣2分		
		检查主刀各部件螺栓已紧固		（1）2点及以下螺栓未紧固，扣1分。 （2）2点以上螺栓未紧固，扣2分		
		各转动部位轴销齐全，开口销开口合格，转动部位涂二硫化钼		（1）2点及以下轴销不齐全或开口销未开口或转动部位未涂二硫化钼，扣1分。 （2）2点以上不合格扣2分		
		将各相支瓶分合闸限位顶丝间隙调整到1～3mm，然后锁紧锁母		（1）3点及以下限位顶丝间隙未调整或未锁紧锁母，扣1分。 （2）3点以上不合格，扣2分		

续表

序号	考核项目名称	质量要求	分值	扣分标准	扣分原因	得分
2.1	主刀调整	确认机构立拉杆小拐臂合闸已过死点	46	立拉杆小拐臂合闸未过死点，扣2分		
		将机构立拉杆小拐臂限位止钉间隙调整到1～3mm，然后锁紧锁母		限位顶丝间隙未调整或未锁紧锁母，扣2分		
		完成分合过程传动3次无异常后，将机构放置分闸位		（1）未完成3次分合过程，扣1分。 （2）未放置分闸位，扣1分		
2.2	地刀调整	检查各部件无损伤，各连接部位连接良好部件齐全	24	未检查部件，扣1分		
		将地刀机构立拉杆小拐臂限位止钉间隙调大，使之不影响分合闸		未调整限位止钉间隙，扣1分		
		将地刀机构放在合闸位置，调整地刀机构立拉杆拐臂，使拐臂合闸过死点		拐臂合闸未过死点，扣2分		
		检查三相地刀动静触头之间，静触头角度位置不合格，可松开静触头与主刀导电臂固定螺栓，调整静触头角度，动触头位置不合格时，松开动触头导电杆与地刀横轴抱箍，调整触头对中和角度		（1）1相静触头角度位置不合格，扣1分。 （2）2相以上静触头角度位置不合格，扣3分		
		动静触头调整后，紧固各部位螺栓		螺栓未紧固，扣1分		
		调整地刀分合闸后，触头间隙小于5mm		（1）1相触头间隙大于5mm，扣1分。 （2）2相以上触头间隙大于5mm，扣3分		

续表

序号	考核项目名称	质量要求	分值	扣分标准	扣分原因	得分
2.2	地刀调整	调整地刀触头合入后，动触头露出静触头大于10mm	24	（1）1相动触头露出静触头小于10mm，扣1分。 （2）2相以上动触头露出静触头小于10mm，扣3分		
		调整主刀地刀连锁板间隙小于5mm		间隙大于5mm，扣3分		
		调整后地刀在分闸位，动导电杆高度应低于主刀瓷瓶下法兰		（1）1相动导电杆高度高于主刀瓷瓶下法兰，扣1分。 （2）2相以上动导电杆高度高于主刀瓷瓶下法兰，扣3分		
		完成分合过程传动3次无异常后，将机构放置分闸位		（1）未完成3次分合过程，扣2分。 （2）未放置分闸位，扣1分		
		将地刀机构立拉杆小拐臂限位止钉间隙调整到1～3mm，然后锁紧锁母		限位顶丝间隙未调整或未锁紧锁母，扣2分		
2.3	主刀、地刀机械闭锁调整	将主刀放在合闸位置，然后操作地刀，地刀不能合闸，且动导电杆高度应低于瓷瓶第一瓷裙	6	（1）1相地刀能合闸或动导电杆高度高于瓷瓶第一瓷裙，扣1分。 （2）2相以上地刀能合闸或动导电杆高度高于瓷瓶第一瓷裙，扣3分		

续表

序号	考核项目名称	质量要求	分值	扣分标准	扣分原因	得分
2.3	主刀、地刀机械闭锁调整	将主刀放在分闸位置，地刀放在合闸位置，然后合主刀，此时应不能合闸	6	（1）1相能合闸，扣1分。 （2）2相以上能合闸，扣3分		
2.4	三相导电回路电阻测量	将隔离开关合闸，分别测量三相导电回路电阻，回路电阻值应符合规定	4	（1）不测量回路电阻值，扣4分。 （2）回路电阻值不符合规定，扣2分		
3	收工					
3.1	结束工作	工作结束，工器具及设备摆放整齐，工完场清，报告工作结束	2	（1）工器具及设备摆放不整齐，扣1分。 （2）未清理现场，扣1分。 （3）未汇报工作结束，扣1分，分数扣完为止		
3.2	填写记录	如实正确填写检修记录	3	（1）检修记录未填写，扣3分。 （2）填写错误，每处扣1分，分数扣完为止		

2.2.7 BJ3ZY0202 KYN28-12 型开关柜检修

一、作业

（一）工器具、材料、设备

（1）工器具：250mm 活动扳手 1 把、固定扳手 1 套、梅花扳手 1 套、套筒扳手 1 套、内六角扳手 1 套、手锤 1 把、一字螺丝刀 1 把、十字螺丝刀 1 把、尖嘴钳 1 把、虎口钳 1 把、偏口钳 1 把、150mm 直尺 1 把、0.05mm 塞尺 1 把、开关机械特性测试仪 1 台、220V 电源箱 1 个、万用表 1 块。

（2）材料：机油、中性凡士林、00 号砂纸、棉丝、毛刷。

（3）设备：KYN28-12 型手车开关柜 1 面、配套专用操作工具 1 套。

（二）安全要求

1. 防止触电伤害

拆接低压电源时，有专人监护。

2. 防止机械伤害

工作中注意释放储能部件能量。

3. 现场安全措施

用围网带将工作区域围起来，出口设置在安全的通道处，出入口处设置“从此进出！”标示牌，工作区内放置“在此工作！”标示牌。

4. 办理开工手续

办理开工、许可手续，进行工作票宣读，交代工作中的危险点。

（三）操作步骤及工艺要求

1. 开关柜检修前的检查

（1）检查操作电源、电机电源、闭锁电源、加热、照明电源均在断开位置。

（2）带电显示装置指示无电，开关位置指示灯正确，储能位置指示灯正确。

（3）检查断路器在分闸位置，将手车开关拉出至试验位置，手动操作将断路器弹簧能量释放。

（4）检查接地开关在合闸位置。

2. 断路器及操作机构检查

（1）检查手车开关进出，滚轮转动灵活无卡涩。

（2）检查手车导轨的平直、无变形现象。

（3）检查断路器弹簧操动机构手动储能是否正常。

（4）检查断路器手动分合闸是否正常，有无卡涩。

（5）将手车开关拉至检修位置。

（6）检查手车开关底盘与柜体间接地良好。

（7）检查开关柜内活门挡板活动灵活无卡涩。

（8）检查断路器静触头是否完好，螺栓是否紧固。

（9）检查断路器动触头是否完好，弹簧弹性是否良好，涂抹中性凡士林。

（10）检查动静触头插入深度是否符合厂家要求。

（11）检查断路器绝缘筒及散热片是否完好。

(12) 打开断路器机构盖板，检查机构内机械部件正常、二次回路接线紧固，销子完整；对各部位螺钉进行紧固，清扫机构，各转动轴加机油。

(13) 手动分合闸 3 次正常，并将断路器置于分闸位置。

3. 开关柜本体检查

(1) 柜内清扫。

(2) 检查一次电气连接紧固。

(3) 检查活门挡板传动连杆活动灵活。

(4) 检查柜体内紧固螺钉紧固无松动。

(5) 检查柜体内销子齐全无脱落、损坏。

(6) 将断路器手车推入至试验位置。

4. "五防"闭锁装置检查

1) 断路器在工作位置

(1) 断路器在合位不能够拉出。

(2) 航空插头不能拔出。

(3) 接地开关操作挡板不能压下。

(4) 电缆室门不能打开。

2) 断路器由工作位置移至试验位置过程中

(1) 断路器小车在出车过程中不能合闸。

(2) 断路器移至试验位置，能可靠锁定。

3) 断路器在试验位置

(1) 航空插头可以拔插。

(2) 接地开关操作挡板可以压下，接地开关可以操作。

(3) 接地开关合上以后，电缆室门可以打开。

(4) 接地开关合上以后，断路器在合位时，断路器小车不能推进工作位置。

(5) 断路器室内活门下落，挡住静触头。

5. 电气试验

(1) 使用万用表测量合闸、分闸（试验过程中）控制回路电阻，测量储能回路是否导通。

(2) 进行分、合闸机械特性试验和低电压试验。

6. 结束工作

(1) 将开关柜恢复至开工前状态。

(2) 办理工作终结手续，填写检修记录和检修试验报告。

(3) 收工离场。

二、考核

(一) 考核场地

(1) 可在室内或室外进行，考核工位现场提供 220V 检修电源。

(2) 现场配置完整功能开关柜，并接入电源进行考核。

（二）考核时间

（1）考核时间为 50min。

（2）考生准备时间为 5min，包括清点工器具，检查安全措施。

（3）许可开工后记录考核开始时间。

（4）现场清理完毕后，汇报工作终结，记录考核结束时间。

（三）考核要点

（1）单人操作，考评员监护作业。考生着装规范，穿工作服、绝缘鞋，戴安全帽。

（2）现场安全文明生产。工器具、材料、设备摆放整齐，现场作业熟练有序，正确规范。不发生危及人身和设备安全的行为，否则可取消本次考核成绩。

（3）熟悉检修流程和检修工艺质量要求。

（4）熟悉弹簧机构的检修项目及技术要求，会进行检查、调整和处理。

三、评分标准

行业：电力工程　　　　工种：变电检修工　　　　等级：三

编号	BJ3ZY0202	行为领域	e	鉴定范围		变电检修高级工	
考核时限	50min	题型	C	满分	100 分	得分	
试题名称	KYN28-12 型开关柜检修						
考核要点及其要求	（1）单人操作，考评员监护作业。考生着装规范，穿工作服、绝缘鞋，戴安全帽。 （2）现场安全文明生产。工器具、材料、设备摆放整齐，现场作业熟练有序，正确规范。不发生危及人身和设备安全的行为，否则可取消本次考核成绩。 （3）熟悉检修流程和检修工艺质量要求。 （4）熟悉弹簧机构的检修项目及技术要求，会进行检查、调整和处理						
现场设备、工器具、材料	（1）工器具：250mm 活动扳手 1 把、固定扳手 1 套、梅花扳手 1 套、套筒扳手 1 套、内六角扳手 1 套、手锤 1 把、一字螺丝刀 1 把、十字螺丝刀 1 把、尖嘴钳 1 把、虎口钳 1 把、偏口钳 1 把、150mm 直尺 1 把、0.05mm 塞尺 1 把、开关机械特性测试仪 1 台、220V 电源箱 1 个、万用表 1 块。 （2）材料：机油、中性凡士林、00 号砂纸、棉丝、毛刷。 （3）设备：KYN28-12 型手车开关柜 1 面、配套专用操作工具 1 套						
备注	考生自备工作服、绝缘鞋						

评分标准

序号	考核项目名称	质量要求	分值	扣分标准	扣分原因	得分
1	工作前准备及文明生产					
1.1	着装、工器具准备（该项不计考核时间）	考核人员穿工作服、戴安全帽、穿绝缘鞋，工作前清点工器具、设备	3	（1）未穿工作服、戴安全帽、穿绝缘鞋，每项不合格，扣 2 分。 （2）未清点工器具、设备，每项不合格扣 2 分，分数扣完为止		

续表

序号	考核项目名称	质量要求	分值	扣分标准	扣分原因	得分
1.2	安全文明生产	工器具摆放整齐，保持作业现场安静、清洁	12	（1）未办理开工手续，扣2分。 （2）工器具摆放不整齐，扣2分。 （3）现场杂乱无章，扣2分。 （4）不能正确使用工器具，扣2分。 （5）工器具及配件掉落，扣2分。 （6）发生不安全行为，扣2分。 （7）发生危及人身、设备安全的行为直接取消考核成绩		
2	KYN28-12型开关柜检修					
2.1	开关柜检修前检查	检查操作电源、电机电源、闭锁电源、加热、照明电源均在断开位置	14	电源未在断开位置，扣2分		
		检查手车开关拉出至试验位置，断路器在分闸位置，断路器储能情况。手动操作将断路器弹簧能量释放并置于分闸位置		（1）未检查手车开关未拉出至试验位置，扣1分。 （2）未检查断路器未在分闸位置，扣1分。 （3）未检查断路器储能情况，扣1分。 （4）未将断路器弹簧能量释放并置于分闸位置，扣1分，共计2分，扣完为止		

续表

序号	考核项目名称	质量要求	分值	扣分标准	扣分原因	得分
2.1	开关柜检修前检查	检查一次电流表指示为0，带电显示装置指示无电，开关位置指示灯正确，储能位置指示灯正确	14	（1）未检查一次电流表，扣1分。 （2）未检查带电显示装置，扣1分。 （3）未检查断路器位置指示灯，扣1分 （4）未检查储能位置指示灯，扣1分，共计2分，扣完为止		
		检查接地开关在合闸位置		接地开关未合闸，扣2分		
		检查控制把手各操作电源空气开关在断开位置		电源空气开关未在断开位置，扣2分		
		检查现场应悬挂（放置）的标示牌，应装设的围栏		未悬挂（放置）标示牌，未装设的围栏，扣2分		
		交代工作中的危险点		未交待危险点，扣2分		
2.2	断路器及操作机构检修	检查断路器手车进出，滚轮转动灵活无卡涩	19	未检查滚轮，扣1分		
		检查断路器手车导轨平直、无变形现象		未检查导轨，扣1分		
		断路器弹簧操动机构手动储能是否正常		未进行手动储能，扣2分		
		断路器手动分合闸是否正常，有无卡涩		未进行手动分合闸，扣2分		
		将断路器手车拉至检修位置，可靠锁定		未检查锁定的牢固性，扣1分		
		断路器手车底盘与柜体间接地良好		未检查底盘与柜体间的接地，扣2分		
		开关柜内活门挡板活动灵活无卡涩		未检查活门挡板灵活度，扣1分		
		断路器静触头是否完好，螺栓是否紧固		未检查静触头完好性和螺栓的紧固，扣1分		

续表

序号	考核项目名称	质量要求	分值	扣分标准	扣分原因	得分
2.2	断路器及操作机构检修	断路器动触头是否完好，涂抹中性凡士林	19	未检查动触头完好性，未涂抹中性凡士林，扣1分		
		断路器绝缘筒及散热片是否完好		未检查绝缘筒及散热片破损，扣1分		
		打开断路器机构盖板，检查机构内机械回路正常、二次回路接线紧固，销子完整；对各部位螺钉进行紧固；清扫机构，各转动轴加机油		（1）未检查机械回路，扣1分。 （2）未检查二次回路接线紧固情况，扣1分。 （3）销子缺损，扣1分。 （4）螺钉未紧固，扣1分。 （5）未清扫机构，扣1分。 （6）未对转动轴加机油，扣1分		
2.3	开关柜本体检修	柜内清扫	10	未清扫，扣2分		
		一次电气连接		不紧固，扣2分		
		活门挡板传动连杆活动灵活		活动不灵活，扣2分		
		柜体内紧固螺钉紧固无松动		螺钉松动，扣2分		
		柜体内销子齐全无脱落、损坏		销子脱落、损坏，扣2分		
2.4	“五防”闭锁装置检查	断路器在工作位置： （1）断路器在合位不能够拉出。 （2）航空插头不能拔出。 （3）接地开关操作挡板不能压下。 （4）电缆室门不能打开	22	每漏一项，扣2分		
		断路器由工作位置移至试验位置过程中： （1）断路器小车在出车过程中不能合闸 （2）断路器移至试验位置，能可靠锁定		每漏一项，扣2分		

续表

序号	考核项目名称	质量要求	分值	扣分标准	扣分原因	得分
2.4	“五防”闭锁装置检查	断路器在试验位置： （1）航空插头可以拔插。 （2）接地开关操作挡板可以压下，接地开关可以操作。 （3）接地开关合上以后，电缆室门可以打开。 （4）接地开关合上以后，断路器在合位时，断路器小车不能推进工作位置。 （5）断路器室内活门下落，挡住静触头	22	每漏一项，扣2分		
2.5	电气试验	使用万用表测量合闸、分闸（试验过程中）回路电阻，测量储能回路是否导通	15	未使用正确方法测量或测量数据明显不正确，扣5分		
		使用断路器机械特性试验仪进行分、合闸特性试验和低电压试验		未进行试验，扣10分		
3	收工					
3.1	结束工作	工作结束，工器具及设备摆放整齐，工完场清，报告工作结束	2	（1）工器具及设备摆放不整齐，扣1分。 （2）未清理现场，扣1分。 （3）未汇报工作结束，扣1分，分数扣完为止		
3.2	填写记录	如实正确填写检修记录	3	（1）检修记录未填写，扣3分。 （2）填写错误，每处扣1分，分数扣完为止		

2.2.8 BJ3ZY0203 XGN-12 型开关柜检修

一、作业

（一）工器具、材料、设备

（1）工器具：250mm 活动扳手 1 把、固定扳手 1 套、梅花扳手 1 套、套筒扳手 1 套、内六角扳手 1 套、手锤 1 把、一字螺丝刀 1 把、十字螺丝刀 1 把、尖嘴钳 1 把、虎口钳 1 把、偏口钳 1 把、150mm 直尺 1 把、0.05mm 塞尺 1 把、开关机械特性测试仪 1 台、220V 电源箱 1 个、万用表 1 块。

（2）材料：机油、中性凡士林、00 号砂纸、棉丝、毛刷。

（3）设备：XGN-12 型固定式关柜 1 面、配套专用操作工具 1 套。

（二）安全要求

1. 防止触电伤害

（1）线路隔离开关必须断开，并应在操作手柄处设置强制连锁装置，挂“禁止合闸，有人工作！”标示牌。

（2）拆接低压电源时，有专人监护。

2. 防止机械伤害

工作中注意释放储能部件能量。

3. 现场安全措施

用围网带将工作区域围起来，出口设置在安全的通道处，出入口处设置“从此进出！”标示牌，工作区内放置“在此工作！”标示牌。

4. 办理开工手续

办理开工、许可手续，进行工作票宣读，交代工作中的危险点。

（三）操作步骤及工艺要求

1. 开关柜检修前的检查

（1）检查操作电源、电机电源、闭锁电源、加热、照明电源均在断开位置。

（2）检查断路器在分闸位置，两侧隔离开关拉开，接地刀闸合闸，操作手柄可靠闭锁。

（3）检查断路器储能情况。手动操作将断路器弹簧能量释放并置于分闸位置。

（4）带电显示装置指示无电，开关位置指示灯正确，储能位置指示灯正确。

2. 断路器及操作机构检查

（1）检查断路器弹簧操动机构手动储能是否正常。

（2）检查断路器手动分合闸是否正常，有无卡涩。

（3）检查断路器真空泡无异常，固定紧固无松动。

（4）测量断路器行程和超程。

（5）打开断路器机构盖板，检查机构内机械部件正常、二次回路接线紧固，销子完整；对各部位螺钉进行紧固；清扫机构，各转动轴加机油。

（6）检查断路器底部闭锁杆功能正常。

3. 开关柜本体检查

（1）柜内清扫。

(2) 检查一次电气连接紧固。

(3) 擦拭隔离开关触头并涂抹中性凡士林。

(4) 检查柜体内紧固螺钉紧固无松动。

(5) 检查柜体内销子齐全无脱落、损坏。

(6) 检查隔离开关动触头锁紧装置。

(7) 检查隔离开关同期及分闸位置。

(8) 检查隔离开关操动机构各部件是否完整，功能齐全。

4. “五防”闭锁装置检查

(1) 断路器在分闸位置时，手柄可从工作位置旋至操作位置。

(2) 断路器和上下隔离均在合闸位置，手柄处于工作位置时，前后柜门无法开启。

(3) 断路器和上下隔离均在合闸位置，手柄无法打到操作位置，不能将隔离开关分开。

(4) 断路器、上下隔离均处于合闸状态，手柄不能旋至检修或操作位置。

(5) 手柄在操作位置时，只能操作上下隔离，断路器无法进行合闸操作。

(6) 上下隔离在合闸位置，接地隔离不能合闸，手柄不能从操作位置旋至检修位置。

(7) 接地隔离在合闸位置，上下隔离不能合闸。

(8) 验证停送电操作顺序，操作顺序符合要求。

5. 电气试验

(1) 使用万用表测量合闸、分闸（试验过程中）控制回路电阻，测量储能回路是否导通。

(2) 进行分、合闸机械特性试验和低电压试验。

6. 结束工作

(1) 将开关柜恢复至开工前状态。

(2) 办理工作终结手续，填写检修记录和检修试验报告。

(3) 收工离场。

二、考核

(一) 考核场地

(1) 可在室内或室外进行，考核工位现场提供220V检修电源。

(2) 现场设置完整功能开关柜3面以上，并接入直流电源，可同时进行考核，也可作安全措施考核项。

(二) 考核时间

(1) 考核时间为60min。

(2) 考生准备时间为5min，包括清点工器具，检查安全措施。

(3) 许可开工后记录考核开始时间。

(4) 现场清理完毕后，汇报工作终结，记录考核结束时间。

(三) 考核要点

(1) 单人操作，考评员监护作业。考生着装规范，穿工作服、绝缘鞋，戴安全帽。

(2) 现场安全文明生产。工器具、材料、设备摆放整齐，现场作业熟练有序，正确规范。不发生危及人身和设备安全的行为，否则可取消本次考核成绩。

（3）熟悉检修流程和检修工艺质量要求。

（4）熟悉弹簧机构的检修项目及技术要求，会进行检查、调整和处理。

三、评分标准

行业：电力工程　　　　　　　　工种：变电检修工　　　　　　　　等级：三

编号	BJ3ZY0203	行为领域	e	鉴定范围		变电检修高级工	
考核时限	60min	题型	C	满分	100分	得分	
试题名称	XGN-12型开关柜检修						
考核要点及其要求	（1）单人操作，考评员监护作业。考生着装规范，穿工作服、绝缘鞋，戴安全帽。 （2）现场安全文明生产。工器具、材料、设备摆放整齐，现场作业熟练有序，正确规范。不发生危及人身和设备安全的行为，否则可取消本次考核成绩。 （3）熟悉检修流程和检修工艺质量要求。 （4）熟悉弹簧机构的检修项目及技术要求，会进行检查、调整和处理						
现场设备、工器具、材料	（1）工器具：250mm活动扳手1把、固定扳手1套、梅花扳手1套、套筒扳手1套、内六角扳手1套、手锤1把、一字螺丝刀1把、十字螺丝刀1把、尖嘴钳1把、虎口钳1把、偏口钳1把、150mm直尺1把、0.05mm塞尺1把、开关机械特性测试仪1台、220V电源箱1个、万用表1块。 （2）材料：机油、中性凡士林、00号砂纸、棉丝、毛刷。 （3）设备：XGN-12型手车开关柜1面、配套专用操作工具1套						
备注	考生自备工作服、绝缘鞋						

评分标准

序号	考核项目名称	质量要求	分值	扣分标准	扣分原因	得分
1	工作前准备及文明生产					
1.1	着装、工器具准备（该项不计考核时间）	考核人员穿工作服、戴安全帽、穿绝缘鞋，工作前清点工器具、设备	3	（1）未穿工作服、戴安全帽、穿绝缘鞋，每项不合格扣2分。 （2）未清点工器具、设备，每项不合格扣2分，分数扣完为止		
1.2	安全文明生产	工器具摆放整齐，保持作业现场安静、清洁	12	（1）未办理开工手续，扣2分 （2）工器具摆放不整齐，扣2分 （3）现场杂乱无章，扣2分 （4）不能正确使用工器具，扣2分 （5）工器具及配件掉落，扣2分 （6）发生不安全行为，扣2分 （7）发生危及人身、设备安全的行为直接取消考核成绩		

续表

<table>
<tr><th>序号</th><th>考核项目名称</th><th>质量要求</th><th>分值</th><th>扣分标准</th><th>扣分原因</th><th>得分</th></tr>
<tr><td>2</td><td colspan="6">XGN28－12 型开关柜检修</td></tr>
<tr><td rowspan="5">2.1</td><td rowspan="5">开关柜检修前检查</td><td>检查操作电源、电机电源、闭锁电源、加热、照明电源均在断开位置</td><td rowspan="5">10</td><td>(1) 检查电源不全，扣 1 分。
(2) 未检查电源，扣 2 分</td><td></td><td></td></tr>
<tr><td>检查断路器在分闸位置，两侧隔离开关拉开，接地刀闸合闸，操作手柄可靠闭锁</td><td>(1) 断路器、隔离开关、接地刀闸位置检查不全，每漏一项扣 1 分。
(2) 未检查断路器、隔离开关、接地刀闸位置，扣 2 分</td><td></td><td></td></tr>
<tr><td>检查断路器储能情况。手动操作将断路器弹簧能量释放并置于分闸位置</td><td>(1) 未检查断路器储能情况，扣 1 分。
(2) 未释放弹簧能量并置于分闸位置，扣 1 分</td><td></td><td></td></tr>
<tr><td>检查一次电流表指示为 0，带电显示装置指示无电，开关位置指示灯正确，储能位置指示灯正确</td><td>(1) 检查指示灯不全，扣 1 分。
(2) 未检查指示灯，扣 2 分</td><td></td><td></td></tr>
<tr><td>检查控制把手各操作电源空气开关在断开位置</td><td>(1) 控制把手、操作电源空气开关检查不全，每漏一项扣 1 分。
(2) 未检查控制把手各操作电源空气开关，扣 2 分</td><td></td><td></td></tr>
<tr><td rowspan="3">2.2</td><td rowspan="3">断路器及操作机构检修</td><td>断路器弹簧操动机构手动储能正常</td><td rowspan="3">18</td><td>未进行手动储能，扣 3 分</td><td></td><td></td></tr>
<tr><td>断路器手动分合闸是否正常，有无卡涩</td><td>(1) 未手动分合闸检查灵活度，扣 1 分。
(2) 未进行手动分合闸，扣 3 分</td><td></td><td></td></tr>
<tr><td>断路器真空泡无裂纹，固定紧固无松动</td><td>(1) 未对真空泡固定情况检查，扣 1 分。
(2) 未对真空泡进行外观检查，扣 3 分</td><td></td><td></td></tr>
</table>

续表

序号	考核项目名称	质量要求	分值	扣分标准	扣分原因	得分
2.2	断路器及操作机构检修	测量断路器行程和超程，不合格的调整	18	(1) 测量断路器行程和超程不全，扣1分。 (2) 未测量断路器行程和超程，扣3分		
		打开断路器机构盖板，检查机构内机械回路正常、二次回路接线紧固，销子完整；对各部位螺钉进行紧固；清扫机构，各转动轴加机油		(1) 未检查机械回路是否正常，扣1分。 (2) 未检查二次回路接线紧固情况，扣1分。 (3) 销子缺损，扣1分。 (4) 未紧固螺钉，扣1分。 (5) 未清扫机构，扣1分。 (6) 未对转动轴加机油，扣1分，共计3分，扣完为止		
		断路器底部闭锁杆功能正常		未检查闭锁杆功能，扣3分		
2.3	开关柜本体检修	柜内清扫	16	未清扫，扣2分		
		一次电气连接紧固		未紧固连接螺栓，扣2分		
		擦拭隔离开关触头并涂抹中性凡士林		未擦拭隔离开关触头并涂抹中性凡士林，扣2分		
		柜体内紧固螺钉紧固无松动		未对柜体内紧固螺栓进行紧固，扣2分		
		柜体内销子齐全无脱落、损坏		未对柜体内销子进行检查，扣2分		
		隔离开关动触头锁紧装置良好		未检查隔离开关动触头锁紧装置，扣2分		
		隔离开关同期及分闸位置		同期及分闸位置不合格，扣2分		
		隔离开关操动机构		操动机构不合格，扣2分		

续表

序号	考核项目名称	质量要求	分值	扣分标准	扣分原因	得分
2.4	“五防”闭锁装置检查	断路器在分闸位置时，手柄可从工作位置旋至“操作位置”，然后操作隔离开关	20	手柄不能从工作位置旋至“操作位置”，扣2分		
		断路器和上下隔离均在合闸位置，手柄处于工作位置时，前后柜门无法开启		前后柜门可以开启，扣2分		
		断路器、上隔离、下隔离均处于合闸状态，手柄不能旋至检修或操作位置		手柄能旋至检修或分断闭锁，扣2分		
		断路器在分闸位置，上隔离、下隔离均处于合闸状态，位置手柄不能旋转到检修位置		手柄能旋至到检修位置，扣2分		
		手柄在操作位置位置时，只能操作上下隔离，断路器无法进行合闸操作		断路器可以进行合闸操作，扣2分		
		分隔离开关时，只能先分下隔离，再分上隔离，合隔离开关顺序与之相反		未检查分合隔离开关顺序，扣2.5分		
		上下隔离在合闸位置，接地隔离不能合闸，手柄不能从操作位置旋至检修位置		未验证手柄是否可以从操作位置旋至检修位置，扣2.5分		
		接地隔离在合闸位置，上下隔离不能合闸，接地隔离与上隔离之间有可靠的机械闭锁		未验证接地隔离与上隔离之间的机械闭锁，扣2.5分		
		验证停送电操作顺序，操作顺序符合要求		未验证停送电操作顺序，扣2.5分		

续表

序号	考核项目名称	质量要求	分值	扣分标准	扣分原因	得分
2.5	电气试验	使用万用表测量合闸、分别回路电阻，测量储能回路是否导通	16	(1) 测量回路不全，扣3分。 (2) 未进测量回路，扣6分		
		使用断路器机械特性试验仪进行分、合闸特性试验和低电压试验		(1) 试验项目不全，扣5分。 (2) 未进行试验，扣10分		
3	收工					
3.1	结束工作	工作结束，工器具及设备摆放整齐，工完场清，报告工作结束	2	(1) 工器具及设备摆放不整齐，扣1分。 (2) 未清理现场，扣1分。 (3) 未汇报工作结束，扣1分，分数扣完为止		
3.2	填写记录	如实正确填写检修记录	3	(1) 检修记录未填写，扣3分。 (2) 填写错误，每处扣1分，分数扣完为止		

2.2.9 BJ3ZY0204 LW16-40.5 型断路器机械特性参数调整

一、作业

（一）工器具、材料、设备

（1）工器具：活动扳手1套（6寸、8寸、10寸）、固定扳手1套、套筒扳手1套、内六角扳手1套、小号一字螺丝刀1把、小号十字螺丝刀1把、中号一字螺丝刀1把，中号十字螺丝刀1把，尖嘴钳1把、偏口钳1把、绝缘梯1台、安全带1条、开关机械特性测试仪1套、220V电源箱1个、万用表1块。

（2）材料：绝缘垫1块，润滑油。

（3）设备：LW16-40.5型断路器1台，配套设备说明书1本。

（二）安全要求

1. 防止触电伤害

（1）拆接低压电源时，有专人监护。

（2）试验仪使用前应可靠接地，试验过程中操作人员站在绝缘垫上作业。

2. 防止机械伤害

（1）合、分闸操作时注意呼唱，防止开关动作对现场人员造成机械伤害。

（2）在断路器机构工作前，释放弹簧能量。

3. 防止断路器、试验仪器损坏

（1）测试线接入断路器二次回路前，确认控制电源断电。

（2）测试时，确认测试项目，选择正确的档位和操作电压。

4. 办理开工手续

办理开工、许可手续，进行工作票宣读，交代工作中的危险点。

（三）操作步骤及工艺要求

1. 机械特性测试前准备

（1）检查断路器操作电源、电机电源、闭锁电源、加热、照明电源均在断开位置。

（2）检查试验仪器配件完整。

（3）检查控制把手各操作电源空气开关在断开位置。

2. 试验接线

（1）测试仪可靠接地。

（2）手动合、分闸一次，释放弹簧能量。

（3）在合、分闸过程中使用万用表测量断路器控制回路通断情况，测量前应验电。

（4）将测试仪直流电源输出线一端接入断路器合、分闸控制回路，另一端接于试验台上。

（5）使用绝缘梯和安全带将时间测试信号线一端接于断路器断口两侧，另一端接于试验台上。

（6）将速度测试信号线及传感器一端接于断路器拐臂处，另一端接于试验台上。

（7）检查所有接线接好后，接通仪器电源。

3. 断路器机械特性试验

（1）打开仪器，进入机械特性试验界面，选择相应的开关型号。

(2) 检查速度传感器位置是否合适并进行调整。

(3) 通电，调整电压至220V，进行特性试验操作，操作时人员应站在绝缘垫上。

(4) 对断路器进行低电压分、合闸试验。

(5) 对试验数据进行分析，对断路器不合格的参数进行调整。

4. 断路器合闸速度调整（速度高）

(1) 明确断路器储能情况，若有能量，应手动释放并将断路器置于分闸位置。

(2) 打开断路器机构侧盖、上盖板，检查储能弹簧。

(3) 松开储能弹簧预拉伸紧固螺母。

(4) 向受力螺母加适量润滑油。

(5) 再次进行特性试验，检查数据是否合格，若不合格，继续按上述步骤调整。

5. 结束工作

(1) 将断路器及工器具、材料、仪器恢复至开工前状态。

(2) 办理工作终结手续，填写检修记录和检修试验报告。

(3) 收工离场。

二、考核

(一) 考核场地

(1) 可在室内或室外进行，考核工位现场提供220V检修电源。

(2) 现场设置LW16-40.5型断路器1台，并接入直流电源。

(二) 考核时间

(1) 考核时间为40min。

(2) 考生准备时间为5min，包括清点工器具，检查安全措施。

(3) 许可开工后记录考核开始时间。

(4) 现场清理完毕后，汇报工作终结，记录考核结束时间。

(三) 考核要点

(1) 单人操作，考评员监护作业。考生着装规范，穿工作服、绝缘鞋，戴安全帽。

(2) 现场安全文明生产。工器具、材料、设备摆放整齐，现场作业熟练有序，正确规范。不发生危及人身和设备安全的行为，否则可取消本次考核成绩。

(3) 熟悉弹簧机构断路器机械特性的测量方法和要求，对不合格数据会调整。

三、评分标准

行业：电力工程　　　　**工种：变电检修工**　　　　**等级：三**

编号	BJ3ZY0204	行为领域	e	鉴定范围		变电检修高级工	
考核时限	40min	题型	A	满分	100分	得分	
试题名称	LW16-40.5型断路器机械特性参数调整						
考核要点及其要求	(1) 单人操作，考评员监护作业。考生着装规范，穿工作服、绝缘鞋，戴安全帽。 (2) 现场安全文明生产。工器具、材料、设备摆放整齐，现场作业熟练有序，正确规范。不发生危及人身和设备安全的行为，否则可取消本次考核成绩。 (3) 熟悉弹簧机构断路器机械特性的测量方法和要求，对不合格数据会调整						

续表

现场设备、工器具、材料	（1）工器具：活动扳手1套（6寸、8寸、10寸）、固定扳手1套、套筒扳手1套、内六角扳手1套、小号一字螺丝刀1把、小号十字螺丝刀1把、中号一字螺丝刀1把，中号十字螺丝刀1把，尖嘴钳1把、偏口钳1把、绝缘梯1台、安全带1条、开关机械特性测试仪1套、220V电源箱1个、万用表1块。 （2）材料：绝缘垫1块，润滑油。 （3）设备：LW16-40.5型断路器1台，配套设备说明书1本
备注	考生自备工作服、绝缘鞋

评分标准

序号	考核项目名称	质量要求	分值	扣分标准	扣分原因	得分
1	工作前准备及文明生产					
1.1	着装、工器具准备（该项不计考核时间）	考核人员穿工作服、戴安全帽、穿绝缘鞋，工作前清点工器具、设备	3	（1）未穿工作服、戴安全帽、穿绝缘鞋，每项不合格，扣2分。 （2）未清点工器具、设备，每项不合格，扣2分，分数扣完为止		
1.2	安全文明生产	工器具摆放整齐，保持作业现场安静、清洁	12	（1）未办理开工手续，扣2分。 （2）工器具摆放不整齐，扣2分。 （3）现场杂乱无章，扣2分。 （4）不能正确使用工器具，扣2分。 （5）工器具及配件掉落，扣2分。 （6）发生不安全行为，扣2分。 （7）发生危及人身、设备安全的行为直接取消考核成绩		
2	LW16-40.5型断路器机械特性参数调整					

续表

序号	考核项目名称	质量要求	分值	扣分标准	扣分原因	得分
2.1	试验前现场检查	检查断路器操作电源、电机电源、闭锁电源、加热、照明电源均在断开位置	10	（1）检查电源不全，扣1分。 （2）未检查电源，扣3分		
		检查试验仪器配件完整		试验仪器配件不完整，扣3分		
		检查控制把手各操作电源空气开关在断开位置		（1）检查控制把手各操作电源空气开关不全，扣2分。 （2）未检查控制把手各操作电源空气开关，扣4分		
2.2	试验接线	测试仪可靠接地	14	测试仪未接地，扣2分		
		手动合、分闸一次，释放弹簧能量		（1）手动合、分闸不全，扣1分。 （2）未手动合、分闸，扣2分		
		在合、分闸过程中使用万用表测量断路器控制回路通断情况，测量前应验电		（1）使用万用表测量断路器控制回路不全，扣1分。 （2）未测量断路器控制回路通断情况，扣2分		
		将测试仪直流电源输出线一端接入断路器合、分闸控制回路，另一端接于试验台上		接线不正确，扣2分		
		使用绝缘梯和安全腰带将时间测试信号线一端接于断路器断口两侧，另一端接于试验台上		（1）接线错误重接，扣1分。 （2）未接线，扣2分		
		将速度测试信号线及传感器一端接于断路器拐臂处，另一端接于试验台上		（1）接线错误重接，扣1分。 （2）未接线，扣2分		
		检查所有接线接好后，接通仪器电源		（1）接线错误重接，扣1分。 （2）未接线，扣2分		

续表

序号	考核项目名称	质量要求	分值	扣分标准	扣分原因	得分
2.3	断路器机械特性试验	打开仪器，进入机械特性试验界面，选择相应的开关型号	20	(1) 开关型号不正确，扣2分。 (2) 未打开仪器，选择相应的开关型号，扣4分		
		检查速度传感器位置是否合适并进行调整		(1) 速度传感器位置不合适，扣2分。 (2) 未检查速度传感器位置，扣4分		
		通电，调整电压至220V，进行特性试验操作，操作时，人员应站在绝缘垫上		(1) 电压未调整至220V，扣2分。 (2) 未站在绝缘垫上，扣2分		
		对断路器进行低电压分、合闸试验		(1) 低电压分、合闸试验不正确不会调整，扣2分。 (2) 未进行进行低电压分、合闸试验，扣4分		
		对试验数据进行分析，对断路器不合格的参数进行调整		(1) 不对试验数据进行分析，扣2分。 (2) 参数未进行调整，扣4分		
2.4	断路器合闸速度调整（合闸速度高）	明确断路器储能情况，若有能量，应手动释放并将断路器置于分闸位置	36	(1) 未释放弹簧能量，扣3分。 (2) 未将断路器置于分闸位置，扣3分		
		打开断路器机构侧盖、上盖板，检查储能弹簧		未检查储能弹簧，扣6分		
		松开储能弹簧预拉伸紧固螺母		未松开储能弹簧预拉伸紧固螺母，扣6分		
		向受力螺母加适量润滑油		未加适量润滑油，扣6分		
		再次进行特性试验，检查数据是否合格，若不合格，继续调整		(1) 再次试验不合格，没再调整，扣4分。 (2) 调整后未再次试验，扣8分。 (3) 不会调整，扣12分		

续表

序号	考核项目名称	质量要求	分值	扣分标准	扣分原因	得分
3	收工					
3.1	结束工作	工作结束，工器具及设备摆放整齐，工完场清，报告工作结束	2	(1) 工器具及设备摆放不整齐，扣1分。 (2) 未清理现场，扣1分。 (3) 未汇报工作结束，扣1分，分数扣完为止		
3.2	填写记录	如实正确填写检修记录	3	(1) 检修记录未填写，扣3分。 (2) 填写错误，每处扣1分，分数扣完为止		

2.2.10 BJ3ZY0301 解体检修 LW10B-252 型液压机构一级阀

一、作业

（一）工器具、材料、设备

（1）工器具：活动扳手 1 套（200mm、250mm、300mm、375mm、450mm）、固定扳手 1 套、梅花扳手 1 套、套筒扳手 1 套、内六角扳手 1 套、中号手锤 1 把、木手锤 1 把、一字螺丝刀 2 把、十字螺丝刀 2 把、尖嘴钳 1 把、台钳 1 套、组合挫 1 套、游标卡尺 1 把、镊子 1 把、220V 电源箱 1 个、油盘 1 个、小油桶 1 个。

（2）材料：10 号航空液压油、中性凡士林、棉丝、毛刷、塑料布。

（3）设备：LW10B-252 型液压机构 1 台、阀体整套密封垫圈及钢球配件 1 套。

（二）安全要求

1. 防止机械伤害：

机构检修前，断开油泵电机电源，释放机构高压油。

2. 现场安全措施：

用围网带将工作区域围起来，出口设置在安全的通道处，出入口处设置“从此进出!”标示牌，工作区内放置“在此工作!”标示牌。

3. 办理开工手续

办理开工、许可手续，进行工作票宣读，交代工作中的危险点。

（三）操作步骤及工艺要求

1. 准备工作

（1）考生穿工作服、绝缘鞋，戴绝缘帽。

（2）清点现场工器具、材料和配件。

（3）检查设备外观。

（4）办理开工手续后，将机构置于分闸位置，断开电机电源，释放机构压力。

2. LW10B-252 型断路器液压机构一级阀解体检修

（1）松开分、合闸一级阀与阀座的 4 条固定螺栓，将分、合闸一级阀从阀座上拿下放入检修油盘中。

（2）松开分、合闸电磁铁扼铁与铁芯顶杆导向管之间锁母，拆除电磁铁。

（3）取出导向管内铁芯顶杆。

（4）松开导向管与分、合闸一级阀阀座的 4 条固定螺栓，将导向管从分、合闸一级阀上拆除。

（5）取出分、合闸一级阀阀针。

（6）取出分、合闸一级阀阀针复位弹簧。

（7）取出分、合闸一级阀阀座。

（8）取出分、合闸一级阀钢球。

（9）取出分、合闸一级阀钢球球托。

（10）取出钢球复位弹簧。

（11）将已经拆开的各部件在油盘中清洗。

（12）阀杆无损伤、无变形、无弯曲，发现异常进行修复或更换。

(13) 阀针无损伤、无变形、无弯曲，发现异常进行修复或更换。

(14) 弹簧弹性良好，能可靠复位。

(15) 球阀无损坏，否则更换。

(16) 阀口密封线完整，宽度不大于0.5mm，否则将钢球放在阀口上用黄铜棒顶住垫打，也可将钢球放在阀口上用研磨膏研磨，处理完毕后用清洁液压油清洗。

(17) 清洗阀座、球托，检查无异常后准备回装。

(18) 更换分、合闸一级阀与阀座之间的密封圈。

(19) 分、合闸一级阀组装，按照拆卸时相反的顺序进行。

3. 建压试验

(1) 组装完毕，检查分、合闸一级阀无异常。

(2) 想考评员汇报组装完成，需要建压。

(3) 在考评员监护下，机构通电建压至额定。

(4) 机构操作正常，无渗漏油现象。

(5) 机构停电并泄压，将机构恢复工作前状态。

4. 结束工作

(1) 将现场设备、工器具、材料恢复至开工前状态。

(2) 办理工作终结手续，填写检修记录和检修试验报告。

(3) 收工离场。

二、考核

(一) 考核场地

现场提供LW10B-252型断路器机构1台且各部件、回路完整，机构储能回路电源已接入，工位四周设置围栏。

(二) 考核时间

(1) 考核时间为60min。

(2) 考生准备时间为5min，包括清点工器具，检查安全措施。

(3) 许可开工后记录考核开始时间。

(4) 现场清理完毕后，汇报工作终结，记录考核结束时间。

(三) 考核要点

(1) 单人操作，考评员监护作业。考生着装规范，穿工作服、绝缘鞋，戴安全帽。

(2) 现场安全文明生产。工器具、材料、设备摆放整齐，现场作业熟练有序，正确规范。不发生危及人身和设备安全的行为，否则可取消本次考核成绩。

(3) 阀体分解、装复作业熟练，熟悉各部件检修工艺和质量标准。

三、评分标准

行业：电力工程　　　　**工种：变电检修工**　　　　**等级：三**

编号	BJ3ZY0301	行为领域	e	鉴定范围		变电检修高级工	
考核时限	60min	题型	A	满分	100分	得分	
试题名称	解体检修LW10B-252型液压机构一级阀						

续表

考核要点及其要求	（1）单人操作，考评员监护作业。考生着装规范，穿工作服、绝缘鞋，戴安全帽。 （2）现场安全文明生产。工器具、材料、设备摆放整齐，现场作业熟练有序，正确规范。不发生危及人身和设备安全的行为，否则可取消本次考核成绩。 （3）阀体分解、装复作业熟练，熟悉各部件检修工艺和质量标准
现场设备、工器具、材料	（1）工器具：活动扳手1套（200mm、250mm、300mm、375mm、450mm）、固定扳手1套、梅花扳手1套、套筒扳手1套、内六角扳手1套、中号手锤1把、木手锤1把、一字螺丝刀2把、十字螺丝刀2把、尖嘴钳1把、台钳1套、组合挫1套、游标卡尺1把、镊子1把、220V电源箱1个、油盘1个、小油桶1个。 （2）材料：10号航空液压油、中性凡士林、棉丝、毛刷、塑料布。 （3）设备：LW10B-252型液压机构1台、阀体整套密封垫圈及钢球配件1套
备注	考生自备工作服、绝缘鞋

评分标准

序号	考核项目名称	质量要求	分值	扣分标准	扣分原因	得分
1	工作前准备及文明生产					
1.1	着装、工器具准备（该项不计考核时间）	考核人员穿工作服、戴安全帽、穿绝缘鞋，工作前清点工器具、设备	3	（1）未穿工作服、戴安全帽、穿绝缘鞋，每项不合格扣2分。 （2）未清点工器具、设备，每项不合格扣2分，分数扣完为止		
1.2	安全文明生产	工器具摆放整齐，保持作业现场安静、清洁	12	（1）未办理开工手续，扣2分。 （2）工器具摆放不整齐，扣2分。 （3）现场杂乱无章，扣2分。 （4）不能正确使用工器具，扣2分。 （5）工器具及配件掉落，扣2分。 （6）发生不安全行为，扣2分。 （7）发生危及人身、设备安全的行为直接取消考核成绩		

续表

序号	考核项目名称	质量要求	分值	扣分标准	扣分原因	得分
2	解体检修 LW10B-252 型液压机构一级阀					
2.1	LW10B-252 型断路器液压机构一级阀解体检修	松开分、合闸一级阀与阀座的 4 条固定螺栓，将分、合闸一级阀从阀座上拿下放入检修油盘中	65	未松开分、合闸一级阀与阀座的 4 条固定螺栓，扣 2 分		
		松开分、合闸电磁铁铁扼与铁芯顶杆导向管之间锁母，拆除电磁铁		未拆除电磁铁，扣 2 分		
		取出导向管内铁芯顶杆		未取出导向管内铁芯顶杆，扣 2 分		
		松开导向管与分、合闸一级阀阀座的 4 条固定螺栓，将导向管从分、合闸一级阀上拆除		未将导向管从分、合闸一级阀上拆除，扣 2 分		
		取出分、合闸一级阀阀针		未取出分、合闸一级阀阀针，扣 2 分		
		取出分、合闸一级阀阀针复位弹簧		未取出分、合闸一级阀阀针复位弹簧，扣 2 分		
		取出分、合闸一级阀阀座		未取出分、合闸一级阀阀座，扣 2 分		
		取出分、合闸一级阀钢球		未取出分、合闸一级阀钢球，扣 2 分		
		取出分、合闸一级阀钢球球托		未取出分、合闸一级阀钢球球托，扣 2 分		
		取出钢球复位弹簧		未取出钢球复位弹簧，扣 2 分		
		将已经拆开的各部件在油盘中清洗		未清洗，扣 5 分		
		阀杆无损伤、无变形、无弯曲，发现异常进行修复或更换		未检查阀杆损伤、变形、弯曲情况，扣 5 分		
		阀针无损伤、无变形、无弯曲，发现异常进行修复或更换		未检查阀针损伤、变形、弯曲情况，扣 5 分		

续表

序号	考核项目名称	质量要求	分值	扣分标准	扣分原因	得分
2.1	LW10B-252 型断路器液压机构一级阀解体检修	弹簧弹性良好，能可靠复位	65	未检查弹簧弹力、变形情况，扣3分		
		球阀无损坏，否则更换		未检查球阀表面光洁度，扣5分		
		阀口密封线完整，宽度不大于0.5mm，否则将钢球放在阀口上用黄铜棒顶住垫打，也可将钢球放在阀口上用研磨膏研磨，处理完毕后用清洁液压油清洗		未检查阀口密封线和密封线宽度，扣5分		
		清洗阀座、球托，检查无异常后准备回装		未清洗阀座、球托，扣5分		
		更换分、合闸一级阀与阀座之间的密封圈		未更换密封圈，扣5分		
		分、合闸一级阀组装，按照拆卸时相反的顺序进行		组装顺序错误，扣7分		
2.2	机构建压试验	组装完毕，检查分、合闸一级阀应动作灵活、无卡涩，复位弹簧动作灵活，阀针打钢球开尺寸合格	15	(1) 检查分、合闸一级阀不全，扣1分。 (2) 未检查分、合闸一级阀，扣3分		
		向考评员汇报组装完成，需要建压		不向考评员汇报，扣3分		
		在考评员监护下，机构通电建压至额定		没要求监护即工作，扣3分		
		机构操作正常，无渗漏油现象		(1) 渗漏油，扣1分。 (2) 机构工作不正常，扣3分		
		机构停电并泄压，将机构恢复工作前状态		不停电或不泄压，扣3分		
3	收工					
3.1	结束工作	工作结束，工器具及设备摆放整齐，工完场清，报告工作结束	2	(1) 工器具及设备摆放不整齐，扣1分。 (2) 未清理现场，扣1分。 (3) 未汇报工作结束，扣1分，分数扣完为止		

续表

序号	考核项目名称	质量要求	分值	扣分标准	扣分原因	得分
3.2	填写记录	如实正确填写检修记录	3	（1）检修记录未填写，扣3分。 （2）填写错误，每处扣1分，分数扣完为止		

2.2.11 BJ3ZY0302 GW5-126型隔离开关单相导电回路大修

一、作业

（一）工器具、材料、设备

（1）工器具：250mm活动扳手1把、固定扳手1套、梅花扳手1套、套筒扳手1套、内六角扳手1套、木手锤1把、中号一字螺丝刀1把、中号十字螺丝刀1把、尖嘴钳1把、钳子1把。

（2）材料：00号砂纸、棉丝、汽油。

（3）设备：GW5-126型隔离开关，带上导电帽左右触头各1套。

（二）安全要求

1. 防止机械伤害

工作中防止砸伤、划伤、夹伤。

2. 现场安全措施

用围网带将工作区域围起来，出口设置在安全的通道处，出入口处设置“从此进出!”标示牌，工作区内放置“在此工作!”标示牌。

3. 办理开工手续

办理开工、许可手续，进行工作票宣读，交代工作中的危险点。

（三）操作步骤及工艺要求

1. 解体检修前的检查

（1）检查触指结构完整。

（2）检查触指接触面有无过热烧蚀痕迹。

（3）检查导电杆接触面有无过热烧蚀痕迹。

2. 单相左触头装配解体

（1）将防雨罩固定螺栓拆除，取下防雨罩。

（2）拆除触指定位支架的4条螺栓。

（3）用手按住一侧触指，将触指、弹簧、弹簧挂销、定位板从触指座上取下。

（4）取下触指弹簧挂销，将触指、触指弹簧、定位板分离。

（5）取下触指拉簧，将触指拆散，所有部件摆放整齐。

（6）拆除触指座与导电杆固定件连接的固定螺栓，将触指座与导电杆分离。

（7）拆除导电杆与导电上帽抱夹固定螺栓，将导电上帽与导电杆分离。

（8）拆除导电上帽内转动导电杆尾部开口销、平垫。

（9）拆除导电上帽内转动导电杆支架板固定螺栓，拿出支架板。

（10）将帽内转动导电杆、导电带、导电弯板拿出。

（11）拆除导电杆与导电带固定螺栓，将导电杆与导电带分离。

（12）拆除导电带与导电弯板固定螺栓，导电带与导电弯板分离。

（13）拆除导电上帽内导电杆胶木导向套、铝防雨盖。

（14）清洗各部分零件。

（15）检查各零件导电面，如无烧损，可用百洁布或细砂纸打磨，如烧损严重需更换零件，烧损轻微用什锦锉、细砂纸修复，然后清洗干净涂抹电力复合脂。

(16) 组装按照拆卸相反的顺序进行。

3. 单相右触头装配解体

(1) 拆除触头与导电杆固定件连接的固定螺栓，将触头与导电杆分离。

(2) 拆除导电杆与导电上帽报夹固定螺栓，将导电上帽与导电杆分离。

(3) 拆除导电上帽内转动导电杆尾部开口销、平垫。

(4) 拆除导电上帽内转动导电杆支架板固定螺栓，拿出支架板。

(5) 将帽内转动导电杆、导电带、导电弯板拿出。

(6) 拆除导电杆与导电带固定螺栓，将导电杆与导电带分离。

(7) 拆除导电带与导电弯固定螺栓，导电带与导电弯板分离。

(8) 拆除导电上帽内导电杆胶木导向套、铝防雨盖。

(9) 清洗各部分零件。

(10) 检查各零件导电面，如无烧损，可用百洁布或细砂纸打磨，如烧损严重需更换零件，烧损轻微用什锦锉、细砂纸修复，然后清洗干净涂抹凡士林。

(11) 组装按照拆卸相反的顺序进行。

4. 结束工作

(1) 将现场工器具、材料、设备恢复至开工前状态。

(2) 办理工作终结手续，填写检修记录。

(3) 收工离场。

二、考核

(一) 考核场地

可在室内或室外进行，考核工位现场设置完整触指触头若干。

(二) 考核时间

(1) 考核时间为 50min。

(2) 考生清点工具、检查设备时间为 5min。

(3) 许可开工后记录考核开始时间。

(4) 现场清理完毕后，汇报工作终结，记录考核结束时间。

(三) 考核要点

(1) 单人操作，考评员监护作业。考生着装规范，穿工作服、绝缘鞋，戴安全帽。

(2) 现场安全文明生产。工器具、材料、设备摆放整齐，现场作业熟练有序，正确规范，不发生危及人身安全的行为，否则可取消本次考核成绩。

(3) 熟悉 GW5-126 型隔离开关单相导电回路大修流程和检修工艺质量要求。

三、评分标准

行业：电力工程　　　　**工种：变电检修工**　　　　**等级：三**

编号	BJ3ZY0302	行为领域	e	鉴定范围		变电检修高级工	
考核时限	50min	题型	A	满分	100 分	得分	
试题名称	GW5-126 型隔离开关单相导电回路大修						

考核要点及其要求	(1) 单人操作，考评员监护作业。考生着装规范，穿工作服、绝缘鞋，戴安全帽。 (2) 现场安全文明生产。工器具、材料、设备摆放整齐，现场作业熟练有序，正确规范。不发生危及人身和设备安全的行为，否则可取消本次考核成绩。 (3) 熟悉GW5-126型隔离开关单相导电回路大修流程和检修工艺质量要求
现场设备、工器具、材料	(1) 工器具：250mm活动扳手1把、固定扳手1套、梅花扳手1套、套筒扳手1套、内六角扳手1套、木手锤1把、中号一字螺丝刀1把、中号十字螺丝刀1把、尖嘴钳1把、钳子1把。 (2) 材料：00号砂纸、棉丝、汽油。 (3) 设备：GW5-126隔离开关，带上导电帽左右触头各1套
备注	考生自备工作服、绝缘鞋

评分标准

序号	考核项目名称	质量要求	分值	扣分标准	扣分原因	得分
1	工作前准备及文明生产					
1.1	着装、工器具准备（该项不计考核时间）	考核人员穿工作服、戴安全帽、穿绝缘鞋，工作前清点工器具、设备	3	(1) 未穿工作服、戴安全帽、穿绝缘鞋，每项不合格，扣2分。 (2) 未清点工器具、设备，每项不合格，扣2分，分数扣完为止		
1.2	安全文明生产	工器具摆放整齐，保持作业现场安静、清洁	12	(1) 未办理开工手续，扣2分。 (2) 工器具摆放不整齐，扣2分。 (3) 现场杂乱无章，扣2分。 (4) 不能正确使用工器具，扣2分。 (5) 工器具及配件掉落，扣2分。 (6) 发生不安全行为，扣2分。 (7) 发生危及人身、设备安全的行为直接取消考核成绩		
2	GW5-126型隔离开关单相导电回路大修					

续表

序号	考核项目名称	质量要求	分值	扣分标准	扣分原因	得分
2.1	单相左触头解体检修	将防雨罩固定螺栓拆除，取下防雨罩	45	未取下防雨罩，扣2分		
		拆除触指定为支架的4条螺栓		未拆除触指支架的4条螺栓，扣2分		
		用手按住一侧触指，将触指、弹簧、弹簧挂销、定位板从触指座上取下		未将触指、弹簧、弹簧挂销、定位板从触指座上取下，扣2分		
		取下触指弹簧挂销，将触指、触指弹簧、定位板分离		未将触指、触指弹簧、定位板分离，扣2分		
		取下触指拉簧，将触指拆散，所有部件摆放整齐		（1）未将触指拆散，扣2分。 （1）部件摆放不整齐，扣1分		
		拆除触指座与导电杆固定件连接的固定螺栓，将触指座与导电杆分离		未将触指座与导电杆分离，扣2分		
		拆除导电杆与导电上帽抱夹固定螺栓，将导电上帽与导电杆分离		未将导电上帽与导电杆分离，扣2分		
		拆除导电上帽内转动导电杆尾部开口销、平垫		未拆除开口销、平垫，扣2分		
		拆除导电上帽内转动导电杆支架板固定螺栓，拿出支架板		未拿出支架板，扣2分		
		将帽内转动导电杆、导电带、导电弯板拿出		未将帽内转动导电杆、导电带、导电弯板拿出，扣2分		
		拆除导电杆与导电带固定螺栓，将导电杆与导电带分离		未将导电杆与导电带分离，扣2分		
		拆除导电带与导电弯固定螺栓，将导电带与导电弯板分离		未将导电带与导电弯板分离，扣2分		

续表

序号	考核项目名称	质量要求	分值	扣分标准	扣分原因	得分
2.1	单相左触头解体检修	拆除导电上帽内导电杆胶木导向套、铝防雨盖	45	未拆除导电杆胶木导向套、铝防雨盖，扣4分		
		清洗各部分零件		未清洗零件，扣3分		
		检查各零件导电面，如无烧损，可用百洁布或细砂纸打磨，如烧损严重需更换零件，烧损轻微用什锦锉、细砂纸修复，然后清洗干净涂抹电力复合脂		（1）未检查导电接触面镀银层脱落及烧伤情况，扣2分。 （2）未涂抹电力复合脂，扣1分		
		组装按照拆卸相反的顺序进行		（1）未按照拆卸相反的顺序进行组装，一项顺序错误返工，扣3分。 （2）未按照拆卸相反的顺序进行组装，两项及以上顺序错误返工，扣10分		
2.2	单相右触头解体检修	拆除触头与导电杆固定件连接的固定螺栓，将触头与导电杆分离	35	未将触头与导电杆分离，扣2分		
		拆除导电杆与导电上帽抱夹固定螺栓，将导电上帽与导电杆分离		未将导电上帽与导电杆分离，扣2分		
		拆除导电上帽内转动导电杆尾部开口销、平垫		未拆除开口销、平垫，扣2分		
		拆除导电上帽内转动导电杆支架板固定螺栓，拿出支架板		未拿出支架板，扣2分		
		将帽内转动导电杆、导电带、导电弯板拿出		未将帽内转动导电杆、导电带、导电弯板拿出，扣2分		
		拆除导电杆与导电带固定螺栓，将导电杆与导电带分离		未将导电杆与导电带分离，扣2分		
		拆除导电带与导电弯固定螺栓，导电带与导电弯板分离		未将导电带与导电弯板分离，扣2分		

续表

序号	考核项目名称	质量要求	分值	扣分标准	扣分原因	得分
2.2	单相右触头解体检修	拆除导电上帽内导电杆胶木导向套、铝防雨盖	35	未拆除导电杆胶木导向套、铝防雨盖，扣3分		
		清洗各部分零件		未清洗零件，扣5分		
		检查各零件导电面，如无烧损，可用百洁布或细砂纸打磨，如烧损严重需更换零件，烧损轻微用什锦锉、细砂纸修复，然后清洗干净涂抹电力复合脂		（1）未检查导电接触面镀银层脱落及烧伤情况，扣2分。 （2）未涂抹电力复合脂，扣1分		
		组装按照拆卸相反的顺序进行		（1）未按照拆卸相反的顺序进行组装，一项顺序错误返工，扣3分。 （2）未按照拆卸相反的顺序进行组装，两项及以上顺序错误返工，扣10分		
3	收工					
3.1	结束工作	工作结束，工器具及设备摆放整齐，工完场清，报告工作结束	2	（1）工器具及设备摆放不整齐，扣1分。 （2）未清理现场，扣1分。 （3）未汇报工作结束，扣1分，分数扣完为止		
3.2	填写记录	如实正确填写检修记录	3	（1）检修记录未填写，扣3分。 （2）填写错误，每处扣1分，分数扣完为止		

2.2.12 BJ3XG0101 使用回收装置进行 SF_6 气体回收

一、作业

（一）工器具、材料、设备

（1）工器具：常用活动扳手（250mm、300mm）各 3 把、固定扳手 3 套、梅花扳手 1 套、一字和十字螺丝刀 2 把、单相电源盘 1 个。

（2）材料：无水酒精、硅脂、白布、无毛纸。

（3）设备：SF_6 气体回收装置 1 台 SGD/LH-14Y-4A。

（二）安全要求

1. 防止触电伤害

（1）拆接低压电源时，有专人监护。

（2）使用气体回收装置前，检查外壳可靠接地、电源线无破损。

2. 现场安全措施

用围网带将工作区域围起来，出口设置在安全的通道处，出入口处设置“从此进出!”标示牌，工作区内放置“在此工作!”标示牌。

3. 办理开工手续

办理开工、许可手续，进行工作票宣读，交代工作中的危险点。

（三）操作步骤及工艺要求

1. 准备工作

（1）着装规范。

（2）工器具、材料清点和外观检查。

（3）试验仪器做外观检查。

2. 操作步骤及工艺要求

（1）回收气体操作方法为自身抽真空方法，应按装置使用说明书、操作要求进行。

（2）回收存储步骤，应遵守装置使用说明书要求，绝对防止误操作，保证 SF_6 气体纯度，防止 SF_6 污染及对外污染。

（3）对断路器或 GIS 其他气室抽真空方法，遵守装置使用说明书要求、真空度为 133.32Pa 时，抽 0.5h，停泵 0.5h，记下真空值 A，再隔 5h，读真空度值 B，若 $B-A<67Pa$ 认为合格。

二、考核

（一）考核场地

（1）可在室内或室外进行。

（2）现场提供检修所需的工器具、仪表、材料及安全防护用具。

（3）设置评判用的桌椅和计时秒表。

（二）考核时间

（1）考核时间为 30min。

（2）考生准备时间为 5min，包括清点工器具，检查安全措施。

（3）许可开工后记录考核开始时间。

（4）现场清理完毕后，汇报工作终结，记录考核结束时间。

（三）考核要点

（1）要求一人操作，考评员监护。考生着装规范，穿工作服、绝缘鞋，戴安全帽。

（2）现场安全文明生产，工器具、材料、设备摆放整齐，现场作业熟练有序，正确规范；不发生危及人身和设备安全的行为，否则可取消本次考核成绩。

（3）熟悉各 SF_6 气体回收工艺质量要求和注意事项。

三、评分标准

行业：电力工程　　　　　　　　　工种：变电检修工　　　　　　　　　等级：三

编号	BJ3XG0101	行为领域	e	鉴定范围		变电检修高级工	
考核时限	30min	题型	A	满分	100分	得分	
试题名称	使用回收装置进行 SF_6 气体回收						
考核要点及其要求	（1）要求一人操作，考评员监护。单人操作，考评员监护作业。考生着装规范，穿工作服、绝缘鞋，戴安全帽。 （2）现场安全文明生产。工器具、材料、设备摆放整齐，现场作业熟练有序，正确规范。不发生危及人身和设备安全的行为，否则可取消本次考核成绩。 （3）熟悉各 SF_6 气体回收工艺质量要求和注意事项						
现场设备、工器具、材料	（1）工器具：常用活动扳手（250mm、300mm）各3把、固定扳手3套、梅花扳手1套、一字和十字螺丝刀2把、单相电源盘1个。 （2）材料：无水酒精、硅脂、白布、无毛纸。 （3）设备：SF_6 气体回收装置1台 SGD/LH-14Y-4A						
备注	无						

评分标准

序号	考核项目名称	质量要求	分值	扣分标准	扣分原因	得分
1	SF_6 气体回收充气装置操作前准备					
1.1	着装、工器具准备（该项不计考核时间）	考核人员穿工作服、戴安全帽、穿绝缘鞋，工作前清点工器具、设备	3	（1）未穿工作服、戴安全帽、穿绝缘鞋，每项不合格，扣2分。 （2）未清点工器具、设备，每项不合格扣2分，分数扣完为止		

续表

序号	考核项目名称	质量要求	分值	扣分标准	扣分原因	得分
1.2	安全文明生产	工器具摆放整齐，保持作业现场安静、清洁	12	（1）未办理开工手续，扣2分。 （2）工器具摆放不整齐，扣2分。 （3）现场杂乱无章，扣2分。 （4）不能正确使用工器具，扣2分。 （5）工器具及配件掉落，扣2分。 （6）发生不安全行为，扣2分。 （7）发生危及人身、设备安全的行为直接取消考核成绩		
2	回收气体操作顺序					
2.1	操作方法、自身抽真空方法	看 SF_6 气体回收充气装置结构及组成图	16	未看图，扣2分		
		开球阀V3启动真空泵电源		未操作或操作顺序错误，扣2分		
		依次开启球阀V2、V0、V5、V6和V7		未操作或操作顺序错误，扣2分		
		热偶真空计VM电源，观察真空度标准		未检查真空度标准，扣2分		
		当热偶真空度VM显示达到极限真空后，依次关真空计电源、球阀V7、V6、V5、V0和V2，关闭真空泵电源		（1）操作顺序错误，扣2分。 （2）未操作，扣4分		
		操作过程流畅无失误		（1）误操作一次，扣2分，共计6分 （2）分数扣完为止		

续表

序号	考核项目名称	质量要求	分值	扣分标准	扣分原因	得分
2.2	回收存储步骤	用软管连接断路器设备与回收装置	36	不会连接断路器设备与回收装置，扣4分		
		软管是专用的、清洁、两端封闭保存、干燥		（1）未使用专用软管，扣1分。 （2）软管不清洁扣1分。 （3）软管两端未封闭，扣1分。 （4）软管两端不干燥，扣1分		
		依次打开球阀V3、真空泵电源、球阀V2和V1对软管抽真空		未操作或操作顺序错误，扣3分		
		进行压力表M1在零表压以下时，接通真空计VM电源，当VM显示达到极限值时，确定软管内空气已抽净		不会确定软管内空气已抽净，扣2分		
		依次关热偶真空计电源、球阀V1、V2和真空泵电源		（1）操作顺序错误，扣2分。 （2）不会操作，扣4分		
		制冷压缩机运作15mim以上，储存容器内压力低于1.0MPa		压力高于1.0MPa，扣2分		
		依次开启断路器设备阀门、球阀V1、V0、V7和压缩机电源、冷凝电源，对SF_6气体进行回收，同时进行净化和存储		（1）操作顺序错误，扣2分。 （2）不会操作，扣4分		
		进行侧压力表M1显示不大于零表压时，关闭球阀V0，打开球阀V3和真空泵电源及球阀V2		（1）操作顺序错误，扣2分。 （2）不会操作，扣4分		
		清楚约10s后关闭球阀V3同时迅速开球阀V4，进行真空泵和压缩机串联运行会后SF_6气体		（1）操作顺序错误，扣2分。 （2）不会操作，扣4分		

续表

序号	考核项目名称	质量要求	分值	扣分标准	扣分原因	得分
2.2	回收存储步骤	打开热偶真空计电源，清楚当VM显示100Pa以下时，依次关断路器设备阀门，球阀V1和真空计VM电源	36	(1) 操作顺序错误，扣2分。 (2) 不会操作，扣4分		
		关球阀V4，同时迅速开启球阀V3，再关压缩机电源、冷凝器电源、球阀V7、V2和真空泵电源，再关冷冻压缩机、冷凝器电源		(1) 操作顺序错误，扣2分。 (2) 不会操作，扣4分		
		工作中无操作失误		误操作一次，扣2分，共计6分，分数扣完为止		
2.3	对断路器或GIS其他气室抽真空方法	回收装置用专用连接管道、清洁、干燥	30	(1) 未使用专用连接管道，扣1分。 (2) 连接管道不清洁，扣1分。 (3) 连接管道不干燥，扣1分		
		用软管连接断路器设备和回收充气装置进口		未用软管连接断路器设备和回收充气装置进口，扣2分		
		开球阀V3启动真空泵电源		未开球阀V3，扣3分		
		会开断路器球阀V1，若进口的压力表M1显示不大于零压表，开球阀V2，对断路器设备抽真空		(1) 未开球阀V1，扣2分。 (2) 若压力表M1显示不大于零压表，未开球阀V2，扣2分		
		打开热偶真空计VM电源，观察真空度		(1) 未打开热偶真空计VM电源，扣2分。 (2) 未观察真空度，扣2分		

续表

序号	考核项目名称	质量要求	分值	扣分标准	扣分原因	得分
2.3	对断路器或GIS其他气室抽真空方法	当真空度达到要求后依次关热偶真空计VM电源、断路器设备阀门、球阀V1、V2和真空泵电源	30	未操作或操作顺序错误，扣4分		
		清楚真空度标准（口述）		表述不清楚扣4分		
		工作中无操作失误		误操作一次，扣2分，共计6分，分数扣完为止		
3	收工					
3.1	结束工作	工作结束，工器具及设备摆放整齐，工完场清，报告工作结束	2	（1）工器具及设备摆放不整齐，扣1分。 （2）未清理现场，扣1分。 （3）未汇报工作结束，扣1分，分数扣完为止		
3.2	填写检修记录（该项不计考核时间）	如实正确填写，记录检修、试验情况	3	检修记录未填写或填写错误，每处扣1分，分数扣完为止		

第四部分　技　　师

1 理论试题

1.1 单选题

La2A1001 常温下未经干燥的低压电动机线圈的绝缘电阻应大于或等于(　　)MΩ，温度在15～30℃时的吸收比应大于或等于1.3时，方可投入运行。

(A) 0.6；(B) 1；(C) 1.5；(D) 0.5。

答案：A

La2A1002 变压器中性点接地是属于(　　)。

(A) 保护接地；(B) 工作接地；(C) 重复接地。

答案：B

La2A1003 动、静触头的相对运动方向与接触表面垂直的触头成为(　　)。

(A) 滑动触头；(B) 对接触头；(C) 动合触头。

答案：B

La2A1004 电容器A的电容为200μF、耐压为500V，电容器B的电容为300μF、耐压为900V。两只电容器串联以后在两端加1000V的电压，结果是(　　)。

(A) A和B均不会击穿；(B) A和B均会被击穿；(C) A会被击穿，B不会被击穿；(D) A不会被击穿，B会被击穿。

答案：B

La2A1005 常用的起重钢丝绳规格有：6×19、6×37和6×61等几种，其中数字6表示(　　)。

(A) 6股；(B) 6kg；(C) 6t。

答案：A

La2A1006 SF_6断路器在零表压下对地或断口间应能承受(　　)电压5min。

(A) 最大相；(B) 工频最高相；(C) 相；(D) 线。

答案：B

La2A1007 将电气设备的金属外壳或构架与大地连接，以保护人身的安全，这种接地称为(　　)。

(A) 保安接地；(B) 保护接地；(C) 工作接地。

答案：B

La2A1008 质量管理中的质量，广义上来讲不仅指产品质量，还包括工作质量和(　　)。

(A) 管理质量；(B) 教育质量；(C) 服务质量；(D) 培训质量。

答案：C

La2A1009 开关机械特性测试仪在使用中，储能按键按下前，当电机的功率过大时，应(　　)。

(A) 与小功率电机基本一致；(B) 采用 AC220V 储能电源；(C) 采用开关机械特性测试仪提供储能电源；(D) 采用外部提供储能电源。

答案：D

La2A1010 SF_6 断路器是利用(　　)作为绝缘和灭弧介质。

(A) SF_6 气体；(B) SF_6 固体；(C) SF_6 气体和空气混合；(D) SF_6 液体。

答案：A

La2A2011 GW7 型隔离开关主刀合闸后，动触头与静触头之间间隙为(　　)mm，动触头中心与静触头中心高度误差小于 2mm。

(A) 20～30；(B) 30～50；(C) 55；(D) 50～60。

答案：B

La2A2012 表示 SF_6 高压断路器的拼音文字是(　　)。

(A) K；(B) Z；(C) L；(D) S。

答案：C

La2A2013 SF_6 的缺点是：它的(　　)性能受电场均匀程度及水分，杂质影响特别大。

(A) 绝缘；(B) 电气；(C) 化学；(D) 综合。

答案：B

La2A2014 高压开关柜弹簧机构手动可以储能，电动不能储能，应该是(　　)故障。

(A) 机械；(B) 操作；(C) 电气；(D) 机械和电气。

答案：D

La2A2015 SF_6 气体中含水量有体积比和重量比两种表示方法，他们的关系是(　　)。

(A) 相等的；(B) 体积比大于重量比；(C) 重量比＝0.123 倍体积比（或体积比＝8.11 倍重量比）。

答案：C

La2A2016 SF_6 气体的绝缘能力是空气的(　　)倍。

(A) 2.5～3；(B) 2～3；(C) 2～2.5；(D) 3～3.5。

答案：A

La2A2017 在振荡电路中，电容器放电完毕的瞬间是(　　)。

(A) 电场能正在向磁场能转化；(B) 磁场能向电场能转化；(C) 电场能正在向电场能转化；(D) 电场能向磁场能转换刚好完毕。

答案：D

La2A2018 电流互感器铁芯内的交变主磁通是由(　　)产生的。

(A) 一次绕组两端的电压；(B) 二次绕组的电流；(C) 一次绕组内流过的电流；(D) 二次绕组的端电压。

答案：C

La2A2019 当断路器在合闸过程中，如遇故障，即能自行分闸，即使合闸命令未解除，断路器也不能再度合闸的保护装置，称为(　　)。

(A) 自由脱扣开关装置；(B) 防跳装置；(C) 联锁装置。

答案：B

La2A2020 SF_6 设备开启封盖后，检修人员撤离现场(　　)min 后，方可进行解体工作。

(A) 10；(B) 20；(C) 30；(D) 40。

答案：C

La2A2021 选用扁钢做接地线，敷设在建筑物内部的，其厚度应不小于(　　)。

(A) 3mm；(B) 4mm；(C) 4.5mm；(D) 5mm。

答案：A

La2A2022 在检修工作中，下列做法正确的是(　　)。

(A) 工作负责人可以擅自变更安全措施；(B) 工作许可人可以擅自变更安全措施；(C) 工作负责人、工作许可人任何一方不得擅自变更安全措施；(D) 值班人员可以变更有关检修设备接线方式。

答案：C

La2A2023 在图样上所标注的法定长度计量单位为(　　)。

(A) 米(m);(B) 分米(dm);(C) 厘米(cm);(D) 毫米(mm)。

答案: D

La2A2024 重复接地的接地电阻要求阻值小于(　　)Ω。

(A) 0.5;(B) 4;(C) 10;(D) 55。

答案: C

La2A2025 SF_6 测量仪器使用前应采用干燥的 N_2 或合格的新 SF_6 气体冲洗测量管道,必须使用专用管道,长度尽量短,一般在(　　)m 以内为佳。

(A) 5;(B) 6;(C) 7;(D) 8。

答案: A

La2A2026 国产断路器的重合闸金属短接时间应尽量(　　)其固有分闸时间。

(A) 大于;(B) 接近于;(C) 小于;(D) 等于。

答案: B

La2A2027 考虑到母线带电作业时的机械强度,钢芯铝绞线的截面面积不应小于(　　)mm^2。

(A) 50;(B) 70;(C) 120;(D) 150。

答案: C

La2A2028 断路器额定断路关合电流的选择条件是:断路器的额定断路关合电流(　　)通过的最大短路电流。

(A) 等于;(B) 小于;(C) 不小于;(D) 大于。

答案: C

La2A2029 SF_6 断路器的灭弧介质及绝缘介质是(　　)。

(A) 变压器油;(B) 空气;(C) 真空;(D) SF_6 气体。

答案: D

La2A2030 对 SF_6 断路器进行充气时,其容器及管道必须干燥,工作人员必须(　　)。

(A) 戴手套;(B) 戴防毒面具;(C) 戴手套和口罩。

答案: C

La2A2031 SF_6 气体具有优良的(　　)性能。

(A) 灭弧和冷却;(B) 冷却和绝缘;(C) 灭弧和导热;(D) 灭弧和绝缘。

答案: D

La2A2032 提高支柱绝缘子沿面放电的措施有增高支柱绝缘子和(　　)。

(A) 绝缘子加粗；(B) 绝缘子变细；(C) 水平安装；(D) 装设均压环。

答案：D

La2A2033 绝缘电阻的测量值应为(　　)的数值。

(A) 30s；(B) 1s；(C) 15s；(D) 60s。

答案：D

La2A2034 接地网的外缘应闭合，外缘各角应做成圆弧形，圆弧的半径不宜小于均压带间距的(　　)。

(A) 一半；(B) 两倍；(C) 一倍；(D) 三倍。

答案：A

La2A2035 独立避雷针（线）应设独立的接地装置，在非高土壤电阻率地区，其接地电阻不应超过(　　)Ω。

(A) 5；(B) 10；(C) 15；(D) 20。

答案：B

La2A2036 GW16 型隔离开关在合闸过程中动触头运行轨迹成蛇形，其产生的原因是(　　)。

(A) 齿轮与齿条耦合不稳；(B) 操动机构的输出角度不对；(C) 平衡弹簧调节不当；(D) 拐臂的角度不对。

答案：A

La2A3037 未经干燥，且在静止状态下干燥有困难的电动机，当绝缘电阻不小于(　　)MΩ 时，可先投入运行，在运行中干燥。

(A) 0.6；(B) 1；(C) 0.2；(D) 0.5。

答案：C

La2A3038 在 220kV 带电区域中的非带电设备上检修时，工作人员正常活动范围与带电设备的安全距离应大于(　　)。

(A) 0.35m；(B) 0.6m；(C) 1.5m；(D) 3.0m。

答案：D

La2A3039 起重用钢丝绳的静力试验荷重的 2 倍。在起重时两根钢丝绳之间的夹角一般不大于(　　)。

(A) 60°；(B) 30°；(C) 45°。

答案：A

La2A3040 动、静触点的相对运动方向基本上与接触表面平行的触头成为(　　)。

(A) 滑动触头；(B) 对接触头；(C) 动断触头。

答案：A

La2A3041 变压器温度升高时，绝缘电阻测量值(　　)。

(A) 增大；(B) 降低；(C) 不变；(D) 成比例增大。

答案：B

La2A4042 硬母线同时有平弯及麻花弯时。应先扭麻花弯后平弯，麻花弯的扭转全长不应小于母线宽度的(　　)倍。

(A) 2.5；(B) 2；(C) 3；(D) 4。

答案：A

La2A4043 摇测带有整流元件的回路的绝缘时，不得给整流元件加压，应将整流元件两端(　　)。

(A) 短路；(B) 断路；(C) 拆下；(D) 不考虑。

答案：A

Lb2A1044 电缆线路相当于一个电容器，停电后的线路上还存在有剩余电荷，对地仍有(　　)，因此必须经过充分放电后，才可以用手接触。

(A) 电位差；(B) 等电位；(C) 很小电位；(D) 电流。

答案：A

Lb2A1045 工频耐压试验能考核变压器(　　)缺陷。

(A) 绕组匝间绝缘损伤；(B) 外绕组相间绝缘距离过小；(C) 高压绕组与高压分接引线之间绝缘薄弱；(D) 高压绕组与低压绕组及其引线之间的绝缘薄弱。

答案：D

Lb2A1046 GIS安装中，测量回路电阻应在(　　)。

(A) 任意时间；(B) 充 SF_6 气体前；(C) 与抽真空同时进行；(D) 抽真空之前。

答案：D

Lb2A1047 在室外构架上工作，则应在工作地点临近带电部分的横梁上悬挂(　　)的标示牌。

(A)“在此工作!”；(B)“禁止攀登、高压危险!”；(C)“从此上下!”；(D)“止步，高压危险!”。

答案：D

Lb2A1048 A级绝缘的变压器规定最高使用温度为(　　)。

(A) 100℃；(B) 105℃；(C) 110℃；(D) 115℃。

答案：B

Lb2A1049 热稳定电流表明了断路器承受(　　)热效应的能力。

(A) 最大电流；(B) 峰值电流；(C) 短路电流；(D) 平均电流。

答案：C

Lb2A1050 常用的25号变压器油的使用环境温度不低于(　　)。

(A) −25℃；(B) −20℃；(C) −15℃；(D) −5℃。

答案：A

Lb2A1051 一般断路器的使用环境条件中规定，海拔高度不得超过(　　)m。

(A) 1500；(B) 1000；(C) 2000；(D) 800。

答案：B

Lb2A1052 断路器接地金属外壳上应装有防锈并且具有导电良好的直径不小于(　　)mm的接地螺钉。

(A) 8；(B) 12；(C) 10；(D) 15。

答案：B

Lb2A1053 SF_6是一种高绝缘强度的气体电介质，在(　　)kPa压力下，SF_6的绝缘强度与变压器油大致相当。

(A) 294.2；(B) 133；(C) 600；(D) 750。

答案：A

Lb2A1054 开关机械特性测试仪在设置画面中，按(　　)键将修改的参数保存后返回准备测试画面，在数据画面中，本键在存储、读取、删除中用于功能确认。

(A) 打印；(B) 合/分；(C) 执行；(D) 确认。

答案：D

Lb2A1055 单臂电桥平衡时，检流计指零，这时(　　)。

(A) 通过被测电阻的电流等于零；(B) 检流计两端电位等于零；(C) 检流计两端电位相等。

答案：C

Lb2A1056 SF_6 断路器在零表压下对地或断口间应能承受工频最高相电压为(　　)min。
(A) 10；(B) 5；(C) 12；(D) 8。
答案：B

Lb2A1057 SF_6 气体的临界温度表示(　　)。
(A) 被液化的温度；(B) 被液化的最高温度；(C) 使用的最高环境温度。
答案：B

Lb2A1058 GW5 型隔离开关在母线拉力下，触头接触点向外偏离触指缺口不大于(　　)mm。
(A) 10；(B) 15；(C) 18；(D) 20。
答案：A

Lb2A1059 有载分接开关弧触头，当所有触头中有一只达到触头最小直径时应更换(　　)。
(A) 所有弧触头；(B) 烧蚀量最大的弧触头；(C) 该相所有弧触头；(D) 所有烧蚀的弧触头。
答案：A

Lb2A1060 GW22-252 型隔离开关静触头高度计算公式为(　　)，其中 X 是支柱绝缘子上法兰面至母线的距离，单位为 mm。
(A) $H=X-3300+100$；(B) $H=X-3300-100$；(C) $H=X+3300+100$；(D) $H=X+3300-100$。
答案：A

Lb2A2061 真空断路器的优点是：外形尺寸小，重量轻，触头磨损小，不需检修，开断性能良好，可在(　　)个周期内开断，无火灾危险，操作噪声小等。
(A) 1；(B) 2；(C) 3；(D) 4。
答案：B

Lb2A2062 GW22-252 型隔离开关发生分闸后动触头不复位现象，可能的原因是(　　)。
(A) 触子弹簧失效；(B) 平衡弹簧失效；(C) 回复弹簧失效。
答案：C

Lb2A2063 变电站第一、二种工作票(　　)。
(A) 可延期二次；(B) 只能延期一次；(C) 可随意延期。
答案：B

Lb2A2064 断路器的液压机构中液压油起(　　)作用。

(A) 传递能量;(B) 灭弧;(C) 储能;(D) 冷却。

答案:A

Lb2A2065 断路器在投运前、检修后及运行中，应定期检查操动机构分合闸脱扣器的(　　)特性，防止低电压动作特性不合格造成拒动或误动。

(A) 低电压动作;(B) 高电压动作;(C) 机械;(D) 扣合量。

答案:A

Lb2A2066 电容型绝缘的电流互感器，其一次绕组的末屏引出端子、铁芯的引出接地端子必须(　　)。

(A) 接地;(B) 经间隙接地;(C) 经避雷器接地;(D) 经电阻接地。

答案:A

Lb2A2067 GIS内部的绝缘件可用(　　)清洗。

(A) 无水丙酮;(B) 无水乙醇;(C) 汽油;(D) 蒸馏水。

答案:B

Lb2A2068 用固体绝缘插在导体间，使导体间不能产生破坏性放电的布置叫作(　　)。

(A) 导体的分离;(B) 导体的分隔。

答案:B

Lb2A2069 在相同距离的情况下，沿面放电电压比油间隙放电电压(　　)。

(A) 高很多;(B) 低很多;(C) 差不多;(D) 相等。

答案:B

Lb2A2070 两个电容器分别标着:"10μF，50V，""100μF，10V"，串联使用时，允许承受的最大电压是(　　)V。

(A) 60;(B) 30;(C) 55;(D) 110。

答案:C

Lb2A2071 当物体受平衡力作用时，它处于静止状态或作(　　)。

(A) 变速直线运动;(B) 变速曲线运动;(C) 匀速曲线运动;(D) 匀速直线运动。

答案:D

Lb2A2072 SF_6 断路器解体大修时，回收完 SF_6 气体后(　　)。

(A) 可进行分解工作;(B) 应用高纯度 N_2 气体冲洗两遍并抽真空后方可分解;

(C) 抽真空后分解；(D) 用 N_2 气体冲洗不抽真空即可分解。

答案：B

Lb2A2073 根据运行经验，聚乙烯绝缘层的破坏原因主要是(　　)。

(A) 树脂老化；(B) 外力破坏；(C) 腐蚀。

答案：A

Lb2A2074 电力变压器一、二次绕组对应电压之间的相位关系称为(　　)。

(A) 连接组别；(B) 短路电压；(C) 空载电流；(D) 短路电流。

答案：A

Lb2A2075 110kV 变压器注油后进行耐压试验前，除制造厂另有规定，否则至少须静置(　　)。

(A) 24～36h；(B) 16～24h；(C) 12～16h；(D) 8～12h。

答案：A

Lb2A2076 当测量电流互感器的 tanδ 时，选用电压为 10kV 的变压器容量为(　　) kV・A。

(A) 0.05；(B) 0.1；(C) 0.5；(D) 5。

答案：A

Lb2A2077 测量额定电压为 1kV 以上的变压器线圈的绝缘电阻时，必须使用(　　) V 的绝缘电阻表。

(A) 500；(B) 1000；(C) 1500；(D) 2500。

答案：D

Lb2A2078 35kV 及以上电压等级金属氧化物避雷器可用带电测试替代定期停电试验，但对 500kV 金属氧化物避雷器应(　　)年进行一次停电试验。

(A) 3～5；(B) 1～3；(C) 2～3；(D) 3。

答案：A

Lb2A2079 隔离开关完善化中要求，导电回路主触头镀银层厚度大于等于(　　)，硬度大于等于(　　)。

(A) 20μm，120HV；(B) 25μm，125HV；(C) 30μm，120HV；(D) 40μm，125HV。

答案：A

Lb2A3080 变压器大修后，在 10～30℃ 范围内，绕组绝缘电阻吸收比不得低于(　　)。

(A) 1.3；(B) 1.0；(C) 0.9；(D) 1.0～1.2。

答案：A

Lb2A3081 消弧线圈交接试验，测量其绕组连同套管的直流电阻的实测值与出厂值比较，其变化应不大于(　　)。

(A) 1%；(B) 20%；(C) 0.5%；(D) 70%。

答案：B

Lb2A3082 断路器的操作机构的最低可靠动作电压，其分闸电磁铁电压不得低于(　　)额定电压。

(A) 30%；(B) 50%；(C) 65%；(D) 45%。

答案：A

Lb2A3083 真空断路器熄灭时间短，当(　　)过零时，电弧即熄灭，灭弧触头的开距小。

(A) 电压；(B) 电流；(C) 电阻；(D) 温度。

答案：B

Lb2A3084 硬母线引下线一般采用(　　)作样板。

(A) 8号镀锌铁丝；(B) 10号镀锌铁丝；(C) 铝线；(D) 铜线。

答案：A

Lb2A3085 把空载变压器从电网中切除，将引起(　　)。

(A) 电网电压降低；(B) 过电压；(C) 过电流；(D) 无功减小。

答案：B

Lb2A3086 母线的常见故障有三种，以下不属于常见故障的是(　　)。

(A) 母线连接出过热；(B) 母线断裂扭曲；(C) 绝缘子对地闪络；(D) 母线电压消失。

答案：B

Lb2A3087 断路器分合闸线圈的电阻值与温度有关，它随温度的升高而(　　)。

(A) 减小；(B) 增大；(C) 不确定；(D) 不变。

答案：B

Lb2A3088 抬杠要长，行走时人和重物的最小距离应大于(　　)mm。

(A) 250；(B) 300；(C) 350；(D) 400。

答案：C

Lb2A3089 电气设备着火时，应使用(　　)灭火。

(A) 泡沫灭火器；(B) 干式灭火器；(C) 自来水；(D) 其他类型。

答案：B

Lb2A3090 SF_6 设备在充入 SF_6 气体(　　)h 后进行气体微水测试。

(A) 12；(B) 24；(C) 36；(D) 48。

答案：D

Lc2A1091 当选择断路器时，其额定电流应不小于运行中通过它的(　　)电流。

(A) 最大；(B) 工作；(C) 最大工作；(D) 正常。

答案：C

Lc2A1092 变压器有载分接开关中的过渡电阻的作用为(　　)。

(A) 限制切换时的过电压；(B) 熄弧；(C) 限制切换过程中的循环电流；(D) 限制切换过程中的负荷电流。

答案：C

Lc2A1093 GIS 快速地刀的作用是(　　)。

(A) 保护接地；(B) 工作接地；(C) 防雷；(D) 消除线路上的潜供电流。

答案：D

Lc2A1094 低温对断路器的操作机构有一定的影响，使断路器的机械特性发生变化，还会使瓷套和金属法兰的粘接部分产生(　　)不均匀等不良影响。

(A) 受力；(B) 应力；(C) 磁场；(D) 电场。

答案：B

Lc2A1095 断路器的并联电容，应能在耐受(　　)电压下工作两小时，其绝缘水平，应与断路器断口间耐压水平相同。

(A) 相；(B) 二倍相；(C) 线；(D) 最大。

答案：B

Lc2A1096 皮肤接触 SF_6（冷烧伤）后，用水冲洗患处至少(　　)min，作为热烧伤进行处理，并请医生及时诊治。

(A) 5；(B) 30；(C) 10；(D) 15。

答案：D

Lc2A1097 事故抢修(　　)。

(A) 用第一种工作票；(B) 用第二种工作票；(C) 不用工作票。

答案：C

Lc2A1098 断路器在关合短路故障时，其动触头（或横梁）所受到的是(　　)力。

（A）吸；（B）斥；（C）不定的。

答案：B

Lc2A1099 由铁磁材料构成的磁通集中通过的路径，称为(　　)。

（A）电路；（B）磁链；（C）磁路；（D）磁场。

答案：C

Lc2A1100 电动机构里的驱潮器应在(　　)时投入使用。

（A）低于零度；（B）湿度大于80%；（C）平时；（D）运行。

答案：C

Lc2A1101 当合闸操作起始后需要立即转为分闸操作时，即使合闸指令继续保持着，其动触头也能返回且保持在分闸位置的开关装置，称为(　　)。

（A）自由脱扣开关装置；（B）防跳装置；（C）过流脱扣装置。

答案：A

Lc2A1102 重要设备及设备架构等宜有两根与主地网不同干线连接的接地引下线，并且每根接地引下线均应符合(　　)的要求。

（A）接地阻抗测试；（B）接触电势测试；（C）导通测试，；（D）热稳定校验。

答案：D

Lc2A1103 某断路器操动机构合闸线圈的电阻为160Ω，当两端加上220V直流电压时，流过线圈的电流为(　　)A。

（A）0.5；（B）0.38；（C）1.38；（D）2.38。

答案：C

Lc2A1104 避雷器顶端加装均压环作用是(　　)。

（A）均匀电场分布；（B）改善分布电压；（C）平衡机械力；（D）美观。

答案：B

Lc2A1105 电场中，正电荷受电场力的作用总是(　　)移动。

（A）从高电位向低电位；（B）从低电位向高电位；（C）垂直于电力线的方向；（D）保持原位。

答案：A

Lc2A1106 125mm×10mm及其以下矩形铝母线焊成立弯时，最小允许弯曲半径R为(　　)倍的母线宽度。

(A) 1.5；(B) 2；(C) 2.5；(D) 3。

答案：B

Lc2A1107 开关机械特性测试仪在准备测试画面中，按(　　)键进入参数设置画面。

(A) 打印；(B) 合/分；(C) 执行；(D) 设置。

答案：D

Lc2A1108 SF_6 气体断路器中水分含量，是采用百万分比率来计算的，用(　　)。

(A) pnp；(B) μL/L；(C) pmp；(D) png。

答案：B

Lc2A1109 SF_6 断路器现场解体大修时，空气相对湿度应不大于(　　)。

(A) 90%；(B) 85%；(C) 80%。

答案：C

Lc2A2110 真空断路器是对密封在真空灭弧室中的触头进行开断、关合的设备。利用电弧在真空中的扩散作用，电弧在(　　)周期内被熄灭。

(A) 1；(B) 2；(C) 1/2；(D) 1/4。

答案：C

Lc2A2111 断路器液压机构管路组装连接卡套应能顺利进入管座，管头不应顶住管座，底部应有(　　)mm的间隙。

(A) 1～2；(B) 3；(C) 4；(D) 4～5。

答案：A

Lc2A2112 断路器的液压机构中氮气起(　　)作用。

(A) 传递能量；(B) 灭弧；(C) 储能；(D) 冷却。

答案：C

Lc2A2113 SF_6 断路器的灭弧及绝缘介质是(　　)。

(A) 绝缘油；(B) 真空；(C) 空气；(D) 六氟化硫。

答案：D

Lc2A2114 游标卡尺的具体读数步骤分为三步：①读整数；②读小数；③将上述两次读数(　　)即为被测尺寸的读数。

(A) 相加；(B) 相减；(C) 相乘；(D) 相除。

答案：A

Lc2A2115 在安全生产中(　　)是根本。

(A) 内因；(B) 外因；(C) 规章制度；(D) 经济考核。

答案：A

Lc2A2116 SF_6 气体的密度是空气的(　　)倍。

(A) 5.1；(B) 4.1；(C) 5.5；(D) 3.8。

答案：A

Lc2A2117 断路器的跳闸辅助触点应在(　　)接通。

(A) 合闸过程中，合闸辅助触点断开后；(B) 合闸过程中动、静触头接触前；(C) 合闸终结后。

答案：B

Lc2A2118 选择断路器容量，应根据安装处(　　)计算。

(A) 变压器容量；(B) 线路容量；(C) 负荷电流；(D) 最大短路容量。

答案：D

Lc2A2119 浸入充油设备的水分，一般以(　　)形态存在。

(A) 溶解水分；(B) 乳化（悬浮）水分；(C) 游离水分；(D) 固体绝缘吸附的水分、溶解水分、乳化（悬浮）水分、游离水分。

答案：D

Lc2A2120 工件锉削后，可用(　　)法检查其平面度。

(A) 尺寸；(B) 观察；(C) 透光；(D) 对照。

答案：C

Lc2A2121 110～220kV 充油电气设备的添加油注入前的电气击穿强度（油耐压）标准规定为(　　)。

(A) ≥40kV；(B) ≥45kV；(C) ≥35kV。

答案：A

Lc2A2122 LW16 断路器灭弧室检修后组装时，热镀锌 M10 螺栓的紧固力矩为(　　)N·m。

(A) 20；(B) 30；(C) 40；(D) 50。

答案：C

Lc2A2123 10kV 中性点不接地系统接地点电容电流大于或等于(　　)A 时，该系统应采用中性点经消弧线圈接地。

(A) 10；(B) 20；(C) 30。

答案：C

Lc2A2124 电容为100μF的电容器充电，电容器两端的电压从0V增加到100V，电源供给的电能为(　　)W。

(A) 100；(B) 0；(C) 0～100；(D) 0.5。

答案：D

Lc2A2125 变压器在充氮运输或保管时，必须有压力监视装置，压力可保持不小于(　　)MPa。

(A) 0.02～0.03；(B) 0.2～0.3；(C) 0.1～0.3；(D) 0.01～0.03。

答案：D

Lc2A2126 电缆绝缘的tanδ值增大就迫使允许载流量(　　)。

(A) 降低；(B) 提高；(C) 不变。

答案：A

Lc2A2127 绝缘子串顶端加装均压环的作用是(　　)。

(A) 均匀电场分布；(B) 改善分布电压；(C) 平衡机械力；(D) 美观。

答案：A

Lc2A3128 断路器的操作机构的最低可靠动作电压，其分闸电磁铁电压不得大于(　　)额定电压。

(A) 30%；(B) 50%；(C) 65%；(D) 45%。

答案：C

Lc2A3129 GW13型隔离开关两支柱绝缘子的交叉角度是(　　)。

(A) 30°；(B) 40°；(C) 50°；(D) 60°。

答案：C

Lc2A3130 人们常说的SF_6气体中水分含量的ppm值，就是水分含量（体积或重量）占气体总量（体积或重量）的(　　)。

(A) 百分率；(B) 千分率；(C) 万分率；(D) 百万分率。

答案：D

Lc2A3131 万用表的转换开关是实现(　　)的开关。

(A) 各种测量及量程；(B) 电流接通；(C) 接通被测物实现测量；(D) 电压接通。

答案：A

Lc2A3132 回路电阻测试仪的工作电流一般为(　　)A。

(A) 10；(B) 50；(C) 80；(D) 100。

答案：D

Lc2A3133 在使用手拉葫芦时，当重物离开地面(　　)左右时，停留一段时间，确认各部件受力正常后，再继续起吊。

(A) 0.1m；(B) 0.2m；(C) 0.3m；(D) 0.4m。

答案：B

Lc2A3134 法定长度计量单位与英制单位是两种不同的长度单位，但它们之间可以互相换算，换算关系是1英寸 (in) ＝(　　)毫米 (mm)。

(A) 10；(B) 12；(C) 20；(D) 25.4。

答案：D

Lc2A3135 将接地的金属板插在导体间，使破坏性放电只能发生在导体和地之间的布置叫作(　　)。

(A) 导体的分隔；(B) 导体的分离。

答案：B

Lc2A3136 当开关的主触点合时闭合而主触点分时断开的控制触点或辅助触点成为(　　)。

(A) 动合触点；(B) 动断触点；(C) 滑动触点。

答案：A

Lc2A3137 在Ⅲ级污秽区，220kV断路器外绝缘的爬电距离应不小于(　　)。

(A) 4840mm；(B) 5500mm；(C) 6050mm。

答案：B

Lc2A4138 断路器技术参数中，动稳定电流的大小决定于导电及绝缘元件的(　　)强度。

(A) 拉伸；(B) 温度；(C) 机械；(D) 电气。

答案：C

Jd2A1139 对成人进行胸外按压时，压到(　　)后立即全部放松，使胸部恢复正常位置让血液流进心脏。

(A) 2～3cm；(B) 3～4cm；(C) 3～5cm；(D) 4～6cm。

答案：C

Jd2A1140 使用钳形电流表时，被测的导线(　　)。

(A) 必须裸导线；(B) 绝缘、裸导线均可；(C) 必须绝缘线。

答案：B

Jd2A1141 发电机的额定电压比线路的额定电压高(　　)。

(A) +1%；(B) +2%；(C) +5%；(D) +10%。

答案：C

Jd2A1142 高压开关柜中母线的两个绝缘子之间的距离不应超过(　　)mm。

(A) 800；(B) 900；(C) 1000；(D) 700。

答案：A

Jd2A1143 有一台三相电动机绕组连成星形，接在线电压为380V的电源上，当一相熔丝熔断时，其三相绕组的中性点对地电压为(　　)V。

(A) 110；(B) 220；(C) 190；(D) 0。

答案：A

Jd2A1144 双母线接线方式中，正常需要的母联设备有(　　)。

(A) 一台断路器；(B) 一组刀闸；(C) 一台断路器、一组刀闸；(D) 一台断路器、两组刀闸。

答案：D

Jd2A1145 进行 SF_6 气体采样和处理一般渗漏时间，要戴防毒面具并进行(　　)。

(A) 用安全措施票；(B) 紧急抢修；(C) 通风。

答案：C

Jd2A1146 SF_6 的灭弧能力约为空气的(　　)倍。

(A) 50；(B) 3；(C) 2.5～3；(D) 100。

答案：D

Jd2A1147 当 SF_6 气体钢瓶内压力降至(　　)个大气压时，应停止引出气体。

(A) 1；(B) 2；(C) 3。

答案：A

Jd2A2148 折臂式隔离开关合闸位置时，下导电管应向合闸方向倾斜(　　)。

(A) 1°～2°；(B) 3°～5°；(C) 10°；(D) 12°。

答案：B

Jd2A2149　我国特高压交流电网的标称电压是(　　)kV。

(A) 330；(B) 500；(C) 750；(D) 1000。

答案：D

Jd2A2150　交流电压下几种绝缘材料组合使用时，相对介电系数(　　)的材料分担电压较高，容易首先发生游离放电。

(A) 大；(B) 接近于1；(C) 不定；(D) 小于1。

答案：B

Jd2A2151　断路器长时间允许通过的最大工作电流是(　　)。

(A) 最大工作电流；(B) 允许通过电流；(C) 开断电流；(D) 额定电流。

答案：D

Jd2A2152　1kV以下电力设备的接地电阻，一般不大于(　　)Ω。

(A) 4；(B) 5；(C) 40；(D) 16。

答案：A

Jd2A2153　电容器不允许在(　　)额定电压下长期运行。

(A) 100%；(B) 110%；(C) 120%；(D) 130%。

答案：B

Jd2A2154　当开关机械特性测试仪测试真空开关时，根据不同型号的真空开关，可修改"真空开关刚合速度"及"真空开关刚分速度"两项设置，一般以(　　)用得较多。

(A) 3mm；(B) 4mm；(C) 5mm；(D) 6mm或5mm。

答案：D

Jd2A2155　某线圈有100匝，通过的电流为2A，则该线圈的磁势为(　　)安匝。

(A) 50；(B) 400；(C) 200；(D) 0.02。

答案：C

Jd2A3156　欧姆定律只适用于(　　)电路。

(A) 电感；(B) 电容；(C) 线性；(D) 非线性。

答案：C

Jd2A3157　GW4-126型隔离开关主导电臂随支柱绝缘子作(　　)转动。

(A) 120°；(B) 180°；(C) 90°；(D) 60°。

答案：C

Jd2A3158 SF_6 电气设备的年漏气率一般应小于(　　)。
(A) 5%；(B) 0.5%；(C) 0.1%；(D) 1.5%。
答案：B

Je2A1159 隔离开关某型号 GW4-40.5 中 40.5 表示的是(　　)。
(A) 最高电压；(B) 额定电压；(C) 工频耐压；(D) 雷电冲击耐压。
答案：B

Je2A1160 下列电学计量器具中，不是主要标准量具的有(　　)。
(A) 标准电池；(B) 标准电阻；(C) 标准电感；(D) 标准电能表。
答案：D

Je2A1161 变压器铭牌上的额定容量是指(　　)功率。
(A) 有功；(B) 无功；(C) 视在；(D) 最大。
答案：C

Je2A1162 测量 1kV 及以上电力电缆的绝缘电阻时应使用(　　)。
(A) 500V 兆欧表；(B) 100V 兆欧表；(C) 2500V 兆欧表；(D) 1000V 兆欧表。
答案：C

Je2A1163 110kV 以上的变压器引出线套管一般采用(　　)。
(A) 单体磁绝缘套管；(B) 有附加绝缘的磁套管；(C) 充油式套管；(D) 电容式套管。
答案：D

Je2A1164 隔离开关检修时，其传动部分要抹(　　)。
(A) 导电脂；(B) 凡士林；(C) 润滑油；(D) 清洁剂。
答案：C

Je2A1165 起重钢丝绳用插接法连接时，插接长度应为直径的 15～22 倍，但一般最少不得小于(　　)mm。
(A) 500；(B) 400；(C) 300；(D) 100。
答案：A

Je2A1166 在特别危险场所使用的行灯电压不得超过(　　)V。
(A) 220；(B) 36；(C) 12；(D) 6。
答案：C

Je2A1167 油浸式互感器应直立运输，倾斜角不宜超过(　　)。

(A) 15°；(B) 20°；(C) 25°；(D) 30° 。

答案：A

Je2A1168 触电急救中，在现场抢救时不要为了方便而随意移动触电者，如确需移动触电者，其抢救时间不得中断(　　)。

(A) 30s；(B) 40s；(C) 50s；(D) 60s。

答案：A

Je2A2169 隔离开关的安装基础应(　　)。

(A) 水平；(B) 垂直；(C) 对称；(D) 无要求。

答案：A

Je2A2170 隔离开关一般不需要专门的(　　)。

(A) 灭弧室；(B) 电磁锁；(C) 触指；(D) 均压环。

答案：A

Je2A2171 25号变压器油中的25号表示(　　)。

(A) 变压器油的闪点是25℃；(B) 油的凝固定点是－25℃；(C) 变压器油的耐压是25kV；(D) 变压器油的密度是25。

答案：B

Je2A2172 在(　　)级及以上的大风、暴雨及大雾等恶劣天气下，应停止露天高空作业。

(A) 五；(B) 六；(C) 七；(D) 四。

答案：B

Je2A2173 配有CJ5型电动操作机构的GW4型隔离开关合闸行程不足（主拐臂未过死点），可适当调整合闸限位与弹簧片间的距离，使其距离(　　)。

(A) 增大；(B) 减小。

答案：A

Je2A2174 需要进行刮削加工的工件，所留的刮削余量一般在(　　)之间。

(A) 0.05～0.4mm；(B) 0.1～0.5mm；(C) 1～5mm；(D) 0.5～1mm。

答案：A

Je2A2175 加速绝缘老化的主要原因是使用的(　　)。

(A) 电压过高；(B) 电流过大；(C) 温度过高；(D) 时间过长。

答案：C

Je2A3176　GN2-35 型隔离开关分闸后断开绝缘距离应大于(　　)mm。
(A) 400；(B) 300；(C) 200；(D) 252。
答案：B

Je2A3177　接地体的连接应采用(　　)。
(A) 搭接焊；(B) 螺栓连接；(C) 对接焊；(D) 绑扎。
答案：A

Je2A3178　在焊接、切割地点周围(　　)m 的范围内，应清除易燃、易爆物品，无法清除时，必须采取可靠的隔离或防护措施。
(A) 5；(B) 7；(C) 10；(D) 4。
答案：A

Je2A3179　SF_6 气体具有良好的绝缘性能是由于该气体(　　)。
(A) 稳定性能好；(B) 具有很强的电子吸附能力；(C) 分子尺寸大；(D) 分子量大。
答案：B

Je2A3180　避雷器绝缘底座处可装设放电记录器，记录避雷器(　　)和通过的冲击放电电流。
(A) 动作次数；(B) 雷击次数；(C) 泄漏电流；(D) 阻容电流。
答案：A

Je2A3181　一般将电气设备和载流导体能够承受短路电流发热的能力称为(　　)。
(A) 热效应；(B) 热稳定；(C) 动稳定；(D) 热平衡。
答案：B

Jf2A1182　运行以后的 GIS，除开关室以外的其他气室的微水含量不得大于(　　)。
(A) 200μL/L；(B) 250μL/L；(C) 300μL/L；(D) 500μL/L。
答案：D

Jf2A1183　互感器的作用是当一次侧发生(　　)时，能够保护测量仪表和继电器的电流线圈，使之免受大电流的损害。
(A) 短路；(B) 开路；(C) 接地；(D) 雷击。
答案：A

Jf2A1184　目前常用的航空液压油型号用(　　)表示。
(A) YH-10；(B) YH-8；(C) YH-7；(D) YH-9。
答案：A

Jf2A1185 电气试验用的仪表的准确级一般要求在(　　)级。

(A) 0.5；(B) 1.0；(C) 0.2；(D) 1.5。

答案：A

Jf2A1186 耦合电容器电压抽取装置抽取的电压是(　　)V。

(A) 50；(B) 80；(C) 100；(D) 150。

答案：C

Jf2A1187 电动操作机构的隔离开关控制回路中可串入断路器的(　　)来实现闭锁。

(A) 辅助开关常开接点；(B) 辅助开关常闭接点；(C) 机构未储能；(D) 机构操作压力低接点。

答案：B

Jf2A2188 进行直流泄漏电流试验结束后，应对被试品进行放电，放电方式最好的是(　　)。

(A) 直接用导线放电；(B) 通过电阻放电；(C) 通过电感放电；(D) 通过电容放电。

答案：B

Jf2A2189 液压机构运行中起、停泵时，活塞杆位置正常而机构压力异常升高的原因是(　　)。

(A) 预充压力高；(B) 液压油进入气缸；(C) 氮气泄漏；(D) 机构失灵。

答案：B

Jf2A2190 发电机在电力系统发生不对称短路时，在转子中就会感应出(　　)电流。

(A) 50Hz；(B) 100Hz；(C) 150Hz。

答案：B

Jf2A2191 人体皮肢干燥又未破损时，人体电阻一般为(　　)。

(A) 1000～150000Ω；(B) 10000～100000Ω；(C) 40000～200000Ω；(D) 3000～10000Ω。

答案：B

Jf2A2192 除正常的运行人员外，还可以由(　　)来进行倒闸操作。

(A) 值班调度员；(B) 操作发令人；(C) 检修人员；(D) 运行管理人员。

答案：C

Jf2A2193 接地网的接地电阻主要取决于其(　　)。

(A) 网格形状；(B) 布置密度；(C) 接地材料；(D) 包围面积。

答案：D

Jf2A2194 黄铜是(　　)合金。

(A) 铜锌；(B) 铜锡；(C) 铜镁；(D) 铜钨。

答案：A

Jf2A2195 金属材料按其组成的成分，一般可以分成(　　)。

(A) 纯金属和合金；(B) 合金；(C) 纯金属；(D) 高强度金属。

答案：A

Jf2A2196 CJ10-20型交流接触器的额定电流为(　　)。

(A) 10A；(B) 12A；(C) 16A；(D) 20A。

答案：D

Jf2A2197 从底面进入高压开关柜内的电缆，多数穿越底板后再分岔，加上分相后外沿面也有绝缘要求，因此电缆头的安装点须有一定高度，通常以大于(　　)mm为好。

(A) 500；(B) 400；(C) 300；(D) 600。

答案：A

Jf2A3198 SF_6气体中水分含量的体积比是重量比的(　　)倍。

(A) 5；(B) 6.11；(C) 8.11；(D) 10.11。

答案：C

Jf2A3199 现场为了简化二次回路交流耐压试验，规定回路绝缘电阻值在10MΩ以上时，可用(　　)V兆欧表测试。

(A) 1000；(B) 2500；(C) 500；(D) 5000。

答案：B

Jf2A3200 有效接地系统电力设备接地电阻，一般不大于(　　)。

(A) 0.5Ω；(B) 1Ω；(C) 1.5Ω；(D) 5Ω。

答案：A

1.2 判断题

La2B1001 交流电路用的电流表所指示的是交流电的平均值。(×)

La2B1002 在 R、L、C 串联电路中，调节其中电容时，电容调大，则电路感性增强。(√)

La2B1003 串联谐振电路的特点是回路中电流最大。(√)

La2B1004 正常情况下，将电气设备不带电的金属外壳或构架与大地相接，称为保护接地。(√)

La2B1005 在一个电路中，选择不同的参考点，则两点间的电压也不同。(×)

La2B1006 电力系统中发电机发出的功率与负载所使用的功率无关。(×)

La2B1007 开关类设备部件温度和周围空气温度之差叫作温升。(√)

La2B1008 变压器二次电流与一次电流之比，等于二次绕组匝数与一次绕组匝数之比。(×)

La2B1009 蓄电池的电解液是导体。(√)

La2B1010 任何两块金属导体，中间用不导电的绝缘材料隔开，就形成了电容器。(√)

La2B1011 电容器串联后总电容变小，而并联后总电容增加。(√)

La2B1012 对地电压是指带电体与大地零电位之间的电位差。(√)

La2B1013 在电路中，任意两点间电位差的大小与参考点的选择无关。(√)

La2B1014 一个周期性非正弦量也可以表示为一系列频率不同、幅值不相等的正弦量的和（或差）。(√)

La2B2015 电力网装了并联电容器，发电机就可以少发无功。(√)

La2B2016 GW22-252D（G）中（G）的含义是高原。(√)

La2B2017 导线上的电晕现象是由局部场强产生的非自持放电导致的。(×)

La2B2018 在 R、L、C 串联电路中，总电压与电流之间的相位角与频率无关。(×)

La2B2019 利用串联电阻的方法可以扩大电压表的量程；利用并联电阻的方法可以扩大电流表的量程。(√)

La2B2020 绝缘材料对电子的阻力很大，这种对电子的阻力称为绝缘材料的绝缘电阻。(√)

La2B2021 伏秒特性不能全面地描述气隙地击穿特性。(×)

La2B2022 单相照明电路中，每一个回路负载电流一般不应超过 15A。(√)

La2B2023 当物体受同一平面内互不平行的三个力作用而保持平衡时，此三个力的作用线必汇交于一点。(√)

La2B3024 SF_6 断路器气体压力由密度继电器进行检测，密度继电器具有温度补偿功能，对因温度变化而引起的气体压力的变化没有反应，它仅表示因断路器漏气而造成的压力降低。(√)

La2B3025 可控硅整流电路，是把交流电变为大小可调的直流电，因此输出电压随控制角 α 的增大而减小。(√)

La2B3026 电力系统有功功率的变化不会引起系统频率的变化。(×)

La2B3027 所有电气设备的金属外壳均应有良好的接地装置，使用中不准将接地装置拆除，但可对其进行工作。（×）

La2B3028 电场均匀或稍不均匀时，V-s 曲线陡峭；电场极不均匀时，V-s 曲线平坦。（×）

La2B3029 串联谐振电路的特征是电路阻抗最小（$Z=R$）。（√）

La2B4030 电压互感器一次绕组和二次绕组都接成星形且中性点都接地时，二次绕组中性点接地称为工作接地。（×）

La2B5031 电力系统暂态过程是指电力系统急剧地从一种运行状态向另一种运行状态过度的过程。（√）

La2B5032 电容器额定电容容差规定为＋10％～5％，耦合电容器 tanδ 要小，电容随温度变化要大。（×）

Lb2B1033 每批出厂的 SF_6 气体都应附有一定格式的质量证明书，内容包括生产厂名称、产品名称、批号、气瓶编号、净质量、生产日期和标准编号。（√）

Lb2B1034 户外 GIS 安装现场的风速必须小于 4 级。（×）

Lb2B1035 基准周期是指《输变电设备状态检修试验规程》规定的检修周期和例行试验周期。（×）

Lb2B1036 变压器在运行中补油时，不必先将重瓦斯保护改接信号装置。（×）

Lb2B1037 高压开关柜的观察窗的防护等级应低于外壳的防护等级。（×）

Lb2B1038 GIS 内部的绝缘件可用无水丙酮清洗。（×）

Lb2B1039 电缆沟的盖板开启后，应自然通风一段时间，方可下井工作。（×）

Lb2B1040 雨雪天气时，如要进行室外直接验电，应加强监护。（×）

Lb2B1041 高压开关柜外壳一般是金属。（√）

Lb2B1042 在断路器控制回路中，红灯监视跳闸回路，绿灯监视合闸回路。（√）

Lb2B1043 为保证设备及人身安全、减少一次设备故障时对继电保护及安全自动装置的干扰，所有电压互感器的中性线必须在开关场就地接地。（×）

Lb2B1044 隔离开关按绝缘支柱数目可分为单柱式和双柱式两类。（×）

Lb2B1045 测量导电回路直流电阻实际上是测量动、静触头的接触电阻。（√）

Lb2B2046 交流特高压系统中使用高速接地开关可以提高重合闸的成功率。（√）

Lb2B2047 直流电动机启动时的电流等于其额定电流。（×）

Lb2B2048 SF_6 断路器和组合电器里的 SF_6 气体中的水分会直接对设备起腐蚀和破坏的作用。（×）

Lb2B2049 SF_6 气体钢瓶在库中存放时间超过半年以上者，使用前既不用抽查也不用化验。（×）

Lb2B2050 采用选相合闸、串联多级合闸电阻或两者相结合的方法是为了限制合分空载长线所产生的过电压。（√）

Lb2B2051 配用弹簧机构的断路器，其分闸速度是通过分闸弹簧的压缩（或拉伸）来调整的。（√）

Lb2B2052 避雷针与经常通行的道路之间的距离应大于 3m。（√）

Lb2B2053 断路器技术参数中，动稳定电流的大小决定于导电及绝缘等元件的机械

强度。(√)

Lb2B2054 真空断路器的合闸弹跳影响其合闸能力和电寿命，而分闸反弹影响其弧后绝缘性能。(√)

Lb2B2055 兆欧表输出的电压是交流电压。(×)

Lb2B2056 避雷器的均压环，主要以其对各节法兰的电容来实现均压。(√)

Lb2B2057 GIS安装现场准备一个真空吸尘器的主要作用是清洁GIS气室内外及工作现场。(×)

Lb2B2058 断路器三相位置不一致保护不需要采用断路器本体三相位置不一致保护。(×)

Lb2B2059 断路器的技术特性数据中，电流绝对值最大的是动稳定电流。(√)

Lb2B2060 SF_6断路器灭弧室在灭弧原理上可分为自能式和外能式两大类。在具体结构上分为双压式灭弧室、压气式灭弧室（单压式）、旋弧式灭弧室、自吹式灭弧室等几种。(√)

Lb2B2061 断路器的额定峰值耐受电流是反映断路器承受短路电流电动力作用的能力。(√)

Lb2B2062 更换SF_6断路器吸附剂属于B类检修。(√)

Lb2B2063 高压断路器的防跳试验：断路器分别处于分、合闸位置，分合闸信号同时给入，断路器应不产生跳跃并最终处于分闸位置。(√)

Lb2B2064 高压断路器无自由脱扣的机构，严禁就地操作。(√)

Lb2B2065 开关柜内的隔板和活门的防护等级应至少达到IP2X。(√)

Lb2B2066 一般室内矩形硬母线采用水平安装，是因其散热条件比竖装的好。(×)

Lb2B2067 GIS耐压试验前，所有电流互感器的二次绕组应短路并接地。(√)

Lb2B2068 断路器非全相继电器应与断路器本体或操动机构箱装设在一起。(×)

Lb2B2069 KYN28-12型高压开关柜利用机械连锁来实现小车隔离开关与断路器之间的连锁。(×)

Lb2B2070 对气动机构宜加装汽水分离装置和自动排污装置，对液压机构应注意液压油油质的变化，必要时应及时滤油或换油，防止压缩空气中的凝结水或液压油中的水分使控制阀体生锈，造成拒动。(√)

Lb2B2071 小电流接地系统中的并联电容器可采用中性点不接地的星形接线。(√)

Lb2B2072 不良工况是指设备在运行中经受的、可能对设备状态造成无法运行的各种特别工况。(×)

Lb2B2073 SF_6配电装置室、电缆层（隧道）的排风机电源开关应设置在门内。(×)

Lb2B2074 经确认由设计、和/或材质、和/或工艺共性因素导致的设备缺陷称为家族缺陷。如出现这类缺陷，具有同一设计、和/或材质、和/或工艺的其他设备，不论其当前是否可检出同类缺陷，在这种缺陷隐患被消除之前，都称为有家族缺陷设备。(√)

Lb2B2075 活性炭可用于六氟化硫电气设备内的吸附剂。(×)

Lb2B2076 GIS安装现场的空气湿度必须不大于90%。(×)

Lb2B2077 液压机构的检修必须掌握住清洁、密封两个关键性的要求。(√)

Lb2B2078 编写巡视现场标准化作业指导书应写明巡检路径。(√)

Lb2B2079 联锁装置的结构应尽量简单、可靠、操作维修方便，为此要优先选用电

气类联锁装置。(×)

Lb2B2080 在380/220V中性点接地系统中，电气设备均采用接地保护。(√)

Lb2B2081 隔离开关均以空气为断口间的绝缘介质。(×)

Lb2B2082 户内GIS安装时，为保持通风可不关闭门窗。(×)

Lb2B2083 测量绝缘电阻和泄漏电流的方法不同，但表征的物理概念相同。(√)

Lb2B2084 《输变电设备状态检修试验规程》规定：当泄漏电流有功分量增加到2倍初始值时，应停电进行检查。国内有些单位自己制定了某些判断标准，如有的单位规定当330kV氧化锌避雷器的阻性电流峰值超过0.3mA、110～220kV氧化锌避雷器的阻性电流峰值超过0.2mA或测量值较初始值有明显增加时，应进行停电试验，以判断绝缘优劣。(√)

Lb2B2085 SF_6断路器在外形结构上分为瓷柱式SF_6断路器和落地罐式SF_6断路器。(√)

Lb2B2086 SF_6断路器只利用SF_6作为灭弧介质的。(×)

Lb2B2087 SF_6气体注入设备后必须进行湿度试验，且应对设备内气体进行气体成分分析，必要时进行SF_6纯度检测。(×)

Lb2B3088 失步开断最严重的情况是两个电源反相，即电压相位差180°。(√)

Lb2B3089 加强断路器合闸电阻的检测和试验，防止断路器合闸电阻缺陷引发故障。在断路器产品出厂试验、交接试验及预防性试验中，应对合闸电阻的阻值、断路器主断口与合闸电阻断口的配合关系进行测试。(√)

Lb2B3090 合闸弹簧储能时，牵引杆的位置必须超过死点。(×)

Lb2B3091 对电力系统的稳定性干扰最严重的是发生三相短路故障。(√)

Lb2B3092 真空断路器的合闸弹跳时间越小，其性能越好，弹跳时间越长，触头的电磨损越严重，容易产生合闸过电压。(√)

Lb2B3093 一般来说断路器的开距即为断路器的全行程。(×)

Lb2B3094 SF_6设备补充新气体，钢瓶内的含水量应不大于100μL/L。(×)

Lb2B3095 注入蓄电池的电解液，其温度不宜高于30℃，充电过程中液温不宜高于45℃。(√)

Lb2B3096 真空灭弧室中的主屏蔽罩的作用是使电场分布均匀。(×)

Lb2B3097 采用一台三相五柱式电压互感器，接成Y-Y0接线，该方式能测量相电压、线电压，但不可作为绝缘监视用。(√)

Lb2B3098 接触器是用来实现低压电路的接通和断开的，并能迅速切除短路电流。(×)

Lb2B3099 SF_6气体断路器的SF_6气体在常压下绝缘强度比空气大3倍。(×)

Lb2B3100 高压断路器的极限通过电流是指单相接地电流。(×)

Lb2B3101 金属封闭铠装式高压开关柜，当开关柜内与母线的连接方式为固定连接时，只要将隔离手车退至试验位置就可打开后柜门，对母线避雷器和电压互感器进行检修。(×)

Lb2B3102 三相共箱式GIS，其外壳在运行时不会产生涡流。(√)

Lb2B3103 一台SF_6断路器需解体大修时，回收完SF_6气体后应立即进行分解。(×)

Lb2B3104 交流电流过零后能否熄灭，除与弧隙介质恢复过程有关外，还与弧隙的电压恢复过程有关。(√)

Lb2B3105 电力网中性点经消弧线圈接地是用它来平衡接地故障电流中因线路对地电容产生的超前电流分量。(√)

Lb2B3106 为了防止变压器在运行或试验中，由于静电感应而在铁芯或其他金属件上产生电位造成对地放电，其穿芯螺栓应可靠接地。(×)

Lb2B3107 当电容器事故分闸时，则应立即查明原因，找出故障电容器。(√)

Lb2B3108 高压开关柜的接地开关处在合闸位置时，只有断路器在分闸位置时，手车才可以从试验位置移至工作位置。(×)

Lb2B3109 操作机构所有线圈的绝缘状况，主要依靠测量绝缘电阻进行判断。(√)

Lb2B3110 SF_6 气体回收装置抽真空时，必须由专人监视真空泵的运转情况，以防止因运转中停电、停泵，而导致真空泵中的油倒吸入 SF_6 电气设备内，造成严重后果。(√)

Lb2B3111 为便于试验和检修，GIS 的电流互感器应设置独立的隔离开关或隔离断口。(×)

Lb2B3112 开关柜柜内应分为 4 个隔室，分别为母线室、断路器室、电缆室、仪表室。其中，隔室隔板采用接地的金属隔板，各隔室间防护等级不低于 IP3X。(√)

Lb2B3113 触头接触电阻与触头间的压力有关，在一定范围内，压力越大，接触电阻越小越稳定（√)。

Lb2B3114 如将中压配电网电压由 10kV 升为 20kV，在输送同样功率的条件下，线路电流可减少 50%，则线路电能损耗可降低 75%。(√)

Lb2B3115 变压器运行中进行补油后要检查瓦斯继电器，及时放出气体，24h 后无问题再投入重瓦斯。(√)

Lb2B3116 电缆耐压试验时，加压端应做好安全措施，防止人员误入试验场所。另一端应设置围栏并挂上警告标示牌。如另一端是上杆的或是锯断电缆处，应派人看守。(√)

Lb2B3117 断路器的开断容量应根据运行中最大负荷选择。(×)

Lb2B3118 GIS 安装中，进入其气室内部之前氧浓度不得低于 15%。(×)

Lb2B3119 熔断器熔件的熔化时间与触头接触和熔件本身状况有关。(√)

Lb2B3120 死点位置能保证隔离开关可靠地保持在分合闸位置。(√)

Lb2B3121 全连式分相封闭母线通过短路电流时，由于外壳环流和涡流的屏蔽作用，使得母线之间的电动力大为增加。(×)

Lb2B3122 备用的电流互感器的二次绕组端子应短路，无须再接地。(×)

Lb2B3123 避雷器与受其保护的变压器之间的距离要有一定的限制。(√)

Lb2B3124 SF_6 充装回收装置的存储系统应选择好容器罐、压力计和无泄漏阀门。(√)

Lb2B3125 消弧线圈的电感电流对接地电流的补偿程度应为全补偿。(×)

Lb2B3126 变压器在空载合闸时的励磁电流基本上是感性电流。(√)

Lb2B3127 所有的电压互感器（包括测量、保护和励磁自动调节）二次绕组出口均应装设熔断器或自动开关。(×)

Lb2B3128 测量断路器的绝缘电阻，应测量在合闸状态下导电部分和分闸状态下断口之间的绝缘电阻值。(√)

Lb2B3129 110kV（66kV）～500kV SF_6 绝缘电流互感器出厂试验时，各项试验包

括局部放电试验和耐压试验必须逐台进行。(√)

Lb2B3130 经常保持 SF_6 气体的纯洁，防止渗漏，是保证 SF_6 断路器安全运行的关键。(√)

Lb2B3131 SF_6 断路器压气式灭弧室内的 SF_6 气体有两种压力。(×)

Lb2B4132 SF_6 气体断路器含水量超标时，应将 SF_6 气体放净，重新充入新气。(×)

Lb2B4133 断路器发生拒分时，应立即采取措施将其停用，待查明拒动原因后方可投入。(×)

Lb2B4134 真空灭弧室的击穿电压随着真空度的提高而提高。(√)

Lb2B4135 真空断路器在开断小电流负载时，容易产生截流过电压。(√)

Lb2B4136 当断路器的辅助触头用在合、跳闸回路时，均不应带延时。(×)

Lb2B4137 弹簧缓冲器一般用在合闸缓冲中，同时兼作刚分弹簧，提高断路器的刚分速度。(√)

Lb2B4138 当小电流接地系统发生单相接地故障时，故障相对地的电压为零，其他两非故障相对地电压升高到$\sqrt{3}$倍相电压。中性点对地的电压值变为相电压。(√)

Lb2B4139 SF_6 设备在 20℃时气体湿度的允许值，有电弧分解物的隔室：150μL/L（交接验收值）、300μL/L（运行允许值）；无电弧分解物的隔室：250μL/L（交接验收值）、500μL/L（运行允许值）。(√)

Lb2B4140 SF_6 开关设备发生气体泄漏的主要危害是，SF_6 气体压力降低后影响开关设备的绝缘性能。(×)

Lb2B4141 负荷开关可用于开合线路负荷电流和短路电流。(×)

Lb2B4142 只有电动操作的隔离开关才配置电气防误装置。(×)

Lb2B4143 电容型变压器套管在安装前必须做两项试验：tanδ 值及电容量的测量。(×)

Lb2B4144 电容式电压互感器在运行中有可能产生铁磁谐振过电压，所以在其电磁式中间电压互感器的二次绕组应接有阻尼电阻或阻尼器，且运行中阻尼电阻不允许开断。(√)

Lb2B4145 断路器的额定关合电流值是其额定峰值耐受电流值的 2.5 倍。(×)

Lb2B4146 GIS 的母线导体壳体材料采用铝筒及铸铝壳体低能耗材料，可避免磁滞和涡流循环引起的发热。(√)

Lb2B4147 对于高压开关柜类设备，可触及的外壳和盖板的温升不应超过 30K。(√)

Lb2B4148 对开关类设备进行回路电阻试验时，试验电流应不小于 50A。(×)

Lb2B4149 带电的电流互感器、电压互感器的二次回路均不允许开路。(×)

Lb2B4150 低温对 SF_6 断路器尤为不利，当温度低于某一使用压力下的临界温度，SF_6 气体将液化，从而对绝缘和灭弧能力及开断额定电流无影响。(×)

Lb2B4151 失步开断最严重的情况是两个电源同相时刻，即电压相位差 0°。(×)

Lb2B4152 高压开关柜的金属网门的高度一般规定不低于 1.5m。(√)

Lb2B4153 采用自动重合闸有利于电力系统的动态稳定。(√)

Lb2B4154 所有电流互感器和电压互感器的二次绕组至少要有一点永久性的、可靠的保护接地。(×)

Lb2B4155 可通过屏蔽服断、接接地电流、空载线路和耦合电容器的电容电流。(×)

Lb2B4156 SF_6 充装回收装置的净化处理系统主要包括微尘过滤器、精密过滤器、F-03 吸附系统、自再生系统。(√)

Lb2B4157 SF_6 充装回收装置的抽真空系统主要包括真空泵、真空阀门、真空仪表、真空管件、真空电器等。(√)

Lb2B4158 无时限电流速断保护的保护范围是线路的 70%。(×)

Lb2B4159 SF_6 断路器中 SF_6 气体的水分含量是采用百万分比率来计量的，用单位 $\mu L/L$ 表示。(√)

Lb2B4160 电流互感器在运行中损坏而需要更换时，要求伏安特性相近，极性可以不同。(×)

Lb2B4161 电气类联锁装置的电源可以与继电保护、控制、信号回路合用。(×)

Lb2B4162 测量 SF_6 气体湿度，应在充气后立即进行。(×)

Lb2B4163 当断路器液压机构突然失压时，应申请停电处理。在设备停电前，应及时启动油泵补压，防止断路器慢分。(×)

Lb2B5164 真空断路器的灭弧室是在高真空状态下工作，其击穿电压比常压下的空气、SF_6 气体、变压器油的击穿电压大得多。(√)

Lb2B5165 互感器的作用使测量仪表和继电器等二次设备与一次侧高压装置在电气上相联，以保证工作人员的安全。(×)

Lb2B5166 阀型避雷器安装地点出现对地电压大于其最大允许电压时，避雷器会爆炸，在中性点不接地系统中最大允许电压取 1.1 倍线电压，中性点接地系统取 0.8 倍线电压。(√)

Lb2B5167 真空断路器经过整体大电流老炼处理可烧掉内部金属毛刺等异物，有效降低重燃发生概率。(√)

Lb2B5168 在有感应电压的线路上使用绝缘电阻表测量绝缘时，应将相关线路同时停电，方可进行。(√)

Lb2B5169 断路器跳闸时间加上保护装置的动作时间就是切除故障的时间。(√)

Lb2B5170 电流互感器采用减极性标注的概念是：一次侧电流从极性端通入，二次侧电流从极性端流出。(√)

Lb2B5171 SF_6 断路器在零表压下对地或断口间应能承受工频最高相电压时间为 5min。(√)

Lb2B5172 介质损失角正切值是绝缘预防性试验的主要项目之一，它在发现绝缘局部受潮、劣化等缺陷方面比较灵敏有效。(√)

Lb2B5173 SF_6 断路器中所谓定开距灭弧室，是指两个喷嘴固定不动，动触头与压气缸一起运动。(√)

Lb2B5174 燃弧距离是指静触头端部（或引弧环端部）至第一个横吹口的距离，它对横吹灭弧室的性能影响很大。(√)

Lb2B5175 SF_6 断路器及 SF_6 全封闭组合电器年泄漏量小于标准的 3%即为合格。(×)

Lb2B5176 运行中的 SF_6 气体应做的试验项目有八项：湿度、密度、毒性、酸度、

四氟化碳、空气、可水解氟化物、矿物油等。(√)

Lb2B5177 在采用熔断器保护的电路中，必须保证在发生过负荷或短路故障时，要有选择性地熔断来保护设备。(√)

Lb2B5178 特高压交流线路产生的充电无功功率约为500kV的5倍，为了抑制工频过电压，线路须装设并联电抗器。(√)

Lb2B5179 拉开空载变压器可能产生谐振过电压，带电合上空载变压器也会产生激磁涌流。(√)

Lb2B5180 SF_6 充装回收装置的气体压缩回收系统的主要元件为无油压缩机、无油真空泵、冷却器（热交换器、冷凝器、冷却风扇、制冷装置、高压阀门等）、无泄漏阀门、安全阀、压力控制器、管件。(√)

Lb2B5181 母线串联电抗器可以限制短路电流，维持母线有较高的残压。(√)

Lb2B5182 220kV系统 SF_6 断路器的气体年漏气率不得大于1%。(√)

Lc2B1183 一次系统图的识图方法：一般由出线开始到母线再到变压器。(×)

Lc2B1184 输变电设备巡检类作业指导书的内容中应有异常记录和报告部分内容。(√)

Lc2B1185 缺陷管理与隐患排查是一回事。(×)

Lc2B1186 高处作业人员在转移作业位置时可失去安全保护，但转移完毕后必须恢复。(×)

Lc2B1187 动滑轮的作用是使牵引或提升工作省力。(√)

Lc2B1188 三视图的投影规律是：主、俯视图长对正（等长），主侧（左）视图高平齐（等高），俯侧（左）视图宽相等（等宽）。(√)

Lc2B1189 仪器设备的安全使用说明书属于班组生产的技术准备。(√)

Lc2B1190 状态量达到警示值时，说明设备已存在缺陷并有可能发展为故障。(√)

Lc2B1191 电网的发展战略是建设以特高压电网为骨干网架、促进大煤电、大水电、大核电基地集约化开发，实施更大范围内能源资源优化配置。(√)

Lc2B2192 根据材料所受外力的状况，强度一般可分为抗拉强度、抗压强度和抗弯强度。(√)

Lc2B2193 有关安装和更换设备的作业指导书，其审核和批准需部分主管专职和领导签字。(×)

Lc2B2194 四连杆机构中，其主动臂与从动臂在平衡状态下，主动臂上操作力为 F_1，从动臂上负载为 F_2，可得出该机构的机械利益：$A=F_1/F_2$。(×)

Lc2B2195 怀疑可能存在有毒气体时，应立即将人员撤离现场，转移到通风良好处休息。抢救人员进入险区应戴防毒面具。(√)

Lc2B2196 绘制图样时所采用的比例为图样中机件要素的线性尺寸与实际机件相应要素的线性尺寸之比。(√)

Lc2B2197 电缆管内径应不小于电缆外径的1.1倍，非金属电缆管其内径应不小于100mm。(×)

Lc2B2198 巡检是为了掌握设备状态，对设备进行的巡视和检修。(×)

Lc2B2199 设备状态量达到注意值时，说明设备可能存在或可能发展为缺陷。(√)

Lc2B2200 输变电设备巡检类作业指导书只需要有安全注意事项及措施的内容，不需要危险点的分析及预控措施的有关内容。(×)

Lc2B2201 现场标准化作业指导书不包含危险点源分析。(×)

Lc2B4202 四连杆机构中，其主动臂与从动臂在平衡状态下，主动臂上操作力 F_1，从动臂上负载为 F_2，可得出该机构的机械利益 $A=F_2/F_1$。(√)

Lc2B4203 一切重大物件的起重、搬运工作应由安全员负责，作业前应向参加工作的全体人员进行技术交底，使全体人员均熟悉起重搬运方案和安全措施。(×)

Lc2B4204 变电检修工应自行掌握的电气测试有绝缘电阻、接触电阻、直流电阻的测试和动作特性的试验。(√)

Jd2B1205 手动葫芦拉不动时应增加拉链的人数。(×)

Jd2B1206 心肺复苏法的主要内容是开放气道，口对口（或鼻）人工呼吸和胸外按压。(√)

Jd2B1207 上爬梯应逐档检查爬梯是否牢固，上下爬梯应抓牢，应两手同时抓一个梯阶。(×)

Jd2B2208 导体连接时，连接螺栓拧得越紧越好，发热也越小。(×)

Jd2B2209 千斤顶下降速度应缓慢，禁止在带负荷的情况下使其突然下降。(√)

Jd2B3210 钢丝绳直径磨损不超过30%，允许根据磨损程度降低拉力继续使用，超过20%的则应报废。(×)

Je2B1211 变压器在运行中补油时，应事先将重瓦斯保护改接信号装置。(√)

Je2B1212 高压开关柜对在正常操作和维护时需要打开盖板（可移动的盖板、门），打开或移动此类盖板时，应不需要使用工具。(√)

Je2B1213 断路器处于合闸状态，手车的工作位置和试验位置不能互换。(√)

Je2B2214 管形母线宜采用氩弧焊接，焊接时对口应平直，其弯折偏移不应大于1/500，中心线偏移不得大于0.5mm。(√)

Je2B2215 GIS安装设备底脚与基础焊接前，进行若干次断路器分合操作，更有利于GIS的运行稳定性和密封可靠性。(√)

Je2B2216 引弧距离偏小，则该处的吹弧道截面可能因偏小而形成截流，对灭弧有利。(×)

Je2B2217 气相色谱分析是一种化学分离分析法。对变压器油的分析就是从运行的变压器或其他充油设备中取出油样，用脱气装置脱出溶于油中的气体，由气相色谱仪分析从油中脱出气体的组成成分和含量，借此判断变压器内部有无故障及故障隐患。(×)

Je2B2218 GIS底脚调整水平用的垫铁宽度比设备底脚大4～5mm。(√)

Je2B2219 用摇表摇测设备绝缘时，如果摇表转速比要求转速快得多，其测得结果与实际值比较会偏低。(√)

Je2B3220 三相电压指示不平衡是电压互感器常见的异常状况。(√)

Je2B3221 在保持温度不变的情况下，线圈的绝缘电阻下降后再回升，60kV及以上变压器持续12h保持稳定无凝结水产生，即认为干燥完毕。(√)

Je2B3222 真空断路器的触头弹簧用来保证合闸状态时动静触头间有足够的接触压力，以减少接触电阻，并在合闸终了时起合闸缓冲作用，而在分闸时又可用来提高刚分速

度。(√)

Je2B3223 SF_6 断路器经老练后击穿电压变化不明显。(×)

Je2B3224 对于已投运的接地装置，应根据地区短路容量的变化，校核接地装置（包括设备接地引下线）的热稳定容量，并结合短路容量变化情况和接地装置的腐蚀程度有针对性地对接地装置进行改造。对于变电站中的不接地、经消弧线圈接地、经低阻或高阻接地系统，必须按异点两相接地校核接地装置的热稳定容量。(√)

Je2B3225 为了增加 SF_6 气体的间隙绝缘能力，最简单的方法是加大其间隙的距离。(×)

Je2B3226 对于断路器来说，密度继电器一般有两级报警信号，即补气压力信号和闭锁压力信号。(√)

Je2B3227 手车开关推入开关柜内后，只有手车开关已完全咬合在试验或工作位置时，断路器才能合闸。(√)

Je2B3228 采用包扎法检漏时，包扎腔尽量采用规则的形状，如方形、柱形等，易于估算包扎腔的体积。在包扎的每一部位，应进行多点检测，取检测的最大值作为测量结果。(×)

Je2B3229 当断路器大修时，应检查液压（气动）机构分、合闸阀的阀针是否松动或变形，防止由于阀针松动或变形造成断路器拒动。(√)

Je2B3230 高压试验中，因试验需要断开设备接头时，拆前应进行检查，接后应做好标记。(×)

Je2B3231 进行初次电动操作试验前，必须将新安装的隔离开关摇至中间位置。(√)

Je2B3232 GIS 安装设备底脚与基础之间的焊接宜在工频耐压试验通过后进行。(√)

Je2B3233 硬母线施工过程中，铜、铝母线搭接时必须涂凡士林油。(×)

Je2B4234 液压机构高压密封圈损坏及放油阀没有复归，都会使液压机构的油泵打不上压。(√)

Je2B4235 在速度调整时，一般应先调整合闸速度使之合格，然后再调整分闸速度，以免返工浪费。(×)

Je2B4236 SF_6 气体湿度是 SF_6 设备的主要测试项目。(√)

Je2B4237 在隔离开关倒闸操作过程中，如发现卡滞应停止操作并进行处理，严禁强行操作。(√)

Je2B4238 GIS 在设计过程中应特别注意气室的划分，考虑检修维护的便捷性，保证最大气室气体量不超过 5h 的气体处理设备的处理能力。(×)

Je2B4239 弹簧机构中的储能行程开关的位置调整通过行程开关本身及其安装板、安装孔来实现，调整中应保证当弹簧拐臂转到储能位置时，能使行程开关触点动作，同时还应保证行程开关留有一定的超行程，大约为 2mm，以免损坏行程开关。(√)

Je2B4240 SF_6 断路器大修和报废时，应使用专用的 SF_6 气体回收装置，将断路器内的 SF_6 气体进行过滤、净化、干燥处理，达到新气标准后，可以重新使用。(√)

Je2B4241 室内 SF_6 开关设备发生爆炸或严重漏气等故障时，在进入室内前必须先行强迫通风 10min 以上，待含氧量和 SF_6 气体浓度符合标准后方可进入。(×)

Je2B4242 电容器在运行中，由于环境温度过高及电容器过负荷，使电容器的温度升

高，引起电容器浸渍剂受热膨胀，增大对箱壁的压力，于是在箱壳裂缝处或封焊薄弱的地方，会出现渗漏。（√）

Je2B4243 测量绝缘电阻可以有效地发现固体绝缘非贯穿性裂纹。（×）

Je2B4244 电压等级较低的电缆，其绝缘层厚度随导体截面加大而增厚，主要是考虑机械强度。（×）

Je2B4245 通过变压器的短路试验数据可求得变压器的阻抗电压百分数。（√）

Je2B5246 断路器合分闸速度的测量，应在额定操作电压下进行，测量时应取产品技术条件所规定的区段的平均速度、最大速度及刚分、刚合速度。（√）

Je2B5247 密封不良或漏气，使潮气或水分侵入。经过对目前运行中损坏的金属氧化物避雷器的事故分析统计，其中78%是因密封不良侵入潮气引起的。（√）

Je2B5248 GIS组合电器大修后，SF_6气体湿度标准：带灭弧室气室≤150μL/L，不带灭弧室气室≤250μL/L。（√）

Je2B5249 开关柜出线宜装设带电显示器，其应具有自检功能，并与线路侧接地刀闸实行联锁。（√）

Jf2B1250 为了解救触电人员，可以不经允许，立即断开电源，事后立即向上级汇报。（√）

Jf2B1251 发现触电者呼吸停止时，要采用仰头抬颏的方法保持触电者气道通畅。（√）

Jf2B1252 当发现有人低压触电时，可通过抓住触电者脚上的绝缘鞋的方法，使触电者脱离电源。（×）

Jf2B1253 如果发现触电者触电后当时已经没有呼吸或心跳，就可以放弃抢救了。（×）

Jf2B2254 对开放性骨折损伤者，急救时应边固定边止血。（×）

Jf2B3255 创伤急救时，如果伤员颅脑外伤，应使伤员采取平卧位，保持气道通畅，若有呕吐，应扶好头部和身体，使头部和身体同时侧转，防止呕吐物造成窒息。（√）

1.3 多选题

La2C1001 防止绝缘子污闪的措施有（ ）。

（A）增加片数；（B）选用防污型；（C）定期测量；（D）定期清扫。

答案：ABD

La2C1002 负反馈电路在与输入回路和输出回路的连接上常见的基本类型有（ ）。

（A）电压串联负反馈；（B）电流串联负反馈；（C）电压并联负反馈；（D）电流并联负反馈。

答案：ABCD

La2C1003 根据隔离开关的运动方式可分为（ ）。

（A）水平旋转式；（B）垂直旋转式；（C）摆动式；（D）插入式。

答案：ABCD

La2C1004 SF_6断路器按开断过程中动、静触头开距的变化，分为（ ）。

（A）长开距；（B）定开距；（C）短开距；（D）变开距。

答案：BD

La2C1005 GIS内部的清洁材料有（ ）。

（A）不起毛纸；（B）绸布；（C）无纺布；（D）棉布。

答案：ABC

La2C2006 高压断路器液压垂直机构的储压筒储存能量的方式有（ ）。

（A）利用氮气来储存能量；（B）气动储能方式；（C）电磁储能方式；（D）弹簧储能方式。

答案：AD

La2C2007 SF_6断路器内气体水分严重超标将会（ ）。

（A）危害绝缘；（B）增大内部压力；（C）影响灭弧；（D）产生有毒物质。

答案：ACD

La2C3009 对于SF_6电气设备来说，常用的吸附剂有（ ）。

（A）生石灰；（B）活性氧化铝；（C）分子筛；（D）活性炭。

答案：BC

La2C3010 （　　）是气体绝缘材料。

（A）空气；（B）氮气；（C）氧气；（D）六氟化硫。

答案：ABD

La2C3011 电气设备大修前的准备工作一般有（　　）。

（A）编制现场勘查表；（B）安排施工进度；（C）制定必要的技术措施和安全措施；（D）材料、工器具的准备。

答案：BCD

La2C4012 根据 SF_6 高压断路器各部件的独立性，将断路器分为（　　）四个部件。

（A）断口；（B）操动机构；（C）支撑绝缘件；（D）传动系统；（E）支架。

答案：ABCD

La2C4013 断路器及其部件的状态可分为（　　）。

（A）安全状态；（B）注意状态；（C）异常状态；（D）严重状态。

答案：BCD

La2C5014 SF_6 断路器的特点有（　　）。

（A）开断能力强；（B）开断性能好；（C）检修维护工作量大；（D）电气寿命长。

答案：ABD

La2C5015 电抗器是输变电系统中常用的设备，在电力系统中担负着（　　）等作用。

（A）稳压；（B）限流；（C）无功补偿；（D）移相。

答案：BCD

La2C5016 无母线的电气主接线形式有（　　）。

（A）单母分段接线；（B）桥形接线；（C）多角形接线；（D）单元接线。

答案：BCD

Lb2C1017 无功补偿设备有（　　）作用。

（A）改善变压器输送功率，提高输送的电能总量；（B）改善功率因数：要尽量避免发电机降低功率因数运行，同时也防止向负荷输送无功引起电压和功率损耗，应在用户处实行低功率因数限制，即采取就地无功补偿措施；（C）改善电压调节：负荷对无功需求的变压，会引起供电点电压的变比；对这种变化，若从电源端（发电厂）进行调节，会引起一些问题，而补偿设备就起着维持供电电压在规定范围内的重要作用；（D）调节负荷的平衡性：当正常运行中出现三相不对称运行时，会出现负序、零序分量，将产生附加损耗、使整流器纹波系数增加、引起变压器饱和等，经补偿设备就可使不平衡负荷变成平衡负荷。

答案：BCD

Lb2C1018　由于(　　)原因，SF_6是优良的灭弧介质。

(A) 优良的导热、导电性能，热容量大，高温时导电性能好，不会发生截流；(B)强负电性，易于吸收电子形成负离子，利于空间电荷的复合；(C) 较强的复合性能，SF_6在高温状态会分解，在常温状态大部分又会复合成SF_6分子；(D) 高耐压强度，常压下为空气的2.5～3倍，在3个大气压下与绝缘油相当。

答案：ABC

Lb2C1019　由于(　　)原因，SF_6是优良的绝缘介质。

(A) 高耐压强度，常压下为空气的2.5～3倍，在3个大气压下与绝缘油相当；(B)优良的导热性，不会发生截流；(C) 较强的复合性能，SF_6在高温状态会分解，在常温状态大部分又会复合成SF_6分子；(D) 优良的物理、化学性能。

答案：AD

Lb2C1020　真空灭弧室的基本元件有(　　)等元件。

(A) 外壳；(B) 波纹管；(C) 动静触头；(D) 绝缘拉杆；(E) 屏蔽罩。

答案：ABCE

Lb2C1021　SF_6断路器变开距触头结构的特点是(　　)。

(A) 压气室内的气体利用率高；(B) 喷嘴能与动弧触头分开；(C) 绝缘的喷嘴易被电弧烧伤；(D) 电弧长度较短，电弧电压低，能量小。

答案：ABC

Lb2C1022　要对断路器触头的运动速度进行实际测量的原因是(　　)。

(A) 断路器分、合闸速度不足将会引起触头合闸振颤，预击穿时间过长；(B) 分闸时速度不足，将使电弧燃烧时间过长；(C) 影响断路器工作性能最重要的是刚分、刚合速度及最大速度；(D) 要求触头运动速度越快越好。

答案：ABC

Lb2C1023　加强电动操作机构的辅助开关的检查维护，防止由于(　　)等原因造成开关设备拒动。

(A) 松动变位；(B) 节点转换不灵活；(C) 切换不可靠；(D) 切换过快。

答案：ABC

Lb2C1024　影响SF_6气体绝缘强度的主要因素有(　　)。

(A) 电场均匀性；(B) 压力；(C) 电极表面状态和电压极性；(D) 温度。

答案：ABC

Lb2C1025 影响绝缘油击穿电压的主要因素有(　　)。

(A) 杂质；(B) 绝缘油压力；(C) 电场均匀程度；(D) 电压作用时间。

答案：ACD

Lb2C1026 高压断路器合闸操作时，断路器不动作，可能的原因有(　　)。

(A) 控制回路元器件接触不好；(B) 导线内部有断点不通；(C) 断路器分闸弹簧未储能；(D) 控制回路失电。

答案：ABD

Lb2C1027 110～220kV变电站的接地网，以下(　　)措施可以有效降低地网的接地电阻。

(A) 增大地网面积；(B) 增加垂直接地极；(C) 改变设备接地极；(D) 改善设备接地方式。

答案：AB

Lb2C2028 电网无功补偿的原则是(　　)。

(A) 电网无功补偿的原则应基本上按分层、分区和就地平衡准则考虑；(B) 应能随负荷或电压进行调整；(C) 保障系统各枢纽变电站的电压在正常停电后能满足规定的要求；(D) 避免经长线路或多级变压器传递无功功率。

答案：ABD

Lb2C2029 并联电容器装置用断路器选型应(　　)。

(A) 所选用断路器型式试验项目有防污闪试验；(B) 所选用断路器型式试验项目必须包含投切电容器组试验；(C) 断路器必须为适合频繁操作且开断时重燃率极低的产品，如选用真空断路器，则应在出厂前进行高压大电流老炼处理，厂家应提供断路器整体老炼试验报告；(D) 交接和大修后应对真空断路器的合闸弹跳和分闸反弹进行检测，12kV真空断路器合闸弹跳时间应小于2ms，40.5kV真空断路器小于3ms，分闸反弹幅值应小于断口间距的20%。一旦发现断路器弹跳、反弹过大，应及时调整。

答案：BCD

Lb2C2030 GIS在设计过程中气室的划分应考虑(　　)。

(A) GIS在设计过程中应特别注意气室的划分，避免某处故障后劣化的SF_6气体造成GIS的其他带电部位的闪络；(B) 同时也应考虑检修维护的便捷性，保证最大气室气体量不超过8h的气体处理设备的处理能力；(C) GIS在设计过程中应特别注意厂家的生产能力；(D) GIS在设计过程中应特别注意厂家的工艺水平。

答案：AB

Lb2C2031 基建施工中通过(　　)来控制接地网。

(A) 施工单位应严格按照设计要求进行施工，预留设备、设施的接地引下线必须经确认合格；(B) 隐蔽工程必须经监理单位和建设单位验收合格，在此基础上方可回填土；(C) 同时，应分别对两个最近的接地引下线之间测量其绝缘电阻；(D) 同时，应分别对两个最近的接地引下线之间测量其回路电阻。

答案：AD

Lb2C2032 电容器组用断路器应按照(　　)选型。

(A) 投切电容器组的开关应选用开断时无复燃及适合频繁操作的开关设备；(B) 在新建、扩建和改造工程中，电容器组和主进断路器、分段断路器应优先选用合资或进口产品；(C) 用于电容器组的真空断路器应进行高压大电流老炼处理，降低真空开关的重击穿率，提高电容器组运行可靠性。各单位在签订技术协议时应要求厂家提供经过老炼试验的产品，并提供老炼试验报告。

答案：BC

Lb2C2033 断路器的缓冲装置应满足(　　)的要求。

(A) 从运动机构与缓冲器接触到运动机构完全停止的过程中，运动机构的速度应均匀、平滑地降低；(B) 吸收绝大部分的剩余动能，并转化为其他形式的能量，不再返回给运动机构；(C) 配合断路器具有足够的电气特性；(D) 工作性能不受周围电场变化的影响。

答案：AB

Lb2C2034 逆闪络指受雷击的避雷针对受其保护设备的放电闪络。防止逆闪络的措施有(　　)。

(A) 增大避雷针与被保护设备间的空间距离；(B) 增大避雷针与被保护设备接地体间的距离；(C) 增加避雷针的高度；(D) 降低避雷针的接地电阻。

答案：ABD

Lb2C2035 GIS 内部绝缘结构分为(　　)。

(A) 纯 SF_6气体间隙绝缘；(B) 支持绝缘；(C) 引线绝缘。

答案：AB

Lb2C2036 ZN12-10 型断路器的弹簧操作机构主要由(　　)等部件组成。

(A) 储能机构；(B) 变直机构；(C) 锁定机构；(D) 分-合闸弹簧。

答案：ACD

Lb2C2037 SF_6充装回收装置主要包括(　　)。

(A) 抽真空系统；(B) 气体检漏系统；(C) 净化处理系统；(D) 存储系统。

答案：ACD

Lb2C2038 电抗器在电路中有(　　)作用。

(A) 电抗器在电路中的作用是限流；(B) 电抗器在电路中的作用是稳流；(C) 电抗器在电路中的作用是稳压；(D) 电抗器在电路中作为无功补偿、移相等的一种电感元件。

答案：ACD

Lb2C2039 局部放电的主要放电形式有(　　)。

(A) 内部放电；(B) 电晕放电；(C) 辉光放电；(D) 表面放电。

答案：ABD

Lb2C2040 耦合电容器损坏的原因：(　　)；现用的电容器油所含芳香烃成分偏少；元件开焊；设备引线有放电现象等。

(A) 电容芯子受潮；(B) 密封不良；(C) 结构设计不合理；(D) 夹板在制造和加工时有缺陷。

答案：ABCD

Lb2C2041 电流互感器过热的原因可能是(　　)。

(A) 内-外接头松动；(B) 接触面氧化；(C) 一次过负荷；(D) 二次开路。

答案：ABCD

Lb2C2042 GW22/23型隔离开关主刀运动由(　　)复合而成。

(A) 折叠运动；(B) 直线运动；(C) 夹紧运动；(D) 圆弧运动。

答案：AC

Lb2C2043 进行开关柜局放检测的原因是(　　)。

(A) 元件短路；(B) 元件断路；(C) 介质受潮；(D) 电压太高。

答案：ABD

Lb2C2044 大修或新装的电压互感器投入运行时的操作顺序是(　　)。

(A) 先并列一次；(B) 先并列二次；(C) 核相；(D) 后并列二次。

答案：ACD

Lb2C2045 当电气设备和载流导体通过短路电流时会同时产生(　　)。

(A) 电动力；(B) 发热；(C) 振动；(D) 爆炸。

答案：AB

Lb2C2046 SF_6断路器压气式灭弧室的吹弧方式有(　　)。

(A) 单喷式；(B) 双喷式；(C) 外吹式；(D) 自吹式。

答案：ABC

Lb2C3047 GIS 在结构性能上的特点主要有(　　)。

(A) 占地面积和安装空间大大节约；(B) 可靠性、安全性比常规电器好；(C) 安装费用大大降低；(D) 结构比较复杂，对设计制造安装调试水平要求高。

答案：ABD

Lb2C3048 高压开关柜内绝缘件的技术要求有(　　)。

(A) 高压开关柜内的绝缘件（如绝缘子、套管、隔板和触头罩等）应采用阻燃绝缘材料；(B) 应在开关柜配电室配置通风、除湿防潮设备，防止凝露导致绝缘不良造成故障；(C) 开关柜设备在扩建时，必须考虑与原有开关柜的一致性；(D) 开关柜中所有绝缘件装配前均应进行局放检测，单个绝缘件局部放电量不大于 3pC。

答案：ABCD

Lb2C3049 断路器分合闸三相不同期超标会产生(　　)。

(A) 断路器分闸；(B) 中性点接地的系统中产生零序电流可能使线路的零序保护误动作；(C) 不接地系统中产生负序电流，使三相电流不平衡；(D) 消弧线圈接地的系统中引起中性点位移。

答案：BCD

Lb2C3050 为防止运行断路器绝缘拉杆断裂造成拒动，应进行的工作有(　　)。

(A) 定期检查分合闸缓冲器，防止由于缓冲器性能不良使绝缘拉杆在传动过程中受冲击；(B) 加强监视分合闸指示器与绝缘拉杆相连的运动部件相对位置有无变化，或定期进行合、分闸行程曲线测试；(C) 对于采用“螺旋式”连接结构绝缘拉杆的断路器应进行改造；(D) 为防止运行断路器绝缘拉杆断裂造成拒动，短路必须定期进行停电检查。

答案：ABC

Lb2C3051 GIS 安装后检查的项目主要有(　　)。

(A) 外观、接线检查；(B) 绝缘电阻、回路电阻测定；(C) SF_6气体泄漏和微水量测量；(D) 向量试验。

答案：ABC

Lb2C3052 真空断路器触头接触压力有(　　)作用。

(A) 保证动、静触头的良好接触，并使其接触电阻小于规定值；(B) 为满足额定短路状态时的热稳定要求，触头压力应大于额定短路状态时的触头间的斥力，以保证在该状态下动静触头完全闭合，不受损坏；(C) 抑制合闸弹跳，使触头在闭合碰撞时得以缓冲，把碰撞的动能转为弹簧的势能，抑制触头的弹跳；(D) 为分闸提供一个加速力，当接触压力大时，动触头得到较大的分闸力，容易拉断合闸熔焊点（冷焊力），提高分闸初始的加速度，减少燃弧时间，提高分断能力。

答案：ACD

Lb2C3053 GIS的接地要求是(　　)。

(A)底架应设置可靠的适用于规定故障条件的接地端子，该端子有一紧固螺钉或螺栓用来连接接地导体，紧固螺钉或螺栓的直径应不小于10mm，与接地系统连接的金属外壳部分可以看作接地导体；(B)制造厂提供的GIS平面布置图或基础图上，应标明与接地网连接的具体位置及连接的结构；(C)GIS的接地线材料应为电解铜，并标明多点接地方式，并确保外壳中感应电流的流通以降低外壳中的涡流损耗；(D)当采用单相一壳式钢外壳结构时，应采用多点接地方式，并确保外壳中感应电流的流通以降低涡流损耗；(E)接地开关和快速接地开关的接地端子应与外壳接地。

答案：BCD

Lb2C3054 动触头的运动速度中，影响断路器工作性能最重要的因素是(　　)。

(A)平均速度；(B)刚分速度；(C)刚合速度；(D)最大速度。

答案：BCD

Lb2C3055 压力表、密度继电器、密度表的主要区别是(　　)。

(A)密度继电器具有监视、控制和保护作用；(B)压力表起压力监视作用；(C)密度继电器起控制和保护作用；(D)密度表是压力表和密度继电器的集成，同时具有监视、控制和保护作用。

答案：BCD

Lb2C3056 对于分级绝缘的变压器，中性点不接地或经放电间隙接地时应装设(　　)保护，以防止发生接地故障时，因过电压而损坏变压器。

(A)差动；(B)零序过压；(C)复合电压闭锁过流；(D)间隙过流。

答案：BD

Lb2C3057 过电流保护交流回路的接线方式有(　　)。

(A)完全星形接线；(B)不完全星形接线；(C)两相电流差接线。

答案：ABC

Lb2C3058 SF_6断路器采用密度表（密度型压力开关）的原因有(　　)。

(A)密度继电器或密度型压力开关，又可叫作温度补偿压力继电器，它反映SF_6气体密度的变化；(B)正常情况下，即使SF_6气体密度不变，但其压力却会随着环境温度的变化而变化；(C)如果用普通压力表来监视SF_6气体的泄漏，那就分不清是由于真正存在泄漏还是由于环境温度变化而造成SF_6气体的压力变化；(D)对于SF_6气体断路器，必须用只反映压力变化的密度继电器来保护。

答案：ABC

Lb2C3059 SF_6断路器内气体水分含量增大的原因有（　　）。

（A）气体或再生气体本身含有水分；（B）组装时干燥不够，进入水分；（C）管道的材质自身含有水分，或管道连接部分存在渗漏现象；（D）密封件不严而渗入水分。

答案：ABCD

Lb2C3060 SF_6断路器本体和操动机构的联合动作应符合（　　）的要求。

（A）在联合动作前，断路器内部必须充有额定压力的 SF_6 气体；（B）联合动作前，断路器必须经过专业人员检查；（C）位置指示器动作应正确可靠，其分、合闸位置应符合断路器的实际分、合状态；（D）具有慢分、慢合装置的，在进行快速分、合闸前，必须先进行慢分、慢合操作。

答案：ACD

Lb2C3061 真空断路器触头接触压力有（　　）作用。

（A）保证动、静触头的良好接触，并使其接触电阻小于规定值；（B）为满足额定短路状态时的动稳定要求，触头压力应大于额定短路状态时的触头间的斥力，以保证在该状态下动静触头完全闭合，不受损坏；（C）抑制合闸弹跳：使触头在闭合碰撞时得以缓冲，把碰撞的动能转为弹簧的势能，抑制触头的弹跳；（D）为合闸提供一个加速力：当接触压力大时动触头得到较大的分闸力，容易拉断合闸熔焊点（冷焊力），提高初始的加速度，减少燃弧时间，提高分断能力。

答案：ABC

Lb2C3062 在（　　）情况下，需要对 SF_6断路器进行检漏。

（A）运行中设备发生明显气体泄漏（短时间内，密度继电器经常出现补气信号），分解检修后重新组装的密封面和接头；（B）调换压力表，密度继电器或密度表及阀门后的接头密封；（C）密度继电器初次发报警信号；（D）现场安装工作结束后，在现场拆装及组装过的密封面。

答案：ABD

Lb2C3063 对气体绝缘金属封闭开关设备（GIS）机构箱、汇控柜的要求有（　　）。

（A）气体绝缘金属封闭开关设备（GIS）机构箱、汇控柜不允许出现多根线头压接在一起的情况；（B）机构箱、汇控柜门采用截面面积不小于 $8mm^2$ 的带黄绿护套的软铜线和机构箱、汇控柜本体连接；（C）应带有升高座并配有长期投入的驱潮器，防止柜内凝露，同时安装应充分考虑检修空间要求；（D）汇控柜内刀闸操作把手上应有防误操作盒。

答案：ACD

Lb2C3064 进行高压设备带电测试的必要性是（　　）。

（A）预防性试验需要停电进行，有很大的局限性；（B）现场停电试验需要发电机等成套的加压设备，工作复杂且工作量大；(C) 试验周期长，不能及时发现设备的变化。

答案：AB

Lb2C3065 高压断路器对脱扣机构的要求有(　　)。

(A) 要有平稳的脱扣力，要求摩擦时数稳定，表面硬度要求高磨损少；(B) 耐受振动和冲击，以防误动；(C) 脱扣力小；(D) 动作时间尽可能短。

答案：ABCD

Lb2C3066 脱扣机构有(　　)类型。

(A) 锁钩式；(B) 线接触式；(C) 滚轮锁扣式；(D) 四连杆式。

答案：ACD

Lb2C3067 真空断路器在开断空载变压器和感应电动机等小电感电流时会出现(　　)现象。

(A) 开断时电弧不稳定；(B) 会引起过电流；(C) 电弧电流过零前会出现截流现象；(D) 会引起过电压。

答案：ACD

Lb2C4068 电力变压器一般装设的保护种类有(　　)。

(A) 气体保护；(B) 纵差保护或电流速断保护；(C) 复合电压起动的过流保护；(D) 间隙保护；(E) 过负荷保护。

答案：ABCDE

Lb2C4069 互感器的误差有(　　)。

(A) 极限误差；(B) 标称误差；(C) 变比误差；(D) 角误差。

答案：CD

Lb2C4070 用于电容器投切的开关柜内断路器必须有(　　)，条件允许时，可在现场进行断路器投切电容器的大电流老炼试验。

(A) 用于电容器投切的开关柜必须有其所配断路器投切电容器的试验报告；(B) 断路器必须选用 C2 级断路器；(C) 用于电容器投切的断路器出厂时必须提供本台断路器分、合闸行程特性曲线，并提供本型断路器的标准分、合闸行程特性曲线；(D) 用于电容器投切的开关柜必须有其所配断路器投切电容器的过电压老炼试验报告。

答案：ABC

Lb2C4071 电压中枢点的调压方式一般分为(　　)。

(A) 逆调压；(B) 顺调压；(C) 常调压；(D) 自行调压。

答案：ABC

Lb2C4072 高压开关柜内的绝缘件（如绝缘子、套管、隔板和触头罩等）应采用阻燃绝缘材料（如环氧或SMC材料），严禁采用(　　)等有机绝缘材料。

(A) 酚醛树脂；(B) 聚氯乙烯分；(C) 聚碳酸脂；(D) 有机玻璃。

答案：ABC

Lb2C4073 隔离开关地刀的辅助接点一般用于(　　)。

(A) 防误操作闭锁回路；(B) 测控装置采位；(C) 母差保护；(D) 电压切换用。

答案：AB

Lb2C4074 GIS母线筒的主要结构形式有(　　)。

(A) 全分箱式结构，包括母线在内的所有电器元件都采用分箱式筒体；(B) 不完全分箱结构，母线是敞开式结构，出线间隔的所有电器元件都采用分箱式筒体；(C) 全三相共箱式结构，不仅三相母线，而且三相断路器和其他电器元件都采用共箱筒体；(D) 不完全三相共箱式结构，母线采用三相共箱式，而断路器和其他电器元件采用分箱式。

答案：ACD

Lb2C4075 检修SF_6断路器对涂密封脂的要求是(　　)。

(A) 应避免流入密封圈内侧与SF_6气体接触；(B) 应避免流入密封圈外侧与空气接触；(C) 因为有些密封脂含有SiO_2的成分，SiO_2能与断路器内的HF发生化学反应，产生腐蚀作用，将会造成断路器内部杂质含量增高，对断路器的安全运行是很不利的。

答案：AC

Lb2C4076 下面条件中，(　　)是对断路器的控制回路的基本要求。

(A) 操动机构的合闸和分闸线圈的通电时间应为短时的，在完成操作后应立即自动断开；(B) 对断路器应有闭锁要求；(C) 应有控制回路监视装置，以监视该回路是否完好；(D) 信号回路应设闭锁功能。

答案：ABC

Lb2C4077 电气设备电老化的类型有(　　)。

(A) 电离性老化；(B) 化学性老化；(C) 电导性老化；(D) 电解性老化。

答案：ACD

Lb2C4078 开关柜选型原则有(　　)。

(A) 新建变电站中40.5kV开关柜首选金属铠装式开关柜（XGN型），12kV及以下开关柜首选金属铠装中置式开关柜（KYN型）；(B) 扩建、改建变电站当柜体不需要拼接且空间不受限制时，应首选金属铠装式开关柜，当柜体需要拼接或受空间限制时，可选用间隔式开关柜或箱式开关柜；(C) 新建、扩建变电站中可以选用半封闭式高压开关柜；

(D) 新建、扩建变电站中不得选用半封闭式高压开关柜。

答案：ABD

Lb2C4079 开关柜局部放电的原因有（　　）。

(A) 绝缘件表面污秽、受潮和凝露；(B) 导体、柜体内表面上有金属突起，导致毛刺且较尖；(C) 柜体内有可以移动的金属微粒；(D) 真空开关灭弧室真空度下降。

答案：ABC

Lb2C4080 以下气体可用于设备干燥或清洗的是（　　）。

(A) SF_6气体；(B) 纯净氮气；(C) 干燥空气；(D) 普通空气。

答案：BC

Lb2C4081 从功能上分断路器一般采用（　　）机构。

(A) 操动机构；(B) 变直机构；(C) 传动机构；(D) 永动机构。

答案：ABC

Lb2C4082 变直机构可分为（　　）。

(A) 有导向变直机构，又叫作曲柄变直机构；(B) 无导向变直机构，又叫作准确椭圆、近似椭圆直机构；(C) 直动式变直机构；(D) 混合变直机构，结构上综合了有导向变直机构和无导向变直机构原理。

答案：ABD

Lb2C5083 断路器的状态评价分为（　　）两部分。

(A) 部件评价；(B) 整体评价；(C) 缺陷；(D) 异常。

答案：AB

Lb2C5084 组合电器和开关柜设备出厂时，生产人员现场见证的内容有（　　）。

(A) 组合电器：工频耐压试验、主回路电阻测量；(B) 组合电器：局部放电试验、短路故障冲击试验（220kV 及以上设备）；(C) 开关柜：主回路电阻测量、工频耐压试验、机械操作和机械特性试验（抽检）；(D) 开关柜：开关柜整体及绝缘件、互感器局部放电试验。

答案：ACD

Lb2C5085 正弦波振荡器由（　　）基本部分组成。

(A) 调制电路；(B) 变频网络；(C) 放大器；(D) 具有选频特性的反馈网络。

答案：CD

Lb2C5086　真空断路器对触头有很多和很高的要求，除了一般断路器触头材料所要求的导电、耐弧性能外，还有(　　)等要求。

(A) 截流值要小；(B) 真空度高；(C) 灭弧性能好；(D) 电磨损速率低。

答案：ABD

Lb2C5087　在电弧作用、火花放电和高温下，SF_6会分解、电离，在合成过程中会产生(　　)等副产物。

(A) 硫氟化合物；(B) 硫氧化合物；(C) 硫氟氧化合物；(D) 金属氧化物。

答案：ABC

Lb2C5088　GIS中断路器与其他电器元器件必须分为不同的气室的原因是(　　)。

(A) 两种气室的压力不同；(B) 断路器中的气体在电弧高温作用下会产生毒性物质；(C) 断路器检修几率高；(D) 便于扩建。

答案：ABC

Lb2C5089　GIS电压互感器气室中的SF_6气体起(　　)作用。

(A) 绝缘；(B) 冷却；(C) 灭弧；(D) 防潮。

答案：AB

Lb2C5090　操作机构的合闸功能技术要求有(　　)。

(A) 满足所配断路器刚合速度要求；(B) 满足所配断路器刚分速度要求；(C) 必须足以克服短路反力，有足够的合闸功；(D) 必须足以克服短路反力，有足够的分闸功。

答案：ABC

Lb2C5091　影响介质绝缘程度的因素有化学作用、机械力作用、温度作用和(　　)。

(A) 电压作用；(B) 电流作用；(C) 水分作用；(D) 大自然作用。

答案：ACD

Lb2C5092　隔离开关的防误操作逻辑有(　　)。

(A) 防止主刀分位时合地刀；(B) 防止开关合位时拉合主刀；(C) 防止地刀分位时合主刀；(D) 防止开关合位时合地刀。

答案：BD

Lb2C5093　高压开关柜的LSC2类、IAC级表示(　　)含义。

(A) 经试验验证能满足在内部过电压情况下，按规定保护人员安全要求的高压开关柜；(B) LSC2类指不具备运行连续性功能的高压开关柜，即当打开功能单元的任意一个可触及隔室时（除母线隔室外），所有其他功能单元不可继续带电正常运行的开关柜；(C) LSC2类指具备运行连续性功能的高压开关柜，即当打开功能单元的任意一个可触及隔室时（除母线隔室外），所有其他功能单元仍可继续带电正常运行的开关柜；（D）经试验验证能满足在内部电弧情况下保护人员规定要求的高压开关柜。

答案：CD

Lc2C1094 提高电力系统动态稳定的措施有（　　）。

（A）快速切除短路故障；（B）采用自动重合闸装置；（C）发电机采用电气制动和机械制动；（D）变压器中性点不接地；（E）设置开关站和采用串联电容补偿。

答案：ABCE

Lc2C3095 吊车由指挥人专人指挥，在吊装前，吊车应进行试吊，验证吊车车况良好、刹车系统无问题，严禁吊车司机在吊装过程中（　　）等。

（A）随意离开驾驶室；（B）接打手机；（C）打瞌睡；（D）不听指挥。

答案：ABCD

Lc2C4096 吸附剂的材料主要有（　　）。

（A）活性氧化铝；（B）分子筛；（C）活性炭；（D）硅胶。

答案：ABC

Lc2C4097 检修或施工前应做（　　）管理准备工作。

（A）成立检修或施工准备小组，并由专人负责；（B）对工程进行全面调查研究，安排施工进度；（C）进行施工检修组织设计，编制安全组织技术措施；（D）材料、工器具准备；（E）施工预算、技术交底。

答案：ACDE

Lc2C4098 SF_6气体的优良性能主要表现有（　　）。

（A）优良的热化学特性；（B）优良的导电性；（C）SF_6气体的电弧时间常数小；（D）SF_6是重气体。

答案：AC

Lc2C4099 影响介质绝缘程度的因素有电压作用、水分作用、温度作用和（　　）。

（A）物理作用；（B）化学作用；（C）机械力作用；（D）大自然作用。

答案：BCD

Lc2C4100 纯净的SF_6气体对人体的伤害有（　　）。

（A）窒息；（B）冷烧伤；（C）中毒；（D）热烧伤。

答案：AB

Lc2C4101 对电力系统运行的基本要求是(　　)。

(A) 保证系统的全面型；(B) 保证供电的可靠性；(C) 保证良好的电能质量；(D) 保证系统的经济性。

答案：BCD

Lc2C4102 SF_6的灭弧能力较空气、绝缘油等介质优越之处表现为(　　)。

(A) 电负性强；(B) 电弧时间常数极小；(C) 电弧时间常数极大；(D) SF_6具有优越的热特性和散热能力。

答案：ABD

Lc2C5103 吊装作业工作负责人应在开始工作前带领吊车司机(　　)。

(A) 查看工作现场，指明停、带电范围；(B) 现场交代工作任务，注意事项；(C) 共同确定吊车的进出路线及停放位置；(D) 明确施工方案（不是施工应是吊装）。

答案：ABCD

Jd2C2104 SF_6气体的水分的可能来源有(　　)。

(A) 断路器内部绝缘件处理不良含水量较多；(B) 断路器密封结构不可靠；(C) SF_6气体化学反应产生水分；(D) 充装气、抽真空等工艺不良。

答案：ABD

Jd2C3105 预防开关设备机械损伤的措施：认真对开关设备的(　　)进行检查。

(A) 各连接拐臂；(B) 操作把手；(C) 轴；(D) 销。

答案：ACD

Jd2C4106 10kV 开关柜内断路器拒分的主要原因有(　　)。

(A) 操动机构卡涩；(B) 部件变形移位损坏；(C) 合闸铁芯卡涩；(D) 辅助开关故障。

答案：ABD

Jd2C4107 GW5 型隔离开关可以有(　　)等安装方式。

(A) 水平；(B) 倾斜 25°；(C) 倾斜 50°；(D) 倾斜 90°；(E) 倒装。

答案：ABCDE

Jd2C5108 放电记数器在运行中发现的主要问题是密封不良和受潮，严重的甚至出现内部元件锈蚀的情况。因此在对避雷器进行预防性试验时，应检查放电记数器内部有无(　　)，密封橡皮垫圈的安装有无开胶等情况，发现缺陷应予处理或更换。

(A) 水气；(B) 水珠；(C) 锈蚀；(D) 杂质。

答案：ABC

Jd2C5109 加强对隔离开关(　　)等的检查与润滑，防止机械卡涩、触头过热、绝缘子断裂等故障的发生。

(A) 导电部分；(B) 转动部分；(C) 操动机构；(D) 基础部分。

答案：ABC

Jd2C5110 SF_6断路器及GIS需要进行耐压试验的原因是(　　)。

(A) 内部有杂物或运输中内部零件移位，将改变电场分布；(B) 气体中可能含有水分；(C) 内部绝缘存在缺陷；(D) 断口间隙小，如断口间有毛刺或杂质存在不易察觉。

答案：ACD

Je2C1111 标志高压断路器长期发热、短时发热、耐受电动力方面性能的参数是(　　)。

(A) 额定电流；(B) 额定热稳定电流；(C) 额定热稳定时间；(D) 额定动稳定电流。

答案：ABCD

Je2C1112 SF_6断路器瓷套或套管检修的技术要求有(　　)。

(A) 均压环应完好无变形、无毛刺；(B) 瓷套内外无裂纹，浇装无脱落，裙边无损坏；(C) 接线板无氧化、腐蚀；(D) 密封面沟槽平整无划伤。

答案：ABCD

Je2C2113 基建验收中，对GIS包扎检漏的工作标准(　　)。

(A) 采用灵敏度不低于1×10^{-6}（体积比）的检漏仪；(B) 采用便携式检漏仪，按要求进行检漏；(C) 将法兰等接口采用聚乙烯薄膜包扎5h以上；(D) 薄膜内SF_6气体浓度不大于$30\mu L/L$（体积比）。

答案：ACD

Je2C2114 开关柜基建阶段应注意(　　)问题。

(A) 基建中高压开关柜在安装后应对其一、二次电缆进线处采取有效封堵措施；(B) 为防止开关柜火灾蔓延，在开关柜的柜间、母线室之间及与本柜其他功能隔室之间应采取有效的封堵隔离措施；(C) 在基建过程中，认真检查开关柜防护等级；(D) 高压开关柜应检查泄压通道或压力释放装置，确保与设计图纸保持一致。

答案：ABD

Je2C2115 SF_6电气设备检漏时的注意事项为(　　)。

(A) 检漏时，小心触电，注意与带电设备的安全距离；(B) 检漏时，站位在上风口，从上风口部位依次逐渐检漏；(C) 使用检漏仪检漏，对检漏仪进行校验，并正确使用检漏仪，注意保证检漏仪探头的防护，同时，可以备用一个探头；(D) 对法兰面有双道密封的机构，应将法兰上供检测用的孔上的堵头螺钉取掉，然后进行包扎，静止12h后。

答案：ABC

Je2C2116 操作机构的分闸功能技术要求有(　　)。

(A) 应满足断路器分闸速度要求；(B) 应满足断路器合闸速度要求；(C) 不仅能电动分闸，而且能手动分闸；(D) 尽可能省力。

答案：ACD

Je2C2117 分合闸闭锁位置开关之间的行程是根据(　　)制订的。

(A) 分、合闸闭锁位置开关必须配合好，两者之间的行程差必须大于一个单分操作时储压筒活塞杆下降的距离；(B) 应能保证断路器在运行中当储压筒活塞杆已下降到接近该位置时，储压筒中的储油量和油压应能满足断路器开断额定短路电流的要求；(C) 分、合闸闭锁位置开关必须配合好，两者之间的行程差必须大于一个单合操作时储压筒活塞杆下降的距离。

答案：AB

Je2C2118 断路器导电回路接触电阻的阻值增大的危害有(　　)。

(A) 触头在正常工作电流下发热；(B) 短路时触头局部过热，烧伤周围绝缘；(C) 易产生过电压；(D) 触头烧融粘连，影响开断能力。

答案：ABD

Je2C2119 由于(　　)原因，将引发柱塞式油泵效率低。

(A) 柱塞与塞座间隙大；(B) 高压油阀闭不严；(C) 吸油阀关闭不严；(D) 柱塞腔中有空气；(E) 油泵高压油出口密封不严。

答案：ABCDE

Je2C3120 断路器分闸缓冲器出现(　　)，会造成分闸反弹幅值超标，引起重燃，造成较高的过电压，对被控设备绝缘造成威胁的问题。

(A) 当分闸缓冲器失油、调整不当，会失去或改变缓冲性能；(B) 缓冲器与断路器失去缓冲配合，断路器分闸操作会对内部部件造成较大震动冲击；(C) 由于分闸缓冲器漏油，多次震动冲击后造成连接部件松动、机械强度下降、机械寿命降低，严重时可能损坏灭弧室内部部件，使断路器开断失败；(D) 当分闸缓冲器失油、调整不当，会失去或改变断路器的性能。

答案：ABC

Je2C3121 当分合闸缓冲器失油、调整不当，会失去或改变缓冲性能，缓冲器与断路器失去缓冲配合，断路器分合闸操作均会对内部部件造成较大震动冲击，多次震动冲击后造成(　　)严重时可能损坏灭弧室内部部件，使断路器开断失败。

(A) 机械强度下降；(B) 导电性能下降；(C) 连接部件松动；(D) 机械寿命降低。

答案：ACD

Je2C3122 对于弹簧机构断路器的机械特性试验、机构箱、辅助开关的要求是( )。

(A) 弹簧机构断路器应定期进行机械特性试验，测试其行程曲线是否符合厂家标准行程要求；(B) 对运行10年以上的弹簧机构可抽检其弹簧拉力，防止因弹簧疲劳，造成开关动作不正常；(C) 加强操动机构的维护检查，保证机构箱密封良好，防雨、防尘、通风、防潮等性能良好，并保持内部干燥清洁；(D) 加强辅助开关的检查维护，防止由于接点腐蚀、松动变位、接点转换不灵活、切换不可靠等原因造成开关设备拒动。

答案：ABCD

Je2C3123 对电容器装置投切断路器的技术要求是( )。

(A) 合闸弹跳不应大于2ms；(B) 分闸弹跳应小于断口间距的20%；(C) 优先采用无重燃的SF_6断路器；(D) 对于容量不大、投切不频繁的装置，可采用少油断路器。

答案：ABC

Je2C3124 10kV高压开关柜，在运行中发出“吱吱”声是因为( )。

(A) 元器件质量问题；(B) 开关柜所在的环境潮气太重；(C) 负荷过大；(D) 电气间隙不够。

答案：ABD

Je2C3125 合闸线圈在正常操作当中烧毁，原因可能是( )。

(A) 负荷电流过大；(B) 线圈自身故障；(C) 控制回路故障；(D) 接触不良。

答案：BC

Je2C3126 SF_6断路器气体的压力越高，会造成( )。

(A) 断路器内部零件表面粗糙度和杂质对电场干扰的影响就越强烈；(B) 断路器内部压力过大不容易密封；(C) 当气压大于0.6MPa时，SF_6（20℃时的绝对压力）气体绝缘装置在制造工艺上就很难控制。

答案：AC

Je2C4127 制造厂商应做( )试验来加强组合电器绝缘件和瓷套管的质量控制。

(A) 252kV及以上GIS用绝缘拉杆总装前应逐支进行工频耐压和局放试验；(B) 126kV及以上GIS用盆式绝缘子应逐支进行工频耐压和局放试验，252kV及以上GIS用盆式绝缘子还应逐只进行X光探伤检测；(C) 252kV及以上瓷空心绝缘子应逐支进行超声纵波探伤检测；(D) 126kV及以上瓷空心绝缘子应逐支进行超声纵波探伤检测。

答案：ABC

Je2C4128 GIS设备现场安装过程中，在安装环境及抽真空处理方面应注意( )问题。

（A）必须采取有效的防尘措施，如 GIS 的孔、盖等打开时，必须使用防尘罩进行封盖；（B）安装现场环境太差、尘土较多或相邻部分正在进行土建施工等情况下应停止安装；（C）在进行抽真空处理时，应采用出口带有电磁阀的真空处理设备，且在使用前应检查电磁阀动作可靠，防止抽真空设备意外断电造成真空泵油倒灌进入设备内部；（D）在真空处理结束后应检查抽真空管的滤芯是否有油渍；为防止真空度计水银倒灌进行设备中，禁止使用麦氏真空计。

答案：BCD

Je2C4129 由于（　　）原因，可能造成真空断路器合闸弹跳。

（A）合闸冲击刚性过大，致使动触头发生轴向反弹；（B）动触杆导向不良，晃动量过大，磁场被破坏；（C）传动环节间隙过大，特别是触头弹簧的始压端到导电杆之间传动间隙；（D）触头平面与中心轴的垂直度不够好，接触时产生横向滑移。

答案：ABCD

Je2C4130 操动机构在死点附近的特点有（　　）。

（A）断路器在合闸终了时，触头弹簧与开断弹簧将呈现很大的反作用力，因此，常利用机构的死点位置来减小断路器接近合闸位置时的操作力矩；（B）在操动机构中，也可利用死点来增大脱扣机构的电磁铁所需的开断力；（C）主动杆在很大的位移下，从动杆仅有极小的位移；利用这一特性，可使断路器在接近闭合的最终位置时位移极小；（D）可以减小由于制造和装配上的不准确而造成对触头最终位置的误差影响。

答案：ACD

Je2C5131 液压机构压力异常增高的原因有（　　）。

（A）贮压器的活塞密封圈磨损，致使液压油流人氮气侧；（B）停止电机的微动开关失灵；（C）高压油回路，有渗漏现象；（D）机构箱内的温度异常高。

答案：ABD

Je2C5132 液压机构压力异常降低的原因有（　　）。

（A）储压器行程杆不下降而压力降低；（B）压力表失灵；（C）高压油回路，有渗漏现象；（D）停止电机的微动开关失灵。

答案：BC

Je2C5133 真空灭弧管触头自闭合力作用（　　）。

（A）防止安装过程中造成波纹管漏气；（B）防止水平放置时，在运输过程中由于震动，将造成焊接部位损坏而漏气；（C）防止动触杆垂直放置，动触杆在下方时，在自身重力作用下下落，将波纹管压死超出行程，从而损坏波纹管，造成波纹管漏气；（D）防止检修过程中造成波纹管漏气。

答案：BC

Je2C5134 由于(　　)原因，电气设备会产生局部放电。

(A) 局部放电是指电气设备绝缘内部存在的缺陷，在一定外施电压作用下发生的局部重复击穿和熄灭的现象；(B) 局部放电发生在一个或几个绝缘内部的缺陷中（如气隙或气泡），虽然其放电能量不大，它的存在短时间内不会引起整个绝缘立即击穿；(C) 局部放电发生后，在长期工作电压作用下，局部放电会导致绝缘缺陷逐步扩大，最后造成整个绝缘的击穿。

答案：AB

Je2C5135 合闸速度对真空断路器造成的影响有(　　)。

(A) 合闸速度影响真空断路器的电寿命；(B) 合闸速度，即平均合闸速度，主要影响触头的电磨蚀；(C) 合闸速度太低，则预击穿时间长，电弧存在的时间长，触头表面电磨损大，甚至使触头熔焊而粘住，降低灭弧室的电寿命；(D) 速度太高，容易产生合闸弹跳，操动机构输出功也要增大，对灭弧室和整机机械冲击大，影响产品的使用可靠性与机械寿命。

答案：ACD

1.4 计算题

Lc2D2001 有一电压U为200V的单相负载，其功率因数为0.8，该负载消耗的有功功率P为X_1kW，则该负载的无功功率是____ kV·A，等效电阻是____Ω。

X_1 取值范围：2，4，8

计算公式：$Q=\sqrt{S^2-P^2}=\sqrt{(\frac{P}{\cos\varphi})^2-P^2}=\sqrt{(\frac{X_1}{0.8})^2-X_1{}^2}$

$$I=P/U\cos\varphi$$

$$R=P/I^2$$

$$R=\frac{(U\cos\varphi)^2}{P}=\frac{200^2\times0.8^2}{X_1\times10^3}$$

Lc2D2002 如图所示R、L、C并联电路，已知$R=50\Omega$，$L=X_1$mH，$C=40\mu$F，$U=220$V，则谐振频率为____（Hz），谐振时的电流为____ A。

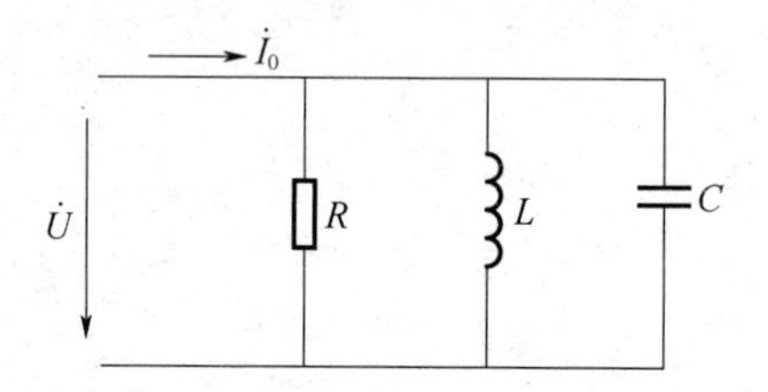

X_1 取值范围：14，15，16

计算公式：

$$f_0=\frac{1}{2\pi\sqrt{LC}}=\frac{1}{2\times3.14\times\sqrt{X_1\times10^{-3}\times40\times10^{-6}}}$$

$$I_0=\frac{U}{R}=\frac{220}{50}$$

Lc2D2003 如图所示电路中，已知电源电动势$E=X_1$V，电源内阻$r_0=5\Omega$，负载电阻$R_1=R_2=5\Omega$，负载电阻R_2下侧装有控制开关S。当S打开时，R_1的功率为____ W；当S合上时，R_1的功率为____ W。

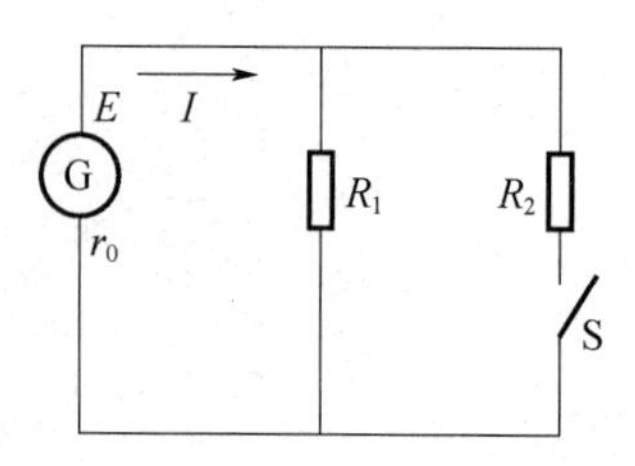

X_1 取值范围：110，220，330

计算公式：（1）当 S 打开时，R_2 回路开路

电路电流 $I_1=I=E/(r_0+R_1)=X_1/10$

R_1 获得的功率 $P_1=I_1^2R_1=(X_1/10)^2\times5$

（2）当 S 闭合时，电阻 R_1 和 R_2 并联，其等效电阻为 $R_{12}=\dfrac{R_1\cdot R_2}{R_1+R_2}=\dfrac{5\times5}{5+5}=2.5$

电路电流 $I=E/(r_0+R_{12})=X_1/7.5$

因为 $R_1=R_2$

所以电阻 R_1 中通过的电流 $I_1=I/2$

R_1 获得的功率 $P_1=I_1^2R_1$

Lc2D4004 有一供电负载与一电阻并联，其电路如图所示，当电路电压为 100V 交流电时，测得流入各分路的电流 $I_1=X_1$A，$I_2=9$A，$I_3=10$A，那么负载的功率因素 $\cos\varphi$ 是____。

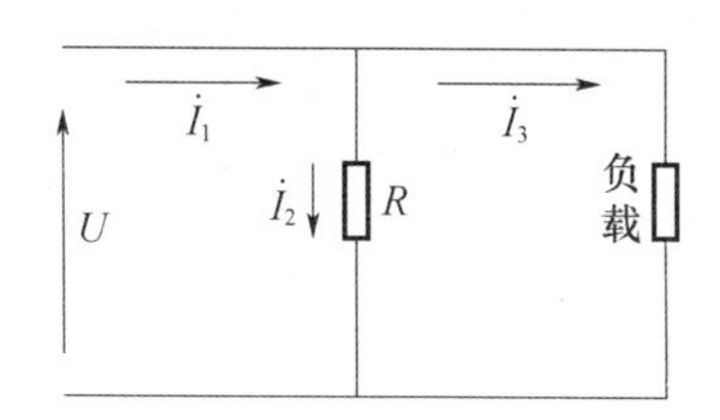

X_1 取值范围：16，17，18

计算公式：$I_1^2=I_3^2+I_2^2-2I_3I_2\cos\varphi$

$$\cos\varphi=\frac{I_3^2+I_2^2-I_1^2}{2I_3I_2}$$

Lc2D5005 如图所示为一日光灯装置的等效电路，已知 $P=X_1$W，$U=220$V，$I=0.4$A，$f=50$Hz，则此日光灯的功率因数 $\cos\varphi$ 是____；若要把功率因数提高到 0.9，需补偿的无功功率 Q_C 是____ V·A。

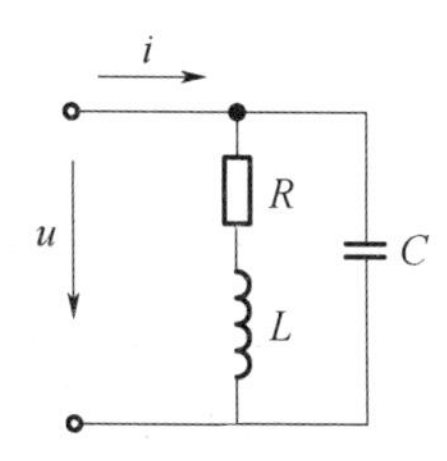

X_1 取值范围：40，50，60

计算公式：$\cos\varphi = \frac{P}{UI} = \frac{X_1}{220 \times 0.4}$

$$Q_C = P(\tan\varphi_1 - \tan\varphi_2)$$

Jd2D1006 一台变压器重为 X_1N，用两根千斤绳起吊，两根绳的夹角为 60°，则每根千斤绳上受力为____ N。

X_1 取值范围：8000～10000 的整数

计算公式：$F = \frac{G}{2\cos30^\circ} = \frac{X_1}{2 \times 0.866}$

Jd2D1007 如图液压千斤顶在压油过程中，已知活塞 1 的截面面积 $A_1 = X_1 \text{cm}^2$，活塞 2 的截面面积 $A_2 = 9.62\text{cm}^2$，管道 5 的截面面积 $A_5 = 0.13\text{cm}^2$。假定活塞 1 的下压速度为 0.2m/s，则活塞 2 上升速度为____ m/s，管道 5 内液体的平均流速为____ m/s。

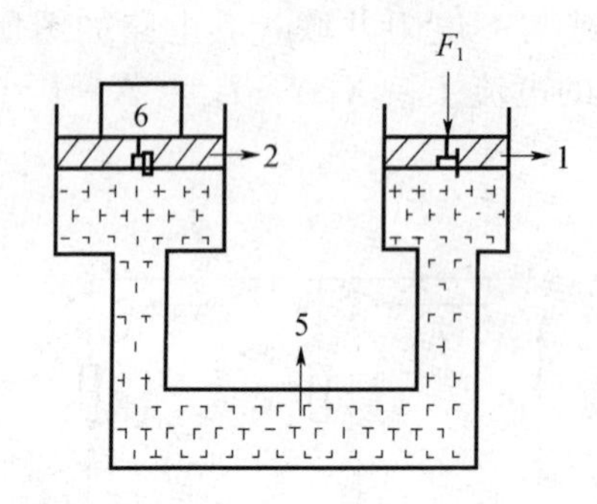

X_1 取值范围：1～2 之间保留两位小数

计算公式：$A_1V_1 = A_2V_2$

$$V_2 = \frac{A_1V_1}{A_2} = \frac{X_1 \times 0.2}{9.62}$$

$$V_5 = \frac{A_1V_1}{A_5} = \frac{X_1 \times 0.2}{0.13}$$

Jd2D2008 有一台设备重（G）为 389kN，需由厂房外滚运到厂房内安装，滚杠采用直径为 108mm 的无缝钢管，直接在水泥路面上滚运，则需要的牵引力为____ kN（滚杠在水泥路面上的摩擦系数 K_1 为 X_1，与设备的摩擦系数 K_2 为 0.05，起动附加系数 K 为 2.5）。

X_1 取值范围：0.06，0.08，0.10

计算公式：$F = K(K_1 + K_2)G/d = 2.5 \times (X_1 + 0.05) \times 389/10.8$

Jd2D3009 如图所示，在坡度为 10°的路面上移动质量为 X_1t 的变压器，变压器放在木托板上，在托板下面垫滚杠，移动该变压器所需的拉力为____ N。

（已知滚动摩擦力 $f = 0.3\text{kN}$，$\sin10^\circ = 0.174$，$\cos10^\circ = 0.958$）

X_1 取值范围：10～40 的整数

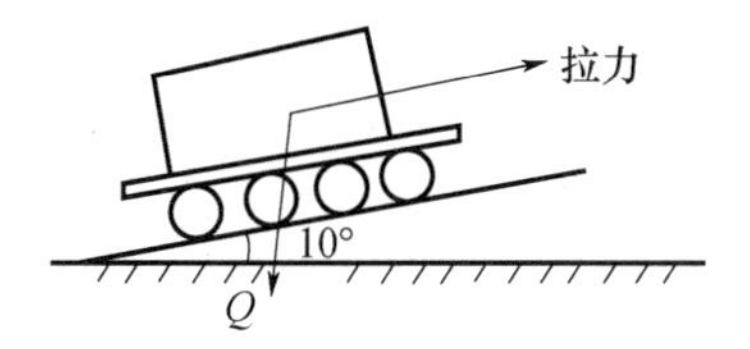

计算公式：

$$F_1 = Q\sin 10^\circ = X_1 \times 10^3 \times 9.8 \times 0.174$$

$$F = F_1 + f = X_1 \times 10^3 \times 9.8 \times 0.174 + 0.3 \times 1000$$

Jd2D4010 如图所示为一悬臂起重机，变压器吊重为 $Q=X_1$kN，当不考虑杆件及滑车的自重时，AB 杆上的力为____ N、BC 杆上的力为____ N。

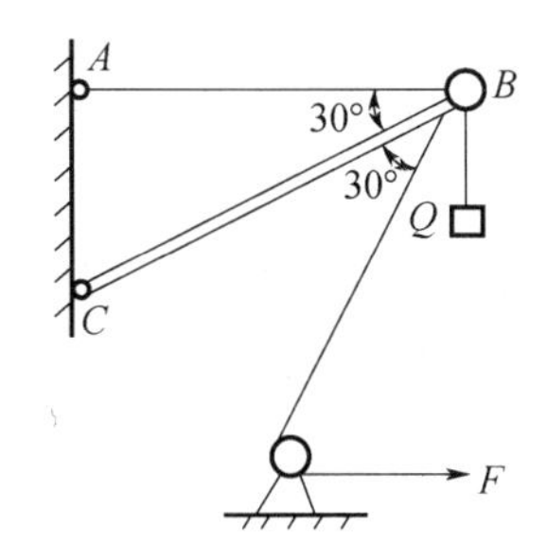

X_1 取值范围：18～25 的整数

计算公式： 取滑轮 B 作为研究对象。

可列出力平衡方程式

$$\begin{cases} F_{BC}\cos 30^\circ - F_{AB} - F\cos 60^\circ = 0 \\ F_{BC}\cos 60^\circ - F\cos 30^\circ - Q = 0 \end{cases}$$

Je2D1011 一台 SFP-90000/220 电力变压器，额定容量为 X_1kV·A，额定电压为 220±3×2.5%/60kV，则高压侧和低压侧的额定电流分别为____ A、____ A。

X1 取值范围：80000，90000，100000

计算公式： $I_{1e} = \dfrac{S_e}{\sqrt{3}U_{1e}} = \dfrac{X_1}{\sqrt{3} \times 220}$

$$I_{2e} = \frac{S_e}{\sqrt{3}U_{2e}} = \frac{X_1}{\sqrt{3} \times 60}$$

Je2D2012 已知三盏灯的电阻 $R_A=X_1\Omega$，$R_B=X_2\Omega$，$R_C=X_3\Omega$，三盏灯负荷按三相四线制接线，接在线电压 U_1 为 380V 的对称电源上，则三盏灯的电流分别为____ A、____ A、____ A。

X_1 取值范围：10～20 的整数

计算公式： $I_A = U_{ph}/R_A = \dfrac{380}{\sqrt{3} \times X_1}$

$$I_B = U_{ph}/R_B = \frac{380}{\sqrt{3} \times X_2}$$

$$I_C = U_{ph}/R_C = \frac{380}{\sqrt{3} \times X_3}$$

Je2D2013 有一三相对称负载，每相的电阻 $R = X_1 \Omega$，感抗 $X_L = 6\Omega$，如果负载接成三角形，接到电源电压 U 为 380V 的三相电源上，则负载的相电流为____A，线电流为____A，有功功率为____W。

X_1 取值范围：6，8，10

计算公式： 负载阻抗 $Z = \sqrt{R^2 + X_L^2} = \sqrt{{X_1}^2 + 6^2}$

负载的相电流 $I_{ph} = \dfrac{U}{Z}$

线电流 $I_L = \sqrt{3} I_{ph} = \sqrt{3} \times 38 = 65.82(A)$

有功功率 $P = 3I_{ph}^2 R = 3 \times 38^2 \times 8 = 34656(W)$

Je2D2014 某设备装有电流保护，电流互感器的变比是 200/5，整定值是 X_1A，如果将电流互感器变比改为 300/5，其整定值为____A。

X_1 取值范围：3，4，5

计算公式： 原整定值的一次电流 $I = I_Z \cdot K = X_1 \times \dfrac{200}{5} = X_1 \times 40$

当电流互感器的变比改为 300/5 后，其整定值 $I'_Z = \dfrac{I}{K'} = \dfrac{X_1 \times 40}{300/5}$

Je2D3015 有一台 320kV·A 的变压器，其分接开关在Ⅰ位置时，电压比 k_1 为 10.5/0.4；在Ⅱ位置时，电压比 k'_1 为 10/0.4；在Ⅲ位置时，电压比 k''_1 为 9.5/0.4。已知二次绕组匝数 N_2 为 X_1 匝，当分接开关在Ⅰ、Ⅱ、Ⅲ位置时，一次绕组的匝数分别为____匝、____匝、____匝。

X_1 取值范围：36，38，40

计算公式：

$$k_1 = \frac{N_1}{N_2} = \frac{10.5}{0.4} = \frac{N_1}{X_1}$$

$$故\ N_1 = \frac{10.5 \times X_1}{0.4}$$

$$k'_1 = \frac{N'_1}{N_2} = \frac{10}{0.4} = \frac{N'_1}{X_1}$$

$$故\ N'_1 = \frac{10 \times X_1}{0.4}$$

$$k''_1 = \frac{N''_1}{N_2} = \frac{9.5}{0.4} = \frac{N''_1}{X_1}$$

故 $N''_1=\dfrac{9.5\times X_1}{0.4}$

Je2D3016 某断路器跳闸线圈烧坏，应重绕线圈，已知线圈内径 d_1 为 27mm，外径 d_2 为 61mm，裸线线径 d 为 0.57mm，原线圈电阻 R 为 $X_1\Omega$，铜电阻率 ρ 为 $1.75\times10^{-8}\Omega\cdot m$，计算该线圈的匝数为____匝。

X_1 取值范围：25，50，75

计算公式：线圈的平均直径$D=\dfrac{d_1+d_2}{2}=\dfrac{27+61}{2}=44$

$$L=\pi DN$$

$$L=\frac{RS}{\rho}=\frac{R\pi d^2}{4\rho}$$

$$N=\frac{d^2R}{4\rho D}=\frac{0.57^2\times10^{-6}\times X_1}{4\times1.75\times10^{-8}\times44\times10^{-3}}$$

Je2D3017 在 $U_L=10.5$kV、Fv$=50$Hz 中性点不接地的配电系统中，假设各相对地电容为 $X_1\mu$F，则单相金属性接地时的接地电流为____ A。

X_1 取值范围：2～5 之间保留一位小数

计算公式：$I_g=\sqrt{3}U_L\omega C=\sqrt{3}\times10.5\times10^3\times314\times X_1\times10^{-6}$

Je2D3018 一台 $220/X_1$kV 的三相变压器的变比 k 是____，若此时电网电压仍维持 220kV，而将高压侧分接头调至 225.5kV，低压侧电压 U_2是____ V。

X_1 取值范围：10.5，38.5，63

计算公式：$k=\dfrac{U_1}{U_2}=\dfrac{220}{X_1}$

$$k'=\frac{U_1{}'}{U_2}=\frac{225.5}{X_1}$$

$$U_2{}'=\frac{U_1}{k'}=\frac{220\times X_1}{225.5}$$

Je2D3019 一只电流表满量程为 10A，准确等级为 0.5，用此表测量 X_1A 电流时的相对误差是±____%。

X_1 取值范围：1～10 的整数

计算公式：最大相对误差 $\Delta m=\pm0.5\%\times10=0.05$

测量 X_1A 的电流时，其相对误差为$\pm0.05/X_1$

Je2D3020 一台电压互感器，型号为 JCC-110，测得一次实际电压为 114kV，二次实际电压为 X_1V，则电压误差为____%。

X_1 取值范围：105，106，107

计算公式：$\Delta U\% = \dfrac{1100 \times X_1 \times 10^{-3} - 114}{114} \times 100\%$

Je2D3021 CY3 机构在环境温度 T_1 为 17℃时，预充氮气的压力 P_1 为 20MPa，现环境温度 T_2 为 X_1℃，则此时氮气压力值 P_2 为____MPa。

X_1 取值范围：7，27，37

计算公式：已知 $P_1=20\text{MPa}$，$T_1=17+273=290\text{K}$，$T_2=37+273=310\text{K}$

则 $P_2=P_1T_2/\text{T}_1=20\times310/290=21.38\text{MPa}$

Je2D3022 一条配电线路，线电压为 6300V，测得线电流为 X_1A，若负载功率因数从 0.8 降至 0.6，计算该线路输送的有功功率减少____ kW。

X_1 取值范围：1280，1380，1480

计算公式：功率因数为 0.8 时，输出功率 $P=\sqrt{3}UI\cos\varphi=\sqrt{3}\times6300\times X_1\times0.8$

功率因数为 0.6 时，输出功率 $P'=\sqrt{3}UI\cos\varphi=\sqrt{3}\times6300\times X_1\times0.6$

当从 0.8 降到 0.6 时发电机降低输出 $P-P'=\sqrt{3}\times6300\times X_1\times0.2$

Je2D4023 某变电站 10kV 系统平均无功负荷缺额为 $Q_e=X_1\text{kV}\cdot\text{A}$，需要在此系统中装设补偿电容器的电容量为____ μF。

X_1 取值范围：100，200，300

计算公式：$Q_e = U_e I_e$

$$I_e = \frac{Q_e}{U_e} = \frac{X_1}{10}$$

$$X_c = \frac{1}{\omega C} = \frac{U_e}{I_e}$$

$$C = \frac{1}{\omega X_c}$$

Je2D5024 一台三相变压器的 $S_N=X_1\text{kV}\cdot\text{A}$，$U_{1N}/U_{2N}=220/11\text{kV}$，$Y$，d 联结，低压绕组匝数 $N_2=1200$ 匝，则高低压绕组额定电流分别为____ A、____ A，高压绕组匝数为____匝。

X_1 取值范围：60000，65000，80000

计算公式：

$$I_{1N} = \frac{S_N}{\sqrt{3}U_{1N}} = \frac{X_1}{\sqrt{3}\times220}$$

$$I_{2N} = \frac{S_N}{\sqrt{3}U_{2N}} = \frac{X_1}{\sqrt{3}\times11}$$

$$N_1 = \frac{U_1N_2}{U_2} = \frac{220\times1200}{\sqrt{3}\times11}$$

Je2D5025 若采用电压、电流表法测量$U_N=10kV$、$Q_c=334kV\cdot A$的电容器的电容量，试计算加压在$U_s=X_1V$时，电流表的读数应是____ A。

X_1取值范围：100，200，300

计算公式：$I=\dfrac{U_s}{X_c}=\dfrac{U_sQ_c}{U_N^2}=\dfrac{X_1\times 334000}{10000^2}$

Jf2D3026 某变压器做负载试验时，室温为15℃，测得短路电阻$r_k=8\Omega$，短路电抗$x_k=X_1\Omega$，则75℃时的短路阻抗是____ Ω。（该变压器线圈为铝导线）

X_1取值范围：48，58，68

计算公式：$r_{k75^\circ}=\dfrac{225+75}{225+15}\times r_k=\dfrac{225+75}{225+15}\times 8=10$

$$Z_{k75^\circ}=\sqrt{r_{k75^\circ}^2+x_k^2}=\sqrt{10^2+X_1{}^2}$$

Jf2D4027 某变压器做负载试验时，室温为25℃，测得短路电阻$r_k=3\Omega$，短路电抗$x_k=X1\Omega$，则75℃时的短路阻抗是____ Ω。（该变压器线圈为铜导线）

X_1取值范围：30，35，40

计算公式：对于铜导线：

$$r_{k75^\circ}=\dfrac{235+75}{235+25}\times r_k=\dfrac{235+75}{235+25}\times 3=3.58$$

$$z_{k75^\circ}=\sqrt{r_{k75^\circ}^2+x_k^2}=\sqrt{3.58^2+X_1{}^2}$$

Jf2D4028 已知铜导线长度为$L=10km$，截面面积$S=20mm^2$，经查知铜在温度20℃时的电阻率为$0.017\Omega\cdot mm^2/m$，则该导线在X_1℃时的电阻值____ Ω。（铜的温度系数$\alpha=0.004/℃$）

X_1取值范围：30，40，50

计算公式：铜导线在20℃时的电阻$R_{20}=\rho\cdot\dfrac{L}{S}=\dfrac{0.017\times 10\times 10^3}{20}=8.5$

铜导线在30℃时的电阻

$$R_{30}=R_{20}\times[1+\alpha(t_2-t_1)]=8.5\times[1+0.004\times(X_1-20)]$$

1.5 识图题

La2E2001 如图中四种接触方式，安全风险最低的是(　　)

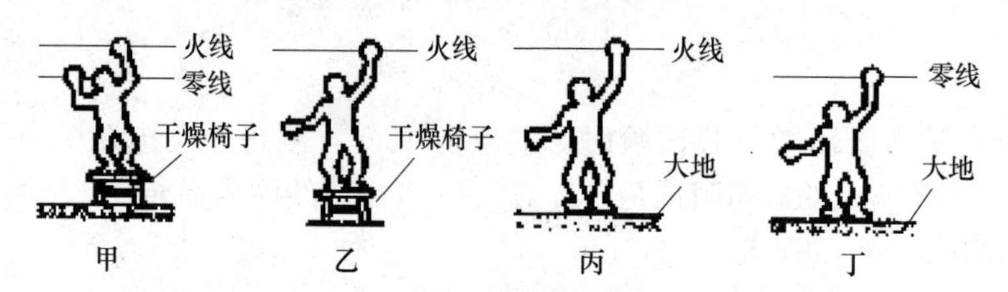

(A) 甲；(B) 乙；(C) 丙；(D) 丁。

答案：B

La2E2002 如图所示为GW23-126型隔离开关操动机构电气控制原理图(　　)。

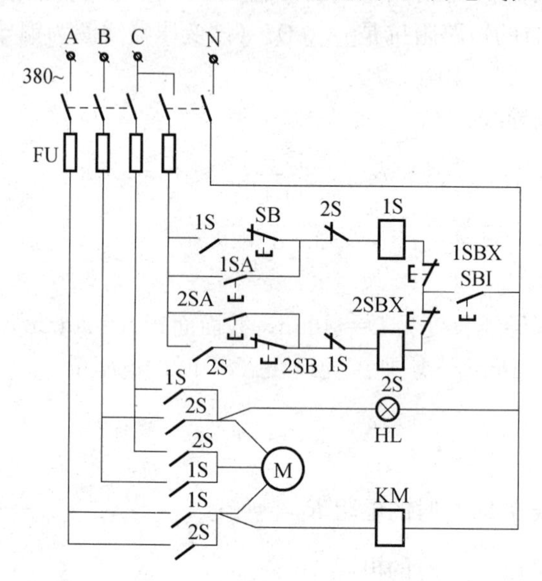

(A) 正确；(B) 错误；(C) 不确定。

答案：B

Lb2E3003 如图所示电路，μ (t) 为交流电源，当电源频率增加时，三个灯亮度变化情况为(　　)。

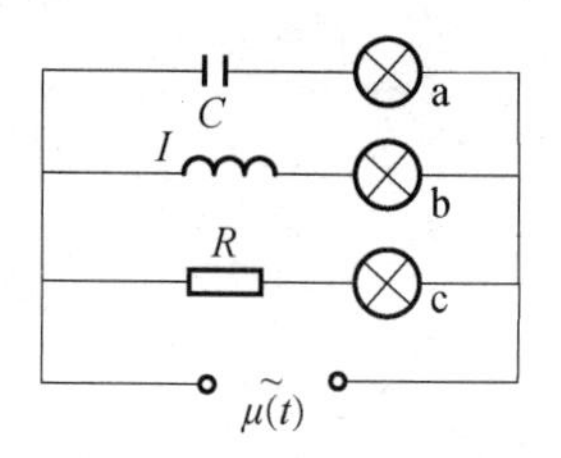

（A）a 支路电容压降减小，a 灯压降增加，变亮；b 支路线圈压降增加，b 灯压降降低，变暗；c 支路与原来一样，c 灯亮度不变；（B）a 支路电容压降增加，a 灯压降减小，变暗；b 支路线圈压降增加，b 灯压降降低，变暗；c 支路与原来一样，c 灯亮度不变；（C）a 路电容压降减小，a 灯压降增加，变亮；b 支路线圈压降减小，b 灯压降增加，变亮；c 支路与原来一样，c 灯亮度不变；（D）a 支路电容压降减小，a 灯压降增加，变亮；b 支路线圈压降增加，b 灯压降降低，变暗；c 支路受电感和电容影响，无法判断。

答案：A

Lb2E3004 如图所示为单支避雷针的保护范围图。当被保护物高度 $h_x \geqslant h/2$ 时，保护半径为（　　）。

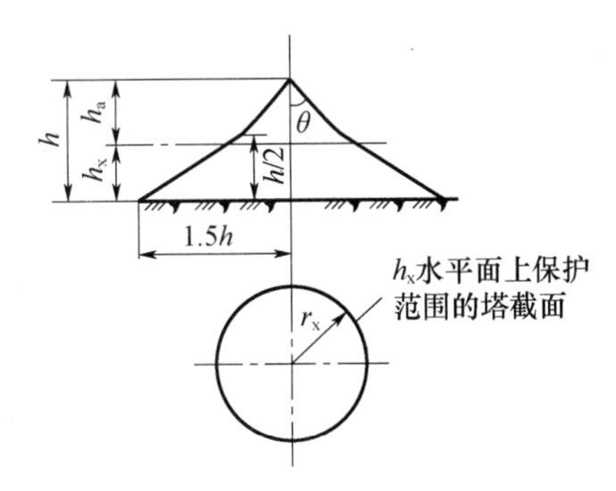

（A）$r_x=(h_x-h)p$；（B）$r_x=(h-h_x)p$；（C）$r_x=(2h-1.5h_x)p$；（D）$r_x=(1.5h-2h_x)p$。

答案：B

Lc2E1005 图中电流互感器的接线方式为两相电流差接线方式。（　　）

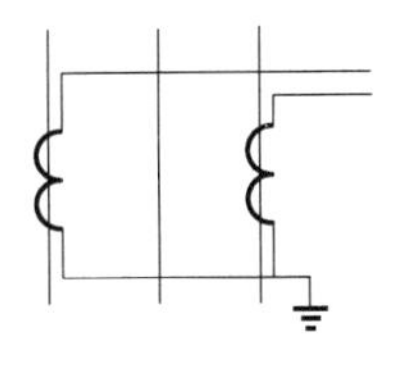

（A）正确；（B）错误；（C）不确定。

答案：B

Lc2E1006 图中电流互感器的接线方式为零序接线。（　　）

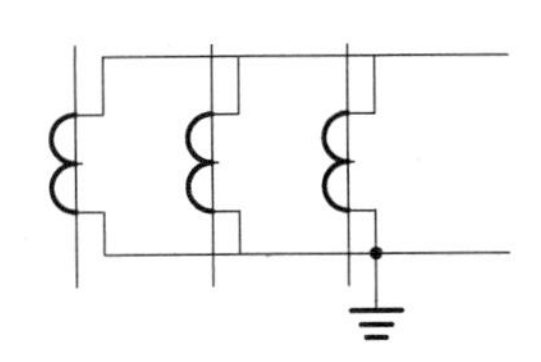

（A）正确；（B）错误；（C）不确定。

答案：A

Lc2E1007 图中电流互感器的接线方式为差动接线。（　　）

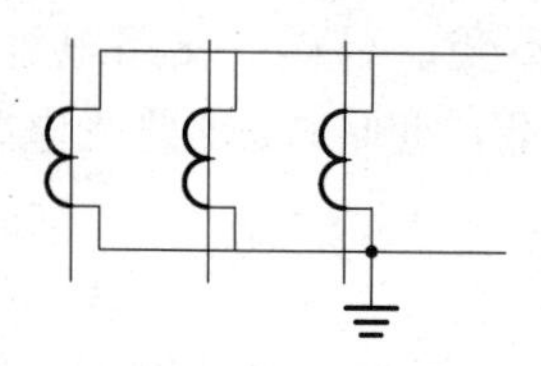

（A）正确；（B）错误；（C）不确定。

答案：B

Lc2E2008 如图所示为电容式电压互感器的原理接线图，图中辅助绕组输出电压U为（　　）V。

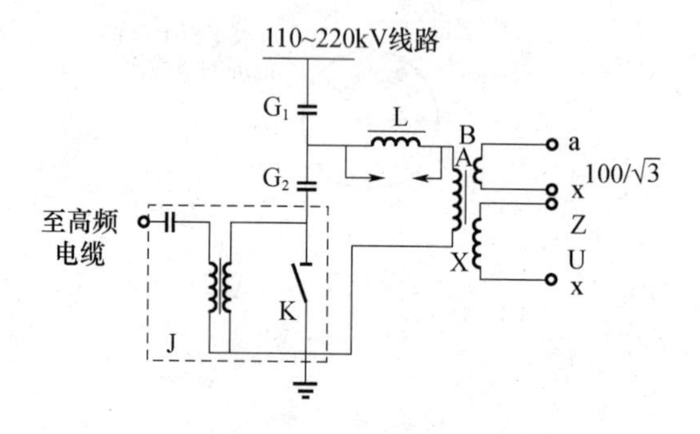

（A）100；（B）100/3；（C）$100/\sqrt{3}$；（D）200。

答案：C

Lc2E2009 如图所示为某三相变压器一、二次绕组接线图及电压的相量图，它的接线组别为（　　）。

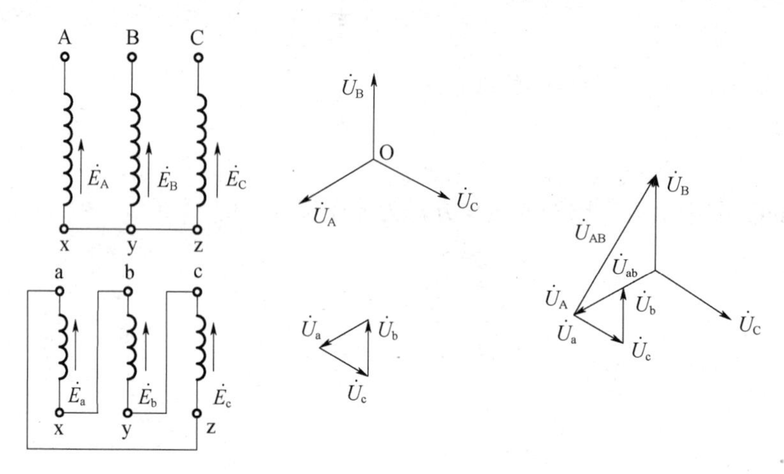

(A) Y，d5；(B) Y，d7；(C) Y，d1；(D) Y，d11。

答案：C

Lc2E3010 如图所示，电压互感器的变比为 $110/\sqrt{2}$：$0.1/\sqrt{3}$：0.1，第三绕组接成开口三角形，但 B 相极性接反，则正常运行时开口三角形侧电压为(　　)V。

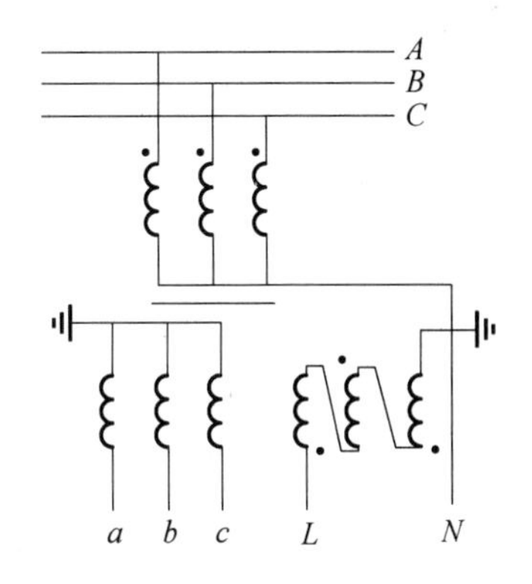

(A) 100；(B) 100/3；(C) $100/\sqrt{3}$；(D) 200。

答案：D

Lc2E3011 下图中，电动机复合联锁的可逆启动控制电路图正确的是(　　)。

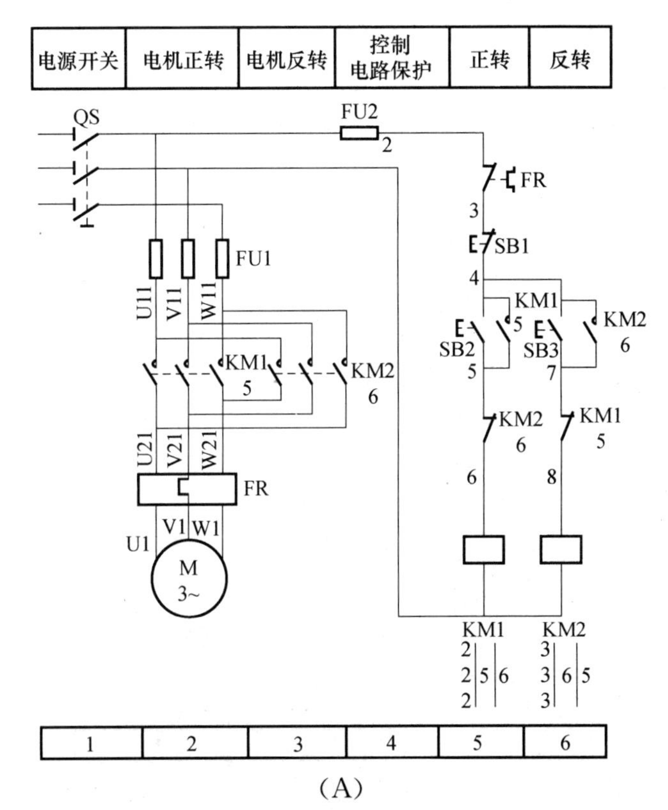

(A)

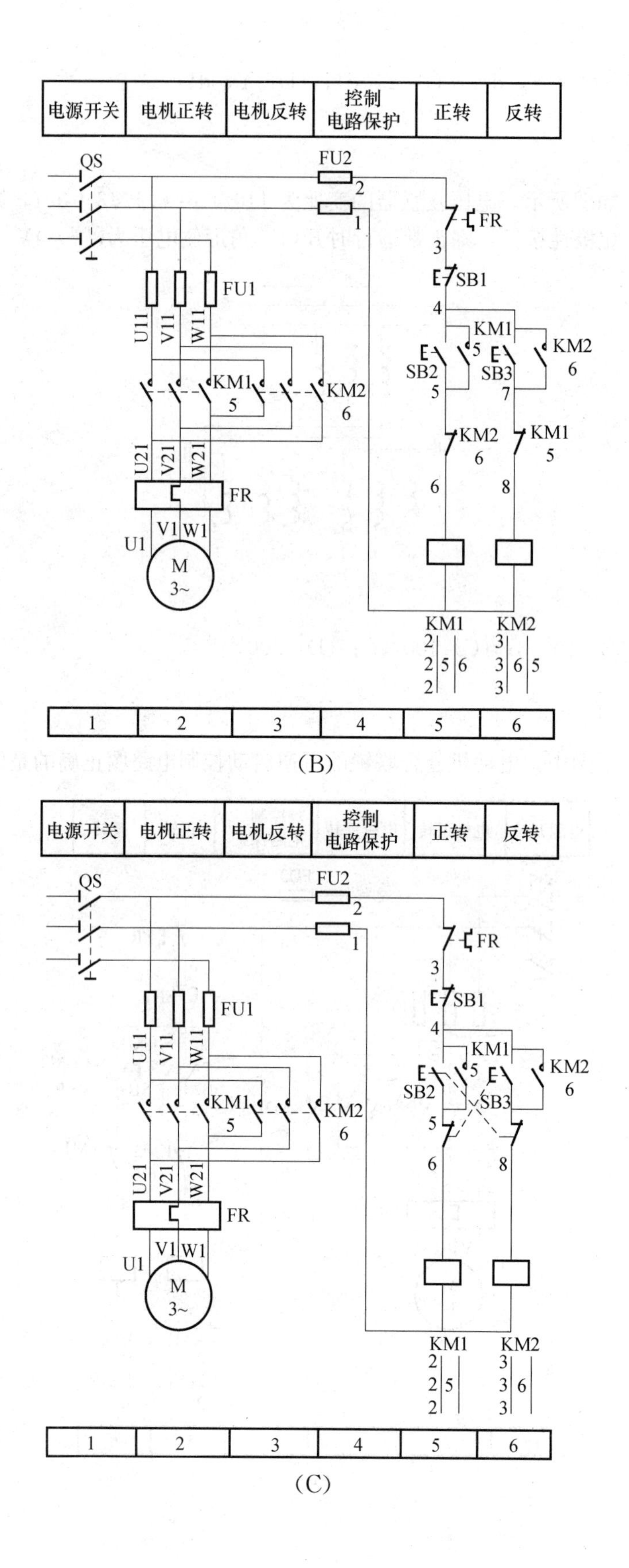
电源开关
电机正转
电机反转
控制
电路保护
正转
反转
QS
FU2
FU1
FR
SB1
SB2
SB3
KM1
KM2
U11 V11 W11
U21 V21 W21
U1 V1 W1
M
3~
1 2 3 4 5 6
(B)

电源开关
电机正转
电机反转
控制
电路保护
正转
反转
QS
FU2
FU1
FR
SB1
SB2
SB3
KM1
KM2
U11 V11 W11
U21 V21 W21
U1 V1 W1
M
3~
1 2 3 4 5 6
(C)

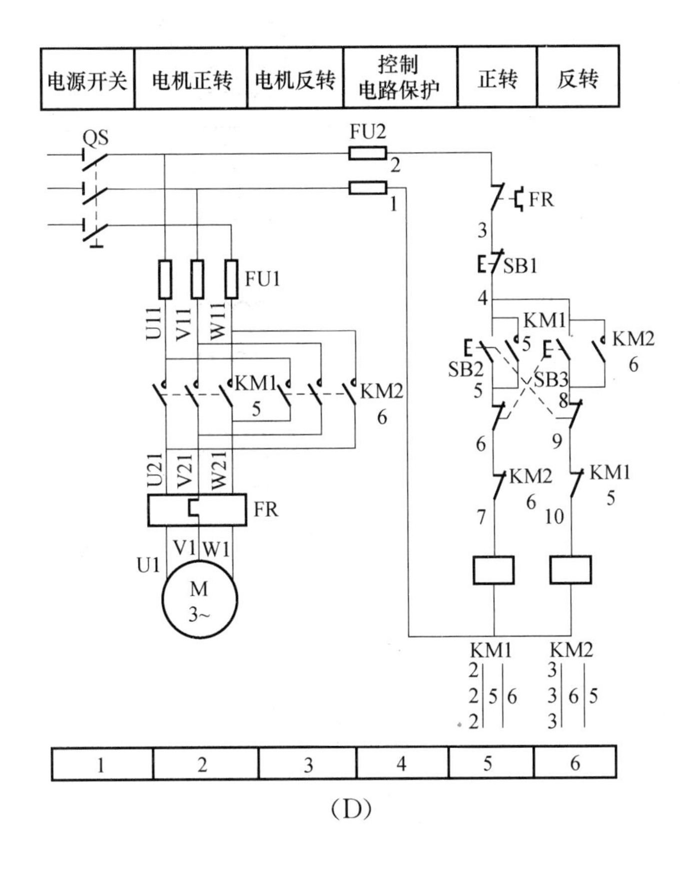

(D)

答案：D

Lc2E4012 220kV 串级式单相电压互感器原理图是(　　)。

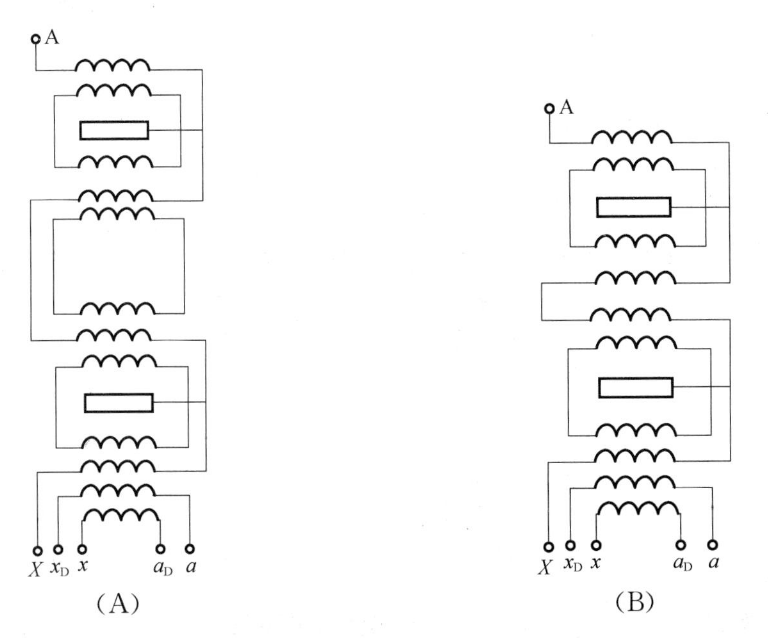

(A)　　(B)

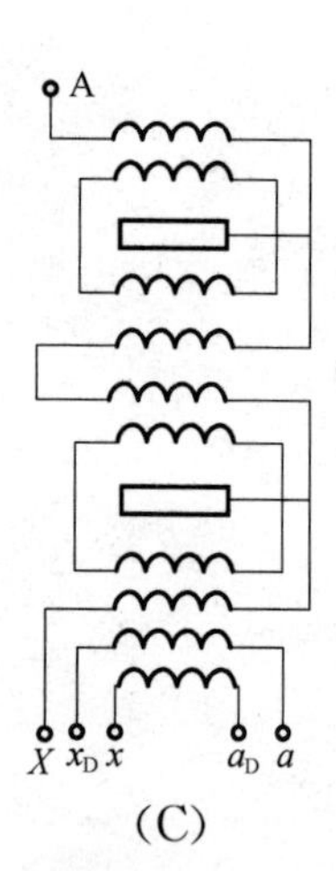

(C)

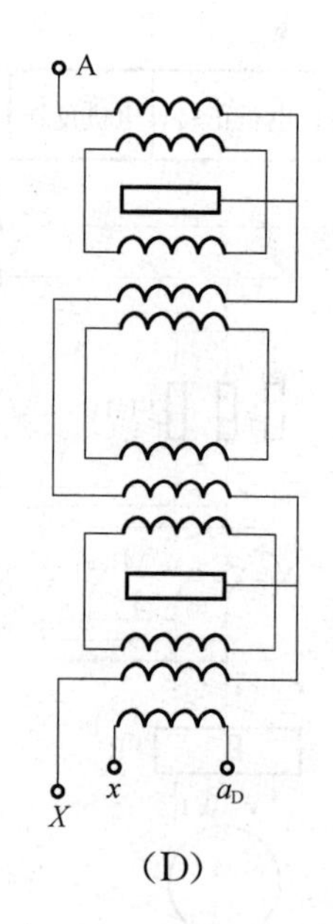

(D)

答案：A

Lc2E4013 如图所示为变压器的(　　)保护原理图。

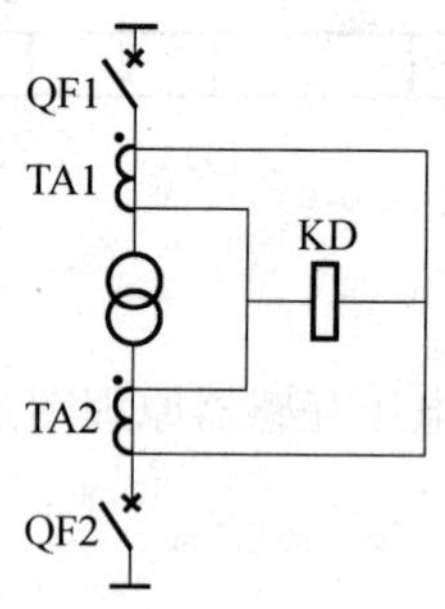

(A) 瓦斯；(B) 过电流；(C) 过负荷；(D) 差动。

答案：D

Jd2E4014 吊车指挥中单手自然握拳，置于头上，轻触头顶表示(　　)。

(A) 要主钩；(B) 要副沟；(C) 吊钩下降；(D) 吊钩水平移动。

答案：A

Jd2E4015 某 SF_6 断路器工作压力在20℃时为7.0bar（绝对压力），如图所示，则气体的密度 γ 为（ ），出现液化时的温度为（ ）。

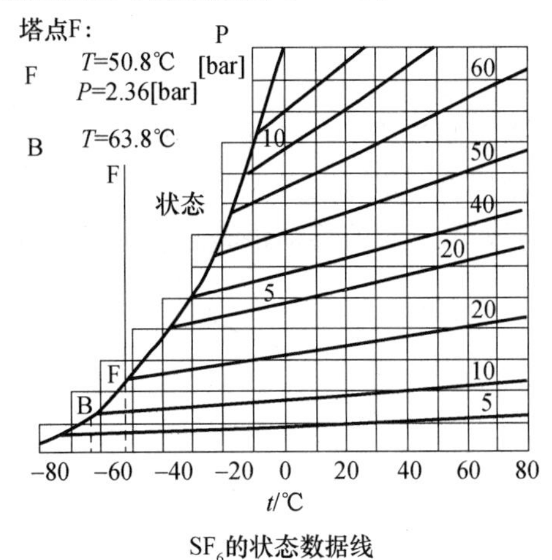

SF_6 的状态数据线

（A）35kg/m³、−15℃；（B）45kg/m³、−25℃；（C）55kg/m³、−35℃；（D）45kg/m³、−45℃。

答案：B

Je2E2016 如图所示为CJ5型电动操动机构的控制线路原理图。图中的文字符号KH、SP1、SP2分别表示（ ）。

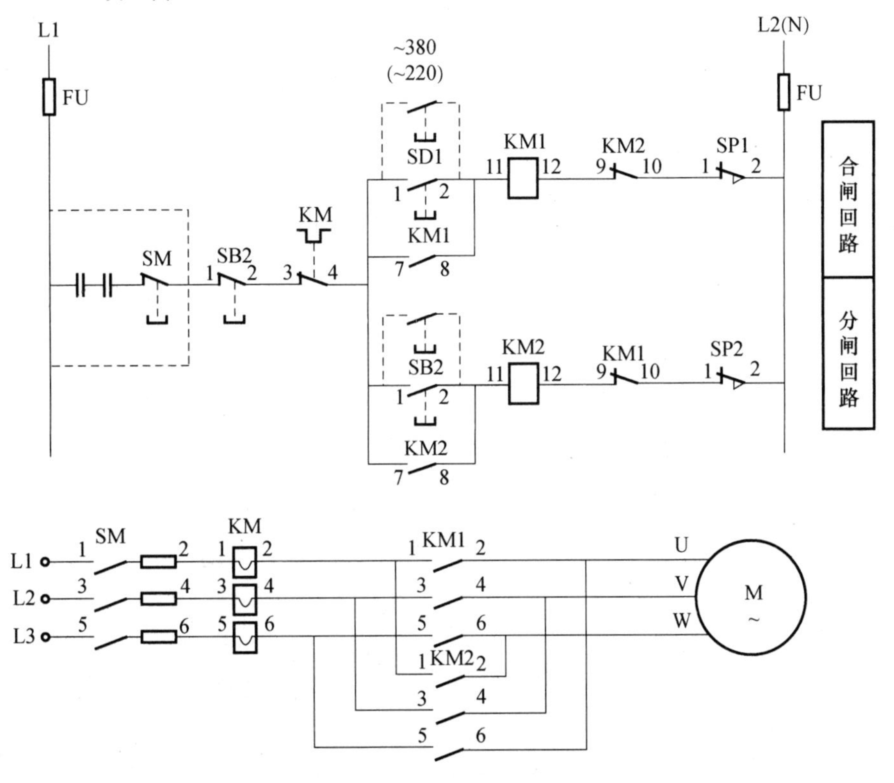

（A）近控开关，正、反转接触器；（B）熔断器，正、反转接触器接点；（C）停止按钮，正反转按钮；（D）热继电器，合、分位置限位开关。

答案：D

Je2E5017 反力特性是指合闸过程中，从断路器的驱动端看进去，需要克服的各种阻力（包括弹簧的反作用力、磨擦力、电动力和惯性力等，如图是弹簧机构的反力特性曲线图（纵坐标表示力F，横坐标表示触头的移动距离），下面说法错误的是（　　）。

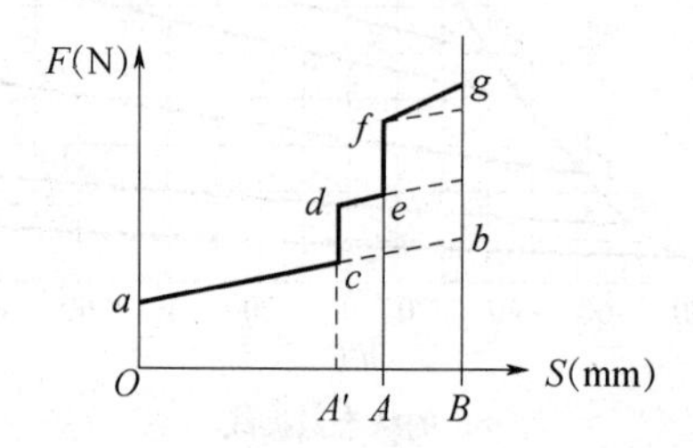

（A）A点表示刚合点，OA表示开距，AB则为触头合闸弹簧的接触行程，abc直线为断路器分闸拉簧的拉力特性，Oa为该簧的预拉力；（B）合闸时，前一段仅有分闸拉簧的反力ac，当触头距离运动到A'点，因高电压作用产生预击穿，出现预击穿电流，产生电动斥力，c点突升到d点，触头继续运动，de线段是电动斥力与拉簧反力之和，de平行于acb；（C）动触头到达刚合点A后，触头合闸弹簧的预压力突然起作用，使e点突升至f点，随后接触行程继续行进，f点移向g点，fg线为分闸拉簧反力与合闸压簧反力之和；（D）到达B点，合闸过程即告结束，折线$acdefg$即为合闸全过程的反力特性，它与横坐标之间的面积，即为断路器所需的合闸功；操动机构需提供等于此值的功，断路器方能完成合闸动作。

答案：D

Jf2E3018 测量三相变压器绕组绝缘电阻（高压对低压及地）接线图是（　　）。

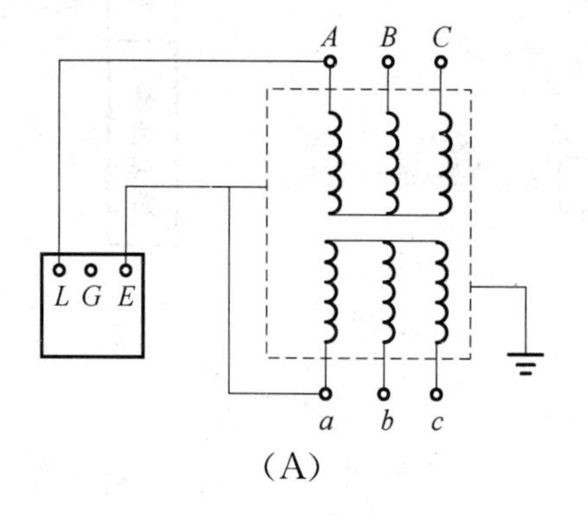

（A）

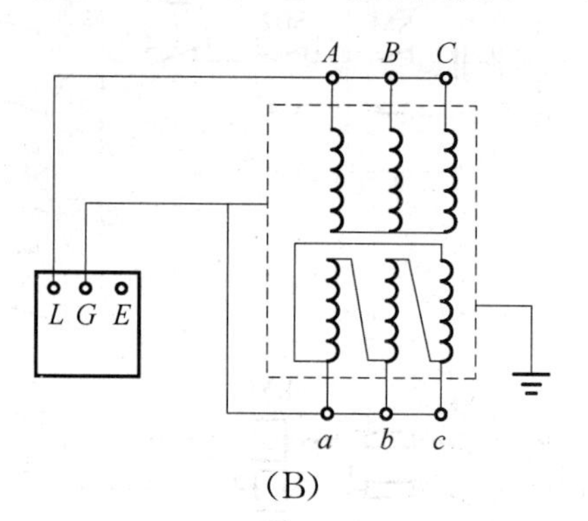

（B）

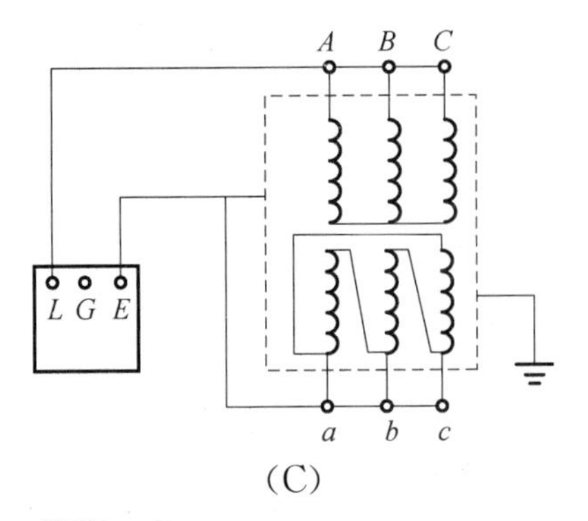

(C)

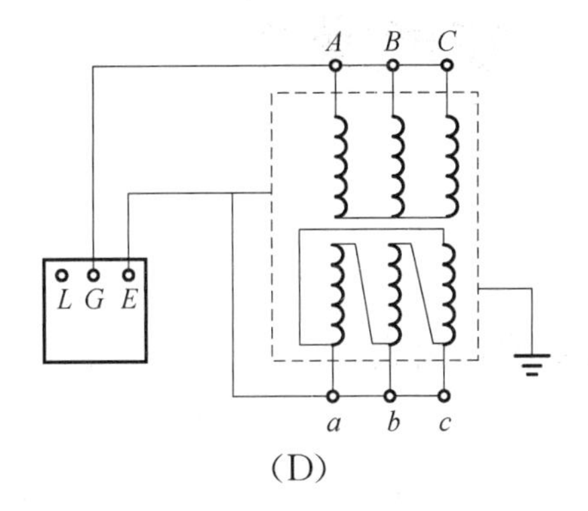

(D)

答案：C

Jf2E4019 如图为GIS出现间隔结构图，其中3的正确表述（ ）。

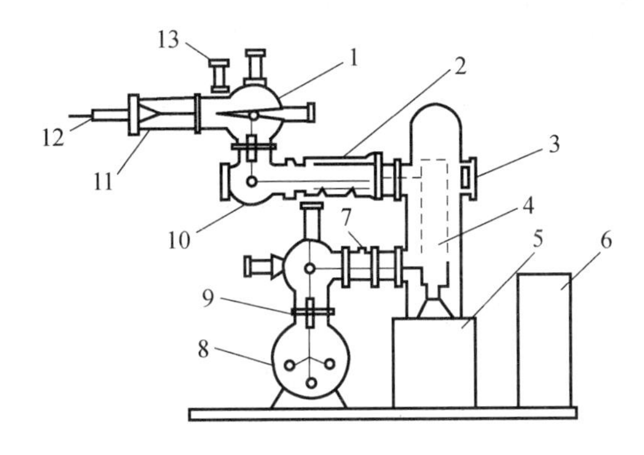

（A）1—隔离开关，2—电压互感器，3—观察窗，4—断路器灭弧室，5—操动机构，6—控制柜，7—伸缩节，8—三相母线，9—绝缘子，10—导电杆，11—电缆头，12—电缆，13—接地开关；（B）1—隔离开关，2—电流互感器，3—观察窗，4—断路器灭弧室，5—操动机构，6—控制柜，7—伸缩节，8—三相母线，9—绝缘子，10—导电杆，11—出线套管，12—架空线，13—接地开关；（C）1—隔离开关，2—电压互感器，3—吸附剂，4—断路器灭弧室，5—操动机构，6—控制柜，7—伸缩节，8—三相母线，9—绝缘子，10—导电杆，11—出线套管，12—架空线，13—接地开关；（D）1—隔离开关，2—电流互感器，3—吸附剂，4—断路器灭弧室，5—操动机构，6—控制柜，7—伸缩节，8—三相母线，9—绝缘子，10—导电杆，11—电缆头，12—电缆，13—接地开关。

答案：D

2 技能操作

2.1 技能操作大纲

变电检修工（技师）技能鉴定技能操作考核大纲

等级	考核方式	能力种类	能力项	考核项目	考核主要内容
技师	技能操作	基本技能	01. 设备识图	01. LW25-126 型断路器二次控制回路查找故障	掌握断路器二次控制回路图
			02. 钳工工艺	01. 使用套丝工艺加工部件	掌握本专业所需的套丝的钳工工艺
		专业技能	01. 变电设备小修及维护	01. LW16-40.5 型断路器小修	能对 35kVSF_6 断路器进行小修
				02. LW10B-252 型断路器操作机构油泵解体检修	能对液压机构油泵进行解体小修
			02. 变电设备大修及安装	01. GW16-126 型隔离开关上折臂解体检修	能对剪式隔离开关本体进行解体检修
				02. GW7-126 型隔离开关单相解体调整	能对 110kV 隔离开关进行解体调整
				03. KYN61-40.5 型开关柜消缺调试	能对 35kV 手车式开关柜缺陷进行处理
			03. 恢复性大修	01. ZN65A-12 型真空断路器单相灭弧室更换	能对真空断路器损坏的灭弧室进行更换
				02. KYN28-12 型开关柜断路器拒合故障处理	能进行 10kV 中置式开关柜真空断路器拒动处理
				03. LW10B-252 型断路器操作机构二次控制回路消缺	能对液压机构二次控制回路进行检查消缺
		相关技能	01. 动火作业	01. 选用合适类型的灭火器进行灭火	能对电气设备火灾进行扑灭

2.2 技能操作项目

2.2.1 BJ2JB0101 LW25-126 型断路器二次控制回路查找故障

一、作业

（一）工器具、材料、设备

（1）工器具：一字螺丝刀、十字螺丝刀、尖嘴钳、万用表。

（2）材料：无。

（3）设备：配 LW25-126 型断路器 1 台。

（二）安全要求

1. 防止机械伤害

（1）设备传动时，机构、本体上禁止有人工作。

（2）机构内部检修前，切断控制电源、储能电源并释放能量，防止机械部件能量伤人。

2. 防止触电伤害

二次回路工作前，应首先验明回路无电。

3. 现场安全措施

用围网带将工作区域围起来，出口设置在安全的通道处，出入口处设置“从此进出!”标示牌，工作区内放置“在此工作!”标示牌。

4. 办理开工手续

办理开工、许可手续，进行工作票宣读，交代工作中的危险点。

（三）操作步骤及工艺要求

1. 准备工作

（1）着装规范。

（2）工器具、材料清点和做外观检查。

2. LW25-126 型断路器操作机构二次控制回路查找故障

（1）根据任务书中故障现象初步分析，打开机构箱门观察设备状态。

（2）验电：断开二次电源，用万用表测量二次回路无电压，防止低压触电。验电时必须向考评员汇报，在专人监护下进行机构箱低压验电。

（3）向考评员汇报，二次回路消缺工作开始前，释放机构弹簧能量。

（4）将二次回路停电后，被考人使用万用表电阻档根据图纸要求，测量各回路参数，确认各回路是否完好。

（5）当通过表计测量发现参数异常，经分析判断并用万用表确认故障点后，向考评员汇报，得到答复可继续处理。

（6）当确认故障点后，需要更换或增加零件才能继续处理时，应向考评员汇报，得到考评员给的零件后，可继续处理。

（7）没有得到考评员给的零件后，不可强行改变其他零件状态、强行处理。

（8）考生认为故障全部消除、需要传动操作机构时，应向考评员汇报，得到考评员答复后，在考评员的监护下给机构送电。

(9) 接通储能电机电源，观察储能电机运转是否正常，出现异常可根据机构二次图纸，用万用表查找缺陷点，直到消除缺陷。

(10) 接通分、合闸控制回路电源，观察设备状态，出现异常可根据机构二次图纸，用万用表查找缺故障，直到消除故障。

(11) 完成分、合过程传动3次无异常后，将机构放置分闸位。

(12) 检查机构箱内无异物遗留后，关闭机构箱门。

(13) 向考评员汇报需要停电，在专人监护下停电。

3. 结束工作

(1) 清理工作现场，将工器具、材料、设备归位，现场恢复至开工前状态。

(2) 办理工作终结手续，填写检修报告。

(3) 收工离场。

二、考核

(一) 考核场地

(1) 可在室内或室外进行。

(2) 现场设置LW25-126型断路器配操作机构1组，且各部件完整，机构操作电源已接入。在工位四周设置围栏。

(3) 设置评判用的桌椅和计时秒表。

(二) 考核时间

(1) 考核时间为40min。

(2) 考生准备时间为5min，包括清点工器具、准备材料设备、检查安全措施。

(3) 考生准备完毕后向考评员汇报准备完毕。

(4) 考生向考评员办理开工手续，许可开工后考评员记录考核开始时间，考生开始工作。

(5) 现场清理完毕后，考生向考评员汇报工作终结，考评员记录考核结束时间。

(三) 考核要点

(1) 单人操作，考评员监护作业。考生着装规范，穿工作服、绝缘鞋，戴安全帽。

(2) 现场安全文明生产。工器具、材料、设备摆放整齐，现场作业熟练、有序、流畅，正确规范。不发生危及人身和设备安全的行为，如发生人身伤害，造成身体出血等情况可取消本次考核成绩。

(3) 熟悉二次元件参数和工艺要求、熟悉二次回路原理，能够准确判断出二次回路缺陷。

三、评分标准

行业：电力工程　　　　工种：变电检修工　　　　等级：二

编号	BJ2JB0101	行为领域	d	鉴定范围		变电检修技师	
考核时限	40min	题型	A	满分	100分	得分	
试题名称	LW25-126型断路器二次控制回路查找故障						

续表

考核要点及其要求	（1）单人操作，考评员监护作业。考生着装规范，穿工作服、绝缘鞋，戴安全帽。 （2）现场安全文明生产。工器具、材料、设备摆放整齐，现场作业熟练、有序、流畅，正确规范不发生危及人身和设备安全的行为，如发生人身伤害，造成身体出血等情况可取消本次考核成绩。 （3）熟悉二次元件参数和工艺要求、熟悉二次回路原理，能够准确判断出二次回路缺陷
现场设备、工器具、材料	（1）工器具：一字螺丝刀、十字螺丝刀、尖嘴钳、万用表。 （2）材料：无。 （3）设备：配LW25-126型断路器1台
备注	考生自备工作服、绝缘鞋

评分标准

序号	考核项目名称	质量要求	分值	扣分标准	扣分原因	得分
1	工作前准备及文明生产					
1.1	着装、工器具准备（该项不计考核时间）	考核人员穿工作服、戴安全帽、穿绝缘鞋，工作前清点工器具、设备	3	（1）未穿工作服、戴安全帽、穿绝缘鞋，每项不合格扣2分。 （2）未清点工器具、设备，每项不合格扣2分，分数扣完为止		
1.2	安全文明生产	工器具摆放整齐，保持作业现场安静、清洁	12	（1）未办理开工手续，扣2分。 （2）工器具摆放不整齐，扣2分。 （3）现场杂乱无章，扣2分。 （4）不能正确使用工器具，扣2分。 （5）工器具及配件掉落，扣2分。 （6）发生不安全行为，扣2分。 （7）发生危及人身、设备安全的行为直接取消考核成绩		
2	LW25-126型机构检查消缺					

续表

序号	考核项目名称	质量要求	分值	扣分标准	扣分原因	得分
2.1	二次回路消缺	根据任务书中故障现象初步分析，打开机构箱门观察二次设备初始状态	30	未观察二次设备初始状态，扣2分		
		验电：断开二次电源，用万用表测量二次回路无电压，防止低压触电。验电时必须向考评员汇报，在专人监护下进行机构箱低压验电		（1）不按要求验电，扣1分。 （2）不按要求停电，扣1分		
		向考评员汇报，二次回路消缺工作开始前，释放机构弹簧能量		未释放机构弹簧能量，扣2分		
		将二次回路停电后，被考人根据图纸要求使用万用表电阻档，测量各回路参数，确认各回路是否完好		（1）测量错误，扣2分。 （2）不会测回路，扣2分		
		当通过表计测量发现参数异常，经分析判断并用万用表确认故障点后，向考评员汇报，得到答复可继续处理		（1）未确认缺陷点，扣1分。 （2）未向考评员汇报，扣1分		
		当确认故障点后，需要更换或增加零件才能继续处理时，应向考评员汇报，得到考评员给的零件后，可继续处理		未向考评员汇报得到考评员给的零件，扣2分		
		没有得到考评员给的零件后，不可强行改变其他零件状态、强行处理		强行改变其他零件状态，扣2分		
		考生认为故障全部消除，需要传动电动机构时，应向考评员汇报，得到考评员答复后，在考评员的监护下给机构送电		未经考评员许可即对机构送电，扣2分		
		接通储能电机电源，电机运转后，观察合闸储能回路运转是否正常，出现异常可根据机构二次图纸，用万用表查找缺陷点，直到消除缺陷		（1）测量错误，扣1分。 （2）不会测回路，扣3分		

续表

序号	考核项目名称	质量要求	分值	扣分标准	扣分原因	得分
2.1	二次回路消缺	接通分、合闸控制回路电源，观察设备状态，出现异常可根据机构二次图纸，用万用表查找缺故障，直到消除故障	30	（1）测量错误，扣1分。 （2）不会测回路，扣，2分		
		完成分、合过程传动3次无异常后，将机构放置分闸位		（1）未分合传动3次，扣2分。 （2）机构未放分闸位，扣2分		
		检查机构箱内无异物遗留后，关闭机构箱门		（1）未关闭箱门，扣1分。 （2）机构箱内留有异物，扣3分		
		向考评员汇报需要停电，在专人监护下停电		停电没有专人监护，扣2分		
2.2	消除的缺陷（要求缺陷不能出在一个回路中）	缺陷1	50	没处理缺陷，扣10分		
		缺陷2		没处理缺陷，扣10分		
		缺陷3		没处理缺陷，扣10分		
		缺陷4		没处理缺陷，扣10分		
		缺陷5		没处理缺陷，扣10分		
3	收工					
3.1	结束工作	工作结束，工器具及设备摆放整齐，工完场清，报告工作结束	2	（1）工器具及设备摆放不整齐，扣1分。 （2）未清理现场，扣1分。 （3）未汇报工作结束，扣1分，分数扣完为止		

续表

序号	考核项目名称	质量要求	分值	扣分标准	扣分原因	得分
3.2	填写记录	如实正确填写检修记录	3	(1) 未填写检修记录，扣3分。 (2) 填写记录，每错一处扣1分，共计3分，分数扣完为止		

2.2.2 BJ2JB0201 使用套丝工艺加工部件

一、作业

（一）工器具、材料、设备

（1）工器具：板牙 1 套、板牙架 1 套、组合锉 1 套、手锤 1 把、角尺 1 把、检修工作台。

（2）材料：毛刷、机油、多种型号圆钢。

（3）设备：无。

（二）安全要求

（1）防止机械伤害：工作中防止手锤等工器具对作业人员造成机械伤害。

（2）现场安全措施：用围网带将工作区域围起来，出口设置在安全的通道处，出入口处设置“从此进出!”标示牌，工作区内放置“在此工作!”标示牌。

（3）办理开工手续：办理开工、许可手续，进行工作票宣读，交代工作中的危险点。

（三）操作步骤及工艺要求

1. 准备工作

（1）着装规范。

（2）工器具、材料清点和外观检查。

2. 加工 M10×1mm 的螺纹

（1）检查工作台放置平整四角无悬空，台钳牢固地固定在工作台上。

（2）清洁工作台面，台面上无杂物。

（3）用台钳将圆钢夹紧，圆钢不易露出过长。

（4）用角尺校核圆钢是否与钳口垂直，用手锤微调，确保垂直度。

（5）使用平锉对圆钢端部进行倒角，便于板牙顺利套入工件和正确导向。

（6）选用 M10 板牙、250mm 板牙架准备套丝。

（7）开始套丝时，右手握住板牙架中部，沿圆钢轴方向施加压力并与左手配合顺时针方向旋转，或两手握住板牙架中间部分，边加压力边旋转。

（8）当板牙旋入圆钢切出螺纹后，两只手用旋转力即可。

（9）套丝时，每旋转 1/2～1 周时，要倒转 1/4 周，要保持经常的退出，并及时使用毛刷清除切屑。

（10）套丝时，使用机油进行冷却润滑，确保板牙的良好切削性能和螺纹的表面粗糙度。

（11）套丝过程中，要随时使用角尺检查板牙与圆钢的垂直度，发现偏斜及时修整。

（12）套丝结束后，检查螺纹应完整光滑。

（13）使用 M10 螺母拧入螺纹内，整个进丝过程应顺利通畅无卡滞。

3. 结束工作

（1）清理工作现场，将工器具、材料、设备归位，现场恢复至开工前状态。

（2）办理工作终结手续，填写检修报告。

（3）收工离场。

二、考核

（一）考核场地

（1）可在室内或室外进行。

（2）现场提供检修工作台。

（3）设置评判用的桌椅和计时秒表。

（二）考核时间

（1）考核时间为30min。

（2）考生准备时间为3min，包括清点工器具，准备材料设备，检查安全措施。

（3）考生准备完毕后向考评员汇报准备完毕。

（4）考生向考评员办理开工手续，许可开工后考评员记录考核开始时间，考生开始工作。

（5）现场清理完毕后，考生向考评员汇报工作终结，考评员记录考核结束时间。

（三）考核要点

（1）单人操作，考评员监护作业。考生着装规范，穿工作服、绝缘鞋，戴安全帽。

（2）现场安全文明生产。工器具、材料、设备摆放整齐，现场作业熟练、有序、流畅，正确规范。不发生危及人身和设备安全的行为，如发生人身伤害，造成身体出血等情况可取消本次考核成绩。

（3）熟悉套丝流程和工艺质量要求。

三、评分标准

行业：电力工程 **工种：变电检修工** **等级：二**

编号	BJ2JB0201	行为领域	d	鉴定范围		变电检修技师	
考核时限	30min	题型	A	满分	100分	得分	
试题名称	使用套丝工艺加工部件						
考核要点及其要求	（1）单人操作，考评员监护作业。考生着装规范，穿工作服、绝缘鞋，戴安全帽。 （2）现场安全文明生产。工器具、材料、设备摆放整齐，现场作业熟练、有序、流畅，正确规范。不发生危及人身和设备安全的行为，如发生人身伤害，造成身体出血等情况可取消本次考核成绩。 （3）熟悉套丝流程和工艺质量要求						
现场设备、工器具、材料	（1）工器具：板牙1套、板牙架1套、组合锉1套、手锤1把、角尺1把、检修工作台。 （2）材料：毛刷、机油、多种型号圆钢。 （3）设备：无						
备注	考生自备工作服、绝缘鞋						

评分标准

序号	考核项目名称	质量要求	分值	扣分标准	扣分原因	得分
1	工作前准备及文明生产					

续表

序号	考核项目名称	质量要求	分值	扣分标准	扣分原因	得分
1.1	着装、工器具准备（该项不计考核时间）	考核人员穿工作服、戴安全帽、穿绝缘鞋，工作前清点工器具、设备	3	（1）未穿工作服、戴安全帽、穿绝缘鞋，每项不合格，扣2分。 （2）未清点工器具、设备，每项不合格，扣2分，分数扣完为止		
1.2	安全文明生产	工器具摆放整齐，保持作业现场安静、清洁	12	（1）未办理开工手续，扣2分。 （2）工器具摆放不整齐，扣2分。 （3）现场杂乱无章，扣2分。 （4）不能正确使用工器具，扣2分。 （5）工器具及配件掉落，扣2分。 （6）发生不安全行为，扣2分。 （7）发生危及人身、设备安全的行为直接取消考核成绩		
2	加工M10×1mm的螺杆					
2.1	检查工作台	清洁工作台面，保证台面上无杂物 台钳固定是否牢固	8	（1）不能保持工作台面清洁，扣4分。 （2）台钳固定不牢固，扣4分		
2.2	夹持工件	用台钳口将圆钢夹紧，圆钢不易露出过长	14	（1）不用黄铜垫衬垫，扣3分。 （2）圆钢露出过长，扣3分		
		用角尺校核圆钢是否与钳口垂直，用手锤微调，确保垂直度		（1）不校核垂直度，扣3分。 （2）垂直度不合格又不调整，扣5分		

续表

序号	考核项目名称	质量要求	分值	扣分标准	扣分原因	得分
2.3	倒角	对圆钢端部进行倒角	5	不倒角，扣5分		
2.4	加工 M10×1mm 的螺纹	选用 M10 板牙、250mm 板牙架准备套丝	53	选用板牙、板牙架错误，扣5分		
		开始套丝，右手握住板牙架中部，沿圆钢轴向施加压力并与左手配合顺时针方向旋转，或两手握住板牙架中间部分，边加压力边旋转		套丝过程中不符合工艺要求或损坏板牙，扣5分		
		当板牙旋入圆钢切出螺纹后，两手只用旋转力即可		操作方法不正确，扣5分		
		套丝时，每旋转1/2～1周时，要倒转1/4周，要保持经常的退出，并及时使用毛刷清除切屑		（1）套丝过程中不符合工艺要求或损坏板牙，扣5分。 （2）不及时清除切屑，扣5分		
		套丝时，使用机油进行冷却润滑，确保板牙的良好切削性能和螺纹的表面粗糙度		不进行冷却润滑，扣5分		
		套丝过程中，要随时使用角尺检查板牙与圆钢的垂直度，发现偏斜及时修整		（1）不校核垂直度，扣3分。 （2）垂直度不合格又不修整，扣5分		
		套丝结束后，检查螺纹应完整光滑		不检查螺纹是否完整光滑，扣5分		
		使用M10螺钉拧入螺纹内，整个进丝过程应顺利通畅无卡滞		（1）不使用M10螺母拧入螺纹内，扣4分。 （2）进丝过程不顺利、卡滞，扣6分		

续表

序号	考核项目名称	质量要求	分值	扣分标准	扣分原因	得分
3	收工					
3.1	结束工作	工作结束，工器具及设备摆放整齐，工完场清，报告工作结束	2	（1）工器具及设备摆放不整齐，扣1分。 （2）未清理现场，扣1分。 （3）未汇报工作结束，扣1分，分数扣完为止		
3.2	填写记录	如实正确填写检修记录	3	（1）未填写检修记录，扣3分。 （2）填写记录，每错一处扣1分，共计3分，分数扣完为止		

2.2.3 BJ2ZY0101 LW16-40.5型断路器小修

一、作业

（一）工器具、材料、设备

（1）工器具：活动扳手1套（6寸、8寸、10寸）、固定扳手1套、套筒扳手1套、内六角扳手1套、小号一字螺丝刀1把、小号十字螺丝刀1把、中号一字螺丝刀1把、中号十字螺丝刀1把，尖嘴钳1把、偏口钳1把、绝缘梯1台、安全带1条、开关机械特性测试仪1套、回路电阻测试仪、220V电源箱1个、万用表1块。

（2）材料：润滑油1瓶、毛刷、抹布。

（3）设备：LW16-40.5型断路器1台，配套设备说明书1本。

（二）安全要求

1. 防止机械伤害

（1）设备传动时，机构、本体上禁止有人工作。

（2）机构内部检修前，切断控制电源、储能电源并释放能量，防止机械部件能量伤人。

2. 防止触电伤害

（1）拆接低压电源有专人监护。

（2）试验仪使用前应可靠接地，试验过程中操作人员站在绝缘垫上作业。

3. 防止断路器、试验仪器损坏

（1）测试线接入断路器二次回路前，确认控制电源断电。

（2）测试时，确认测试项目，选择正确的档位和操作电压。

4. 办理开工手续

办理开工、许可手续，进行工作票宣读，交代工作中的危险点。

（三）操作步骤及工艺要求

1. 准备工作

（1）着装规范。

（2）工器具、材料清点和做外观检查。

（3）试验仪器做外观检查。

2. 断路器本体检查项目及技术要求

（1）瓷套清洁完整，无裂纹、缺损，与法兰的结合面粘合牢固，瓷套防污涂料完好，不失效。

（2）各部件连接紧固、完好、无变形，轴销、开口销齐全、完好无破损。

（3）法兰连接螺栓无松动、脱落，对应力矩标记不移位。

（4）接线端子连接牢固，螺栓无松脱，接线端子无断裂，接触面无发热。

（5）主轴、传动装置传动灵活，无变形，各转动部位润滑良好，动作灵活、涂防冻润滑脂。

（6）分、合闸缓冲器安装牢固、无损伤老化、无渗漏油、动作灵活不卡涩。

（7）本体相位漆色明显、正确；金属支架无锈蚀。

(8) 各部位无漏气现象，密度继电器无破损，压力指示正常，室外密度继电器具备可靠防雨措施。

3. 断路器操动机构检查项目及技术要求

(1) 弹簧机构整体检查：①机构箱密封良好，无渗漏水现象；②机构内各轴销、开口销齐全，无损坏变形现象；③机构内各连板、拉杆正常无变形；④各轴销及连杆连接处润滑良好，动作灵活，并涂防冻润滑脂；⑤分合闸单元及辅助开关等固定螺栓无松动。

(2) 电机运行及储能情况正常，储能时间不大于 15s。

(3) 机构箱内二次元器件完好，中文标志应齐全正确。接线端子连接紧固压接良好。

(4) 二次线端子紧固压接良好，端子排无损坏。

(5) 辅助开关切换正确、接触良好。

(6) 分合闸指示器分合指示正确。

(7) 加热器、驱潮器装置可正常启动，无凝露现象，加热器应远离二次电缆。

(8) 远方/就地、合闸/分闸控制把手外观检查无异常，操作功能正常。

(9) 计数器应采用不可复归式动作计数器，动作灵活。

4. 断路器机械特性试验

(1) 接线前，释放分合闸弹簧能量，防止机械伤害。

(2) 对断路器进行低电压分、合闸试验。分、合闸：65%～120%额定电压可靠动作，小于 30%额定电压应不动作，如动作电压不满足要求应进行调整。

(3) 对断路器进行机械特性试验，分、合闸速度（时间）符合制造厂规定值，分、合闸行程曲线测试符合厂家标准曲线要求。

(4) 如果断路器分闸速度不合格，可通过调整分闸弹簧的拉伸长度来实现，合闸速度调整方法与分闸相同。

(5) 在速度调整时，应先调整分闸速度使之合格，然后再调整合闸速度，以免返工浪费。

(6) 调整完毕再次进行机械特性试验，检查数据是否合格，否则应继续调整直至合格。

5. 主回路电阻测试

主回路电阻符合厂家要求。

6. 结束工作

(1) 将断路器及工器具、材料、仪器恢复至开工前状态。

(2) 办理工作终结手续，填写检修记录和检修试验报告。

(3) 收工离场。

二、考核

(一) 考核场地

(1) 可在室内或室外进行。

(2) 现场设置 LW16-40.5 型断路器 1 台，并接入直流电源。

(3) 设置评判用的桌椅和计时秒表。

（二）考核时间

（1）考核时间为 60min。

（2）考生准备时间为 5min，包括清点工器具，准备材料设备，检查安全措施。

（3）考生准备完毕后向考评员汇报准备完毕。

（4）考生向考评员办理开工手续，许可开工后考评员记录考核开始时间，考生开始工作。

（5）现场清理完毕后，考生向考评员汇报工作终结，考评员记录考核结束时间。

（三）考核要点

（1）单人操作，考评员监护作业。考生着装规范，穿工作服、绝缘鞋，戴安全帽。

（2）现场安全文明生产。工器具、材料、设备摆放整齐，现场作业熟练有序，正确规范。不发生危及人身和设备安全的行为，否则可取消本次考核成绩。

（3）熟悉检修流程和检修工艺质量要求。

（4）熟悉弹簧机构的检修项目及技术要求，会进行检查、调整和处理。

三、评分标准

行业：电力工程　　　　工种：变电检修工　　　　等级：二

编号	BJ2ZY0101	行为领域	e	鉴定范围		变电检修技师	
考核时限	60min	题型	C	满分	100 分	得分	
试题名称	LW16-40.5 型断路器小修						
考核要点及其要求	（1）单人操作，考评员监护作业。考生着装规范，穿工作服、绝缘鞋，戴安全帽。 （2）现场安全文明生产。工器具、材料、设备摆放整齐，现场作业熟练有序，正确规范。不发生危及人身和设备安全的行为，否则可取消本次考核成绩。 （3）熟悉检修流程和检修工艺质量要求。 （4）熟悉断路器的检修项目及技术要求，会进行检查、调整和处理						
现场设备、工器具、材料	（1）工器具：活动扳手 1 套（6 寸、8 寸、10 寸）、固定扳手 1 套、套筒扳手 1 套、内六角扳手 1 套、小号一字螺丝刀 1 把、小号十字螺丝刀 1 把、中号一字螺丝刀 1 把，中号十字螺丝刀 1 把，尖嘴钳 1 把、偏口钳 1 把、绝缘梯 1 台、安全带 1 条、开关机械特性测试仪 1 套、回路电阻测试仪、220V 电源箱 1 个、万用表 1 块。 （2）材料：润滑油 1 瓶、抹布、毛刷。 （3）设备：LW16-40.5 型断路器 1 台，配套设备说明书 1 本						
备注	考生自备工作服、绝缘鞋						

评分标准

序号	考核项目名称	质量要求	分值	扣分标准	扣分原因	得分
1	工作前准备及文明生产					

续表

序号	考核项目名称	质量要求	分值	扣分标准	扣分原因	得分
1.1	着装、工器具准备（该项不计考核时间）	考核人员穿工作服、戴安全帽、穿绝缘鞋，工作前清点工器具、设备	3	（1）未穿工作服、戴安全帽、穿绝缘鞋，每项不合格，扣2分。 （2）未清点工器具、设备，每项不合格扣2分，分数扣完为止		
1.2	安全文明生产	工器具摆放整齐，保持作业现场安静、清洁	12	（1）未办理开工手续，扣2分。 （2）工器具摆放不整齐，扣2分。 （3）现场杂乱无章，扣2分。 （4）不能正确使用工器具，扣2分。 （5）工器具及配件掉落，扣2分。 （6）发生不安全行为，扣2分。 （7）发生危及人身、设备安全的行为，直接取消考核成绩		
2	LW16-40.5型断路器机械特性参数调整					
2.1	断路器本体检查项目及技术要求	瓷套清洁完整，无裂纹、缺损，与法兰的结合面粘合牢固，瓷套防污涂料完好、不失效	24	未检查瓷套，扣3分		
		各部件连接紧固、完好、无变形，轴销、开口销齐全、完好无破损		未检查连接部件，扣3分		
		法兰连接螺栓检查无松动、脱落，对应力矩标记不移位		未检查法兰，扣3		
		接线端子连接牢固，螺栓无松脱，接线端子无断裂，接触面无发热		未检查接线端子，扣3分		
		主轴、传动装置传动灵活、无变形，各转动部位润滑良好，动作灵活，涂防冻润滑脂		未检查传动装置，扣3分		

续表

序号	考核项目名称	质量要求	分值	扣分标准	扣分原因	得分
2.1	断路器本体检查项目及技术要求	分、合闸缓冲器安装牢固、无损伤老化、无渗漏油、动作灵活不卡涩	24	未检查分、合闸缓冲器，扣3分		
		本体相位漆色明显、正确；金属支架无锈蚀		未检查相序漆及支架锈蚀情况，扣3分		
		各部位无漏气现象，密度继电器无破损，压力指示正常，室外密度继电器具备可靠防雨措施		未检查密度继电器，扣3分		
2.2	断路器操动机构检查项目及技术要求	弹簧机构整体检查：①机构箱密封良好，无渗漏水现象；②机构内各轴销、开口销齐全，无损坏变形现象；③机构内各连板、拉杆正常无变形；④各轴销及连杆连接处润滑良好，动作灵活，并涂防冻润滑脂；⑤分、合闸单元及辅助开关等固定螺栓无松动	27	未检查弹簧机构，扣3分		
		电机运行及储能情况正常，储能时间不大于15s		未检查储能电机运转时间，扣3分		
		机构箱内二次元器件完好，中文标志应齐全正确。接线端子连接紧固压接良好		未检查二次元件紧固是否完好，扣3分		
		二次线端子紧固压接良好，端子排无损坏		未检查二次接线是否牢固，扣3分		
		辅助开关切换正确、接触良好		未检查辅助开关，扣3分		
		分合闸指示器分合指示正确		未检查分合闸指示器，扣3分		
		加热器、驱潮器装置可正常启动，无凝露现象，加热器应远离二次电缆		未检查加热、驱潮装置是否正常，扣3分		
		远方/就地、合闸/分闸控制把手外观检查无异常，操作功能正常		未检查远方/就地、合闸/分闸控制把手，扣3分		
		计数器应采用不可复归式动作计数器，动作灵活		未检查计数器，扣3分		

续表

序号	考核项目名称	质量要求	分值	扣分标准	扣分原因	得分
2.3	断路器机械特性试验	接线前，释放分、合闸弹簧能量，防止机械伤害	24	未释放弹簧能量，扣4分		
		对断路器进行低电压分、合闸试验。分、合闸：65%～120%额定电压可靠动作，小于30%额定电压应不动作，如动作电压不满足要求应进行调整		未检查动作电压调整、不正确且不会调整，扣4分		
		对断路器进行机械特性试验，分、合闸速度（时间）符合制造厂规定值，分、合闸行程曲线测试符合厂家标准曲线要求		机械特性试验操作不正确且不会调整，扣4分		
		如果断路器分闸速度不合格，可通过调整分闸弹簧的拉伸长度来实现，合闸速度调整方法与分闸相同		分、合闸速度调整不正确且不会调整，扣4分		
		在速度调整时，应先调整分闸速度使之合格，然后再调整合闸速度，以免返工浪费		分合闸速度调整顺序不正确，扣4分		
		调整完毕再次进行机械特性试验，检查数据是否合格，否则应继续调整直至合格		调整完毕后，未再次进行机械特性试验，扣4分		
2.4	主回路电阻测试	主回路电阻应符合厂家要求	5	未检查主回路电阻，扣5分		
3	收工					
3.1	结束工作	工作结束，工器具及设备摆放整齐，工完场清，报告工作结束	2	（1）工器具及设备摆放不整齐，扣1分。 （2）未清理现场，扣1分。 （3）未汇报工作结束，扣1分，分数扣完为止		
3.2	填写记录	如实正确填写检修记录	3	（1）未填写检修记录，扣3分。 （2）填写记录，每错一处扣1分，共计3分，分数扣完为止		

2.2.4 BJ2ZY0102 LW10B-252 型断路器操作机构油泵解体检修

一、作业

（一）工器具、材料、设备

（1）工器具：常用活动扳手 1 套、固定扳手 1 套、梅花扳手 1 套、套筒扳手 1 套、内六角扳手 1 套、中号手锤 1 把、一字和十字螺丝刀各 1 把、组合锉 1 套、紫铜棒 1 根、油盘 1 个、油壶 1 个、游标卡尺 1 把、万用表 1 个。

（2）材料：10 号航空液压油、研磨膏、无毛纸、抹布。

（3）设备：LW10B-252 型断路器液压操动机构 1 台。

（二）安全要求

1. 防止触电伤害

拆接低压电源有专人监护。

2. 现场安全措施

用围网带将工作区域围起来，出口设置在安全的通道处，出入口处设置“从此进出!”标示牌，工作区内放置“在此工作!”标示牌。

3. 办理开工手续

办理开工、许可手续，进行工作票宣读，交代工作中的危险点。

（三）检修步骤及工艺要求

1. 准备工作

（1）着装规范。

（2）工器具、材料清点和做外观检查。

2. 油泵的分解及检修

（1）拧出油泵两侧端盖 4 个固定螺钉，取下端盖，拧出阀座的 2 个紧固螺钉，沿抽螺钉方向将圆台从基座中拔出，然后从侧面取出阀座装配及柱塞、弹簧、限制件，注意拆下的柱塞与阀座应保持原配。

（2）从基座上取出钢球、弹簧、座，从阀座上拧下低压吸油阀，若吸油阀密封有问题，可继续分解，取下阀罩、塔形弹簧、片阀。拧下出油口逆止阀和接头，取出弹簧和钢球。

（3）转轴、各轴承以及密封装配一般情况下不分解检修。

（4）用洁净的液压油和无毛纸清洗所有的零部件。

（5）检查柱塞、阀座的光洁度，必要时可用研磨膏进行研磨。检查柱塞与阀座的间隙：用手指堵住阀座底部，压下柱塞，松开手后，柱塞应能返回。

（6）检查钢球与阀口的磨损和密封情况，如因磨损密封不良，研磨或重新打磨密封线，严重者进行更换。

（7）检查低压吸油阀的密封情况，片阀密封面宽度不大于 0.6mm，用口吸阀座时，阀片应能吸住不掉下来。如片阀和阀口密封不良，研磨。

（8）检查端帽应无砂眼。

（9）更换全部密封圈和密封垫圈。

(10) 按分解相反顺序，在合格的液压油中进行装复。

(11) 在柱塞腔内注入合格的液压油。

(12) 打开低压排气孔，注满合格的液压油，将油泵接入液压系统。

(13) 进行油泵排气、系统排气。

(14) 排气完毕，关闭高压泄压阀，启动电机，观察油泵打压时间，不超过 3min。

3. 油泵的检修质量标准

(1) 柱塞间隙配合应良好。

(2) 高、低压逆止阀密封应良好。

(3) 弹簧无变形，弹性应良好，钢球无裂纹、无锈蚀，球托与弹簧、钢球配合良好。

(4) 油封应无渗漏油现象。

(5) 各通道应畅通、无阻塞。

4. 结束工作

(1) 清理工作现场，将工器具、材料、设备归位，现场恢复至开工前状态。

(2) 办理工作终结手续，填写检修报告。

(3) 收工离场。

二、考核

(一) 考核场地

(1) 可在室内或室外进行。

(2) 现场设置 LW10B-252 型液压机构 1 台且各部件回路完整，机构储能回路电源已接入，在工位四周分别设置围栏。

(3) 设置评判用的桌椅和计时秒表。

(二) 考核时间

(1) 考核时间为 60min。

(2) 考生准备时间为 5min，包括清点工器具、准备材料设备、检查安全措施。

(3) 考生准备完毕后向考评员汇报准备完毕。

(4) 考生向考评员办理开工手续，许可开工后考评员记录考核开始时间，考生开始工作。

(5) 现场清理完毕后，考生向考评员汇报工作终结，考评员记录考核结束时间。

(三) 考核要点

(1) 要求一人操作，考评员监护。考生着装规范，穿工作服、绝缘鞋，戴安全帽。

(2) 安全文明生产。工器具、材料、设备摆放整齐，现场操作熟练连贯、有序，正确规范地使用工器具及安全用具。不发生危及人身或设备安全的行为，否则可取消本次考核成绩。

(3) 考核考生对油泵分解、装复的熟练程度，熟悉各部件检修工艺质量要求。

(4) 熟悉液压机构原理、结构和打压二次回路。

三、评分标准

行业：电力工程　　　　　　　　　　工种：变电检修工　　　　　　　　　　等级：二

<table>
<tr><td>编号</td><td>BJ2ZY0102</td><td>行为领域</td><td>e</td><td colspan="2">鉴定范围</td><td colspan="2">变电检修技师</td></tr>
<tr><td>考核时间</td><td>60min</td><td>题型</td><td>A</td><td>满分</td><td>100 分</td><td>得分</td><td></td></tr>
<tr><td>试题正文</td><td colspan="7">LW10B-252 型断路器操作机构油泵解体检修</td></tr>
<tr><td>考核要点及要求</td><td colspan="7">（1）要求一人操作，考评员监护。考生着装规范，穿工作服、绝缘鞋，戴安全帽。
（2）安全文明生产。工器具、材料、设备摆放整齐，现场操作熟练连贯、有序，正确规范地使用工器具及安全用具。不发生危及人身或设备安全的行为，否则可取消本次考核成绩。
（3）熟练油泵分解、装复的程度，熟悉各部件检修工艺质量要求。
（4）熟悉油泵原理、结构和解体工艺要求</td></tr>
<tr><td>现场设备、工具、材料</td><td colspan="7">（1）工器具：常用活动扳手 1 套、固定扳手 1 套、梅花扳手 1 套、套筒扳手 1 套、内六角扳手 1 套、中号手锤 1 把、一字和十字螺丝刀各 1 把、组合锉 1 套、紫铜棒 1 根、油盘 1 个、油壶 1 个、游标卡尺 1 把、万用表 1 个。
（2）材料：10 号航空液压油、研磨膏、无毛纸、抹布。
（3）设备：LW10B-252 型断路器液压操动机构 1 台</td></tr>
<tr><td>备注</td><td colspan="7">考生自备工作服、绝缘鞋</td></tr>
</table>

评分标准

<table>
<tr><td>序号</td><td>作业名称</td><td>质量要求</td><td>分值</td><td>扣分标准</td><td>扣分原因</td><td>得分</td></tr>
<tr><td>1</td><td colspan="6">工作前准备及文明生产</td></tr>
<tr><td>1.1</td><td>着装及工器具准备</td><td>考生着装正确、工作前清点工器具、设备是否齐全</td><td>3</td><td>（1）未穿工作服、戴安全帽、穿绝缘鞋，每项不合格扣 2 分。
（2）未清点工器具、设备，每项不合格扣 2 分，分数扣完为止</td><td></td><td></td></tr>
<tr><td>1.2</td><td>安全文明生产</td><td>工器具、零部件摆放整齐并保持作业现场安静、清洁</td><td>12</td><td>（1）未办理开工手续，扣 2 分。
（2）工器具摆放不整齐，扣 2 分。
（3）现场杂乱无章，扣 2 分。
（4）不能正确使用工器具，扣 2 分。
（5）工器具及配件掉落，扣 2 分。
（6）发生不安全行为，扣 2 分。
（7）发生危及人身、设备安全的行为直接取消考核成绩</td><td></td><td></td></tr>
</table>

续表

序号	作业名称	质量要求	分值	扣分标准	扣分原因	得分
2	油泵的分解及检修					
2.1	油泵分解及检修	拧出油泵两侧端盖4个固定螺钉，取下端盖，拧出阀座的2个紧固螺钉，沿抽螺钉方向将圆台从基座中拔出，然后从侧面取出阀座装配及柱塞、弹簧、限制件，注意拆下的柱塞与阀座应保持原配	60	拆解顺序不正确，扣6分		
		从基座上取出钢球、弹簧、座，从阀座上拧下低压吸油阀，若吸油阀密封有问题，可继续分解，取下阀罩、塔形弹簧、片阀。拧下出油口逆止阀和接头，取出弹簧和钢球		拆解顺序不正确，扣6分		
		用洁净的液压油和无毛纸清洗所有的零部件		未清洗零部件，扣4分		
		检查柱塞、阀座的光洁度，必要时可用研磨膏进行研磨。检查柱塞与阀座的间隙：用手指堵住阀座底部，压下柱塞，松开手后，柱塞应能返回		（1）未检查柱塞、阀座的光洁度，扣2分。 （2）未检查柱塞与阀座的间隙，扣2分		
		检查钢球与阀口的磨损和密封情况，如因磨损密封不良，研磨或重新打磨密封线，严重者进行更换		（1）未检查钢球与阀口的磨损和密封情况，扣2分。 （2）如因磨损密封不良，未研磨或重新打磨密封线，扣2分		
		检查低压吸油阀的密封情况，片阀密封面宽度不大于0.6mm，用口吸阀座时，阀片应能吸住不掉下来。如片阀和阀口密封不良，进行研磨		未检查低压吸油阀片的密封情况，扣4分		
		检查端帽应无砂眼		未检查端帽有无砂眼，扣4分		
		更换全部密封圈和密封垫圈		未更换全部密封圈和密封垫圈，扣6分		
		按分解相反顺序，在合格的液压油中进行装复		装复顺序错误，扣6分		
		在柱塞腔内注入合格的液压油		柱塞腔内未加注液压油，扣4分		

续表

序号	作业名称	质量要求	分值	扣分标准	扣分原因	得分
2.1	油泵分解及检修	打开低压排气孔，注满合格的液压油，将油泵接入液压系统	60	操作不正确，扣4分		
		进行油泵排气、系统排气		未进行油泵排气、系统排气，扣4分		
		排气完毕，关闭高压泄压阀，启动电机，观察油泵打压时间，不超过3min		油泵打压超时，扣4分		
2.2	油泵检修质量标准	柱塞间隙配合应良好	20	未检查柱塞间隙配合，扣4分		
		高压逆止阀密封应良好		未检查高压逆止阀密封性能，扣4分		
		弹簧无变形，弹性应良好，钢球无裂纹、无锈蚀，球托与弹簧、钢球配合良好		未检查弹簧、钢球、球托配合性能，扣4分		
		油封应无渗漏油现象		油封存在渗漏现象，扣4分		
		各通道应畅通、无阻塞		通道堵塞，扣4分		
3	收工					
3.1	结束工作	工作结束，工器具及设备摆放整齐，工完场清，报告工作结束	2	（1）工器具及设备摆放不整齐，扣1分。 （2）未清理现场，扣1分。 （3）未汇报工作结束，扣1分，分数扣完为止		
3.2	填写记录	如实正确填写检修记录	3	（1）未填写检修记录，扣3分。 （2）填写记录，每错一处扣1分，共计3分，分数扣完为止		

2.2.5 BJ2ZY0201 GW16-126 型隔离开关上折臂解体检修

一、作业

（一）工器具、材料、设备

（1）工器具、仪器：常用活动扳手（200mm、250mm、300mm）各 1 把、活动扳手（375mm、450mm）各 1 把、厂家 GW16 型隔离开关弹簧拆除专用工具 1 套、梅花扳手 1 套、（10～32mm）套筒扳手 1 套、内六角扳手 1 套、中号手锤 1 把、一字和十字螺丝刀各 1 把、中号尖嘴钳、扁锉 2 套、钢丝刷 1 把、600mm 钢直尺 1 把、圆冲 1 套。

（2）材料：汽油、二硫化钼、00 号砂纸、抹布、检修垫布 1m×1m。

（3）设备：GW16-126 型隔离开关单相上导电管装配 1 套。

（二）安全要求

1. 防止机械伤害

（1）解体上折臂时，防止内部弹簧能量伤人。

（2）检修时，防止工器具挤伤、砸伤工作人员手部。

2. 现场安全措施

用围网带将工作区域围起来，出口设置在安全的通道处，出入口处设置“从此进出!”标示牌，工作区内放置“在此工作!”标示牌。

3. 办理开工手续

办理开工、许可手续，进行工作票宣读，交代工作中的危险点。

（三）检修步骤及工艺要求

1. 准备工作。

（1）着装规范。

（2）工器具、材料清点和做外观检查。

2. 检修前，上导电管动触头做外观检查及质量要求

（1）检查橡胶防雨罩有无开裂、变形。

（2）检查动触片烧损情况。

（3）检查引弧角烧损情况。

3. 上折臂解体检修流程及质量要求

（1）松开动触头座与上导电管相连的螺栓及定位螺钉，用斜铁把缺口楔开，将上导电管与动触头座分离。

（2）拆除引弧角和导电带。

（3）拆除动触头座上部的橡胶防雨罩，并检查其防雨性能。

（4）将连接复位弹簧的操作杆上部弹性圆柱销用冲子拆除，卸下操作杆和复位弹簧并进行检查。

（5）用长冲子将动触座上部的弹性圆柱销拆除，用手把动触片、连板、接头及端杆一同拉出。

（6）将连扳与动触片间的圆柱销拆除，使动触片与连板分离，拆卸过程中，要注意零部件之间的相互位置和方向，以及标准件的规格和长度，以免装复时发生错误。

（7）用清洗剂清洗所有零部件，更换弹性圆柱销和动触片，复位弹簧及操作杆刷灰漆、涂二硫化钼。

（8）按照拆卸时的逆顺序装复。

4. 动触头装配的分解检修及工艺要求

（1）各零件清洁、完整。

（2）导电杆接触面烧伤深度不大于 1mm。

（3）各连接螺栓紧固。

（4）各连接、固定螺栓无锈蚀。

（5）所有连接件连接可靠。

5. 结束工作

（1）清理工作现场，将工器具、材料、设备归位，现场恢复至开工前状态。

（2）办理工作终结手续，填写检修报告。

（3）收工离场。

二、考核

（一）考核场地

（1）可在室内或室外进行。

（2）现场放置 GW16-126 型隔离开关单相上导电管装配 1 套且各部件完整，在工位设置检修工作台及四周设置围栏。

（3）设置评判用的桌椅和计时秒表。

（二）考核时间

（1）考核时间为 30min。

（2）考生准备时间为 5min，包括清点工器具、准备材料设备、检查安全措施。

（3）考生准备完毕后向考评员汇报准备完毕。

（4）考生向考评员办理开工手续，许可开工后考评员记录考核开始时间，考生开始工作。

（5）现场清理完毕后，考生向考评员汇报工作终结，考评员记录考核结束时间。

（三）考核要点

（1）要求一人操作，考评员监护。考生着装规范，穿工作服、绝缘鞋，戴安全帽。

（2）安全文明生产。工器具、材料、设备摆放整齐，现场操作熟练连贯、有序，正确规范地使用工器具及安全用具。不发生危及人身或设备安全的行为，否则可取消本次考核成绩。

（3）考核考生对 GW16-126 型隔离开关动触头装配各部件分解、装复的熟练程度，熟悉各部件检修工艺质量要求。

三、评分标准

行业：电力工程　　　　　　　　　　　工种：变电检修工　　　　　　　　　　　等级：二

编号	BJ2ZY0201	行为领域	e	鉴定范围		变电检修技师	
考核时间	30min	题型	A	满分	100分	得分	
试题名称	GW16-126型隔离开关上折臂解体检修						
考核要点及其要求	(1) 要求一人操作，考评员监护。考生着装规范，穿工作服、绝缘鞋，戴安全帽。 (2) 安全文明生产。工器具、材料、设备摆放整齐，现场操作熟练连贯、有序，正确规范地使用工器具及安全用具。不发生危及人身或设备安全的行为，否则可取消本次考核成绩。 (3) 考核考生对GW16-126型隔离开关动触头装配各部件分解、装复的熟练程度，熟悉各部件检修工艺质量要求						
现场设备、工具、材料	(1) 工器具、仪器：常用活动扳手（200mm、250mm、300mm）各1把、活动扳手（375mm、450mm）各1把、厂家GW16型隔离开关弹簧拆除专用工具1套、梅花扳手1把、(10～32mm) 套筒扳手1套、内六角扳手1套、中号手锤1把、一字和十字螺丝刀各1把、中号尖嘴钳、扁锉2套、钢丝刷1把、600mm钢直尺1把、圆冲1套。 (2) 材料：汽油、二硫化钼、00号砂纸、抹布、检修垫布1m×1m。 (3) 设备：GW16-126型隔离开关单相上导电管装配1套						
备注	考生自备工作服、绝缘鞋						

评分标准

序号	作业名称	质量要求	分值	扣分标准	扣分原因	得分
1	工作前准备及文明生产					
1.1	着装及工器具准备（该项不计入考核时间，以3min为限）	穿工作服、戴合格安全帽，工作前清点工器具、设备是否齐全	3	(1) 未穿工作服、戴合格安全帽，每项不合格，扣2分。 (2) 未清点工器具、设备，扣1分		
1.2	安全文明生产	工器具摆放整齐并保持作业现场安静、清洁	12	(1) 未办理开工手续，扣5分。 (2) 工器具、零部件摆放不整齐，扣2分。 (3) 现场显得杂乱无章，每处扣2分。 (4) 不能正常使用工器具，扣2分。 (5) 发生1次工器具、备件掉落现象，扣2分。 (6) 有不安全的动作，扣2分，该项分数扣完为止。 (7) 有危及人身、设备安全的行为可取消考核成绩		

续表

序号	作业名称	质量要求	分值	扣分标准	扣分原因	得分
2	GW16-126型隔离开关单相动触头装配分解检修					
2.1	检修前外观检查	检查橡胶防雨罩有无开裂、变形	15	未检查橡胶防雨罩，扣5分		
		检查动触片烧损情况		未检查动触片，扣5分		
		检查引弧角烧损情况		未检查引弧角，扣5分		
2.2	上导电管与动触头座分离	松开动触头座与上导电管相连的两个M12螺栓及定位螺钉，用斜铁把缺口楔开，将上导电管与动触头座分离	20	(1) 斜铁伤及导电管，扣10分。 (2) 定位螺钉未松楔斜铁，扣10分		
2.3	动触头分解检修	拆除引弧角和导电带	35	未进行分解，扣5分		
		拆除动触头座上部的橡胶防雨罩，并检查其防雨性能		未检查防雨性能，扣3分		
		将连接复位弹簧的操作杆上部弹性圆柱销用冲子拆除，卸下操作杆和复位弹簧并进行检查		未检查复位弹簧，扣2分		
		用长冲子将动触座上部的弹性圆柱销拆除，用手把动触片、连板、接头及端杆一同拉出		拆卸方法不正确，扣2分		
		将连扳与动触片间的圆柱销打掉，使动触片与连板分离，拆卸过程中，要注意零部件之间的相互位置和方向，以及标准件的规格和长度，以免装复时发生错误		拆卸方法不正确，扣3分		
		用清洗剂清洗所有零部件，更换弹性圆柱销和动触片，复位弹簧及操作杆刷灰漆、涂二硫化钼		(1) 未清洗所有零件，扣2分。 (2) 未涂导电脂，扣3分		
		装复前，所有转动部分涂上二硫化钼，导电接触面涂导电脂		(1) 转动部件不清洁，不处理，不抹二硫化钼，扣5分。 (2) 导电部件不清洁、不处理、不抹导电脂凡士林，扣5分		
		触头清洁后，涂适量中性凡士林，按照拆卸时的逆顺序装复		装复中漏装、错装，扣10分		

续表

序号	作业名称	质量要求	分值	扣分标准	扣分原因	得分
2.4	上导电管与动触头座装复	上导电管与触头座导电接触面用00号砂纸砂光后，清洗干净并立即涂上一层导电脂	10	（1）未清洗、砂光，扣2分。 （2）未涂导电脂，扣3分		
		按照拆卸时的逆顺序装复，应先拧紧两个M12螺栓后，再拧紧定位螺钉，避免产生间隙		未按照顺序紧固，扣5分		
3	收工					
3.1	结束工作	工作结束，工器具及设备摆放整齐，工完场清，报告工作结束	2	（1）工器具及设备摆放不整齐，扣1分。 （2）未清理现场，扣1分。 （3）未汇报工作结束，扣1分，分数扣完为止		
3.2	填写记录	如实正确填写，记录检修情况	3	（1）未填写检修记录，扣3分。 （2）填写记录，每错一处扣1分，共计3分，分数扣完为止		

2.2.6 BJ2ZY0202 GW7-126 型隔离开关单相解体调整

一、作业

（一）工器具、材料、设备

（1）工器具：常用活动扳手（200mm、250mm、300mm）各 1 把、棘轮扳手（M13）1 把、棘轮扳手 1 套、套筒 1 套、十字螺丝刀、一字螺丝刀、橡皮锤 1 个、钳子 1 把、卷尺 1 个、钢板尺 1 个、塞尺 1 套、检修地垫、油盘、内六角板手 1 套、回路电阻测试仪、电源箱。

（2）材料：00 号砂纸、凡士林、抹布、二硫化钼、汽油、毛刷。

（3）设备：GW7-126 型隔离开关一组。

（二）安全要求

1. 防止机械伤害

（1）拆装支持绝缘子时，要注意两人配合搬运，防止砸伤人员。

（2）瓷瓶拆下后要有防倾倒措施。

2. 防止触电伤害

（1）拆接低压电源时，有专人监护。

（2）试验仪使用前应可靠接地，试验过程中操作人员站在绝缘垫上作业。

3. 现场安全措施

用围网带将工作区域围起来，出口设置在安全的通道处，出入口处设置“从此进出!”标示牌，工作区内放置“在此工作!”标示牌。

4. 办理开工手续

办理开工、许可手续，进行工作票宣读，交代工作中的危险点。

（三）操作步骤及工艺要求

1. 准备工作

（1）着装规范。

（2）工器具、材料清点和做外观检查。

2. 检修前绝缘子、导电部分、转动底座并做外观检查

（1）清扫支柱绝缘子表面，绝缘子应无裂纹破损，法兰胶装处无松动、脱落等。

（2）检查隔离开关本体，外观各部件无损伤，各连接部位连接良好，部件齐全。

（3）检查刀闸分合正常，接触良好。

（4）导电部分触头、接线座各部分是否完整。

3. 拆除左、右静触头装配

从支柱绝缘子上拆下单相左、右静触头装配

（1）拆下静触头内的 4 条固定螺钉。

（2）取下静触头。

4. 左、右静触头装配的分解检修及工艺要求

（1）拆下静触指定位片螺栓。

（2）拆下静触指螺栓。

（3）取下触指片及弹簧。

（4）检查静触指、触指垫片是否有过热、烧伤痕迹，用汽油清洗触指，对其接触面用00号砂纸除去氧化层，如触指电接触面轻微烧伤用钳工细齿扁锉修理，如镀银层大面积脱落或烧伤严重应更换。

（5）检查弹簧外观良好，检查弹簧弹性是否合格，有无变形、锈蚀，在弹簧外表面涂二硫化钼，更换新的弹簧绝缘托。

（6）检查静触座是否有过热、烧伤痕迹，对其接触面用汽油清洗，用00号砂纸除去氧化层，如有严重烧伤应更换，清洗后立即均匀涂抹导电脂。

5．刀闸静触头回装

（1）将触指垫片两面均匀涂导电脂，放置在静触头上。将静触指与触指垫片用6条螺栓固定在静触座上。

（2）用双手将触指弹簧连同绝缘隔垫、弹簧底座压入触头座，注意绝缘拖定位孔，分别将弹簧依此装入。

（3）压下静触指，安装静触指托板，插入并紧固螺栓。

（4）回装接线端子，完成静触头组装。

（5）刀闸静触头按拆解时的相反顺序回装至绝缘子。

6．动触杆的分解检修及工艺要求

（1）用22mm开口扳手，松开导电杆底座的4条螺栓，拆下动触杆。此项工作需两人配合进行。

（2）拆下刀闸动触杆转动机构盒的四条螺栓，将机构盒与导电杆分开。

（3）检查机构盒内弹簧无锈蚀，机构盒内开口销、定位销良好。

（4）检查导电杆拨棍外观良好无变形，固定螺栓紧固拨棍外表面涂二硫化钼。

（5）检查导电杆焊接部分无开裂。

（6）解体检修动触头片，用00号砂纸打磨接触面，用汽油清洗后涂导电脂，螺栓涂二硫化钼，紧固螺栓后接触面四周涂防水胶。

（7）回装按照与拆卸相反的顺序进行。

7．调整单相隔离开关

（1）测量单相两个固定绝缘子的中心距离，应保证为1800～1810mm之间，同时保证固定绝缘子到中间绝缘子的间距为900mm。最后还应测量每极三个绝缘子中心是否在一直在线，每一端的绝缘子中心相对另外两个绝缘子中心线偏差不应大于10mm，必要时可松开螺栓用垫片调整。

（2）将刀闸置于分闸位置，用水平尺检查主刀闸是否水平，必要时可松开绝缘子M16×65的螺栓，通过增减垫片调整。

（3）保证动触头进入静触座内后在未翻转前与上、下静触片距离相等且平行。

（4）手动合闸检查动触头合入静触头情况，如不符合要求，可松开静触座下4条螺栓调整静触座高度及水平。

（5）检查分闸时的刀闸打开距离应不小于1020mm。

8．全面检查紧固所有螺钉、备母，将开口销打开

9．主回路直流电阻测量

回路电阻符合厂家要求。

10. 结束工作

（1）清理工作现场，将工器具、材料、设备归位，现场恢复至开工前状态。

（2）办理工作终结手续，填写检修报告。

（3）收工离场。

二、考核

（一）考核场地

（1）可在室内或室外进行。

（2）现场设置 GW7-126 型隔离开关 1 组，且各部件完整，在工位四周设置围栏。

（3）现场提供检修所需的工器具、仪表、材料及安全防护用具。

（4）设置评判用的桌椅和计时秒表。

（二）考核时间

（1）考核时间为 40min。

（2）考生准备时间为 5min，包括清点工器具、准备材料设备、检查安全措施。

（3）考生准备完毕后向考评员汇报准备完毕。

（4）考生向考评员办理开工手续，许可开工后考评员记录考核开始时间，考生开始工作。

（5）现场清理完毕后，考生向考评员汇报工作终结，考评员记录考核结束时间。

（三）考核要点

（1）要求一人操作，考评员监护。单人操作，考评员监护作业。考生着装规范，穿工作服、绝缘鞋，戴安全帽。

（2）现场安全文明生产。工器具、材料、设备摆放整齐，现场作业熟练有序、正确规范。不发生危及人身和设备安全的行为，否则可取消本次考核成绩。

（3）熟悉各部件检修工艺质量要求。

（4）熟悉隔离开关的检修项目及技术要求，会进行检查、调整和处理。

三、评分标准

行业：电力工程　　　　工种：变电检修工　　　　等级：二

编号	BJ2ZY0202	行为领域	e	鉴定范围		变电检修技师	
考核时限	40min	题型	A	满分	100 分	得分	
试题名称	GW7-126 型隔离开关单相解体调整						
考核要点及其要求	（1）要求一人操作，考评员监护。单人操作，考评员监护作业。考生着装规范，穿工作服、绝缘鞋，戴安全帽。 （2）现场安全文明生产。工器具、材料、设备摆放整齐，现场作业熟练有序，正确规范。不发生危及人身和设备安全的行为，否则可取消本次考核成绩。 （3）熟悉各部件检修工艺质量要求。 （4）熟悉隔离开关的检修项目及技术要求，会进行检查、调整和处理						

现场设备、工器具、材料	（1）工器具：常用活动扳手（200、250、300mm）各1把、棘轮扳手（M13）1把、棘轮扳手1套、套筒1套、十字螺丝刀、一字螺丝刀、橡皮锤1个、钳子1把、卷尺1个、钢板尺1个、塞尺1套、检修地垫、油盘、内六角板手1套、回路电阻测试仪、电源箱。 （2）材料：00号砂纸、凡士林、抹布、二硫化钼、汽油、毛刷。 （3）设备：GW7-126型隔离开关1组
备注	考生自备工作服、绝缘鞋

评分标准

序号	考核项目名称	质量要求	分值	扣分标准	扣分原因	得分
1	工作前准备及文明生产					
1.1	着装、工器具准备（该项不计考核时间）	考核人员穿工作服、戴安全帽、穿绝缘鞋，工作前清点工器具、设备	3	（1）未穿工作服、戴安全帽、穿绝缘鞋，每项不合格，扣2分。 （2）未清点工器具、设备，每项不合格，扣2分，分数扣完为止		
1.2	安全文明生产	工器具摆放整齐，保持作业现场安静、清洁	12	（1）未办理开工手续，扣2分。 （2）工器具摆放不整齐，扣2分。 （3）现场杂乱无章，扣2分。 （4）不能正确使用工器具，扣2分。 （5）工器具及配件掉落，扣2分。 （6）发生不安全行为，扣2分。 （7）发生危及人身、设备安全的行为直接取消考核成绩		
2	隔离开关单相解体					

续表

序号	考核项目名称	质量要求	分值	扣分标准	扣分原因	得分
2.1	检修前绝缘子、导电部分、转动部分外观检查	清扫支柱绝缘子表面，绝缘子应无裂纹破损，法兰胶装处无松动、脱落等	8	未检查或漏项，扣2分		
		检查隔离开关本体，外观各部件无损伤，各连接部位连接良好部件齐全		未检查或漏项，扣2分		
		检查刀闸分合正常，接触良好		未检查或漏项，扣2分		
		导电部分动触杆、静触头各部分是否完整		未检查或漏项，扣2分		
2.2	拆除左、右静触头装配	拆下静触头内的4条固定螺钉	4	操作不正确，扣2分		
		取下静触头		操作不正确，2分		
2.3	左、右静触头装配的分解检修及工艺要求	拆下静触指定位片4条螺栓	15	操作不正确，扣2分		
		拆下静触指6条螺栓		操作不正确，扣2分		
		取下触指片及弹簧		操作不正确，扣2分		
		检查静触指、触指垫片是否有过热、烧伤痕迹，用汽油清洗触指，对其接触面用00号砂纸除去氧化层，如触指接触面轻微烧伤用细扁锉修整，如镀银层大面积脱落或烧伤严重应更换		未检查静触指、触指垫片，扣3分		
		检查弹簧外观良好，检查弹簧弹性是否合格，有无变形、锈蚀，在弹簧外表面涂二硫化钼，更换新的弹簧绝缘托		未检查弹簧，扣3分		
		检查静触座是否有过热、烧伤痕迹，对其接触面用汽油清洗，用00号砂纸除去氧化层，如有严重烧伤应更换，清洗后立即均匀涂抹导电脂		未检查静触座，扣3分		

续表

序号	考核项目名称	质量要求	分值	扣分标准	扣分原因	得分
2.4	刀闸静触头回装	将触指垫片两面均匀涂导电脂，放置在静触头上。将静触指与触指垫片用6条螺栓固定在静触座上	12	操作不正确，扣3分		
		用双手将触指弹簧连同绝缘隔垫、弹簧底座压入触头座，注意绝缘拖定位孔，分别将弹簧依此装入		操作不正确，扣3分		
		压下静触指，安装静触指托板，插入并紧固螺栓		操作不正确，扣2分		
		回装接线端子，完成静触头组装		回装顺序错误，扣2分		
		刀闸静触头按拆解时的相反顺序回装至绝缘子		回装顺序错误，扣2分		
2.5	动触杆的分解检修及工艺要求	用22mm开口扳手，松开导电杆底座的4条螺栓，拆下动触杆。此项工作需两人配合进行	18	操作不正确，扣2分		
		拆下刀闸动触杆转动机构盒的4条螺栓，将机构盒与导电杆分开		操作不正确，扣2分		
		检查机构盒内弹簧无锈蚀，机构盒内开口销、定位销良好		未检查机构盒内弹簧、开口销、定位销，扣3分		
		检查导电杆拨棍外观良好无变形，固定螺栓紧固拨棍外表面涂二硫化钼		（1）未检查导电杆拨棍外观，扣2分。 （2）未涂二硫化钼，扣1分		
		检查导电杆焊接部分无开裂		未检查导电杆焊接情况，扣3分		
		解体检修动触头片，用00号砂纸打磨接触面，用汽油清洗后涂导电脂，螺栓涂二硫化钼，紧固螺栓后接触面四周涂防水胶		每遗漏一项扣1分		
		回装按照与拆卸相反的顺序进行		回装顺序错误，扣2分		

续表

序号	考核项目名称	质量要求	分值	扣分标准	扣分原因	得分
2.6	调整单相隔离开关	测量单相两个固定绝缘子的中心距离，应保证为1800～1810mm之间，同时保证固定绝缘子到中间绝缘子的间距为900mm。最后还应测量每极三个绝缘子中心是否在一直线上，每一端的绝缘子中心相对另外两个绝缘子中心线偏差不应大于10mm。必要时可松开螺栓用垫片调整	15	（1）未测量两固定绝缘子中心距离，扣3分。 （2）未测量三个绝缘子中心是否在一直线上，扣3分		
		将刀闸置于分闸位置，用水平尺检查主刀闸是否水平，必要时可松开绝缘子M16×65的螺栓，通过增减垫片调整		未检查分闸位置主刀闸水平情况，扣3分		
		保证动触头进入静触座内后在未翻转前与上、下静触片距离相等且平行		未检查，扣3分		
		手动合闸检查动触头合入静触头情况，如不符合要求，可松开静触座下4条螺栓调整静触座高度及水平		未检查动触头合入静触头情况，扣3分		
		检查分闸时的刀闸打开距离应不小于1020mm		刀闸打开距离不合格，扣3分		
2.7	检查螺钉、备母及开口销	全面检查紧固所有螺钉、备母，将开口销打开	3	（1）未检查紧固所有螺钉、备母，扣3分。 （2）未将开口销打开，扣3分		
2.8	主回路直流电阻测量	回路电阻符合厂家要求	5	没有测量主回路电阻或测量不正确，扣5分		
3	收工					
3.1	结束工作	工作结束，工器具及设备摆放整齐，工完场清，报告工作结束	2	（1）工器具及设备摆放不整齐，扣1分。 （2）未清理现场，扣1分。 （3）未汇报工作结束，扣1分，分数扣完为止		

续表

序号	考核项目名称	质量要求	分值	扣分标准	扣分原因	得分
3.2	填写记录	如实正确填写检修记录	3	（1）未填写检修记录，扣3分。 （2）填写记录，每错一处扣1分，共计3分，分数扣完为止		

2.2.7 BJ2ZY0203 KYN61-40.5型开关柜消缺调试

一、作业

（一）工器具、材料、设备

（1）工器具：常用活动扳手1套、固定扳手1套、梅花扳手1套、套筒扳手1套、内六角扳手1套、中号手锤1把、一字和十字螺丝刀2把、万用表1个。

（2）材料：机油壶及机油、检修垫布1m×1m。

（3）设备：KYN61-40.5型开关柜1台、专用操作工具1套。

（二）安全要求

1. 防止触电伤害

（1）工作前检查设备确无电压，线路侧有接地保护。

（2）拆接低压电源时，有专人监护。

2. 防止机械伤害

工作中注意释放储能部件能量。

3. 现场安全措施

用围网带将工作区域围起来，出口设置在安全的通道处，出入口处设置“从此进出!”标示牌，工作区内放置“在此工作!”标示牌。

4. 办理开工手续

办理开工、许可手续，进行工作票宣读，交代工作中的危险点。

（三）操作步骤及工艺要求。

1. 准备工作

（1）着装规范。

（2）工器具、材料清点和做外观检查。

2. 开关柜整体检查

（1）检查开关柜指示灯与设备实际位置相符，低压仓内控制、储能、加热回路电源正常。

（2）检查压力释放通道正常。

（3）检查柜门密封良好，柜内清洁干燥、无凝露，柜内加热驱潮装置正常。

（4）检查CT、母线、断路器、支持绝缘子、绝缘板等外观无异常。

（5）手车开关能正常摇进摇出操作。

（6）手车摇至试验位置，接地开关可以合闸，电缆室可以打开。

（7）检查接地装置良好，无变形和零部件脱落。

（8）检查电缆室电缆接线等无异常。

（9）手车拉至检修位置，检查活门可靠关闭，静触头清洁无过热放电痕迹，柜内清洁无异物。

3. 断路器检查

（1）手车摇至检修位置，合上接地刀闸，检查开关触头良好，触指弹簧弹性良好，无过热烧伤痕迹。

（2）拆除机构面板，检查机构内清洁干净，螺栓紧固，零部件无变形、脱落等，二次线无松脱，辅助开关切换到位；测量线圈电阻符合要求。

(3) 合上储能和控制电源，检查开关储能良好。

(4) 手动分、合断路器，检查开关分合动作是否正常。

(5) 就地操作开关分合闸（分合时，应时刻准备断开控制电源空开，以免拒分合烧毁线圈）。

4. 开关柜五防检查

(1) 将开关合闸，无法按下手车摇把挡板，手车不能移动。

(2) 将手车摇到工作位置，将开关合闸，无法按下手车摇把挡板，手车不能移动。

(3) 将手车摇到工作位置，地刀操作挡板不能按下。

(4) 将地刀置于合闸位置，地刀挡板不能拉起，手车摇把挡板不能按下，手车摇把不能插入，手车无法移动。

(5) 将接地刀闸置于合闸位置，打开后柜门后，地刀不能分闸。

(6) 将接地刀闸置于分闸位置，后柜门不能打开。

(7) 二次插头被锁定位置应正确。

5. 结束工作

(1) 清理工作现场，将工器具、材料、设备归位，现场恢复至开工前状态。

(2) 办理工作终结手续，填写检修报告。

(3) 收工离场。

二、考核

(一) 考核场地

(1) 可在室内或室外进行。

(2) 现场设置 KYN61-40.5 开关柜 1 套，且各部件完整、机构操作电源已接入。

(3) 设置评判用的桌椅和计时秒表。

(二) 考核时间

(1) 考核时间为 50min。

(2) 考生准备时间为 5min，包括清点工器具、准备材料设备、检查安全措施。

(3) 考生准备完毕后向考评员汇报准备完毕。

(4) 考生向考评员办理开工手续，许可开工后考评员记录考核开始时间，考生开始工作。

(5) 现场清理完毕后，考生向考评员汇报工作终结，考评员记录考核结束时间。

(三) 考核要点

(1) 要求一人操作，考评员监护。考生着装规范，穿工作服、绝缘鞋，戴安全帽。

(2) 安全文明生产。工器具、材料、设备摆放整齐，现场操作熟练连贯、有序，正确规范地使用工器具及安全用具。不发生危及人身或设备安全的行为，否则可取消本次考核成绩。

(3) 熟悉开关柜结构及柜内部件检查工艺，能够消除开关柜常见的缺陷。

三、评分标准

行业：电力工程　　　　　　　　　　工种：变电检修工　　　　　　　　　　等级：二

编号	BJ2ZY0203	行为领域	e	鉴定范围		变电检修技师	
考核时限	50min	题型	B	满分	100分	得分	
试题名称	KYN61-40.5型开关柜消缺调试						
考核要点及其要求	(1) 要求一人操作，考评员监护。考生着装规范，穿工作服、绝缘鞋，戴安全帽。 (2) 安全文明生产。工器具、材料、设备摆放整齐，现场操作熟练连贯、有序，正确规范地使用工器具及安全用具。不发生危及人身或设备安全的行为，否则可取消本次考核成绩。 (3) 熟悉开关柜结构及柜内部件检查工艺，能够消除开关柜常见的缺陷						
现场设备、工器具、材料	(1) 工器具：常用活动扳手1套、固定扳手1套、梅花扳手1套、套筒扳手1套、内六角扳手1套、中号手锤1把、一字和十字螺丝刀2把、万用表1个。 (2) 材料：机油壶及机油、检修垫布1m×1m。 (3) 设备：KYN61-40.5型开关柜1台，专用操作工具1套						
备注	考生自备工作服、绝缘鞋						

评分标准

序号	考核项目名称	质量要求	分值	扣分标准	扣分原因	得分
1	工作前准备及文明生产					
1.1	着装及工器具准备（不计考核时间，以3min为限）	穿工作服、戴安全帽、穿绝缘鞋，工作前清点工器具、设备是否齐全	3	(1) 未穿工作服、戴安全帽、穿绝缘鞋，每项不合格，扣2分。 (2) 未清点工器具、设备，每项不合格，扣2分，分数扣完为止		
1.2	安全文明生产	工器具摆放整齐，并保持作业现场安静、清洁，安全防护用具穿戴正确齐备	12	(1) 未办理开工手续，扣2分。 (2) 工器具摆放不整齐，扣2分。 (3) 现场杂乱无章，扣2分。 (4) 不能正确使用工器具，扣2分。 (5) 工器具及配件掉落，扣2分。 (6) 发生不安全行为，扣2分。 (7) 发生危及人身、设备安全的行为直接取消考核成绩		

续表

序号	考核项目名称	质量要求	分值	扣分标准	扣分原因	得分
2	开关柜消缺调试					
2.1	开关柜外观检查	检查开关柜指示灯与设备实际位置相符，低压仓内控制、储能、加热回路电源正常	18	未检查开关柜指示灯及控制、储能、加热回路电源扣2分		
		检查压力释放通道正常		未检查压力释放通道，扣2分		
		检查柜门密封良好，柜内清洁干燥、无凝露，柜内加热驱潮装置正常		未检查或漏项，扣2分		
		检查CT、母线、断路器、支持绝缘子、绝缘板等外观无异常		未检查或漏项，2分		
		手车开关能正常摇进摇出操作。		未检查手车开关动作情况，扣2分		
		手车摇至试验位置，接地开关可以合闸，电缆室可以打开		未检查，扣2分		
		检查接地装置良好，无变形和零部件脱落		未检查接地装置，扣2分		
		检查电缆室电缆接线等无异常		未检查电缆接线情况，扣2分		
		手车拉至检修位置，检查活门可靠关闭，静触头清洁无过热放电痕迹，柜内清洁无异物		未检查或漏项，2分		
2.2	断路器检查	手车摇至检修位置，合上接地刀闸，检查开关触头良好，触指弹簧弹性良好，无过热烧伤痕迹	18	未检查或漏项，扣3分		
		拆除机构面板，检查机构内清洁干净，螺栓紧固，零部件无变形、脱落等，二次线无松脱，辅助开关切换到位；测量线圈电阻符合要求		未检查或漏项，扣3分		
		合上储能和控制电源，检查开关储能良好		未检查储能情况，扣4分		
		手动分、合断路器，检查开关分合动作是否正常		未检查开关分合动作情况，扣4分		
		就地操作开关分合闸（分合时，应时刻准备断开控制电源空开，以免拒分合烧毁线圈）		操作不正确，扣4分		

续表

序号	考核项目名称	质量要求	分值	扣分标准	扣分原因	得分
2.3	开关柜五防检查	将开关合闸，无法按下手车摇把挡板，手车不能移动	14	未进行此项检查，扣2分		
		将手车摇到工作位置，将开关合闸，无法按下手车摇把挡板，手车不能移动		未进行此项检查，扣2分		
		将手车摇到工作位置，地刀操作挡板不能按下		未进行此项检查，扣2分		
		将地刀置于合闸位置，地刀挡板不能拉起，手车摇把挡板不能按下，手车摇把不能插入，手车无法移动		未进行此项检查，扣2分		
		将接地刀闸置于合闸位置，打开后柜门后，地刀不能分闸		未进行此项检查，扣2分		
		将接地刀闸置于分闸位置，后柜门不能打开		未进行此项检查，扣2分		
		二次插头被锁定位置应正确		未进行此项检查，扣2分		
2.4	开关柜消缺	断路器本体缺陷	30	未处理，扣10分		
		开关柜五防缺陷		未处理，扣10分		
		开关柜本体缺陷		未处理，扣10分		
3	收工					
3.1	结束工作	工作结束，工器具及设备摆放整齐，清理现场，报告工作结束	2	（1）工器具及设备摆放不整齐，扣1分。（2）未清理现场，扣1分。（3）未汇报工作结束，扣1分，分数扣完为止		
3.2	填写记录	如实正确填写，记录检修、试验情况	3	（1）未填写检修记录，扣3分。（2）填写记录，每错一处扣1分，共计3分，分数扣完为止		

2.2.8 BJ2ZY0301 ZN65A-12 型真空断路器单相灭弧室更换

一、检修

（一）工器具、材料、设备

（1）工器具：常用活动扳手（6 寸、8 寸、10 寸）1 套、固定扳手（M6～22）1 套、梅花扳手 1 套、套筒扳手 1 套、内六角扳手 1 套、中号手锤 1 把、一字和十字螺丝刀各 1 把、扁锉 1 套。

（2）材料：酒精、二硫化钼锂基脂、00 号砂纸、抹布、检修垫布 1m×1m。

（3）设备：ZN65A-12 型的断路器 1 台、一相真空灭弧室。

（二）安全要求

1. 机械伤害

机构内部检修前，切断控制电源、储能电源并释放能量，防止机械部件能量伤人。

2. 现场安全措施

用围网带将工作区域围起来，出口设置在安全的通道处，出入口处设置“从此进出!”标示牌，工作区内放置“在此工作!”标示牌。

3. 办理开工手续

办理开工、许可手续，进行工作票宣读，交代工作中的危险点。

（三）检修步骤及工艺要求

1. 准备工作

（1）着装规范。

（2）工器具、材料清点和做外观检查。

2. 检修前断路器检查检查

（1）检修作业前确认机构储能弹簧能量已释放，断路器处于分闸状态。

（2）检查有无部件损伤、碎片脱落、裂纹、放电痕迹。

（3）检查导电回路和接线端子有无过热变色，连接是否可靠。

（4）检查绝缘外壳和支持绝缘子有无破损。

（5）检查各元件是否牢固，有无锈蚀现象。

3. 拆除旧灭弧室

（1）取下导电杆与拐臂连接的轴销两侧的卡簧，拆下轴销。

（2）将各部位固定螺栓松开，依次拆下绝缘护板，将导电夹从导电杆松落到万向节部位。

（3）松开固定灭弧室上部四条内六角螺栓，松开固定上支架与绝缘子之间的螺栓，取下时用手托住绝缘子与上支架间的垫片，以防止垫片掉落砸伤作业人员或损坏设备。

（4）轻轻晃动上支架，使上支架的两个定位销与绝缘护板脱开，取下上支架。

（5）全部松开导电夹紧固螺栓，将万向连杆对正导电杆开口处，取下灭弧室。

4. 安装新灭弧室

（1）检查导向垫无老化、裂纹，清除导电夹上的氧化层，导电夹、软铜带应无过热、断裂、裂纹。

（2）调整新灭弧室导电杆连杆长度，使之与旧灭弧室导电杆连杆长度相同，以减少安装后的调整工作量。

(3) 将导电杆、导电夹用00号砂纸打磨干净、光洁，将灭弧室导电杆装入导电夹内。注意：导电杆、导电夹上严禁涂任何油脂。

(4) 安装上支架顺序与拆除时相反。

(5) 将导电夹与导电杆紧固。

(6) 连接拐臂与导电杆，安装导向块，两侧卡簧。

5. 结束工作

(1) 清理工作现场，将工器具、材料、设备归位，现场恢复至开工前状态。

(2) 办理工作终结手续，填写检修报告。

(3) 收工离场。

二、考核

(一) 考核场地

(1) 应在室内进行。

(2) 现场设置ZN65A-12型断路器一台。

(3) 设置评判用的桌椅和计时秒表。

(二) 考核时间

(1) 考核时间为40min。

(2) 考生准备时间为5min，包括清点工器具、准备材料设备、检查安全措施。

(3) 考生准备完毕后向考评员汇报准备完毕。

(4) 考生向考评员办理开工手续，许可开工后考评员记录考核开始时间，考生开始工作。

(5) 现场清理完毕后，考生向考评员汇报工作终结，考评员记录考核结束时间。

(三) 考核要点

(1) 要求一人操作，考评员监护。考生着装规范，穿工作服、绝缘鞋，戴安全帽，戴帆布手套。

(2) 安全文明生产。工器具、材料、设备摆放整齐，现场操作熟练连贯、有序，正确规范地使用工器具及安全用具。不发生危及人身或设备安全的行为，否则可取消本次考核成绩。

(3) 考核考生对断路器灭弧室部分拆卸、装复的熟练程度，熟悉各部件检修工艺质量要求。

三、评分标准

行业：电力工程　　　　工种：变电检修工　　　　等级：二

编号	BJ2ZY0301	行为领域	e	鉴定范围		变电检修技师	
考核时间	40min	题型	A	满分	100分	得分	
试题正文	ZN65A-12型真空断路器单相灭弧室更换						
考核要点及要求	(1) 要求一人操作，考评员监护。考生着装规范，穿工作服、绝缘鞋，戴安全帽，戴帆布手套。 (2) 安全文明生产。工器具、材料、设备摆放整齐，现场操作熟练连贯、有序，正确规范地使用工器具及安全用具。不发生危及人身或设备安全的行为，否则可取消本次考核成绩。 (3) 考核考生对断路器灭弧室部分拆卸、装复的熟练程度，熟悉各部件检修工艺质量要求						

续表

现场设备、场地、工具、材料	(1) 工器具：常用活动扳手（6寸、8寸、10寸）1套、固定扳手（M6～22）1套、梅花扳手1套、套筒扳手1套、内六角扳手1套、中号手锤1把、一字和十字螺丝刀各1把、扁锉1套。 (2) 材料：酒精、二硫化钼锂基脂、00号砂纸、抹布、检修垫布1m×1m。 (3) 设备：ZN65A-12型的断路器1台、一相真空灭弧室
备注	考生自备工作服、绝缘鞋

评分标准

序号	作业名称	质量要求	分值	扣分标准	扣分原因	得分
1	工作前准备及文明生产					
1.1	着装及工器具准备（该项不计考核时间，以3min为限）	考生着装正确、工作前清点工器具、设备是否齐全	3	(1) 未穿工作服、戴安全帽、穿绝缘鞋，每项不合格，扣2分。 (2) 未清点工器具、设备，每项不合格，扣2分，分数扣完为止		
1.2	安全文明生产	工器具、零部件摆放整齐并保持作业现场安静、清洁	12	(1) 未办理开工手续，扣2分。 (2) 工器具摆放不整齐，扣2分。 (3) 现场杂乱无章，扣2分。 (4) 不能正确使用工器具，扣2分。 (5) 工器具及配件掉落，扣2分。 (6) 发生不安全行为，扣2分。 (7) 发生危及人身、设备安全的行为直接取消考核成绩		
2	ZN65A-12型真空断路器单相灭弧室更换					
2.1	作业前对检修设备位置进行确认	检修作业前确认机构储能弹簧能量已释放，断路器处于分闸状态	10	未释放弹簧能量，扣10分		

续表

序号	考核项目名称	质量要求	分值	扣分标准	扣分原因	得分
2.2	断路器外观检查	检查有无部件损伤、碎片脱落、裂纹、放电痕迹	10	未检查或漏项，扣2分		
		检查导电回路和接线端子有无过热变色，连接是否可靠		未检查导电回路和接线端子，扣3分		
		检查绝缘外壳和支持绝缘子有无破损		未检查绝缘外壳和支持绝缘子，扣2分		
		检查各元件是否牢固，有无锈蚀现象		未检查或漏项，扣3分		
2.3	拆除旧灭弧室	取下导电杆与拐臂连接的轴销两侧的卡簧，拆下轴销	30	操作顺序不正确，扣6分		
		将各部位固定螺栓松开，依次拆下绝缘护板，将导电夹从导电杆松落到万向节部位		操作顺序不正确，扣6分		
		松开固定灭弧室上部四条内六角螺栓，松开固定上支架与绝缘子之间的螺栓，取下时用手托住绝缘子与上支架间的垫片，以防止垫片掉落砸伤作业人员或损坏设备		操作顺序不正确，扣6分		
		轻轻晃动上支架，使上支架的两个定位销与绝缘护板脱开，取下上支架		操作顺序不正确，扣6分		
		全部松开导电夹紧固螺栓，将万向连杆对正导电杆开口处，取下灭弧室		操作顺序不正确，扣6分		
2.4	新灭弧室安装	检查导向垫无老化、裂纹，清除导电夹上的氧化层，导电夹、软铜带应无过热、断裂、裂纹	30	未检查或漏项，扣5分		
		调整新灭弧室导电杆连杆长度，使之与旧灭弧室导电杆连杆长度相同，以减少安装后的调整工作量		未调整新灭弧室导电杆连杆长度，扣5分		
		将导电杆、导电夹用00号砂纸打磨干净、光洁，将灭弧室导电杆装入导电夹内。注意：导电杆、导电夹上严禁涂任何油脂		未打磨导电杆、导电夹，扣5分		

续表

序号	考核项目名称	质量要求	分值	扣分标准	扣分原因	得分
2.4	新灭弧室安装	安装上支架顺序与拆除时相反	30	回装顺序错误，扣5分		
		将导电夹与导电杆紧固		导电夹与导电杆松动，扣5分		
		连接拐臂与导电杆，安装导向块，两侧卡簧		操作不正确，扣5分		
3	收工					
3.1	结束工作	工作结束，工器具及设备摆放整齐，工完场清，报告工作结束。	2	（1）工器具及设备摆放不整齐，扣1分。 （2）未清理现场，扣1分。 （3）未汇报工作结束，扣1分，分数扣完为止		
3.2	填写记录	如实正确填写更换记录	3	（1）未填写检修记录，扣3分。 （2）填写记录，每错一处扣1分，共计3分，分数扣完为止		

2.2.9 BJ2ZY0302 KYN28-12型开关柜断路器拒合故障处理

一、作业

（一）工器具、材料、设备

（1）工器具：常用活动扳手、固定扳手1套、梅花扳手1套、套筒扳手1套、内六角扳手1套、一字螺丝刀及十字螺丝刀各1把、尖嘴钳1把、虎口钳1把、万用表1块。

（2）材料：机油、00号砂纸、棉丝、毛刷。

（3）设备：KYN28-12型开关柜配VS1-12型断路器、配套专用操作工具1套。

（二）安全要求

1. 防止触电伤害

（1）低压验电时，必须向考评员汇报，在专人监护下进行机构箱低压验电。

（2）拆接电源时，应由专人监护。

2. 防止机械伤害

（1）合、分闸操作时，注意呼唱，防止断路器动作对人员造成机械伤害。

（2）工作前，断开控制及储能电源，释放断路器弹簧能量。

3. 现场安全措施

用围网带将工作区域围起来，出口设置在安全的通道处，出入口处设置“从此进出!”标示牌，工作区内放置“在此工作!”标示牌。

4. 办理开工手续

办理开工、许可手续，进行工作票宣读，交代工作中的危险点。

（三）操作步骤及工艺要求

1. 准备工作

（1）着装规范。

（2）工器具、材料清点和做外观检查。

2. 检修前的检查

（1）检查操作电源、电机电源均在断开位置。

（2）开关位置指示灯是否正确，储能是否正确。

（3）检查断路器在分闸位置，将手车开关拉出至试验位置，手车开关移动是否灵活无卡涩。

（4）检查接地开关在合闸位置。

3. 手车开关消缺流程及质量要求

（1）验电：断开二次电源，用万用表测量二次回路无电压，防止低压触电。验电时必须向考评员汇报，在专人监护下进行机构箱低压验电。

（2）将二次回路停电后，被考人使用万用表电阻档，根据图纸要求测量合闸回路参数，确认合闸回路是否完好。

（3）当通过表计测量发现参数异常，经分析判断并用万用表确认故障点后，向考评员汇报，得到答复可继续消缺。

（4）当确认故障点后，需要更换或增加零件才能继续处理时，应向考评员汇报，得到考评员给的零件后，可继续消缺。

（5）没有得到考评员给的零件，不可强行改变其他零件状态、强行消缺。

（6）考生认为故障全部消除，需要传动操作机构时，应向考评员汇报，得到考评员答复后，在考评员的监护下给机构送电。

（7）接通合闸控制回路电源，观察设备状态，出现异常可根据机构二次图纸，用万用表查找故障点，直到消除故障。

（8）完成分、合操作3次无异常后，将手车开关放置分闸位。

（9）检查机构箱内无异物遗留后，关闭机构箱门。

（10）向考评员汇报需要停电，在专人监护下停电。

4.故障原因查找及检查项目

（1）检查手车开关电动合闸是否正常，如无法电动合闸，则可初步判断为电气回路故障。

（2）检查手车开关是否能可靠咬合在试验或工作位置，如手车开关没有在试验或工作位置，会从机械和电气两方面原因闭锁合闸回路，造成手车开关不能合闸。

（3）检查电气控制回路各部情况，是否存在二次线接头松动。

（4）检查合闸电磁铁是否烧损，电阻值是否符合要求。

（5）检查手车开关的辅助开关的切换是否正常，触点接触是否良好。

（6）检查手车开关储能回路是否正常，储能情况是否正常。

（7）检查合闸控制回路电压是否正常。

（8）检查手车开关分闸后，机构是否复归到预合位置。

（9）检查手车开关的操动机构传动连杆是否松动或轴销是否脱落。

（10）检查合闸铁芯是否卡涩或合闸电压过高。

5.结束工作

（1）清理工作现场，将工器具、材料、设备归位，现场恢复至开工前状态。

（2）办理工作终结手续，填写检修报告。

（3）收工离场。

二、考核

（一）考核场地

（1）室内或室外进行。

（2）设置KYN28-12型开关柜配VS1-12型断路器，且各部件完整，机构操作电源已接入。在工位四周设置围栏。

（3）设置评判用的桌椅和计时秒表。

（二）考核时间

（1）考核时间为50min。

（2）考生准备时间为5min，包括清点工器具、准备材料设备、检查安全措施。

（3）准备完毕后向考评员汇报准备完毕。

（4）向考评员办理开工手续，许可开工后考评员记录考核开始时间，考生开始工作。

（5）清理完毕后，考生向考评员汇报工作终结，考评员记录考核结束时间。

（三）考核要点

（1）单人操作考评员监护作业。考生着装规范，穿工作服、绝缘鞋，戴安全帽。

（2）安全文明生产。工器具、材料、设备摆放整齐，现场作业熟练有序，正确规范。不发生危及人身和设备安全的行为，否则可取消本次考核成绩。

（3）检修流程和检修工艺质量要求。

（4）断路器操作机构和控制回路的检修项目及技术要求，会进行故障的查找、调整和处理。

三、评分标准

行业：电力工程　　　　　　　　工种：变电检修工　　　　　　　　等级：二

编号	BJ3ZY0202	行为领域	e	鉴定范围		变电检修技师	
考核时限	50min	题型	C	满分	100分	得分	
试题名称	KYN28-12型开关柜断路器拒合故障处理						
考核要点及其要求	（1）单人操作，考评员监护作业。考生着装规范，穿工作服、绝缘鞋，戴安全帽。 （2）现场安全文明生产。工器具、材料、设备摆放整齐，现场作业熟练有序，正确规范。不发生危及人身和设备安全的行为，否则可取消本次考核成绩。 （3）熟悉检修流程和检修工艺质量要求。 （4）熟悉断路器操作机构和控制回路的检修项目及技术要求，会进行故障的查找、调整和处理						
现场设备、工器具、材料	（1）工器具：常用活动扳手、固定扳手1套、梅花扳手1套、套筒扳手1套、内六角扳手1套、一字螺丝刀及十字螺丝刀各1把、尖嘴钳1把、虎口钳1把、万用表1块。 （2）材料：机油、00号砂纸、棉丝、毛刷。 （3）设备：KYN28-12型开关柜配VS1-12型断路器、配套专用操作工具1套						
备注	考生自备工作服、绝缘鞋						

评分标准

序号	考核项目名称	质量要求	分值	扣分标准	扣分原因	得分
1	工作前准备及文明生产					
1.1	着装、工器具准备（该项不计考核时间）	考核人员穿工作服、戴安全帽、穿绝缘鞋，工作前清点工器具、设备	3	（1）未穿工作服、戴安全帽、穿绝缘鞋，每项不合格，扣2分。 （2）未清点工器具、设备，每项不合格，扣2分，分数扣完为止		

续表

序号	考核项目名称	质量要求	分值	扣分标准	扣分原因	得分
1.2	安全文明生产	工器具摆放整齐，保持作业现场安静、清洁	12	（1）未办理开工手续，扣2分。 （2）工器具摆放不整齐，扣2分。 （3）现场杂乱无章，扣2分。 （4）不能正确使用工器具，扣2分。 （5）工器具及配件掉落，扣2分。 （6）发生不安全行为，扣2分。 （7）发生危及人身、设备安全的行为直接取消考核成绩		
2	KYN28-12型开关柜断路器拒合故障处理					
2.1	检修前的检查	检查操作电源、储能电源均在断开位置	8	未断开操作电源、储能电源，扣2分		
		手车开关位置指示灯是否正确，储能是否正确		未检查开关位置指示灯与储能情况，扣2分		
		检查手车开关在分闸位置，将手车开关拉出至试验位置，手车开关移动是否灵活无卡涩		未确认手车开关在分闸位置，扣2分		
		检查接地开关在合闸位置		未检查接地开关在合闸位置，扣2分		

续表

序号	考核项目名称	质量要求	分值	扣分标准	扣分原因	得分
2.2	手车开关消除故障流程及质量要求	验电：断开电源，用万用表测量二次回路无电压，防止低压触电。验电时，必须向考评员汇报，在专人监护下进行机构箱低压验电	42	（1）不按要求验电，扣2分。 （2）不按要求停电，扣2分		
		将二次回路停电后，被考人使用万用表电阻档，根据图纸要求测量合闸回路参数，确认合闸回路是否完好		（1）测量错误，扣1分。 （2）不会测回路，扣3分		
		当通过表计测量发现参数异常，经分析判断并用万用表确认故障点后，向考评员汇报，得到答复可继续消缺		（1）未确认缺陷点，扣4分。 （2）未向考评员汇报，扣1分		
		当确认故障点后，需要更换或增加零件才能继续处理时，应向考评员汇报，得到考评员给的零件后，可继续消缺		未向考评员汇报，扣4分		
		没有得到考评员给的零件，不可强行改变其他零件状态、强行消缺		强行改变其他零件状态，强行消缺，扣4分		
		考生认为故障全部消除，需要传动操作机构时，应向考评员汇报，得到考评员答复后，在考评员的监护下给机构送电		未经考评员许可即对机构送电，扣4分		
		接通合闸控制回路电源，观察设备状态，出现异常可根据机构二次图纸，用万用表查找故障点，直到消除故障		（1）测量错误，扣1分。 （2）不会测回路，扣3分		
		完成分、合操作3次无异常后，将手车开关放置分闸位		（1）未分合传动3次，扣2分。 （2）机构未放分闸位，扣2分		

续表

序号	考核项目名称	质量要求	分值	扣分标准	扣分原因	得分
2.2	手车开关消除故障流程及质量要求	检查机构箱内无异物遗留后，关闭机构箱门	42	（1）机构箱内留有异物，扣2分。 （2）未关闭箱门，扣2分		
		向考评员汇报需要停电，在专人监护下停电		停电没有专人监护，扣4分		
2.3	消除的缺陷	缺陷1	30	没处理，扣10分		
		缺陷2		没处理，扣10分		
		缺陷3		没处理，扣10分		
3	收工					
3.1	结束工作	工作结束，工器具及设备摆放整齐，工完场清，报告工作结束	2	（1）工器具及设备摆放不整齐，扣1分。 （2）未清理现场，扣1分。 （3）未汇报工作结束，扣1分，分数扣完为止		
3.2	填写记录	如实正确填写检修记录	3	（1）未填写检修记录，扣3分。 （2）填写记录，每错一处扣1分，共计3分，分数扣完为止		

2.2.10 BJ2ZY0303 LW10B-252 型断路器操作机构二次控制回路消缺

一、作业

（一）工器具、材料、设备

（1）工器具：一字螺丝刀、十字螺丝刀、尖嘴钳、万用表。

（2）材料：无。

（3）设备：配 LW10B-252 型断路器操作机构 1 台。

（二）安全要求

1. 防止机械伤害

（1）设备传动时，机构、本体上禁止有人工作。

（2）机构内部检修前，切断控制电源、油泵电机电源并释放能量，防止机械部件能量伤人。

2. 防止触电伤害

（1）低压验电时，必须向考评员汇报，在专人监护下进行操作机构低压验电。

（2）检查电动机构箱金属外壳接地良好，电缆线无破损。

3. 现场安全措施

用围网带将工作区域围起来，出口设置在安全的通道处，出入口处设置“从此进出!”标示牌，工作区内放置“在此工作!”标示牌。

4. 办理开工手续

办理开工、许可手续，进行工作票宣读，交代工作中的危险点。

（三）操作步骤及工艺要求

1. 准备工作

（1）着装规范。

（2）工器具、材料清点和做外观检查。

2. LW10B-252 型断路器操作机构二次控制回路消缺项目及质量要求

（1）验电：断开二次电源，用万用表测量二次回路无电压，防止低压触电。验电时，必须向考评员汇报，在专人监护下进行机构箱低压验电。

（2）将二次回路停电后，被考人使用万用表电阻档，根据图纸要求测量各回路参数，确认各回路是否完好。

（3）当通过表计测量发现参数异常，经分析判断并用万用表确认缺陷点后，向考评员汇报，得到答复可继续消缺。

（4）当确认缺陷点后，需要更换或增加零件才能继续处理时，应向考评员汇报，得到考评员给的零件后，可继续消缺。

（5）没有得到考评员给的零件，不可强行改变其他零件状态、强行消缺。

（6）考生认为缺陷全部消除，需要传动操作机构时，应向考评员汇报，得到考评员答复后，在考评员的监护下给机构送电。

（7）接通油泵电源，油泵运转后，观察油泵回路运转是否正常，出现异常可根据机构二次图纸，用万用表查找缺陷点，直到消除缺陷。

（8）接通分、合闸控制回路电源，观察设备状态，出现异常可根据机构二次图纸，用万用表查找缺陷点，直到消除缺陷。

（9）完成分、合过程传动3次无异常后，将机构放置分闸位。

（10）检查机构箱内无异物遗留后，关闭机构箱门。

（11）向考评员汇报需要停电，在专人监护下停电。

3. 结束工作

（1）清理工作现场，将工器具、材料、设备归位，现场恢复至开工前状态。

（2）办理工作终结手续，填写检修报告。

（3）收工离场。

二、考核

（一）考核场地

（1）可在室内或室外进行。

（2）现场设置LW10B-252型操作机构1台，且各部件完整，机构操作电源已接入。在工位四周设置围栏。

（3）设置评判用的桌椅和计时秒表。

（二）考核时间

（1）考核时间为40min。

（2）考生准备时间为5min，包括清点工器具、准备材料设备、检查安全措施。

（3）考生准备完毕后向考评员汇报准备完毕。

（4）考生向考评员办理开工手续，许可开工后考评员记录考核开始时间，考生开始工作。

（5）现场清理完毕后，考生向考评员汇报工作终结，考评员记录考核结束时间。

（三）考核要点

（1）单人操作，考评员监护作业。考生着装规范，穿工作服、绝缘鞋，戴安全帽。

（2）现场安全文明生产。工器具、材料、设备摆放整齐，现场作业熟练、有序、流畅，正确规范。不发生危及人身和设备安全的行为，如发生人身伤害，造成身体出血等情况可取消本次考核成绩。

（3）熟悉二次元件参数和工艺要求、熟悉二次回路原理，能够准确判断出二次回路缺陷。

三、评分标准

行业：电力工程　　　　工种：变电检修工　　　　等级：二

编号	BJ2ZY0303	行为领域	e	鉴定范围		变电检修技师	
考核时限	40min	题型	B	满分	100分	得分	
试题名称	LW10B-252型断路器操作机构二次控制回路消缺						
考核要点及其要求	（1）单人操作，考评员监护作业。考生着装规范，穿工作服、绝缘鞋，戴安全帽。 （2）现场安全文明生产。工器具、材料、设备摆放整齐，现场作业熟练、有序、流畅，正确规范。不发生危及人身和设备安全的行为，如发生人身伤害，造成身体出血等情况可取消本次考核成绩。 （3）熟悉二次元件参数和工艺要求、熟悉二次回路原理，能够准确判断出二次回路缺陷						

续表

现场设备、工器具、材料	(1) 工器具：一字螺丝刀、十字螺丝刀、尖嘴钳、万用表。 (2) 材料：无。 (3) 设备：配 LW10B-252 型断路器操作机构 1 台
备注	考生自备工作服、绝缘鞋

评分标准

序号	考核项目名称	质量要求	分值	扣分标准	扣分原因	得分
1	工作前准备及文明生产					
1.1	着装、工器具准备（该项不计考核时间）	考核人员穿工作服、戴安全帽、穿绝缘鞋，工作前清点工器具、设备	3	(1) 未穿工作服、戴安全帽、穿绝缘鞋，每项不合格，扣 2 分。 (2) 未清点工器具、设备，每项不合格，扣 2 分，分数扣完为止		
1.2	安全文明生产	工器具摆放整齐，保持作业现场安静、清洁	12	(1) 未办理开工手续，扣 2 分。 (2) 工器具摆放不整齐，扣 2 分。 (3) 现场杂乱无章，扣 2 分。 (4) 不能正确使用工器具，扣 2 分。 (5) 工器具及配件掉落，扣 2 分。 (6) 发生不安全行为，扣 2 分。 (7) 发生危及人身、设备安全的行为直接取消考核成绩		
2	LW10B-252 型断路器操作机构二次控制回路消缺					

续表

序号	考核项目名称	质量要求	分值	扣分标准	扣分原因	得分
2.1	二次回路消缺	验电：断开二次电源，用万用表测量二次回路无电压，防止低压触电。验电时，必须向考评员汇报，在专人监护下进行机构箱低压验电	30	(1) 不按要求验电，扣1分。 (2) 不按要求停电，扣1分		
		将二次回路停电后，被考人使用万用表电阻档，根据图纸要求测量各回路参数，确认各回路是否完好		(1) 测量错误，扣1分。 (2) 不会测回路，扣3分		
		当通过表计测量发现参数异常，经分析判断并用万用表确认缺陷点后，向考评员汇报，得到答复可继续消缺		(1) 未确认缺陷点，扣3分。 (2) 未向考评员汇报，扣1分		
		当确认缺陷点后，需要更换或增加零件才能继续处理时，应向考评员汇报，得到考评员给的零件后，可继续消缺		未得到考评员给的零件继续作业，扣2分		
		没有得到考评员给的零件后，不可强行改变其他零件状态、强行消缺		强行改变其他零件状态，强行消缺，扣2分		
		考生认为缺陷全部消除，需要传动电动机构时，应向考评员汇报，得到考评员答复后，在考评员的监护下给机构送电		未经考评员许可即对机构送电，扣2分		
		接通油泵电源，油泵运转后，观察油泵回路运转是否正常，出现异常可根据机构二次图纸，用万用表查找缺陷点，直到消除缺陷		(1) 测量错误，扣1分。 (2) 不会测回路，扣3分		
		接通分、合闸控制回路电源，观察设备状态，出现异常可根据机构二次图纸，用万用表查找缺陷点，直到消除缺陷		(1) 测量错误，扣1分。 (2) 不会测回路，扣3分		

续表

序号	考核项目名称	质量要求	分值	扣分标准	扣分原因	得分
2.1	二次回路消缺	完成分、合过程传动3次无异常后，将机构放置分闸位	30	（1）未分合传动3次，扣1分。 （2）机构未放分闸位，扣2分		
		检查机构箱内无异物遗留后，关闭机构箱门		（1）机构箱内留有异物，扣1分。 （2）未关闭箱门，扣1分		
		向考评员汇报需要停电，在专人监护下停电		停电没有专人监护，扣1分		
2.2	消除的缺陷（要求缺陷不能出在一个回路中）	缺陷1	50	没处理，扣10分		
		缺陷2		没处理，扣10分		
		缺陷3		没处理，扣10分		
		缺陷4		没处理，扣10分		
		缺陷5		没处理，扣10分		
3	收工					
3.1	结束工作	工作结束，工器具及设备摆放整齐，工完场清，报告工作结束	2	（1）工器具及设备摆放不整齐，扣1分。 （2）未清理现场，扣1分。 （3）未汇报工作结束，扣1分，分数扣完为止		
3.2	填写记录	如实正确填写检修记录	3	（1）未填写检修记录，扣3分。 （2）填写记录，每错一处扣1分，共计3分，分数扣完为止		

2.2.11 BJ2XG0101 选用合适类型的灭火器进行灭火

一、作业

（一）工器具、材料、设备

（1）工器具：无。

（2）材料：无。

（3）设备：干粉灭火器、泡沫灭火器、二氧化碳灭火器、手推车式干粉灭火器、1211灭火器。

（二）安全要求

1. 防止触电伤害

电气设备着火时应首先切断设备电源，与带电设备保持足够的安全距离。

2. 人员烧伤

进行火灾施救时，注意人员与火源距离，站在上风口施救。

3. 现场安全措施

现场设置安全警示围栏。

（三）操作步骤及工艺要求

1. 准备工作

（1）着装规范。

（2）工器具、材料清点和做外观检查。

2. 各类灭火器的适用范围及操作方法

1）干粉灭火器的使用方法

适用范围：适用于扑救各种易燃、可燃液体和易燃、可燃气体火灾，以及电气设备火灾。

操作方法：

（1）右手拖着压把，左手拖着灭火器底部，轻轻取下灭火器。

（2）右手提着灭火器到现场。

（3）除掉铅封。

（4）拔掉保险销。

（5）左手握着喷管，右手提着压把。

（6）在距离火焰2m的地方，右手用力压下压把，左手拿着喷管左右摆动，喷射覆盖整个燃烧区。

2）泡沫灭火器的使用方法

适用范围：主要适用于扑救各种油类火灾、木材、纤维、橡胶等固体可燃物火灾。

操作方法：

（1）右手拖着压把，左手拖着灭火器底部，轻轻取下灭火器。

（2）右手提着灭火器到现场。

（3）右手握住喷嘴，左手执筒底边缘。

（4）把灭火器颠倒过来呈垂直状态，用劲上下晃动几下，然后放开喷嘴。

（5）右手抓筒耳，左手抓筒底边缘，把喷嘴朝向燃烧区，站在离火源8m的地方喷射，并不断前进，兜围着火焰喷射，直至把火扑灭。

（6）灭火后，把灭火器卧放在地上，喷嘴朝下。

3）二氧化碳灭火器的使用方法

适用范围：主要适用于各种易燃、可燃液体、可燃气体火灾，还可扑救仪器仪表、图书档案、工艺器和低压电气设备等的初起火灾。

操作方法：

（1）用右手握着压把。

（2）用右手提着灭火器到现场。

（3）除掉铅封。

（4）拔掉保险销。

（5）站在距火源 2m 的地方，左手拿着喇叭筒，右手用力压下压把。

（6）对着火源根部喷射，并不断推前，直至把火焰扑灭。

4）推车式干粉灭火器使用方法

适用范围：主要适用于扑救易燃液体、可燃气体和电气设备的初起火灾。本灭火器移动方便，操作简单，灭火效果好。

操作方法：

（1）把干粉车拉或推到现场。

（2）右手抓着喷粉枪，左手顺势展开喷粉胶管，直至平直，不能弯折或打圈。

（3）除掉铅封，拔出保险销。

（4）用手掌使劲按下供气阀门。

（5）左手持喷粉枪管托，右手把持枪把，用手指扣动喷粉开关，对准火焰喷射，不断靠前左右摆动喷粉枪，把干粉笼罩在燃烧区，直至把火扑灭为止。

5）1211 灭火器的使用方法

适用范围：1211 本身含有氟的成分，具有较好的热稳定性和化学惰性，久储不变质，对钢、铜、铝等常用金属腐蚀作用小并且由于灭火时是液化气体，所以灭火后不留痕迹，不污染物品。1211 灭火器适用于电气设备、各种装饰物等贵重物品的初期火灾扑救。由于它对大气臭氧层的破坏作用，在非必须使用场所一律不准新配置 1211 灭火器。

操作方法：

（1）右手拖着压把，左手拖着灭火器底部，轻轻取下灭火器。

（2）右手提着灭火器到现场。

（3）除掉铅封。

（4）拔掉保险销。

（5）左手握着喷管，右手提着压把。

（6）在距离火焰 2m 的地方，右手用力压下压把，左手拿着喷管左右摆动，喷射覆盖整个燃烧区。

3. 电气设备着火注意事项

电气设备运行中着火时，必须先切断电源，再行扑灭。如果不能迅速断电，可使用二氧化碳灭火器、四氯化碳灭火器、1211 灭火器或干粉灭火器等。使用时，必须保持足够的安全距离，对10kV及以下的设备，该距离不应小于40cm。

二、考核

（一）考核场地

（1）可在室内或室外进行。

（2）设置评判用的桌椅和计时秒表。

（二）考核时间

（1）考核时间为40min。

（2）开工前，考生检查着装，清点工器具、设备是否齐全，时间为3min（不计入考核时间）。

（3）许可开工后记录考核开始时间。

（4）现场清理完毕后，汇报工作终结，记录考核结束时间。

（三）考核要点

（1）要求一人操作，考评员监护。考生着装规范，穿工作服、绝缘鞋，戴安全帽。

（2）安全文明生产。不发生危及人身或设备安全的行为，否则可取消本次考核成绩。

（3）考核考生熟练掌握各类灭火器的适用范围和使用方法。

三、评分标准

行业：电力工程　　　　工种：变电检修工　　　　等级：二

编号	BJ2XG0101	行为领域	f	鉴定范围		变电检修技师	
考核时限	40min	题型	A	满分	100分	得分	
试题名称	选用合适类型的灭火器进行灭火						
考核要点及其要求	（1）要求一人操作，考评员监护。考生着装规范，穿工作服、绝缘鞋，戴安全帽。 （2）安全文明生产。不发生危及人身或设备安全的行为，否则可取消本次考核成绩。 （3）熟练掌握各类灭火器适用范围和使用方法						
现场设备、工器具、材料	（1）工器具：无。 （2）材料：无。 （3）设备：干粉灭火器、泡沫灭火器、二氧化碳灭火器、手推车式干粉灭火器、1211灭火器						
备注	考生自备工作服、绝缘鞋						

评分标准

序号	考核项目名称	质量要求	分值	扣分标准	扣分原因	得分
1	工作前准备及文明生产					
1.1	着装及工器具准备（不计考核时间，以3min危限）	穿工作服、戴安全帽，工作前清点工器具、设备是否齐全	2	未穿劳保工作服、未戴合格安全帽，每项不合格，扣2分，分数扣完为止		

续表

序号	考核项目名称	质量要求	分值	扣分标准	扣分原因	得分
1.2	安全文明	与设备保持安全距离，不发生危及人身设备安全的行为	3	（1）有不安全的动作发生，每次扣2分，该项分数扣完为止。 （2）有危及人身、设备安全的行为取消考核成绩		
2	电气设备灭火					
2.1	灭火准备	断开有关设备电源	15	未断开设备电源不得分		
		选择合适灭火器，检查灭火器有效期及压力		（1）不检查灭火器有效期及压力，每项扣10分。 （2）选择泡沫灭火器不合适，不得分		
2.2	干粉或1211灭火器灭火	右手拖着压把，左手拖着灭火器底部，轻轻取下灭火器	25	动作不规范，扣3分		
		右手提着灭火器到现场		动作不规范，扣3分		
		除掉铅封		动作不符合要求，扣3分		
		拔掉保险销		动作不符合要求，扣3分		
		左手握着喷管，右手提着压把		动作不符合要求，扣3分		
		在距离火焰2m的地方，右手用力压下压把，左手拿着喷管左右摆动，喷射干粉覆盖整个燃烧区		（1）距离不符合要求，扣5分。 （2）喷射未覆盖整个燃烧区，扣5分		
2.3	二氧化碳灭火器	用右手握着压把	25	动作不规范，扣4分		
		用右手提着灭火器到现场		动作不规范，扣4分		
		除掉铅封		动作不符合要求，扣4分		
		拔掉保险销		动作不符合要求，扣4分		
		站在距火源2m的地方，左手拿着喇叭筒，右手用力压下压把		距离偏差过大，扣4分		
		对着火源根部喷射，并不断推前，直至把火焰扑灭		动作不符合要求，扣5分		

续表

序号	考核项目名称	质量要求	分值	扣分标准	扣分原因	得分
2.4	手推车式干粉灭火器	把干粉车拉或推到现场	25	动作不规范，扣5分		
		右手抓着喷粉枪，左手顺势展开喷粉胶管，直至平直，不能弯折或打圈		动作不规范，扣5分		
		除掉铅封，拔出保险销		动作不规范，扣5分		
		用手掌使劲按下供气阀门		动作不规范，扣5分		
		左手持喷粉枪管托，右手把持枪把，用手指扣动喷粉开关，对准火焰喷射，不断靠前左右摆动喷粉枪，把干粉笼罩在燃烧区，直至把火扑灭为止		操作顺序不正确，扣5分		
3	收工					
3.1	结束工作	工作结束，工器具及设备摆放整齐，工完场清，报告工作结束	2	(1) 工器具及设备摆放不整齐，扣1分。 (2) 未清理现场，扣1分。 (3) 未汇报工作结束，扣1分，分数扣完为止		
3.2	填写记录	如实正确填写检修记录	3	(1) 未填写检修记录，扣3分。 (2) 填写记录，每错一处扣1分，共计3分，分数扣完为止		

第五部分　高级技师

1 理论试题

1.1 单选题

La1A1001 回路电阻测试仪的测量线有（ ）。

（A）电压输入线；（B）电压输入线、电流输出线；（C）电流输出线；（D）接地线。

答案：B

La1A1002 并联电容器的电容值在（ ），测得电容值不超过出厂实测值的±10%时，则此电容值在合格范围内。

（A）交接时；（B）交接预试时；（C）预试时；（D）小修及临时检修时。

答案：B

La1A1003 耦合电容器应能在系统最高运行电压及同时叠加（ ）kHz 的通信波条件下长期运行，并能在 1.5 倍工频电压下运行 30s 或在 1.9 倍额定工频电压下运行 8h。

（A）30～500；（B）50～500；（C）100～600；（D）200～600。

答案：A

La1A1004 高压并联电容器的电容器组每相每一并联段并联总容量不大于（ ）。

（A）3900kV·A；（B）1700kV·A；（C）4000kV·A；（C）5000kV·A。

答案：A

La1A1005 用于电容器投切的开关柜必须有其所配断路器投切电容器的试验报告，且断路器必须选用（ ）级断路器。

（A）C1；（B）C2；（C）C3；（D）C4。

答案：B

La1A2006 根据电力系统的（ ）计算短路电流，以校验所选用的开关电器的动稳定。

（A）最小运行方式；（B）一般运行方式；（C）最大运行方式。

答案：C

La1A2007 按照电气设备正常运行所允许的最高工作温度，把绝缘材料分为七个等级，其中 E 级绝缘材料的允许温度为（ ）。

(A) 105℃；(B) 120℃；(C) 130℃。

答案：B

La1A2008 根据电力系统的(　　)来计算短路电流，以校验继电保护装置的灵敏度。

(A) 一般运行方式；(B) 最小运行方式；(C) 最大运行方式。

答案：B

La1A2009 任何施工人员，发现他人违章作业时，应该(　　)。

(A) 报告违章人员的主管领导予以制止；(B) 当即予以制止；(C) 报告专职安全人员予以制止；(D) 报告公安机关予以制止。

答案：B

La1A2010 电容器储存电场能量的计算公式是(　　)。

(A) $Q_c=1/2CV$；(B) $Q_c=CU^2/2$；(C) $Q_c=U/2$。

答案：B

La1A2011 用于测量的电流互感器要求其铁芯在一次短路时要(　　)。

(A) 不应饱和；(B) 易于饱和；(C) 都可以。

答案：A

La1A2012 在自动重合闸过程中，从断路器所有极的电弧最终熄灭起到随后重合闸时任一极首先通过电流为止的时间间隔为(　　)。

(A) 自动重合闸时间；(B) 无电流时间；(C) 分闸同步时间；(D) 故障排除时间。

答案：B

La1A2013 超声波检验报告中型号一栏中应该填写(　　)的型号。

(A) 瓷件；(B) 瓷件所在的设备；(C) 测试仪；(D) 耦合剂。

答案：B

La1A2014 继电保护对发生在本线路故障的反应能力叫作(　　)。

(A) 快速性；(B) 选择性；(C) 灵敏性；(D) 可靠性。

答案：C

La1A2015 状态检修应遵循“应修必修，修必修好”的原则，依据设备(　　)的结果，考虑设备风险因素，动态制订设备的检修计划，合理安排状态检修的计划和内容。

(A) 状态评价；(B) 检修周期；(C) 供电可靠性；(D) 停电计划。

答案：A

La1A2016 在电气设备上的工作应填用工作票或事故应急抢修单，其方式有(　　)种。

(A) 五；(B) 七；(C) 六；(D) 四。

答案：C

La1A2017 GIS检修报告中，(　　)气室除了要填写 SF_6 报警压力，还要填写 SF_6 闭锁压力。

(A) 断路器气室；(B) 电压互感器气室；(C) G1气室；(D) 出线套管连接气室。

答案：A

La1A2018 对于220kV及以上重要变电站，当站址土壤和地下水条件会引起钢质材料严重腐蚀时，宜采用(　　)材料的接地网。

(A) 铜质；(B) 铝质；(C) 镀锌圆钢；(D) 镀锌扁钢。

答案：A

La1A2019 内桥接线方式运行也有缺点，比如(　　)。

(A) 线路投切比较麻烦；(B) 变压器投切比较麻烦；(C) 刀闸操作比较麻烦；(D) 线路故障的恢复比较麻烦。

答案：B

La1A2020 在检修工作中若要扩大工作任务并要变更安全措施时，必须(　　)。

(A) 在工作票上增填工作项目；(B) 经工区主任同意；(C) 必须填用新的工作票，并重新履行工作许可手续。

答案：C

La1A2021 户外GIS安装现场的风速必须小于(　　)级。

(A) 四；(B) 五；(C) 六；(D) 七。

答案：A

La1A2022 汤逊理论是分析(　　)的火花放电过程的理论。

(A) 高气压的均匀电场气隙；(B) 短距离的均匀电场气隙；(C) 高气压的不均匀电场气隙；(D) 高气压、短距离的均匀电场气隙。

答案：D

La1A2023 (　　)不属于状态检修范畴。

(A) 正常巡检；(B) 特别巡检；(C) 二维对标；(D) 小修预试。

答案：C

La1A2024 更换ZN28-10型真空断路器灭弧室时，灭弧室在紧固件紧固后不应受弯矩，也不应受到明显的拉应力和横间应力，且灭弧室的弯曲变形不得大于(　　)mm。

(A) 0.2；(B) 0.3；(C) 0.5；(D) 1。

答案：C

La1A2025 回路电阻测试仪的输出电流线为(　　)的多股铜芯导线。

(A) 长为10m、截面面积为10mm²；(B) 长为10m、截面面积为30mm²；(C) 长为20m、截面面积为30mm²；(D) 长为10m、截面面积为15mm²。

答案：B

La1A2026 与线性电阻完全不同的电弧电阻随电流的增加而(　　)。

(A) 减小；(B) 不变；(C) 增大；(D) 无法确定。

答案：A

La1A2027 (　　)电压等级变压器须进行驻厂监造。监造验收工作结束后，监造人员应提交监造报告，并作为设备原始资料存档。

(A) 110kV及以上；(B) 220kV及以上；(C) 330kV及以上；(D) 500kV及以上。

答案：B

La1A2028 为防止变压器出口及近区短路，(　　)的线路、变电站出口(　　)内宜考虑采用绝缘导线。

(A) 10kV，1km；(B) 10kV，2km；(C) 35kV，1km；(D) 35kV，2km。

答案：B

La1A2029 断路器、隔离开关和接地开关出厂试验时应进行不少于(　　)的机械操作试验，以保证触头充分磨合。

(A) 100次；(B) 120次；(C) 200次；(D) 300次。

答案：C

La1A2030 密度继电器应装设在与断路器或GIS本体同一(　　)的位置，以保证其报警、闭锁接点正确动作。

(A) 运行温度；(B) 运行环境温度；(C) 运行压力；(D) 高度。

答案：B

La1A3031 对高压SF_6组合电器进行局部性检修，部件的解体检查、维修、更换和试验，这种检修称为(　　)。

(A) A类检修；(B) B类检修；(C) C类检修；(D) D类检修。

答案：B

La1A3032 0.1MPa=(　　)。

(A) 0.1bar；(B) 0.2bar；(C) 0.8bar；(D) 1bar。

答案：D

La1A3033 绝缘介质劣化与老化的关系是(　　)。

(A) 老化包含劣化；(B) 老化是可逆的，劣化不可逆；(C) 劣化、老化均可逆；(D) 劣化包含老化，老化不可逆。

答案：D

La1A3034 断路器整体评价应综合其部件的评价结果。当所有部件评价为正常状态时，整体评价为(　　)。

(A) 正常状态；(B) 优良状态；(C) 良好状态；(D) 完好状态。

答案：A

Lb1A2035 用异步电动机传动的排水泵，当网络电压下降10%时，电动机电流(　　)。

(A) 减小；(B) 增大；(C) 不变。

答案：B

Lb1A2036 电压与电动势的区别在于(　　)。

(A) 单位不同；(B) 它们的正方向及做功的对象不同；(C) 一样。

答案：B

Lb1A2037 变电站接地网的接地电阻大小与(　　)无关。

(A) 土壤电阻率；(B) 接地网面积；(C) 站内设备数量；(D) 接地体尺寸。

答案：C

Lb1A2038 当母线上接有 m 组电容器时，第1组、第2组直到 m 组全部投入都应避开(　　)，这是电容器组安全运行的必要条件。

(A) 谐振；(B) 振荡；(C) 过电压；(D) 过补偿。

答案：A

Lb1A2039 液压机构运行中起、停泵时，活塞杆位置正常而机构压力偏低的原因是(　　)。

(A) 预充压力低；(B) 液压油进入气缸；(C) 氮气泄漏；(D) 机构失灵。

答案：A

Lb1A2040 有一电压互感器一次额定电压为5000V，二次额定电压为200V，用它测量电压时，二次电压表读数为75V，所测电压为(　　)V。

(A) 15000；(B) 25000；(C) 1875；(D) 20000。

答案：C

Lb1A2041 破坏性放电包括(　　)。

(A) 火花放电；(B) 击穿；(C) 局部放电；(D) 火花放电、击穿、闪络。

答案：D

Lb1A2042 (　　)是现代班组生产管理的发展趋势。

(A) 一岗多能；(B) 工种细分；(C) 会技能、会管理；(D) 精通某一项技能。

答案：A

Lb1A2043 电力安全生产工作条例规定，为提高安全生产水平必须实现(　　)现代化、安全器具现代化和安全管理现代化。

(A) 技术；(B) 装备；(C) 设施；(D) 防护。

答案：B

Lb1A2044 安装互感器时，密封检查合格后方可对互感器充 SF_6 气体至额定压力，静置(　　)h后进行 SF_6 气体微水测量。气体密度表、继电器必须经校验合格。

(A) 1；(B) 12；(C) 24；(D) 48。

答案：D

Lb1A2045 GIS、SF_6 断路器设备内部的绝缘操作杆、盆式绝缘子、支撑绝缘子等部件要求在试验电压下单个绝缘件的局部放电量不大于(　　)pC。

(A) 3；(B) 5；(C) 10；(D) 25。

答案：A

Lb1A2046 瓷质绝缘高压开关柜爬电比距应不小于(　　)mm/kV。

(A) 15；(B) 18；(C) 20；(D) 40。

答案：B

Lb1A3047 发生(　　)故障时，零序电流过滤器和零序电压互感器有输出。

(A) 三相断线；(B) 三相短路；(C) 三相短路并接地；(D) 单相接地。

答案：D

Lb1A3048 已终结的工作票、事故应急抢修单应保存(　　)。

(A) 一年；(B) 三个月；(C) 六个月；(D) 九个月。

答案：A

Lb1A3049 雷电对地放电过程中的主放电阶段持续时间在(　　)范围内。

(A) 50～100μs；(B) 500～1000μs；(C) 10～20ms；(D) 50～100ms。

答案：A

Lb1A3050 填用第二种工作票的工作为(　　)。

(A) 全部停电或部分停电者；(B) 大于《国家电网公司电力安全工作规程》中表 2-1 距离的相关场所的工作；(C) 与邻近带电设备距离小于《国家电网公司电力安全工作规程》中 2-1 规定的工作。

答案：B

Lb1A3051 室外 SF_6 开关设备发生爆炸或严重漏气等故障时，值班人员应穿戴防毒面具和穿防护服，从上风侧接近设备。如室内安装运行 SF_6 开关设备，在进入室内前必须先行强迫通风(　　)min 以上，待含氧量和 SF_6 气体浓度符合标准后方可进入。

(A) 15；(B) 30；(C) 45；(D) 60。

答案：A

Lc1A1052 在绝缘距离相等，绝缘介质相同的不同形状的电极中，(　　)的电场强度最不均匀。

(A) 球形电极；(B) 棒形电极；(C) 平板形电极。

答案：B

Lc1A1053 作业指导书中人员的配置除去正常的检修和协助人员外，当有(　　)参与工作时也要有专项写明。

(A) 临时工；(B) 搬运工；(C) 外来人员；(D) 油漆工。

答案：C

Lc1A1054 KYN28-12 型高压开关柜小车室中部设有悬挂小车的轨道，右侧轨道上设有(　　)。

(A) 小车的接地装置；(B) 防止小车滑脱的限位装置；(C) 小车运动横向限位装置；(D) 地刀闭锁装置。

答案：D

Lc1A1055 检修人员在倒闸操作过程中如需使用解锁工具解锁，必须(　　)。

(A) 向运行主管人员申请，履行批准手续后处理；(B) 向调度值班人员申请，履行批准手续后处理；(C) 待增派运行人员到现场，履行批准手续后处理；(D) 与检修部门主管领导联系，待两部门协调好后履行批准手续后处理。

答案：C

Lc1A1056　下面有关专职监护人的行为不正确的是(　　)。

(A) 专职监护人不兼做其他工作；(B) 专职监护人临时离开时，通知被监护人员停止工作或离开工作现场，待专职监护人回来后方可恢复工作；(C) 对有触电危险、施工复杂容易发生事故的工作，专职监护人按照工作负责人分工监护确定的被监护的人员；(D) 专职监护人临时离开时，可指派其他人员做好监护，并通知被监护人员知道。

答案：D

Lc1A1057　设备被评价为正常状态是指设备各状态量均处于稳定且良好的范围内，设备可以(　　)。

(A) 正常运行；(B) 可以继续运行，但应加强监视；(C) 应监视运行；(D) 根据具体情况而定。

答案：A

Lc1A1058　重要状态量：对设备的性能和安全运行有(　　)的状态量。

(A) 较大影响；(B) 相对较大；(C) 相对较小；(D) 影响。

答案：A

Lc1A1059　由于现在系统中母线的短路容量普遍较大，且变电所内同时装设两组以上的并联电容器组的情况较多，并联电容器组投入运行时，所受到的(　　)值较大，因而，并联电容器组需串接串联电抗器。

(A) 合闸涌流；(B) 冲击电流；(C) 负载电流；(D) 电容电流。

答案：A

Lc1A1060　静态保护和控制装置的屏柜下部应设有截面面积不小于(　　)mm^2 的接地铜排。

(A) 4；(B) 25；(C) 50；(D) 100。

答案：D

Lc1A1061　(　　)GIS分箱结构的断路器每相应安装独立的密度继电器。

(A) 110kV及以上；(B) 220kV及以上；(C) 330kV及以上；(D) 500kV及以上。

答案：B

Lc1A1062　对不符合国家电网公司《关于高压隔离开关订货的有关规定（试行）》完善化技术要求的(　　)电压等级隔离开关、接地开关应进行完善化改造或更换。

(A) 72.5kV及以上；(B) 110kV及以上；(C) 220kV及以上；(D) 500kV及以上。

答案：A

Lc1A1063 有机绝缘高压开关柜爬电比距应不小于(　　)mm/kV。

(A) 15；(B) 18；(C) 20；(D) 40。

答案：C

Lc1A2064 预防断路器合分时间与保护装置动作时间配合不当引发故障的措施：应重视对以下两个参数的测试工作：①断路器(　　)时间。测试结果应符合产品技术条件中的要求；②断路器辅助开关的转换时间与主触头动作时间之间的配合。

(A) 合一分；(B) 分一合一分；(C) 合闸；(D) 分闸。

答案：A

Lc1A2065 GIS内部清洁后，可以(　　)触碰设备。

(A) 直接用手；(B) 戴医用手套；(C) 戴棉手套；(D) 戴纱手套。

答案：B

Lc1A2066 状态检修策略既包括(　　)的制订，也包括试验、不停电的维护等。

(A) 年度检修计划；(B) 年度反措计划；(C) 年度技改计划；(D) 改造计划。

答案：A

Lc1A2067 采用局部包扎法进行 SF_6 检漏，包扎时间以(　　)h为宜。

(A) 12～24；(B) 48；(C) 4～5；(D) 24。

答案：A

Lc1A3068 若电气设备的绝缘等级是B级，那么它的极限工作温度是(　　)℃。

(A) 100；(B) 110；(C) 120；(D) 130。

答案：D

Lc1A3069 为了改善断路器多断口之间的均压性能，通常采用的措施是在断口上(　　)。

(A) 并联电阻；(B) 并联电感；(C) 并联电容；(D) 串联电阻。

答案：C

Lc1A3070 作业指导书中过程控制，首先应该检查(　　)。

(A) 设备状态；(B) 三相接线；(C) 人员状态；(D) 安全措施。

答案：C

Lc1A3071 SF_6 断路器经过解体大修后，原来的气体(　　)。

(A) 可继续使用；(B) 净化处理后可继续使用；(C) 毒性试验合格，并进行净化处理后可继续使用；(D) 毒性试验合格的可继续使用。

答案：C

Jd1A1072 断路器的控制电源最为重要，一旦失去电源，断路器无法操作，因此断路器控制电源消失时应发出(　　)。

(A) 音响信号；(B) 光字牌信号；(C) 音响和光字牌信号。

答案：C

Jd1A1073 线路停电作业时，应在线路开关和刀闸操作手柄上悬挂(　　)的标示牌。

(A) 在此工作；(B) 止步高压危险；(C) 禁止合闸，线路有人工作；(D) 运行中。

答案：C

Jd1A1074 工作票签发人或工作负责人，应根据现场的安全条件、施工范围、工作需要等具体情况，增设(　　)和确定被监护的人员。

(A) 分组负责人；(B) 专责监护人；(C) 工作人员。

答案：B

Jd1A1075 断路器在跳闸状态，控制开关在合闸位置，监视断路器位置的信号灯为(　　)。

(A) 红灯平光；(B) 绿灯平光；(C) 红灯闪光；(D) 绿灯闪光。

答案：D

Jd1A2076 操作断路器时，控制母线电压的变动范围不允许超过其额定电压的5%，独立主合闸母线电压应保持额定电压的(　　)。

(A) 105%～110%；(B) 110%以上；(C) 100%；(D) 120%以内。

答案：A

Jd1A2077 在电流表电路中串联一个电阻时，或在电压表的两个端钮之间并联一个电阻时，(　　)。

(A) 对仪表本身的误差并无影响，只对测量电路有影响；(B) 对仪表本身的误差并无影响，对测量电路也无影响；(C) 对仪表本身的误差有影响，对测量电路也有影响；(D) 对仪表本身的误差有影响，对测量电路无影响。

答案：A

Jd1A2078 视状态量的(　　)程度从轻到重分为四级，分别为Ⅰ、Ⅱ、Ⅲ和Ⅳ级。其对应的基本扣分值为2、4、8、10分。

(A) 劣化；(B) 异常；(C) 好坏；(D) 严重。

答案：A

Jd1A2079 对电力系统的稳定性干扰最严重的是(　　)。

(A) 投切大型空载变压器；(B) 发生三相短路故障；(C) 系统内发生大型二相接地短路；(D) 发生单相接地。

答案：B

Jd1A2080 运行以后的GIS，其断路器气室的微水含量不得大于(　　)。

(A) 150μL/L；(B) 200μL/L；(C) 250μL/L；(D) 300μL/L。

答案：D

Jd1A2081 在操作箱中，关于断路器位置继电器线圈正确的接法是(　　)。

(A) TWJ 在跳闸回路中，HWJ 在合闸回路中；(B) TWJ 在合闸回路中，HWJ 在跳闸回路中；(C) TWJ、HWJ 均在跳闸回路中。

答案：B

Jd1A2082 工作许可后，下列说法不正确的是(　　)。

(A) 运行人员不得变更检修设备的运行接线方式；(B) 工作负责人、工作许可人任何一方不得擅自变更安全措施；(C) 工作许可人可以变更安全措施；(D) 变更情况及时记录在值班日志内。

答案：C

Jd1A2083 一般使用开关机械特性测试仪测试平均速度的断路器是(　　)。

(A) 少油断路器；(B) 真空断路器；(C) SF_6 断路器。

答案：B

Jd1A2084 绞线截面面积为 35～50mm^2，绑线直径为 2.3mm，中间绑长为 50mm，则接头长度为(　　)mm。

(A) 350；(B) 300；(C) 250；(D) 400。

答案：A

Jd1A2085 各单位应建立健全防止火灾事故组织机构，(　　)为消防工作第一责任人，还应配备消防专责人员并建立有效的消防组织网络。

(A) 安监部门负责人；(B) 本单位分管生产的领导（总工程师）；(C) 企业行政正职；(D) 工作负责人。

答案：C

Jd1A2086 应加强高压并联电容器用外熔断器的选型管理工作，要求厂家必须提供合格、有效的型式试验报告。型式试验有效期为(　　)年。

(A) 5；(B) 10；(C) 15；(D) 20。

答案：A

Jd1A2087 110kV及以下互感器推荐(　　)运输，220kV及以上互感器必须满足(　　)运输的要求。

(A) 直立安放、直立安放；(B) 卧倒、直立安放；(C) 直立安放、卧倒；(D) 卧倒、卧倒。

答案：C

Jd1A2088 (　　)电压等级GIS应加装内置局部放电传感器。

(A) 110kV及以上；(B) 220kV及以上；(C) 330kV及以上；(D) 500kV及以上。

答案：B

Jd1A3089 设备被评价为注意状态是指设备单项（或多项）状态量变化趋势朝接近标准限值方向发展，但未超过标准限值，或部分一般状态量超过标准值，仍可以(　　)，但应加强运行中的监视。

(A) 继续运行；(B) 正常运行；(C) 不可运行；(D) 根据具体情况而定。

答案：A

Jd1A4090 SF_6气体压力降低报警的设定值比额定工作气压低(　　)。

(A) 5～8%；(B) 5～10%；(C) 10～15%；(D) 15～18%。

答案：B

Je1A1091 断路器应垂直安装并固定牢靠，底座或支架与基础间的垫片不宜超过三片，其总厚度不应大于(　　)mm，各片间应焊接牢固。

(A) 15；(B) 10；(C) 5；(D) 20。

答案：B

Je1A1092 大容量电容器组各分组一般装有感抗值为(　　)Xc（Xc为电容器组每相容抗，下同）的串联电抗器，它能有效地抑制5次及5次以上的高次谐波，但对3次谐波有放大作用，3次谐波的谐振点也往往落在电容器的调节范围内，因而很有可能在一定的参数匹配条件下发生3次谐波谐振。

(A) 5%～6%；(B) 7%～8%；(C) 9%～10%；(D) 3%～4%。

答案：A

Je1A1093 工作期间，工作负责人不正确的做法是(　　)。

(A) 工作负责人因故暂时离开工作现场时，应指定能胜任的人员临时代替，离开前应将工作现场交待清楚，并告知工作班成员；(B) 原工作负责人返回工作现场时，履行交接手续；(C) 若工作负责人必须长时间离开工作的现场时，由原工作许可人变更工作负责人，履行变更手续，并告知全体工作人员及工作许可人；(D) 在线路停电时进行工作，工作负责人在工作班成员确无触电等危险的条件下，参加工作班工作。

答案：C

Je1A1094 330～550kV 断路器上通常都装有合闸电阻，它的作用是为了(　　)。

(A) 限制合闸过电压的幅值；(B) 限制合闸涌流；(C) 使断口的电压分布均匀。

答案：A

Je1A1095 油浸式互感器在交接试验中的交流耐压试验前要保证静置时间，220kV 设备的静置时间不少于(　　)。

(A) 24h；(B) 36h；(C) 48h；(D) 72h。

答案：C

Je1A2096 钢丝绳插套时，破头长度为 45～48 倍的钢丝绳直径，绳套长度为 13～24 倍的钢丝绳直径，插接长度为(　　)倍的钢丝绳直径。

(A) 25；(B) 26；(C) 20～24；(D) 15～20。

答案：C

Je1A2097 在雷雨季节前，大风、降雨（雪、冰雹）、沙尘暴之后，应对相关设备加强巡检；新投运的设备、对核心部件或主体进行解体性检修后重新投运的设备，宜加强巡检；日最高气温 35℃以上或大负荷期间，宜加强(　　)。

(A) 红外测温；(B) 渗油检查；(C) 超负荷检查；(D) SF_6 渗漏。

答案：A

Je1A2098 高压设备试验后，个别次要部件项目不合格，但不影响安全运行或影响较小的设备为(　　)。

(A) 一类设备；(B) 二类设备；(C) 三类设备；(D) 不合格设备。

答案：B

Je1A2099 中性点经消弧线圈接地的系统发生单相接地故障时，中性点对地为(　　)。

(A) 零；(B) 相电压；(C) 线电压；(D) 直流电压。

答案：B

Je1A2100 开关机械特性测试仪可使用的位移传感器，一般为(　　)。

(A) 电磁震荡传感器；(B) 直线位移传感器；(C) 直线位移传感器及角位移传感器；(D) 角位移传感器。

答案：C

Je1A2101 GIS在设计过程中，应特别注意气室的划分，应考虑检修维护的便捷性，保证最大气室气体量不超过(　　)h的气体处理设备的处理能力。

(A) 2；(B) 4；(C) 6；(D) 8。

答案：D

Je1A3102 对高压SF_6组合电器在不停电状态下进行带电测试、外观检查和维修，这种检修称为(　　)。

(A) A类检修；(B) B类检修；(C) C类检修；(D) D类检修。

答案：D

Je1A3103 在输送同样的功率情况下，直流电压提高1倍，损耗降低(　　)倍。

(A) 1；(B) 2；(C) 3；(D) 4。

答案：D

Je1A3104 KYN28-12型高压开关柜的专用摇把(　　)转动矩形螺杆时，可使小车移向工作位置。

(A) 顺时针；(B) 逆时针；(C) 不动；(D) 向上。

答案：A

Je1A4105 填用事故应急抢修单的工作为(　　)。

(A) 事故应急抢修；(B) 高压电力电缆不需停电的工作；(C) 其他工作需要将高压设备停电或要做安全措施者；(D) 领导下令继续处理的设备缺陷。

答案：A

Jf1A1106 使用绝缘电阻表测量线路的绝缘电阻，应采用(　　)。

(A) 护套线；(B) 软导线；(C) 屏蔽线；(D) 硬导线。

答案：C

Jf1A1107 检修报告的审核者应该是(　　)。

(A) 专职技术人员；(B) 生产主管；(C) 班组长；(D) 生产计划专职。

答案：A

Jf1A1108 高压断路器在继电保护作用下动作跳闸后，其位置指示灯(　　)。

(A) 发平光；(B) 不亮；(C) 发绿色闪光。

答案：C

Jf1A2109 电容器的电容量与(　　)有关。

(A) 本身结构；(B) 使用电压；(C) 电源周波；(D) 电路接线。

答案：A

Jf1A2110 用两根以上的钢丝绳起吊重物，当钢丝绳的夹角增大时，则钢丝绳上所受负荷(　　)。

(A) 增大；(B) 减小；(C) 不变；(D) 突然变小。

答案：A

Jf1A2111 将电路中的某一点与大地作电气上的连接，以保证电器设备在正常或事故情况下可靠地工作，这样的接地称为(　　)。

(A) 保安接地；(B) 保护接地；(C) 工作接地。

答案：C

Jf1A2112 起重时两根钢丝绳之间的夹角越大，所能吊起的质量越小，但夹角一般不得大于(　　)。

(A) 60°；(B) 30°；(C) 90°；(D) 45°。

答案：A

Jf1A2113 限流电抗器的实测电抗与其保证值的偏差不得超过(　　)。

(A) 5%；(B) 10%；(C) 15%；(D) 17%。

答案：A

Jf1A2114 由开关场所至控制室的二次电缆采用屏蔽电缆且要求屏蔽层两端接地是为了降低(　　)。

(A) 开关场的空间电磁场在电缆芯线上产生感应，对静态型保护装置造成干扰；(B) 相邻电缆中信号产生的磁场在电缆芯线上产生感应，对静态型保护装置造成干扰；(C) 由于开关场与控制室的地电位不同，在电缆中产生干扰。

答案：C

Jf1A2115 对于运行(　　)以上的设备，宜根据设备运行及评价结果，对检修计划及内容进行调整。

(A) 20 年；(B) 15 年；(C) 10 年；(D) 5 年。

答案：A

Jf1A2116 高压断路器安装前应做下列准备工作(　　)。

(A) 技术准备、施工机具；(B) 测试仪器和安装材料；(C) 技术准备、安装材料、施工机具、测试仪器、人员组织与现场布置及开关检查等；(D) 人员组织和现场布置。

答案：C

Jf1A2117 电力系统发生短路时，电网总阻抗会(　　)。

(A) 减小；(B) 增大；(C) 不变；(D) 忽大忽小。

答案：A

Jf1A2118 充入 SF_6 气体前设备应抽真空至规定指标，真空度为(　　)Pa，再继续抽气(　　)min，停泵(　　)min，记录真空度为A，再隔(　　)h，读真空度为B，若B—A<(　　)Pa，则可认为合格，否则应进行处理并重新抽真空至合格为止。

(A) 133，30，30，5，13； (B) 133，30，2，2，13； (C) 13，30，30，1，13；(D) 133，30，30，5，67。

答案：D

Jf1A2119 为防止110kV及以上电压等级断路器断口均压电容与母线电磁式电压互感器发生谐振过电压，可通过改变运行和操作方式避免形成谐振过电压条件。新建或改造工程应选用(　　)电压互感器。

(A) 电容式；(B) 电磁式；(C) 充气式；(D) 防过电压。

答案：A

Jf1A2120 铸铁轴扭转时，断口与轴线呈45°，其破坏的原因是(　　)。

(A) 拉断；(B) 剪断；(C) 压断；(D) 拉、剪共同作用的结果。

答案：A

Jf1A2121 已安装完成的110kV及以上互感器若(　　)未带电运行，在投运前应按照DL/T 393－2010《输变电设备状态检修试验规程》进行例行试验。

(A) 大于三个月；(B) 大于半年；(C) 大于一年。

答案：B

Jf1A2122 事故抢修安装的油浸式互感器，应保证静放时间，110～220kV油浸式互感器静放时间应大于(　　)。

(A) 24h；(B) 36h；(C) 48h；(D) 72h。

答案：A

1.2 判断题

La1B1001 电力系统对继电保护的基本要求是快速性、灵活性、可靠性和选择性。(×)

La1B1002 在切除电感回路并在电流过零前使电弧熄灭而产生的电压，称为截流过电压。(√)

La1B1003 变压器一、二次电压之比等于一、二次绕组匝数之比。(√)

La1B2004 电力系统在很小的干扰下，能独立恢复到原状态的能力，称为系统抗干扰能力。(×)

La1B2005 电动势是反映外力克服电场力做功的概念，而电压则是反映电场力做功的概念；电动势的正方向为电位升的方向，电压的正方向为电压降的方向。(√)

La1B2006 SF_6 断路器灭弧室在灭弧原理上可分为自能式和外能式两类。(√)

La1B2007 所谓电力系统的稳定性，是指系统无故障的时间长短。(×)

La1B2008 所谓真空是指某密封的容积内压力为负值，即其内部的绝对压力小于零。(×)

La1B2009 人们常说的 SF_6 气体中含水量的 ppm 值，就是含水量（体积或重量）占气体总量（体积或重量）的百分率。(×)

La1B2010 在 SF_6 断路器中，密度继电器指示的是 SF_6 气体的压力值。(×)

La1B2011 电力系统中性点的运行方式，主要有中性点不接地、中性点经消弧线圈接地、中性点直接接地三种。(√)

La1B2012 中性点不接地和中性点经消弧线圈接地的系统称为小电流接地系统；中性点直接接地系统称为大电流接地系统。(√)

La1B2013 IAC 级开关柜指经试验验证能满足在内部电弧情况下保护人员规定要求的高压开关柜。(√)

Lb1B2014 高压开关设备的绝缘，应能承受长期作用的最高工作电压和短时作用的过电压。(√)

Lb1B3015 真空断路器适用于 35kV 及以下的户内变电所和工矿企业中要求频繁操作的场合和故障较多的配电系统，特别适合于开断容性负载电流。其运行维护简单、噪声小。(√)

Lb1B3016 GIS 内部的清洁材料有不起毛纸、绸布、无纺布、棉布。(×)

Lb1B3017 KYN28-12 型高压开关柜的零序电流互感器安装在电缆室。(√)

Lb1B3018 电源电压波动范围在不超过±20%的情况下，电动机可长期运行。(×)

Lb1B3019 在做气体参数计算时，必须使用绝对压力，而不能使用表压力。(√)

Lb1B4020 串联电容器与并联电容器一样，都可提高系统的功率因数和改善电压质量。(√)

Lb1B4021 电力系统中，无功功率不平衡会导致系统电压偏移。(√)

Lb1B4022 介质损耗 $\tan\delta$ 值随电压的升高而增大。(×)

Lb1B4023 液压机构的液压油内在混入微量空气或其他气体（如 1%）时，其压缩性基本不变。(×)

Lb1B4024 D类检修是对 SF_6 高压断路器在不停电状态下进行的带电测试、外观检查和维修。（√）

Lb1B5025 *R* 和 *L* 串联的正弦电路，电流的相位总是超前电压的相位。（×）

Lb1B5026 电流速断保护的主要缺点是受系统运行方式的影响较大。（√）

Lb1B5027 在我国电力系统中，发电总功率大于消耗的总功率时，系统频率可高于50Hz。（√）

Lb1B5028 装设电抗器的目的是限制短路电流，提高母线残余电压。（√）

Lb1B5029 测量分、合闸线圈及合闸接触器线圈的绝缘电阻值，不应低于10MΩ；直流电阻值与产品出厂试验值相比应无明显差别。（√）

Lc1B1030 《国家电网公司十八项电网重大反事故措施》要求开关柜中所有绝缘件装配前均应进行局放检测，单个绝缘件局部放电量不大于5pC。（×）

Lc1B2031 公司的企业理念是以人为本、忠诚企业、奉献社会。（√）

Lc1B5032 员工们容易产生思想问题有生活、工作、政治三个方面的因素。（×）

Jd1B1033 由操作、事故或其他原因引起系统的状态发生从一种稳定状态转变为另一种稳定状态的过渡过程中可能产生的对系统有危险的过电压，是内部过电压。（√）

Jd1B1034 A类检修是指 SF_6 高压断路器的整体解体性检查、维修、更换和试验。（√）

Jd1B1035 C类检修是指 SF_6 高压断路器的常规性检查、维护和试验。（√）

Jd1B1036 B类检修是指 SF_6 高压断路器局部性的检修，部件的解体检查、维修、更换和试验。（√）

Jd1B1037 高压开关设备的短时耐受电流和峰值耐受电流试验用来考核试品的热容量和在电动力作用下的机械强度。（√）

Jd1B1038 空气间隙的伏秒特性表示在冲击电压作用下，击穿电压幅值与放电时间的关系。（√）

Jd1B1039 电容器两端的电压和电感线圈中的电流是可以突变的。（×）

Jd1B1040 要测量直流微小电流，应采用整流式仪表。（×）

Jd1B2041 按工作性质内容及工作涉及范围，将 SF_6 高压断路器检修工作分为四类，其中A、B、C、D四类是停电检修。（×）

Jd1B2042 断路器燃弧时间与刚分速度成正比。（×）

Jd1B2043 在做GIS本体检测时，SF_6 气体的纯度的标准为纯度≥95%时，为正常标准。（×）

Jd1B2044 高压断路器的额定开断电流是指在规定条件下开断最大短路电流有效值。（√）

Jd1B3045 测量设备的绝缘电阻时，必须切断设备电源，对具有电容性质的设备（如电缆）必须先进行放电。（√）

Je1B1046 绝缘材料使用的温度超过极限温度时，绝缘材料会迅速劣化，使用寿命会大大缩短。如A级绝缘材料极限工作温度为100℃，当超过极限工作温度8℃时，其寿命会缩短一半左右，这就是8℃热劣化规则。（×）

Je1B2047 测量直流电压和电流时要注意仪表极性，被测量回路的极性可以不考虑。（×）

Je1B2048 起重机在坑边工作时，应与坑沟保持必要的安全距离，一般为坑沟深度的

1.1～1.2倍，以防塌方而造成起重机倾倒。（√）

Je1B3049 GIS内部的绝缘件可用无水乙醇清洗。（√）

Je1B3050 采用检无压、同期重合闸方式的线路，检无压侧不用重合闸后加速回路。（×）

Je1B3051 真空断路器的合闸速度过低时，会由于预击穿时间加长，而增大触头的磨损量。（√）

Je1B3052 弹簧机构可通过直接改变储能弹簧的压缩（或拉伸）长度来调整断路器的合闸速度。（√）

Je1B3053 GIS所有气室外壳都必须用铜排短接并接地。（√）

Je1B3054 直流输电的绝缘子积污所引起的污秽放电比交流的更为严重。（√）

Je1B3055 组合电器是由断路器、隔离开关、电流互感器、电压互感器、避雷器和套管等组成的新型电气设备。（√）

Je1B3056 三相不同期差值越小越好，有利于开、合小电流时灭弧及减少机械损伤。（√）

Je1B3057 金属短接时间的长短要满足断路器自卫能力的要求，原则上应大于其分闸时间和预击穿时间之和。（√）

Je1B3058 GIS内部清洁时，为节约材料，不起毛纸可使用两次。（×）

Je1B3059 用链条葫芦长时间悬吊重物时，悬挂链条葫芦的架梁或建筑物应经过计算，否则不得悬挂。（×）

Je1B3060 断路器的“跳跃”现象一般是在跳闸、合闸回路同时接通时才发生。防跳回路的设计应使得断路器出现跳跃时将断路器闭锁到跳闸位置。（√）

Je1B3061 电源电压一定的同一负载，按星形连接与按三角形连接所获取的功率是一样的。（×）

Je1B3062 测量1kV及以上电力电缆的绝缘电阻应选用1000V兆欧表。（×）

Je1B3063 回路电阻测试仪不能用于测试带电导体的回路电阻值。（√）

Je1B4064 KYN28-12型高压开关柜额定电流的范围是400～1000A。（×）

Je1B4065 防跳跃装置的功能要求是，当断路器在合闸过程中遇故障，能自行分闸，即使合闸命令未解除，断路器也不能再度合闸，以避免无谓地多次分、合故障电流。（√）

Je1B4066 为了防止运行中的SF_6断路器内气体发生严重泄漏，以致压力降低到零表压而使内部绝缘发生击穿事故，要求断路器在SF_6气体压力为零表压时，仍具有一定的绝缘强度。（√）

Je1B4067 零序电流只有在电力系统发生接地故障或非全相运行时才会出现。（√）

Je1B4068 户内GIS安装时，室内空气中的粉尘量应小于20mg/m^3。（√）

Je1B4069 高压开关设备的主回路电阻测量和温升试验用来考核试品的短时载流能力。（×）

Je1B4070 开断近距故障的主要困难在于恢复电压起始部分的上升速度很高，因而电弧不易熄灭。（√）

Je1B4071 真空灭弧室如果漏气，原来光滑的屏蔽罩会发生氧化，颜色变亮。（×）

Je1B4072 断路器分合闸不同期，将造成断路器或变压器的非全相接入或切断，从而可能出现危害绝缘的过电压。（√）

Je1B4073 用于电容器投切的开关柜必须有其所配断路器投切电容器的试验报告，且断路器必须选用C1级断路器。（×）

Je1B4074 用两台及两台以上千斤顶同时顶升一个物体时，千斤顶的总起重能力应不小于荷重的两倍。（√）

Je1B5075 送电时先合母线侧刀闸，再合线路侧刀闸的目的是防止发生故障时缩小故障范围。（√）

Je1B5076 在10kV输电线路中，单相接地不得超过2h。（√）

Je1B5077 SF_6开关设备抽真空的压力范围属粗真空，而真空断路器的压力范围属高真空。（√）

Je1B5078 当每相母线采用三条矩形铝排并联运行时，各条铝排导流量为该相总电流的1/3。（×）

Je1B5079 运行中的GW16/17型隔离开关的上导电管压缩行程是不可调的。（√）

Je1B5080 真空断路器在切除电感电路并在电流过零前使电弧熄灭，不会产生截流过电压。（×）

Je1B5081 断路器并联电容的绝缘水平应与断口间的耐压水平相等。（√）

Je1B5082 在容性电流开断过程中具有非常低的重击穿概率的断路器为C2级断路器。（√）

Je1B5083 负电晕放电检测器、真空高频电离检测器和红外吸收激光成像检测仪仅能用于SF_6气体的定性检测。（√）

Je1B5084 GIS内部的金属件可用无水丙酮清洗。（√）

Je1B5085 对断路器进行导电回路电阻值测量，应用交流小电流。（×）

Jf1B2086 在检修类作业指导书中，应有检修设备、工具材料、检测仪器、试验设备配置的内容。（×）

1.3 多选题

La1C2001 绝缘子的金属配件与瓷件之间的胶装方式有（　　）。

（A）外胶装；（B）内胶装；（C）联合胶装；（D）机械胶装。

答案：ABC

La1C2002 按工作性质内容及工作涉及范围，将 SF_6 高压断路器检修工作分为（　　）。

（A）A 类检修；（B）B 类检修；（C）C 类检修；（D）D 类检修。

答案：ABCD

Lb1C1003 综合重合闸的工作方式有（　　）。

（A）单相自动重合闸方式；（B）两相自动重合闸方式；（C）三相自动重合闸方式；（D）综合自动重合闸方式；（E）停用方式。

答案：ACDE

Lb1C1004 GW16/17 型隔离开关主刀合闸终了时，动、静触头之间的接触压力不够，其产生的原因有（　　）。

（A）上导电管装配中的操作杆长度尺寸短；（B）上导电管装配中的操作杆长度尺寸长；（C）中间的滚子直径较大；（D）夹紧弹簧老化。

答案：ABD

Lb1C1005 下列属变压器绕组绝缘老化程度为三级的是（　　）。

（A）绝缘稍硬-色泽较暗；（B）绝缘变脆-色泽较暗；（C）手按出现轻微裂纹；（D）手按即脱落或断裂。

答案：BC

Lb1C1006 SF_6 断路器灭弧室具体结构分为（　　）。

（A）单压式灭弧室；（B）双压式灭弧室；（C）压气式灭弧室；（D）（旋转）磁吹式灭弧室；（E）自能式灭弧室。

答案：BCDE

Lb1C1007 电弧放电的主要特征有（　　）。

（A）能量集中、温度很高；（B）电弧放电是自持放电，维持电弧稳定燃烧的电压很高；（C）电弧是一束游离气体，质量极轻，在气体、液体或电动力作用下，电弧能迅速移动、伸长或弯曲；（D）亮度很强。

答案：ACD

Lb1C2008 目前常用的 SF_6 气体检漏仪根据其工作原理来分，主要有紫外电离、真空高频电离、（ ）。

（A）质子捕获；（B）负电晕放电检测；（C）电化学传感器检测；（D）红外吸收激光成像检测。

答案：BCD

Lb1C2009 GIS 对气室防爆装置的要求有（ ）。

（A）每个气室应设防爆装置，但满足以下条件之一的也可以不设防爆装置：气室分隔的容积足够大，在内部故障电弧发生的允许时限内，压力升高为外壳承受所允许，而不会发生爆裂，或者制造厂和用户达成协议；（B）防爆装置的防爆膜应保证在 10 年内不会老化开裂；（C）制造厂应提供防爆装置的压力释放曲线；（D）防爆装置的分布及保护装置的位置，应确保排出压力气体时，不危及巡视人员安全。

答案：ACD

Lb1C2010 提高气体间隙击穿电压的措施有（ ）。

（A）改进电极形状，使电场分布均匀；（B）利用屏蔽，提高击穿电压；（C）降低气体压力；（D）采用高耐压强度气体。

答案：ABD

Lb1C2011 二次回路的编号原则是（ ）。

（A）同电流原则；（B）由电气设备所分割成的线段标不同的编号；（C）一般标号由三位或三位及以下数字组成；（D）在二次回路中，正极性的线段依次按奇数顺序标号，负极性的线段依次按偶数顺序标号。

答案：BCD

Lb1C3012 固体电介质的击穿因素有（ ）。

（A）击穿电压的大小；（B）电介质的性能；（C）电场分布、周围温度、散热条件；（D）电流的大小。

答案：ABC

Lb1C3013 测量 SF_6 气体微水量，在（ ）情况下不宜进行。

（A）充气后；（B）温度适中；（C）早晨；（D）中午。

答案：AC

Lb1C3014 状态检修是企业以安全、可靠性、环境、成本为基础，通过设备（ ），达到运行安全可靠、检修成本合理的一种检修策略。

（A）状态评价；（B）风险评估；（C）检修决策；（D）合理手续。

答案：ABC

Lb1C3015 由于(　　)原因，必须保证电气触头的热稳定。

(A) 由于电气触头长期运行的电磨损，造成触头的热稳定性能下降；(B) 触头通过大电流时，由于存在接触电阻，温度急剧升高，在高温作用下，触头表面加速氧化，使接触电阻进一步增大；(C) 长期过热，还可能引起金属热疲劳，使触头失去机械强度；(D) 通过巨大的短路电流时，触头可能熔接，不能断开。

答案：BCD

Lb1C3016 GIS设备选型采购应注意(　　)，防止母线侧设备故障导致变电站全停。

(A) 220kV及以上GIS母线隔离开关应采用与母线共隔室结构；(B) 220kV及以上GIS母线隔离开关不应采用与母线共隔室结构；(C) 双母线结构的GIS，同一间隔的双母线隔离开关不应处于同一气室。

答案：BC

Lb1C3017 关于电力系统中各种过电压的特点，正确的是(　　)。

(A) 工频电压升高幅值较低、工频或接近工频、持续时间长，甚至稳定存在；(B) 谐振过电压幅值一般较高、低频、工频或倍频、持续时间长，甚至稳定存在；(C) 操作过电压幅值仅比雷电过电压低、陡度仅比雷电过电压小、持续时间短，一般在秒级；(D) 雷电过电压幅值高、陡度大、持续时间短，在秒级。

答案：ABC

Lb1C4018 与断路器设备内部的绝缘操作杆、盆式绝缘相关的试验为(　　)。

(A) 断路器设备内部的绝缘操作杆、盆式绝缘子、支撑绝缘子等部件必须经过局部放电试验方可装配；(B) 断路器设备内部的绝缘操作杆、盆式绝缘子、支撑绝缘子等部件必须经过出厂耐压试验方可装配；(C) 在试验电压下单个绝缘件的局部放电量不大于3pC；(D) 在试验电压下单个绝缘件的局部放电量不大于5pC。

答案：AC

Lb1C4019 开关柜安装接地应按照(　　)进行。

(A) 接地体（线）的连接应采用螺栓连接，连接应牢固；(B) 接至电气设备的接地线，应用镀锌螺栓连接，有色金属接地线不能采用焊接时，可用螺栓连接；(C) 接地体引出线的垂直部分和接地装置焊接部位应作防腐处理；(D) 柜的接地应牢固良好，装有电器可开启的门，应以裸铜软线与接地的金属构架可靠地连接。

答案：BCD

Lb1C4020 GIS支撑底架的要求是(　　)。

(A) GIS按运输拼装单元设置独立的支撑底架，并设置和标明起吊部位，在运输中需要拆装的部位，必要时应增设运输临时支撑；(B) GIS支撑底架结构若为固定不可调整式，在出厂前应予调整，使之符合现场安装要求，在现场安装时不得再用垫块调整；

(C) GIS的所有支撑不得妨碍正常维修巡视通道的畅通；(D) 必要时应设置临时性的高层平台及扶梯，便于操作、巡视及维修。

答案：ABC

Lb1C4021 造成真空断路器合闸弹跳的原因有(　　)。

(A) 合闸冲击刚性过大，致使动触头发生轴向反弹；(B) 动触杆导向不良，晃动量过大，磁场被破坏；(C) 触头平面与中心轴的垂直度不够好，接触时产生横向滑移，此时在示波图或测试仪器中反应为弹跳；(D) 传动环节间隙过小，特别是触头弹簧的始压端到导电杆之间的传动间隙。

答案：ABC

Lb1C4022 防止电网结构不完善导致变电站全停的原则(　　)。

(A) 特高压变电站、跨大区联网变电站等特别重要变电站应设计两条及以上输电通道；(B) 220～750kV主电网枢纽变电站应设计三条及以上输电通道；(C) 给重要用户供电的变电站应设计两条及以上输电通道，多路电源不能取自同一变电站。

答案：BC

Lb1C4023 为防止检修、改扩建施工导致变电站全停，要求(　　)。

(A) 项目管理单位应在开工前组织施工安全交底会，运维单位应对施工单位进行现场安全措施详细交底，对于易导致变电站全停的关键措施要逐项签字确认；(B) 改扩建设备与运行设备应有明显物理断开点，施工区域与运行区域应采取硬隔离措施，断开与运行设备有关的二次回路；(C) 改扩建一次设备与运行母线搭接工作，原则上应安排在本间隔内所有一次设备安装调试全部结束后实施，一旦搭接完毕即纳入运行设备管理，并列入调度管辖，在此设备上工作应严格履行工作票制度。

答案：AB

Lb1C4024 断路器首先开断相工频恢复电压与相电压之比称为首相开断系数，首相开断系数取值(　　)。

(A) 中性点直接接地系统中，取值为1.3；(B) 中性点不直接接地系统中，取值为1.5；(C) 中性点不直接接地系统中，取值为1.7；(D) 异相接地故障，取值为1.73。

答案：ABD

Lb1C5025 在(　　)情况下，对运行中GIS和罐式断路器做带电局放检测工作。

(A) A类或B类检修后；(B) 大负荷前、经受短路电流冲击后必要时应；(C) 对于局放量异常的设备，应同时结合SF_6气体分解物检测技术进行综合分析和判断；(D) C类检修后。

答案：ABC

Lb1C5026 根据可能出现的系统最大运行方式，每年定期核算开关设备安装地点的短路电流。如开关设备额定开断电流不能满足要求，则应采取(   )措施。

(A) 合理改变系统运行方式，限制和减小系统短路电流；(B) 采取加装消谐器等措施限制短路电流；(C) 在继电保护方面采取相应措施，如控制断路器的跳闸顺序等；(D) 更换为短路开断电流满足要求的断路器。

答案：ACD

Lb1C5027 220kV 及以上枢纽变电站和 110kV 及以下给重要用户供电变电站母线设计原则(   )。

(A) 应采用双母分段接线或 3/2 接线方式；(B) 3/2 接线方式下同一电源点的两回进线允许在同一串内；(C) 母线或任一出线检修时均不应出现变电站全停的情况；(D) 3/2 接线方式的变电站，应避免主变直接接在母线上，防止主变开关或电流互感器更换送电时，另一条运行母线跳闸。

答案：ACD

Lb1C5028 高压断路器配用液压操作机构原理上可分为(   )。

(A) 变动式液压垂直机构；(B) 直动式液压垂直机构；(C) 差压式液压垂直机构；(D) 压力式液压垂直机构。

答案：BC

Lb1C5029 固体介质的击穿的形式有(   )。

(A) 交变击穿；(B) 电击穿；(C) 热击穿；(D) 电化学击穿。

答案：BCD

Lc1C1030 室内 10kV 硬母线小修报告中的内容包括(   )。

(A) 母线的检查；(B) 支持瓷瓶的检查；(C) 母线隔离开关的检修；(D) 套管、绝缘护罩的检查。

答案：ABCD

Lc1C2031 状态评价的原则是(   )。

(A) 设备状态的评价应该基于巡检及例行试验、诊断性试验；(B) 在线监测、带电检测、家族缺陷、不良工况等状态信息；(C) 设备检修维护人员对设备的评价；(D) 现象强度、量值大小以及发展趋势，结合与同类设备的比较，作出综合判断。

答案：ABD

Lc1C3032 状态量应扣分值由状态量(   )共同决定，即状态量应扣分值等于该状态量的基本扣分值乘以权重系数。状态量正常时不扣分。

(A) 劣化程度；(B) 权重；(C) 缺陷；(D) 异常。

答案：AB

Lc1C3033 设备状态量的获取主要来自(　　)等。

(A) 上次停电预试的数据；(B) 运行中巡视-带电检测；(C) 家族性的缺陷信息；(D) 检修安装报告。

答案：ABC

Lc1C4034 弹簧机构的断路器速度调整按照(　　)原则。

(A) 当合闸速度不合格时，通过调整合闸弹簧的压缩（或拉升）来调整；(B) 当分闸速度不合格时，通过调整分闸弹簧的压缩（或拉升）来调整；(C) 当分闸速度不合格时，一般应先调整合闸速度使之合格，然后再调整分闸速度；(D) 当分、合闸速度都不合格时，一般应先调整分闸速度使之合格，然后再调整合闸速度。

答案：ABD

Lc1C4035 设备检修类作业指导书的项目包括(　　)等方面。

(A) 检修工序；(B) 工艺要求；(C) 关键工艺过程控制；(D) 人员配备；(E) 修试结果。

答案：ABCDE

Jd1C1036 GIS 安装中应做的试验有(　　)。

(A) 测量回路电阻；(B) 测量绝缘电阻；(C) 电压-电流互感器的性能试验；(D) 断路器的机械特性及电气试验；(E) 开关操作回路和信号回路试验；(F) 联锁试验；(G) 测量接地电阻。

答案：ABCDEFG

Jd1C2037 GIS 使用的全封闭金属氧化物避雷器安装后需进行的检测项目有(　　)。

(A) 目测运输中是否损坏，确认铭牌，核对各元件及其附件大小；(B) 测量绝缘电阻；(C) 测量工频参考电压；(D) 测量泄漏电流。

答案：BCD

Je1C2038 LW6 断路器的液压机构运行中出现油泵打压超时，可能的原因有(　　)。

(A) 时间继电器故障，常见的是触点接触不良，时间元件整定时间变小；(B) 油泵打油效率变差，补压时间大于 3min，对于打油效率良好的油泵，当工作油压在 31.6MPa 时，经分一合一分操作后补压到 32.6MPa 的时间都在 1min 左右，如果达到 3min 就说明打油效率已很差，油泵必须检修；(C) 油压由零压开始打压，当打压时间达到 3min 时，油泵将自停并发出超时信号，此时必须将油泵电源断开一下，使时间继电器返回，再启动油泵重新打压，直至油压至规定值是停泵为止；(D) 液压机构中储压器活塞卡涩，造成打压时间达到 3min。

答案：ABC

Je1C2039　ZZK-12 型中置式开关柜配 VS1 型真空断路器合闸操作后，合闸弹簧不能储能，可能的原因是(　　)故障。

(A) 储能电气回路；(B) 电动机；(C) 硅整流器或者微动开关；(D) 机构的合闸传动和保持部分。

答案：ABC

Je1C2040　ZN28-10 型断路器常见故障有(　　)。

(A) 断路器无法合闸且出现跳跃；(B) 真空灭弧室气体充足；(C) 断路器分闸不可靠；(D) 传动机构卡滞。

答案：ACD

Je1C2041　GIS 外壳接地的特殊要求是(　　)。

(A) 接地网和接地引下线应使用铜排；(B) 两筒体之间需装跨接铜排；(C) 所有筒体之间用跨接铜排且要多点接地。

答案：ABC

Je1C2042　防止短路电流超标导致变电站全停应采取(　　)措施。

(A) 断路器的额定短路电流开断能力不满足要求时，应及时采取线路加装串抗；(B) 主变中性点加装电抗器；(C) 更换新开关；(D) 未采取措施前调控部门应合理调整运行方式，限制短路电流。

答案：ABD

Je1C3043　变电站接地网的接地电阻大小与(　　)有关。

(A) 土壤电阻率；(B) 接地网面积；(C) 站内设备数量；(D) 接地体尺寸。

答案：ABD

Je1C3044　断路器内触头常用(　　)方法进行老炼。

(A) 电压老炼是在高电压作用下间隙产生多次小电流火花放电或长期通过预放电电流；(B) 电流老炼是让间隙之间燃烧直流或交流真空电弧，其作用主要是除气和清洁电极，因而可以改善开断性能；(C) 机械老炼是在触头安装完成后，通过触头的多次分合，磨去触头上的毛刺，达到分和灵活目的。

答案：AB

Je1C3045　在分析小电容量试品的介质损耗因素的测量结果时，应特别注意的外界因素是(　　)。

(A) 电力设备绝缘表面脏污；(B) 电场干扰和磁场干扰；(C) 试验引线的设置位置和长度；(D) 温度与湿度；(E) 测量人员；(F) 周围环境杂物等。

答案：ABCDF

Je1C4046 减小或消除合闸弹跳的方法有（　　）。

（A）结构设计中要考虑整机结构冲击刚性不能过大，如真空泡动触杆导向结构间隙控制。如果因灭弧室触头端面垂直度不好而产生弹跳（滑移），则可将灭弧室分别转动90°、180°、270°，再进行试装，使得上、下接触面吻合；（B）在处理合闸弹跳过程中，所有螺钉都应拧紧，以免受震颤的干扰；（C）在处理合闸弹跳过程中，认真调试断路器的触头开距、超行程；（D）其他情况不能消除时，需更换灭弧室。

答案：ABD

Je1C4047 由于（　　）原因，造成运行中的密度表读数波动。

（A）一种现象是由负荷电流较大且波动较大引起的，这是因为密度表只能补偿由于环境温度变化而带来的压力变化，而不能补偿由于断路器内部温升引起的压力变化；（B）一种现象是由环境温度变化较大且波动较大引起的，这是因为密度表在补偿由于环境温度变化而带来的压力变化时，补偿较慢造成的；（C）一种现象是密度表安装在断路器的外部，在其温度补偿时补偿为环境温度，而断路器中的 SF_6 气体的温度由于瓷套导热慢，会滞后于环境温度的变化，这就导致在一天时间内密度表的指示会有所偏移，通常上午外界环境温度升高时压力指示偏底；下午外界环境温度降低时压力指示偏高。

答案：AC

Je1C4048 LW6 断路器的液压机构采取的防慢分措施有（　　）。

（A）电气防慢分，即电机的零压闭锁；（B）三级阀的防慢分；（C）二级阀的防慢分；（D）开关本体的防慢分。

答案：ABCD

Je1C4049 下列属于断路器控制回路要求的有（　　）。

（A）操作机构分合闸线圈通电应为短时的，在操作完成后立即断开；（B）接线仅需满足手动分合闸的要求，不用满足继电保护和自动装置实现自动跳一合闸的要求；（C）应有反应断路器分合闸位置的信号，并在继电保护和自动装置动作使断路器分合闸后，应有区别于手动操作的信号；（D）应有防跳装置；（E）对控制回路是否完好应有监视装置。

答案：ACDE

Je1C4050 双母线接线的变电所，出线刀闸的辅助开关接点常用于（　　）。

（A）母差保护；（B）防误闭锁回路；（C）测控装置采位；（D）线路电压信号切换。

答案：BCD

Je1C4051 GIS 雷电冲击耐压试验对（　　）缺陷比较有效。

（A）绝缘子上的金属微粒；（B）尖端毛刺；（C）悬浮电极；（D）装配松动。

答案：ABD

Je1C5052 减小真空断路器合闸弹跳的方法有(　　)。

(A) 在真空灭弧室和端座之间加减震垫；(B) 为了减小或消除合闸弹跳，结构设计中要考虑整机结构冲击刚性不能过大；(C) 如果因灭弧室触头端面垂直度不好而产生弹跳(滑移)，则可将灭弧室分别转动 90°、180°、270°，再进行试装，使得上、下接触面吻合；(D) 在处理合闸弹跳过程中，所有螺钉都应拧紧，以免受震颤的干扰。

答案：BCD

Je1C5053 屋内配电装置的硬母线，为消除因温度变化而可能产生的危险应力，应装设母线补偿器。(　　) 材质的母线，其长度在(　　)内装设一个母线补偿器。

(A) 铜母线，30～50m；(B) 铝母线，20～30m；(C) 铝管母线，30～40m；(D) 钢母线，可不装设。

答案：ABC

Je1C5054 GIS 安装、检修时对现场环境的要求有(　　)。

(A) 空气湿度不大于 90%；(B) 户外安装选择晴天，风速小于三级，必要时用塑料布临时围起；(C) 户内安装关闭门窗，空气中的粉尘量小于 $20g/m^3$；(D) 现场工器具必须严格管理，严防遗留在 GIS 内部。

答案：BCD

Je1C5055 GW16/17 型隔离开关主闸刀系统的分解检修包括(　　)。

(A) 上导电管装配检修；(B) 中间接头装配检修；(C) 静触头装配检修；(D) 下导电管装配检修；(E) 接线底座装配检修。

答案：ABDE

1.4 计算题

Lc1D1001 如图所示的电路中，已知 $E=X_1$V，电阻 $R=10\Omega$，当电路发生换路时，则电阻的电压初始值是____ V，电容的电压初始值是____ V，电流的初始值是____ A。

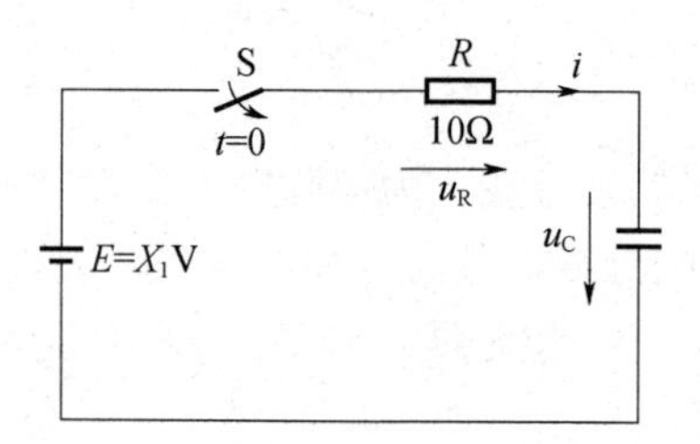

X_1 取值范围：10，20，30

计算公式：$u_R(0_+)=0$

$u_C(0_+)=X_1$

$i(0_+)=0$

Jd1D2002 一台单相变压器，$U_{1N}=220$V，$f=50$Hz，$N_1=X_1$ 匝，铁芯截面面积$S=35\text{cm}^2$，则主磁通的最大值 φ_m 为____ Wb，磁通密度 B 最大值为____ T。

X_1 取值范围：240，250，260

计算公式：

$$\varphi_m=\frac{E}{4.44fN}=\frac{220}{4.44\times50\times X_1}$$

$$B=\frac{\varphi_m}{S}$$

Jd1D2003 已知变压器及木排总质量为 X_1t，滚杠直径为 120mm，滚杠总质量为 0.3t，滚杠与道木之间、滚杠与木排之间的滚动摩擦系数均为 0.2，启动系数取 1.3，2-2 滑轮组的效率为 0.9，如图所示，变压器油箱上牵引绳套所受的力为____ N；滑轮上牵引绳受的力为____ N。

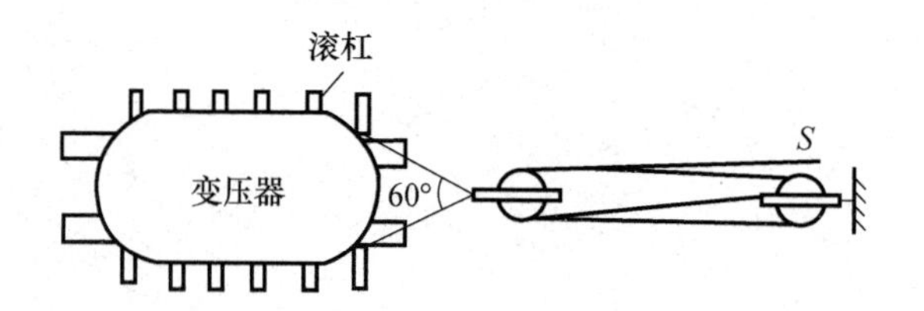

X_1 取值范围：28～38 的整数

计算公式：$f=9.8\times\frac{(G+g)f'+Gf'}{d}=9.8\times\frac{(X_1\times10^3+300)\times0.2+X_1\times10^3\times0.2}{12}$

$$T = 1.3f$$

$$P = \frac{T}{2\cos\frac{\varphi}{2}}$$

$$S = T/4\eta$$

Je1D2004 某变电站用 35kV 软母线，各相分别用 4 片沿面爬距为 X_1mm 的悬式绝缘子挂装，则其沿面爬电比距 λ 为____ cm/kV。

X_1 取值范围：280，290，300

计算公式：$\lambda = \frac{L}{U_{max}} = \frac{L}{1.15U_N} = \frac{4 \times X_1}{1.15 \times 35}$

Je1D2005 在某超高压输电线路中，线电压 $U_L = 22 \times 10^4$V，输送功率 $P = 30 \times 10^7$W，若输电线路的每一相电阻 $R_L = X_1 \Omega$，试计算负载功率因数为 0.9 时，线路上的电压降为____ V。

X_1 取值范围：4，5，6，7，8

计算公式：当负载功率因数为 0.9 时，输电线上的电流为：

$$I_1 = \frac{P}{\sqrt{3}U_L\cos\varphi_1} = \frac{30 \times 10^7}{\sqrt{3} \times 22 \times 10^4 \times 0.9} = 874.8$$

$$U_1 = I_1 R_L = 874.8 \times X_1$$

Je1D2006 断路器铭牌上表示的额定电压 U 为 110kV，遮断容量 S 为 X_1MV·A，若使用在电压 U_1=60kV 的系统上，断流容量为____ MV·A。

X_1 取值范围：3500，4000，4500

计算公式：$S = \sqrt{3}UI$

$$I = \frac{S}{\sqrt{3}U} = \frac{X_1 \times 10^3}{\sqrt{3} \times 110}$$

$$S' = \sqrt{3}U_1 I = \sqrt{3} \times 60 \times I$$

Je1D3007 一电压互感器需重绕二次侧绕组，已知铁芯有效截面面积为 X_1cm², 二次电压为 100V，磁通密度 B=1.1T，则二次绕组匝数 N_2 为____匝。

X_1 取值范围：19.5～22.5 之间保留一位小数

计算公式：$\varphi = BS = 1.1 \times X_1 \times 10^{-4}$

$$E = 4.44fN\varphi$$

$$N_2 = \frac{E}{4.44f\varphi} = \frac{100}{4.44 \times 50 \times \varphi}$$

Je1D3008 有一台三相电动机绕组连成三角形接于线电压 U_L=380V 的电源上，从电源上取用的功率 P=8.2kW，功率因数为 X_1，试求电动机的相电流是____ A、线电流是

____ A。如将此电动机改接为星形，此时它的相电流是____ A、线电流是____ A。

X_1 取值范围：0.8，0.83，0.85

计算公式： 作三角形连接时，

$$I_L = \frac{P}{\sqrt{3}U_L\cos\varphi} = \frac{8200}{\sqrt{3}\times 380\times X_1}$$

$$I_\varphi = \frac{I_L}{\sqrt{3}}$$

$$Z_\varphi = \frac{U_\varphi}{I_\varphi}$$

改接星形连接时，

$$I_\varphi = \frac{U_\varphi}{Z_\varphi}$$

$$I_L = I_\varphi$$

Je1D3009 某变压器测得星形连接侧的直流电阻为 $R_{ab}=0.563\Omega$，$R_{bc}=0.572\Omega$，$R_{ca}=X_1\Omega$，则相电阻 $R_a=$____ Ω、$R_b=$____ Ω、$R_c=$____ Ω。

X_1 取值范围：0.557，0.56，0.561

计算公式： $R_a = \frac{1}{2}(R_{ab}+R_{ca}-R_{bc}) = \frac{1}{2}(0.563+X_1-0.572)$

$$R_b = \frac{1}{2}(R_{ab}+R_{bc}-R_{ca}) = \frac{1}{2}(0.563+0.572-X_1)$$

$$R_c = \frac{1}{2}(R_{bc}+R_{ca}-R_{ab}) = \frac{1}{2}(0.572+X_1-0.563)$$

Je1D3010 在某 35kV 中性点不接地系统中，单相金属性接地电流 $I_g=X_1$A，假设线路及电源侧的阻抗忽略不计，三相线路对称，线路对地电阻无限大，则该系统每相对地阻抗为____ Ω，对地电容为____ μF（f_N为额定频率 50Hz）。

X_1 取值范围：6，7，8，9

计算公式： $C_0 = \frac{I_g}{\sqrt{3}\omega U} = \frac{X_1}{\sqrt{3}\times 2\pi\times 50\times 35000}$

$$Z_0 = \frac{1}{\omega C_0}$$

Je1D3011 某液压机构在 T_1为 20℃时，额定压力 p_{1n}为（$X_1\pm5$）MPa，如果环境温度在 T_2为 37℃和 T_3为 7℃时，额定压力值分别是____ MPa、____ MPa。

X_1 取值范围：20～30 的整数

计算公式： $p_n = (p_1/T_1)\cdot T_n = (T_n/T_1)\cdot p_1 (n=1,2,3\cdots)$

Je1D3012 一台交流接触器在交流电路中，电压 U 为 220V，电流 I 为 X_1A，功率 P 为 940W，则：（1）电路功率因数 $\cos\varphi$ 是____。（2）电路中无功功率 Q 为____ V·A。

(3) 电阻R为____ Ω。(4) 电感X_L是____ H。

X_1取值范围：5，6，7

计算公式：(1) $\cos\varphi = \frac{P}{S} = \frac{P}{UI} = \frac{940}{220 \times X_1}$

(2) $Q = \sqrt{S^2 - P^2}$

(3) $R = P/I^2 = 940/6^2 = 26.111\Omega$

(4) $X_L = Q/I^2$

$X_L = 2\pi fL$

$L = X_L/2\pi f$

Je1D3013 如图所示的对称三相电路中，发电机每相电压为$U = X_1$V，线路电阻$R_L = 3.5\Omega$，每相负载电阻$R = 16.5\Omega$，电抗$X = 24\Omega$，则各线电流的有效值$I_A = I_B = I_C =$ ____ A；相电流的有效值$I_{AB} = I_{BC} = I_{CA}$____ A。

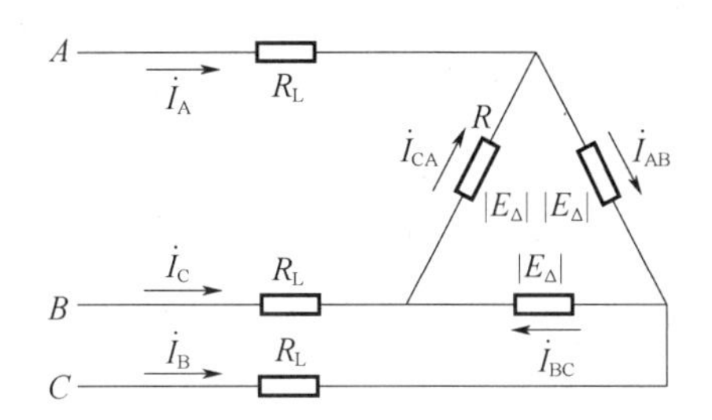

X_1取值范围：120～130的整数

计算公式：$I_A = I_B = I_C = \frac{X_1}{\sqrt{(3.5 + 5.5)^2 + 8^2}}$

$I_{AB} = I_{BC} = I_{CA} = \frac{I_A}{\sqrt{3}}$

Je1D4014 某变压器风扇电动机的额定输出功率是370W，效率为0.66，接在电压为220V的电源上，当此电动机输出额定功率时，它所取得的电流为X_1A，此电动机用一串联的电阻和电抗作等值代替，则电阻为____ Ω。

X_1取值范围：3.0～4.9之间保留一位小数

计算公式：$R = Z\cos\varphi = \frac{U}{I} \cdot \frac{P}{UI\eta} = \frac{P}{I^2\eta} = \frac{370}{{X_1}^2 \times 0.66}$

Je1D4015 交流接触器线圈接在直流电源上，得到线圈直流电阻R为1.75Ω，然后接在工频交流电源上，测得$U = 120$V，$P = 70$W，$I = X_1$A，若不计漏磁，则铁芯损失功率P_{Fe}是____ W，线圈的功率因数$\cos\varphi$是____。

X_1取值范围：1，2，3

计算公式：$P = P_{Fe} + P_{Cn} = P_{Fe} + I^2R$

$$P_{Fe} = P - I^2R = 70 - X_1{}^2 \times 1.75$$

$$\cos\varphi = \frac{P}{UI} = \frac{70}{120 \times 3}$$

Je1D4016 在20℃时，测得直流电机励磁绕组电压为215V，电流为0.5A，通电1h后测得绕组的电压为215V，电流为X_1A，则这时绕组上的温度是____℃。（绕组铜材料的温度系数α=0.004/℃）

X_1取值范围：0.41，0.43，0.45

计算公式：$R_1 = \frac{U_1}{I_1} = \frac{215}{0.5}$

$$R_2 = \frac{U_2}{I_2} = \frac{215}{X_1}$$

$$R_2 = R_1 \times [1 + \alpha(t_2 - t_1)]$$

$$t_2 = \frac{R_2 - R_1}{R_1\alpha} + t_1$$

Je1D4017 一台铭牌为10kV，X_1kV·A的电力电容器，测量电容器的电容量时200V工频电压下电流为180mA，其此电容器的额定电容量和实测电容量分别为____μF、____μF。

X_1取值范围：80，90，100

计算公式：额定电容量为$C_e = Q/(U^2\omega) = X_1 \times 10^3 \times 10^6/(10000^2 \times 100\pi)$

实测电容量为$C' = I/U\omega = 180 \times 10^{-3} \times 10^6/(200 \times 100\pi)$

Je1D4018 一台直流电动机，其输出功率为1.5kW，电动机接在220V直流电源上时，从电动机上取用的电流是X_1A，输入电动机的电功率是____kW，电动机的效率是____%，电动机的损耗是____kW。

X_1取值范围：8.00～9.00之间保留两位小数

计算公式：电动机输入功率$P_1 = UI = 220 \times X_1$

电动机的效率$\eta = P_1/P_2 \times 100\%$

电动机的损耗$\Delta P = P_1 - P_2$

Je1D5019 一台三相电动机绕组为Y接，接到U_1=380V的三相电源上，测得线电流$I = X_1$A，电机输出功率P=3.5kW，效率η=0.85，电动机每相绕组的参数R为____Ω、X_L为____Ω。

X_1取值范围：8～15的整数

计算公式：$P = \frac{3500}{3 \times 0.85} = 1372.55$

$$\cos\varphi = \frac{P}{UI} = \frac{\sqrt{3} \times 1372.55}{380 \times X_1}$$

$$Z = \frac{U}{I} = \frac{380}{\sqrt{3} \times X_1}$$

$$R = Z\cos\varphi$$

$$X_L = Z\sin\varphi$$

Jf1D1020 如图所示为发电机的励磁电路。正常运行时，S是断开的；发电机外线路短路时，其端电压下降，为不破坏系统的稳定运行，须快速提高发电机端电压，所以通过强励装置动作合上S，将R_1短接，则发电机端电压提高。已知：$U=220\text{V}$，$R_1=40\Omega$，$L=1\text{H}$，$R_2=X_1\Omega$，则S闭合后i的初始值是____A、稳态值是____A。

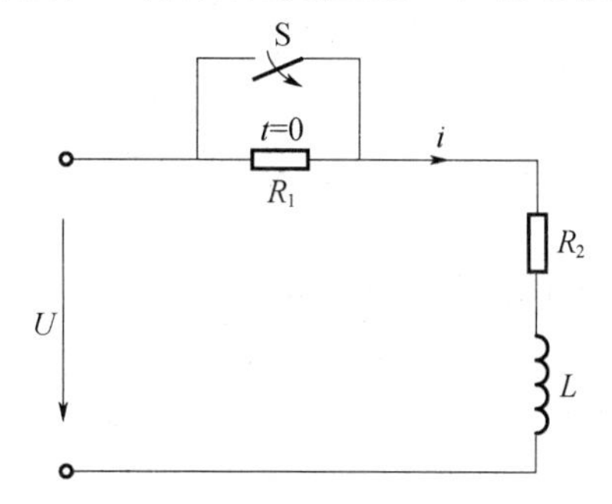

X_1 取值范围：18，20，22

计算公式： $i(0_+) = \frac{U}{R_1 + R_2} = \frac{220}{40 + X_1}$

$$i(\infty) = \frac{U}{R_2} = \frac{220}{X_1}$$

Jf1D5021 有一长度$L=2\text{km}$的配电线路，如图所示，已知变压器的额定容量为4000kV·A，额定电压U_{1N}/U_{2N}为35/10.5kV，由$U_d\%$计算每相的电抗X_{ph}为$X_1\Omega$，配电线每相电阻R及电抗X_L均为0.4Ω/km，试计算在该配电线路出口A处及末端B处三相短路时的稳态短路电流分别为____A、____A。

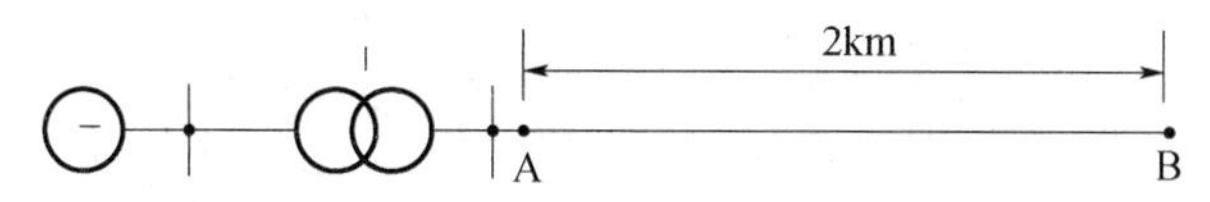

X_1 取值范围：0.5，0.6，0.7

计算公式： $I_{dA} = \frac{U_{Ph}}{\sqrt{3} X_{Ph}} = \frac{10500}{\sqrt{3} \times X_1}$

$$I_{dB} = \frac{U_{Ph}}{\sqrt{3} \times \sqrt{R_L^2 + (X_{Ph} + X_L)^2}} = \frac{10500}{\sqrt{3} \times \sqrt{(0.4 \times 2)^2 + (X_1 + 0.4 \times 2)^2}}$$

1.5 识图题

La1E3001 图示系统发生单相接地故障时，下列描述不正确的是(　　)。

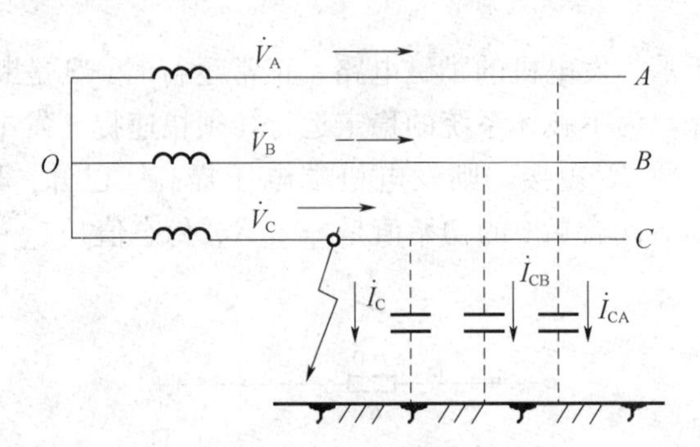

(A) 单相接地故障后，系统中性点电压升高为相电压；(B) 单相接地后，正常相对故障相线电压降低；(C) 单相接地故障后，线电压不变；(D) 单线接地故障后，故障点的容性电流为正常运行时单相容性电流的 3 倍。

答案：B

Lb1E4002 如果一台 SF_6 断路器的容积是 0.5m³，在环境温度为 20℃时正常工作气压为 4.5 个大气压（表压），最低工作气压的下限为 3.5 个大气压（表压），试计算 20℃额定压力时 SF_6 充气量，它能正常工作的最低环境温度和出现液化时的温度为（　　）。

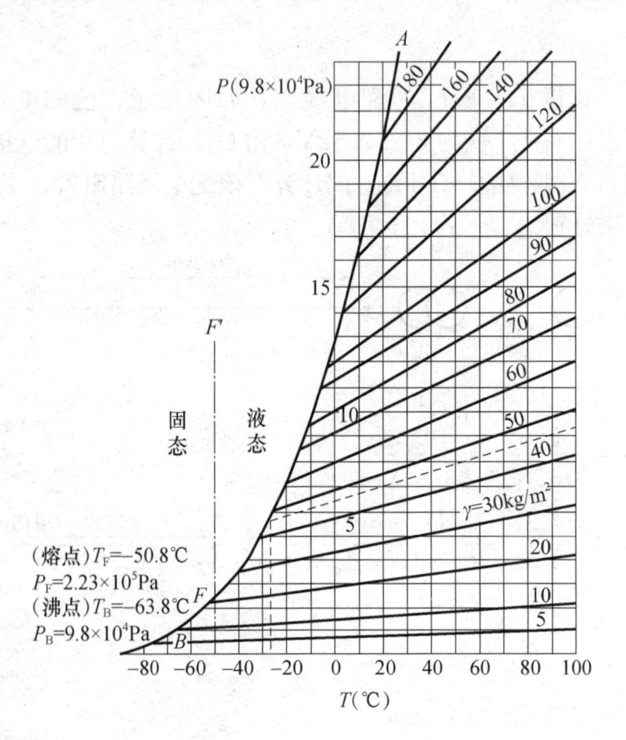

(A) 17.5kg、−21℃、−35℃；(B) 14.5kg、−30℃、−42℃；(C) 12kg、20℃、−47℃；(D) 15kg、−35℃、−40℃。

答案：A

Lc1E3003 如图所示为(　　)保护的原理接线图。

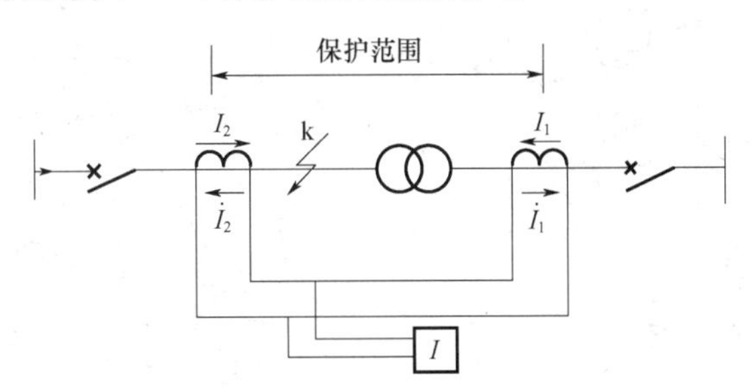

(A) 过电流；(B) 过负荷；(C) 距离；(D) 差动。

答案：D

Lc1E3004 变压器连接组别 Yd5 的接线为(　　)。

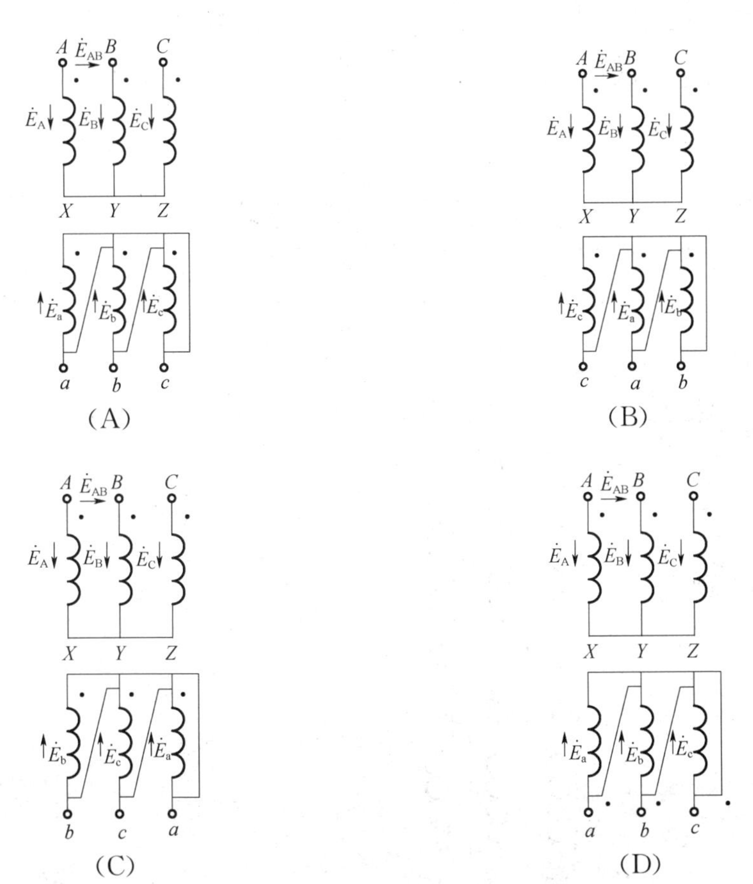

答案：A

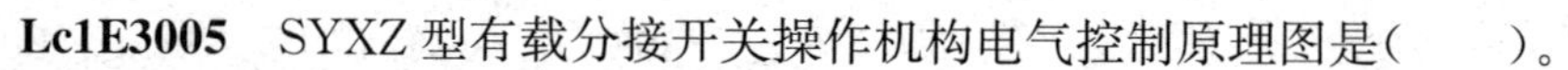

Lc1E3005 SYXZ 型有载分接开关操作机构电气控制原理图是(　　)。

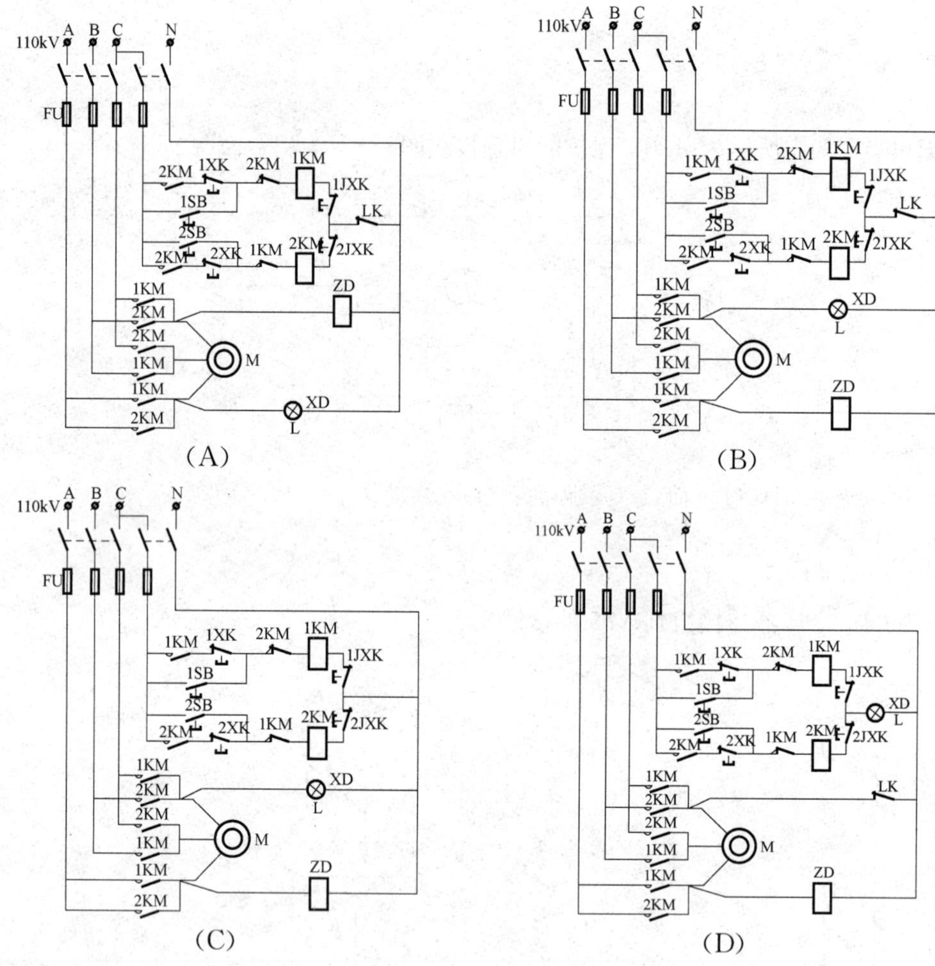

(A)　　(B)　　(C)　　(D)

答案：**B**

Lc1E3006 图中的接线方式为(　　)。

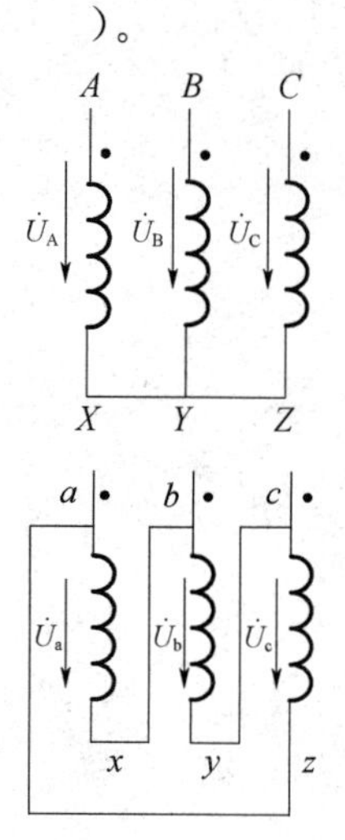

(A) Yd1；(B) Yd11；(C) Yd3；(D) Yd6。

答案：A

Je1E2007 下图是CT14型弹簧机构脱扣装置图，图（A)、(B)、(C)、(D）说明机构处于(　　)状态。

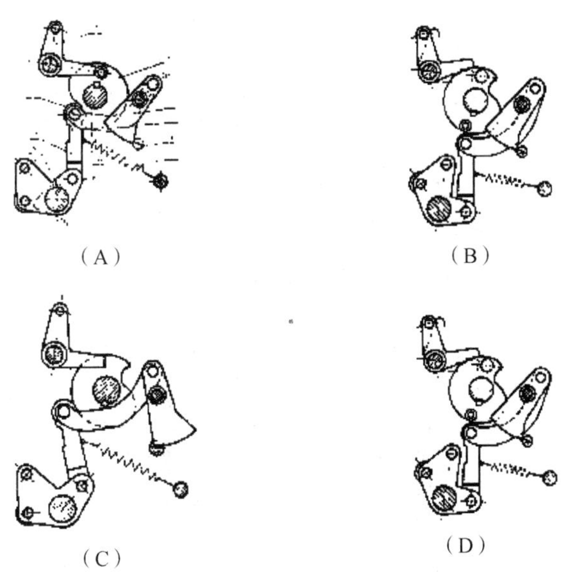

(A) 分闸储能状态，合闸未储能状态，分闸未储能状态，合闸储能状态；(B) 合闸储能状态，分闸未储能状态，合闸未储能状态，分闸储能状态；(C) 合闸未储能状态，分闸储能状态，合闸储能状态，分闸未储能状态；(D) 分闸未储能状态，合闸储能状态，分闸储能状态，合闸未储能状态。

答案：A

Je1E4008 如图为采用以温度补偿原理来监测SF_6气体密度的继电器的控制原理图，下列表述不正确的是(　　)。

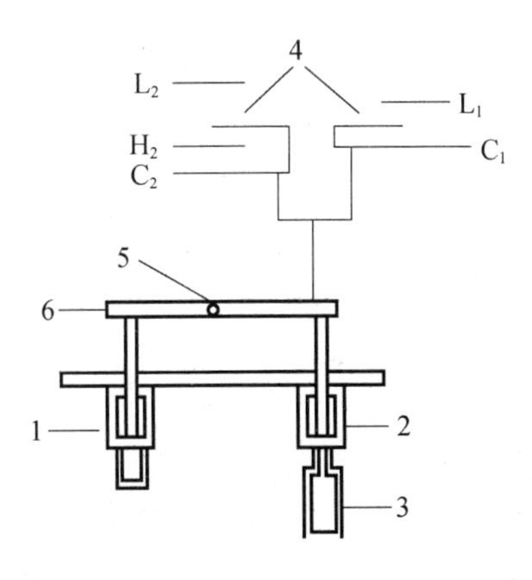

(A) 在继电器内部装设两只金属波纹管1、2分别充以密度相同的SF_6气体，波纹管2

的内腔与断路器相通；(B) 当断路器充以额定压力的 SF_6 气体时，波纹管被压缩，与之相连的微动开关处于打开位置；(C) 当断路器内所充的 SF_6 气体密度因泄漏而减小时，波纹管被拉长，当下降到规定的报警值时，推动微动开关 C_1-L_1 动作，发出报警，当下降到规定闭锁值时，推动微动开关 C_2-L_2 动作，闭锁分、合闸回路；(D) 密度继电器直接反映了 SF_6 气体密度的变化。

答案：A

Jf1E3009 下图有载分接开关的由分接 4 调至 5 的变换顺序图，排序正确的是(　　)。

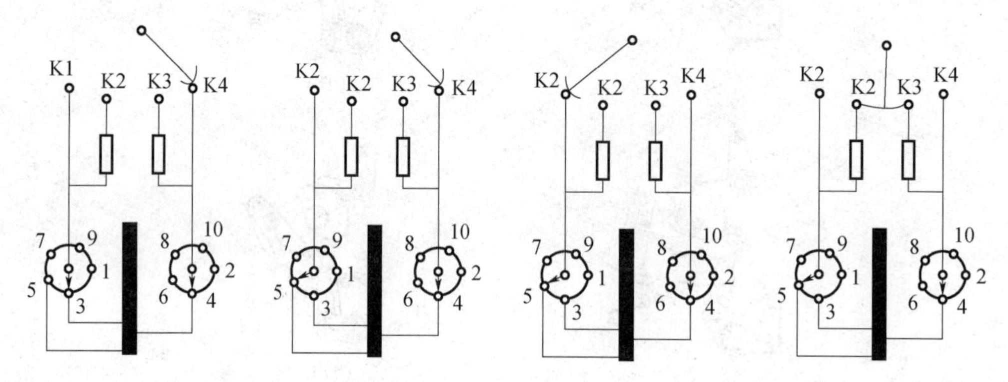

(A) 1、2、3、4；(B) 1、2、4、3；(C) 2、1、3、4；(D) 3、4、2、1。

答案：B

1.6 论述题

Lb1F1001 为什么说液压机构的检修、保持清洁与密封是保证质量的关键?

答: 液压机构是一种高液压的装置，因此要求其各部分的密封性能必须可靠、液压油必须经常保持清洁。因为机构中的阀体、通道等的孔径非常小，有的孔径仅有 0.3mm 并且经常有高压油在期间流动，即使是微小颗粒的杂质也可能堵塞或卡涩其管道、阀体，或破坏密封使机构不能正常工作。因此液压机构检修必须掌握清洁和密封两个关键性的要求，并贯穿于检修过程当中。

Lb1F1002 为什么电流互感器不许长时间过负荷?过负荷运行有什么影响?

答: 电流互感器过负荷一方面使铁芯磁通密度达到饱和或过饱和，使电流互感器误差增大，表计指示不正确，不容易掌握实际负荷；另一方面由于磁通密度增大，使铁芯和二次线圈过热，绝缘老化，甚至出现损坏等情况。

La1F1003 端子排在接线安排上的一般规定是什么?

答: 每一个安装单位的端子排应编有顺序号，并应尽量在最后留 2~5 个备用端子。在端子排两端应有终端端子。正负电源之间以及经常带电的正电源与合闸或跳闸回路之间的端子排，一般以一个空端子隔开。

Lb1F1004 刚分（合）速度取值方法，一种规定为刚分（合）点后（前）10ms 的平均速度，另一种规定为刚分（合）点前后各 5ms 的平均速度。两种规定用颠倒了可能产生什么结果?

答: 速度值可能出现假偏高或偏低，造成对断路器速度的误判断。若误判为偏高将速度调低，则影响断路器的开断及关合；若误判为偏低将速度调高，则影响断路器的机械寿命或强度。

Lb1F1005 SF_6 断路器和操作机构的联合动作应符合哪些要求?

答: （1）在联合动作前，断路器内必须充有额定压力的 SF_6 气体。

（2）位置指示器动作应正确可靠，其分、合位置应符合断路器的实际分、合状态。

（3）具有慢分、慢合装置者，在进行快速分、合闸前，必须先进行慢分、慢合操作。

La1F1006 为什么说 SF_6 是优良的绝缘介质和灭弧介质?

答: 绝缘介质：

（1）高耐压强度，常压下为空气的 2.5~3 倍，在 3 个大气压下与绝缘油相当。

（2）优良的物理、化学性能，十分稳定。

灭弧介质：

（1）优良的导热、导电性能，热容量大，高温时导电性能好，不会发生截流。

（2）强负电性，易于吸收电子形成负离子，利于空间电荷的复合。

（3）较强的复合性能，SF_6在高温状态会分解，在常温状态大部分又会复合成SF_6分子。

（4）SF_6中电弧时间常数小，为空气中的0.01倍，因而其灭弧能力比空气大100倍，易于开断近区故障。

Je1F2007 开关检修时为什么必须把二次回路电源断开？应断开的电源包括哪些？

答：检修开关时，二次回路如果有电，会危及人身和设备安全，可能造成人身触电、烧伤、挤伤和打伤；对设备可能造成二次回路接地、短路，甚至造成继电保护装置误动和拒动，引起系统事故。

应断开的电源：①控制回路电源；②主合闸电源；③信号回路电源；④重合闸回路电源；⑤遥控操作电源；⑥保护闭锁回路电源；⑦自投装置回路电源；⑧指示灯回路电源；⑨周波保护回路电源；⑩电热装置电源等。

Lb1F2008 对断路器的控制回路有哪些基本要求？

答：（1）操动机构的合闸和分闸线圈的通电时间应为短时的，在完成操作后应立即自动断开。

（2）接线不仅应满足远距离手动分、合闸的要求，而且应满足继电保护和自动装置对跳、合闸要求。

（3）应具有防止跳跃的措施。

（4）应有反映断路器处于合闸或跳闸的位置状态信号，并在自动装置和继电保护动作使断路器合、跳闸后，应有明显的信号。

（5）应有控制回路监视装置，以监视该回路是否完好。

（6）控制回路和信号回路应分别通过单独的熔断器供电。

（7）对有些断路器应有闭锁要求。例如：空气断路器应有操作压缩空气的气压闭锁，弹簧操动机构应有弹簧拉紧与否的位置闭锁，液压机构应有压力闭锁等。

Lc1F2009 固体电介质的击穿与哪些因素有关？按其击穿发展过程的不同，击穿形式有哪几种？

答：固体电介质的击穿过程及其击穿电压的大小，不但决定于电介质的性能，而且与电场分布、周围温度、散热条件、周围介质的性质、加压速度和电压作用的持续性等有关。根据固体电介质击穿发展的过程不同，可分为电击穿、热击穿和电化学击穿三种形式。发生哪种击穿形式，决定于介质的性能和工作条件。

Lb1F2010 什么是金属氧化物避雷器的工频参考电压？

答：金属氧化物避雷器的工频参考电压指的是标准规定的或厂家提供的工频电流阻性分量峰值流经避雷器时所测得的电压峰值，该电压与系统中预期的短时工频过电压及避雷器的额定电压有关。

Lb1F2011 有两支金属氧化物避雷器（MOA），其工频参考电压相同、残压相同，但其中一支工频参考电流小，另一支工频参考电流大，请问选用其中哪一支较合适？为什么？

答：选用工频参考电流小的那支合适。因为，在同一参考电压下，参考电流越大，则在持续运行电压下流过 MOA 的持续电流也越大，避雷器发热也越严重，这将不利 MOA 的热稳定及安全运行。

Lb1F2012 SF_6断路器为什么不会产生危险的“截流”过电压？

答：由于 SF_6气体中的电流在下降过零点时，虽然在过零后有很高的介质恢复速度，但在电流过零点之前，尚存一明亮的弧柱，其直径随电流稳定地缩小，表现为弧电压低。因而 SF_6 断路器的截流水平较低，在切断小电感电流时不会产生危险的截流过电压。

Lb1F2013 检修 SF_6断路器对涂密封脂有何要求？为什么？

答：检修 SF_6断路器时，涂密封脂时，应避免流入密封圈内侧与 SF_6气体接触。因为有些密封脂含有 SiO_2的成分，SiO_2能与断路器内的 HF 发生化学反应产生腐蚀作用，将会造成断路器内部杂质含量增高，对断路器的安全运行是很不利的。

La1F2014 Y10C5-96/250 中数字与字母的含义分别是什么？

答：Y：金属氧化物避雷器；

10：标称放电电流 10kA；

C：带间隙；

5：设计序号；

96：额定电压；

250：10kA 标称雷电电流下的残压。

Je1F3015 为什么 GIS 气室在抽真空状态下严禁对导流回路施加电压进行试验？

答：气室抽真空状态下介质强度极低，即使施加十几伏电压来测量回路电阻也是不允许的。几十伏电压就可能造成盆式绝缘子表面放电而留下隐患。

在安装过程中，分阶段测量回路电组的做法很容易误将测试电压施加到处于抽真空状态的气室中去。因此，在测试前应仔细检查分析，能经隔离开关断开的就应事先断开，否则只有等抽真空结束后再进行试验，或试验结束后再抽真空。

Lb1F3016 SF_6断路器装设哪些 SF_6气体压力报警、闭锁及信号装置？

答：通常装设下列 SF_6气体闭锁信号装置：SF_6气体压力降低信号，也叫作补气报警信号，一般比额定工作气压低 5%～10%；

分、合闸闭锁及信号回路，当压力降低到某数值时，它就不允许进行合闸和分闸操作，一般该值比额定工作气压低 8%～15%。

La1F3017 什么是密度继电器？为什么 SF_6 断路器要采用这种继电器？

答：密度继电器或密度型压力开关，又可叫作温度补偿压力继电器，它能反映 SF_6 气体密度的变化。正常情况下，即使 SF_6 气体密度不变（即不存在渗漏），但其压力却会随着温度的变化而变化。因此，如果用普通压力表来监视 SF_6 气体的泄漏，那就分不清是由于真正在泄漏还是由于环境温度变化而造成 SF_6 气体的压力变化。针对这一情况，SF_6 气体断路器必须用只反映密度变化的密度继电器来保护。

La1F3018 盆式绝缘子起什么作用？

答：在 GIS 中，盆式绝缘子是个很重要的绝缘部件，其英文名字为 SPACE。其作用为：①固定母线及母线的接插式触头，使母线穿越盆式绝缘子才能由一个气室引到另一个气室，因此要求它具有足够的机械强度。②起母线对地或相间（对于共箱式结构）的绝缘作用，因此要求有可靠的绝缘水平。③起密封作用，要求有足够的气密性和承受压力的能力。

目前，盆式绝缘子采用环氧树脂及其他添加料，并在高真空状态下浇注而成，内部应无气泡和裂纹，成品要经局部放电试验鉴定。

La1F3019 对盆式绝缘子的绝缘性能具体有哪些要求？

答：由于盆式绝缘子是由环氧树脂和其他添加料浇注而成的，除了要满足相应的冲击和工频耐压水平外，还必须着重考虑长期运行电压下的局部放电问题。

制造厂必须把盆式绝缘子的局部放电测试作为一个主要试验项目，每个绝缘子都必须经过试验检查。用户在产品组装后不可能对每个盆式绝缘子测量局部放电量，但对备品可按厂方技术要求进行试验检查。

Lb1F3020 GIS 外壳接地问题有什么特殊要求？

答：GIS 系密集型布置结构方式，对其接地问题要求很高，一般要采取下列措施：

接地网应采用铜质材料，以保证接地装置的可靠和稳定。而且所有接地引出端都必须采用铜排，以减小总的接地电阻。

由于 GIS 各气室外壳之间的对接面均设有盆式绝缘子或者橡胶密封垫，两个筒体之间均需要另设跨接铜排，且其截面需要按照主接地网截面考虑。

在正常运行，特别是在电力系统发生短路接地故障时，外壳上会产生较高的感应电势。为此要求所有金属铜体之间要用铜排连接，并应有多点与主接地网相连接，以使感应电势不危及人身和设备（特别是控制保护回路设备）的安全。

一套 GIS 外壳需要几个点与主接地网连接，要由制造厂根据订货单位所提供的接地网技术参数来确定。

Lb1F3021 GIS 中在哪些部位需考虑装设伸缩节？

答：由于 GIS 设备的壳体都是采用金属构件硬性地组合成的整体，所以在下列部位需装设波纹管伸缩节：

考虑 GIS 设备加工时的尺寸误差，以便于安装调节的部位。

土建基础有分接缝时，在该接缝两侧外壳之间连接处。

必须考虑因温度变化而引起的热胀冷缩的影响（如在长母线筒上设有伸缩节）。

Lb1F3022 SF_6断路器及 GIS 为什么需要进行耐压试验?

答：因罐式 SF_6断路器 GIS 组合电器的充气外壳是接地的金属壳体，内部导电体与壳体的间隙较小，一般运输到现场组装充气，因内部有杂物或运输中内部零件移位，将改变电场分布。现场进行对地耐压试验和对断口间耐压试验能及时发现内部隐患和缺陷。

瓷柱式 SF_6断路器的外壳是瓷套，对地绝缘强度高，但断口间隙为 30mm 左右，如断口间有毛刺或杂质存在不易察觉，耐压试验能及时发现内部隐患缺陷。综上所述，耐压试验非常必要而且必须做。

Je1F3023 断路器大修为什么测速度?

答：(1) 速度是保证断路器正常工作和系统安全运行的主要参数。

(2) 速度过慢，会加长灭弧时间，切除故障时易导致加重设备损坏和影响电力系统的稳定。

(3) 速度过慢易造成越级跳闸，扩大停电范围。

(4) 速度过慢易烧坏触头，增高内压，引起爆炸。

La1F3024 液压机构的优缺点及适合的场合是什么?

答：优点：

(1) 不需要直流电源。

(2) 暂时失电时，仍然能操作几次。

(3) 功率大，动作快。

(4) 冲击小，操作平稳。

缺点：

(1) 机构复杂，加工精度要求高。

(2) 维护工作量大。

适用场合：

适用于 110kV 以上断路器，它是超高压断路器和 SF_6断路器采用的主要机构。

Lb1F3025 对电气设备的触头有何要求?

答：(1) 结构可靠。

(2) 有良好的导电性和接触性能，即触头必须有低的电阻值。

(3) 通过规定的电流时，表面不过热。

(4) 能可靠开断规定容量的电流及有足够的抗熔焊和抗电弧烧伤性能。

(5) 通过短路电流时，必须有足够的动态稳定性和热稳定性。

Je1F3026 描述 SF_6 设备检修抽真空的步骤。

答：（1）真空度达到 133Pa 开始计算时间，维持真空泵运转至少在 30min 以上。

（2）停泵并与泵隔离，静观 30min 后读取真空度 A。

（3）再静观 5h 以上，读取真空度 B，当 B－A≤67Pa（极限允许值 133Pa）时抽真空合格，否则应先检测泄漏点。

（4）抽真空要有专人负责，要绝对防止误操作而引起的真空泵油倒灌事故。

（5）被抽真空气室附近有高压带电体时，应注意主回路可靠接地，以防止因感应电压引起的 GIS 内部元件损坏。

Le1F3027 液压机构（CY）油泵打不上压的原因是什么？

答：（1）油泵内各阀体高压密封圈损坏或逆止阀口密封不严，有脏物，此时用手摸油泵可能发热。

（2）过滤网有脏物，以致油路堵塞。

（3）油泵低压侧有空气存在。

（4）高压放油阀不严。

（5）一、二级阀口密封不严。

（6）油泵柱塞组装时，没有注入适量的液压油或柱及柱塞座没有擦干净，影响油泵出力造成油泵打压件损坏。

（7）柱塞间隙过大。

Lb1F3028 试述 SF_6 断路器内气体水分含量增大的原因。

答：SF_6 气体中含水量增大的可能原因：

（1）气体或再生气体本身含有水分。

（2）组装时进入水分。组装时由于环境、现场装配和维修检查的影响，高压电器内部的内壁附着水分。

（3）管道的材质自身含有水分，或管道连接部分存在渗漏现象，造成外来水分进入内部。

（4）密封件不严而渗入水分。

Lb1F4029 论述变压器铁芯为什么必须接地，且只允许一点接地。

答：变压器在运行或试验时，铁芯及零件等金属部件均处在强电场之中，由于静电感应作用在铁芯或其他金属结构上产生悬浮电位，造成对地放电而损坏零件，这是不允许的，除穿芯螺杆外，铁芯及其所有金属构件都必须可靠接地。

如果有两点或两点以上的接地，在接地点之间便形成了闭合回路，当变压器运行时，其主磁通穿过此闭合回路时，就会产生环流，将会造成铁芯的局部过热，烧损部件及绝缘，造成事故，所以只允许一点接地。

Lb1F4030 表示断路器分、合闸状态的红、绿指示灯，在什么情况下发平光？在什么情况下发闪光？

答：当控制开关处于合闸位置且断路器也处于合闸位置时，红灯发平光；当控制开关处于跳闸位置或预备跳闸位置，而断路器处于合闸位置时，红灯发闪光；当控制开关处于合闸位置或预备合闸位置，而断路器处于跳闸位置时，绿灯闪光；当控制开关处于跳闸位置，且断路器也处于跳闸位置时，绿灯发平光。

Lc1F4031 为什么断路器采用铜钨合金的触头能提高熄弧效果？

答：断路器采用铜钨触头，除能减轻触头的烧损外，更重要的是还能提高熄弧效果。因为铜钨合金触头是用高熔点的钨粉构成触头的骨架，铜粉充入其间。在电弧的高温作用下，因钨的汽化温度（5950℃）比铜的汽化温度（2868℃）要高，钨的蒸发量很小，故钨骨架的存在对铜蒸气的逸出起到一种“过滤”作用而使之减少，因此有利于熄弧。同时触头上弧根部分的直径随铜蒸发量的减少而变小，较小的弧根容易被冷却而熄弧，这样也就提高了熄孤效果。

Lb1F4032 用于投切电容器组的断路器有哪些要求？

答：用于电容器投切的开关柜必须有其所配断路器投切电容器的试验报告，且断路器必须选用C2级断路器。用于电容器投切的断路器出厂时必须提供本台断路器分、合闸行程特性曲线，并提供本型断路器的标准分、合闸行程特性曲线。条件允许时，可在现场进行断路器投切电容器的大电流老炼试验。

Lb1F4033 高压断路器缓冲器有什么作用？常见的缓冲器有哪几种？

答：断路器缓冲器的作用是吸收合闸或分闸接近终了时的剩余动能，使可动部分从高速运动状态很快地变为静止状态。

常用的缓冲器如下：

（1）油缓冲器。它将动能转变为热能吸收掉。

（2）弹簧缓冲器。它将动能转变成势能储存起来，必要时再释放出来。

（3）橡胶垫缓冲器。它将动能转变成热能吸收掉，结构最简单。

（4）油或气的同轴缓冲装置。它在合分闸后期，使某一运动部件在充有压力油或气的狭小空间内运动，从而达到阻尼的作用。

Je1F4034 通过电流1.5kA以上的穿墙套管，当装于钢板上时，为什么要在钢板沿套管径向水平延长线上切一条3mm左右横缝？

答：在钢板上穿套管的孔，如果不切开缝，由于交变电流通过套管而在钢板上形成交变闭合磁路，可产生涡流损耗，并使钢板发热。该损耗随电流的增加而急剧增加，而钢板过热易使套管绝缘介质老化而影响使用寿命。钢板切缝以后，钢板中的磁通不能形成闭合磁路，钢板中的磁通明显被减弱，使涡流损耗大大下降。为了保证钢板的支持强度，可将钢板上切开的缝隙用非导磁金属材料补焊切口，使钢板保持它的整体性，从而提高支撑套管的机械强度。

Je1F4035 为什么母线的对接螺栓不能拧得过紧？

答： 螺栓拧得过紧，则垫圈下母线部分被压缩，母线的截面减小，在运行中，母线通过电流而发热。由于铝和铜的膨胀系数比钢大，垫圈下母线被压缩，母线不能自由膨胀，此时如果母线电流减小，温度降低，因母线的收缩率比螺栓大，于是形成一个间隙。这样接触电阻加大，温度升高，接触面就易氧化而使接触电阻更大，最后使螺栓连接部分发生过热现象。一般情况下，温度低螺栓应拧紧一点，温度高应拧松一点。所以母线的对接螺栓不能拧得过紧。

Je1F4036 真空断路器触头接触压力有什么作用？

答： 为保证动静触头间良好的电接触，必须施加一个外加压力。这个外加压力由断路器触头弹簧被压缩保证。这个接触压力有如下几个作用：

（1）保证动、静触头的良好接触，并使其接触电阻小于规定值。

（2）为满足额定短路状态时的动稳定要求，触头压力应大于额定短路状态时的触头间的斥力，以保证在该状态下动静触头完全闭合，不受损坏。

（3）抑制合闸弹跳。使触头在闭合碰撞时得以缓冲，把碰撞的动能转为弹簧的势能，抑制触头的弹跳。

（4）为分闸提供一个加速力。当接触压力大时，动触头得到较大的分闸力，容易拉断合闸熔焊点（冷焊力），提高分闸初始的加速度，减少燃弧时间，提高分断能力。

Lb1F5037 提高电力系统动态稳定的措施有哪些？

答：（1）快速切除短路故障。

（2）采用自动重合闸装置。

（3）发电机采用电气制动和机械制动。

（4）变压器中性点经小电阻接地。

（5）设置开关站和采用串联补偿电容器。

（6）采用联锁自动机和解列。

（7）改变运行方式。

（8）故障时分离系统。

（9）快速控制调速气门。

Lb1F5038 电力系统发生振荡时会出现哪些现象？

答： 当电力系统稳定破坏后，系统内的发电机将失去同步，转入异步运行状态，系统将发生振荡。此时，发电机和电源联络线上的功率、电流以及某节点的电压将会产生不同程度的变化。连接失去同步的发电厂的线路或系统联络线上的电流表、功率表的表针摆动最大、电压振荡最激烈的地方是系统振荡中心，其每一周期约降低至零值一次。随着偏离振荡中心距离的增加，电压的波动逐渐减小。

失去同步发电机的定子电流表指针的摆动最为激烈（可能在全表盘范围内来回摆动）；有功和无功功率表指针的摆动也很厉害；定子电压表指针亦有所摆动，但不会到零；转子电流和电压表指针都在正常值左右摆动。

发电机将发生不正常、有节奏的轰鸣声；强行励磁装置一般会动作；变压器由于电压的波动，铁芯也会发出不正常的、有节奏的轰鸣声。

Je1F5039 为什么要测量电气设备的绝缘电阻？测量结果与哪些因素有关？

答： 测量绝缘电阻可以检查绝缘介质是否受潮或损坏，但不一定能发现局部受潮或有裂缝（因电压太低），这是一种测量绝缘电阻较为简单的手段。

绝缘介质的绝缘电阻与温度有关，吸湿性大的物质受温度的影响就更大。一般绝缘电阻随温度上升而减小。由于温度对绝缘电阻影响很大，而且每次测量又难以在同一温度下进行。所以，为了能把测量结果进行比较，应将测量结果换算到同一温度下的数值。空气湿度对测量结果影响也很大，当空气相对湿度增大时，绝缘物由于毛细管作用，吸收较多的水分，致使电导率增加，绝缘电阻降低，尤其是对表面泄漏电流的影响更大，绝缘表面的脏物程度对测量结果也有一定影响。试验中可使用屏蔽方法以减少因脏污引起的误差。

Je1F5040 造成真空断路器合闸弹跳可能有哪些原因？如何减小或消除合闸弹跳？

答： 真空断路器合闸弹跳的产生有四种可能性：①合闸冲击刚性过大，致使动触头发生轴向反弹；②动触杆导向不良，晃动量过大，磁场被破坏；③传动环节间隙过大，特别是触头弹簧的始压端到导电杆之间传动间隙；④触头平面与中心轴的垂直度不够好，接触时产生横向滑移，此时在示波图或测试仪器中反应为弹跳。

为了减小或消除合闸弹跳，结构设计中要考虑整机结构冲击刚性不能过大，如真空泡动触杆导向结构间隙控制。如果因灭弧室触头端面垂直度不好而产生弹跳（滑移），则可将灭弧室分别转动 90°、180°、270°，再进行试装，使得上、下接触面吻合。在处理合闸弹跳过程中，所有螺钉都应拧紧，以免受震颤的干扰。其他情况不能消除时，需更换灭弧室。

2 技能操作

2.1 技能操作大纲

变电检修工（高级技师）技能鉴定技能操作考核大纲

等级	考核方式	能力种类	能力项	考核项目	考核主要内容
高级技师	技能操作	基本技能	01. 设备识图	01. ZF12-126型组合电器二次控制回路查找故障	掌握组合电器二次控制回路图
			02. 钳工工艺	01. 矩形母线加工制作	掌握复杂硬母线的加工
		专业技能	01. 变电设备小修及维护	01. LW10B-252型断路器操作机构消缺	能熟练对液压机构进行整体检修
			02. 变电设备大修及安装	01. GW16-126型隔离开关三相调整及消缺	能熟练对剪式隔离开关三相调整、消缺
				02. GW7-126型隔离开关三相调整及二次回路消缺	能熟练对110kV隔离开关进行调整消缺
				03. KYN61-40.5型开关柜闭锁装置消缺调试	能熟练对35kV手车式开关柜闭锁装置进行消缺、调试
			03. 恢复性大修	01. ZN65A-12型断路器大修	能熟练对真空断路器进行大修
				02. GW5A-126型隔离开关大修	能对隔离开关进行整体大修
				03. LW10B-252型断路器操作机构压力控制组件进行调整、测试	能熟练对液压机构进行调整、测试
		相关技能	01. 事故抢修安全措施	01. 根据事故现场写出一张工作票，并写出工作中的注意事项	熟练掌握电气设备故障抢修现场的安全措施

2.2 技能操作项目

2.2.1 BJ1JB0101 ZF12-126 型组合电器二次控制回路查找故障

一、作业

（一）工器具、材料、设备

（1）工器具：一字螺丝刀、十字螺丝刀、尖嘴钳、万用表。

（2）材料：无。

（3）设备：配 ZF12-126 型组合电器 1 套。

（二）安全要求

1. 机械伤害

（1）设备传动时，机构、本体上禁止有人工作。

（2）机构内部检修前，切断控制电源、储能电源并释放能量，防止机械部件能量伤人。

2. 防止触电伤害

二次回路工作前，应首先验明回路无电。

3. 现场安全措施

用围网带将工作区域围起来，出口设置在安全的通道处，出入口处设置“从此进出!”标示牌，工作区内放置“在此工作!”标示牌。

4. 办理开工手续

办理开工、许可手续，进行工作票宣读，交代工作中的危险点。

（三）操作步骤及工艺要求

1. 准备工作

（1）着装规范。

（2）工器具、材料清点。

2. ZF12-126 型组合电器二次控制回路查找故障

（1）根据任务书中故障现象初步分析，打开机构箱门观察设备状态。

（2）验电：断开二次电源，用万用表测量二次回路无电压，防止低压触电；验电时，必须向考评员汇报，在专人监护下进行机构箱低压验电。

（3）向考评员汇报，二次回路消缺工作开始前，释放机构弹簧能量。

（4）将二次回路停电后，被考人使用万用表电阻档，根据图纸要求测量各回路参数，确认各回路是否完好。

（5）当通过表计测量发现参数异常，经分析判断并用万用表确认故障点后，向考评员汇报，得到答复可继续处理。

（6）当确认故障点后，需要更换或增加零件才能继续处理时，应向考评员汇报，得到考评员给的零件后，可继续处理。

（7）没有得到考评员给的零件前，不可强行改变其他零件状态、强行处理。

（8）考生认为故障全部消除，需要传动操作机构时，应向考评员汇报，得到考评员答复后，在考评员的监护下给机构送电。

(9) 接通储能电机电源，观察储能电机运转是否正常，出现异常可根据机构二次图纸，用万用表查找缺陷点，直到消除缺陷。

(10) 接通分、合闸控制回路电源，观察设备状态。

(11) 完成分、合过程传动3次无异常后，将机构放置分闸位。

(12) 接通所有控制、储能电源，汇控柜就地联锁状态，检查联锁是否正常，出现异常可根据机构二次图纸，用万用表查找缺陷故障，直到消除故障。

(13) 检查机构箱内无异物遗留后，关闭机构箱门。

(14) 向考评员汇报需要停电，在专人监护下停电。

3. 结束工作

(1) 清理工作现场，将工器具、材料、设备归位，现场恢复至开工前状态。

(2) 办理工作终结手续，填写检修报告。

(3) 收工离场。

二、考核

(一) 考核场地

(1) 可在室内或室外进行。

(2) 现场配ZF12-126型组合电器1套，且各部件完整，机构操作电源已接入。在工位四周设置围栏。

(3) 现场提供检修所需的工器具、仪表、材料及安全防护用具。

(4) 设置评判用的桌椅和计时秒表。

(二) 考核时间

(1) 考核时间为40min。

(2) 考生准备时间为3min，包括清点工器具、准备材料设备、检查安全措施。

(3) 考生准备完毕后向考评员汇报准备完毕。

(4) 考生向考评员办理开工手续，许可开工后考评员记录考核开始时间，考生开始工作。

(5) 现场清理完毕后，考生向考评员汇报工作终结，考评员记录考核结束时间。

(三) 考核要点

(1) 单人操作，考评员监护作业。考生着装规范，穿工作服、绝缘鞋，戴安全帽。

(2) 现场安全文明生产。工器具、材料、设备摆放整齐，现场作业熟练、有序、流畅，正确规范。不发生危及人身和设备安全的行为，如发生人身伤害，造成身体出血等情况可取消本次考核成绩。

(3) 熟悉二次元件参数和工艺要求、熟悉二次回路原理，能够准确判断出二次回路的缺陷。

三、评分标准

行业：电力工程　　　　工种：变电检修工　　　　等级：一

编号	BJ1JB0101	行为领域	d	鉴定范围		变电检修高级技师	
考核时限	40min	题型	A	满分	100分	得分	
试题名称	ZF12-126型组合电器二次控制回路查找故障						

考核要点及其要求	(1) 单人操作，考评员监护作业。考生着装规范，穿工作服、绝缘鞋，戴安全帽。 (2) 现场安全文明生产。工器具、材料、设备摆放整齐，现场作业熟练、有序、流畅，正确规范。不发生危及人身和设备安全的行为，如发生人身伤害，造成身体出血等情况可取消本次考核成绩。 (3) 熟悉二次元件参数和工艺要求、熟悉二次回路原理，能够准确判断出二次回路的缺陷
现场设备、工器具、材料	(1) 工器具：一字螺丝刀、十字螺丝刀、尖嘴钳、万用表。 (2) 材料：无。 (3) 设备：配 ZF12-126 型组合电器 1 套
备注	考生自备工作服、绝缘鞋

评分标准

序号	考核项目名称	质量要求	分值	扣分标准	扣分原因	得分
1	工作前准备及文明生产					
1.1	着装、工器具准备(该项不计考核时间)	考核人员穿工作服、戴安全帽、穿绝缘鞋，工作前清点工器具、设备	3	(1) 未穿工作服、戴安全帽、穿绝缘鞋，每项不合格，扣 2 分。 (2) 未清点工器具、设备，每项不合格，扣 2 分，分数扣完为止		
1.2	安全文明生产	工器具摆放整齐，保持作业现场安静、清洁	12	(1) 未办理开工手续，扣 2 分。 (2) 工器具摆放不整齐，扣 2 分。 (3) 现场杂乱无章，扣 2 分。 (4) 不能正确使用工器具，扣 2 分。 (5) 工器具及配件掉落，扣 2 分。 (6) 发生不安全行为，扣 2 分。 (7) 发生危及人身、设备安全的行为，直接取消考核成绩		
2	ZF12-126 型组合电器二次回路检查消缺					

续表

序号	考核项目名称	质量要求	分值	扣分标准	扣分原因	得分
2.1	二次回路消缺	根据任务书中故障现象初步分析，开机构箱门观察设备状态	30	未验电，扣1分		
		验电：断开二次电源，用万用表测量二次回路无电压，防止低压触电。验电时，必须向考评员汇报，在专人监护下进行机构箱低压验电		（1）验电测量节点错误，扣1分。 （2）失去监护下进行验电，扣1分		
		向考评员汇报，二次回路消缺工作开始前，释放机构弹簧能量		（1）未向考评员汇报，扣1分。 （2）未释放弹簧能量，扣1分		
		将二次回路停电后，被考人使用万用表电阻档，根据图纸要求测量各回路参数，确认各回路是否完好		（1）万用表档位不对，扣1分。 （2）二次回路不停电，扣1分。 （3）不会测量回路，扣2分		
		当通过表计测量发现参数异常，经分析判断并用万用表确认故障点后，向考评员汇报，得到答复可继续处理		未用万用表确认故障点，扣2分		
		当确认故障点后，需要更换或增加零件才能继续处理时，应向考评员汇报，得到考评员给的零件后，可继续处理		未向考评员报告，扣1分		
		没有得到考评员给的零件前，不可强行改变其他零件状态、强行处理		强行改变零件状态，扣2分		
		考生认为故障全部消除，需要传动电动机构时，应向考评员汇报，得到考评员答复后，在考评员的监护下给机构送电		未向考评员汇报即合闸送电，扣1分		
		接通储能电机电源，电机运转后，观察合闸储能回路运转是否正常，出现异常可根据机构二次图纸，用万用表查找缺陷点，直到消除缺陷		（1）未检查储能回路是否正常，扣2分。 （2）出现异常未处理，扣2分		
		接通分、合闸控制回路电源，观察设备状态，出现异常可根据机构二次图纸，用万用表查找缺陷故障，直到消除故障		（1）机构没放分闸位，扣2分。 （2）出现异常未处理，扣2分		

续表

序号	考核项目名称	质量要求	分值	扣分标准	扣分原因	得分
2.1	二次回路消缺	完成分、合过程传动3次无异常后，将机构放置分闸位	30	未分、合传动3次检查动作情况，扣2分		
		接通所有控制、储能电源，汇控柜就地联锁状态，检查联锁是否正常，出现异常可根据机构二次图纸，用万用表查找缺陷故障，直到消除故障		未检查连锁是否正常，扣2分		
		检查机构箱内无异物遗留后，关闭机构箱门		未检查清理机构箱，扣1分		
		向考评员汇报需要停电，在专人监护下停电		未在专人监护下停电，扣2分		
2.2	消除的缺陷（要求缺陷不能出在一个回路中）	缺陷1	50	未处理，扣10分		
		缺陷2		未处理，扣10分		
		缺陷3		未处理，扣10分		
		缺陷4		未处理，扣10分		
		缺陷5		未处理，扣10分		
3	收工					
3.1	结束工作	工作结束，工器具及设备摆放整齐，工完场清，报告工作结束	2	（1）工器具及设备摆放不整齐，扣1分。 （2）未理现清场，扣1分。 （3）未汇报工作结束，扣1分，分数扣完为止		
3.2	填写检修记录（该项不计考核时间，以3min为限）	如实正确填写，记录检修、试验情况	3	（1）检修记录未填写，扣3分。 （2）填写错误，每处扣1分，分数扣完为止		

2.2.2 BJ1JB0201 矩形母线加工制作

一、作业

（一）工器具、材料、设备

（1）工器具：中号手锤 1 把、一字和十字螺丝刀 2 把、扁锉 1 套、钢丝刷 1 把、钢直尺 1 把、3m 卷尺、木锤、角尺、记号笔 1 根、电源箱 1 个、母线加工机 1 台。

（2）材料：125mm×10mm 矩形母线 1 根、酒精、00 号砂纸、抹布、8 号铁丝。

（3）设备：无。

（二）安全要求

1. 防止触电伤害

（1）低压验电时，必须向考评员汇报，在专人监护下进行机构箱低压验电。

（2）检查电母线加工机外壳接地良好，电缆线无破损。

2. 防止机械伤害

使用电母线加工机时，注意站位合理，防止高压油管脱出造成机械伤害。

3. 现场安全措施

用围网带将工作区域围起来，围网带上“止步，高压危险!”朝向围栏内，出入口设置在安全的通道处，出入口处设置“从此进出!”标示牌，工作区内放置“在此工作!”标示牌。

4. 办理开工手续

办理开工、许可手续，进行工作票宣读，交代工作中的危险点。

（三）操作步骤及工艺要求

1. 准备工作

（1）考生穿工作服、绝缘鞋，戴绝缘帽。

（2）清点现场工器具、材料、配件。

（3）检查设备外观。

（4）办理开工手续后，将放置于工作区域便于使用位置。

2. 加工开关柜内分支母线（带平、立弯的铝排）操作步骤

（1）检查母线加工机外观完好，可靠接地，电源无破损。

（2）用万用表对检修电源箱验电，验电时，必须向考评员汇报，在专人监护下进行电源箱验电。

（3）确认检修电源箱正常后，向考评员汇报，申请母线加工机通电，通电时在专人监护下进行。

（4）启动母线加工机，试验各项功能正常，然后停止待用。

（5）根据图纸的要求选择 125mm×10mm 矩形铝排。

（6）将 125mm×10mm 铝排放在检修平台上，用扁锉去除毛刺，利用间隙透光法或眼睛瞄直法检查铝排弯曲部位。

（7）将铝排放在检修平台上凸面朝上，如果弯曲部位较大，可将木块放在凸起处，用手锤敲击木块，如果弯曲部位较小，可用木锤直接敲击凸起处，反复敲打母线，直到母线调直。

（8）测量需要搭接设备位置尺寸，用 8 号铁丝放大样。

（9）铝排立弯制作。

① 选择母线加工机中铝排折立弯模具，按照母线加工机说明书要求，将模具安装在母线加工机的卡槽内紧固。

② 根据放大样尺寸，用记号笔画出母线起弯线，母线开始弯曲处距最近的母线支撑点的距离，不应大于两个支瓶之间距离 L 长度的 0.25 倍，但不得小于 50mm；母线折弯处与框架顶部和底部最小距离 10kV 不得小于 225mm，35kV 不得小于 400mm；母线开始弯曲处距母线连接接触面边缘的距离不应小于 50mm。

③ 将母排起弯线对准模具起弯线处，将 8 号铁丝做的放大样放在加工机的上面，开始煨弯后随时观察母线弯曲角度与放大样对比，直到角度满足要求后停止加工。

技术要求：母线立弯制作符合母线尺寸 50mm×5mm 以下宽度的铝母线最小弯曲半径 1.5 倍母线宽度；母线尺寸 125mm×10mm 以下铝母线最小弯曲半径不小于 2 倍母线宽度。

（10）铝排平弯制作。

① 选择母线加工机中母排弯平弯模具，按照母线加工机说明书要求，将模具安装在母线加工机的卡槽内紧固。

② 根据放大样尺寸，用记号笔画出母排起弯线，母线开始弯曲处距最近的母线支撑点的距离，不应大于两个支瓶之间距离 L 长度的 0.25 倍，但不得小于 50mm；母线折弯处与框架顶部和底部最小距离 10kV 不得小于 225mm，35kV 不得小于 400mm；母线开始弯曲处距母线连接接触面边缘的距离不应小于 50mm。

③ 将母排起弯线对准模具起弯线处，将 8 号铁丝做的放大样放在加工机的上面，开始煨弯后随时观察母线弯曲角度与放大样对比，直到角度满足要求后停止加工。

技术要求：母线平弯制作符合母线尺寸 50mm×5mm 以下宽度的铝母线最小弯曲半径为 2 倍母线厚度；母线尺寸 125mm×10mm 以下铝母线最小弯曲半径不小于 2.5 倍母线厚度。

（11）将加折好弯的母线放在检修平台上，根据图纸要求画出需要裁断的多余部分，多余的长尾头裁断后，检查实际加工尺寸和图纸的误差。

技术要求：弯曲角度调整 2 次后母线压牢固，两侧搭接面长度短时为不合格，搭接面长时，不大于 50mm 为合格；垂直于母线中心线左右偏差小于 10mm 为合格。

（12）检查母线，如有毛刺用扁锉去除毛刺。

（13）折弯部位应无裂纹、起皱。

（14）工作完毕将母线弯弯模具取出放回原位，向考评员汇报，申请母线加工机停电，停电时在专人监护下进行。

3. 结束工作

（1）清理工作现场，将工器具、材料、设备归位，现场恢复至开工前状态。

（2）办理工作终结手续，填写检修报告。

（3）收工离场。

二、考核

（一）考核场地

（1）可在室内或室外进行，考核工位现场提供 220V 检修电源。

（2）现场放置6m铝带1根，规格125mm×10mm，电源箱1个、母线加工机1套。在工位四周设置遮栏。

（3）设置评判用的桌椅和计时秒表。

（二）考核时间

（1）考核时间为45min。

（2）开工前，考生检查着装，清点工器具、设备是否齐全，时间为3min（不计入考核时间）。

（3）许可开工后记录考核开始时间。

（4）现场清理完毕后，汇报工作终结，记录考核结束时间。

（5）在规定时间内完成，提前完成不加分，到时停止操作。

（三）考核要点

（1）要求一人操作，考评员监护。考生着装规范，穿工作服、绝缘鞋，戴安全帽、安全带。

（2）安全文明生产。工器具、材料、设备摆放整齐，现场操作熟练连贯、有序，正确规范地使用工器具及安全用具。不发生危及人身或设备安全的行为，否则可取消本次考核成绩。

（3）考核考生对复杂硬母线加工内容的熟练程度，熟悉硬母线加工工艺质量要求。

三、评分标准

行业：电力工程　　　　工种：变电检修工　　　　等级：一

编号	BJ1JB0201	行为领域	d	鉴定范围		变电检修高级技师	
考核时限	45min	题型	B	满分	100分	得分	
试题名称	矩形母线加工制作						
考核要点及其要求	（1）要求一人操作，考评员监护。考生着装规范，穿工作服、绝缘鞋，戴安全帽。 （2）安全文明生产。工器具、材料、设备摆放整齐，现场操作熟练连贯、有序，正确规范地使用工器具及安全用具。不发生危及人身或设备安全的行为，否则可取消本次考核成绩。 （3）掌握硬母线平弯、立弯的制作方法，熟练使用各种硬母线加工机械，掌握母线加工的工艺要求						
现场设备、工器具、材料	（1）工器具：中号手锤1把、一字和十字螺丝刀2把、扁锉1套、钢丝刷1把、钢直尺1把、3m卷尺、木锤、角尺、记号笔1根、电源箱1个、母线加工机1台。 （2）材料：125mm×10mm矩形母线1根、酒精、00号砂纸、抹布、8号铁丝。 （3）设备：无						
备注	考生自备工作服、绝缘鞋						

评分标准

序号	考核项目名称	质量要求	分值	扣分标准	扣分原因	得分
1	工作前准备及文明生产					

续表

序号	考核项目名称	质量要求	分值	扣分标准	扣分原因	得分
1.1	着装、工器具准备	穿工作服和绝缘鞋、戴合格安全帽、安全带，工作前清点工器具、设备是否齐全	3	（1）未穿工作服、戴安全帽、穿绝缘鞋，每项不合格扣2分。 （2）未清点工器具、设备，每项不合格扣2分，分数扣完为止		
1.2	安全文明生产	工器具摆放整齐，并保持作业现场安静、清洁	12	（1）未办理开工手续，扣2分。 （2）工器具摆放不整齐，扣2分。 （3）现场杂乱无章，扣2分。 （4）不能正确使用工器具，扣2分。 （5）工器具及配件掉落，扣2分。 （6）发生不安全行为，扣2分。 （7）发生危及人身、设备安全的行为直接取消考核成绩		
2	加工一段带平、立弯的矩形母线					
2.1	硬母线加工前准备	检查母线加工机外观完好，可靠接地，电源无破损	18	（1）母线加工机外观、接地线、电源线一项未检查，扣1分。 （2）两项未检查，扣2分		
		用万用表对检修电源箱验电，验电时必须向考评员汇报，在专人监护下进行电源箱验电		（1）未对检修电源箱验电，未向考评员汇报，未在监护下验电，每漏一项程序扣1分。 （2）两项以上程序错误，扣2分		

续表

序号	考核项目名称	质量要求	分值	扣分标准	扣分原因	得分
2.1	硬母线加工前准备	确认检修电源箱正常后，向考评员汇报，申请母线加工机通电，通电时在专人监护下进行	18	(1) 未向考评员申请就通电，扣1分。 (2) 失去监护下进行通电，扣1分。 (3) 未做该项目，扣2分		
		启动母线加工机，试验各项功能正常，然后停止待用		未做该项目，扣1分		
		根据图纸的要求选择125mm×10mm铝排		不根据图纸选择铝排，扣1分		
		将125mm×10mm铝排放在检修平台上，用扁锉去除毛刺，利用间隙透光法或眼睛瞄直法检查铝排弯曲部位		(1) 未除毛刺就作业，扣1分。 (2) 未检查铝排弯曲就作业，扣1分		
		将铝排放在检修平台上凸面朝上，如果弯曲部位较大，可将木块放在凸起处，用手锤敲击木块，如果弯曲部位较小，可用木锤直接敲击凸起处，反复敲打铝排，直到母线调直		(1) 不知母线调直方法，扣1分。 (2) 不经调直就直接作业，扣1分		
		测量需要搭接设备位置尺寸，用8号铁丝放大样		(1) 不测量尺寸，扣1分。 (2) 不会做放大样，扣1分		
2.2	立弯制作	将立弯模具安装在母线加工机的卡槽内紧固	20	未按照工艺要求作业，扣1分		
		根据放大样尺寸，用记号笔画出母排起弯线		未画出母排起弯线或画线错误，扣2分		
		铝排开始弯曲处距最近的母线支撑点的距离，不应大于两个支瓶之间距离L长度的0.25倍，但不得小于50mm铝母排折弯处与框架顶部和底部最小距离10kV不得小于225mm，35kV不得小于400mm；母线开始弯曲处距母线连接接触面边缘的距离不应小于50mm		口述：母排加工技术要求和10kV及35kV电压等级下带电部位与地之间的距离： 错误一项，扣1分； 错误两项，扣2分； 错误三项及以上，扣4分		

续表

序号	考核项目名称	质量要求	分值	扣分标准	扣分原因	得分
2.2	立弯制作	将母排起弯线对准模具起弯线处，将8号铁丝做的放大样放在加工机的上面，开始折弯后随时观察铝排弯曲角度与放大样对比，直到角度满足要求后停止加工。 技术要求：母线立弯制作符合母线尺寸50mm×5mm以下宽度的铝母线最小弯曲半径1.5倍母线宽度；母线尺寸125mm×10mm以下铝母线最小弯曲半径不小于2倍母线宽度	20	（1）反复加工2次，扣1分。 （2）2次以上，扣2分。 （3）口述：母线立弯制作技术要求：错误一项，扣1分；错误两项，扣2分；错误三项及以上，扣4分		
2.3	平弯制作	将平弯模具安装在母线加工机的卡槽内紧固	20	未按照工艺要求作业，扣1分		
		根据放大样尺寸，用记号笔画出母排起弯线		未画出母排起弯线或画线错误，扣2分		
		矩形母线开始弯曲处距最近的母线支撑点的距离，不应大于两个支瓶之间距离L长度的0.25倍，但不得小于50mm；铝排折弯处与框架顶部和底部最小距离10kV不得小于225mm，35kV不得小于400mm，母线开始弯曲处距母线连接接触面边缘的距离不应小于50mm		口述：矩形母线弯曲处距最近的母线支撑点距离： （1）错误一项，扣1分。 （2）错误两项，扣2分。 （3）错误三项及以上，扣4分		
		将母排起弯线对准模具起弯线处，将8号铁丝做的放大样放在加工机的上面，开始折弯后随时观察铝排弯曲角度与放大样对比，直到角度满足要求后停止加工。 技术要求：母线平弯制作符合母线尺寸50mm×5mm以下宽度的铝母线最小弯曲半径为2倍母线；厚度母线尺寸125mm×10mm以下铝母线最小弯曲半径不小于2.5倍母线厚度		（1）反复加工2次，扣1分。 （2）2次以上，扣2分。 （3）口述：母线立弯制作技术要求：错误一项，扣1分；错误两项，扣2分；错误三项及以上，扣4分		

续表

序号	考核项目名称	质量要求	分值	扣分标准	扣分原因	得分
2.4	硬母线加工结束后处理检查	将折好弯的母线放在检修平台上，根据图纸要求画出需要裁断的多余部分，多余的长尾头裁断后，检查实际加工尺寸和图纸的误差。 技术要求：弯曲角度调整2次后母线压牢固，两侧搭接面长度短时为不合格，搭接面长时，不大于50mm为合格；垂直于母线中心线左右偏差小于10mm为合格	20	（1）搭接长度过长大于50mm，扣3分。 （2）搭接长度短，扣7分。 （3）垂直于母线中心线左右偏差大于10mm，扣4分		
		检查铝排，如有毛刺用扁锉去除毛刺		未清除铝排毛刺，扣2分		
		折弯部位应无裂纹、起皱		未检查或不知该工艺要求，扣4分		
2.5	工作完毕恢复	工作完毕将母线折弯模具取出放回原位，向考评员汇报，申请母线加工机停电，停电时在专人监护下进行	2	（1）设备不恢复原状态，扣1分。 （2）无人监护下断电源，扣1分		
3	收工					
3.1	结束工作	工作结束，工器具及设备摆放整齐，工完场清，报告工作结束	2	（1）工器具及设备摆放不整齐，扣1分。 （2）未清理现场，扣1分。 （3）未汇报工作结束，扣1分，分数扣完为止		
3.2	填写记录	如实正确填写检修记录	3	（1）检修记录未填写，扣3分。 （2）填写错误，每处扣1分，分数扣完为止		

2.2.3 BJ1ZY0101 LW10B-252 型断路器操作机构消缺

一、作业

（一）工器具、材料、设备

（1）工器具：内六角扳手、十字改锥和一字改锥、油盘、万用表、常用活动扳手（200mm、250mm、300mm）各 1 把、固定扳手 1 套、梅花扳手 1 套、套筒扳手 1 套、中号手锤 1 把、扁锉 1 套、单相电源盘 1 个、低电压测试仪。

（2）材料：白布、10 号航空液压油、塑料布、00 号砂纸、研磨膏、硅脂、行程开关、时间继电器、中间继电器、空开。

（3）设备：LW10B-252 型断路器 1 台。

（二）安全要求

1. 机械伤害

（1）设备传动时，机构、本体上禁止有人工作。

（2）机构内部检修前，切断控制电源、储能电源并释放能量，防止机械部件能量伤人。

2. 防止触电伤害

（1）拆接低压电源有专人监护。

（2）试验仪使用前应可靠接地，试验过程中操作人员站在绝缘垫上作业。

（3）二次回路工作前，应首先验明回路无电。

3. 现场安全措施

用围网带将工作区域围起来，出口设置在安全的通道处，出入口处设置“从此进出！”标示牌，工作区内放置“在此工作！”标示牌。

4. 办理开工手续

办理开工、许可手续，进行工作票宣读，交代工作中的危险点。

（三）操作步骤及工艺要求（含注意事项）

1. 准备工作

（1）着装规范。

（2）工器具、材料清点和做外观检查。

（3）试验仪器做外观检查。

2. 液压机构检查

（1）检查各高压管路、工作缸、储压器、液压泵、低压油管有无渗漏油，是否有异常声响。

（2）检查各电气元件有无破损；端子排是否完好，接线是否牢固正确。

（3）检查油压表指示情况是否正常，有无渗漏油现象。

（4）关闭电机电源，机构泄压，检查压力组件信号是否正常。

（5）启动油泵打压，检查打压情况。

（6）测试机构预充压力值。

（7）手动分合开关是否正常动作。

3. 液压回路常见故障判断及处理

1）机构故障及处理

（1）油泵打不上油压、油泵打压时间过长。

① 高压泄压阀关闭不严，或合闸二级阀处于半分半合状态。

② 油箱中油位太低或油箱内部滤网堵塞导致进油不畅。

③ 油泵柱塞内有气体。

④ 油泵柱塞间隙过大或单柱塞工作。

⑤ 油泵吸油阀不起作用或作用不大，油泵高压出口排油阀密封不严。

⑥ 机构内部、外部有渗漏。

⑦ 安全释放阀内复位弹簧弹力不足，密封不严，导致泄压。

（2）机构在合闸位置打压频繁。

① 高压泄压阀关闭不严。

② 机构内部分、合闸一级阀阀口密封不严，液压油自一级阀泄油孔中流出。

③ 机构内部二级管阀合闸阀口密封不严，液压油自二级阀泄油孔中流出。

④ 油泵高压出口排油逆止阀密封不严。

⑤ 安全释放阀内复位弹簧弹力不足，密封不严，导致泄压。

（3）机构在分闸位置打压频繁。

① 高压泄压阀关闭不严。

② 机构内部分、合闸一级阀阀口密封不严，液压油自一级阀泄油孔中流出。

③ 机构内部二级管阀分闸阀口密封不严，液压油自二级阀泄油孔中流出。

④ 油泵高压出口排油逆止阀密封不严。

⑤ 安全释放阀内复位弹簧弹力不足，密封不严，导致泄压。

（4）分、合闸操作中突然失压。

① 二级管阀密封垫与管壁间隙配合过紧，摩擦力过大，在分合闸操作时二级管阀拒动，导致带动管阀连动的分合闸操作连杆上的一级阀活塞密封胶圈密封垫因承压时间过长而损坏，造成突然泄压。

② 二级管阀与常高压油腔之间密封圈损坏。

（5）液压机构压力异常升高。

①“油泵停止”微动开关位置偏高或接点粘连断不开。

② 油泵中间继电器损坏、铁芯有剩磁、接触器触点断不开、接触器卡滞导致电机始终处于运行状态。

③ 储压筒活塞因密封不良或者筒壁有磨损，造成油气混合，液压油进入氮气侧。

④ 气温过高，使预压力过高。

⑤ 压力表失灵或存在误差，不能正确反映油压。

（6）液压机构压力异常降低。

①“油泵停止”微动开关位置偏低，压力未到额定值电机停止运转。

② 压力表失灵或存在误差，不能正确反映油压。

③ 储压筒活塞因密封不良氮气进入液压油中或自密封氮气侧泄漏。

④ 气温过低，使预压力过低。

(7) 分、合闸拒动，发控制回路断线。

① 控制电源失电，电源未投。

② 转换开关转换不到位，接点松动、虚接。

③ 分、合闸线圈断线、控制回路接点松动、虚接。

④ 分、合闸线圈动作电压过高。

⑤ 分、合闸线圈铁芯卡涩、卡死。

(8) 油泵不启动。

① 电动机损坏。

② 电源消失或者未投入，储能电源保险熔断或接触不良。

③ 油泵控制回路中的微动开关接点接触不良或微动开关损坏。

④ 接触器线圈断线、烧损中间继电器及时间继电器接点接触不良。

⑤ 电机控制回路中热继电器常闭接点断开未复归。

(9) 油泵发过流过时信号。

① 油泵柱塞效率低下，打压时间过长。

② 高压泄压阀关闭不严，打压时间过长。

③ 储能继电器损坏，触点断不开，接触器卡滞。

④ 时间继电器整定时间短，导致储能未结束，时间就到。

⑤ 热继电器整定电流小，导致电机启动后热继电器动作。

⑥ 机构内部高压密封垫或管接头密封不严。

⑦ 安全释放阀内复位弹簧弹力不足，密封不严，导致泄压。

2) 二次回路消缺

(1) 验电：断开二次电源，用万用表测量二次回路无电压，防止低压触电。验电时，必须向考评员汇报，在专人监护下进行机构箱低压验电。

(2) 将二次回路停电后，考生使用万用表电阻档，根据图纸要求测量各回路参数，确认各回路是否完好。

(3) 当通过表计测量发现参数异常，经分析判断并用万用表确认缺陷点后，向考评员汇报，得到答复可继续消缺。

(4) 当确认缺陷点后，需要更换或增加零件才能继续处理时，应向考评员汇报，得到考评员给的零件后，可继续消缺。

(5) 没有得到考评员给的零件，不可强行改变其他零件状态，强行消缺。

(6) 考生认为缺陷全部消除，需要传动操作机构时，应向考评员汇报，得到考评员答复后，在考评员的监护下给机构送电。

(7) 接通油泵电源，油泵运转后，观察油泵回路运转是否正常，出现异常可根据机构二次图纸，用万用表查找缺陷点，直到消除缺陷。

(8) 接通分、合闸控制回路电源，观察设备状态，出现异常可根据机构二次图纸，用万用表查找缺陷点，直到消除缺陷。

(9) 完成分、合过程传动 3 次无异常后，将机构放置分闸位。

（10）检查机构箱内无异物遗留后，关闭机构箱门。

（11）向考评员汇报需要停电，在专人监护下停电。

4. 结束工作

（1）清理工作现场，将工器具、材料、设备归位，现场恢复至开工前状态。

（2）办理工作终结手续，填写检修报告。

（3）收工离场。

二、考核

（一）考核场地

（1）可在室内或室外进行。

（2）现场安装 LW10B-252 型断路器 1 台，且各部件完整，在工位四周设置围栏。

（3）设置评判用的桌椅和计时秒表。

（二）考核时间

（1）考核时间为 60min.

（2）开工前，考生检查着装，清点工器具、设备是否齐全，时间为 3min（不计入考核时间）。

（3）许可开工后记录考核开始时间。

（4）现场清理完毕后，汇报工作终结，记录考核结束时间。

（三）考核要点

（1）要求一人操作，考评员监护。考生着装规范，穿工作服、绝缘鞋，戴安全帽。

（2）安全文明生产。工器具、材料、设备摆放整齐，现场操作熟练连贯、有序，正确规范地使用工器具及安全用具。不发生危及人身或设备安全的行为，否则可取消本次考核成绩。

（3）考核考生对 LW10B-252 型断路器机构常见故障的查找，判断和调整，掌握相关消缺检修工艺。

（4）故障由考评员现场设置，电气故障 1～2 个，油路故障 1～2 个，可根据复杂程度采取口述或实操完成。

三、评分标准

行业：电力工程　　　　工种：变电检修工　　　　等级：一

编号	BJ1ZY0101	行为领域	e	鉴定范围		变电检修高级技师	
考核时限	60min	题型	C	满分	100 分	得分	
试题名称	LW10B-252 型断路器操作机构消缺						
考核要点及其要求	（1）要求一人操作，考评员监护。考生着装规范，穿工作服、绝缘鞋，戴安全帽。 （2）安全文明生产。工器具、材料、设备摆放整齐，现场操作熟练连贯、有序，正确规范地使用工器具及安全用具。不发生危及人身或设备安全的行为，否则可取消本次考核成绩。 （3）考核考生对 LW10B-252 型断路器机构常见故障的查找，判断和调整，掌握相关消缺检修工艺。 （4）故障由考评员现场设置，电气故障 1～2 个，油路故障 1～2 个，可根据复杂程度采取口述或实操完成						

续表

现场设备、工器具、材料	（1）工器具：内六角扳手、十字改锥和一字改锥、油盘、万用表、常用活动扳手（200mm、250mm、300mm）各1把、固定扳手1套、梅花扳手1套、套筒扳手1套、中号手锤1把、扁锉1套、单相电源盘1个、低电压测试仪。 （2）材料：白布、10号航空液压油、塑料布、00号砂纸、研磨膏、硅脂、行程开关、时间继电器、中间继电器、空开。 （3）设备：LW10B-252型断路器1台
备注	考生自备工作服、绝缘鞋

评分标准

序号	考核项目名称	质量要求	分值	扣分标准	扣分原因	得分
1	工作前准备及文明生产					
1.1	着装及工器具准备（不计考核时间，以3min为限）	穿工作服、戴安全帽、穿绝缘鞋，工作前清点工器具、设备是否齐全	3	（1）未穿工作服、戴安全帽、穿绝缘鞋，每项不合格，扣2分。 （2）未清点工器具、设备，每项不合格，扣2分，分数扣完为止		
1.2	安全文明生产	工器具摆放整齐，并保持作业现场安静、清洁，安全防护用具穿戴正确齐备	12	（1）未办理开工手续，扣2分。 （2）工器具摆放不整齐，扣2分。 （3）现场杂乱无章，扣2分。 （4）不能正确使用工器具，扣2分。 （5）工器具及配件掉落，扣2分。 （6）发生不安全行为，扣2分。 （7）发生危及人身、设备安全的行为直接取消考核成绩		
2	LW10B-252型断路器机构检查消缺					

续表

<table>
<tr><th>序号</th><th>考核项目名称</th><th>质量要求</th><th>分值</th><th>扣分标准</th><th>扣分原因</th><th>得分</th></tr>
<tr><td rowspan="7">2.1</td><td rowspan="7">机构检查消缺</td><td>检查各高压管路、低压油管、工作缸、储压器、油泵、压力组件有无渗漏油</td><td rowspan="7">25</td><td>(1) 一处检查不到位，扣1分。
(2) 二处检查不到位，扣2分。
(3) 二处以上不检查，扣5分</td><td></td><td rowspan="7"></td></tr>
<tr><td>检查各电气元件有无破损，端子排是否完好，接线是否牢固正确</td><td>未检查电器元件外观及接线，扣2分</td><td></td></tr>
<tr><td>检查油压表指示情况是否正常，有无渗漏油现象</td><td>未检查油压表情况，扣2分</td><td></td></tr>
<tr><td>关闭电机电源，机构泄压，检查压力组件信号是够正常</td><td>未检查压力里组件，扣4分</td><td></td></tr>
<tr><td>启动油泵打压，打压时间不超过3min</td><td>未检查油泵打压时间，扣3分</td><td></td></tr>
<tr><td>测试机构预充压力值</td><td>未检查预充压力值，扣3分</td><td></td></tr>
<tr><td>手动分合开关是否正常动作</td><td>未进行手动分合开关，扣3分</td><td></td></tr>
<tr><td rowspan="4">2.2</td><td rowspan="4">二次回路检查消缺</td><td>验电：断开二次电源，用万用表测量二次回路无电压，防止低压触电。验电时，必须向考评员汇报，在专人监护下进行机构箱低压验电</td><td rowspan="4">25</td><td>(1) 未按要求验电，扣1分。
(2) 未按要求停电，扣1分</td><td></td><td rowspan="4"></td></tr>
<tr><td>将二次回路停电后，被考人使用万用表电阻档，根据图纸要求测量各回路参数，确认各回路是否完好</td><td>(1) 万用表档位错误，扣1分。
(2) 未检测回路是否完好，扣2分</td><td></td></tr>
<tr><td>当通过表计测量发现参数异常，经分析判断并用万用表确认缺陷点后，向考评员汇报，得到答复可继续消缺</td><td>未向考评员汇报缺陷，扣2分</td><td></td></tr>
<tr><td>当确认缺陷点后，需要更换或增加零件才能继续处理时，应向考评员汇报，得到考评员给的零件后，可继续消缺</td><td>需更换件未向考评员汇报，扣2分</td><td></td></tr>
</table>

续表

序号	考核项目名称	质量要求	分值	扣分标准	扣分原因	得分
2.2	二次回路检查消缺	没有得到考评员给的零件后，不可强行改变其他零件状态、强行消缺	25	强行改变其他零件状态，扣3分		
		考生认为缺陷全部消除，需要传动电动机构时，应向考评员汇报，得到考评员答复后，在考评员的监护下给机构送电		未经许可给机构送电，扣2分		
		接通油泵电源，油泵运转后，观察油泵回路运转是否正常，出现异常可根据机构二次图纸，用万用表查找缺陷点，直到消除缺陷		未检查油泵运转是否正常，扣2分		
		接通分、合闸控制回路电源，观察设备状态，出现异常可根据机构二次图纸，用万用表查找缺陷点，直到消除缺陷		未检查控制恢复状况，扣2分		
		完成分、合过程传动3次无异常后，将机构放置分闸位		未经过3次分合操作确认机构正常，扣2分		
		检查机构箱内无异物遗留后，关闭机构箱门		(1) 机构未置于分闸位，扣3分。 (2) 箱内留异物或未关闭箱门，扣2分		
2.3	故障消除	液压机构故障缺陷1	30	没处理，扣10分		
		液压机构故障缺陷2		没处理，扣10分		
		二次回路故障缺陷2		没处理，扣10分		
3	收工					
3.1	结束工作	工作结束，工器具及设备摆放整齐，清理现场，报告工作结束	2	(1) 工器具及设备摆放不整齐，扣1分。 (2) 未清理现场，扣1分。 (3) 未汇报工作结束，扣1分		
3.2	填写检修记录（该项不计入考核时间，以3min为限）	如实正确填写，记录检修、试验情况	3	(1) 检修记录未填写，扣3分。 (2) 填写错误，每处扣1分，分数扣完为止		

2.2.4 BJ1ZY0201 GW16-126 型隔离开关三相调整及消缺

一、作业

（一）工器具、材料、设备

（1）工器具：常用活动扳手各 1 把、固定扳手 1 套、梅花扳手 1 套、套筒扳手 1 套、内六角扳手 1 套、中号手锤 1 把、一字和十字螺丝刀各 1 把、扁锉 1 套、钢丝刷 2 把、600mm 钢直尺 1 把、3m 卷尺、电源箱、100A 回路电阻测试仪及配套测试专用线 1 套、安全带 1 条、检修平台 1 套。

（2）材料：汽油、二硫化钼、00 号砂纸、抹布、检修垫布。

（3）设备：GW16-126 型隔离开关 1 组。

（二）安全要求

1. 防止机械伤害

（1）作业过程中，确保人身与设备安全，高空作业应系安全带。

（2）隔离开关传动过程，禁止在机构或隔离开关本体上工作。

2. 防止高摔

使用梯子上下设备前应有专人扶持，设备本体上工作必须使用安全带。

3. 防止触电伤害

（1）拆接低压电源时，有专人监护。

（2）试验仪使用前应可靠接地，试验过程中操作人员站在绝缘垫上作业。

（3）二次回路工作前，应首先验明回路无电。

4. 现场安全措施

用围网带将工作区域围起来，出口设置在安全的通道处，出入口处设置“从此进出!”标示牌，工作区内放置“在此工作!”标示牌。

5. 办理开工手续

办理开工、许可手续，进行工作票宣读，交代工作中的危险点。

（三）操作步骤及工艺要求（含注意事项）

1. 准备工作

（1）着装规范。

（2）工器具、材料清点和做外观检查。

（3）试验仪器做外观检查。

2. 隔离开关外观检查

检修前对 GW16-126 型隔离开关外观检查，配地刀的隔离开关应包括接地刀闸检查。质量要求如下：

（1）隔离开关传动机构传动正常。

（2）隔离开关（接地开关）各部螺栓均紧固良好。

（3）手动操作隔离开关（接地开关）能正常分、合闸。

（4）隔离开关支持绝缘子外观良好，无破损。

3. GW16-126 型隔离开关调试

（1）主极隔离开关分、合位置的调整。操作机构检查刀闸的分、合闸位置，如果两者都不到位，调整主拐臂长度，适当延长，如果出现分闸不到位或合闸不到位的情况，可适当调整主连杆的长度和摩擦接头的位置，在合闸到位时底座装配上双连杆，要过死点。

（2）主级隔离开关下导电臂的调整。将刀闸合到位后，通过调整底座装配中两侧连杆长短实现下导电臂倾斜度调整。

（3）隔离开关上导电臂的调整。操作机构合闸到位后下导电臂已经垂直，而上导电臂未伸直，松开调节接头，锁紧螺母，调节下导电臂长度直到其完全伸直，并锁紧螺母。

（4）同期的调整。操作机构在动触头将要接触静触头时，缓慢合闸，观察静触头在两触指中间的位置，以基本在中间为准，如果不合格，可通过调节静触头的位置使其满足要求。

（5）隔离开关触指加紧力的调整。将刀闸合闸到位后检查触指加紧力，如果加紧力不够，可增加上导电管插入连接叉或动触头座的深度，此时上导电管最好旋转约 20°，并重新配钻定位孔。

（6）从动极的调整。将调整好的主动极刀闸分闸到位，将第一从动极检查转动灵活后分闸到位，然后调节好相间连杆长度后将其和主动极相连，手动操作机构检查分合闸情况，上下臂垂直度、加紧位置、同期性调整同主动极的调整方法，如果有分、合闸不到位的情况可以通过调整相间连杆的长度调整位置。

（7）第二从动极的方法同第一从动极。

（8）GW16-126 型隔离开关接地开关调试。接地开关合闸后触头插入深度，触头间隙小于 5mm，调整地刀触头合入后，动触头露出静触头大于 10mm。

（9）GW16-126 型隔离开关和接地开关连锁调试。

①隔离开关合闸时，接地开关合不上闸且接地开关动触头杆起升高度符合要求；

②接地开关合闸时，隔离开关合不上闸，且动导电臂起升高度符合要求。

（10）测量隔离开关的回路电阻，电阻符合厂家要求。

（11）整体调试后调试项目及标准、质量要求。

① 传动杆与拐臂板的连接轴销转动灵活，辅助开关切换位置正确，隔离开关动作灵活，装配角度符合要求，无卡涩。

② 合闸时隔离开关在同一条垂直线，从地上观察三相分闸后隔离开关的折臂是否落在支撑橡胶垫。

③ 以手动进行三相联动分、合闸，检查其死点位置，距限位螺钉 1～3mm。

④ 三相隔离开关动作速度基本一致，三相不同期偏差应不大于 20mm。

⑤ 合闸后动触头上端左右偏移不大于 50mm。

⑥ 隔离开关合闸后，分别测试三相导电回路电阻，回路电阻值应符合规定。

4. 结束工作

（1）清理工作现场，将工器具、材料、设备归位，现场恢复至开工前状态。

（2）办理工作终结手续，填写检修报告。

（3）收工离场。

二、考核

（一）考核场地

（1）可在室内或室外进行，考核工位现场提供220V检修电源。

（2）现场安装GW16-126型隔离开关1组（配CJ5电动机构），且各部件完整、机构操作电源已接入。在工位搭设检修平台及四周设置围栏。

（3）设置评判用的桌椅和计时秒表。

（二）考核时间

（1）考核时间为60min。

（2）开工前，考生检查着装，清点工器具、设备是否齐全，时间为3min（不计入考核时间）。

（3）许可开工后记录考核开始时间。

（4）现场清理完毕后，汇报工作终结，记录考核结束时间。

（三）考核要点

（1）要求一人操作，考评员监护。考生着装规范，穿工作服、绝缘鞋，戴安全帽、安全带。

（2）安全文明生产。工器具、材料、设备摆放整齐，现场操作熟练连贯、有序，正确规范地使用工器具及安全用具。不发生危及人身或设备安全的行为，否则可取消本次考核成绩。

（3）考核考生对GW16-126型隔离开关整体调试的熟练程度，熟悉各部件工艺质量要求。

（4）熟悉本体调试项目及技术要求，会进行相应的检查、调整和处理。

（5）整体调试项目中现场考评员抽取3个项目进行实际操作。

三、评分标准

行业：电力工程　　　　工种：变电检修工　　　　等级：一

编号	BJ1ZY0201	行为领域	e	鉴定范围		变电检修高级技师	
考核时限	60min	题型	b	满分	100分	得分	
试题名称	GW16-126型隔离开关三相调整及消缺						
考核要点及其要求	（1）要求一人操作，考评员监护。考生着装规范，穿工作服、绝缘鞋，戴安全帽、安全带。 （2）安全文明生产。工器具、材料、设备摆放整齐，现场操作熟练连贯、有序，正确规范地使用工器具及安全用具。不发生危及人身或设备安全的行为，否则取消本次考核成绩。 （3）考核考生对GW16-126型隔离开关整体调试的熟练程度，熟悉各部件工艺质量要求。 （4）熟悉本体调试项目及技术要求，会进行相应的检查、调整和处理						
现场设备、工器具、材料	（1）工器具：常用活动扳手各1把、固定扳手1套、梅花扳手1套、套筒扳手1套、内六角扳手1套、中号手锤1把、一字和十字螺丝刀各1把、扁锉1套、钢丝刷2把、600mm钢直尺1把、3m卷尺、电源箱、100A回路电阻测试仪及配套测试专用线1套、安全带1条、检修平台1套。 （2）材料：汽油、二硫化钼、00号砂纸、抹布、检修垫布。 （3）设备：GW16-126型隔离开关1组						
备注	考生自备工作服、绝缘鞋						

续表

评分标准						
序号	考核项目名称	质量要求	分值	扣分标准	扣分原因	得分
1	工作前准备及文明生产					
1.1	着装及工器具准备（不计考核时间，以3分钟为限）	穿工作服、戴安全帽、穿绝缘鞋，工作前清点工器具、设备是否齐全	3	（1）未穿工作服、戴安全帽、穿绝缘鞋，每项不合格，扣2分。 （2）未清点工器具、设备，每项不合格，扣2分，分数扣完为止		
1.2	安全文明	工器具摆放整齐，并保持作业现场安静、清洁，安全防护用具穿戴正确齐备	12	（1）未办理开工手续，扣2分。 （2）工器具摆放不整齐，扣2分。 （3）现场杂乱无章，扣2分。 （4）不能正确使用工器具，扣2分。 （5）工器具及配件掉落，扣2分。 （6）发生不安全行为，扣2分。 （7）发生危及人身、设备安全的行为直接取消考核成绩		
2	GW16-126型隔离开关三相调试					
2.1	GW16-126型隔离开关检查项目及标准	隔离开关检修后组装完毕	10	组装完毕后未检查，扣2.5分		
		隔离开关检修后各部螺栓均紧固良好		未检查螺栓紧固，扣2.5分		
		手动操作隔离开关能正常分合闸		未进行手动操作，扣2.5分		
		有接地开关应检查隔离开关与接地开关之间的闭锁可靠性（主刀合闸，地刀不能合闸；地刀合闸，主刀不能合闸）		未检查主刀地刀闭锁，扣2.5分		

续表

序号	考核项目名称	质量要求	分值	扣分标准	扣分原因	得分
2.2	GW16-126型隔离开关主级刀闸调试	分合闸位置调整，分闸后隔离开关落在橡胶支撑垫上，合闸后，底座双连杆过死点	20	(1) 未检查分闸位置落点，扣1分。 (2) 未检查双连杆过死点，扣1分		
		下导电臂调整，下导电臂合闸后垂直于水平面		未检查下导电臂垂直，扣2分		
		上导电臂调整，上导电臂与下导电臂基本在一条直线上		未检查上导电臂与下导电臂成一直线，扣2分		
		两触指与静触头距离偏差不大于50mm		未检查偏差不大于50mm，扣2分		
		夹紧力调整，夹紧力度合适，不合适调整		未检查夹紧力，扣2分		
2.3	从动级调整（第一从动极）	分合闸位置调整，分闸后隔离开关落在橡胶支撑垫上，合闸后，底座双连杆过死点	10	(1) 未检查分闸位置落点，扣1分。 (2) 未检查双连杆过死点，扣1分		
		下导电臂调整，下导电臂合闸后垂直于水平面		未检查下导电臂垂直，扣2分		
		上导电臂调整，上导电臂与下导电臂基本在一条直线上		未检查上导电臂与下导电臂成一直线，扣2分		
		同期调整，两触指与静触头距离偏差不大于50mm		未检查同期和偏差不大于50mm，扣2分		
		夹紧力调整，夹紧力度合适，不合适调整		未检查夹紧力，扣2分		
2.4	从动级调整（第二从动极）	分合闸位置调整，分闸后隔离开关落在橡胶支撑垫上，合闸后，底座双连杆过死点	10	(1) 未检查分闸位置落点，扣1分。 (2) 未检查双连杆过死点，扣1分		
		下导电臂调整，下导电臂合闸后垂直于水平面		未检查下导电臂垂直，扣2分		

续表

序号	考核项目名称	质量要求	分值	扣分标准	扣分原因	得分
2.4	从动级调整（第二从动极）	上导电臂调整，上导电臂与下导电臂基本在一条直线上	10	未检查上导电臂与下导电臂成一直线，扣2分		
		两触指与静触头距离偏差不大于50mm		未检查偏差不大于50mm，扣2分		
		夹紧力调整，夹紧力度合适，不合适调整		未检查夹紧力，扣2分		
2.5	GW16-126型隔离开关接地开关调试项目	手动操作接地开关合分各3次	5	未达到规定次数，扣2分		
		接地开关合闸后触头插入深度		未检查插入深度至合格，扣3分		
2.6	GW16型隔离开关和接地开关联锁调试	隔离开关合闸时，接地开关合不上闸且接地开关动触头杆起升高度符合要求	5	未检查闭锁，扣2.5分		
		接地开关合闸时，隔离开关合不上闸，且动导电臂起升高度符合要求		未检查闭锁，扣2.5分		
2.7	导电回路电阻测试	主导电回路电阻值 $<125\mu\Omega$	5	主回路电阻不合格，扣5分		
2.8	整体调试后质量标准	传动杆与拐臂板的连接轴销转动灵活，辅助开关切换位置正确，隔离开关动作灵活，装配角度符合要求，无卡涩三相操作能同步到位，合闸终了，三相均在一条垂线上	15	传动卡涩或不同步，扣3分		
		合闸时隔离开关在同一条垂直线，三相分闸后隔离开关的折臂是否落在支撑橡胶垫		三相垂直度、折叠高度不一致，扣3分		
		以手动进行三相联动分、合闸，检查其死点位置，距限位螺钉1～3mm		（1）未过死点，一相，扣1分。 （2）不检查间隙或间隙不合格，扣2分，该项分值扣完为止		
		三相隔离开关动作速度基本一致，三相各不同期允许偏差应不大于20mm		未检查三相同期，扣3分		
		同相两个断口的最小空气距离不小于1100mm		不知此项工艺规定，扣2分		
		隔离开关全部螺栓紧固		螺栓不紧固，每出现一处扣1分		

续表

序号	考核项目名称	质量要求	分值	扣分标准	扣分原因	得分
3	现场整理					
3.1	结束工作	工作结束，工器具及设备摆放整齐，工完场清，报告工作结束	2	(1) 工器具及设备摆放不整齐，扣1分。 (2) 未清理现场，扣1分。 (3) 未汇报工作结束，扣1分，分数扣完为止		
3.2	填写检修记录（该项不计考核时间，以3min为限）	如实正确填写，记录检修、试验情况	3	(1) 检修记录未填写，扣3分。 (2) 填写错误，每处扣1分，分数扣完为止		

2.2.5 BJ1ZY0202 GW7-126型隔离开关三相调整及二次回路消缺

一、作业

（一）工器具、材料、设备

（1）工器具：常用活扳手和活动扳手各1把、固定扳手3套、梅花扳手1套、套筒扳手（10～32mm）1套、内六角扳手1套、中号手锤1把、一字和十字螺丝刀各2把、扁锉1套、钢丝刷2把、600mm钢直尺1把、3m卷尺、0.05mm塞尺、电源箱、万用表、安全带、检修平台。

（2）材料：汽油、导电脂、二硫化钼、00号砂纸、抹布，检修垫布1m×1m。

（3）设备：GW7-126型隔离开关1组。

（二）安全要求

1. 防止高摔

使用梯子上下设备前应有专人扶持，设备本体上工作必须使用安全带。

2. 防止机械伤害

（1）作业过程中，确保人身与设备安全，高空作业应系安全带。

（2）隔离开关传动过程，禁止在机构或隔离开关本体上工作。

3. 防止触电伤害

（1）拆接低压电源时，有专人监护。

（2）试验仪使用前应可靠接地，试验过程中操作人员站在绝缘垫上作业。

（3）二次回路工作前，应首先验明回路无电。

4. 现场安全措施

用围网带将工作区域围起来，出口设置在安全的通道处，出入口处设置“从此进出!”标示牌，工作区内放置“在此工作!”标示牌。

5. 办理开工手续

办理开工、许可手续，进行工作票宣读，交代工作中的危险点。

（三）操作步骤及工艺要求（含注意事项）

1. 准备工作

（1）着装规范。

（2）工器具、材料清点和做外观检查。

（3）试验仪器做外观检查。

2. 隔离开关三相调整

（1）检查隔离开关本体，外观各部件无损伤，各连接部位连接良好、部件齐全。

（2）检查竖拉杆、水平拉杆及传动箱装配操作是否灵活、可靠。

（3）拉合隔离开关，隔离开关关合是否正常，如不能正常关合，简单处理。

（4）将各相支瓶分合闸限位止钉间隙调大，使之不影响分合闸。

（5）将机构立拉杆小拐臂限位止钉间隙调大，使之不影响分合闸。

（6）检查测量每极三个绝缘子中心是否在一直线上，检查绝缘瓷瓶垂直无倾斜。

（7）将刀闸置于分闸位置，用水平尺检查主刀闸是否水平，必要时可松开绝缘子的螺栓，通过增减垫片调整。

（8）手动合闸至接近终了位置，检查动触头合入静触头情况，保证动触头进入静触座内后在未翻转前与上、下静触片距离相等且平行，如不合格，可松开静触座下四条螺栓调整静触座高度及水平。

（9）继续合闸，当任何一极的触刀与触指首先接触时，测量另外两极触刀与触指之间的同期差不大于15mm，当任何一项从动极的触刀与触指接触时的同期差大于15mm时，可调节相间拉杆结合部螺栓，通过放长或缩短螺栓长度改变从动极初始角度来达到调整同期的目的。

（10）手动合闸到位，检查三相动静触头接触良好，用0.05mm塞查检查接触线处，对于线接触塞尺塞不进去为合格。

（11）手动分闸，检查三相刀闸分闸到位，刀闸打开距离应不小于1020mm。

（12）手动分合刀闸三次，动作正常，紧固各螺栓。

（13）各转动部位轴销齐全，开口销开口合格，转动部位涂二硫化钼。

（14）将各相支瓶分合闸限位顶丝间隙调整到1～3mm，然后锁紧锁母。

（15）导电回路电阻测试。

3. 二次回路消缺

（1）验电：断开二次电源，用万用表测量二次回路无电压，防止低压触电；验电时，必须向考评员汇报，在专人监护下进行机构箱低压验电。

（2）将二次回路停电后，考生使用万用表电阻档，根据图纸要求测量各回路参数，确认各回路是否完好。

（3）当通过表计测量发现参数异常，经分析判断并用万用表确认故障点后，向考评员汇报，得到答复可继续处理。

（4）当确认故障点后，需要更换或增加零件才能继续处理时，应向考评员汇报，得到考评员给的零件后，可继续处理。

（5）没有得到考评员给的零件后，不可强行改变其他零件状态、强行处理。

（6）考生认为故障全部消除，需要电动操作隔离开关时，应向考评员汇报，得到考评员答复后，在考评员的监护下给机构送电。

（7）刀闸置于中间位置，接通控制和电机电源，电动分合刀闸，出现异常可根据机构二次图纸，用万用表查找缺陷点，直到消除缺陷。

（8）完成分、合过程传动3次无异常后，将机构放置分闸位。

（9）检查机构箱内无异物遗留后，关闭机构箱门。

4. 结束工作

（1）清理工作现场，将工器具、材料、设备归位，现场恢复至开工前状态。

（2）办理工作终结手续，填写检修报告。

（3）收工离场。

二、考核

（一）考核场地

（1）可在室内或室外进行，考核工位现场提供220V检修电源。

（2）现场安装GW7-126型隔离开关1组，且各部件完整，机构操作电源已接入。在工位四周设置围栏。

（3）现场提供检修所需的工器具、仪器、材料及安全防护用具。

（4）设置评判用的桌椅和计时秒表。

（二）考核时间

（1）考核时间为50min。

（2）开工前，考生检查着装，清点工器具、设备是否齐全，时间为3min（不计入考核时间）。

（3）许可开工后记录考核开始时间。

（4）现场清理完毕后，汇报工作终结，记录考核结束时间。

（5）由考评员设故障点，考生能在规定时间内排除。故障点根据实际现场条件设定。

（三）考核要点

（1）要求一人操作，考评员监护。考生着装规范，穿工作服、绝缘鞋，戴安全帽、安全带。

（2）安全文明生产。工器具、材料、设备摆放整齐，现场操作熟练连贯、有序，正确规范地使用工器具及安全用具。不发生危及人身或设备安全的行为，否则可取消本次考核成绩。

（3）熟悉GW7-126型隔离开关机构，熟悉各部件检修工艺质量要求。

（4）熟悉GW7-126型隔离开关的调试项目及技术要求，会进行相应的检查、调整和处理。

三、评分标准

行业：电力工程　　　　　　工种：变电检修工　　　　　　等级：一

编号	BJ1ZY0202	行为领域	e	鉴定范围		变电检修高级技师	
考核时限	50min	题型	c	满分	100分	得分	
试题名称	GW7-126型隔离开关三相调整及二次回路消缺						
考核要点及其要求	（1）要求一人操作，考评员监护。考生着装规范，穿工作服、绝缘鞋，戴安全帽、安全带。 （2）安全文明生产。工器具、材料、设备摆放整齐，现场操作熟练连贯、有序，正确规范的使用工器具及安全用具。不发生危及人身或设备安全的行为，否则可取消本次考核成绩。 （3）熟悉GW7-126型隔离开关机构，熟悉各部件检修工艺质量要求 （4）熟悉GW7-126型隔离开关的调试项目及技术要求，会进行相应检查、调整和处理						
现场设备、工器具、材料	（1）工器具：常用活扳手、活动扳手各1把、固定扳手3套、梅花扳手1套、套筒扳手（10～32mm）1套、内六角扳手1套、中号手锤1把、一字和十字螺丝刀各2把、扁锉1套、钢丝刷2把、600钢直尺1把、3米卷尺、0.05mm塞尺、电源箱、万用表、安全带、检修平台。 （2）材料：汽油、导电脂、二硫化钼、00号砂纸、抹布，检修垫布1m×1m。 （3）设备：GW7-126型隔离开关1组						
备注	考生自备工作服、绝缘鞋						

续表

评分标准						
序号	考核项目名称	质量要求	分值	扣分标准	扣分原因	得分
1	工作前准备及文明生产					
1.1	着装及工器具准备（不计考核时间，以3min为限）	穿工作服和绝缘鞋、戴安全帽，工作前清点工器具、设备是否齐全	3	（1）未穿工作服、戴安全帽、穿绝缘鞋，每项不合格，扣2分。 （2）未清点工器具、设备，每项不合格，扣2分，分数扣完为止		
1.2	安全文明	办理开工，工器具摆放整齐，并保持作业现场安静、清洁，安全防护用具穿戴正确齐备	12	（1）未办理开工手续，扣2分。 （2）工器具摆放不整齐，扣2分。 （3）现场杂乱无章，扣2分。 （4）不能正确使用工器具，扣2分。 （5）工器具及配件掉落，扣2分。 （6）发生不安全行为，扣2分。 （7）发生危及人身、设备安全的行为直接取消考核成绩		
2	三相调整及消缺					
2.1	三相调整	检查隔离开关本体，外观各部件无损伤，各连接部位连接良好部件齐全	45	未检查本体外观，扣3分		
		检查竖拉杆、水平拉杆及传动箱装配操作是否灵活、可靠		未检查各拉杆及传动箱装配是否灵活，扣3分		
		拉合隔离开关，隔离开关关合是否正常，如不能正常关合简单处理		未检查刀闸合闸状况，扣3分		

续表

序号	考核项目名称	质量要求	分值	扣分标准	扣分原因	得分
2.1	三相调整	将各相支瓶分合闸限位止钉间隙调大，使之不影响分合闸	45	未检查调整限位间隙，扣3分		
		将机构立拉杆小拐臂限位止钉间隙调大，使之不影响分合闸		未检查调整小拐臂限位间隙，扣3分		
		检查测量每极三个绝缘子中心是否在一直线上，检查绝缘瓷瓶垂直无倾斜		未检查各相绝缘子安装是否水平同直线，扣3分		
		将刀闸置于分闸位置，用水平尺检查主刀闸是否水平，必要时可松开绝缘子的螺栓，通过增减垫片调整		未检查调整主刀闸水平，扣3分		
		手动合闸至接近终了位置，检查动触头合入静触头情况，保证动触头进入静触座内后在未翻转前与上、下静触片距离相等且平行		未检查刀闸同期，扣3分		
		继续合闸，当任何一极的触刀与触指首先接触时测量另外两极触刀与触指之间的同期差不大于15mm		刀闸极间同期差大于15mm，扣3分		
		手动合闸到位，检查三相动静触头接触良好，用0.05mm塞查检查接触线处，对于线接触塞尺塞不进去为合格		未检查测试动静触头接触情况，扣3分		
		手动分闸，检查三相刀闸分闸到位，刀闸打开距离应不小于1020mm		未测试分闸开距，扣3分		
		手动分合刀闸三次，动作正常，紧固各螺栓		（1）未手动测试刀闸，扣1分。 （2）未紧固各螺栓，扣2分		
		各转动部位轴销齐全，开口销开口合格，转动部位涂二硫化钼		（1）未检查轴销、开口销是否齐全，扣1分。 （2）转动部位未涂抹二硫化钼，扣2分		
		将各相支瓶分合闸限位顶丝间隙调整到1～3mm，然后锁紧锁母		未调整分合闸限位螺栓间隙至1～3mm，扣3分		
		回路电阻测试		未开展回路电阻测试，扣3分		

续表

序号	考核项目名称	质量要求	分值	扣分标准	扣分原因	得分
2.2	二次回路消缺	验电：用万用表测量电源侧有无电压，如有电，断开二次电源，防止低压触电验电时必须向考评员汇报，在专人监护下进行机构箱低压验电	15	（1）不按要求验电，扣1分。 （2）不按要求停电，扣1分		
		将二次回路停电后，被考人使用万用表电阻档，根据图纸要求测量各回路参数，确认各回路是否完好		（1）测量错误，扣1分。 （2）不会测回路，扣2分		
		当通过表计测量发现参数异常，经分析判断并用万用表确认缺陷点后，向考评员汇报，得到答复后可继续消缺		未向考评员汇报缺陷，扣1分		
		当确认缺陷点后，需要更换或增加零件才能继续处理时，应向考评员汇报，得到考评员给的零件后，可继续消缺		需更换元件未汇报，扣1分		
		没有得到考评员给的零件后，不可强行改变其他零件状态、强行消缺		强行改变零件状态消缺，扣2分		
		考生认为缺陷全部消除，需要电动操作隔离开关时，应向考评员汇报，得到考评员答复后，在考评员的监护下给机构送电		未经许可向机构送电，扣1分		
		接通分、合闸控制回路电源，观察设备状态，出现异常可根据机构二次图纸，用万用表查找缺陷点，直到消除缺陷		未检查核实回路故障，扣2分		
		完成分、合过程传动3次无异常后，将机构放置分闸位		未通过3次操作检查设备状态，扣1分		
		检查机构箱内无异物遗留后，关闭机构箱门		（1）机构没放分闸位，扣2分。 （2）箱内留异物或未关闭箱门，扣1分		

续表

序号	考核项目名称	质量要求	分值	扣分标准	扣分原因	得分
2.3	隔离开关机构电气故障处理	缺陷1	20	未排除故障，扣10分		
		缺陷2		未排除故障，扣10分		
3	收工					
3.1	结束工作	工作结束，工器具及设备摆放整齐，工完场清，报告工作结束	2	（1）工器具及设备摆放不整齐，扣1分。 （2）未清理现场，扣1分。 （3）未汇报工作结束，扣1分，分数扣完为止		
3.2	填写检修记录（该项不计考核时间，以3min为限）	如实正确填写，记录检修、试验情况	3	（1）检修记录未填写，扣3分。 （2）填写错误，每处扣1分，分数扣完为止		

2.2.6 BJ1ZY0203 KYN61-40.5型开关柜闭锁装置消缺调试

一、作业

（一）工器具、材料、设备

（1）工器具：常用活动扳手1套、固定扳手1套、梅花扳手1套、套筒扳手1套、内六角扳手1套、中号手锤1把、一字和十字螺丝刀各1个、万用表。

（2）材料：机油、检修垫布1m×1m。

（3）设备：KYN61-40.5型开关柜1台、机构属专用操作工具1套。

（二）安全要求

1. 机械伤害

（1）设备传动时，机构、本体上禁止有人工作。

（2）机构内部检修前，切断控制电源、储能电源并释放能量，防止机械部件能量伤人。

2. 现场安全措施

用围网带将工作区域围起来，出口设置在安全的通道处，出入口处设置“从此进出!”标示牌，工作区内放置“在此工作!”标示牌。

3. 办理开工手续

办理开工、许可手续，进行工作票宣读，交代工作中的危险点。

（三）操作步骤及工艺要求（含注意事项）

1. 准备工作

（1）着装规范。

（2）工器具、材料清点和做外观检查。

（3）试验仪器做外观检查。

2. 开关柜的检查

（1）检查断路器操作电源、电动机储能电源、闭锁电源、照明电源均在断开位置。

（2）检查断路器在分闸状态，电动机未储能，采用手动分合断路器一次确保开关在分闸位置位置未储能。

（3）检查接地开关（线挂好）应处在合闸状态，后门闭锁已解锁，可在开关柜后柜门观察接地开关处于合闸位置。

（4）检查模拟指示器在分闸位置状态。

（5）断路器分合闸后的位置是否与电气指示一致。

（6）接地开关联动的闭锁电磁铁应完好。

（7）活动门与手车机械连锁正确。

3. 五防闭锁装置检查步骤

（1）调整初始位置：开关分闸、小车试验位、地刀分闸、后柜门关闭。

（2）开关与手车间联锁检查。

① 将开关合闸，无法按下手车摇把挡板，手车不能移动。

② 将手车摇到工作位置，将开关合闸，无法按下手车摇把挡板，手车不能移动。

（3）手车与地刀间联锁检查

① 将手车摇到工作位置，地刀操作挡板不能按下。

② 将地刀置于合闸位置，地刀挡板不能拉起，手车摇把挡板不能按下，手车摇把不能插入，手车无法移动。

（4）地刀与后门之间联锁检查

① 将接地刀闸置于合闸位置，打开后柜门后，地刀不能分闸。

② 将接地刀闸置于分闸位置，后柜门不能打开。

（5）开关手车在工作位置或中间位置二次插头不能取下。

4. 结束工作

（1）清理工作现场，将工器具、材料、设备归位，现场恢复至开工前状态。

（2）办理工作终结手续，填写检修报告。

（3）收工离场。

二、考核

（一）考核场地

（1）可在室内或室外进行。

（2）现场安装 KYN61-40.5 型开关柜 1 套，且各部件完整、机构操作电源已接入。在工位搭设检修平台及四周设置围栏。

（3）设置评判用的桌椅和计时秒表。

（二）考核时间

（1）考核时间为 40min。

（2）开工前，考生检查着装，清点工器具、设备是否齐全，时间为 3min（不计入考核时间）。

（3）许可开工后记录考核开始时间。

（4）现场清理完毕后，汇报工作终结，记录考核结束时间。

（5）对五防闭锁内容设置 2～3 项故障点，故障点由考评员根据实际现场条件设定。

（三）考核要点

（1）要求一人操作，考评员监护。考生着装规范，穿工作服、绝缘鞋，戴安全帽。

（2）安全文明生产。工器具、材料、设备摆放整齐，现场操作熟练连贯、有序，正确规范地使用工器具及安全用具。不发生危及人身或设备安全的行为，否则可取消本次考核成绩。

（3）熟悉开关柜“五防”闭锁功能及检查调试技术要求。

三、评分标准

行业：电力工程　　　　工种：变电检修工　　　　等级：一

编号	BJ1ZY0203	行为领域	e	鉴定范围		变电检修高级技师	
考核时限	40min	题型	C	满分	100 分	得分	
试题名称	KYN61-40.5 型开关柜闭锁装置消缺调试						

续表

考核要点及其要求	（1）要求一人操作，考评员监护。考生着装规范，穿工作服、绝缘鞋，戴安全帽。 （2）安全文明生产。工器具、材料、设备摆放整齐，现场操作熟练连贯、有序，正确规范地使用工器具及安全用具。不发生危及人身或设备安全的行为，否则可取消本次考核成绩。 （3）熟悉开关柜“五防”闭锁功能及检查维护技术要求
现场设备、工器具、材料	（1）工器具：常用活动扳手1套、固定扳手1套、梅花扳手1套、套筒扳手1套、内六角扳手1套、中号手锤1把、一字和十字螺丝刀各1个、万用表。 （2）材料：机油、检修垫布1m×1m。 （3）设备：KYN61-40.5型开关柜1台、机构属专用操作工具1套
备注	考生自备工作服、绝缘鞋

评分标准

序号	考核项目名称	质量要求	分值	扣分标准	扣分原因	得分
1	工作前准备及文明生产					
1.1	着装及工器具准备（不计考核时间，以3min为限）	穿工作服和绝缘鞋、戴安全帽，工作前清点工器具、设备是否齐全	3	（1）未穿工作服、戴安全帽、穿绝缘鞋，每项不合格，扣2分。 （2）未清点工器具、设备，每项不合格，扣2分，分数扣完为止		
1.2	安全文明生产	工器具摆放整齐，并保持作业现场安静、清洁，安全防护用具穿戴正确齐备	12	（1）未办理开工手续，扣2分。 （2）工器具摆放不整齐，扣2分。 （3）现场杂乱无章，扣2分。 （4）不能正确使用工器具，扣2分。 （5）工器具及配件掉落，扣2分。 （6）发生不安全行为，扣2分。 （7）发生危及人身、设备安全的行为直接取消考核成绩		

续表

序号	考核项目名称	质量要求	分值	扣分标准	扣分原因	得分
2	KYN61-40.5型开关柜闭锁装置调试消缺					
2.1	开关柜的检查内容	检查断路器操作电源、电动机储能电源、闭锁电源、照明电源均在断开位置	20	未检查电源开关在断开位置，扣2分		
		检查断路器在分闸状态，电动机未储能，采用手动分合断路器一次，确保开关在分闸位置位置未储能		（1）未检查开关在试验位置且在分闸状态的，扣2分。（2）未用手动分合闸，扣3分		
		检查接地开关应处在合闸状态闭锁后门已解锁可在开关柜体后观察接地开关处于合闸位置		（1）未核实接地刀闸状态，扣2分。（2）未检查接地刀和后柜门闭锁状况，扣2分		
		检查模拟指示器在分闸位置状态		未检查模拟指示器在分位的，扣1分		
		断路器分合闸后位置与电气指示一致		未检查机械和电气位置指示一致，扣2分		
		接地开关联动的闭锁电磁铁应完好		未检查接地开关联动闭锁电磁铁，扣4分		
		活动门与手车机械联锁机构灵活，活门可自动关闭		未检查活门动作灵活，扣2分		
2.2	五防闭锁装置检查步骤	将开关合闸，无法按下手车摇把挡板，手车不能移动	40	未检查开关合位不能摇进，扣5分		
		将手车摇到工作位置，将开关合闸，无法按下手车摇把挡板，手车不能移动		未检查手车合位，工作位置不能摇出，扣5分		
		将手车摇到工作位置，地刀操作挡板不能按下		未检查手车工作位置，地刀操作板不能压下，扣5分		
		将地刀置于合闸位置，地刀挡板不能拉起，手车摇把挡板不能按下，手车摇把不能插入，手车无法移动		（1）未检查地刀合位，地刀挡板不能拉起，扣3分，（2）未检查地刀合位，手车摇把不能压下，扣3分（3）未检查手车不能摇至工作位置，扣4分		

续表

序号	考核项目名称	质量要求	分值	扣分标准	扣分原因	得分
2.2	五防闭锁装置检查步骤	接地刀闸置于合闸位置，打开后柜门后，地刀不能分闸	40	未检查后门开启，地刀不能分闸，扣5分		
		将接地刀闸置于分闸位置，后柜门不能打开		未检查地刀分位，后柜门不能打开，扣5分		
		手车开关在工作位置二次插头不能取下		未检查手车工作位置二次插头不能取下，扣5分		
2.3	闭锁功能异常消缺	闭锁故障1	20	未排除故障，扣10分		
		闭锁故障2		未排除故障，扣10分		
3	收工					
3.1	结束工作	工作结束，工器具及设备摆放整齐，工完场清，报告工作结束	2	(1) 工器具及设备摆放不整齐，扣1分。 (2) 未清理现场，扣1分。 (3) 未汇报工作结束，扣1分，分数扣完为止		
3.2	填写检修记录（该项不计考核时间，以3min为限）	如实正确填写，记录检修、试验情况	3	(1) 检修记录未填写，扣3分。 (2) 填写错误，每处扣1分，分数扣完为止		

2.2.7 BJ1ZY0301 ZN65A-12 型断路器大修

一、作业

（一）工器具、材料、设备

（1）工器具：内六角扳手、活动扳手、梅花扳手 1 套、套筒扳手 1 套，一字改锥和十字改锥、游标卡尺、钢直尺、电源箱、摇表、机械特性测试仪表、万用表、回路电阻测试仪、尖嘴钳、手虎钳、橡皮锤。

（2）材料：润滑油、砂布、塑料带、汽油、凡士林、黄油。

（3）设备：灭弧室，ZN65A-12 型断路器。

（二）安全要求

1. 机械伤害

（1）设备传动时，机构、本体上禁止有人工作。

（2）机构内部检修前，切断控制电源、储能电源并释放能量，防止机械部件能量伤人。

2. 防止触电伤害

（1）拆接低压电源时，有专人监护。

（2）试验仪使用前应可靠接地，试验过程中操作人员站在绝缘垫上作业。

（3）二次回路工作前，应首先验明回路无电。

3. 现场安全措施

用围网带将工作区域围起来，出口设置在安全的通道处，出入口处设置“从此进出!”标示牌，工作区内放置“在此工作!”标示牌。

4. 办理开工手续

办理开工、许可手续，进行工作票宣读，交代工作中的危险点。

（三）操作步骤及工艺要求

1. 准备工作

（1）着装规范。

（2）工器具、材料清点和做外观检查。

（3）试验仪器做外观检查。

2. ZN65A-12 型断路器大修

1）检修前断路器外观检查

（1）检查分合闸指示器和储能指示是否正确。

（2）检查有无部件损伤、碎片脱落、裂纹、放电痕迹。

（3）检查导电回路和接线端子有无过热变色，连接是否可靠。

（4）检查绝缘外壳和支持绝缘子有无破损并清扫，不得有裂纹、放电痕迹及破损等，上下法兰无裂纹。

（5）检查各元件是否牢固，有无锈蚀现象。

2）机构检修维护

（1）检查真空断路器检修前，应采用手动合分断路器一次，确保断路器在分位未储能，同时还必须断开断路器主回路和控制回路，并将主回路接地。

（2）检查各弹簧销、定位销有无断裂脱落，连接螺栓及紧固件无松动，分、合闸电磁铁外观良好，手推分合闸电磁铁无卡涩，电阻合格。

（3）检查油缓冲器、橡皮缓冲器完好。

（4）检查凸轮主轴转动灵活、无卡滞。

（5）检查辅助开关和微动开关接线端子连接牢固、可靠，辅助开关切换灵活、接触良好。

（6）检查储能机构运行可靠。

（7）检查分、合闸掣子无磨损变形、动作可靠。

（8）减速箱检查。

（9）电机检查。

（10）真空灭弧室检查。

3）回路电阻测试

测量导电回路电阻不大于 $40\mu\Omega$。

4）真空灭弧室更换

（1）当真空灭弧室处于下述任一情况时，均应予以更换：

① 真空度明显下降或不能耐受规定的工频试验电压。

② 灭弧室的机械寿命已达到额定值。

③ 动静触头的磨损量已到规定值。

④ 灭弧室受到损伤已不能正常工作。

⑤ 断路器主回路电阻超过制造厂规定，且确认为真空灭弧室部分超标（测量导电回路电阻不大于 $40\mu\Omega$）。

（2）灭弧室更换及质量要求：

① 取下导电杆与拐臂连接的轴销两侧的卡簧，拆下轴销。

② 拆下绝缘护板，旋松各固定螺栓。

③ 松开固定灭弧室上部四条内六角螺栓，松开固定上支架与绝缘子之间的螺栓，取下时用手托住绝缘子与上支架间的垫片，以防止垫片掉落砸伤作业人员或损坏设备。

④ 轻轻晃动上支架，使上支架的两个定位销与绝缘护板脱开；取下上支架，取下上支架时，要两人配合，一人取上支架，一人扶好灭弧室，防止损坏灭弧室。

⑤ 两人配合，全部松开导电夹紧固螺栓，将万向连杆对正导电杆开口处，取下灭弧室。

⑥ 导向垫无老化、裂纹，清除导电夹上的氧化层，导电夹、软铜带应无过热、断裂、裂纹。

⑦ 测量旧灭弧室导电杆长度，调整新灭弧室导电杆长度与此相同，以减少安装后的调整工作量。

⑧ 安装顺序与拆除时相反。

⑨ 注意各部位螺栓应先手旋入几扣再全部拧紧，防止损坏螺栓。

5）机械性能调整

（1）行程超行程调整测量。

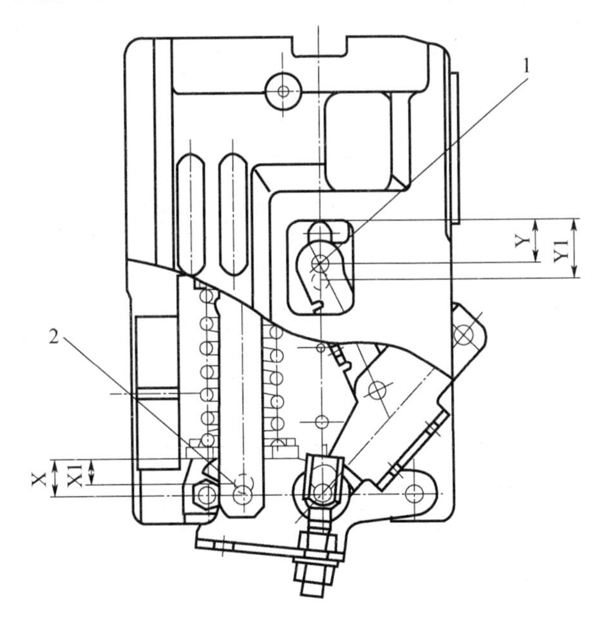

图　断路器操动机构结构

X1、Y1 为分闸时测得数据：

1 是指动导电杆杆端圆销，虚线圆是指分闸时位置；

2 是触头簧芯杆与下杠杆连接销，虚线圆是指接触后的位置；

Y1－Y＝（9±1）mm（开距）（测量工具游标卡尺）；

X1－X＝（6±1）mm（超行程）（测量工具深度尺）；

（2）缓冲器调整：增减的垫片数满足图纸技术要求的缓冲行程。

6）检修后机械性能试验见下表

表　检修后机械性能试验

序号	名称	单位	标准数据	实测数据
1	触头开距	mm	9±1	
2	接触行程	mm	6±1	
3	相间中心距离	mm	210±1（230±1，250±1，275±1）	
4	触头合闸弹跳时间	ms	≤2	
5	三相合分闸不同期性	ms	≤2	
6	分闸时间	ms	50±10	
7	合闸时间	ms	50±10	
8	平均分闸速度	m/s	1.0～1.4　1.0～1.8（40kA）	

续表

序号	名称		单位	标准数据	实测数据
9	平均合闸速度		m/s	0.5～1.0 0.7～1.2（40kA）	
10	每相回路电阻			≤40	
11	合闸触头接触压力	20kA	N	2000±200	
		25kA		2400±200	
		31.5kA		3100±200	
		40kA		4500±200	
12	动、静触头允许磨损厚度		mm	3	

3. 结束工作

（1）清理工作现场，将工器具、材料、设备归位，现场恢复至开工前状态。

（2）办理工作终结手续，填写检修报告。

（3）收工离场。

二、考核

（一）考核场地

（1）可在室内或室外进行，考核现场提供220V检修电源。

（2）现场安装ZN65A-12型断路器1台，且各部件完整，在工位四周设置围栏。

（3）设置评判用的桌椅和计时秒表。

（二）考核时间

（1）考核时间为60min。

（2）开工前，考生检查着装，清点工器具、设备是否齐全，时间为3min（不计入考核时间）。

（3）许可开工后记录考核开始时间。

（4）现场清理完毕后，汇报工作终结，记录考核结束时间。

（三）考核要点

（1）要求一人操作，考评员监护。考生着装规范，穿工作服、绝缘鞋，戴安全帽、安全带。

（2）安全文明生产。工器具、材料、设备摆放整齐，现场操作熟练连贯、有序，正确规范地使用工器具及安全用具。不发生危及人身或设备安全的行为，否则可取消本次考核成绩。

（3）考核考生对ZN65A-12型断路器大修内容的熟练程度，熟悉各部件工艺质量要求。

（4）熟悉本体调试项目及技术要求，会进行相应的检查、调整和处理。

三、评分标准

行业：电力工程　　　　　　　　工种：变电检修工　　　　　　　　等级：一

编号	BJ1ZY0301	行为领域	e	鉴定范围		变电检修高级技师	
考核时限	60min	题型	C	满分	100分	得分	
试题名称	ZN65A-12型断路器大修						
考核要点及其要求	（1）要求一人操作，考评员监护考生着装规范，穿工作服、绝缘鞋，戴安全帽、安全带。 （2）安全文明生产工器具、材料、设备摆放整齐，现场操作熟练连贯、有序，正确规范地使用工器具及安全用具不发生危及人身或设备安全的行为，否则可取消本次考核成绩。 （3）考核考生对ZN65A-12型断路器大修内容的熟练程度，熟悉各部件工艺质量要求。 （4）熟悉本体调试项目及技术要求，会进行相应的检查、调整和处理						
现场设备、工器具、材料	（1）工器具：内六角扳手、活动扳手、梅花扳手1套、套筒扳手1套，一字改锥和十字改锥、游标卡尺、钢直尺、电源箱、摇表、机械特性测试仪表、万用表、回路电阻测试仪、尖嘴钳、手虎钳、橡皮锤。 （2）材料：润滑油、砂布、塑料带、汽油、凡士林、黄油。 （3）设备：灭弧室，ZN65A-12型断路器						
备注	考生自备工作服、绝缘鞋						

评分标准

序号	考核项目名称	质量要求	分值	扣分标准	扣分原因	得分
1	工作前准备及文明生产					
1.1	着装及工器具准备（不计考核时间，以3min危限）	穿工作服和绝缘鞋、戴安全帽，工作前清点工器具、设备是否齐全	3	（1）未穿工作服、戴安全帽、穿绝缘鞋，每项不合格，扣2分。 （2）未清点工器具、设备，每项不合格，扣2分，分数扣完为止		
1.2	安全文明	工器具摆放整齐，并保持作业现场安静、清洁，安全防护用具穿戴正确齐备	12	（1）未办理开工手续，扣2分。 （2）工器具摆放不整齐，扣2分。 （3）现场杂乱无章，扣2分。 （4）不能正确使用工器具，扣2分。 （5）工器具及配件掉落，扣2分。 （6）发生不安全行为，扣2分。 （7）发生危及人身、设备安全的行为直接取消考核成绩		

续表

序号	考核项目名称	质量要求	分值	扣分标准	扣分原因	得分
2	ZN65A-12 型断路器大修					
2.1	检修前断路器外观检查	检查分合闸指示器和储能指示是否正确	10	(1) 未检查分合闸指示，扣1分。 (2) 未检查储能，扣1分		
		检查有无部件损伤、碎片脱落、裂纹、放电痕迹		未检查部件状况，扣2分		
		检查导电回路和接线端子有无过热变色，连接是否可靠		未检查导电回路和接线端子有无过热，扣2分		
		检查绝缘外壳和支持绝缘子有无破损		未检查绝缘件是否良好，扣2分		
		检查各元件是否牢固，有无锈蚀现象		未检查各元件是否牢固，锈蚀，扣2分		
2.2	断路器本体及构检查维护	检查真空断路器检修前，应采用手动合分断路器一次，确保断路器在分位未储能，同时还必须断开断路器主回路和控制回路，并将主回路接地	20	(1) 检修作业前不释放能量，扣2分。 (2) 不断开回路电源，扣2分		
		检查各弹簧销、定位销有无断裂脱落，连接螺栓及紧固件无松动，分、合闸电磁铁外观良好，手推分合闸电磁铁无卡涩		(1) 未检查弹簧销，定位销无脱落，扣1分。 (2) 未检查连接螺栓及紧固件无松动，扣1分。 (3) 未检查电磁铁动作灵活，固定牢固，扣1分		
		检查油缓冲器、橡皮缓冲器完好		未检查缓冲器状况，扣2分		
		检查凸轮主轴转动灵活、无卡滞		未检查主轴转动灵活，扣1分		
		检查辅助开关和微动开关接线端子连接牢固、可靠，辅助开关切换灵活、接触良好		未检查辅助开关切换灵活，扣3分		
		检查储能机构运行可靠		未检查储能机构运转，扣1分		
		检查分、合闸掣子无磨损变形、动作可靠		未检查脱口件无变形，动作可靠，扣2分		
		减速箱检查		未检查减速箱完好，扣1分		

续表

序号	考核项目名称	质量要求	分值	扣分标准	扣分原因	得分
2.2	断路器本体及构检查维护	电机检查	20	未检查电机完好，扣1分		
		灭弧室检查		未检查灭弧室无脏污放电，裂纹，扣2分		
2.3	回路电阻测试	测量导电回路电阻（<40$\mu\Omega$）	5	未测试，扣5分		
2.4	真空灭弧室更换	取下导电杆与拐臂连接的轴销两侧的卡簧，拆下轴销	15	未拆下卡簧轴销，扣1分		
		拆下绝缘护板，旋松各固定螺栓		未拆下绝缘护板，扣1分		
		松开固定灭弧室上部四条内六角螺栓，松开固定上支架与绝缘子之间的螺栓，取下时用手托住绝缘子与上支架间的垫片，以防止垫片掉落砸伤作业人员或损坏设备		（1）未拆下灭弧室固定螺栓，扣2分。 （2）垫片掉落，扣1分		
		轻轻晃动上支架，使上支架的两个定位销与绝缘护板脱开；取下上支架，取下上支架时，要两人配合，一人取上支架，一人扶好灭弧室，防止损坏灭弧室		未取下上支架，扣2分		
		两人配合，全部松开导电夹紧固螺栓，将万向连杆对正导电杆开口处，取下灭弧室		未取下灭弧室，扣1分		
		导向垫无老化、裂纹，清除导电夹上的氧化层，导电夹、软铜带应无过热、断裂、裂纹		未检查导向垫无老化、裂纹，清除导电夹上的氧化层，导电夹、软铜带应无过热、断裂、裂纹，扣3分		
		测量旧灭弧室导电杆长度，调整新灭弧室导电杆长度与此相同，以减少安装后的调整工作量		未测量调整灭弧室导电杆长度，扣1分		
		安装顺序与拆除时相反		未按相反顺序安装，扣3分		

续表

序号	考核项目名称	质量要求	分值	扣分标准	扣分原因	得分
2.5	机构机械性能调整	触头开距调整，数值为（9±1）mm	15	（1）触头开距不会测量，扣2分。 （2）不会调整，扣2分。 （3）开距调整不合格，扣2分		
		超程调整，数值应为（6±1）mm		（1）超程不会测量，扣2分。 （2）不会调整，扣2分。 （3）调整不合格，扣2分		
		缓冲器调整：增减油缓冲器的垫片数满足图纸技术要求的缓冲行程		未调整缓冲器发挥缓冲，扣3分		
2.6	修后机械特性试验（口述）	分、合速度符合产品技术要求（合闸1.0～1.4m/s；分闸0.5～1.0m/s）	15	未检查分合闸速度慢速要求，扣2分		
		触头合闸弹跳时间（≤2ms）		未检查调试合闸弹跳，扣3分		
		触头分、合闸不同期符合产品技术要求（≤2ms）		未检查调试分合闸同期，扣2分		
		分、合闸时间符合产品技术要求[分闸＜（50±10）ms，合闸＜（50±10）ms]		未检查调试分合闸时间，扣2分		
		分闸：当电压低至额定电压的30%时，不应脱扣动作，电压大于额定电压的65%时，开关必须可靠动作，否则应调整		未开展分闸低电压测试，扣3分		
		合闸：当电压低至额定电压的30%时，不应脱扣动作，电压大于额定电压的65%时，开关必须可靠动作，否则应调整		未开展合闸低电压测试，扣3分		
3	收工					

续表

序号	考核项目名称	质量要求	分值	扣分标准	扣分原因	得分
3.1	结束工作	工作结束，工器具及设备摆放整齐，清理现场，报告工作结束	2	(1) 工器具及设备摆放不整齐，扣1分。 (2) 未清理现场，扣1分。 (3) 未汇报工作结束，扣1分，分数扣完为止		
3.2	填写检修记录（该项不计入考核时间，以3min钟为限）	如实正确填写，记录检修、试验情况	3	(1) 检修记录未填写，扣3分。 (2) 填写错误，每处扣1分，分数扣完为止		

2.2.8 BJ1ZY0302 GW5A-126 型隔离开关大修

一、作业

（一）工器具、材料、设备

（1）工器具：内六角扳手、活动扳手、固定扳手 3 套、梅花扳手 1 套、套筒扳手 1 套、一字改锥和十字改锥、中号手锤 1 把、扁锉 1 套、钢丝刷 2 把、钢直尺、0.05mm 塞尺、电源箱、摇表、回路电阻测试仪。

（2）材料：润滑油、二硫化钼、00 号砂纸、凡士林、抹布、毛刷，检修垫布。

（3）设备：GW5A-126 型隔离开关 1 组、检修平台。

（二）安全要求

1. 防止机械伤害

（1）作业过程中，确保人身与设备安全，高空作业应系安全带。

（2）隔离开关传动过程，禁止在机构或隔离开关本体上工作。

2. 防止高摔

使用梯子上下设备前应有专人扶持，设备本体上工作必须使用安全带。

3. 防止触电伤害

（1）拆接低压电源时，有专人监护。

（2）试验仪使用前应可靠接地，试验过程中操作人员站在绝缘垫上作业。

（3）二次回路工作前，应首先验明回路无电。

4. 现场安全措施

用围网带将工作区域围起来，出口设置在安全的通道处，出入口处设置“从此进出!”标示牌，工作区内放置“在此工作!”标示牌。

5. 办理开工手续

办理开工、许可手续，进行工作票宣读，交代工作中的危险点。

（三）操作步骤及工艺要求（含注意事项）

1. 准备工作

（1）着装规范。

（2）工器具、材料清点和做外观检查。

（3）试验仪器做外观检查。

2. GW5A-126 型隔离开关大修

1）基础检查

（1）目测检查各支柱瓷瓶无明显倾斜、缺损。

（2）目测检查基础无沉降。

2）支柱瓷瓶、金属部件的检查

（1）清除瓷瓶污垢，检查瓷瓶有无裂纹和釉面破损。

（2）铸铁法兰与瓷瓶胶合是否完好，防水密封胶涂抹均匀，无开裂，铸铁法兰无裂纹。

（3）各金属部件锈蚀情况检查，出现锈蚀的应打磨刷漆，做好防锈措施。

3）触指防雨帽检查

防雨帽完整、无裂纹，螺栓配备齐全，螺栓锈蚀严重的应更换。

4）左、右触头，导电管装配的分解检修

（1）触头装配各部件拆解、清洗。

（2）检查触指、导电管及各部件接触面清洁光亮，无变形、烧伤等；镀银层无脱落（镀银层脱落或烧伤面积达30%以上，烧伤深度达0.5mm以上者应更换）；触指弹簧有无锈蚀、失效；卡板、螺栓、开口销等有无锈蚀、变形等，以上如有应做相应处理。

（3）装复前，各部件清洗后，在导电接触面涂适量导电脂；装复后，各触指应在同一平面，所有连接件紧固可靠。

5）接线座分解检修及质量标准

（1）接线座外壳完整无裂纹，螺栓配备齐全，螺栓锈蚀严重的应更换。

（2）导电带软连接完整、无氧化、无断片断股，接触面无氧化、无烧伤。

（3）导电杆接触无氧化、无烧伤。

（4）导电管接触长度应大于或等于70mm。

（5）检修后应在所有导电接触面涂导电脂。

（6）检查接线座装配后右接线板在逆时针92°，而左接线板顺时针92°范围内转动灵活。

6）基座分解检修

（1）将支持瓷瓶与基座固定螺钉拆除，取下支持瓷瓶。

（2）拆除底座内轴承及伞齿轮装配，解体清洗检查。轴承应转动灵活无卡涩、轴承钢珠无锈蚀，检查清洗完毕后加注润滑油；检查伞齿轮轮齿磨损及损坏情况，如有轻微磨损应用细齿扁锉修整，如有缺齿损坏应更换。

（3）回装后操作应灵活，无卡涩、无窜动。

7）支持绝缘子、接线座、触头、触指检修回装后检查

8）合闸调试

（1）触头臂与触指臂中心成一条直线，导电管与接线座接触长度不应小于70mm。

（2）左右触头合闸后，触头的中心线应与主刀中间触指上的刻线相重合，允许向内偏离小于10mm。

（3）触头臂与触指臂上下差≤5mm（若需调整，瓷瓶每处垫片不得超过3mm）。

（4）左右触头合闸后，触头的中心线应与主刀中间触指上的刻线相重合，允许向内偏离＜10mm。

（5）机构立拉杆小拐臂，使之合闸过死点；小拐臂限位止钉间隙调整到1～3mm。

9）分闸调试

（1）各侧导电臂允许打开角度90°±1°。

（2）隔离开关分闸时触指与触头之间的最小电气距离，开口间距不小于1200mm，平行差小于（10±3）mm。

（3）机构立拉杆小拐臂，使之分闸过死点；小拐臂限位止钉间隙调整到1～3mm。

10）三相同期调整

（1）隔离开关三相隔离开关分合到位。

（2）隔离开关三相隔离开关断口处触头触指间的缝隙应同期合格，同期差不超

过 10mm。

（3）先手动操作 3 次后无卡涩，再进行电动分合闸 5 次。

11）接地隔离开关调整

（1）地刀合闸后，触头间隙小于 5mm。

（2）动静触头调整后，紧固各部位螺栓。

（3）地刀触头合入后，动触头露出静触头大于 10mm。

（4）地刀在分闸位，动导电杆高度应低于主刀瓷瓶下法兰。

（5）分合过程传动 3 次无异常后，将机构放置分闸位。

12）传动部位及连杆检查

（1）极间连杆、水平连杆的螺杆拧入的深度不应小于 20mm。

（2）极间连杆、水平连杆无弯曲、无变形、无锈蚀。

（3）所有开口销已打开，各部螺栓配备齐全并紧固。

（4）所有转动部位轴销加注润滑油。

13）隔离开关主刀与地刀连锁调试

（1）将主刀放在合闸位置，然后操作地刀，地刀不能合闸，且动导电杆高度应低于瓷瓶第一瓷裙。

（2）将主刀放在分闸位置，地刀放在合闸位置，然后合主刀，此时应不能合闸。

（3）主刀与接地隔离开关机械闭锁间隙 3～8mm。

14）电动操作机构检查应满足的要求

（1）机构箱密封严密，密封条完整无脱落、无开胶、无断裂。

（2）机构内电气回路二次线紧固，各接点无氧化。

（3）电源开关、接触器、限位开关、中间继电器动作灵活无卡涩。

（4）电机、变速箱运转正常无杂音、无卡涩。

（5）各转动部位加注润滑油。

（6）加热器、照明工作正常。

15）隔离开关电阻测量

回路电阻符合厂家要求。

3. 结束工作

（1）清理工作现场，将工器具、材料、设备归位，现场恢复至开工前状态。

（2）办理工作终结手续，填写检修报告。

（3）收工离场。

二、考核

（一）考核场地

（1）可在室内或室外进行，考核工位现场提供 220V 检修电源。

（2）现场安装 GW5A-126 型隔离开关 1 组，且各部件完整，在工位四周设置围栏。

（3）设置评判用的桌椅和计时秒表。

（二）考核时间

（1）考核时间为 60min。

（2）开工前，考生检查着装，清点工器具、设备是否齐全，时间为3min（不计入考核时间）。

（3）许可开工后记录考核开始时间。

（4）现场清理完毕后，汇报工作终结，记录考核结束时间。

（三）考核要点

（1）要求一人操作，考评员监护。考生着装规范，穿工作服、绝缘鞋，戴安全帽、安全带。

（2）安全文明生产。工器具、材料、设备摆放整齐，现场操作熟练连贯、有序，正确规范地使用工器具及安全用具。不发生危及人身或设备安全的行为，否则可取消本次考核成绩。

（3）考核考生对GW5A-126型隔离开关大修内容的熟练程度，熟悉各部件工艺质量要求。

（4）熟悉本体调试项目及技术要求，会进行相应的检查、调整和处理。

三、评分标准

行业：电力工程　　　　工种：变电检修工　　　　等级：一

编号	BJ1ZY0302	行为领域	e	鉴定范围		变电检修高级技师	
考核时限	60min	题型	C	满分	100分	得分	
试题名称	GW5A-126型隔离开关大修						
考核要点及其要求	（1）要求一人操作，考评员监护。考生着装规范，穿工作服、绝缘鞋，戴安全帽、安全带。 （2）安全文明生产。工器具、材料、设备摆放整齐，现场操作熟练连贯、有序，正确规范地使用工器具及安全用具。不发生危及人身或设备安全的行为，否则可取消本次考核成绩。 （3）考核考生对GW5A-126型隔离开关大修内容的熟练程度，熟悉各部件工艺质量要求。 （4）熟悉本体调试项目及技术要求，会进行相应的检查、调整和处理						
现场设备、工器具、材料	（1）工器具：内六角扳手、活动扳手、固定扳手3套、梅花扳手1套、套筒扳手1套、一字改锥和十字改锥、中号手锤1把、扁锉1套、钢丝刷2把、钢直尺、0.05mm塞尺、电源箱、摇表、回路电阻测试仪。 （2）材料：润滑油、二硫化钼、00号砂纸、凡士林、抹布、毛刷，检修垫布。 （3）设备：GW5A-126型隔离开关1组、检修平台						
备注	考生自备工作服、绝缘鞋						

评分标准

序号	考核项目名称	质量要求	分值	扣分标准	扣分原因	得分
1	工作前准备及文明生产					

续表

序号	考核项目名称	质量要求	分值	扣分标准	扣分原因	得分
1.1	着装及工器具准备（不计考核时间，以3min危限）	穿工作服、戴安全帽，工作前清点工器具、设备是否齐全	3	（1）未穿工作服、未戴合格安全帽、安全带，每项不合格，扣2分。 （2）未清点工器具、设备，扣1分，分数扣完为止		
1.2	安全文明	工器具摆放整齐，并保持作业现场安静、清洁，安全防护用具穿戴正确齐备	12	（1）未办理开工手续，扣2分。 （2）工器具摆放不整齐，扣2分。 （3）现场杂乱无章，扣2分。 （4）不能正确使用工器具，扣2分。 （5）工器具及配件掉落，扣2分。 （6）发生不安全行为，扣2分。 （7）发生危及机人身、设备安全的行为直接取消考核成绩		
2	GW5A-126型隔离开关大修					
2.1	基础检查	检查各支柱瓷瓶无明显倾斜、缺损	4	未检查支柱瓷瓶无明显倾斜缺失，扣2分		
		检查基础无沉降		未检查基础沉降，扣2分		
2.2	支柱瓷瓶、金属部件的检查	（1）清除瓷瓶污垢，检查瓷瓶有无裂纹和釉面破损	3	未清扫瓷瓶检查釉面，扣1分		
		（2）铸铁法兰与瓷瓶胶合是否完好，防水密封胶涂抹均匀，无开裂，铸铁法兰无裂纹		未检查法兰胶装部位防水胶，扣1分		
		（3）各金属部件锈蚀情况检查，出现锈蚀的应打磨刷漆，做好防锈措施		未检查金属部件锈蚀情况，扣1分		

续表

序号	考核项目名称	质量要求	分值	扣分标准	扣分原因	得分
2.3	触指防雨帽检查	防雨帽完整、无裂纹，螺栓配备齐全，螺栓锈蚀严重的应更换	4	(1) 未检查防雨帽，扣2分。 (2) 未检查螺栓锈蚀，扣2分		
2.4	左、右触头、导电管装配的分解检修及工艺要求	触头装配各部件拆解、清洗	2	未清洗，扣2分		
		检查触指、导电管及各部件接触面清洁光亮，无变形、烧伤等，镀银层无脱落（镀银层脱落或烧伤面积达30%以上，烧伤深度达0.5mm以上者应更换）触指弹簧有无锈蚀、失效，卡板、螺栓、开口销等有无锈蚀、变形等。以上如有应作相应处理	3	未检查触指、导电管及各部件接触面，触指弹簧有无锈蚀、失效，卡板、螺栓、开口销等有无锈蚀、变形等，每项扣0.5分，分值扣完为止		
		装复前，各部件清晰后，在导电接触面涂适量导电脂装复后，各触指应在同一平面，所有连接件紧固可靠	2	未涂导电脂，扣2分		
2.5	接线座分解检修及质量标准	接线座外壳完整无裂纹，螺栓配备齐全，螺栓锈蚀严重的应更换；导电带软连接完整、无氧化、无断片断股，接触面无氧化、无烧伤；导电杠接触面无氧化、无烧伤	8	未检查导电面，接触面无氧化，扣2分		
		导电管接触长度应大于或等于70mm		未检查导电管接触长度，扣2分		
		检修后应在所有导电接触面涂导电脂或二硫化钼		未涂抹导电脂或二硫化钼，扣2分		
		检查接线座装配后右接线板在逆时针92°，而左接线板顺时针92°范围内转动灵活		未检查左右装配灵活，扣2分		
2.6	基座分解检修及质量要求	将支持瓷瓶与基座固定螺钉拆除，取下支持瓷瓶	4	未拆除基座固定螺栓，扣2分		
		拆除底座内轴承及伞齿轮装配，解体清洗检查		未拆除伞齿轮装配清洗，扣2分		

续表

序号	考核项目名称	质量要求	分值	扣分标准	扣分原因	得分
2.7	部件回装检查	支持绝缘子、接线座、触头、触指检修回装后检查	2	回装未检查，扣2分		
2.8	合闸调试	（1）触头臂与触指臂中心成一条直线，导电管与接线座接触长度不应小于70mm。 （2）左右触头合闸后，触头的中心线应与主刀中间触指上的刻线相重合，允许向内偏离小于10mm。 （3）触头臂与触指臂上下差≤5mm（若需调整，瓷瓶每处垫片不得超过3mm） （4）机构立拉杆小拐臂，使之合闸过死点小拐臂限位止钉间隙调整到1～3mm	8	（1）未检查触头臂与触指臂中心成一条直线，扣2分。 （2）未左右触头合闸后接触线向内偏离小于10mm，扣2分。 （3）未检查触头臂与触指臂上下差不大于5mm，扣2分。 （4）合闸后主拐臂未过死点，扣2分		
2.9	分闸调试	（1）各侧导电臂允许打开角度90°±1°。 （2）隔离开关分闸时触指与触头之间的最小电气距离，开口间距不小于1200mm，平行差小于（10±3）mm。 （3）机构立拉杆小拐臂，使之分闸过死点小拐臂限位止钉间隙调整到1～3mm	6	（1）未检查分闸打开角度90°±1°，扣2分。 （2）未检查开口距离，扣2分。 （3）未检查分闸限位螺钉，扣2分		
2.10	三相同期调整	隔离开关三相隔离开关分合到位	6	未检查分合到位，扣2分		
		隔离开关三相隔离开关断口处触头触指间的缝隙应同期合格，同期差不超过10mm		合闸同期差大于10mm，扣2分		
		先手动操作3次后无卡涩，再进行电动分合闸5次		未检查机构操作无卡涩，扣2分		

续表

序号	考核项目名称	质量要求	分值	扣分标准	扣分原因	得分
2.11	接地隔离开关调整	(1) 地刀合闸后，触头间隙小于5mm。 (2) 动静触头调整后，紧固各部位螺栓。 (3) 地刀触头合入后，动触头露出静触头大于10mm。 (4) 地刀在分闸位，动导电杆高度应低于主刀瓷瓶下法兰。 (5) 分合过程传动3次无异常后，将机构放置分闸位	6	(1) 地刀合闸后触头间隙不小于5mm，扣1分。 (2) 螺栓未紧固，扣1分。 (3) 地刀触头合入后，动触头露出静触头不大于10mm，扣2分。 (4) 未检查地刀杆抬升高度，扣2分		
2.12	传动部位及连杆检查	极间连杆、水平连杆的螺杆拧入的深度不应小于20mm	6	未检查相间连杆、水平两螺栓拧入深度，扣2分		
		极间连杆、水平连杆无弯曲、无变形、无锈蚀；所有开口销已打开，各部螺栓配备齐全并紧固		未检查各螺栓开口销齐备，扣2分		
		所有转动部位轴销加注润滑油		转动部位未加润滑油，扣2分		
2.13	隔离开关主刀与地刀连锁应	将主刀放在合闸位置，然后操作地刀，地刀不能合闸，且动导电杆高度应低于瓷瓶第一瓷裙	6	未检查主刀闭锁主刀，扣2分		
		将主刀放在分闸位置，地刀放在合闸位置，然后合主刀，此时应不能合闸		未检查地刀闭锁主刀，扣2分		
		主刀与接地隔离开关机械闭锁间隙3～8mm		未检查闭锁间隙3～8mm，扣2分		

续表

序号	考核项目名称	质量要求	分值	扣分标准	扣分原因	得分
2.14	电动操作机构检查应满足	机构箱密封严密，密封条完整无脱落、无开胶、无断裂	6	未检查机构箱胶条无脱落开胶断裂，扣1分		
		机构内电气回路二次线紧固，各接点无氧化		未检查电器二次回路导通良好，扣1分		
		电源开关、接触器、限位开关、中间继电器动作灵活无卡涩		未检查二次元件动作灵活，扣1分		
		电机、变速箱运转正常无杂音、无卡涩		未检查电动机，减速箱运转正常，扣1分		
		各转动部位加注润滑油		未加润滑油，扣1分		
		加热器、照明工作正常		未检查加热、照明情况，扣1分		
2.15	隔离开关电阻测量	回路电阻符合厂家要求	4	(1) 未测试回路电阻，扣2分。 (2) 回路电阻值不合格，扣2分		
3	收工					
3.1	结束工作	工作结束，工器具及设备摆放整齐，清理现场，报告工作结束	2	(1) 工器具及设备摆放不整齐，扣1分。 (2) 未清理现场，扣1分。 (3) 未汇报工作结束，扣1分，分数扣完为止		
3.2	填写检修记录（该项不计入考核时间，以3min钟为限）	如实正确填写，记录检修、试验情况	3	(1) 检修记录未填写，扣3分。 (2) 填写错误，每处扣1分，分数扣完为止		

2.2.9 BJ1ZY0303 LW10B-252型断路器操作机构压力控制组件进行调整、测试

一、作业

（一）工器具、材料、设备

（1）工器具：内六角扳手、十字改锥和一字改锥、万用表。

（2）材料：白布、行程开关。

（3）设备：LW10B-252型断路器液压机构。

（二）安全要求

1. 机械伤害

压力组件调整时注意断开控制电源和储能电源，防止油泵打压造成挤伤。

2. 防止触电伤害

二次回路工作前，应首先验明回路无电。

3. 现场安全措施

用围网带将工作区域围起来，出口设置在安全的通道处，出入口处设置“从此进出!”标示牌，工作区内放置“在此工作!”标示牌。

4. 办理开工手续

办理开工、许可手续，进行工作票宣读，交代工作中的危险点。

（三）操作步骤及工艺要求（含注意事项）

1. 准备工作

（1）着装规范。

（2）工器具、材料清点和做外观检查。

（3）试验仪器做外观检查。

2. 压力组件调试

1）调试准备

（1）检查确认压力表指示正常，液压机构油位及压力情况。

（2）启动油泵打压，油泵打压正常，注意检查油泵起泵压力（不易过高，32MPa为限，否则及时切断电源）。

（3）检查机构内无渗漏痕迹，倾听阀组件有无泄漏声响。

（4）机构内各部件螺栓紧固良好。

（5）检查压力组件行程开关固定牢固，接线正确，动作灵敏无疲劳。

（6）检查压力组件行程开关的切换阀针及弹簧动作正常、无卡涩。

2）油泵起停泵压力调试

质量要求：调整压力顶杆位置，满足液压系统油压达到26MPa时，压力开关触点断开，电机电源切除；低于25MPa时，电机电源接通，电机运转。

3）重合闸闭锁压力调试

调整压力顶杆位置，满足当油压下降到合闸闭锁压力（23.5±0.5）MPa时，压力开关相应接点闭合，接线端子给出闭锁信号；压力上升过程中，压力值升到23.5MPa＜P＜25MPa时，闭合的接点断开，重合闸闭锁解除。

4）合闸闭锁压力调试

调整压力顶杆位置，满足当油压下降到合闸闭锁压力（21.5±0.5）MPa时，压力开关相应节点闭合，接线端子给出闭锁信号；压力上升过程中，压力值升到21.5MPa<P<23.5MPa时，闭合的接点断开，重合闸闭锁解除。

5）分闸闭锁压力

调整压力顶杆位置，满足当油压下降到分闸闭锁值（19.5±0.5）MPa时，压力开关的相应接点闭合，由接线端子给出闭锁信号；压力上升过程中，当压力值升到19.5MPa<P<21.5MPa时，闭合的接点断开，分闸闭锁解除。

6）安全阀检查

当压力异常升高时，压力控制组件内部安全阀活塞系统在油压作用下压缩活塞弹簧，达到一定值时，活塞密封垫离开阀口放油，压力下降后，在复位弹簧的作用下活塞返回阀口重新密封住高压油。

7）调试注意事项

（1）调试时断开开关交直流电源，调试完毕，恢复交直流电源测试调试结果，直至调试结果合格。

（2）压力调试时，通过泄压阀泄压，泄压速度不能过快，以免调整时误差过大。

3. 结束工作

（1）清理工作现场，将工器具、材料、设备归位，现场恢复至开工前状态。

（2）办理工作终结手续，填写检修报告。

（3）收工离场。

二、考核

（一）考核场地

（1）可在室内或室外进行。

（2）现场安装LW10B-252型断路器1台，且各部件完整，在工位四周设置围栏。

（3）设置评判用的桌椅和计时秒表。

（二）考核时间

（1）考核时间为30min。

（2）开工前，考生检查着装，清点工器具、设备是否齐全，时间为3min（不计入考核时间）。

（3）许可开工后记录考核开始时间。

（4）现场清理完毕后，汇报工作终结，记录考核结束时间。

（三）考核要点

（1）要求一人操作，考评员监护。考生着装规范，穿工作服、绝缘鞋，戴安全帽。

（2）安全文明生产。工器具、材料、设备摆放整齐，现场操作熟练连贯、有序，正确规范地使用工器具及安全用具。不发生危及人身或设备安全的行为，否则可取消本次考核成绩。

（3）考核考生对LW10B-252型断路器压力控制组件进行检修调试，掌握压力组件内部结构及动作原理。

三、评分标准

行业：电力工程　　　　　　　　　　工种：变电检修工　　　　　　　　　　等级：一

编号	BJ1ZY0303	行为领域	e	鉴定范围		变电检修高级技师	
考核时限	30min	题型	A	满分	100分	得分	
试题名称	LW10B-252型断路器操作机构压力控制组件进行调整、测试						
考核要点及其要求	(1) 要求一人操作，考评员监护。考生着装规范，穿工作服、绝缘鞋，戴安全帽。 (2) 安全文明生产。工器具、材料、设备摆放整齐，现场操作熟练连贯、有序，正确规范地使用工器具及安全用具。不发生危及人身或设备安全的行为，否则可取消本次考核成绩。 (3) 考核考生对LW10B-252型断路器压力控制组件进行检修调试，掌握压力组件内部结构及动作原理						
现场设备、工器具、材料	(1) 工器具：内六角扳手、十字改锥和一字改锥、万用表。 (2) 材料：白布、行程开关。 (3) 设备：LW10B-252型断路器液压机构						
备注	考生自备工作服、绝缘鞋						

评分标准

序号	考核项目名称	质量要求	分值	扣分标准	扣分原因	得分
1	工作前准备及文明生产					
1.1	着装及工器具准备（不计考核时间，以3min为限）	穿工作服、戴安全帽、安全带，工作前清点工器具、设备是否齐全	3	(1) 未穿工作服、未戴合格安全帽、安全带，每项不合格，扣2分。 (2) 未清点工器具、设备，扣1分，分数扣完为止		
1.2	安全文明	工器具摆放整齐，并保持作业现场安静、清洁，安全防护用具穿戴正确齐备	12	(1) 未办理开工手续，扣2分 (2) 工器具摆放不整齐，扣2分。 (3) 现场杂乱无章，扣2分。 (4) 不能正确使用工器具，扣2分。 (5) 工器具及配件掉落，扣2分。 (6) 发生不安全行为，扣2分。 (7) 发生危及人身、设备安全的行为直接取消考核成绩		
2	压力控制组件调试					

续表

序号	考核项目名称	质量要求	分值	扣分标准	扣分原因	得分
2.1	调试准备	检查液压机构油位及压力情况	28	(1) 未检查油位，扣4分。 (2) 未检查机构压力，扣4分		
		启动油泵打压，油泵打压正常，注意检查油泵起泵压力（不易过高32MPa为限，否则及时切断电源）		未检查油泵起泵压力，扣4分		
		检查机构内无渗漏痕迹，倾听阀组件有无泄漏声响		未检查机构内有无渗油，扣4分		
		机构内各部件螺栓紧固良好		未检查各部螺栓紧固，扣4分		
		检查压力组件行程开关固定牢固，接线正确，动作灵敏无疲劳		未检查压力组件行程开关接线状况，扣4分		
		检查压力组件行程开关的切换阀针及弹簧动作正常，无卡涩		未检查压力组件行程开关动作无卡涩，扣4分		
2.2	调试注意事项	调试时断开开关交直流电源，调试完毕，恢复交直流电源测试调试结果，直至调试结果合格	10	调试时不关闭电源，扣5分		
		压力调试时，通过泄压阀泄压，泄压速度不能过快，以免调整时误差过大		泄压速度太快，扣5分		
2.3	油泵打压启动切断压力调试	调整压力顶杆位置，满足液压系统油压达到26MPa时，压力开关触点断开；电机电源切除低于26MPa时，电机电源接通，电机运转	10	(1) 不知如何调整，扣5分。 (2) 位置调整不当，扣5分		
2.4	重合闸闭锁压力调试	调整压力顶杆位置，满足当油压下降到合闸闭锁压力(23.5±0.5)MPa时，压力开关相应节点闭合，接线端子给出闭锁信号压力上升过程中，压力值升到23.5MPa<P<25MPa时，闭合的接点断开，重合闸闭锁解除	10	(1) 不知如何调整，扣5分。 (2) 位置调整不当，扣5分		

续表

序号	考核项目名称	质量要求	分值	扣分标准	扣分原因	得分
2.5	合闸闭锁压力调试	调整压力顶杆位置，满足当油压下降到合闸闭锁压力（21.5±0.5）MPa时，压力开关相应接点闭合，接线端子给出闭锁信号压力上升过程中，压力值升到21.5MPa<P<23.5MPa时，闭合的接点断开，重合闸闭锁解除	10	（1）不知如何调整，扣5分。 （2）位置调整不当，扣5分		
2.6	分闸闭锁压力调试	调整压力顶杆位置，满足当油压下降到分闸闭锁值（19.5±0.5）MPa时，压力开关的相应接点闭合，由接线端子给出闭锁信号在压力上升过程中，当压力上升过程中，当压力值升到19.5MPa<P<21.5MPa时，闭合的接点断开，分闸闭锁解除该产品，提供了两套相互独立的分闸闭锁信号	10	（1）不知如何调整，扣5分。 （2）位置调整不当，扣5分		
2.7	安全阀检查	检查安全阀工作正常，口述作用	2	（1）未检查安全阀动作，扣1分。 （2）安全阀作用不清楚，扣1分		
3	收工					
3.1	结束工作	工作结束，工器具及设备摆放整齐，清理现场，报告工作结束	2	（1）工器具及设备摆放不整齐，扣1分。 （2）未清理现场，扣1分。 （3）未汇报工作结束，扣1分，分数扣完为止		
3.2	填写检修记录（该项不计入考核时间，以3min为限）	如实正确填写，记录检修、试验情况	3	（1）检修记录未填写，扣3分。 （2）填写错误，每处扣1分，分数扣完为止		

2.2.10 BJ1XG0101 根据事故现场写出一张工作票，并写出工作中的注意事项

一、作业

（一）工器具、材料、设备

（1）工器具：无。

（2）材料：纸、笔、一次系统模拟图。

（3）设备：无。

（二）安全要求

无。

（三）操作步骤及工艺要求

1. 准备工作

着装规范。

2. 工作票的填写

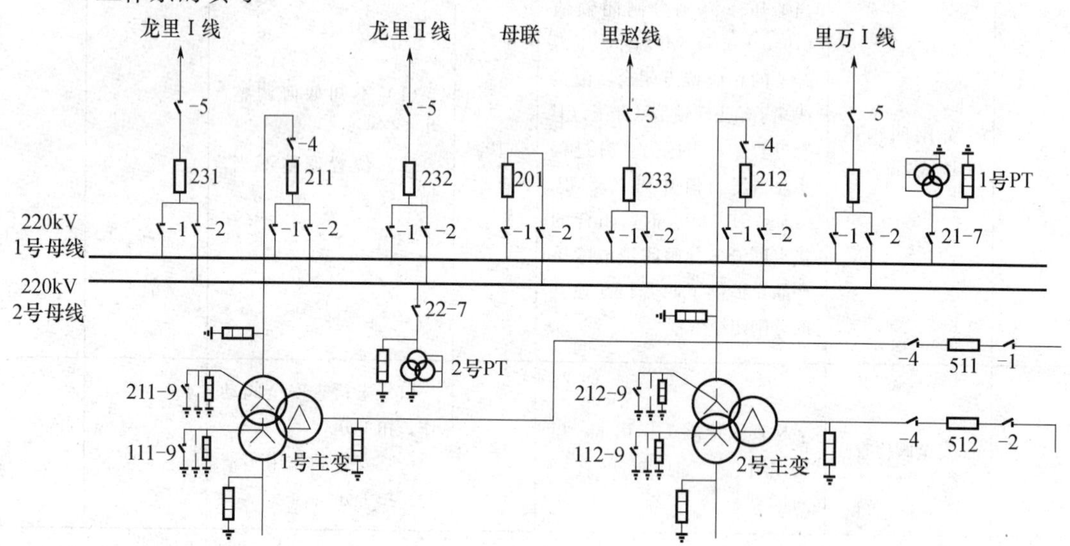

1）工作票的编号

确保每份工作票的编号唯一，且便于查阅、统计、分析。

2）工作负责人，班组、工作班成员

（1）“工作负责人”栏：工作负责人即为工作监护人，单一工作负责人或多项工作的总负责人（一人）填入此栏。

（2）“班组”栏：一个班组检修，班组栏填写工作班组全称；几个班组进行综合检修，则班组栏填写检修单位专业（班组不允许用简称、检修单位名称可用简称但必须一致）。

（3）“工作班成员”栏：工作班成员在 10 人及 10 人以下的，应将每个工作人员的姓名填入“工作班成员”栏，超过 10 人的，只填写 10 人工作姓名，并写明工作班成员人数（如×××等共人）。“共人”的总人数不包括工作负责人；工作负责人的姓名不填写工作班成员内。

3）工作的变配电站名称及设备双重名称

必须填写变电站的电压等级及间隔的双重编号。

4）工作任务

应填明工作的确切地点，设备双重名称及工作内容。

（1）工作地点及设备双重编号：必须填写工作地点的电压等级及间隔的双重编号。

（2）工作内容：所有工作内容必须列入，未列入的项目不得工作。

5）“计划工作时间”栏

填写经调度批准的设备停电检修的计划工作时间。

6）“安全措施”栏

填写检修工作应具备的安全措施，安全措施要求周密、细致，做到不丢项、不漏项：

（1）应拉开的断路器及隔离开关，应包括所有需要拉开的隔离开关、断路器，开关类写在一起，刀闸类写在一起，保险类写在一起；如需在停电的隔离开关或断路器上工作，还应断开该断路器或隔离开关的控制电源和合闸电源。

（2）应挂接地线应合接地刀闸。必须填写具体的地线和接地刀闸，并且在装设地线处留有空格；应标明所有的接地刀闸或应装设的接地线，并注明确切的接地点；接地线、接地刀闸与检修设备之间不得连有断路器或熔断器。

（3）装设遮拦应挂标示牌。

小面积停电时，遮栏应包围检修设备，并留有出口，遮栏内留有“在此工作!”警示牌，在遮栏上悬挂适当数量的“止步，高压危险!”警示牌，标示牌朝向围栏里，围栏开口处设“从此进出!”标示牌。

大面积停电时，围栏应包围带电设备，不得留有出口，即带电设备四周装设全封闭围栏，并在围栏上悬挂适当数量的“止步，高压危险!”警示牌，警示牌朝向围栏外。

（4）工作地点保留带电设备及注意事项。应针对从事的工作填明具体明确的注意事项，如“××设备带电”“防止触碰××运行设备”。

7）“工作票签发人”栏

填写该工作票的签发人姓名。

8）注意事项

工作票中的关键字词不能修改，“关键字词”指工作票中的设备名称、编号、接地线位置、日期、时间、动词以及人员姓名不得改动；错漏字修改应遵循以下方法，并做到规范清晰：填写时写错字，更改方法为在写错的字上画两道水平线，接着写正确的字即可；审查时发现错字，将正确的字写到空白处圈起来，将写错的字也圈起来，再用线连接；漏字时，将要增补的字圈起来连线至增补位置，并画“∧”符号。禁止使用“……”“同上”等省略词语；修改处要有运行人员签名确认。

附　工作票模板

变电站第一种工作票

工作单位＿＿＿＿＿＿＿＿＿＿＿＿＿＿＿＿＿　编号＿＿＿＿＿＿＿＿＿＿

1. 工作负责人（监护人）＿＿＿＿＿＿　班组＿＿＿＿＿＿＿＿＿＿＿＿

2. 工作班人员（不包括工作负责人）

＿＿＿＿＿＿＿＿＿＿＿＿＿＿＿＿＿＿＿＿＿＿＿＿＿＿＿＿＿＿＿＿＿＿

＿＿＿＿＿＿＿＿＿＿＿＿＿＿＿＿＿＿＿＿＿＿＿＿＿＿＿＿＿＿＿＿＿＿

共＿＿＿人

3. 工作的变、配电站名称及设备双重名称

＿＿＿＿＿＿＿＿＿＿＿＿＿＿＿＿＿＿＿＿＿＿＿＿＿＿＿＿＿＿＿＿＿＿

＿＿＿＿＿＿＿＿＿＿＿＿＿＿＿＿＿＿＿＿＿＿＿＿＿＿＿＿＿＿＿＿＿＿

4. 工作任务

工作地点及设备双重名称	工作内容

5. 计划工作时间

自＿＿＿年＿＿月＿＿日＿＿时＿＿分至＿＿＿年＿＿月＿＿日＿＿时＿＿分

6. 安全措施（必要时可附页绘图说明）

应拉断路器（开关）、隔离开关（刀闸）	已执行 *
应装接地线、应合接地刀闸（注明确实地点、名称及接地线编号 *）	**已执行**

续表

应设遮栏、应挂标示牌及防止二次回路误碰等措施	已执行

* 已执行栏目及接地线编号由工作许可人填写。

工作地点保留带电部分或注意事项（由工作票签发人填写）	补充工作地点保留带电部分和安全措施（由工作许可人填写）

工作票签发人签名____________ 签发日期：________年____月____日____时____分

7. 收到工作票时间______年____月____日____时____分

运行值班人员签名____________工作负责人签名____________

8. 确认本工作票1～7项

工作负责人签名____________ 工作许可人签名____________

许可开始工作时间________年____月____日____时____分

9. 确认工作负责人布置的任务和本施工项目安全措施工作班组人员签名：

____

____

____

10. 工作负责人变动情况

原工作负责人____________离去，变更____________为工作负责人

工作票签发人____________ ________年____月____日____时____分

11. 工作人员变动情况（变动人员姓名、日期及时间）：

____

____

____

____

工作负责人签名____________

12. 工作票延期

有效期延长到______年____月____日____时____分

工作负责人签名____________ ________年____月____日____时____分

工作许可人签名____________ ________年____月____日____时____分

13. 每日开工和收工时间（使用一天的工作票不必填写）

收工时间				工作负责人	工作许可人	开工时间				工作许可人	工作负责人
月	日	时	分			月	日	时	分		

14. 工作终结

全部工作于________年____月____日____时____分结束，设备及安全措施已恢复至开工前状态，工作人员已全部撤离，材料工具已清理完毕，工作已终结。

工作负责人签名____________ 工作许可人签名____________

15. 工作票终结

临时遮栏、标示牌已拆除，常设遮栏已恢复。未拆除或未拉开的接地线编号等共______组、接地刀闸（小车）共________副（台），已汇报值班调度员。

工作许可人签名____________ ________年____月____日____时____分

16. 备注

（1）指定专责监护人________负责监护____

____（地点及具体工作）

（2）其他事项

____

____

二、考核

(一) 考核场地

(1) 室内进行。

(2) 现场摆放一次系统模拟图，准备相关纸笔。

(3) 设置评判用的桌椅和计时秒表。

(二) 考核时间

(1) 考核时间为30min。

(2) 开工前，考生检查着装。

(3) 许可开工后记录考核开始时间。

(三) 考核要点

(1) 要求一人完成工作票填写，考评员监督。

(2) 规范用语。填写工作票按照《国家电网公司电力安全工作规程》要求用规范用语填写工作票。

(3) 掌握工作票填写规范及现场安全措施需求，掌握工作中的特别危险点。

(4) 考评员根据一次系统图设计工作内容，由考生根据题目要求填写工作票。

三、评分标准

行业：电力工程 **工种：变电检修工** **等级：一**

编号	BJ1XG0101	行为领域	f	鉴定范围		变电检修高级技师	
考核时限	30min	题型	A	满分	100分	得分	
试题名称	根据事故现场写出一张工作票，并写出工作中的注意事项						
考核要点及其要求	(1) 要求一人完成工作票填写，考评员监督。 (2) 规范用语。填写工作票按照《国家电网公司电力安全工作规程》要求用规范用语填写工作票。 (3) 掌握工作票填写规范及现场安全措施需求，掌握工作中的特别危险点。 (4) 考评员根据一次系统图设计工作内容，由考生根据题目要求填写工作票						
现场设备、工器具、材料	(1) 工器具：无。 (2) 材料：纸、笔、一次系统模拟图。 (3) 设备：无						
备注	考生自备工作服，绝缘鞋						

评分标准

序号	考核项目名称	质量要求	分值	扣分标准	扣分原因	得分
1	工作前准备及文明生产					
1.1	着装、工器具准备（该项不计考核时间）	考核人员穿工作服、戴安全帽、穿绝缘鞋，工作前清点工器具、设备	2	未穿工作服、戴安全帽、穿绝缘鞋，扣2分		

续表

序号	考核项目名称	质量要求	分值	扣分标准	扣分原因	得分
2	工作票签发					
2.1	工作内容及危险点分析	根据故障情况，分析现场危险点和安全注意事项	10	危险点分析不到位每处，扣2分，分值扣完为止		
2.2	工作票编号	工作票的编号正确	3	编号错误，扣3分		
2.3	工作班组人员填写	工作负责人，班组、工作班成员填写符合要求	10	工作负责人，班组、工作班成员栏填写不规范每处不合格，扣4分，分数扣完为止		
2.4	工作变配电站及设备名称	工作的变配电站名称及设备双重名称必须填写变电站的电压等级及间隔的双重编号	10	工作的变配电站名称及设备双重名称填写不规范每处不合格，扣4分，分数扣完为止		
2.5	工作任务	应填明工作的确切地点，设备双重名称及工作内容	10	工作任务每处填写不规范，扣2分，分数扣完为止		
2.6	计划工作时间	填写经调度批准的设备停电检修的计划工作时间	2	填写“计划工作时间”有误，扣2分		
2.7	安全措施	应拉开的断路器，隔离开关，取下的熔断器（保险）： ①拉开×××开关。 ②拉开×××-×、×××-××、×××-×刀闸。 ③取下×××操作保险和控制保险。 挂地线： ①应在×××-×刀闸开关侧挂接地线。 ②应在×××-×刀闸线路侧挂接地线。 装设遮栏： ①应在×××-×、×××-×刀闸操作把手上挂“禁止合闸，有人工作!”标示牌。 ②应在×××开关，×××-×刀闸处挂“在此工作!”标示牌。	40	（1）应拉开的设备未断开，本次操作不合格。 （2）多拉开设备，本次操作不合格。 （3）操作保险、控制保险少拉开一项，扣2分。 （4）未拉开操作保险、控制保险，扣5分。 （5）少挂一处地线，扣5分。 （6）错挂地线，本次操作不合格。 （7）围栏设置不合格，扣5分。 （8）围起带电设备，本次考试不合格。 （9）标示牌朝向错误，扣5分。		

续表

序号	考核项目名称	质量要求	分值	扣分标准	扣分原因	得分
2.7	安全措施	③将工作地点用围带围好，围带上面向进行侧有明显的“止步，高压危险!”警示标志，并留有通道。 ④在进行通道的入口处挂“从此进出!”标示牌	40	(10) 未设置围栏出入口，扣5分。 (11) “禁止合闸!”等标示牌悬挂不符合要求每处扣2分。 (12) 未悬挂“禁止合闸!”标示牌，扣5分。 (13) “在此工作!”标示牌悬挂不符合要求，每处扣2分。 (14) 未悬挂“在此工作!”标示牌，扣5分		
2.8	工作地点保留带电部分或注意事项	××× kV1号、2号母线运行，×××-1、×××-×刀闸口带电	3	填写错误，扣3分		
2.9	工作票签发人签字	填写该工作票的签发人姓名	2	工作票签发人未签名，扣2分		
2.10	检查	核对检查票面填写情况，发现遗漏错误用规范符号修改，若无法修改，重新填写新的工作票	8	(1) 未使用规范符号修改每处扣2分。 (2) 无法修改未重新填写工作票，扣2分，分数扣完为止		